Digitaltechnik

Winfried Gehrke · Marco Winzker

Digitaltechnik

Grundlagen, VHDL, FPGAs, Mikrocontroller

8. Auflage

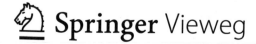 Springer Vieweg

Winfried Gehrke
Hochschule Osnabrück
Osnabrück, Deutschland

Marco Winzker
Hochschule Bonn-Rhein-Sieg
St. Augustin, Deutschland

ISBN 978-3-662-63953-5   ISBN 978-3-662-63954-2   (eBook)
https://doi.org/10.1007/978-3-662-63954-2

Die Deutsche Nationalbibliothek verzeichnet diese Publikation in der Deutschen Nationalbibliografie; detaillierte bibliografische Daten sind im Internet über http://dnb.d-nb.de abrufbar.

Planung/Lektorat: Michael Kottusch

Springer Vieweg ist ein Imprint der eingetragenen Gesellschaft Springer-Verlag GmbH, DE und ist ein Teil von Springer Nature.
Die Anschrift der Gesellschaft ist: Heidelberger Platz 3, 14197 Berlin, Germany

Vorwort

Die Digitaltechnik ist ein integraler Bestandteil unseres täglichen Lebens geworden. Vielfach begegnet sie uns in Form von Desktop-PCs, Laptops, Tablets, Fernsehgeräten oder Smartphones. Wenn wir ein solches Gerät nutzen, ist klar: Wir verwenden ein digitales System. Darüber hinaus ist die Digitaltechnik aber auch in Bereiche eingezogen, bei der sie nicht sofort offensichtlich ist. In einem modernen Auto arbeiten beispielsweise zahlreiche digitale Komponenten. Sie steuern den Motor, helfen beim Einparken und unterstützen durch Fahrspurassistenten, ABS und ESP. Diese digitalen Systeme werden häufig, weil sie in einem größeren System integriert sind, als „eingebettete Systeme" bezeichnet. Man findet sie in vielen Bereichen des Alltags, wie zum Beispiel in Hausgeräten, Uhren, Heizungssteuerungen oder in Fotoapparaten. Auch in industriellen Anwendungen geht nichts ohne die Digitaltechnik. So wäre beispielsweise die Vernetzung industriell genutzter Maschinen, die vierte industrielle Revolution, ohne entsprechende digitale Komponenten undenkbar.

Was ist Digitaltechnik? Welche Prinzipien liegen ihr zugrunde? Wie werden digitale Systeme realisiert? - Diese und andere Fragen werden in diesem Lehrbuch beantwortet.

Das Buch beschreibt die wichtigen Themenfelder der Digitaltechnik und wendet sich vorrangig an Studierende der Studiengänge Elektrotechnik, Informatik, Mechatronik sowie interessierte Praktiker. Es wird der Bogen von den Grundlagen der Digitaltechnik über Schaltungsstrukturen und Schaltungstechnik bis hin zu den Komponenten digitaler Systeme, wie programmierbare Logikbausteine, Speicher, AD/DA-Umsetzer und Mikrocontroller gespannt. Zahlreiche Beispiele erleichtern das Verständnis für den Aufbau und die Funktion moderner digitaler Systeme.

Mit dieser 8. Auflage wurde dieses Lehr- und Übungsbuch in wesentlichen Teilen überarbeitet und aktualisiert.

Mit dieser Auflage wird erstmalig ein 32-Bit-Mikrocontroller aus der STM32-Familie beschrieben. STM32-Mikrocontroller werden vielfach in der Industrie eingesetzt, sind architektonisch durchdacht und besitzen familienübergreifende Peripheriekomponenten. STM32-Mikrocontroller bieten darüber hinaus viele Möglichkeiten für ein vertiefendes Eigenstudium. Wir sind der Überzeugung, dass der Ersatz des 8-Bit-Mikrocontrollers aus der AVR-Familie durch den STM32, einen wichtigen Beitrag zur Modernisierung der studentischen Ausbildung im Bereich der Mikrocontrollertechnik leistet.

Die ersten sechs Kapitel legen die wesentlichen Grundlagen zum Verständnis digitaler Komponenten. Kap. 1 bietet eine Einführung in die Thematik und stellt wichtige Grundprinzipien im Überblick dar. Kap. 2 widmet sich der digitalen Darstellung von Informationen, wobei der Schwerpunkt auf der Darstellung von Zahlen liegt. Kap. 3 führt in die Hardwarebeschreibungssprache VHDL ein, die weltweit für den Entwurf digitaler Schaltungen verwendet wird. Digitale Systeme lassen sich als Kombination von kombinatorischen und sequenziellen Schaltungen auffassen. Beide Konzepte werden in den Kap. 4 und 5 vorgestellt, während sich Kap. 6 den aus diesen Konzepten abgeleiteten Schaltungsstrukturen widmet. In diesen Kapiteln wird kontinuierlich die Implementierung in der Sprache VHDL thematisiert und vertieft.

In den Kap. 7 bis 12 werden vertiefende Themen aufgegriffen: Kap. 7 stellt unterschiedliche Konzepte zur Realisierung digitaler Systeme im Überblick vor. In Kap. 8 werden erweiterte Aspekte der Schaltungsbeschreibung in VHDL, wie zum Beispiel Testbenches für die Verifikation aufgegriffen. Die praktische Umsetzung von VHDL-Beschreibungen erfolgt heute häufig mithilfe von programmierbaren Logikbausteinen (FPGAs), welche in Kap. 9 vertieft vorgestellt werden. Das Verständnis der technologischen Grundlagen moderner Digitalschaltungen wird durch eine Einführung in die Halbleitertechnologie in Kap. 10 ermöglicht. Eine zentrale Systemkomponente ist der Speicher. Dieser kann mit Hilfe unterschiedlicher Technologien realisiert werden, die in Kap. 11 vorgestellt werden. Für Ein-/Ausgabe analoger Größen werden Analog-Digital- und Digital-Analog-Umsetzer benötigt, deren Aufbau und Funktionsweise in Kap. 12 näher erläutert werden.

Kap. 13 bis 15 widmen sich digitalen Rechnersystemen. In Kap. 13 wird der Aufbau und die Funktionsweise von Rechnern vorgestellt und anhand des Mikroprozessors Arm® Cortex™-M0+ vertieft. Dieses Kapitel enthält auch eine Einführung in die Arm-Assemblerprogrammierung. Kap. 14 greift diese Aspekte auf und vertieft sie anhand eines konkreten Beispiels, einem Mikrocontroller aus der STM32-Familie. Ausgewählte Peripheriekomponenten eines Mikrocontrollers aus der STM32G0-Serie werden in Kapitel 15 vorgestellt. Die gezeigten Mikrocontroller-Beispiele können mit einem erschwinglichen Nucleo-Board der Firma STMicroelectronics eigenständig nachvollzogen werden.

Am Ende aller Kapitel befinden sich Übungsaufgaben, die wichtige Aspekte aufgreifen und zur selbstständigen Lernkontrolle herangezogen werden können. Die Lösungen der Aufgaben sind am Ende des Buches zu finden.

Ergänzendes Material steht im Internet unter https://www.hs-osnabrueck.de/buch-digitaltechnik oder https://link.springer.com/book/978-3-662-63954-2 zur Verfügung.

Für die Rückmeldungen zu den Lehrinhalten bedanken wir uns bei den Studierenden der Hochschule Osnabrück und der Hochschule Bonn-Rhein-Sieg. Besonderer Dank gilt allen Kolleginnen und Kollegen, die uns durch ihre Anregungen unterstützt haben.

Wir möchten uns bei allen an dieser Ausgabe beteiligten Mitarbeiterinnen und Mitarbeitern des Springer-Verlages bedanken. Ihre professionelle Arbeit macht das Buch in der vorliegenden Form erst möglich.

Seit dem ersten Erscheinen im Jahr 1994 waren unsere Kollegen Klaus Urbanski und Roland Woitowitz Autoren und Koautoren dieses Lehrbuchs. Mit dieser Auflage verlassen sie unser Autorenteam. Wir bedanken uns ganz herzlich für die Zusammenarbeit. Wir werden die von ihnen initiierte Grundidee dieses Buches, die moderne Digitaltechnik umfassend und dennoch kompakt darzustellen, auch in Zukunft weiterführen.

im Dezember 2022

Winfried Gehrke
Marco Winzker

Inhaltsverzeichnis

Abkürzungsverzeichnis

ADC	Analog Digital Converter
ADU	Analog-Digital-Umsetzer
AHB	Advanced High-performance Bus
AHG	Abtast-Halte-Glied
ALM	Adaptive Logic Module
ALU	Arithmetic Logical Unit
AMBA	Advanced Microcontroller Bus Architecture
APB	Advanced Peripheral Bus
ASCII	American Standard Code for Information Interchange
ASIC	Application Specific Integrated Circuit
ASSP	Application Specific Standard Product
BCD	Binary Coded Decimal
BGA	Ball Grid Array
CISC	Complex Instruction Set Computer
CLB	Complex Logic Block
CMOS	Complementary Metal Oxide Semiconductor
CNT	Carbon Nano Tube
COB	Capacitor over Bitline
CPLD	Complex Programmable Logic Device
CPU	Central Processing Unit
DAC	Digital Analog Converter
DAU	Digital-Analog-Umsetzer
DCE	Data Communication Equipment
DDR	Double Data Rate
DIL	Dual In-Line Package
DMA	Direct Memory Access
DNF	Disjunktive Normalform
DRAM	Dynamic Random Access Memory
DSP	Digital Signal Processing, Digital Signal Processor
DTE	Data Terminal Equipment

ECC	Error Correcting Code
EDA	Electronic Design Automation
EEPROM	Electrically Erasable Programmable Read Only Memory
FET	Field Effect Transistor
FFT	Fast Fourier Transform
FIFO	First In First Out
FPGA	Field Programmable Gate Array
FRAM	Ferroelectric Random Access Memory
GPIO	General Purpose Input Output
GPU	Graphics Processing Unit
HAL	Hardware Abstraction Layer
I^2C	Inter-Integrated Circuit
IC	Integrated Circuit
ICU	Input Capture Unit
IEC	International Electrotechnical Commission
IEEE	Institute of Electrical and Electronics Engineers
INL	Integrale Nichtlinearität
IOB	Input Output Block
IP	Intellectual Property
ISP	In System Programming
ISR	Interrupt Service Routine
JTAG	Joint Test Action Group
KNF	Konjunktive Normalform
LE	Logic Element
LSB	Least Significant Bit (Niederwertigstes Bit)
LQFP	Low Profile, Quad Flat Package
LUT	Look-Up Table
LVDS	Low Voltage Differential Signaling
LVTTL	Low Voltage Transistor-Transistor-Logic
MLC	Multi Level Cell
MOS	Metal Oxide Semiconductor
MRAM	Magnetoresistive Random Access Memory
MSB	Most Significant Bit (Höchstwertigstes Bit)
NMI	Non-maskable Interrupt
NVIC	Nested Vectored Interrupt Controller
NVRAM	Non-volatile Random Access Memory
OSR	Oversampling Ratio
OTP	One Time Programmable Memory
PC	Program Counter, Personal Computer
PCRAM	Phase-Change Random Access Memory
PLA	Programmable Logic Array
PLCC	Plastic Leaded Chip Carrier

PLD	Programmable Logic Device
PLL	Phase Locked Loop
PWM	Pulse Width Modulation, Pulsweitenmodulation
QDR	Quad Data Rate
QFP	Quad Flat Pack
QLC	Quad Level Cell
RAM	Random Access Memory
RISC	Reduced Instruction Set Computer
ROM	Read Only Memory
RRAM	Resistive Random Access Memory
RTL	Register Transfer Level
SAR	Successive Approximation Register
SDRAM	Synchronous Dynamic Random Access Memory
SINAD	Signal-to-Interference Ratio including Noise and Distortion
SNR	Signal-to-Noise Ratio
SPI	Serial Peripheral Interface
SPLD	Simple Programmable Logic Device
SRAM	Static Random Access Memory
SWD	Serial Wire Debug
THD	Total Harmonic Distortion
THS	Total Hold Slack
TLC	Triple Level Cell
TNS	Total Negative Slack
TTL	Transistor-Transistor-Logik
TWI	Two Wire Interface
UART	Universal Asynchronous Receiver Transmitter
USART	Universal Synchronous Asynchronous Receiver Transmitter
VCO	Voltage Controlled Oscillator
VHDL	Very High Speed Integrated Circuit Hardware Description Language
VLIW	Very Long Instruction Word
WHS	Worst Hold Slack
WNS	Worst Negative Slack

Einführung

1

Digitaltechnik steckt heutzutage in vielen technischen Geräten. Wenn Sie dieses Buch lesen, haben Sie vermutlich den Tag über schon etliche digitale Schaltungen benutzt. Der Rauchmelder im Schlafzimmer, der nachts auf Sie aufpasst, hat einen kleinen digitalen Mikrocontroller, genau wie der Radiowecker, der Sie geweckt hat. Mit dem Smartphone voller Digitaltechnik haben Sie vermutlich Ihre Emails und sozialen Netzwerke nach Neuigkeiten abgefragt. Und egal ob Sie mit dem Auto oder der Straßenbahn in die Hochschule gefahren sind, wieder waren digitale Schaltungen für Sie tätig. Nur falls Sie mit dem Fahrrad unterwegs waren, verlief dieser Teil des Tages ohne Digitaltechnik – es sei denn, Sie haben einen Fahrradtacho.

Digitale Schaltungen übernehmen in vielen technischen Geräten Aufgaben zur Steuerung und Regelung. Das heißt, sie fragen Informationen ab und treffen anhand von Regeln Entscheidungen. Dieses Grundprinzip wird beispielsweise beim Antiblockiersystem (ABS) im Auto deutlich. Die Digitalschaltung bekommt die Informationen, ob die Bremse betätigt ist und die Räder blockieren. Wenn dies der Fall ist, wird die Bremskraft leicht reduziert, damit die Räder wieder Haftung zur Straße bekommen und man bessere Bremswirkung sowie Manövrierbarkeit erhält.

Der besondere Vorteil von digitalen Schaltungen liegt darin, dass Berechnungen und Entscheidungen sowie das Speichern und Übertragen von Informationen sehr einfach möglich sind. Prinzipiell könnte ein Antiblockiersystem auch mit einer Analogschaltung und eventuell sogar mechanisch oder hydraulisch aufgebaut werden. Aber ein digitales System kann die Informationen wesentlich präziser verarbeiten, also beispielsweise die Geschwindigkeit vor dem Bremsen, die Stellung des Lenkrads und die Drehgeschwindigkeit aller Räder auswerten und alle Bremsen individuell ansteuern.

© Springer-Verlag GmbH Deutschland, ein Teil von Springer Nature 2022
W. Gehrke und M. Winzker, *Digitaltechnik*,
https://doi.org/10.1007/978-3-662-63954-2_1

1.1   Arbeitsweise digitaler Schaltungen

Ein wichtiges Kennzeichen der Digitaltechnik ist die Darstellung von Informationen mit
den Werten 0 und 1. Dieses Prinzip wird als *Zweiwertigkeit* bezeichnet. Daten mit zwei
möglichen Werten werden *Binärdaten* genannt. Wenn eine Information mehr als zwei
Werte haben kann, wird sie mit mehreren Stellen dargestellt. Am bekanntesten ist sicher
das Byte, ein Datenwort mit acht Bit, also acht Stellen mit dem Wert 0 oder 1.

1.1.1   Darstellung von Informationen

Binärdaten werden meistens mit Spannungspegeln dargestellt, beispielsweise die 0 mit
0 V und die 1 mit 3,3 V. Dabei sind auch geringe Abweichungen der Spannung erlaubt,
das heißt auch eine Spannung von beispielsweise 0,2 V wird noch als 0 akzeptiert. Dies
ist eine wichtige Eigenschaft der Digitaltechnik, denn dadurch ist sie gegenüber kleinen
Störungen und Rauschen unempfindlich. Erst bei großen Störungen kann der Wert einer
Information nicht mehr korrekt erkannt werden.

Für die Darstellung von Binärdaten mit Spannungspegeln gibt es mehrere Standards.
Beispielsweise wird im Standard LVTTL der Spannungsbereich von 0 bis 0,8 V als
logische 0 und von 2,0 bis 3,3 V als logische 1 interpretiert. Der Bereich zwischen 0,8
und 2,0 V ist der Übergangsbereich und diese Spannungen dürfen nur kurz beim Wechsel
zwischen 0 und 1 auftreten. Die Bezeichnung LVTTL bedeutet übrigens Low-Voltage-
Transistor-Transistor-Logik und hat gewissermaßen „historischen" Ursprung. Sie ist eine
spannungsreduzierte Version (Low-Voltage) eines anderen Standards (TTL).

Es gibt, neben LVTTL, eine Vielzahl weiterer Standards für Spannungspegel.
Früher wurden oft höhere Spannungen, z. B. 5 V, verwendet, sodass auch höhere Pegel
gebräuchlich waren. Innerhalb von integrierten Schaltungen, z. B. der CPU in Ihrem
Computer, werden heutzutage geringere Spannungen im Bereich von 1 V benutzt.

Die Werte 0 und 1 können je nach Anwendung auch durch andere physikalische
Größen dargestellt werden, beispielsweise Lichtimpulse in einer Glasfaserleitung oder
durch elektrische Ladung auf einem Kondensator.

1.1.2   Logik-Pegel und Logik-Zustand

Die Begriffe *Logik-Pegel* und *Logik-Zustand* unterscheiden Spannungswerte und
Information einer binären Variablen. Der Logik-Pegel wird durch L (Low) und H (High)
und der Logik-Zustand durch die Ziffern 0 und 1 bezeichnet. Für die Beschreibung
des physikalischen Verhaltens einer digitalen Schaltung dienen somit die Logik-Pegel,
während das logische Verhalten durch Logik-Zustände gekennzeichnet wird.

Die Zuordnung von L und H zu 0 und 1 erfolgt fast immer in *positiver Logik*, das
heißt der Pegel L entspricht einer logischen 0 und Pegel H entspricht einer logischen

1. Prinzipiell ist auch eine umgekehrte Zuordnung möglich, die als *negative Logik* bezeichnet wird. Diese Zuordnung wird in der Praxis jedoch kaum verwendet.

1.1.3   Verarbeitung von Informationen

Digitalschaltung können die logischen Werte 0 und 1 für Berechnungen und Entscheidungen verwenden. Das Ergebnis einer Berechnung ist dabei wieder der Wert 0 oder 1. Die Grundelemente zur Berechnung werden als *Logikgatter* bezeichnet. Die wichtigsten Logikgatter sind:

- **Inverter:** Der Inverter ergibt am Ausgang das „Gegenteil" des Eingangs. Das heißt eine 0 wird zur 1, eine 1 zur 0.
- **UND-Gatter:** Das UND-Gatter hat zwei oder mehr Eingänge. Es ergibt am Ausgang eine 1, wenn alle Eingänge 1 sind. Mit anderen Worten: Der eine **und** der andere Eingang müssen 1 sein.
- **ODER-Gatter:** Das ODER-Gatter hat ebenfalls zwei oder mehr Eingänge. Es ergibt 1, wenn mindestens ein Eingang 1 ist. Auch der Fall, dass mehrere Eingänge 1 sind, ist erlaubt. Mit anderen Worten: Der eine **oder** der andere **oder** beide Eingänge müssen 1 sein.
- **XOR-Gatter:** Das XOR-Gatter ist in der Grundform für zwei Eingänge definiert. Die Bezeichnung bedeutet ausschließendes Oder (engl. *exclusiv-or*). Es ist eine Abwandlung des ODER-Gatters, die jedoch keine 1 ausgibt, wenn beide Eingänge 1 sind. Mit anderen Worten: Für eine 1 am Ausgang müssen der eine **oder** der andere Eingang aber **nicht beide** Eingänge 1 sein.

Für die Logikgatter gibt es *Schaltsymbole*, die in Abb. 1.1 dargestellt sind. Die Eingänge sind immer auf der linken Seite, der Ausgang ist rechts. Das Dreieck im Symbol des Inverters steht für eine Weiterleitung oder Verstärkung, der Kreis gibt die Invertierung, also Umkehrung des Wertes an. Das Zeichen & steht für ‚und'. Im ODER-Gatter meint die Bezeichnung ‚≥ 1', dass mindestens eine 1 am Eingang anliegen muss, damit der Ausgang 1 wird. Entsprechend bedeutet ‚$= 1$' bei XOR, dass von zwei Eingängen exakt eine 1 vorhanden sein muss.

Mit diesen Grundelementen können Informationen miteinander verknüpft werden. Außerdem müssen in einer Digitalschaltung auch Informationen gespeichert werden und

Abb. 1.1 Symbole für Logikgatter

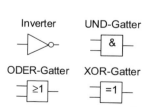

das Grundelement hierfür ist das *D-Flip-Flop* (*D-FF*). Dabei steht D für Daten und Flip-Flop symbolisiert das Hin- und Herschalten zwischen 0 und 1.

Das D-Flip-Flop arbeitet mit einem Takt, (engl. *Clock*), also einem periodischen Signal, welches die Arbeitsgeschwindigkeit einer Digitalschaltung vorgibt. Der Takt ist Ihnen möglicherweise von Ihrem PC bekannt. Eine moderne CPU arbeitet mit einem Takt von 2 bis 3 GHz, das heißt 2 bis 3 Mrd. mal pro Sekunde wechselt das Taktsignal von 0 auf 1. Schaltungen, die eine nicht ganz so hohe Rechengeschwindigkeit wie eine CPU haben, verwenden einen Takt mit geringerer Frequenz, beispielsweise 100 MHz.

Das Schaltsymbol des D-Flip-Flop (D-FF) ist in Abb. 1.2 dargestellt. Das Taktsignal ist am Eingang C1 (wie *Clock*) angeschlossen. Bei jeder Taktflanke, also einem Wechsel des Takts von 0 auf 1 wird der Wert am Dateneingang 1D gespeichert und unmittelbar darauf am Datenausgang ausgegeben. Diese Information wird für den Rest der Takt-periode gespeichert.

Logikgatter und D-FF werden aus Transistoren aufgebaut. Für ein Logikgatter sind rund 10, für ein D-FF rund 20 Transistoren erforderlich. In einer Digitalschaltung finden sich natürlich viele dieser Grundelemente.

1.1.4   Beispiel: Einfacher Grafikcontroller

Damit Sie sich die Arbeitsweise einer Digitalschaltung vorstellen können, soll eine Schaltung als Beispiel vorgestellt werden. Es handelt sich um einen Controller für ein einfaches Grafikmodul. Moderne PC-Grafikkarten sind sehr leistungsfähig und können realistische Bilder in hoher Geschwindigkeit erzeugen. Allerdings würde die Beschreibung eines solchen Grafikcontrollers wahrscheinlich das ganze Buch füllen. Die hier vorgestellte Schaltung ist deutlich einfacher zu verstehen und findet sich in Geräten mit geringen Grafikanforderungen. Sie entspricht auch in etwa den PC-Grafikkarten der 1980er Jahre.

Der Grafikcontroller setzt den Bildschirm aus einzelnen Zeichen zusammen. Für dieses Beispiel gehen wir davon aus, dass der Bildschirm 800 Bildpunkte breit und 600 Bildpunkte hoch ist. Jedes Zeichen soll 10 Bildpunkte breit und 15 Bildpunkte hoch sein. Damit passen 40 Zeilen mit je 80 Zeichen auf den Bildschirm. Ein Bild wird 60-mal je Sekunde also mit einer Frequenz von 60 Hz dargestellt.

Für die Zeichen gibt es einen festen Zeichensatz mit 128 Zeichen, darunter Buch-staben in Klein- und Großschreibung, Ziffern, Sonderzeichen und Symbole. Abb. 1.3 zeigt beispielhaft den Buchstaben A und die Ziffer 1 als 10 mal 15 Grafik.

Abb. 1.2 Schaltsymbol des
D-Flip-Flop (D-FF)

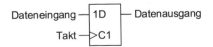

Abb. 1.3 Buchstabe A und
Ziffer 1 als 10 mal 15 Grafik

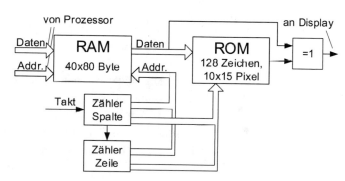

Abb. 1.4 Schaltungsstruktur eines einfachen Grafikcontrollers

Ein Prozessor teilt dem Grafikcontroller für jede Position mit, welches Zeichen dargestellt werden soll. Außerdem kann das Zeichen normal und invers dargestellt werden, das heißt bei invers ist der Hintergrund schwarz und das Zeichen weiß. Mit sieben Stellen wird eines der 128 Zeichen ausgewählt. Die achte Stelle gibt normale oder inverse Darstellung an. Damit ist für jedes Zeichen auf dem Bildschirm ein Byte, also ein Datenwort mit acht Stellen erforderlich.

Die Digitalschaltung des Grafikcontrollers benötigt einen Speicher für den aktuellen Bildschirminhalt, einen Speicher für die Grafiken der 128 Zeichen sowie zwei Zähler für die Zeile und Spalte, welche gerade dargestellt wird. Diese Schaltungsstruktur zeigt Abb. 1.4.

Der aktuelle Bildschirminhalt wird in einem Speicher abgelegt. Eine CPU schreibt für jede der 40 mal 80 Positionen ein Byte und bestimmt damit das darzustellende Zeichen. Dieser Speicher mit der Kurzbezeichnung RAM (*Random Access Memory*) braucht also 3200 Speicherstellen zu jeweils einem Byte. Ein Festwertspeicher, Kurzbezeichnung ROM (*Read-Only-Memory*), enthält die 128 Zeichen zu je 10 mal 15 Bildpunkten, also 19.200 Speicherstellen zu jeweils einem Bit.

Der Grafikcontroller gibt das Bild zeilenweise aus. Die aktuell dargestellte Position wird durch zwei Zähler bestimmt, wobei ein erster Zähler die Spalte zählt. Wenn der

Zähler an der letzten Spalte angekommen ist, wird der zweite Zähler aktiviert und so die nächste Zeile aufgerufen. Aus den Zählerwerten von Spalte und Zeile wird bestimmt, welches Zeichen gerade dargestellt wird.

Die Zählerwerte rufen zunächst das aktuelle Zeichen aus dem RAM auf. Dort steht zum Beispiel, dass der Buchstabe A angezeigt werden soll. Jetzt muss noch beachtet werden, welcher Bildpunkt des aktuellen Zeichens angezeigt wird, denn jedes Zeichen besteht ja aus 10 mal 15 Bildpunkten. Diese Information wird im ROM verarbeitet. Das ROM bekommt vom RAM das aktuelle Zeichen und von den Zählern die Information über die Position innerhalb des Zeichens. Für die linke obere Ecke des Buchstabens A wird dann zum Beispiel die Information „weißer Bildpunkt" ausgegeben (siehe Abb. 1.3).

Für die Auswahl des Zeichens sind sieben Stellen eines Byte vorgesehen. Die achte Stelle kann durch ein XOR-Gatter den Helligkeitswert umdrehen, sodass eine inverse Darstellung entsteht.

Die Geschwindigkeit des Takts muss zu der Anzahl der Bildpunkte und der Bilder pro Sekunde passen. Aus 800 mal 600 Bildpunkten und 60 Bilder pro Sekunde berechnet sich theoretisch eine Frequenz von 28,8 MHz. In der Realität sind allerdings in horizontaler und vertikaler Richtung noch Abstände zwischen den aktiven Bildbereichen erforderlich, sogenannte Austastlücken. Daher wird bei der genannten Auflösung ein Takt von 40 MHz verwendet.

1.1.5 Beispiel: Zähler im Grafikcontroller

In einen Teil des Grafikcontrollers soll noch etwas detaillierter geschaut werden. Damit ein Zeichen auf dem Bildschirm dargestellt wird, muss die aktuelle Spalte an den ROM-Speicher gegeben werden. Hierzu wird ein Zähler eingesetzt, der nacheinander die Zahlen von 0 bis 9 ausgibt und danach wieder ab der 0 weiterzählt. Diese Schaltung ist ein Teil des Blocks „Zähler Spalte" in Abb. 1.4.

Die Schaltung für so einen Zähler ist in Abb. 1.5 dargestellt. Der Zählerstand wird als *Dualzahl* dargestellt, das heißt, eine Ziffer Z besteht aus vier Stellen $z(3:0)$, wobei jede Stelle 0 oder 1 sein kann. Der Wert 0000 entspricht dem Zählerstand Null, 0001 entspricht Eins und so weiter. Die ausführliche Darstellung von Dualzahlen folgt später in Kap. 2.

In der Schaltung von Abb. 1.5 wird der aktuelle Stand des Zählers in vier Flip-Flops für die vier Stellen der Zahl Z gespeichert. Aus dem aktuellen Wert wird mit einigen Gattern der neue Zählerstand berechnet. Der Takt sorgt für die Datenübernahme, das heißt bei Aktivierung übernehmen die vier Flip-Flops den neuen Zählerstand und schalten so eine Zahl weiter.

Die Flip-Flops dienen also zur Speicherung von Informationen, hier dem aktuellen Zählerstand. Die Gatter führen Rechnungen durch, ermitteln hier also den nächsten Wert

Abb. 1.5 Zähler im
Grafikcontroller

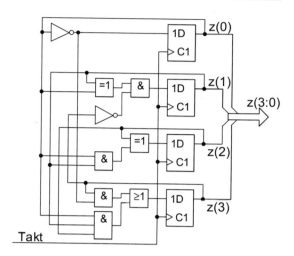

des Zählers. Wie eine solche Schaltung entworfen wird, erfahren Sie in den folgenden Kapiteln.

1.2 Technische Realisierung digitaler Schaltungen

Eine Digitalschaltung kann auf verschiedene Art und Weise implementiert, also aufgebaut werden. Der Oberbegriff für eine Schaltungsimplementierung ist *Integrierte Schaltung*, englisch *Integrated Circuit* (IC). Der Begriff bezieht sich darauf, dass mehrere Transistoren auf dem gleichen Bauelement zusammengefasst, also integriert sind. Auf den ersten integrierten Schaltungen begann dies mit bis zu 50 Transistoren, heute können es über eine Milliarde Transistoren sein.

Weitere Bezeichnungen sind *Chip* und *Microchip*. Diese Begriffe beziehen sich auf das kleine Siliziumplättchen innerhalb eines ICs. In der Praxis werden diese Begriffe gleichbedeutend für IC verwendet.

Die wichtigsten Arten von ICs werden im Folgenden kurz vorgestellt.

1.2.1 Logikbausteine

Logikgatter und Flip-Flops sind als einzelne Bauelemente verfügbar. Eine Digitalschaltung kann aus diesen einzelnen *Logikbausteinen* aufgebaut werden. Es wird eine Vielzahl verschiedener Bausteine angeboten, die in Tabellenbüchern und Datenblättern von den Herstellern beschrieben werden.

Ein Beispiel für einen Logikbaustein ist der IC 7408 mit vier Und-Gattern. Er ist in Abb. 1.6, dargestellt. Die jeweils zwei Eingänge und ein Ausgang der Und-Gatter sind

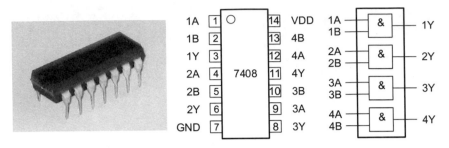

Abb. 1.6 IC 7408 mit vier Und-Gattern

auf Anschlussbeinchen, sogenannten Pins, aus dem Gehäuse herausgeführt und können
mit anderen Bauelementen verbunden werden. Am Logikbaustein sind außerdem Versorgungsspannung (VDD) und Masse (GND) vorhanden, sodass der Baustein 14 Pins
hat.

Sehr kleine Schaltungen, wie etwa der Zähler aus Abb. 1.5 können prinzipiell mit
einzelnen Logikbausteinen realisiert werden. Für größere Digitalschaltungen wären
jedoch viel zu viele Bausteine nötig. In der Praxis werden Logikbausteine eingesetzt,
wenn kleine Schaltungen mit wenigen Gattern benötigt werden.

1.2.2 Kundenspezifische Integrierte Schaltung

Eine große Digitalschaltung kann aufgebaut werden, indem Logikgatter und Flip-Flop
nach Bedarf verschaltet werden und dann eine Integrierte Schaltung nach diesem Bauplan hergestellt wird. So eine Schaltung wird als *Kundenspezifische Integrierte Schaltung*
oder *ASIC (Application Specific Integrated Circuit)* bezeichnet.

Der Entwurf eines ASIC erfordert jedoch hohe Entwicklungskosten und eine relativ
lange Entwicklungszeit. Die Entwicklung einer solchen Schaltung lohnt sich darum
meist erst ab einer Stückzahl von 10 000, besser 100 000 ICs. Ein ASIC kann entweder nur in eigenen Produkten eingesetzt werden oder auch anderen Firmen zum Kauf
angeboten werden.

1.2.3 Standardbauelemente

Für viele Aufgabenstellungen existieren fertige Digitalschaltungen, welche direkt eingesetzt werden können. Diese ICs werden als *ASSP* bezeichnet (*Application Specific
Standard Product*). Bekannte Beispiele hierfür sind Prozessoren und Speicherbausteine für Computer. Abb. 1.7 zeigt den Minicomputer Raspberry Pi 4B, der links ein
IC mit Prozessor und Grafikcontroller und direkt daneben in der Mitte der Platine einen

Abb. 1.7 Minicomputer Raspberry Pi

Speicherbaustein enthält. Auf der rechten Seite sind zwei etwas kleinere ICs für die Netzwerk- und USB-Verbindung.

Aber auch für viele andere Anwendungen sind ASSPs verfügbar. Wenn für eine Problemstellung ein ASSP verfügbar ist, kann damit meistens schnell und mit vertretbaren Kosten eine Schaltung aufgebaut werden.

1.2.4   Programmierbare Schaltung

Einen Mittelweg zwischen Standardbauelementen und ASIC bieten programmierbare Schaltungen, sogenannte *FPGAs (Field Programmable Gate Arrays)*. Ein FPGA ist, genau wie ein ASSP, als IC direkt verfügbar. Anders als ein ASSP hat ein FPGA aber keine festgelegte Funktion, sondern wird vom Entwicklerteam programmiert.

Abb. 1.8 zeigt den prinzipiellen Aufbau eines FPGAs. Der Baustein enthält verschiedene Logikblöcke, die als Logikgatter und Flip-Flop programmiert werden können. Durch programmierbare Verbindungsleitungen und Ein-/Ausgänge können Schaltungen erstellt werden. Im Bild wird durch die fett gedruckten Elemente eine einfache Digitalschaltung implementiert.

Ein FPGA kann zehntausende Logikgatter und Flip-Flops enthalten. Im Vergleich zu ASICs sind Entwicklungskosten und Entwicklungszeit für eine FPGA-Schaltung geringer, sodass ein Produkt eher am Markt sein kann. Allerdings sind die Stückkosten und die Verlustleistung etwas höher.

Als Beispiel nehmen wir an, eine Firma möchte einen Monitor für medizinische Anwendungen entwickeln. Für die Darstellung von Röntgenbildern ist eine sehr hohe Abstufung von Grauwerten erforderlich.

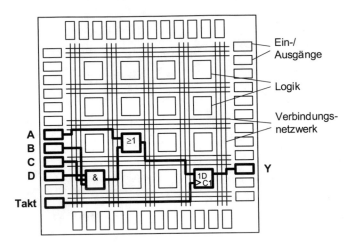

Abb. 1.8 Programmierbare Schaltung (FPGA)

- ASSPs zur Ansteuerung von Monitoren sind verfügbar. Sie sind jedoch nur für Computer-Anwendungen mit normaler Farbabstufung ausgelegt.
- Die Firma könnte ein eigenes ASIC als Grafikcontroller entwerfen. Der Markt für die geplanten Monitore ist jedoch nicht besonders groß und die Firma erwartet Verkaufszahlen von einigen hundert Monitoren pro Jahr. Für diese geringe Stückzahl lohnt sich der Entwurf eines ASIC nicht.
- Ein FPGA ist die bevorzugte Lösung zur Implementierung der Monitoransteuerung. Die Digitalschaltung kann mit der benötigten Farbabstufung aufgebaut werden. Da FPGAs als Komponente verfügbar sind, ist keine aufwendige Fertigung erforderlich.

1.2.5   Mikrocontroller

Zur Implementierung einer Digitalschaltung kann auch ein *Mikrocontroller* eingesetzt werden. Dabei handelt es sich um einen kleinen Computer, der komplett auf einem einzigen IC aufgebaut ist. Platzbedarf und Kosten sind viel geringer als bei einem PC; dafür ist allerdings auch die Rechenleistung beschränkt.

Ein Mikrocontroller kann genau wie ein FPGA für eine Anwendung programmiert werden. Anders als bei einem FPGA werden durch die Programmierung aber keine Logikgatter und Flip-Flops verschaltet. Die Funktion wird beim Mikrocontroller schrittweise als Computerprogramm ausgeführt. Leistungsfähigkeit und Flexibilität sind dadurch geringer als beim FPGA, aber für viele Anwendungen ausreichend.

1.3 Digitale und analoge Informationen

1.3.1 Darstellung von Informationen

Die Begriffe *digital* und *analog* beschreiben die Darstellung von Signalen. Die Aufgabe von analogen und digitalen Schaltungen ist oft die Verarbeitung von physikalischen Größen, wie Audiosignale, Bildsignale oder Sensorinformationen. Eine analoge Darstellung übersetzt eine physikalische Größe in eine andere, zweite physikalische Größe. Diese zweite physikalische Größe ist in der Elektronik normalerweise eine elektrische Spannung. Wenn beispielsweise ein Temperatursensor die Wassertemperatur misst, kann die Temperatur von 0° bis 100° Celsius durch eine analoge Spannung von 0 bis 1 V dargestellt werden. Theoretisch kann ein analoges Signal beliebig viele Werte einnehmen.

Bei einem digitalen Signal ist die Anzahl der möglichen Werte festgelegt. Dies ist der wesentliche Unterschied zu einem analogen Signal. Wenn eine Wassertemperatur verarbeitet werden soll, kann beispielsweise festgelegt werden, dass eine Abstufung in 1°-Schritten sinnvoll ist. Das digitale Signal kann dann nur 101 verschiedene Werte einnehmen, also die Werte 0°, 1°, 2°, bis 100°. Diese Abzählbarkeit der möglichen Werte steckt auch hinter der Bezeichnung digital, denn das Wort *digit* hat eigentlich die Bedeutung „Finger" und meint damit das Abzählen (per Finger).

Beispielsweise kann Musik auf analoger Schallplatte oder digitaler CD gespeichert werden. Bei der Schallplatte werden die Schallwellen in kleine Auslenkungen einer Rille übersetzt. Die Auslenkung repräsentiert somit das Musiksignal. Bei der CD wird das Musiksignal digital gespeichert. Pro Sekunde werden 44.100 Signalwerte als Zahl gespeichert. Mit 16 Bit pro Zahl sind 65.536 verschiedene Signalwerte möglich.

1.3.2 Vor- und Nachteile der Darstellungen

Analoge Signalverarbeitung hat den Vorteil, dass ein Signal theoretisch beliebig genau dargestellt werden kann. Digitale Signale haben eine begrenzte Genauigkeit, diese kann aber so gewählt werden, dass die Abstufungen ausreichend fein sind.

Die 65.536 möglichen Signalwerte der CD können störungsfrei ausgelesen und wiedergegeben werden. Die Schallplatte hat theoretisch eine unbegrenzte Auflösung. Diese wird durch die kleinen Abmessungen der Schallplattenrille sowie durch Staub und Abnutzung allerdings in der Realität eher schlechter als bei der CD sein. Natürlich dürfen Fans der Schallplatte trotzdem ihrem Medium treu bleiben.

Die Verarbeitung analoger Signale war in der Vergangenheit oft einfacher als bei digitalen Schaltungen. Durch die Leistungsfähigkeit moderner Digitalschaltungen haben sich die Verhältnisse umgedreht. Heutzutage ist die Verarbeitung digitaler Signale fast immer einfacher. Hinzu kommt die problemlose Speicherung und Übertragung digitaler Informationen, die Vorteile gegenüber der analogen Darstellung bietet.

Als Beispiel nehmen wir an, dass ein aktuelles Bild von einer Sportveranstaltung für einen Zeitungsartikel benötigt wird. Ein analoges Foto auf Filmmaterial wurde früher zunächst chemisch entwickelt, das passende Bild wurde ausgewählt und persönlich oder per Kurier in die Redaktion gebracht. Heute kann auf einer Digitalkamera sofort das passende Bild ausgewählt und per Mobiltelefon als E-Mail in die Redaktion geschickt werden. Innerhalb von Minuten ist eine Veröffentlichung auf der Homepage möglich.

Digitale Systeme haben in vielen Anwendungen die analogen Techniken abgelöst:

- Audiosignale werden nicht mehr analog auf Schallplatte und Musikkassette, sondern digital auf CD und als MP3 gespeichert.
- Videosignale werden nicht mehr analog auf VHS-Band, sondern digital als MPEG auf Festplatten, DVD und Blu-ray gespeichert.
- Das analoge Telefon wurde zunächst durch digitales ISDN und mittlerweile durch Voice-over-IP ersetzt.
- Fotos werden kaum noch auf chemischem Filmmaterial, sondern meist als digitale JPEG-Datei gemacht.

Allerdings sind noch nicht alle Anwendungen digital. Für Radio gibt es zwar digitale Übertragung, das analoge UKW-Radio wird aber weiterverwendet. Gründe für die Beibehaltung von UKW-Radio sind die ausreichende Qualität, der einfache Aufbau analoger Radios sowie die Vielzahl von vorhandenen Geräten.

1.3.3 Wert- und zeitdiskret

Die digitale Darstellung von Signalen wird durch die Fachbegriffe *wertdiskret* und *zeitdiskret* beschrieben. Das Wort *diskret* bedeutet dabei voneinander abgetrennt, einzelstehend.

Mit wertdiskret ist gemeint, dass für die Signalwerte nur bestimmte, einzelne Werte möglich sind. Das Gegenteil ist *wertkontinuierlich*, das heißt es gibt keine Lücken zwischen den möglichen Werten.

Mit zeitdiskret ist gemeint, dass die Signalwerte nur zu bestimmten Zeiten vorhanden sind. Das Gegenteil ist *zeitkontinuierlich*, das heißt zu jeder Zeit ist das Signal definiert.

Betrachten wir wieder CD und Schallplatte:

- Ein Musiksignal auf einer CD ist wertdiskret, denn es sind fest definierte 65.536 verschiedene Werte möglich. Und es ist zeitdiskret, denn pro Sekunde sind genau 44.100 Signalwerte definiert. Die Werte zwischen diesen Zeitpunkten sind nicht abgespeichert. Für die Wiedergabe kann man diese Zwischenwerte problemlos interpolieren, aber sie sind nicht auf der CD enthalten.

- Ein Musiksignal auf Schallplatte ist wertkontinuierlich, denn die Schallplattenrille ist stufenlos verschoben. Und es ist zeitkontinuierlich, denn die Rille hat keine Lücke. Für jede Position, also für jeden Zeitpunkt ist eine Verschiebung der Rille vorhanden.

Abb. 1.9 zeigt ein analoges und ein digitales Signal im Zeitverlauf. Das analoge Signal ist durchgängig über der horizontalen Zeitachse und der vertikalen Werteachse. Das digitale Signal ist nur zu bestimmen Zeiten definiert und kann nur bestimmte Werte einnehmen. Die Schrittweite im digitalen Signal ist zur Verdeutlichung sehr groß gewählt. In der Realität sind die Abstände so klein, dass ein digitales Signal keine erkennbaren Stufen zeigt.

Digitale Signale sind also wertdiskret und zeitdiskret, analoge Signale sind wertkontinuierlich und zeitkontinuierlich. Es gibt Spezialfälle von wertdiskret und zeitkontinuierlich oder zeitdiskret und wertkontinuierlich. Diese werden jedoch nicht gesondert betrachtet, sondern sind meist analog. Ein solcher Spezialfall sind Kinofilme auf Filmrolle. Pro Sekunde sind typischerweise 24 Einzelbilder vorhanden (zeitdiskret), die Farbinformationen der einzelnen Bilder sind stufenlos (wertkontinuierlich).

1.4 Übungsaufgaben

Haben Sie den Inhalt des Kapitels verstanden? Prüfen Sie sich mit den Fragen am Kapitelende. Die Antworten finden Sie am Ende des Buches.

Bei allen Auswahlfragen ist immer genau eine Antwort korrekt.

Aufgabe 1-1 Was gilt IMMER für Binärdaten?

a) Binärdaten stellen einen Zahlenwert dar
b) Binärdaten arbeiten mit 0 und 3,3 V
c) Es gibt zwei Zustände

Abb. 1.9 Verlauf eines analogen und digitalen Signals

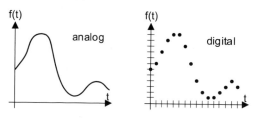

Aufgabe 1-2 Was gilt IMMER für einen Inverter?

a) Ein Inverter hat eine Verzögerungszeit von 1 ns
b) Eine 0 am Eingang wird zu einer 1 am Ausgang
c) Wenn am Eingang 3,3 V anliegt, ergibt der Ausgang 0 V

Aufgabe 1-3 Was gilt für ein UND-Gatter?

a) Nur wenn genau ein Eingang 1 ist, ist der Ausgang 1
b) Wenn mindestens ein Eingang 1 ist, ist der Ausgang 1
c) Nur wenn alle Eingänge 1 sind, ist der Ausgang 1

Aufgabe 1-4 Was gilt für ein ODER-Gatter?

a) Nur wenn alle Eingänge 1 sind, ist der Ausgang 1
b) Wenn mindestens ein Eingang 1 ist, ist der Ausgang 1
c) Nur wenn genau ein Eingang 1 ist, ist der Ausgang 1

Aufgabe 1-5 Was gilt für ein XOR-Gatter (mit zwei Eingängen)?

a) Wenn mindestens ein Eingang 1 ist, ist der Ausgang 1
b) Nur wenn alle Eingänge 1 sind, ist der Ausgang 1
c) Nur wenn genau ein Eingang 1 ist, ist der Ausgang 1

Aufgabe 1-6 Was gilt für ein UND-Gatter?

a) Nur wenn alle Eingänge 0 sind, ist der Ausgang 0
b) Wenn mindestens ein Eingang 0 ist, ist der Ausgang 0
c) Nur wenn genau ein Eingang 0 ist, ist der Ausgang 0

Aufgabe 1-7 Was gilt für ein ODER-Gatter?

a) Wenn mindestens ein Eingang 0 ist, ist der Ausgang 0
b) Nur wenn alle Eingänge 0 sind, ist der Ausgang 0
c) Nur wenn genau ein Eingang 0 ist, ist der Ausgang 0

Aufgabe 1-8 Was gilt für ein XOR-Gatter (mit zwei Eingängen)?

a) Wenn mindestens ein Eingang 0 ist, ist der Ausgang immer 1
b) Nur wenn alle Eingänge 0 sind, ist der Ausgang 1
c) Nur wenn genau ein Eingang 0 ist, ist der Ausgang 1

Aufgabe 1-9 Was gilt für ein D-Flip-Flop (D-FF)?

a) Wenn Daten und Takt den gleichen Wert haben, wechselt der Ausgang
b) Wenn Daten und Takt einen ungleichen Wert haben, wechselt der Ausgang
c) Daten werden bei einer Taktflanke gespeichert
d) Daten werden bei Takt gleich 1 gespeichert
e) Daten werden bei Takt gleich 0 gespeichert

Aufgabe 1-10 Welche Eigenschaften hat ein digitales Signal?

a) wertdiskret und zeitkontinuierlich
b) wertdiskret und zeitdiskret
c) wertkontinuierlich und zeitkontinuierlich
d) zeitdiskret und wertkontinuierlich

Digitale Codierung von Informationen

2

Genau wie wir Menschen verarbeiten auch digitale Systeme Informationen, die sie aus ihrer Umgebung erhalten.

Lesen Sie zum Beispiel den Wetterbericht in der Tageszeitung und erhalten die Information, dass mit Regen zu rechnen ist, nehmen Sie einen Schirm mit, wenn Sie das Haus verlassen. Wird dagegen wolkenloses Sommerwetter angekündigt, ist die Mitnahme einer Sonnenbrille vermutlich die bessere Entscheidung.

Um als Mensch eine Information aufnehmen und verarbeiten zu können, muss sie in einer für uns zugänglichen Form vorliegen. Der Wetterbericht in der Zeitung besteht aus einzelnen Zeichen, die wir zu Wörtern und Sätzen zusammenfügen. Die in den Sätzen enthaltene, man kann auch sagen „codierte", Information extrahieren wir und reagieren entsprechend. Allerdings hätten wir große Schwierigkeiten den Wetterbericht zu verstehen, wenn er in einer uns unbekannten Sprache verfasst wäre. Da wir die Regeln nicht kennen, die beschreiben wie die Information durch die Aneinanderreihung der Buchstaben codiert ist, könnten wir mit dem scheinbaren Buchstabensalat nichts anfangen.

Wie lassen sich diese Überlegungen auf ein digitales System übertragen? Zunächst ist es selbstverständlich wichtig, dass die zu verarbeitenden Informationen in digitaler Form, also als Bits, vorliegen. Darüber hinaus müssen aber auch Regeln vereinbart sein, die die Bedeutung der Bits beschreiben. Andernfalls kann ein digitales System die in den Bits enthaltene Information nicht extrahieren – es kann mit dem „Bitsalat" nichts anfangen.

In diesem Kapitel werden einige Regeln zur digitalen Codierung von Informationen vorgestellt, die die Grundlage für die Realisierung vieler digitaler Schaltungen darstellen. Da in vielen praktischen Anwendungsfällen Zahlenwerte verarbeitet werden, liegt der Schwerpunkt dieses Kapitels auf der binären Codierung von Zahlen. In diesem Kapitel werden darüber hinaus einige gebräuchliche Codes vorgestellt, die sich zur Codierung sowohl numerischer als auch nicht-numerischer Informationen eignen.

© Springer-Verlag GmbH Deutschland, ein Teil von Springer Nature 2022
W. Gehrke und M. Winzker, *Digitaltechnik,*
https://doi.org/10.1007/978-3-662-63954-2_2

2.1   Grundlagen

Für die binäre Codierung einer Information werden Codewörter definiert, die aus Bits zusammengesetzt sind. Je mehr Bits zur Anwendung kommen, desto mehr Codewörter können definiert werden: Wird ein Bit verwendet, ergeben sich die zwei möglichen Codierungen „0" und „1". Mit 2 Bits ergeben sich bereits 4 Möglichkeiten, „00", „01", „10" und „11". Allgemein gilt, dass die maximale Anzahl der Codewörter eine Zweierpotenz ist. Mit n Bits lassen sich 2^n unterschiedliche binäre Codierungen darstellen. Ausgewählte Zweierpotenzen sind in Tab. 2.1 dargestellt.

Für Zehnerpotenzen sind Vorsätze klar definiert. Zum Beispiel steht k (Kilo) für 10^3, M (Mega) für 10^6 oder G (Giga) für 10^9. Als die Vorsätze für Zweierpotenzen eingeführt wurden, orientierte man sich an den bekannten Vorsätzen für Zehnerpotenzen. Da $2^{10} \approx 10^3$ ist, setzte man den Zehnerpotenzvorsatz Kilo auch für die Zweierpotenz ein. Zur Unterscheidung wurde teilweise der Zweierpotenzvorsatz K anstelle von k verwendet. Weiterhin sind dann die Abkürzungen M für $2^{20} \approx 10^6$, G für $2^{30} \approx 10^9$ und T für $2^{40} \approx 10^{12}$ eingeführt worden. Hier war jedoch eine Unterscheidung mittels Groß- und Kleinschreibung nicht mehr möglich und es gibt das Problem einer möglichen Zweideutigkeit. Gibt zum Beispiel ein Hersteller die Kapazität einer Festplatte mit 5,0 TByte an, so meint er in der Regel $5 \cdot 10^{12}$ Byte und nicht $5 \cdot 2^{40}$ Byte. Die Differenz beträgt immerhin fast 10 %.

Weitere Probleme entstehen bei der Kennzeichnung von Übertragungsgeschwindigkeiten. In Datenübertragungsnetzen sind die Bezeichnungen kbit/s, Mbit/s und Gbit/s üblich. Hier sind die üblichen Abkürzungen für Zehnerpotenzen gemeint. Um die Zweideutigkeit der Vorsätze zu vermeiden hat das internationale Normierungsgremium IEC (*International Electrotechnical Commission*) in der Norm IEC 60027 neue Vorsätze für binäre Vielfache festgelegt. In Tab. 2.2 sind diese Vorsätze zusammengefasst.

Die IEC-Norm hat sich bisher nur zum Teil in der Praxis verbreitet. In vielen Fällen werden die Vorsätze für Zehnerpotenzen verwendet, obwohl eigentlich Vorsätze für Zweierpotenzen gemeint sind.

2.2   Vorzeichenlose Zahlen

In diesem Abschnitt werden Zahlendarstellungen und grundlegende arithmetische Operationen für vorzeichenlose duale Ganzzahlen erläutert. Der betrachtete Zahlenraum umfasst also die natürlichen Zahlen inklusive der Null.

Tab. 2.1 Ausgewählte Zweierpotenzen

n	1	2	3	4	5	6	7	8	9	16	20	30
2^n	2	4	8	16	32	64	128	256	512	65.536	1.048.576	1.073.741.824

Tab. 2.2 Binäre Vorsätze für Zweierpotenzen

Zweierpotenz	Abkürzung (gesprochen)	Abgeleitet von	z. B. Speicher-kapazität in bit	z. B. Speicher-kapazität in Byte
2^{10}	Ki (Kibi)	Kilobinär	Kibit	KiB (= 8 Kibit)
2^{20}	Mi (Mebi)	Megabinär	Mibit	MiB (= 8 Mibit)
2^{30}	Gi (Gibi)	Gigabinär	Gibit	GiB (= 8 Gibit)
2^{40}	Ti (Tebi)	Terabinär	Tibit	TiB (= 8 Tibit)
2^{50}	Pi (Pebi)	Petabinär	Pibit	PiB (= 8 Pibit)
2^{60}	Ei (Exbi)	Exabinär	Eibit	EiB (= 8 Eibit)
2^{70}	Zi (Zebi)	Zettabinär	Zibit	ZiB (= 8 Zibit)
2^{80}	Yi (Yobi)	Yottabinär	Yibit	YiB (= 8 Yibit)

2.2.1 Stellenwertsysteme

Wenn Sie die Zifferntolge „123" sehen, werden Sie diese vermutlich sofort mit dem Zahlenwert Einhundertdreiundzwanzig verbinden. Wir haben in unseren ersten Schuljahren gelernt, dass Zahlen durch einzelne Zeichen dargestellt werden, die hintereinander geschrieben einen Zahlenwert repräsentieren. Die am weitesten rechts stehende Ziffer ist die Einerstelle. Diese wird gefolgt von der Zehnerstelle und der Hunderterstelle. Sollen größere Zahlenwerte dargestellt werden, werden einfach weitere Stellen hinzugefügt. Diese Vereinbarung legen wir im Alltag bei der „Decodierung" einer Zifferntolge zugrunde.

Man kann die im Alltag verwendete Vereinbarung auch mathematisch als Formel darstellen. Der Zahlenwert Z_{10} einer Folge von N Ziffern, die aus den Ziffern z_{N-1} bis z_0 besteht, ergibt sich aus der Formel:

$$Z_{10} = \sum_{i=0}^{N-1} z_i \cdot 10^i$$

Als Zifferzeichen werden die zehn Symbole 0,1, ... 8,9 verwendet, denen jeweils ein Zahlenwert im Bereich von Null bis Neun zugeordnet ist.

Diese Form der Zahlendarstellung nennt man Stellenwertsystem. Jeder Stelle einer Ziffernfolge ist ein *Stellengewicht* zugeordnet. Im Dezimalsystem ist dies eine Zehnerpotenz. Die Summe der einzelnen Produkte aus *Stellenwert* und Stellengewicht ergibt den dargestellten Zahlenwert.

Dass wir im Alltag zehn unterschiedliche Symbole zur Darstellung der Ziffern verwenden, ist eine willkürliche Festlegung. Man kann zum Beispiel auch die Vereinbarung treffen, ein Siebener-System zu verwenden. Dann würden die Symbole 7, 8 und 9 nicht benötigt und es gälte die Rechenregel:

$$Z_7 = \sum_{i=0}^{N-1} z_i \cdot 7^i$$

Da sich somit eine Einerstelle, eine Siebenerstelle und eine Neunundvierzigerstelle ergibt, würde die Ziffernfolge „123" dem Zahlenwert Sechsundsechzig entsprechen.

Diese Überlegungen lassen sich auf beliebige Anzahlen von Ziffernsymbolen erweitern. Werden B Ziffernsymbole verwendet, ergibt sich der codierte Zahlenwert aus der Formel:

$$Z_B = \sum_{i=0}^{N-1} z_i \cdot B^i$$

Der Wert B wird als Basis des jeweiligen Zahlensystems bezeichnet und man spricht von einer Zahlendarstellung „zur Basis B" oder von einem B-adischen Zahlensystem. Um die verwendete Basis explizit deutlich zu machen, kann sie als Index an die Ziffernfolge angefügt werden. Zum Beispiel gilt:

$$66_{10} = 102_8 = 123_7 = 1002_4 = 2110_3$$

In vielen Fällen wird jedoch auf den Index verzichtet, da aus dem Zusammenhang bereits deutlich wird, welche Basis verwendet wird.

Einer der Vorteile der hier vorgestellten Stellenwertsysteme gegenüber anderen Zahlensystemen ist die einfache Möglichkeit alle vier Grundrechenarten mit übersichtlichen Regeln umzusetzen.

Eine Zahlendarstellung, die nicht auf Stellenwertigkeiten basiert, ist beispielsweise das Römische Zahlensystem. Eine Addition lässt sich in diesem System durch „Zusammenziehen" der beiden Operanden relativ einfach realisieren. Eine Multiplikation ist dagegen deutlich aufwendiger als im dezimalen Stellenwertsystem.

2.2.2 Darstellung vorzeichenloser Zahlen in der Digitaltechnik

Zur Implementierung digitaler Systeme werden nur zwei Zustände verwendet. Daher ist es konsequent, genau zwei Ziffernsymbole zu verwenden. Es wird also die Basis 2 für die Darstellung von Zahlen gewählt. Eine Zahl wird in diesem *Dualsystem* durch eine Folge von Nullen und Einsen dargestellt und ergibt sich entsprechend der Überlegungen des vorangegangenen Abschnitts zu:

$$Z_2 = \sum_{i=0}^{N-1} z_i \cdot 2^i$$

Selbst bei relativ kleinen Zahlen ergibt sich hierbei schnell eine große Stellenzahl. So kann der dezimale Wert 98_{10} im Dezimalsystem mit zwei Ziffern dargestellt werden. Im Dualsystem werden dagegen mindestens 7 Stellen benötigt: $98_{10} = 1100010_2$.

Um die Darstellung dualer Zahlen übersichtlicher zu gestalten, können mehrere Bits einer Dualzahl zusammengefasst werden. So können zum Beispiel 3 Bits zu einer neuen

Ziffer kombiniert werden. Der Wert dieser neuen Ziffer kann 8 verschiedene Werte annehmen. Man erhält ein Zahlensystem zur Basis 8, das Oktalsystem.

In der Praxis wird sehr häufig eine Gruppierung von jeweils vier Bits vorgenommen. Dieses ist insbesondere dann sinnvoll, wenn die Zahlenwerte mit Vielfachen von vier Bits codiert werden, was bei allen heute üblichen Rechnersystemen der Fall ist. Da sich bei einer Kombination von vier Bits zu einer neuen Ziffer 16 mögliche Werte ergeben, reichen die Ziffernsymbole des Dezimalsystems nicht mehr aus. Es werden neben den Symbolen 0 bis 9 noch sechs weitere Symbole für die Werte 10 bis 15 benötigt. Hierfür werden die ersten Buchstaben des Alphabets verwendet. Auf diese Weise erhält man das sogenannte Hexadezimalsystem, ein Stellenwertsystem zur Basis 16.

Die verschiedenen Darstellungen von Zahlenwerten in unterschiedlichen Zahlensystemen fasst Tab. 2.3 für die Zahlen von 0 bis 18_{10} zusammen. Bei der Verwendung des Oktal- oder des Hexadezimalsystems arbeitet die zugrundeliegende digitale Hardware weiterhin mit einzelnen Bits, also im Dualzahlensystem. Die Kombination von Bits zu einer Oktal- oder Hexadezimalziffer dient lediglich der kompakteren Darstellung der Zahlenwerte.

Tab. 2.3 Darstellung der Zahlen 0 bis 18 im Dezimal-, Dual-, Oktal- und Hexadezimalsystem

Dezimal $B = 10$	Dual $B = 2$	Oktal $B = 8$	Hexadezimal $B = 16$
0	0	0	0
1	1	1	1
2	10	2	2
3	11	3	3
4	100	4	4
5	101	5	5
6	110	6	6
7	111	7	7
8	1000	10	8
9	1001	11	9
10	1010	12	A
11	1011	13	B
12	1100	14	C
13	1101	15	D
14	1110	16	E
15	1111	17	F
16	10000	20	10
17	10001	21	11
18	10010	22	12

2.2.3 Umwandlung zwischen Zahlensystemen

Für die Umrechnung eines Zahlenwertes aus einem System zur Basis B_1 in ein System zur Basis B_2 kann direkt unter Verwendung der bereits vorgestellten Summenformel erfolgen:

$$Z = \sum_{i=0}^{N-1} z_i \cdot B_1{}^i$$

Hierbei muss die Berechnung zur Basis B_2 erfolgen. Das Rechnen in einem anderem als dem dezimalen Zahlensystem ist jedoch gewöhnungsbedürftig, sodass es sich empfiehlt, zunächst eine Umwandlung der Zahl in das Dezimalsystem vorzunehmen. In einem zweiten Schritt erfolgt dann die Umwandlung des Dezimalwertes in das gewünschte Zahlensystem zur Basis B_2.

Die Umrechnung aus dem Dezimalsystem in ein anderes Zahlensystem kann mithilfe der Divisionsmethode erfolgen, die im Folgenden vorgestellt wird.

Die Divisionsmethode basiert auf einem iterativen Vorgehen, bei dem zunächst die Ausgangszahl ganzzahlig durch die Basis B_2 des Zielsystems dividiert wird. Der Rest der Division ergibt eine Stelle der zu berechnenden Zahl. Anschließend wird der Quotient der Division wiederum durch B_2 dividiert. Dieses Vorgehen wird so lange wiederholt, bis der berechnete Quotient Null ist. Die gesuchte Zahlendarstellung ergibt sich aus den berechneten Resten, wobei der zuerst berechnete Rest die Einerstelle repräsentiert.

Die Umwandlung einer Zahl zur Basis B_1 in eine Zahl zur Basis B_2 kann wie folgt als iteratives Vorgehen formuliert werden:

1. Umwandlung der Ausgangzahl in das Dezimalsystem (Summenformel anwenden).
2. Ganzzahl-Division durch B_2.
3. Rest der Division ergibt eine Stelle der gesuchten Zahl.
4. Falls Quotient ungleich Null: Zurück zu Schritt 2. Der Dividend der erneuten Division ist der zuvor berechnete Quotient.

2.2.4 Beispiele zur Umwandlung zwischen Zahlensystemen

Beispiel 1

Die Zahl 110010_2 soll in eine Dezimalzahl umgewandelt werden. Hier kann die Summenformel direkt angewendet werden:

$$Z = \sum_{i=0}^{N-1} z_i \cdot 2^i = 1 \cdot 2^1 + 1 \cdot 2^4 + 1 \cdot 2^5 = 2 + 16 + 32 = 50$$

Die gesuchte Dezimalzahl ist 50.

Beispiel 2

Die Zahl 89_{10} soll in eine binäre Zahl umgewandelt werden. Mit der Divisionsmethode ergibt sich die in Tab. 2.4 dargestellte Rechnung und damit die gesuchte binäre Repräsentation 1011001_2.

Beispiel 3

Die Zahl $83ED_{16}$ soll in eine Dualzahl überführt werden. Die Umrechnung zwischen dem Dualzahlensystem und dem Hexadezimalsystem kann sehr einfach erfolgen, da 4 Bit einer Dualzahl exakt einer Stelle der Hexadezimalzahl entsprechen. Man benötigt lediglich die Zuordnung einer hexadezimalen Ziffer zu ihrem dualen Äquivalent (vgl. Tab. 2.3) und kann die Umwandlung direkt durch Ablesen aus der Tabelle durchführen. Die einzelnen Hexadezimalstellen werden sukzessive durch ihre binären Entsprechungen ersetzt und es ergibt sich:

$$83ED_{16} = 1000\,0011\,1110\,1101_2.$$

Beispiel 4

Die Dualzahl 1011111011101111_2 soll in eine Hexadezimal gewandelt werden. Nach der Gruppierung der Dualzahl in Gruppen zu jeweils 4 Bit ergibt sich das Ergebnis wiederum durch Ablesen aus Tab. 2.3:

$$1011\,1110\,1110\,1111_2 = BEEF_{16}$$

Beispiel 5

Die Zahl 14505_6 soll in eine Oktalzahl umgewandelt werden. In diesem Fall bietet sich ein Vorgehen in zwei Schritten an.

Zunächst wird die gegebene Zahl mithilfe der Summenformel in eine Dezimalzahl umgewandelt und es ergibt sich.

$$14505_6 = 2345_{10}$$

Anschließend erfolgt die Umwandlung in das Zielsystem mithilfe der Divisionsmethode (vgl. Tab. 2.5) Die gesuchte Oktalzahl lautet 4451_8.

Tab. 2.4 Umwandlung der Dezimalzahl 89 in eine Dualzahl

Iteration	Dividend	Divisor	Quotient	Rest
1	89	2	44	1
2	44	2	22	0
3	22	2	11	0
4	11	2	5	1
5	5	2	2	1
6	2	2	1	0
7	1	2	0	1

Tab. 2.5 Umwandlung der
Dezimalzahl 2345 in eine
Oktalzahl

Iteration	Dividend	Divisor	Quotient	Rest
1	2345	8	293	**1**
2	293	8	36	**5**
3	36	8	4	**4**
4	4	8	0	**4**

2.2.5 Wertebereiche und Wortbreite

Für alle Zahlendarstellungen gilt, dass mit einer konkreten Anzahl an Stellen nur eine begrenzte Anzahl von Zahlenwerten dargestellt werden kann. Besitzt eine Dezimalzahl beispielsweise drei Stellen, kann diese nur die Werte von 0 bis 999 annehmen. Mit einer 7-stelligen Dualzahl kann nur der Zahlenbereich von 0 bis $1111111_2 = 127_{10}$ dargestellt werden.

Werden zwei Dualzahlen addiert, kann es (je nach Zahlenwerten) passieren, dass für die Summe mehr Bits als für die beiden Operanden benötigt werden. So kann beispielsweise die Summe der Zahlen 1101_2 (13_{10}) und 0101_2 (5_{10}) nicht mit 4 Bit dargestellt werden. Für das Ergebnis 18_{10} werden 5 Bit benötigt ($18_{10} = 10010_2$).

Generell gilt, dass bei der Addition von n binären Zahlen $log_2(n)$ zusätzliche Bits für das Ergebnis benötigt werden. Addiert man beispielsweise 8 Zahlen mit der Wortbreite 6 Bit, muss für das Ergebnis eine Wortbreite von $6 + log_2(8) = 9$ *Bit* vorgesehen werden.

Vermutlich finden Sie diese Erkenntnis nicht sonderlich bemerkenswert, da wir aus dem täglichen Leben daran gewöhnt sind, dass das Ergebnis einer Rechnung mehr Stellen als die Operanden benötigt. Zur Veranschaulichung dieses Sachverhalts wird bereits in den ersten Jahren der Schulausbildung der Zahlenstrahl eingeführt. Mit ihm lassen sich unter anderem auch die Addition und Subtraktion übersichtlich grafisch darstellen. Durchläuft man den Zahlenstrahl von Null in Richtung positiver Zahlen, wird mit jedem Schritt eine 1 addiert (Additionsrichtung). Durchlaufen des Zahlenstrahls in entgegengesetzter Richtung entspricht der Subtraktion (Subtraktionsrichtung). Je weiter man sich auf dem Zahlenstrahl vom Wert Null entfernt, desto größer werden die Zahlen. An der Grenze zu einer Zehnerpotenz (zum Beispiel 99) wird die Anzahl der Stellen zur Darstellung der Zahlen erhöht (statt zwei Stellen für 99 werden drei Stellen für die Darstellung des Wertes 100 verwendet).

Für ein digitales System ist dieses Prinzip jedoch schwer umsetzbar. Ist ein System einmal realisiert, steht nur eine feste Anzahl von Stellen in der Hardware zur Verfügung. Das Prinzip „ich nehme mir so viele Stellen wie ich brauche" funktioniert in digitalen Systemen daher nicht. Hieraus ergeben sich einige Konsequenzen für die arithmetischen Komponenten eines digitalen Systems, die im folgenden Abschnitt näher erläutert werden.

2.2.6 Zahlendarstellung mit begrenzter Wortbreite

Stellen Sie sich vor, Sie sollen ein digitales System realisieren, dass intensiv von der Addition Gebrauch macht. Für die Implementierung der Addierer des Systems könnten Sie sich entscheiden, dass immer die benötigte Anzahl von Ergebnisbits zur Verfügung stehen soll, das Ergebnis also ein Bit mehr als die Operanden umfasst. Allerdings ist zu beachten, dass die Wortbreite der Ergebnisse mit zunehmender Anzahl durchgeführter Additionen kontinuierlich wächst. Besitzen die Eingangswerte des Systems zum Beispiel eine Wortbreite von 8 bit, würde das Ergebnis einer ersten Addition eine Wortbreite 9 bit benötigen. Werden die so berechneten Zwischenergebnisse mit einer weiteren Addition weiterverarbeitet, sind bereits 10 bit für diese Ergebnisse erforderlich.

Selbstverständlich kann man ein digitales System realisieren, das beispielsweise vier 8-Bit-Zahlen addieren kann und ein Ergebnis mit der Wortbreite 10 bit liefert. Aber stellen Sie sich vor, Sie sollen eine arithmetische Komponente für ein Rechnersystem entwerfen. Sie wissen nicht welches Programm später auf dem Rechner laufen wird und welche Wortbreiten für Operanden und Ergebnisse sinnvoll sind. Darüber hinaus besitzen die Speicherstellen eines Rechners, in denen auch Zwischenergebnisse abgelegt werden, feste Wortbreiten (meist Vielfache eines Bytes). Daher verwenden die arithmetischen Einheiten eines Rechners meist identische Operanden- und Ergebniswortbreiten. Ergibt sich bei einer Berechnung ein Ergebnis, das eine größere Wortbreite als die implementierte Ergebniswortbreite benötigt, werden die führenden Bits des Ergebnisses einfach weggelassen. Die Ausgabe der arithmetischen Einheit wäre in diesem Fall also nicht korrekt. Nehmen wir an, dass mithilfe eines Addierers die Zahlen $1011_2 = 11_{10}$ und $1001_2 = 9_{10}$ addiert werden. Es steht ein Addierer mit einer Wortbreite von 4 bit zur Verfügung. Der Addierer kann also Operanden und Ergebnisse im Bereich von 0 bis 15 verarbeiten bzw. ausgeben. Das korrekte Ergebnis der Summe aus 11 und 9 ist jedoch 20 und überschreitet damit den möglichen Zahlenbereich der Ergebnisse des 4-Bit-Addierers. Statt des korrekten Ergebnisses 10100_2 wird der Addierer führende 1 verwerfen und $0100_2 = 4_{10}$ ausgegeben.

Was bedeutet die begrenzte Wortbreite für die grafische Darstellung von Zahlen? Am Beispiel eines 4-Bit-Addierers lässt sich dies anschaulich erläutern: Startet man bei 0 und addiert sukzessive eine 1, durchläuft das Ergebnis die Zahlen von 0 bis $15_{10} = 1111_2$. Bei der Addition von 15_{10} und 1 erreicht man wieder den Ausgangspunkt: Das vom Addierer ausgegebene Ergebnis ist 0000_2, da die Zahl $16_{10} = 10000_2$ nicht mit 4 Bit dargestellt werden kann.

Die grafische Darstellung dieses Verhaltens kann also kein Zahlenstrahl sein. Vielmehr ergibt sich ein *Zahlenkreis*, der bei Addition im Uhrzeigersinn durchlaufen wird. Entsprechend wird der Kreis bei der Subtraktion entgegen dem Uhrzeigersinn durchlaufen (Abb. 2.1).

Abb. 2.1 Zahlenkreis für
positive Zahlen mit einer
Wortbreite von 4 bit

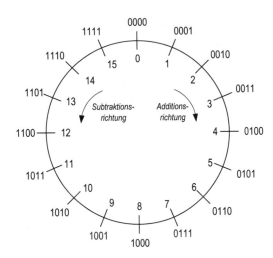

2.2.7 Binäre vorzeichenlose Addition

Die Regeln zur Addition und Subtraktion im Dualsystem sind mit denen des Dezimal-systems vergleichbar. Beide Operationen werden stellenweise, beginnend mit der niederwertigsten Stelle (die Stelle mit dem niedrigsten Stellengewicht), durchgeführt. Bei dieser Operation kann wie im Dezimalsystem ein *Überlauf* auftreten, welcher ent-sprechend zu berücksichtigen ist. Der wesentliche Unterschied zwischen dem Dezi-mal- und dem Dualsystem ist, dass der 10er-Übergang des Dezimalsystems einem 2er-Übergang im Dualsystem entspricht. Für die Addition zweier Dualzahlen bedeutet dies, dass ein Übertrag in der nächsthöheren Stelle zu berücksichtigen ist, wenn die Summe der Ziffern den Wert 1 überschreitet. Es ergeben sich 8 mögliche Fälle für die einstellige binäre Addition, welche in Tab. 2.6 zusammengefasst sind.

Tab. 2.6 Übersicht über die einstellige binäre Addition

Eingabewerte			Ausgabewerte	
1. Summand	2. Summand	Übertragsbit	Summenbit	Übertragsbit
0	0	0	0	0
0	0	1	1	0
0	1	0	1	0
0	1	1	0	1
1	0	0	1	0
1	0	1	0	1
1	1	0	0	1
1	1	1	1	1

Abb. 2.2 Beispiel für die
binäre Addition

$$
\begin{array}{r}
0011 \\
+\ 1001 \\
\text{Übertrag:}\quad \underline{0011} \\
1100
\end{array}
$$

Zur Verdeutlichung ein Beispiel: Die beiden binären Zahlen 0011 und 1001 sollen addiert werden. Die Addition der beiden niederwertigsten Stellen ergibt den Wert 2. Dieses Ergebnis wird durch eine 1 in der nächsthöheren Stelle (Übertrag) und eine 0 in der aktuellen Stelle dargestellt (vgl. Abb. 2.2). Unter Berücksichtigung des Übertrags und der zwei Operandenbits der nächsthöheren Stelle ergibt sich wiederum ein Übertrag 1 und ein Ergebnisbit mit dem Wert 0. Dieses Verfahren wird für alle Operandenbits durchgeführt und man erhält ein Ergebnis mit der Wortbreite 4 bit.

Überlaufsdetektion bei der vorzeichenlosen Addition
Variante 1: Betrachtung des höchstwertigen Übertragsbits
Ist das höchstwertige Übertragsbit bei der Addition zweier vorzeichenloser Zahlen 0, ist das Ergebnis korrekt. Andernfalls ist bei der Addition ein Überlauf aufgetreten und das ausgegebene Ergebnis nicht korrekt.

Variante 2: Betrachtung der höchstwertigen Bits der Operanden und des Ergebnisses
Sind beide höchstwertigen Bits der Operanden identisch, tritt bei der Addition ein Überlauf auf, wenn diese Bits gleich 1 sind. Sind die beiden höchstwertigen Bits der Operanden unterschiedlich, ist ein Überlauf aufgetreten, wenn das höchstwertige Ergebnisbit gleich 0 ist. In allen anderen Fällen ist kein Überlauf aufgetreten.

2.2.8 Binäre vorzeichenlose Subtraktion

Bei der binären Subtraktion können ähnliche Rechenregeln angewandt werden, wie sie aus dem Dezimalsystem bekannt sind. Sukzessive werden die einzelnen Bits des Minuenden und Subtrahenden beginnend mit dem niederwertigsten Bit betrachtet. Es wird die Differenz aus dem Minuendenbit und dem Subtrahendenbit bestimmt. Sofern ein Übertrag zu berücksichtigen ist, wird dieser mit negativem Vorzeichen einbezogen. Es ergeben sich wie bei der Addition 8 mögliche Fälle (vgl. Tab. 2.7).

Soll beispielsweise die binäre Zahl 0111 von der Zahl 1100 subtrahiert werden, ergibt sich die in Abb. 2.3 dargestellte Rechnung. Die Subtraktion der beiden niederwertigsten Stellen ergibt den Wert -1. Dieses Ergebnis wird durch einen (negativ bewerteten) Übertrag mit dem Wert -1 in der nächsthöheren Stelle und einem Ergebnisbit mit dem Wert 1 in der aktuellen Stelle dargestellt. Unter Berücksichtigung des Übertrags und der zwei Operandenbits der nächsthöheren Stelle ergibt sich ein Übertrag -1 und ein Ergebnisbit

Tab. 2.7 Übersicht über die einstellige binäre Subtraktion

Eingabewerte			Ausgabewerte	
Minuend	Subtrahend	Übertrag	Differenz	Übertrag
0	0	0	0	0
0	0	1	1	1
0	1	0	1	1
0	1	1	0	1
1	0	0	1	0
1	0	1	0	0
1	1	0	0	0
1	1	1	1	1

mit dem Wert 0. Dieses Verfahren wird für alle Bits der Operanden durchgeführt und so die Differenz mit der Wortbreite 4 bit bestimmt.

Wie bei der Addition kann im Anschluss an die Berechnung überprüft werden, ob das ausgegebene Ergebnis korrekt ist. Bei der Subtraktion vorzeichenloser Zahlen entsteht ein *Unterlauf,* wenn der Minuend kleiner als der Subtrahend ist. In diesem Fall ist das wahre Ergebnis negativ und lässt sich nicht als vorzeichenlose Zahl darstellen. Für die Detektion eines Unterlaufs können wieder zwei alternative Möglichkeiten eingesetzt werden:

Unterlaufsdetektion bei der vorzeichenlosen Subtraktion
Variante 1: Betrachtung des höchstwertigen Übertragsbits
Ist das höchstwertige Übertragsbit bei der Subtraktion zweier natürlicher Zahlen 0, ist das Ergebnis korrekt. Andernfalls ist ein Unterlauf aufgetreten und das ausgegebene Ergebnis nicht korrekt.

Variante 2: Betrachtung der höchstwertigen Bits der Operanden und des Ergebnisses
Sind beide höchstwertigen Bits der Operanden identisch, tritt bei der Addition ein Unterlauf auf, wenn das höchstwertige Ergebnisbit gleich 1 ist. Ebenfalls tritt ein Unterlauf auf, wenn das höchstwertige Bit des Minuenden 0 und das des Subtrahenden 1 ist. In allen anderen Fällen tritt kein Unterlauf auf und das Ergebnis ist korrekt.

Abb. 2.3 Beispiel für die
binäre Subtraktion

```
          1100
       -  0111
Übertrag: 0111
          0101
```

2.2.9 Binäre vorzeichenlose Multiplikation und Division

Für die Addition und Subtraktion im Binärsystem gelten vergleichbare Regeln wie im Dezimalsystem. Es ist lediglich zu beachten, dass der 10er-Übergang des Dezimalsystems einem 2er-Übergang im Binärsystem entspricht. Unter Beachtung dieser Besonderheit lassen sich auch Vorgehensweisen zur Durchführung der binären Multiplikation oder Division formulieren, die weitgehend den bekannten Regeln des Dezimalsystems entsprechen.

Für die Durchführung der Multiplikation wird der Multiplikator sukzessive mit den einzelnen Stellen des Multiplikanden multipliziert. Da die Ziffern des Multiplikanden nur die Werte 0 oder 1 annehmen können, ist das Ergebnis dieser stellenweisen Multiplikation also entweder Null oder identisch mit dem Multiplikator.

Schreibt man die einzelnen Produkte entsprechend dem Stellengewicht des verwendeten Multiplikandenbits untereinander und summiert anschließend die gebildeten Produkte erhält man als Ergebnis das Produkt der beiden Operanden.

In vielen Fällen möchte man mögliche Überläufe bei der Multiplikation vermeiden und wählt für die Produktwortbreite einen Wert, der sich aus der Summe der Wortbreiten des Multiplikanden und des Multiplikators ergibt.

Die binäre Multiplikation ist für die Zahlen 0101 und 1011 in Abb. 2.4 dargestellt.

Ebenso kann die Division der Grundschulmathematik auf die binäre Division übertragen werden. Hierbei wird der Divisor testweise von einem Teil des Dividenden subtrahiert. Tritt bei der Subtraktion kein Überlauf auf, ergibt sich ein Quotientenbit mit dem Wert 1 und das Ergebnis der Subtraktion wird für weitere Berechnungen weiterverwendet. Ist dagegen ein Überlauf aufgetreten, ist das berechnete Quotientenbit 0 und das Ergebnis der Subtraktion wird verworfen. Es wird mit dem Minuenden weiter gerechnet. Vor der nachfolgenden Subtraktion zur Bestimmung eines weiteren Quotientenbits wird ein weiteres Bit des Dividenden an die berechnete Differenz (kein Überlauf) bzw. den Minuenden (bei aufgetretenem Überlauf) angefügt. Auf diese Weise wird sukzessive der gesamte Dividend durchlaufen. Das Ergebnis der letzten Subtraktion ergibt den Rest der Division. Es ist zu beachten, dass die führenden Nullen des Divisors nicht berücksichtigt werden.

Abb. 2.4 Beispiel für die binäre Multiplikation

$$0101 * 1011$$

+	0101
+	0101
+	0000
+	0101
	0001000
	00110111

Die Vorgehensweise für eine binäre Division wird in Abb. 2.5 für einen Dividenden mit dem Wert 01010101 und einem Divisor mit dem Wert 1011 verdeutlicht.

Die vorgestellten Rechenvorschriften können als Basis für die Implementierung digitaler Arithmetikschaltungen verwendet werden. In der Praxis kommen teilweise auch modifizierte Verfahren zum Einsatz, die Vorteile im Hinblick auf die Rechenzeit oder den Schaltungsaufwand bieten. Die Schaltungsstruktur eines Addierers wird in Kap. 6 vorgestellt.

2.3   Vorzeichenbehaftete Zahlen

In vielen Fällen ist die ausschließliche Verwendung vorzeichenloser Zahlen nicht ausreichend und es müssen sowohl positive als auch negative Zahlen verwendet werden. Hieraus ergibt sich zwangsläufig die Frage nach einer geeigneten Codierung vorzeichenbehafteter Zahlen.

Eine naheliegende Idee wäre es, die Zahlendarstellung des täglichen Lebens auch auf Dualzahlen anzuwenden. Üblicherweise kennzeichnen wir Zahlenwerte mit einem vorangestellten Vorzeichen, einem Plus- oder Minuszeichen. Der Zahlenwert nach dem Vorzeichen entspricht dem Betrag der Zahl. Diese Form der Zahlendarstellung wird als *Vorzeichen-Betrag-Darstellung* bezeichnet. Die am weitesten verbreitete Darstellungsform vorzeichenbehafteter Zahlen ist die sogenannte *Zweierkomplement-Darstellung*, die in Abschn. 2.3.2 vorgestellt wird.

2.3.1   Vorzeichen-Betrag-Darstellung

In der üblichen Dezimaldarstellung werden vorzeichenbehaftete Zahlenwerte als eine Kombination von Vorzeichen und Betrag dargestellt. Es handelt sich um die Vorzeichen-Betrag-Darstellung. Dieses Prinzip lässt sich auch auf Dualzahlen übertragen. Es bietet

Abb. 2.5 Beispiel für die binäre Division

```
01010101 : 1011 = 00111
-  1011          Unterlauf, Quotientenbit = 0
   1010          Minuendenbits verwenden
-  1011          Unterlauf, Quotientenbit = 0
   10101         Minuendenbits verwenden
-   1011         kein Unterlauf, Quotientenbit = 1
   10100         Differenz verwenden (10101-1011=1010)
-    1011        kein Unterlauf, Quotientenbit = 1
   10011         Differenz verwenden (10100-1011=1001)
-     1011       kein Unterlauf, Quotientenbit =1
    1000         Differenz ergibt den Rest der Division (10011-1011=1000)
```

sich an, das Vorzeichen durch ein einzelnes Bit zu codieren. Üblicherweise verwendet man eine führende 0 um einen positiven Zahlenwert darzustellen und eine führende 1 für negative Zahlen. Die restlichen Bits entsprechen dem Betrag der dargestellten Zahl, welcher als vorzeichenlose Dualzahl codiert ist.

Genauso wie für vorzeichenlose Zahlen kann als grafische Darstellung ein Zahlenkreis verwendet werden. Abb. 2.6 zeigt den Zahlenkreis für eine Wortbreite von 4 bit.

Betrachtet man den Zahlenkreis in Abb. 2.6 genauer, fallen mehrere Besonderheiten auf:

1. Es existieren zwei Repräsentationen der Null, „+0" und „−0".
2. Es gibt zwei Stellen, an denen Überläufe bzw. Unterläufe auftreten können, nämlich zwischen −7 und +0 sowie zwischen +7 und −0
3. Die Additionsrichtung im Bereich positiver Zahlen entspricht der Subtraktionsrichtung im Bereich negativer Zahlen.

Alle drei Beobachtungen sind Nachteile, die das Rechnen in dieser Zahlendarstellung erschweren bzw. die Implementierung arithmetischer Schaltungen aufwendiger machen.

Um beispielsweise eine Addition durchzuführen, können verschiedene Vorgehensweisen definiert werden. Am einfachsten ist es, wenn das Vorzeichen der Operanden für die eigentliche arithmetische Operation unberücksichtigt bleibt und eine Operation wie für vorzeichenlose Zahlen durchgeführt wird. Um dabei das korrekte Ergebnis zu erhalten, ist eine Fallunterscheidung auf Basis der Vorzeichen der Operanden erforderlich. Je nach vorliegendem Fall, wird gegebenenfalls eine Vertauschung der Operanden vorgenommen, statt einer Addition eine Subtraktion durchgeführt oder das Vorzeichen des Ergebnisses invertiert (vgl. Tab. 2.8).

Abb. 2.6 Zahlenkreis für vorzeichenbehaftete Zahlen in Vorzeichen-Betrag-Darstellung

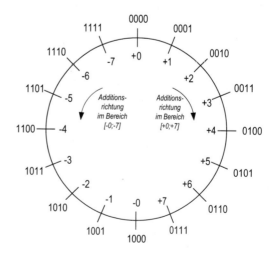

Äquivalent zur Addition können auch für andere Grundoperationen Rechenregeln formuliert werden, wobei eine geeignete Fallunterscheidung vorzusehen ist. Dies stellt einen wesentlichen Nachteil für den Einsatz der Vorzeichen-Betrag-Darstellung in digitalen Systemen dar, da die Fallunterscheidungen in Hardware implementiert werden müssten, wodurch sich der schaltungstechnische Aufwand erhöht.

2.3.2 Zweierkomplement-Darstellung

Aus den Überlegungen des vorangegangenen Abschnitts lassen sich Forderungen formulieren, die für eine Darstellung vorzeichenbehafteter Zahlen gelten sollten. So ist es wünschenswert, dass

1. nur eine Codierung dem Zahlenwert Null entspricht,
2. die Additionsrichtung für den gesamten Zahlenbereich identisch ist,
3. nur an einer Position im Zahlenkreis ein Überlauf bzw. Unterlauf auftritt.

Eine Zahlendarstellung, die diese Forderungen erfüllt, ist die sogenannte *Zweier-komplement-Darstellung*. Die Codierung der Zahlen im Zweierkomplement ergibt sich aus den ersten beiden Forderungen: Zwischen den Zahlenwerten -1 und $+1$ darf nur eine Codierung existieren, die den Wert 0 repräsentiert. Setzt man voraus, dass die positiven Zahlen wie bei der Vorzeichen-Betrag-Darstellung durch eine führende 0 zu identifizieren sind und legt zugrunde, dass die selbstverständliche Gleichung $1-2=-1$ gelten soll, lässt sich die Codierung der Zahl -1 wie folgt anhand des Zahlenkreises bestimmen: Als Startpunkt wählt man auf dem Zahlenkreis die Codierung „0001", was der Zahl $+1$ entspricht. Läuft man auf dem Zahlenkreis einen Schritt in Subtraktions-richtung, muss sich die Codierung der Zahl 0 ergeben. Diese entspricht bei einer Wort-breite von 4 bit der Codierung 0000 und entspricht somit der Darstellung der Null für vorzeichenlose Zahlen. Ein weiterer Schritt in Subtraktionsrichtung muss zwangsläufig zur Codierung der Zahl -1 führen. Für eine Wortbreite von 4 bit ergibt sich für -1 also

Tab. 2.8 Fallunterscheidung für die Addition in Vorzeichen-Betrag-Darstellung

Vorzeichenbit der Operanden		Erforderliche Schritte		
1. Summand	2. Summand	Operanden ver-tauschen	Ausgeführte Operation	Vorzeichen des Ergebnisses invertieren
0	0	Nein	Addition	Nein
0	1	Nein	Subtraktion	Nein
1	0	Ja	Subtraktion	Nein
1	1	Nein	Addition	Ja

die Codierung 1111. Die Codierungen aller weiteren negativen Zahlen können durch weitere Schritte in Subtraktionsrichtung gefunden werden.

Für die Zweierkomplement-Darstellung gilt, dass alle Codierungen mit einer führenden 1 als negative Zahlen zu interpretieren sind. Dies hat den Vorteil, dass sich der Wert einer Zweierkomplement-Zahl durch eine einfache Summenformel angeben lässt. Als einziger Unterschied zu der Formel für vorzeichenlose Zahlen ist bei Zweierkomplement-Zahlen beim höchstwertigen Bit ein negatives Stellengewicht zu berücksichtigen:

$$Z = -z_{N-1} \cdot 2^{N-1} + \sum_{i=0}^{N-2} z_i \cdot 2^i$$

So ergibt sich für eine Wortbreite von 4 bit die Zahl -8 als kleinste darstellbare negative Zahl, welche durch die Bitfolge 1000 codiert wird. Der Zahlenkreis für Zweierkomplement-Zahlen mit einer Wortbreite von 4 bit ist in Abb. 2.7 dargestellt.

2.3.2.1 Negieren einer Zweierkomplement-Zahl

Möchte man eine vorzeichenbehaftete Zahl in Zweierkomplement-Darstellung negieren, kann man die vorgestellte Summenformel verwenden, um den Wert der Ausgangszahl zu bestimmen. Anschließend wird das Vorzeichen der Zahl invertiert und wiederum mithilfe der Summenformeln die Codierung der gesuchten Zahl bestimmt. Dieses Vorgehen ist jedoch umständlich und fehlerträchtig.

Aufgrund der Eigenschaften der Zweierkomplement-Zahlen lässt sich glücklicherweise ein einfacheres zweischrittiges Verfahren definieren: Zunächst werden alle Stellen der Ausgangszahl invertiert. Anschließend wird dieses Zwischenergebnis inkrementiert (= eine 1 addiert). Das Ergebnis stellt die entsprechende negierte Zahl dar.

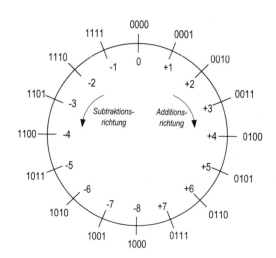

Abb. 2.7 Zahlenkreis für vorzeichenbehaftete Zahlen in Zweierkomplement-Darstellung

Hierzu ein Beispiel: Die 6 bit breite Zweierkomplement-Zahl „011101" soll negiert werden.

$$NEG(011101) = \overline{011101} + 1 = 100010 + 1 = 100011$$

Mithilfe der Summenformel für Zweierkomplement-Zahlen kann das Ergebnis überprüft werden:

$$011101_2 = 16 + 8 + 4 + 1 = 29$$

$$100011_2 = -32 + 2 + 1 = -29$$

2.3.2.2 Vorzeichenerweiterung

In einigen praktischen Anwendungsfällen ist es erforderlich die Wortbreite einer Zahl zu vergrößern und zum Beispiel aus einer 8 bit breiten Zahl eine Zahl mit der Wortbreite 16 bit zu generieren. Für vorzeichenlose Zahlen ist es lediglich erforderlich die Zahl mit führenden Nullen aufzufüllen. Im Fall der Zweierkomplement-Darstellung werden die zusätzlichen Stellen dagegen mit dem höchstwertigen Bit (Vorzeichenbit) der Ausgangs-zahl aufgefüllt.

2.3.3   Addition und Subtraktion in Zweierkomplement-Darstellung

Für die Bestimmung der Ergebnisbits einer Addition oder Subtraktion von Zahlen in Zweierkomplement-Darstellung gilt das gleiche Vorgehen wie für vorzeichenlose Zahlen. Dies bedeutet unter anderem, dass eine Additions- bzw. Subtraktionsschaltung für vorzeichenlose Zahlen unverändert auch für Zweierkomplement-Zahlen eingesetzt werden kann. Dieses ist insbesondere dann vorteilhaft, wenn in einem digitalen System sowohl vorzeichenlose als auch vorzeichenbehaftete Zahlen verarbeitet werden, wie dies zum Beispiel in digitalen Rechnern der Fall ist.

Für die Bestimmung von Überläufen und Unterläufen bei der Zweierkomplement-Addition bzw. -Subtraktion gelten andere Regeln als bei vorzeichenlosen Zahlen. Eine Überschreitung des darstellbaren Zahlenbereichs kann ebenfalls durch die Betrachtung der höchstwertigen Bits der Operanden und des Ergebnisses detektiert werden. Für die Addition gilt beispielsweise, dass nur dann ein Überlauf oder Unterlauf auftreten kann, wenn beide Summanden das gleiche Vorzeichen besitzen. Besitzen beispielsweise beide Operanden ein positives Vorzeichen (repräsentiert durch eine führende Null), so muss auch die Summe ein positives Vorzeichen besitzen. Besitzt das Ergebnis dagegen eine führende Eins und repräsentiert somit einen negativen Zahlenwert, ist dieses offenbar falsche Ergebnis auf einen Überlauf zurückzuführen. Entsprechendes gilt für den Fall der Addition zweier negativer Zahlen. Die Überlegungen für die Addition lassen sich ent-sprechend für die Subtraktion anstellen. Hierbei gilt, dass eine Bereichsüberschreitung nur dann auftritt, wenn die beiden Operanden unterschiedliche Vorzeichen besitzen.

Über-/Unterlaufsdetektion bei der vorzeichenbehafteten Addition
Sind beide höchstwertigen Bits der Operanden identisch und ist das höchstwertige
Ergebnisbit ungleich der höchstwertigen Operandenbits, ist ein Überlauf bzw. Unterlauf
aufgetreten. In allen anderen Fällen ist keine Überschreitung des darstellbaren Zahlenbereichs aufgetreten und das Ergebnis ist korrekt codiert.

Über-/Unterlaufsdetektion bei der vorzeichenbehafteten Subtraktion
Sind beide höchstwertigen Bits der Operanden unterschiedlich und ist das höchstwertige
Ergebnisbit ungleich dem höchstwertigen Operandenbit des Minuenden, ist ein Überlauf
bzw. Unterlauf aufgetreten. In allen anderen Fällen ist keine Überschreitung des darstellbaren Zahlenbereichs aufgetreten und das Ergebnis ist korrekt codiert.

2.3.4 Multiplikation und Division in Zweierkomplement-Darstellung

Für die Multiplikation und die Division von Zweierkomplement-Zahlen bietet sich als
einfachste Vorgehensweise ein dreischrittiges Verfahren an. Hierbei werden zunächst die
Beträge der Operanden berechnet und anschließend die eigentliche Operation mit vorzeichenlosen Zahlen durchgeführt. Im letzten Schritt wird gegebenenfalls das Ergebnis
durch Negierung korrigiert, falls die Operanden unterschiedliche Vorzeichen besitzen.
Diese Korrektur muss für das Produkt bei der Multiplikation oder dem Quotienten bei
der Division ausgeführt werden. Für die Korrektur des Restes einer binären Zweier-
komplement-Division wird lediglich das Vorzeichen des Dividenden berücksichtigt: Ist
der Dividend negativ, ist eine Korrektur des Restes durch Negierung vorzunehmen.

Alternativ zu der oben beschriebenen Vorgehensweise kann beispielsweise für Multi-
plikation eine Vorgehensweise gewählt werden, die berücksichtigt, dass das höchst-
wertige Bit der Operanden negativ zu gewichten ist. Unter Berücksichtigung dieser
Eigenschaft der Zweierkomplement-Zahlen kann die Multiplikation äquivalent zur
Multiplikation vorzeichenloser Zahlen ausgeführt werden. Hierbei ergeben sich in den
Teilprodukten einzelne negativ zu bewertende Einsen, die bei der Summation der Teil-
produkte negativ zu berücksichtigen sind. Das nachfolgende Beispiel verdeutlicht die
Vorgehensweise, wobei negativ zu berücksichtigende Bits kursiv dargestellt sind.

Sollen zum Beispiel die beiden vorzeichenbehafteten Zahlen 1101 und 1001 multipliziert werden, ergäbe sich das in Abb. 2.8 dargestellte Vorgehen.

2.3.5 Bias-Darstellung

Eine weitere Möglichkeit vorzeichenbehaftete Zahlen darzustellen, ist die sogenannte
Bias-Darstellung (bzw. Excess-Darstellung). Der Begriff „Bias" stammt aus dem

Abb. 2.8 Beispiel für
die Zweierkomplement-
Multiplikation

$$
\begin{array}{r}
1101 \;*\; 1001 \\
\hline
+ \qquad 1101 \\
+ \qquad 0000 \\
+ \qquad 0000 \\
+ \quad 1101 \\
\hline
011\,1000 \\
\hline
00010101
\end{array}
$$

Englischen und bedeutet in etwa „Vorbeaufschlagung" oder „Vorspannung". Bei dieser Darstellung kann der Zahlenwert mithilfe der Summenformel für vorzeichenlose Zahlen bestimmt werden, wobei nach der Summenbildung eine Konstante B subtrahiert wird. Durch die Subtraktion der Konstanten können auch negative Zahlenwerte dargestellt werden. Der Wert der Konstanten kann beliebig gewählt werden. Da man in der Regel einen symmetrischen Zahlenbereich anstrebt (Absolutwert der kleinsten negativen Zahl entspricht etwa dem Wert der größten positiven Zahl), wird B im Allgemeinen entsprechend der Wortbreite N der Zahlendarstellung gewählt:

$$
B = \frac{2^N}{2} - 1 = 2^{N-1} - 1
$$

Betrachten wir die Bitfolge 100101, welche eine Zahl in Bias-Darstellung repräsentiert. Welcher Zahlenwert wird durch die Bitfolge dargestellt?

Mit $N = 6$ ergibt sich

$$
Z = \sum_{i=0}^{N-1} z_i \cdot 2^i - B = \left(2^5 + 2^2 + 2^0\right) - \left(2^5 - 1\right) = 6
$$

2.3.6 Darstellbare Zahlenbereiche

Häufig ergibt sich beim Entwurf eines digitalen Systems die Frage, welche Wortbreite für die Darstellung von Zahlenwerten verwendet werden muss. Um Aufwand zu sparen, möchte man natürlich so wenige Bits wie möglich verwenden. Andererseits muss die Wortbreite aber ausreichend sein, um den gewünschten Zahlenbereich abzudecken. Tab. 2.9 fast den darstellbaren Zahlenbereich für Zahlen mit einer Wortbreite von N bit zusammen:

2.4 Reelle Zahlen

In den vorangegangenen Abschnitten wurde die binäre Darstellung ganzer Zahlen betrachtet. Viele Problemstellungen der Digitaltechnik lassen sich mit ausreichender Genauigkeit mithilfe ganzer Zahlen lösen. Es gibt aber auch Anwendungen, die den

Tab. 2.9 Darstellbarer Zahlenbereich in Abhängigkeit der verwendeten Wortbreite N bit

Zahlendarstellung	kleinster Wert	größter Wert
vorzeichenlos	0	$2^N - 1$
Vorzeichen-Betrag	$-2^{N-1} + 1$	$2^{N-1} - 1$
Zweierkomplement	-2^{N-1}	$2^{N-1} - 1$
Bias ($B = 2^{N-1} - 1$)	$-2^{N-1} + 1$	2^{N-1}

Einsatz reeller Zahlen erfordern. Im Folgenden wird daher eine Übersicht über die Möglichkeiten zur binären Darstellung reeller Zahlen gegeben, wobei die Varianten *Festkomma-Darstellung* und *Gleitkomma-Darstellung* unterschieden werden.

2.4.1 Festkomma-Darstellung

Für die Darstellung von ganzen Zahlen wurde die Vereinbarung getroffen, dass das niederwertigste Bit die Einerstelle darstellt, also mit 2^0 gewichtet wird. Diese Vereinbarung ist zwar für ganze Zahlen sinnvoll, aber letztlich willkürlich. Genauso gut kann als Stellengewicht des niederwertigsten Bits einer binären Zahl auch eine Zweierpotenz mit negativem Exponenten gewählt werden. Um den Wert einer solchen Zahl zu bestimmen, muss die Summenformel für ganze Zahlen geringfügig modifiziert werden und lautet nun

$$Z = \sum_{i=-L}^{M-1} z_i \cdot 2^i$$

für vorzeichenlose Zahlen bzw.

$$Z = -z_{M-1} \cdot 2^{M-1} + \sum_{i=-L}^{M-2} z_i \cdot 2^i$$

für vorzeichenbehaftete Zahlen.

Die benötigte Wortbreite N einer derartigen Zahl ergibt sich aus der Summe der Anzahl der Vorkommastellen M und der Nachkommastellen L:

$$N = M + L$$

Vereinbart man beispielsweise, dass zwei Nachkommastellen ($L = 2$) verwendet werden. Welchem Zahlenwert würde dann die binäre Ziffernfolge „10111" als vorzeichenlose Zahl entsprechen? Welcher Zahlenwert ergibt sich als vorzeichenbehaftete Zahl?

Mithilfe der obigen Summenformeln ist die Lösung leicht zu bestimmen. Werden die Bits als vorzeichenlose Zahl interpretiert ergibt sich

$$Z_{vorzeichenlos} = 2^2 + 2^0 + 2^{-1} + 2^{-2} = 5{,}75$$

Wenn die Bits eine vorzeichenbehaftete Zahl in Festkommadarstellung repräsentieren, ergibt sich der dargestellte Zahlenwert zu

$$Z_{zweierkomplement} = -2^2 + 2^0 + 2^{-1} + 2^{-2} = -2{,}25$$

Für die arithmetischen Grundoperationen ergeben sich keine bzw. lediglich geringe Änderungen. Besitzen beide Operanden die gleiche Anzahl an Nachkommastellen L, kann die Addition und Subtraktion genauso wie für ganze Zahlen durchgeführt werden. Das Ergebnis besitzt ebenfalls L Nachkommastellen. Bei der Multiplikation besitzt das Ergebnis dagegen $2{\cdot}L$ Nachkommastellen. Um bei der Division die gewünschte Genauigkeit des Quotienten zu erhalten, können die Nachkommastellen des Dividenden vor Ausführung der Division mit Nullen erweitert werden.

Müssen dagegen Zahlen mit unterschiedlichen Wortbreiten verarbeitet werden, sind beispielsweise bei der Addition und Subtraktion Korrekturschritte erforderlich, um die Stellengewichte der einzelnen Bits anzupassen.

Nehmen wir an, die Zahl 01001 mit zwei Nachkommastellen und die Zahl 10110 mit drei Nachkommastellen sollen addiert werden. Das niederwertigste Bit der ersten Zahl besitzt das Gewicht 2^{-2} und das der zweiten Zahl 2^{-3}. Diese beiden Bits dürfen also nicht einfach addiert werden, da die bekannten Regeln zur binären Addition darauf basieren, dass immer Bits mit gleichem Stellengewicht betrachtet werden. Also müssen die Zahlen zunächst so erweitert werden, dass die Stellengewichte der einzelnen Bits übereinstimmen: Die erste Zahl wird rechts um eine Stelle mit dem Wert 0 erweitert, während bei der zweiten Zahl auf der linken Seite eine 0 angefügt wird (in Abb. 2.9 kursiv dargestellt). Anschließend kann die Addition wie gewohnt ausgeführt werden. Sofern erforderlich, kann die Wortbreite des Ergebnisses durch Weglassen der niederwertigsten Nachkommastelle anschließend wieder auf 5 reduziert werden (vgl. Abb. 2.9).

2.4.2   Gleitkomma-Darstellung

Insbesondere in digitalen Rechnersystemen, hat sich die Gleitkomma-Darstellung, wie sie in der internationalen Norm IEEE 754 definiert ist, durchgesetzt. Solche Rechnersysteme sollen sowohl kleine als auch große Datenwerte verarbeiten können und genau dies ermöglicht die Gleitkomma-Darstellung. Eine detaillierte Beschreibung dieser Zahlendarstellung würde den Rahmen dieses Buches sprengen. Daher wird im Folgenden lediglich das Grundprinzip der Gleitkomma-Darstellung betrachtet.

Abb. 2.9   Beispiel für die Festkomma-Addition

$$
\begin{array}{r}
01001\mathit{0} \\
+\ \underline{\mathit{0}10110} \\
101000
\end{array}
$$

Bei Verwendung dieser Gleitkomma-Darstellung wird der Zahlenwert durch eine Mantisse M und einen Exponenten E dargestellt. Sowohl M als auch E werden hierbei als ganze Zahlen codiert, wobei für M die Vorzeichen-Betrag-Darstellung und für E die Bias-Darstellung gewählt wird. Zusätzlich wird ein Vorzeichenbit S angeben. Der Zahlenwert Z_{GK} einer Gleitkommazahl kann wie folgt bestimmt werden:

$$Z_{GK} = (-1)^S \cdot M \cdot 2^E$$

Die verwendeten Wortbreiten für die Mantisse und den Exponenten sind der Norm IEEE 754 festgelegt, die unterschiedliche Genauigkeiten spezifiziert. Für die einfache Genauigkeit (C-Datentyp *float*) werden insgesamt 32 Bit verwendet, die sich in 24 Bit für die Mantisse inklusive Vorzeichenbit und 8 Bit für den Exponenten aufteilen. Für die sogenannte doppelte Genauigkeit (C-Datentyp *double*) werden die Mantisse mit 53 Bit und der Exponent mit 11 Bit codiert.

2.4.3   Reelle Zahlen in digitalen Systemen

In der Praxis steht man häufig vor der Problemstellung einen Algorithmus entwerfen zu müssen, welcher im Anschluss in einem digitalen System in Software oder Hardware implementiert werden soll. Für die Entwicklung eines Algorithmus mag es bequem erscheinen, wenn man sich über die Wortbreiten der verwendeten Zahlen möglichst wenig Gedanken machen muss. Also ist es naheliegend alle Berechnungen mit einer möglichst flexiblen Zahlendarstellung, wie zum Beispiel einer Gleitkomma-Darstellung mit doppelter Genauigkeit, durchzuführen. Soll der Algorithmus später in Form einer digitalen Hardware realisiert werden, wird man allerdings auf Probleme stoßen, da die Hardware-Umsetzung von Berechnungen in Gleitkomma-Darstellung aufwendig ist. Kann dieser Aufwand, zum Beispiel aus Kostengründen, nicht betrieben werden, müssen die algorithmischen Vorgaben in Gleitkomma-Darstellung in eine weniger komplexe ganzzahlige Darstellung umgewandelt werden. Hierbei werden möglicherweise wichtige Eigenschaften des entwickelten Algorithmus verändert, sodass nicht ohne Weiteres gewährleistet werden kann, dass das finale Produkt den ursprünglich ins Auge gefassten Qualitätsvorgaben entspricht.

In der Praxis werden daher frühzeitig die erforderlichen Wortbreiten ermittelt. Auf den Einsatz einer Gleitkomma-Darstellung wird verzichtet. Dies gilt insbesondere dann, wenn ein Algorithmus in digitale Hardware überführt oder in Software auf einem preisgünstigen Rechnersystem, wie zum Beispiel einem einfachen Mikrocontroller, ausgeführt werden soll.

2.5   Codes

In diesem Abschnitt werden gebräuchliche Möglichkeiten vorgestellt, um Informationen in digitaler Form darzustellen. Diese Informationen müssen nicht zwangsläufig Zahlenwerte repräsentieren. Einer Bitfolge können auch beliebige andere Bedeutungen zugeordnet werden. So kann man mit Codes zum Beispiel Farben oder auch die Fehlerzustände einer Maschine darstellen.

2.5.1   BCD-Code

Der BCD-Code *(Binary Coded Decimal)* dient der Codierung der zehn Dezimalziffern. Für die Codierung jeder Ziffer werden 4 Bit verwendet, die auch als *Tetraden* bezeichnet werden. Die verwendeten Bitfolgen entsprechen der dualen Darstellung der vorzeichenlosen Zahlen 0 bis 9. Da bei der Verwendung von 4 Bits 16 verschiedene Bitkombinationen möglich sind, jedoch nur 10 hiervon zur Codierung der Ziffern benötigt werden, werden 6 Bitkombinationen nicht verwendet. Diese nicht verwendeten Kombinationen werden als *Pseudotetraden* bezeichnet. In Tab. 2.10 ist die Codierung einer Dezimalziffer in Form einer BCD-Tetrade dargestellt.

Der BCD-Code wird zum Teil in Digitaluhren und für digitale Displays (zum Beispiel in Multimetern) eingesetzt. Der BCD-Code kann auch für die Implementierung von Rechnersystemen eingesetzt werden. Hierbei kann es vorkommen, dass das Ergebnis einer Addition zu einer Pseudotetrade führt. Um ein Ergebnis, das eine Pseudotetrade enthält, wieder in eine gültige BCD-Darstellung umzuwandeln, sind Korrekturschritte erforderlich, die die Implementierung der BCD-Arithmetik komplizieren. Darüber hinaus ist die BCD-Darstellung nicht speicher-effizient, da mit einer Tetrade nur 10 statt der sonst 16 möglichen Codierungen verwendet werden. So können beispielsweise mit 8 Bit nur die Zahlen von 0 bis 99 dargestellt werden, während mit der Darstellung als vorzeichenlose Dualzahl der Bereich von 0 bis 255 abgedeckt ist.

Nehmen wir an, die beiden BCD-Zahlen 37 und 55 sollen addiert werden. Auch das Ergebnis soll in BCD-Darstellung vorliegen. Die Addition kann ohne weitere Beachtung der BCD-Codierung durchgeführt werden. Man erhält dann das Ergebnis in der üblichen binären Darstellung. In diesem Beispiel ergibt sich für die untere Hälfte des Ergebnisses die Pseudotetrade 1100.

Zur Korrektur des Ergebnisses kann zunächst die nächsthöhere BCD-Stelle um 1 erhöht werden, was der binären Addition des Wertes 16 entspricht. Interpretiert man die so erhaltenen Ergebnisbits als BCD-Zahl, wäre das Ergebnis um 10 zu groß. Dies kann korrigiert werden, indem die untere BCD-Stelle um 10 verringert wird.

Das zweischrittige Vorgehen (16 addieren und anschließend 10 subtrahieren) kann natürlich auch in einem Schritt durch die Addition des Wertes 6 realisiert werden.

	a_3	a_2	a_1	a_0	Codierte Dezimalziffer
Tab. 2.10 Codierung einer Dezimalziffer auf Basis des BCD-Codes	0	0	0	0	0
	0	0	0	1	1
	0	0	1	0	2
	0	0	1	1	3
	0	1	0	0	4
	0	1	0	1	5
	0	1	1	0	6
	0	1	1	1	7
	1	0	0	0	8
	1	0	0	1	9
	1	0	1	0	Pseudotetraden
	1	0	1	1	
	1	1	0	0	
	1	1	0	1	
	1	1	1	0	
	1	1	1	1	

Abb. 2.10 Beispiel für die BCD-Addition

```
     0011 0111   (37)
  +  0101 0101   (55)
     ─────────
     1000 1100   (Pseudo-Tetrade)
  +  0000 0110   (Korrekturschritt: +6)
     ─────────
     1001 0010   (92)
```

Die Korrektur muss sukzessive, beginnend mit den niederwertigsten Bits, immer dann durchgeführt werden, wenn der BCD-Stellen eine Pseudotetrade enthält (vgl. Abb. 2.10).

2.5.2   Gray-Code

Stellen Sie sich vor, Sie sollen einen Temperaturwarner realisieren, der aus einem digitalen Thermometer und einer Einheit zur Temperaturüberprüfung besteht. Sinkt die Temperatur unter einen bestimmten Wert, soll ein Alarm ausgegeben werden. Die Temperaturüberprüfung fragt die aktuelle Temperatur, die vom Thermometer als

Dualzahl übertragen wird, in regelmäßigen Abständen ab und gibt gegebenenfalls einen Alarm aus. Würden Sie das System so realisieren, könnten sporadische Fehlalarme auftreten.

Wie kann das sein? Nehmen wir vereinfachend an, dass das Thermometer die aktuelle Temperatur mit einer Wortbreite von 4 bit ausgibt und Temperaturen zwischen 0°C und 15°C messen kann. Steigt die Temperatur zum Beispiel von 7°C auf 8°C, würde das Thermometer zunächst 0111 und anschließend 1000 ausgeben. Alle vier vom Thermometer ausgegebenen Bits müssen sich in diesem Fall ändern. In einem realen System werden die Bitwechsel aufgrund von zeitlichen Toleranzen bei der Messwertausgabe aber nicht exakt gleichzeitig stattfinden. In Abb. 2.11 ist ein möglicher zeitlicher Verlauf der Thermometerausgabe für den Wechsel von 7°C auf 8°C dargestellt, wobei ts_0, ts_1, ts_2 und ts_3 die einzelnen Bits des Temperatursignals und $TSdual$ die duale Interpretation der Bits repräsentiert.

Es ist zu erkennen, dass zwischen den tatsächlich gültigen Zahlenwerten 7 und 8 auch ungültige Werte, die nicht der wahren Temperatur entsprechen, an die Einheit zur Temperaturüberprüfung gesendet werden. Wird die Temperatur in einem Moment abgefragt, in dem ein ungültiger Wert ausgegeben wird, kann dies zu einem Fehlalarm führen.

Möglicherweise werden Sie einwenden, dass diese ungültigen Werte nur für sehr kurze Zeiten auftreten und in den meisten Fällen ein korrekter Wert ausgegeben wird. Obwohl dies sicher richtig ist, verschlimmert diese Tatsache die Lage eher noch: Da das System nur selten Fehlalarme ausgeben würde, gestaltet sich eine systematische Fehlersuche schwierig.

Das Kernproblem der oben beschriebenen Temperaturüberwachung liegt darin, dass bei einer Änderung der Temperatur mehrere Bits invertiert werden müssen. Wäre es da nicht eine einfache Lösung des Problems, wenn bei einer Temperaturänderung nur ein einzelnes Bit zu modifizieren wäre? Genau dieser Ansatz wird vom *Gray-Code*, der nach seinem Erfinder Frank Gray benannt ist, aufgegriffen. Der Gray-Code zeichnet sich

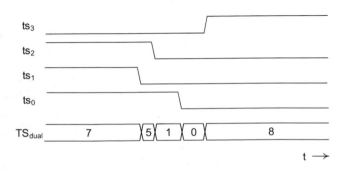

Abb. 2.11 Beispiel des zeitlichen Verlaufs der Ausgabe eines digitalen Thermometers mit dualer Codierung

dadurch aus, dass sich zwei benachbarte Codierungen nur in einer Stelle unterscheiden. Der Gray-Code für eine Wortbreite von 4 bit ist in Tab. 2.11 dargestellt.

Wird der Gray-Code für das Beispiel der Temperaturüberwachung eingesetzt, käme es zu keiner unbeabsichtigten Ausgabe ungültiger Werte und Fehlalarme würden vermieden. Der zeitliche Verlauf des Temperatursignals ist für den Wechsel von 7°C nach 8°C in Abb. 2.12 dargestellt.

Der Gray-Code kann immer dann sinnvoll eingesetzt werden, wenn zwischen zwei digitalen Komponenten Werte übertragen werden sollen, deren Änderung stetig ist. So wird der Gray-Code unter anderem auch für die Positions- oder Winkelbestimmung eingesetzt. Ein weiteres Einsatzgebiet ist die Übertragung von Speicherfüllständen innerhalb digitaler Systeme. Für die Implementierung arithmetischer Operationen ist der Gray-Code dagegen nicht gut geeignet.

2.5.3 1-aus-N-Code

Der *1-aus-N-Code* stellt eine weitere Alternative zur binären Codierung von Informationen dar. Dieser Code zeichnet sich dadurch aus, dass in jedem Codewort mit

Tab. 2.11 Gray-Code für eine Wortbreite von 4 bit

Codierter Wert	a_3	a_2	a_1	a_0
0	0	0	0	0
1	0	0	0	*1*
2	0	0	*1*	1
3	0	0	1	*0*
4	0	1	1	0
5	0	1	1	*1*
6	0	1	*0*	1
7	0	1	0	*0*
8	1	1	0	0
9	1	1	0	*1*
10	1	1	*1*	1
11	1	1	1	*0*
12	1	*0*	1	0
13	1	0	1	*1*
14	1	0	*0*	1
15	1	0	0	*0*

Unterschiedliche Bits benachbarter Codewörter sind kursiv dargestellt

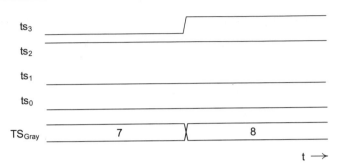

Abb. 2.12 Beispiel des zeitlichen Verlaufs der Ausgabe eines digitalen Thermometers mit Gray-Codierung

Tab. 2.12 Codierung der Werte 0 bis 5 mithilfe eines 1-aus-6-Codes

Codierter Wert	a_5	a_4	a_3	a_2	a_1	a_0
0	0	0	0	0	0	*1*
1	0	0	0	0	*1*	0
2	0	0	0	*1*	0	0
3	0	0	*1*	0	0	0
4	0	*1*	0	0	0	0
5	*1*	0	0	0	0	0

der Wortbreite N bit nur ein einzelnes Bit auf 1 gesetzt ist; alle anderen Bits besitzen den Wert 0.

Der 1-aus-N-Code ist ein sogenannter redundanter Code, da sich mit N Bits 2^N unterschiedliche binäre Wörter darstellen lassen, von denen jedoch nur N als gültige Codewörter genutzt werden. Der Code geht also verschwenderisch mit der Wortbreite um. Dies wird durch den Vorteil aufgewogen, dass sich die Codewörter relativ leicht codieren bzw. decodieren lassen.

Eine mögliche Codierung der Zahlenwerte 0 bis 5 mit einem 1-aus-6-Code ist exemplarisch in Tab. 2.12 dargestellt.

2.5.4 ASCII-Code

Mit dem *ASCII-Code (American Standard Code for Information Interchange)* werden ausschließlich Zeichen, also Buchstaben, Ziffern und Sonderzeichen, codiert. Jedes Zeichen wird durch 7 Bit repräsentiert. Der ASCII-Code entspricht nahezu dem 7-Bit-Code nach DIN 66003, welcher im Gegensatz zum ASCII-Code unter anderem auch deutsche Umlaute abdeckt.

Die Zeichencodierung gemäß dem ASCII-Code ist in Tab. 2.13 dargestellt. Die Bits a_4, a_5 und a_6 dienen in dieser Tabelle der Auswahl der Spalten und die Bits a_0, a_1, a_2 und a_3 der Zeilenauswahl. Bei der Übertragung wird für ein ASCII-Zeichen im Allgemeinen ein Byte (8 bit) verwendet. In der Datentechnik wird häufig auch das achte Bit zu einer Erweiterung des Zeichenvorrats herangezogen. Dadurch kann die Anzahl der codierten Zeichen verdoppelt werden.

Da der ASCII-Code nur einen sehr eingeschränkten Zeichensatz von 128 bzw. 256 unterschiedlichen Zeichen bietet, wird in vielen Rechnersystemen auch der sogenannte Unicode zur Codierung von Zeichen eingesetzt. Ziel des Unicodes ist es, alle existierenden Zeichen codieren zu können. Hierzu werden in Unicode Ebenen (*planes*) definiert, die bis zu 65535 Zeichen enthalten können. Der Vorteil, alle gebräuchlichen Zeichen codieren zu können, wird allerdings durch den Nachteil erkauft, dass pro Zeichen eine deutlich höhere Anzahl an Bits vorgesehen werden muss. Daher wird in einfachen Anwendungsfällen (zum Beispiel Status- und Fehlermeldungen eines digitalen Systems) in der Regel auf den Einsatz von Unicode verzichtet und auf den weniger komplexen ASCII-Code zurückgegriffen.

Tab. 2.13 Siebenstelliger ASCII-Code

| a_3 | a_2 | a_1 | a_0 | | a_6 0 | 0 | 0 | 0 | 1 | 1 | 1 | 1 |
| | | | | | a_5 0 | 0 | 1 | 1 | 0 | 0 | 1 | 1 |
					a_4 0	1	0	1	0	1	0	1
0	0	0	0		NUL	DLE	SP	0	@	P	`	p
0	0	0	1		SOH	DC1	!	1	A	Q	a	q
0	0	1	0		STX	DC2	"	2	B	R	b	r
0	0	1	1		ETX	DC3	#	3	C	S	c	s
0	1	0	0		EOT	DC4	$	4	D	T	d	t
0	1	0	1		ENQ	NAK	%	5	E	U	e	u
0	1	1	0		ACK	SYN	&	6	F	V	f	v
0	1	1	1		BEL	ETB	'	7	G	W	g	w
1	0	0	0		BS	CAN	(	8	H	X	h	x
1	0	0	1		HT	EM	)	9	I	Y	i	y
1	0	1	0		LF	SUB	*	:	J	Z	j	z
1	0	1	1		VT	ESC	+	;	K	[	k	{
1	1	0	0		FF	FS	,	<	L	\	l		
1	1	0	1		CR	GS	–	=	M	]	m	}
1	1	1	0		SO	RS		>	N	^	n	~
1	1	1	1		SIX	US2	/	?	O	_	o	DEL

2.5.5 7-Segment-Code

Der *7-Segment-Code* wird ausschließlich zur Codierung von Zahlen verwendet, die mithilfe einer einfachen Anzeige dargestellt werden sollen. Sehr weit verbreitet sind 7-Segment-Anzeigen in digitalen Weckern, in denen sie zur Anzeige der Uhrzeit dienen. Auch bei einfachen Taschenrechnern kommen Segment-Anzeigen zum Einsatz. Ein Beispiel einer solchen Anzeige auf einer Platine für digitaltechnische Experimente ist in Abb. 2.13 dargestellt.

Die Darstellung der Ziffern wird häufig durch Leuchtdioden realisiert, die in Form einer eckigen 8 angeordnet sind. Durch Einschalten ausgewählter Leuchtdioden können nicht nur die Ziffern 0 bis 9, sondern auch die Hexadezimalziffern A bis F (zum Teil als Kleinbuchstaben) angezeigt werden. Auf diese Weise kann pro Ziffer einer solchen Anzeige der Wert von jeweils 4 Bits visualisiert werden.

Um Hexadezimalziffern mithilfe einer 7-Segment-Anzeige darstellen zu können, müssen die 4 Bits einer Hexadezimalziffer in geeigneter Weise in 7 Bits zur Ansteuerung der Leuchtdioden der Anzeige umgewandelt werden. In Tab. 2.14 ist eine hierfür geeignete Codierung dargestellt, wobei davon ausgegangen wird, dass eine 1 einer leuchtenden LED entspricht. Tab. 2.14 zeigt die Zuordnung zwischen den Bits des Codewortes (*a* bis *g*) und den LEDs der Anzeige in Abb. 2.14.

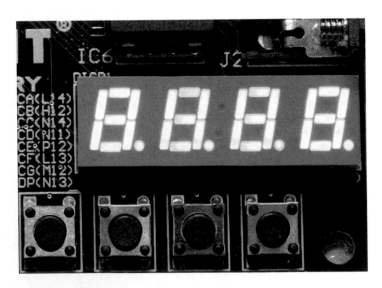

Abb. 2.13 Vierstellige 7-Segment-Anzeige

Tab. 2.14 Codierung einer Hexadezimalziffer für die Ausgabe auf einer 7-Segment-Anzeige

Hex-Ziffer	Code für die Ansteuerung der Segmente						
	a	b	c	d	e	f	g
0	1	1	1	1	1	1	0
1	0	1	1	0	0	0	0
2	1	1	0	1	1	0	1
3	1	1	1	1	0	0	1
4	0	1	1	0	0	1	1
5	1	0	1	1	0	1	1
6	1	0	1	1	1	1	1
7	1	1	1	0	0	0	0
8	1	1	1	1	1	1	1
9	1	1	1	1	0	1	1
A	1	1	1	0	1	1	1
b	0	0	1	1	1	1	1
C	1	0	0	1	1	1	0
d	0	1	1	1	1	0	1
E	1	0	0	1	1	1	1
F	1	0	0	0	1	1	1

Abb. 2.14 Kennzeichnung der LEDs einer 7-Segment-Anzeige mit den Buchstaben a bis g

2.6 Übungsaufgaben

Prüfen Sie sich selbst mithilfe der folgenden Aufgaben. Am Ende dieses Buches finden Sie die Lösungen.

Aufgabe 2-1 Stellen Sie die Dezimalzahl 57_{10} in anderen Zahlensystemen dar:

a) binär

b) oktal

c) hexadezimal

Aufgabe 2-2 Welchen dezimalen Wert repräsentiert die Bitfolge „10010111", wenn es sich

a) um eine vorzeichenlose Dualzahl handelt?
b) um eine Zweierkomplement-Zahl handelt?
c) um eine BCD-codierte Zahl handelt?

Aufgabe 2-3 Wie viele Bits sind für die Darstellung des Wertes 32_{10} erforderlich, wenn als Zahlendarstellung

a) die vorzeichenlose Dualzahlen-Darstellung gewählt wird?
b) die binäre Vorzeichen-Betrag-Darstellung gewählt wird?
c) die Zweierkomplement-Darstellung gewählt wird?

Aufgabe 2-4 Welcher Zahlenbereich kann mit 8 Bits dargestellt werden, wenn die folgenden Darstellungen gewählt werden?

a) vorzeichenlos
b) Vorzeichen-Betrag
c) Zweierkomplement

Aufgabe 2-5 Die nachfolgenden 6-Bit-Zahlen sollen addiert werden. Bestimmen Sie jeweils das (6 bit breite) Ergebnis für den Fall, dass es sich um vorzeichenlose Dualzahlen handelt, und ermitteln Sie, ob bei der Addition ein Überlauf auftritt.

a) $110011 + 001010$
b) $100010 + 101001$
c) $010111 + 101101$
d) Wie würden sich die Ergebnisse ändern, wenn die Operanden und das Ergebnis die Zweierkomplement-Darstellung verwenden?
e) Was würde sich im Hinblick auf Bereichsüberschreitungen (Überlauf) ändern, wenn die Operanden und das Ergebnis die Zweierkomplement-Darstellung verwenden?

Aufgabe 2-6 Nachfolgend sind 8-Bit-Zahlen in Hexadezimal-Darstellung angegeben. Diese Zahlen sollen addiert werden. Bestimmen Sie jeweils das Ergebnis in Hexadezimal-Darstellung und ermitteln Sie, ob Bereichsüberschreitungen auftreten. Die Zahlenwerte sollen sowohl als vorzeichenlose Dualzahlen als auch als Zweierkomplement-Zahlen interpretiert werden.

Hinweis: Sie können die Zahlen zunächst in eine binäre Darstellung überführen, eine binäre Addition durchführen und anschließend das binäre Ergebnis in eine hexadezimale Darstellung überführen. Einfacher ist es, wenn Sie die Subtraktion direkt in der Hexadezimal-Darstellung durchführen. Wenden Sie hierzu die Rechenregeln aus der Grundschule an und beachten Sie, dass der 10er-Übergang des Dezimalsystems einem 16er-Übergang im Hexadezimalsystem entspricht. Beide Wege führen zum Ziel.

a) $27 + 33$

b) $9A + 89$

c) $DE + CD$

Aufgabe 2-7 Nachfolgend sind 8-Bit-Zahlen in Hexadezimal-Darstellung angegeben. Diese Zahlen sollen subtrahiert werden. Bestimmen Sie jeweils das (8 bit breite) Ergebnis in Hexadezimal-Darstellung und ermitteln Sie, ob Bereichsüberschreitungen auftreten. Die Zahlenwerte sollen sowohl als vorzeichenlose Dualzahlen als auch als Zweierkomplement-Zahlen interpretiert werden.

Hinweis: Wie bei der Addition ist auch hier ist die Berechnung im Hexadezimalsystem einfacher.

a) $A9 - 42$

b) $83 - 37$

c) $5C - BF$

Aufgabe 2-8 Welche besondere Eigenschaft besitzt der Gray-Code?

Aufgabe 2-9 Welche der folgenden Bitfolgen sind Pseudotetraden des BCD-Codes? *(mehrere Antworten können richtig sein)*

a) 1000

b) 1011

c) 1100

d) 1001

Aufgabe 2-10 Es wird ein 1-aus-8 Code betrachtet.

a) Welche Wortbreite besitzt ein Codewort?

b) Wie viele unterschiedliche Codewörter lassen sich darstellen?

Aufgabe 2-11 Achtung, Transferleistung erforderlich: Man kann theoretisch auch für das Dezimalsystem eine Komplementdarstellung wählen, also eine Zahlendarstellung im „Zehnerkomplement". Wie würden in dieser Zahlendarstellung die folgenden Werte dargestellt werden, wenn 3 Dezimalstellen zur Verfügung stehen?

a) 0

b) −1

c) −2

d) −10

Einführung in VHDL

3

In Kap. 1 wurden bereits die wichtigsten Grundelemente digitaler Systeme vorgestellt. Eine digitale Hardware verarbeitet Informationen, indem die Eingangssignale zum Beispiel mithilfe von logischen Grundelementen, den Gattern, verknüpft werden. Wie kann man nun festlegen wie die Gatter verschaltet werden sollen, um die Ausgangssignale einer Schaltung zu berechnen?

Möglicherweise kennen Sie Schaltpläne für elektrische Geräte. Durch grafische Symbole werden die Komponenten des Gerätes beschrieben und die elektrischen Verbindungen werden durch Striche dargestellt. Eine naheliegende Möglichkeit wäre es, diese grafische Darstellung auch zur Spezifikation einer digitalen Schaltung zu verwenden. Die elektrisch zu verbindenden Komponenten könnten dann zum Beispiel logische Grundelemente sein. Man kann hierbei auch eine hierarchische Darstellung wählen, indem einzelne Elemente zu Blöcken zusammenfasst werden, die dann in anderen Teilen des Schaltplans als Module eingesetzt werden. Diese Form der Schaltungsbeschreibung wurde tatsächlich in den Anfängen der Digitaltechnik eingesetzt. Allerdings durchlief die Digitaltechnik von Beginn an eine rasante Entwicklung. Bis heute verdoppelt sich etwa alle zwei Jahre die Anzahl der Schaltfunktionen, die sich in einer einzelnen elektronischen Komponente (einem „Chip") integrieren lässt. Dies bedeutet unter anderem, dass die Komplexität digitaler Systeme kontinuierlich zunimmt. Mit den Fortschritten der Digitaltechnik wurden die Schaltpläne zunehmend komplexer und man suchte etwa ab Mitte der 1980er-Jahre nach Alternativen zur Schaltplaneingabe.

Als Lösung wurden die sogenannten Hardwarebeschreibungssprachen (engl. *Hardware Description Language, HDL*) erfunden. Diese Sprachen ermöglichen es, die Funktion einer digitalen Schaltung, ähnlich wie ein Programm für einen Rechner, in textueller Form zu beschreiben. Im Gegensatz zu den üblichen Software-Programmiersprachen wie C/C++ oder Java, besitzen Hardwarebeschreibungssprachen Sprachelemente, die besonders für die Beschreibung digitaler Hardware geeignet sind. In der

© Springer-Verlag GmbH Deutschland, ein Teil von Springer Nature 2022
W. Gehrke und M. Winzker, *Digitaltechnik*,
https://doi.org/10.1007/978-3-662-63954-2_3

Praxis werden zwei Beschreibungssprachen eingesetzt: Verilog und VHDL (*Very High Speed Integrated Circuits Hardware Description Language*). VHDL bietet gegenüber Verilog einen größeren Funktionsumfang und wird daher meist als bevorzugte Sprache zur Beschreibung digitaler Systeme eingesetzt.

In diesem Kapitel werden die Grundlagen der Sprache VHDL vorgestellt. Nachdem Sie dieses Kapitel gelesen haben, kennen Sie die wichtigsten Sprachelemente und sind in der Lage eigene digitale Schaltungen in VHDL zu beschreiben. Praktische Hinweise für die Durchführung eigener VHDL-Experimente finden Sie auch auf der im Vorwort angegebenen Internetseite zum Buch.

3.1   Designmethodik im Überblick

Der Ausgangspunkt einer HDL-basierten Beschreibung sind eine oder mehrere VHDL-Dateien, welche die Funktion der späteren digitalen Hardware festlegen. Wie bei der Erstellung von Software handelt es sich um Textdateien, die eine für den Menschen lesbare Beschreibung der gewünschten Module enthalten.

Nicht jeder syntaktisch richtige VHDL-Code kann auch in Hardware überführt werden. VHDL bietet zum Beispiel Sprachkonstrukte um Dateien einzulesen oder Texte auszugeben. Diese Sprachelemente können nicht in Hardwaremodule übersetzt werden. Der Compiler, welcher aus den VHDL-Beschreibungen Hardware erzeugt, würde entsprechende Warn- bzw. Fehlermeldungen ausgeben. Da der Übersetzungsprozess in der Regel als *Synthese* bezeichnet wird, spricht man auch von „synthesefähigem" oder „synthetisierbarem" VHDL-Code.

Die nicht-synthetisierbaren Sprachelemente werden vielfach in sogenannten *Testbenches* eingesetzt. Als eine Testbench wird VHDL-Code bezeichnet, der zur Überprüfung der Funktion des synthetisierten Codes geschrieben wurde.

Die VHDL-Dateien werden mithilfe eines sogenannten Simulators auf einem PC ausgeführt. Der Simulator ermöglicht es, den zeitlichen Verlauf aller Signale zu visualisieren oder in Dateien auf dem PC abzulegen.

Für die Simulation werden die zu testenden VHDL-Module als Komponenten in den Testbench-Code eingefügt. Der Code der Testbench legt wechselnde Eingangssignale (im Fachjargon „Stimuli") an die Eingänge der zu prüfende Komponente an. Das Konzept einer VHDL-Testbench, in die eine zu prüfende VHDL-Komponente eingesetzt wird, ist in Abb. 3.1 dargestellt.

Der zeitliche Verlauf von Eingangs- und Ausgangssignalen als auch von internen Signalen einer VHDL-Beschreibung kann während der Simulation mithilfe sogenannter Waveform-Viewer visualisiert werden. Die grafische Darstellung der Signalverläufe gibt häufig wichtige Hinweise zur Lokalisierung eines Fehlers und ist ein nicht wegzudenkendes Handwerkszeug der VHDL-Entwicklung. Ein Beispiel für die Ausgabe

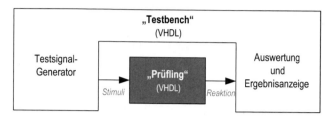

Abb. 3.1 Verifikation einer Komponente mithilfe einer VHDL-Testbench

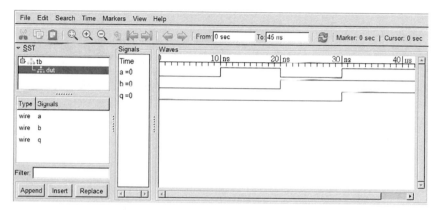

Abb. 3.2 Waveform Viewer

eines Waveform Viewers ist in Abb. 3.2 dargestellt. In diesem Beispiel wird das Ergebnis der UND-Verknüpfung von *a* und *b* dem Signal *q* zugewiesen.

In Abb. 3.3 ist der Ablauf eines VHDL-basierten Entwurfsprozesses dargestellt: Der Ausgangspunkt sind VHDL-Dateien, welche die gewünschte Funktion der digitalen Hardware beschreiben. Darüber hinaus werden Testbench-Dateien erstellt. Mithilfe der Simulation der VHDL-Hardware-Module in Kombination mit den Testbench-Dateien wird die korrekte Funktion der Hardware-Beschreibung überprüft und gegebenenfalls entdecktes Fehlverhalten korrigiert. Anschließend kann die Synthese, also die Überführung der VHDL-Hardware-Beschreibungen in digitale Hardware, erfolgen. Auch nach diesem Schritt können Änderungen am VHDL-Code erforderlich werden um beispielsweise den benötigten Realisierungsaufwand zu reduzieren oder das zeitliche Verhalten des Systems zu verbessern. Der Entwurfsprozess ist also ein iterativer Prozess, bei dem (insbesondere bei komplexen Systemen) die Schritte *Simulation* und *Synthese* mehrfach durchlaufen werden.

Abb. 3.3 VHDL-basierter
Entwurfsprozess

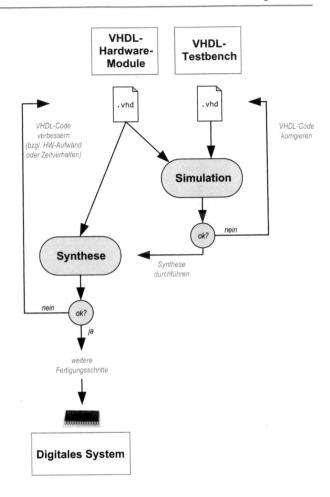

3.2   Grundstruktur eines VHDL-Moduls

Ein VHDL-Modul repräsentiert meistens einen Teil eines größeren Systems und wird
in Form einer Textdatei beschrieben. In diesem Abschnitt werden einige grundlegende
Konzepte und Sprachelemente vorgestellt, die bei einem VHDL-basierten Hardwareentwurf verwendet werden.

3.2.1   Bibliotheken

VHDL-Beschreibungen müssen vor ihrer Verwendung (in einer Simulation oder
für die Synthese) zunächst kompiliert werden. Die durch den Übersetzungsvorgang
erzeugte binäre Beschreibung wird in einer sogenannten *Bibliothek* abgelegt und kann
anschließend mit anderen kompilierten VHDL-Beschreibungen zu einer Simulations-
datei bzw. der zu realisierenden Hardware zusammengefügt werden.

Es ist freigestellt, ob man für jedes VHDL-Modul eine eigene Bibliothek anlegt oder ob mehrere VHDL-Dateien in einer gemeinsamen Bibliothek abgelegt werden. Insbesondere für kleinere Systeme ist es häufig völlig ausreichend, eine gemeinsame Bibliothek für alle übersetzten VHDL-Dateien zu wählen.

Ein Aufruf eines VHDL Compilers zum Übersetzen der VHDL-Datei *my_module.vhd* kann wie folgt aussehen:

```
vcom -work my_work_lib my_module.vhd
```

In diesem Beispiel wird der VHDL-Compiler *vcom* aufgerufen. Mithilfe des Schalters *-work* wird der Name der zu verwendenden Bibliothek angegeben – in diesem Beispiel *my_work_lib*.

Drei Bibliotheken sind besonders wichtig: *work*, *std* und *ieee*.

Der Bibliotheksname *work* ist ein Synonym für die jeweils aktuelle Arbeitsbibliothek, in der die Ergebnisse des Übersetzungsvorgangs abgelegt werden. Es ist zum Beispiel möglich, alle VHDL-Elemente in einer Bibliothek *my_work_lib* abzulegen und die bereits übersetzten Elemente wahlweise über den Namen *work* oder *my_work_lib* zu referenzieren. Da *work* ein vordefinierter symbolischer Name für die aktuelle Arbeitsbibliothek ist, sollte *work* nicht als Bibliotheksname verwendet werden. Andernfalls hätte die Referenzierung der Bibliothek *work* zwei mögliche Bedeutungen: Es kann sich um die aktuelle Arbeitsbibliothek (welche einen beliebigen Namen besitzen kann) oder um die Bibliothek mit dem Namen *work* handeln.

In der Bibliothek *std* sind einige grundlegende Sprachkonstrukte und Datentypen definiert. Darüber hinaus enthält die Bibliothek *std* auch Funktionen zur Ein- und Ausgabe.

Die Bibliothek *ieee* enthält wichtige und häufig verwendete Datentypen sowie viele hilfreiche Funktionen. Die wichtigsten Elemente dieser Bibliothek werden im Verlauf dieses Kapitels vorgestellt und in Kap. 8 weiter vertieft.

Sollen Bibliotheken, die nicht bereits im VHDL-Standard vordefiniert sind (dies ist für die Bibliotheken *work* und *std* der Fall), müssen sie vor ihrer Verwendung mithilfe einer Library-Anweisung bekanntgemacht werden. Anschließend wird mithilfe einer Use-Anweisung ausgewählt, welche Teile der Bibliothek in dem nachfolgenden VHDL-Code verwendet werden sollen. Hinter dem Schlüsselwort *use* folgt zunächst die Angabe der gewünschten Bibliothek und dann, durch Punkte abgetrennt, das zu verwendenden Paket der Bibliothek sowie die Elemente aus dem jeweiligen Paket. Meist ist eine explizite Auswahl einzelner Elemente nicht erforderlich: Man wählt mit dem Schlüsselwort *all* einfach alle vorhandenen Elemente aus. Im nachfolgenden VHDL-Code stehen dann alle Elemente des jeweiligen Bibliothekspakets zur Verfügung.

Die folgenden Beispiele verdeutlichen die Syntax zur Verwendung von Bibliotheken:

```
-- Die Bibliotheken std und work benötigen keine Library-Anweisung
-- Mithilfe einer Use-Anweisung werden die Teile der Bibliothek
```

```
-- bekannt gemacht, die in der nachfolgenden VHDL-Beschreibung
-- verwendet werden
-- Verwendung von Ein-/Ausgabe-Funktionen aus der Bibliothek std
use std.textio.all;
-- Verwendung von Funktionen eines eigenen Paketes, welches bereits
-- in der aktuellen Arbeitsbibliothek abgelegt (übersetzt) worden ist
use work.my_package.all;
-- Verwendung von Datentypen, Funktionen etc.
-- wie sie im IEEE-Standard 1164 festgelegt worden sind
library ieee;
use ieee.std_logic_1164.all;
```

3.2.2 Entity und Architecture

VHDL-Beschreibungen entsprechen einzelnen Hardware-Komponenten. Damit eine
solche Komponente vollständig beschrieben ist, müssen vor allem zwei Teile der
Beschreibung erstellt werden:

1. Die äußeren Anschlüsse der Komponente: Welche Signale werden in das Modul
   hineingeführt und welche kommen heraus? Welche Wortbreite haben die Signale?
2. Die Funktion des Moduls: Nach welcher digitalen Rechenvorschrift werden die Ausgangssignale aus den Eingangssignalen berechnet?

Die Beschreibung der „Sicht von außen" wird als *Entity* und das „Innenleben" als
Architecture bezeichnet. Diese beiden Teile eines VHDL-Moduls werden häufig in
einer gemeinsamen Textdatei abgelegt. Die Beschreibung einer Entity beginnt mit dem
VHDL-Schlüsselwort *entity*. Der Name des Moduls wird durch die Schlüsselwörter
entity und *is* eingerahmt. Das Ende der Entity-Beschreibung wird durch *end* gekennzeichnet. Zwischen dem Beginn und dem Ende der Entity werden die von außen
sichtbaren Eigenschaften des Moduls definiert. Anschlüsse für Eingangs- und Ausgangssignale, im englischen Sprachgebrauch als *Ports* bezeichnet, werden in Form einer Liste
angegeben, welche mit dem Schlüsselwort *port* eingeleitet wird. Der eigentliche Inhalt
der Portliste wird in Klammern angegeben, wobei die einzelnen Listenelemente durch
ein Semikolon voneinander getrennt werden. Für jeden Port wird ein Name angegeben
und festgelegt, ob es sich um einen Eingang oder einen Ausgang handelt (Schlüsselwörter *in* und *out*). Darüber hinaus muss für die Anschlüsse ein Datentyp angegeben
werden. In der Praxis hat sich für die Beschreibungen einzelner Bits der Datentyp *std_
logic* (gesprochen: "*standard logic*") durchgesetzt, welcher durch die Norm IEEE 1164
definiert ist. Um diesen Datentyp verwenden zu können, muss das Paket std_logic_1164
aus der IEEE-Bibliothek hinzugefügt werden.

Betrachten wir das Beispiel eines UND-Gatters mit zwei Eingängen. Die Entity kann in VHDL wie folgt realisiert werden:

```
library ieee;
use ieee.std_logic_1164.all;
entity and_2 is
   port (a : in  std_logic;
         b : in  std_logic;
         q : out std_logic);
end;
```

Groß- und Kleinschreibung wird in VHDL nicht unterschieden und daher kann für alle Sprachelemente sowohl Groß- als auch Kleinschrift verwendet werden. Selbst Mischformen sind erlaubt und syntaktisch korrekt. So kann das Schlüsselwort *entity* auch *Entity* oder *eNTiTy* geschrieben werden.

Die Architecture-Beschreibung startet mit dem Schlüsselwort *architecture*, gefolgt von einem Namen der Architecture. Welcher Entity die Architecture zuzuordnen ist, wird direkt danach mit *of* festgelegt. Zwischen den Schlüsselwörtern *begin* und *end* wird der VHDL-Code eingefügt, der die Funktion des Moduls beschreibt. Die Architecture eines UND-Gatters ist recht übersichtlich. Die Zuweisung der UND-Verknüpfung der beiden Eingänge an den Ausgangsport benötigt nur eine Codezeile.

```
architecture behave of and_2 is
begin
   q <= a and b;
end;
```

3.2.3 Bezeichner

Namen von VHDL-Elementen wie zum Beispiel Entity-, Architecture-, oder Signalnamen usw. beginnen immer mit einem Buchstaben. Anschließend sind sowohl Buchstaben als auch Zahlen oder der Unterstrich „_" erlaubt. Die Verwendung von Schlüsselwörtern ist nicht erlaubt. In Tab. 3.1 sind die VHDL-Schlüsselwörter zusammengefasst.

Es ist nicht unbedingt notwendig die Bedeutung aller Schlüsselwörter zu verstehen. Einige der reservierten Wörter werden selbst von Experten nur selten verwendet.

Für die Erstellung von VHDL-Code ist ein kontextsensitiver Editor empfehlenswert, der Schlüsselwörter automatisch farblich hervorhebt. Damit kann zum Beispiel erkannt werden, ob versehentlich ein Schlüsselwort als Bezeichnung eines VHDL-Elements verwendet wird.

Tab. 3.1 Übersicht über reservierte Wörter der Hardwarebeschreibungssprache VHDL

abs	downto	library	postponed	srl
access	else	linkage	procedure	subtype
after	elsif	literal	process	then
alias	end	loop	pure	to
all	entity	map	range	transport
and	exit	mod	record	type
architecture	file	nand	register	unaffected
array	for	new	reject	units
assert	function	next	rem	until
attribute	generate	nor	report	use
begin	generic	not	return	variable
block	group	null	rol	wait
body	guarded	of	ror	when
buffer	if	on	select	while
bus	impure	open	severity	with
case	in	or	signal	xnor
component	inertial	others	shared	xor
configuration	inout	out	sla	
constant	is	package	sll	
disconnect	label	port	sra	

3.3   Grundlegende Datentypen

Genauso wie Programmiersprachen zur Entwicklung von Software, stellt VHDL verschiedene Datentypen zur Verfügung. In diesem Abschnitt werden die wichtigsten Datentypen vorgestellt.

3.3.1   Integer

Mithilfe des Datentyps *integer* können ganze Zahlen im Bereich von -2^{31} bis $+2^{31}-1$ dargestellt werden, also der Zahlenbereich, welcher mit einer 32 Bit breiten Zweierkomplementzahl dargestellt werden kann.

Das Syntheseprogramm, das die VHDL-Beschreibung in Hardware überführt, wird für Integer-Werte zunächst eine Wortbreite von 32 bit annehmen – unabhängig davon, ob diese Wortbreite für die zu verarbeitenden Daten wirklich benötigt wird. Es besteht daher die Gefahr, dass das Syntheseprogramm nicht erkennt, dass die in VHDL beschriebene

Aufgabe auch mit einer geringeren Wortbreite lösbar ist und letztlich eine Schaltung für 32 Bit realisiert, obwohl auch eine weniger komplexe Schaltung ausgereichen würde. Um diese Gefahr zu vermeiden können die im Folgenden vorgestellten Datentypen *std_logic_vector, signed* und *unsigned* eingesetzt werden. Sie zeichnen sich dadurch aus, dass man die zu verwendende Wortbreite explizit angibt.

3.3.2 Std_logic

Der Datentyp std_logic wurde bereits weiter vorne in diesem Kapitel zur Beschreibung einzelner Bits eingeführt. Dieser Datentyp repräsentiert ein einzelnes Bit, das die Werte 0 oder 1 annehmen kann. Der Datentyp std_logic bietet darüber hinaus noch weitergehende Möglichkeiten.

So wird zur Beschreibung des Einschaltzustands eines Signals, welcher zufällig 0 oder 1 sein kann, ein weiterer Wert benötigt. Der Datentyp std_logic bietet hierfür den Wert *Undefined* an, welcher mit dem Buchstaben *U* abgekürzt wird.

Neben 0, 1, und *U* bietet der Datentyp noch sechs weitere Werte. Eine Übersicht über die neunwertige Logik des Datentyps std_logic ist in Tab. 3.2 dargestellt.

Nicht alle neun möglichen Werte sind gleichermaßen praxisrelevant. Einige können zum Beispiel verwendet werden, wenn Ausgänge mehrerer Gatter auf eine gemeinsame Leitung geführt werden. Hierzu zählen die Werte *Z, L, H* und *W*. Die Möglichkeit, mehrere Gatterausgänge an eine gemeinsame physikalische Leitung anzuschließen, ist jedoch ein Sonderfall.

Es verbleiben neben der 0 und der 1 also noch die Werte *U, X* und − (*Don't-Care*). Obwohl Sie diese Werte in einer realen Schaltung nicht beobachten werden, da die Leitungen entweder den Wert 0 oder den Wert 1 besitzen, sind die zusätzlichen Signalzustände hilfreich. Die Werte *U* und *X* werden Ihnen bei der Simulation eines VHDL-Modells begegnen. Der Wert *U* deutet darauf hin, dass sich in der simulierten Schaltung Signale befinden, die noch nicht auf einen definierten Wert initialisiert worden sind.

Tab. 3.2 Werte des Datentyps std_logic

Wert	Bedeutung
0	logische 0
1	logische 1
U	undefiniert
X	unbekannt
-	„don't-Care" (für Eingänge: Wert ist beliebig)
Z	hochohmig
L	„schwache" logische 0
H	„schwache" logische 1
W	„schwach" unbekannt

Insbesondere zu Beginn einer Simulation werden Sie viele Signale mit dem Wert *U* beobachten können. Aufgrund von VHDL-Zuweisungen werden diese Signale in der Regel schnell einen definierten Wert (meist 0 oder 1) erhalten. Ist ein Signal mit dem Wert *U* länger zu beobachten, sollte der Grund für dieses Verhalten analysiert werden. Es kann sein, dass die fehlende Zuweisung eines Wertes an dieses Signal einen Fehler darstellt, der zu einem Fehlverhalten der Hardware führen kann.

Der Wert *X* tritt auf, wenn unbeabsichtigt zwei Ausgänge mit unterschiedlichen logischen Werten auf das gleiche Signal geführt werden. Darüber hinaus kann der Wert *X* in der Simulation entstehen, wenn undefinierte oder unbekannte Signale in logischen Verknüpfungen verwendet werden. Werden in einer Simulation Signale mit dem Wert *X* beobachtet, muss die Ursache für dieses Verhalten untersucht werden. In den meisten Fällen liegt ein Fehler im VHDL-Code vor, welcher vor dem Umsetzen der VHDL-Beschreibung in Hardware behoben werden muss.

Mithilfe des Wertes *Don't-Care* kann in einer VHDL-Beschreibung zum Ausdruck gebracht werden, dass der Wert eines bestimmten Signals unerheblich für die Funktion der Schaltung ist und somit dieses Signal für die Berechnung der Ausgangswerte nicht beachtet werden muss. Meist kann diese Information bei der Optimierung der synthetisierten Hardware verwendet werden, sodass eine schnellere oder weniger aufwendigere Hardware erzeugt werden kann.

3.3.3 Std_logic_vector

Viele digitale Systeme lassen sich einfacher und übersichtlicher in VHDL beschreiben, wenn man die Möglichkeit nutzt, einzelne Bits zu gruppieren. Hierzu kann der Datentyp *std_logic_vector* (beziehungsweise *std_ulogic_vector*) verwendet werden.

Die Indexgrenzen des Vektors werden in Klammern angegeben. Meist wird hierbei eine absteigende Indizierung verwendet, zum Beispiel (7 *downto* 0).

Nehmen wir an, Sie möchten eine Schaltung realisieren, die vier UND-Gatter mit jeweils zwei Eingängen enthalten soll. Selbstverständlich kann man diese Schaltung mithilfe von 8 Eingängen und 4 Ausgängen vom Datentyp *std_logic* realisieren. Allerdings würde in diesem Fall die Entity-Beschreibung des Moduls 12 Ports enthalten und in der Architecture müssten vier Signalzuweisungen, für jeden der vier Ausgänge der Schaltung, vorgenommen werden.

Die Problemstellung lässt sich bei Verwendung des Datentyps *std_logic_vector* deutlich übersichtlicher lösen:

```
library ieee;
use ieee.std_logic_1164.all;


entity and_2x4 is
   port (a : in  std_logic_vector (3 downto 0);
```

```
         b : in    std_logic_vector (3 downto 0);
         q : out std_logic_vector (3 downto 0));
end;


architecture behave of and_2x4 is
begin
   q <= a and b;
end;
```

VHDL unterstützt Operatoren, die auf Vektoren angewendet werden. In der Codezeile $q <= a$ and b wird dies ausgenutzt. Diese Zeile führt eine bitweise UND-Verknüpfung der einzelnen Komponenten der Vektoren a und b aus und weist das Ergebnis den jeweiligen Bits des Ausgangs q zu. Es wäre auch möglich, diese Zuweisungen explizit auszuführen, indem auf die einzelnen Elemente der Vektoren zugegriffen wird:

```
architecture behave_2 of and_2x4 is
begin
   q(0) <=a(0) and b(0);
   q(1) <=a(1) and b(1);
   q(2) <=a(2) and b(2);
   q(3) <=a(3) and b(3);
end;
```

Diese Schreibweise würde zum gleichen Ergebnis führen wie die UND-Verknüpfung auf Basis von Vektoren. Es ist eine Frage des "Coding-Styles" welche der beiden Varianten bevorzugt wird. Im Allgemeinen sollte jedoch aus Gründen der Übersichtlichkeit die vektorielle Schreibweise vorrangig verwendet werden.

Im Zusammenhang mit Vektoren wird häufig die Frage gestellt, ob es möglich ist, die Elemente eines Vektors zu vertauschen indem ein Vektor mit absteigender Indizierung (zum Beispiel 7 *downto* 0) einem Vektor mit aufsteigender Indizierung (zum Beispiel *0 to 7*) zugewiesen wird. Obwohl die Elementanzahl in den Vektoren übereinstimmt, ist eine solche Zuweisung nicht zulässig. Die beiden Vektoren besitzen unterschiedliche Datentypen und dürfen daher nicht direkt einander zugewiesen werden.

3.3.4 Signed und Unsigned

Der Datentyp *std_logic_vector* ist eine Zusammenfassung einzelner Bits zu einem Vektor. Welche Information durch den Bitvektor dargestellt wird, ist durch den Datentyp nicht eindeutig definiert. Es könnten völlig unabhängige Bits sein, die aus Gründen der Übersichtlichkeit gruppiert wurden. Genauso gut könnte die Zusammenfassung der Bits einen Zahlenwert darstellen. Im letzteren Fall wäre es wünschenswert, dass für die

Vektoren nicht nur logische Funktionen, sondern auch arithmetische Operationen wie Addition oder Subtraktion definiert wären.

VHDL verwendet im Hinblick auf den Datentyp *std_logic_vector* eine strikte Philosophie: Der Datentyp *std_logic_vector* beschreibt die Zusammenfassung einzelner Bits. Dass diese Bits gemeinsam betrachtet einen Zahlenwert darstellen könnten, wird von VHDL ausgeschlossen und es werden im Sprachstandard keine arithmetischen Operationen dafür zur Verfügung gestellt.

Soll in VHDL die Kombination einzelner Bits als eine Zahl interpretiert werden, werden die Datentypen *signed* und *unsigned* verwendet. Ähnlich wie beim Datentyp *std_logic_vector* können mit *signed* und *unsigned* beliebig große Vektoren gebildet werden. Die Bits werden als eine Zweierkomplementzahl beziehungsweise als vorzeichenlose Dualzahl interpretiert werden.

Diese Datentypen sind ebenfalls vom IEEE standardisiert worden und stehen im Paket *numeric_std* der IEEE-Bibliothek zur Verfügung. Für diese Datentypen sind arithmetische Operationen wie die Addition definiert und eine Addiererschaltung für vorzeichenlose Zahlen mit der Wortbreite 4 bit kann wie folgt implementiert werden:

```
library ieee;
use ieee.numeric_std.all;


entity addu_4 is
   port (a : in  unsigned (3 downto 0);
         b : in  unsigned (3 downto 0);
         q : out unsigned (3 downto 0));
end;


architecture behave of addu_4 is
begin
   q <= a + b;
end;
```

3.3.5 Konstanten

Möchte man einem Signal eine Konstante zuweisen, muss hierbei auf den Datentyp geachtet werden. Bei Signalen vom Datentyp *integer* erfolgt die Zuweisung – wie in einer Software-Programmiersprache – in Form einer dezimalen Zahl. Möchte man dagegen den Zahlenwert in hexadezimaler, binärer oder einer anderen nicht-dezimalen Schreibweise angeben, muss vor der Zahl der Radix der Zahlendarstellung angegeben werden. Die nachfolgende Zahl wird durch Doppelkreuze (#) eingerahmt. So würde die Hexadezimalzahl *BEEF* im VHDL-Code als *16#BEEF#* angegeben werden.

Konstanten vom Datentyp *std_logic_vector* oder *signed* bzw. *unsigned* werden in Anführungszeichen in binärer Form angeben. Mit einem vorangestellten *x* lassen sich die

Werte auch in hexadezimaler Schreibweise angeben, wobei jede Hexadezimalstelle exakt
4 bit repräsentiert.

Die Zuweisung eines *std_logic*-Wertes erfolgt in einfachen (halben) Anführungszeichen.

Die folgenden Beispiele verdeutlichen die Möglichkeiten zur Angabe von Konstanten.

```
-- Exemplarische Konstantenzuweisungen
i <= 1234;          -- integer, dezimal
i <= 16#ABC#;       -- integer, hexadezimal
i <= 8#175#;        -- integer, oktal
i <= 2#01010111#;   -- integer, dual
sv8 <= "01000111";  -- std_logic_vector
sv8 <= "0UUX0111";  -- std_logic_vector
sv8 <= x"EF";       -- std_logic_vector, hexadezimal
s <= '1';           -- std_logic
b <= true;          -- boolean
```

Sehr nützlich ist die Zuweisung mithilfe der Others-Funktion. Diese ermöglicht es
einzelnen Elementen eines Vektors Werte zuzuweisen und den restlichen Elementen
(*others*) einen anderen Wert. Die Syntax wird durch die folgenden Beispiele verdeutlicht:

```
-- Diese Zeilen können
   sv1 <= "01000001";
   sv2 <= "00111101";
   sv3 <= "00000000";
-- … mithilfe von "others" auch so formuliert werden:
   sv1 <= (0,6=>'1', others=>'0');
   sv2 <= (7,6,1=>'0', others=>'1');
   sv3 <= (others=>'0');
```

3.3.6   Umwandlung zwischen Datentypen

Für die Umwandlung zwischen den Datentypen *integer, signed/unsigned* und *std_logic_*
vector stehen verschiedene Funktionen zur Verfügung. So lässt sich beispielsweise
ein *Unsigned*- bzw. *Signed*-Wert mit der Funktion *to_integer()* in einen Integer-Wert
umwandeln. Für die umgekehrte Typumwandlung steht die Funktion *to_unsigned()*
beziehungsweise *to_signed()* zur Verfügung. Für eine Umwandlung vom Datentyp
unsigned bzw. *signed* in den Datentyp *std_logic_vector* kann die Funktion *std_logic_*
vector() verwendet werden. Eine Umwandlung in die Datentypen *signed* und *unsigned*
kann entsprechend mit den Funktionen *signed()* und *unsigned()* erfolgen.

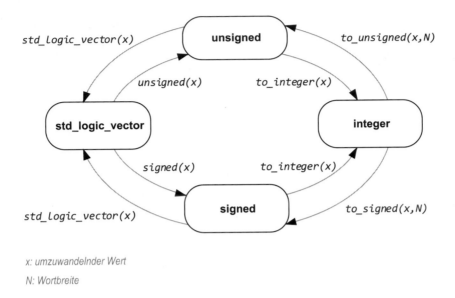

x: umzuwandelnder Wert

N: Wortbreite

Abb. 3.4 Umwandlung zwischen wichtigen VHDL-Datentypen

In Abb. 3.4 sind die Funktionen zur Umwandlung zwischen den Datentypen *std_logic_vector, signed/unsigned* und *integer* grafisch dargestellt.

Eine Umwandlung vom Datentyp *integer* in den Datentyp *std_logic_vector* kann nicht direkt erfolgen, sondern erfordert immer einen Zwischenschritt über den Datentypen *signed* bzw. *unsigned*.

Einige Beispiele für die Umwandlung der VHDL-Datentypen sind im Folgenden dargestellt.

```
-- Exemplarische Typumwandlungen

i    <= to_integer(s8);        -- signed -> integer

u8   <= to_unsigned(i,8);      -- integer -> unsigned

s8   <= to_signed(-123,8);     -- Ganzzahlige Konstante: Typ Integer

slv8 <= std_logic_vector(u8); -- unsigned -> std_logic_vector

i    <= to_integer(unsigned(slv8));       -- std_logic_vector -> integer

slv8 <= std_logic_vector(to_signed(i,8)); -- integer -> std_logic_vector
```

3.3.7 Datentyp Bit

In VHDL existiert auch der Datentyp *bit*. Objekte dieses Typs können die Werte 0 bzw. 1 annehmen, was auf den ersten Blick ausreichend erscheinen mag. In der Praxis besteht jedoch häufig der Wunsch einem Signal noch weitere Zustände, außer 0 oder 1, zuweisen zu können. Ein typisches Beispiel hierfür ist der Zustand eines Signals nach dem Einschalten eines Systems. Ist es 0 oder ist es 1? Möglicherweise „fällt" das Signal auf einen zufälligen Initialwert, es ist also nach dem Einschalten manchmal 0 und manchmal 1. Der Einschaltzustand des Signals ist also weder eindeutig 0 noch eindeutig 1, sondern *undefiniert*. Die Modellierung des undefinierten Einschaltzustands ist mithilfe des Datentyps *std_logic* möglich, mit dem Datentyp *bit* dagegen nicht. Daher wird in der Praxis der Typ *std_logic* bevorzugt eingesetzt und hat die Verwendung des Typs *bit* verdrängt.

3.4 Operatoren

Die UND-Verknüpfung wurde bereits in den vorangegangenen Abschnitten eingeführt. In diesem Abschnitt werden nun weitere wichtige Operatoren vorgestellt, die zur Beschreibung der Funktion einer Schaltung eingesetzt werden können. Nicht alle Operatoren lassen sich mit allen Datentypen verwenden. So ist es zum Beispiel nicht möglich zwei Werte vom Datentyp *std_logic_vector* zu addieren.

In den Tabellen Tab. 3.3, 3.4 und 3.5 sind wichtige VHDL-Operatoren zusammengestellt. Die Datentypen *integer, signed* und *unsigned* werden hierbei unter dem Begriff „numerisch" zusammengefasst.

Die folgenden Beispiele sollen den Einsatz der Operatoren in VHDL verdeutlichen:

```
-- Beispiele für die Verwendung von VHDL-Operatoren

a    <= b or c;              -- Bitweises ODER
sig1 <= not sig2;           -- Bitweise Invertierung
u8_1 <= u8_2 + "00000011";  -- Addition
u8   <= to_unsigned(2**7,8); -- Potenzierung


if s8 = to_signed(3,8) then  -- Vergleich

   slv5_1 = slv5_2 nand slv5_3; -- NAND (Nicht-UND)
end if;
```

Tab. 3.3 Logische VHDL-Operatoren

Schreibweise	Bedeutung	Datentypen	Synthetisierbar?
and	UND-Verknüpfung	std_logic, std_logic_vector, signed, unsigned	Ja
or	ODER-Verknüpfung		
nand	Nicht-UND-Verknüpfung		
nor	Nicht-ODER-Verknüpfung		
xor	Exklusiv-ODER-Verknüpfung		
not	Invertierung		

Tab. 3.4 Arithmetische VHDL-Operatoren

Schreibweise	Bedeutung	Datentypen	Synthetisierbar?
+	Addition	Numerisch	Ja
-	Subtraktion		
*	Multiplikation		
/	Division		Abhängig vom verwendeten Synthese-Programm
mod	Modulo der Ganzahldivision		
rem	Rest der Ganzahldivision		
**	Potenzierung	Integer	Falls Konstanten
abs	Absolutwert	Numerisch	Ja

Tab. 3.5 VHDL-Operatoren für Vergleiche

Schreibweise	Bedeutung	Datentypen	Synthetisierbar?
=	gleich	Beliebig	Ja
/=	ungleich		
>	größer	Numerisch	
<	kleiner		
>=	größer-gleich		
<=	kleiner-gleich		

Bei den arithmetischen Operatoren ist zu beachten, dass die Wortbreite des Ergebnisses mit der Wortbreite der Operanden identisch sein muss. Sie mögen vielleicht spontan einwenden wollen, dass dies zu Problemen führen kann: Wenn beispielsweise zwei 8 Bit breite vorzeichenlose Zahlen (Wertebereich: 0 … 255) addiert werden sollen, würde das Ergebnis in einem Bereich von 0 bis 510 liegen können. Es wären also zur Darstellung des Ergebnisses 9 Bit erforderlich. Dieser Einwand ist völlig korrekt und in VHDL würde das 8 Bit breite Ergebnis der Addition tatsächlich nur die untersten Bits des „wahren" Ergebnisses enthalten. Würden beispielsweise die Zahlen 65 und 250 addiert $(65+250=315=100111011_2)$, würde dem Ergebnissignal der binäre Wert 00111011 zugewiesen – die führende 1 ginge verloren. Soll bei der Addition das korrekte 9 Bit breite Ergebnis berechnet werden, muss die Addition mit 9 Bit breiten Operanden ausgeführt werden. Dies lässt sich erreichen, indem die Wortbreite der Operanden um 1 Bit vergrößert wird. Eine mögliche Realisierung in VHDL zeigt der nachfolgende Code:

```
-- Addition mit vorheriger Erweiterung der Operanden
sum <= '0' & op1 + '0' & op2;      -- für Datentyp unsigned
sum <= op1(7) & op1 + op2(7) & op2 -- für Datentyp signed
```

Dieser VHDL-Code verwendet den Operator & mit dem zwei Vektoren zu einem neuen Vektor mit größerer Wortbreite „zusammengefügt" werden können. Der Operator lässt sich mit allen vektoriellen Datentypen, also *signed, unsigned* und *std_logic_vector* verwenden. Die folgenden Beispiele verdeutlichen die Funktionsweise des Operators:

```
-- Exemplarische Anwendungen des "Zusammenfügeoperators"
sv6  <= "010" & '1' & "100" & '0'; -- Ergebnis: "01011000"
sv10 <= "00"  & sv8;   -- Vorzeichenlose Erweiterung 8 bit -> 10 bit
s9   <= s8(7) & s8;    -- Vorzeichenerweiterung eines signed-Wertes


-- "Rotieren" eines 6 bit breiten Wertes um zwei Stellen nach rechts
-- Beispiel: Aus "011001" wird "010110"
sv6  <= sv6(1 downto 0) & sv6(5 downto 2);
```

3.5   Signale

Die Ausgangswerte komplexerer Schaltungen lassen sich normalerweise nicht durch eine ausschließliche Verknüpfung der Eingangssignale beschreiben. Häufig möchte man zunächst Zwischenergebnisse berechnen, deren anschließende Verknüpfung weitere Zwischenergebnisse oder die Werte der Ausgangssignale ergeben. Diese Zwischenergebnisse sind letztlich nichts anderes als digitale Signale, die nur innerhalb des Moduls verwendet werden und nicht von außen sichtbar sind. Für die Definition solcher Signale steht in VHDL das Schlüsselwort *signal* zur Verfügung.

3.5.1   Definition und Verwendung von Signalen

Nehmen wir an, die in Abb. 3.5 dargestellte Schaltung soll in VHDL beschrieben werden.

Die Eingänge *a* und *b* werden durch ein UND-Gatter zum Signal *z* verknüpft, welches nur innerhalb des Moduls sichtbar ist. Mithilfe der ODER-Verknüpfung von *z* und dem Eingangssignal *c* wird das Ausgangssignal *q* berechnet. Die Signale *a, b* und *q* sind Ports

Abb. 3.5 Beispiel einer logischen Funktion

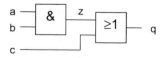

der Entity dieses Moduls. Das Signal *z* muss dagegen in der Architecture des Moduls definiert werden. VHDL stellt hierfür das Schlüsselwort *signal* zur Verfügung. Hinter dem Schlüsselwort *signal* werden der gewünschte Signalname sowie der Datentyp des Signals angegeben. Signale werden im sogenannten Deklarationsteil der Architecture definiert, welcher sich vor dem *begin* der Architecture befindet.

Die VHDL Beschreibung des Moduls würde also wie folgt realisiert werden:

```vhdl
library ieee;
use ieee.std_logic_1164.all;


entity and_or is
   port (a : in  std_logic;
         b : in  std_logic;
         c : in  std_logic;
         q : out std_logic );
end;


architecture behave of and_or is
   -- Hier ist der Deklarationsteil der Architecture
   -- Signale werden hier definiert
   -- und können nach "begin" verwendet werden
   signal z : std_logic;
begin
   z <= a and b;
   q <= z or c;
end;
```

3.5.2 Signalzuweisungen

In dem obigen Beispiel ist die Reihenfolge der Zuweisungen an das Signal *z* bzw. den Port *q* unerheblich. Anders als in einer Programmiersprache für die Softwareentwicklung wird der Code innerhalb einer Architecture nicht sequenziell, Zeile für Zeile, ausgeführt, sondern alle Zuweisungen sind zeitgleich aktiv. Der Fachbegriff hierfür ist *nebenläufige Zuweisung*.

Es wäre also ebenso korrekt, den Code wie folgt umzustellen:

```vhdl
architecture behave_2 of and_or is
   signal z: std_logic;
```

```
begin
   q <= z or c;   -- zuerst die Zuweisung an q
   z <= a and b;  -- dann erst an z
end;
```

Hat man bereits Erfahrungen mit Programmiersprachen für die Softwareentwicklung gesammelt, mag dieses Verhalten zunächst ungewöhnlich erscheinen. Aber eine genauere Betrachtung zeigt, dass sich die Zuweisungen genauso verhalten müssen: Ein Gatter in einer digitalen Schaltung reagiert immer auf die Signale an den Gattereingängen, unabhängig davon, ob andere Gatter in der Schaltung existieren oder ob andere Gatter ebenfalls Änderungen ihrer Eingangssignale beobachten. Somit sind die beiden Gatter der Beispielschaltung also immer und unabhängig voneinander aktiv. Das UND-Gatter wird immer dann einen neuen Wert ausgeben, wenn sich einer der beiden Eingänge a oder b geändert hat, während eine Änderung von z oder c zu einer Neuberechnung des Ausgangs q führt. Um dieses Verhalten beschreiben zu können, müssen auch die VHDL-Zuweisungen kontinuierlich und unabhängig voneinander aktiv sein. Würde dagegen eine Zuweisung von der Ausführung einer vorangegangenen Zuweisung abhängen, ergäbe sich eine Abhängigkeit, die nicht dem Verhalten der Hardware entspräche.

Selbstverständlich hätte diese recht einfache Schaltung übrigens auch mithilfe einer einzelnen Zuweisung in der Form

```
q <= (a and b) or c;
```

realisiert werden können, wobei dann auf die Definition des Signals Z verzichtet werden kann.

In welchem Umfang Signale eingesetzt werden ist auch eine Frage der Übersichtlichkeit des Codes. Werden mehr als zwei oder drei Operatoren in einer Zuweisung verwendet, empfiehlt sich in der Regel der Einsatz von Signalen, um die Lesbarkeit des Codes zu verbessern.

3.6   Prozesse

In den vorangegangenen Beispielen wurden Signalen oder Ports Werte zugewiesen. Hierzu wurden einfache Zuweisungen verwendet. Mithilfe der vorgestellten Operatoren kann man unter Verwendung dieser einfachen Zuweisungen theoretisch beliebig komplexe Schaltungen in VHDL realisieren. Dieses Vorgehen kann allerdings ein recht mühseliges und fehlerbehaftetes Abenteuer werden: Die logische Funktion, die es zu realisieren gilt, müsste zunächst manuell so umgewandelt werden, dass sie mithilfe der vorgestellten Operatoren darstellbar ist. Erst danach kann die Eingabe des VHDL-Codes erfolgen. Selbst wenn die Umwandlung der Funktion fehlerfrei gelingt, wäre der anschließend formulierte VHDL-Code in vielen Fällen schlecht lesbar. Spätere Änderungen der Funktion wären damit schwierig.

Geht es also vielleicht auch etwas eleganter und übersichtlicher? Kann man vielleicht auch in VHDL die aus Programmiersprachen bekannten Konstrukte wie Schleifen oder Verzweigungen zur Beschreibung einer digitalen Funktion verwenden? Alle Signal- oder Portzuweisungen werden zeitgleich (parallel, nebenläufig) ausgeführt. Mit zunehmender Komplexität eines VHDL-Moduls kann dies die Verständlichkeit des Codes weiter verringern. Wäre es daher nicht angenehmer, wenn VHDL-Code sequenziell (wie ein Programm einer Software-Programmiersprache) ausgeführt würde?

Für die Lösung der skizzierten Problematik existiert in VHDL das Sprachkonstrukt eines Prozesses. Prozesse sind eines der wichtigsten Elemente zur Beschreibung von Hardware in VHDL. Ein VHDL-Prozess kann als Erweiterung der Zuweisungen aufgefasst werden. Genauso wie eine nebenläufige Zuweisung beschreibt ein VHDL-Prozess das Verhalten einer Teilschaltung des Systems und wird innerhalb einer Architecture eingesetzt.

Prozesse zeichnen sich unter anderem durch die folgenden Eigenschaften aus:

- Ein Prozess wird nebenläufig zu anderen Prozessen oder Signalzuweisungen ausgeführt.
- VHDL-Code innerhalb eines Prozesses wird sequenziell ausgeführt.
- Innerhalb eines Prozesses können Konstrukte wie sie aus Software-Programmiersprachen bekannt sind, zum Beispiel If-Else-Anweisungen oder Variablen, zur Beschreibung der Funktion des Prozesses eingesetzt werden.
- Genauso wie nebenläufige Signalzuweisungen repräsentiert ein Prozess ein Stück Hardware, welches einen Teil der digitalen Gesamtfunktion des Systems zur Verfügung stellt.

Im Folgenden werden einige wichtige Aspekte von Prozessen näher beleuchtet und vertieft.

3.6.1 Syntaktischer Aufbau von Prozessen

Prozesse werden mithilfe des Schlüsselwortes *process* eingeleitet. Wie bei einer VHDL-Architecture beginnt die eigentliche Beschreibung des Verhaltens nach dem Schlüsselwort *begin*. Zwischen *process* und *begin* befindet sich der Deklarationsteil, welcher zum Beispiel zur Definition von Variablen verwendet werden kann.

Im Gegensatz zu nebenläufigen Signalzuweisungen werden Prozesse nicht automatisch ausgeführt, wenn sich eines der verknüpften Signale ändert. Die im Rahmen dieses Kapitels betrachteten Prozesse besitzen eine sogenannte Sensitivitätsliste, welche die Signale enthält, deren Änderung zu einer Ausführung des Prozesses führen soll. Die Signale werden in Klammern nach dem Schlüsselwort *process* angeben.

Im Folgenden wird die Struktur von Prozessen anhand des Beispiels aus Abb. 3.5 erläutert.

```
architecture and_or_proc of and_or is
begin
    my_process: process (a,b,c)
    begin
        q <= (a and b) or c;
    end process;
end;
```

Es soll eine Schaltung beschrieben werden, welche die Signale bzw. Eingänge *a*, *b* und *c* verknüpft und das Ergebnis *q* zuweist. Da *q* von *a*, *b* und *c* abhängt, muss eine Neuberechnung von *q* immer dann erfolgen, wenn sich eines der Eingangssignale ändert. Daher werden die drei Signale in die Sensitivitätsliste aufgenommen. Zwischen *begin* und *end* wird die Prozessbeschreibung eingefügt, die in diesem einfachen Beispiel nur eine einzelne Zuweisung umfasst.

Es wäre völlig berechtigt, wenn Sie jetzt Zweifel an der Sinnhaftigkeit von Prozessen bekämen: Im Prinzip beschreibt der Prozess keine andere Funktion als die, die man bereits mit einer einfachen Signalzuweisung realisieren kann. Eine nebenläufige Signalzuweisung wäre für dieses Beispiel tatsächlich kürzer und übersichtlicher als die Verwendung eines Prozesses. Aber Prozesse können mehr! Einige Aspekte werden bereits in diesem Kapitel vorgestellt. Andere Aspekte werden Sie beim Lesen der weiteren Kapitel dieses Buches entdecken und sukzessive die Behauptung nachvollziehen können, dass ohne Prozesse eine sinnvolle und übersichtliche Beschreibung digitaler Systeme nicht möglich ist.

Möglicherweise werden Sie bei der Lektüre dieses Buches auch entdecken, dass nebenläufige Signalzuweisungen und Prozesse zwei unterschiedliche Herangehensweisen repräsentieren: Beschreibt man ein digitales Hardware-Modul ausschließlich mit Signalzuweisungen, benötigt man eine gute Vorstellung darüber, wie die Schaltung aus digitalen Grundelementen (UND-, ODER-Gatter, usw.) aufgebaut sein soll. Bei Verwendung von Prozessen steht eher die digitale Funktion im Vordergrund. Wie diese Funktion später durch das Syntheseprogramm mithilfe der verfügbaren Grundelemente realisiert wird, ist von nachrangiger Bedeutung. Daher lassen sich mithilfe von VHDL-Prozessen auch komplexe digitale Funktionen elegant und übersichtlich realisieren.

Der Beispielcode zeigt auch, dass Prozessen Namen erhalten können, wenn dies sinnvoll erscheint. Der Prozessname ist optional und wird vor dem Schlüsselwort *process* eingefügt. Der dem Namen folgende Doppelpunkt ist obligatorisch.

3.6.2 Ausführung von Prozessen

Prozesse besitzen eine gewisse Ähnlichkeit mit Funktionen höherer Programmiersprachen. Allerdings existiert zwischen den Funktionen einer Programmiersprache und den VHDL-Prozessen ein entscheidender Unterschied. Eine Software-Funktion wird vom Programmierer durch einen entsprechenden Aufruf im Code aktiviert und einmalig ausgeführt. Dieses Prinzip kann für Prozesse nicht gelten: Ein Prozess beschreibt eine digitale Hardware-Komponente, die kontinuierlich aktiv ist. Eigentlich müsste also ein Prozess eine Endlosschleife enthalten, die immer wieder den Kern des Prozesses ausführt. Genauso arbeitet ein VHDL-Prozess tatsächlich. Die Endlosschleife ist jedoch im VHDL-Code nicht in Form einer Schleifenanweisung sichtbar, da mit der Verwendung eines VHDL-Prozesses bereits implizit festgelegt ist, dass der Code des Prozesses kontinuierlich ausgeführt wird.

Endlosschleifen in einer Software führen häufig dazu, dass ein Programm nicht mehr reagiert. In VHDL sind dagegen Endlosschleifen bewusst gewollt? Genauso ist es tatsächlich.

Ein Software-Programm wird sequenziell, also Befehl für Befehl, von einem Rechner ausgeführt. Sie haben aber nur einen Rechner zur Ausführung der Software zur Verfügung und wenn dieser mit der Verarbeitung einer Endlosschleife beschäftigt ist, kann er keine anderen Aufgaben ausführen. Wenn Sie dagegen aus einer VHDL-Beschreibung Hardware generiert haben, existieren sozusagen viele kleine „Rechner" gleichzeitig. Diese führen kontinuierlich, also im Prinzip in einer Endlosschleife, immer das gleiche „Programm" aus, welches zuvor durch Prozesse beschrieben wurde.

Aber wie kann dann eine Simulation mehrerer VHDL-Prozesse auf einem nicht-parallelen, sequenziell arbeitenden Rechner ausgeführt werden? Ein PC wäre ja schon mit der Ausführung eines einzelnen VHDL-Prozesses komplett ausgelastet.

Um diese Problematik zu lösen, ist in VHDL die bereits erwähnte Sensitivitätsliste eingeführt worden. In dieser Liste werden alle Signale eingetragen, die innerhalb des jeweiligen Prozesses gelesen werden. Der Prozess wird genau einmal durchlaufen, wenn sich eines der Signale der Sensitivitätsliste ändert. Ändert sich keines der Signale, ruht die Ausführung des jeweiligen Prozesses. Auf diese Weise wird *in der Simulation* einer VHDL-Beschreibung zu einem beliebigen Zeitpunkt immer maximal ein Prozess aktiv sein. Die Aktivierung eines Prozesses führt zu Signaländerungen, die dann wiederum die Ausführung weiterer Prozesse zur Folge haben. Auf diese Weise kann sukzessive das gesamte Verhalten der parallelen Hardware auf einem sequenziell arbeitenden PC nachgebildet werden.

Wird beim Anlegen der Sensitivitätsliste ein Signal übersehen, ist dies für die Hardwaregenerierung mittels Synthese relativ unbedeutend. Die meisten Syntheseprogramme würden zwar Warnungen ausgeben, aber dennoch eine funktionstüchtige Hardware erzeugen.

Für die Simulation ist die korrekte Angabe der Sensitivitätsliste dagegen sehr wichtig: Würde bei dem in Abschn. 3.6.1 gezeigten Beispiel das Signal b nicht in der Sensitivitätsliste aufgeführt sein, würde der Prozess bei Änderungen von b nicht aktiviert werden. Somit würde trotz einer Änderung von b das Ausgangssignal q seinen Wert behalten und die Simulation der Schaltung ein anderes Ergebnis liefern als die zugehörige Hardware. Eine umfassende Überprüfung der VHDL-Beschreibung mithilfe einer Simulation wäre also nicht möglich.

3.6.3 Variablen

Als Alternative zu Signalen können in Prozessen auch Variablen eingesetzt werden. VHDL-Variablen sind mit statischen Variablen vergleichbar, wie sie zum Beispiel in der Programmiersprache C zur Verfügung stehen: Sie sind nur in dem Prozess sichtbar, in dem sie definiert wurden und behalten den zugewiesenen Wert auch dann, wenn der Prozess unterbrochen wird.

Die Definition einer Variablen geschieht im Deklarationsteil des Prozesses (vor *begin*) und werden mit dem Schlüsselwort *variable* eingeleitet. Für Zuweisungen an Variablen wird : = verwendet, während bei Signalen die bereits erwähnte Zeichenkombination < = zum Einsatz kommt.

Ein einfaches Beispiel verdeutlicht die Verwendung von Variablen in VHDL-Prozessen:

```
proc_with_variable : process (a,b)
    variable my_var: std_logic;
begin
   my_var : = a and b; -- Variablenzuweisung
   q < = my_var;       -- Signalzuweisung
end process;
```

Auf Grund der sequenziellen Ausführung eines Prozesses sind die im Beispielcode gezeigten Zuweisungen nicht vertauschbar.

Im Prinzip wird eine Zuweisung an eine Variable zunächst komplett durchgeführt, bevor die nächste Zeile des Prozesses abgearbeitet wird. Dies ist genau das Verhalten, das auch für Variablen in Programmiersprachen wie C/C++ oder Java gilt.

Zuweisungen an Signale blockieren den Prozessablauf dagegen nicht. Der Prozess läuft also weiter, ohne dass die Zuweisung eine Wirkung auf den Wert des Signals hat. Das Signal behält bis zu einer Prozessunterbrechung bzw. dem Prozessende seinen alten Wert. Erst bei einer Beendigung oder Unterbrechung des Prozesses werden die zuvor ausgeführten Signalzuweisungen wirksam und die Signale erhalten neue Werte.

Würde also die Zuweisung an *q* vor der Zuweisung an *my_var* stehen, würde der VHDL-Code im Gegensatz zum obigen Beispiel kein einfaches UND-Gatter mehr beschreiben.

Da insbesondere das oben erwähnte Verhalten von Signalzuweisungen innerhalb von Prozessen für viele VHDL-Einsteiger etwas gewöhnungsbedürftig ist, wird dieses Verhalten im nachfolgenden Abschnitt ausführlicher erläutert.

3.6.4   Signalzuweisungen in Prozessen

Für die Zuweisungen von Signalen innerhalb von VHDL-Prozessen gelten zwei wichtige Regeln:

1. Die an ein Signal zugewiesenen Werte werden erst nach einer Unterbrechung des Prozesses sichtbar.
2. Wird ein Signal mehrfach in einem Prozess zugewiesen, zeigt nur die zuletzt ausgeführte Zuweisung Wirkung. Alle vorangegangenen Zuweisungen werden verworfen.

Da Signale allen Prozessen einer VHDL-Architecture zur Verfügung stehen, muss sichergestellt werden, dass die Änderung eines Signals in allen Prozessen gleichzeitig sichtbar wird. Dieser Forderung wird durch die erste Regel Rechnung getragen.

Wird eine VHDL-Beschreibung simuliert, werden alle Zuweisungen an Signale zunächst „gesammelt". Die eigentliche Zuweisung an das Signal und die damit verbundene Sichtbarmachung eines Signalwechsels geschieht erst mit der Unterbrechung des Prozesses oder mit der Beendigung des Prozessdurchlaufs. Dies bedeutet auch, dass ein Lesezugriff auf ein Signal vor einer Prozessunterbrechung den „alten" Wert liefern wird – unabhängig davon, ob der Prozess das Signal zuvor beschrieben hat oder nicht.

Nicht wenige, die VHDL lernen, haben zuvor eine Programmiersprache erlernt. In diesen Sprachen gilt die Regel, dass eine Zuweisung sofort Wirkung zeigt. Wird einer Variablen ein neuer Wert zugewiesen, kann bereits mit dem nächsten Befehl auf den neuen Wert zugegriffen werden. Auch hier gilt: VHDL hat zwar viele Ähnlichkeiten mit klassischen Programmiersprachen, aber VHDL ist nicht für die Entwicklung eines sequenziellen Rechnerprogramms, sondern für die Beschreibung von parallel arbeitenden Hardwarekomponenten gedacht.

Die zweite Regel ergibt sich als Konsequenz aus der ersten. Es ist erlaubt einem Signal in einem Prozess mehrfach einen Wert zuzuweisen. Wenn die Signalzuweisungen aber zunächst gesammelt werden und erst bei einer Prozessunterbrechung wirklich ausgeführt werden, kann hierbei nur der zuletzt zugewiesene Wert Berücksichtigung finden.

Ihnen wird der nachfolgende VHDL-Code vorgelegt. Es handelt sich um ein Modul mit den Eingängen a und b sowie dem Ausgang q.

```vhdl
signal s : std_logic;
    -- Hier ggf. weiterer Code
process (a,b,s)
begin
    s <=a and b;
    s <=a or b;
    s <=a;
    q <=s;
    s <=a xor b;
end process;
```

Welche Hardware wird durch diesen Code beschrieben? Ein UND-Gatter oder ein ODER-Gatter? Oder ist es nur ein einfacher Draht; wird also q immer direkt der Wert von a zugewiesen? Oder handelt es sich um ein Exklusiv-ODER-Gatter?

Analysiert man dieses Beispiel Schritt für Schritt, kann man sich der, in diesem Beispiel recht verklausulierten, Funktion des Codes nähern.

Offensichtlich ist, dass die ersten beiden Zuweisungen an das Signal s keine Wirkung haben, da sie durch spätere Zuweisungen überschrieben werden. Diese kann man also aus dem Code streichen und der Prozess kann auch wie folgt formuliert werden.

```
process (a,b,s)
begin
    s <=a;
    q <=s;
    s <=a xor b;
end process;
```

Werfen wir in dem verbleibenden Code einen Blick auf die Zuweisung an den Ausgang q. q wird der Wert von s zugewiesen. Aber was liefert der Lesezugriff auf s zurück? Vielleicht sind Sie geneigt ad hoc „a" zu sagen, da vor der Zuweisung an q dem Signal s der Wert von a zugewiesen wird. Dies wäre die korrekte Antwort, wenn es sich bei s um eine VHDL-Variable handeln würde. Da s jedoch ein Signal ist, muss der Code noch etwas genauer analysiert werden.

Bei der Ausführung des Prozesses wird die Zuweisung des Wertes von a an das Signal s noch nicht sofort ausgeführt. Die Zuweisung an q würde also den Wert des Signals s sehen, der bei einem vorangegangenen Aufruf des Prozesses zugewiesen wurde. Da das Signal s in dem Prozess zweimal geschrieben wird und nur die letzte Signalzuweisung zur Ausführung kommt, wird s also die Exklusiv-ODER-Verknüpfung der Eingänge a und b zugewiesen. Also beschreibt der Prozess letztlich eine Exklusiv-ODER-Verknüpfung.

Die Reihenfolge der Zuweisungen an s und q ist, wie bei nebenläufigen Signalzuweisungen irrelevant. Der Prozess kann daher auch wie folgt formuliert werden.

```
process (a,b,s)
begin
    s <=a xor b;
    q <=s;
end process;
```

Diese Variante ist deutlich besser lesbar, da sie auch bei einer sequenziellen Interpretation des Codes auf das korrekte Verständnis der beschriebenen Funktionalität führt.

Sofern das Signal s nicht in anderen Prozessen der Architecture verwendet wird, kann der Code auf die Zuweisung $q <= a\ xor\ b$ reduziert werden.

Ein nicht seltener Fehler, der bei Signalzuweisungen in Prozessen auftritt, ist die Zuweisung eines Signals aus unterschiedlichen Prozessen heraus. Dies würde bedeuten, dass zwei Prozesse gleichzeitig den Wert des Signals festlegen könnten. Abgesehen von wenigen Spezialfällen, ist dies in der Regel nicht gewollt und würde auch beim Synthesevorgang zu Fehlermeldungen führen. Daher müssen bei der Erstellung von VHDL-Prozessen die beiden folgenden Regeln beachtet werden:

1. Signale dürfen in **beliebig vielen** Prozessen **gelesen** werden.
2. Signale dürfen nur in **einem** Prozess **geschrieben** werden.

3.6.5 Wichtige Sprachkonstrukte in VHDL-Prozessen

VHDL-Prozesse bieten vielfältige Sprachkonstrukte zur Beschreibung einer Hardware-Komponente. In diesem Abschnitt werden die gebräuchlichsten und wichtigsten Elemente zur Beschreibung von Prozessen vorgestellt.

3.6.5.1 If-Anweisung

Die If-Anweisung ermöglicht die bedingte Ausführung von Code innerhalb eines VHDL-Prozesses. Zwischen den Schlüsselwörtern *if* und *then* wird eine Bedingung, beispielsweise ein Vergleich zweier Signale, eingefügt. Anschließend folgt der Code, der ausgeführt werden soll, wenn die Bedingung wahr ist. Abgeschlossen wird die Anweisung mit *end if;*

Optional können zusätzlich mit *elsif* weitere Bedingungen eingefügt werden, die dann überprüft werden, wenn die voranstehenden Bedingungen unwahr waren.

Mit dem Schlüsselwort *else* wird der Code eingeleitet, der ausgeführt werden soll, wenn alle Bedingungen der If-Anweisung unwahr waren. Auch dies ist eine Option, die bei Bedarf weggelassen werden kann.

Bei der Verwendung von *elsif* ist die Schreibweise als ein einzelnes Wort zu beachten. Viele VHDL-Anfänger, insbesondere wenn sie bereits Programmierkenntnisse besitzen, neigen dazu, statt *elsif* die Formulierung *else if* zu wählen. Die beiden Varianten sind nicht äquivalent. Mit *else if* wird in dem Else-Zweig der Anweisung eine neue If-Anweisung geöffnet, die ihrerseits durch *end if* geschlossen werden muss.

Der folgende Pseudocode zeigt den prinzipiellen Aufbau der If-Anweisung, wobei optionale Elemente in geschweiften Klammern dargestellt sind.

```
if <Bedingung> then
    <Anweisungen>
{elsif <Bedingung> then
    <Anweisungen>}
{else
    <Anweisungen>}
end if;
```

Ein Beispiel für die Anwendung der If-Anweisung zeigt der folgende Code.

```
if a = b then
   q <= a and c;
   v := '1';
elsif a = c and b = '1' then
   q <= d;
   v := '1';
else
   q <= '0';
   v := '0';
end if;
```

3.6.5.2 Case-Anweisung

Wie die If-Anweisung ermöglicht auch die Case-Anweisung die bedingte Ausführung von Codeteilen. Nach dem Schlüsselwort *case* wird ein auszuwertender Ausdruck angegeben. Mit dem Schlüsselwort *when* wird angegeben, welcher Code für ein konkretes Ergebnis des Ausdrucks ausgeführt werden soll. Durch die Verwendung von „|" können mehrere Werte angegeben werden, die zur Ausführung des nachfolgenden Codes führen sollen. Ist keiner der angegebenen Werte identisch mit dem Ergebnis des Ausdrucks, können Default-Anweisungen spezifiziert werden, die in diesem Fall ausgeführt werden sollen. Hierzu wird statt eines Wertes das Schlüsselwort *others* angegeben.

Der folgende Pseudocode zeigt den Aufbau der Case-When-Anweisung.

```
case <Ausdruck> is
   when <Wert>  => <Anweisungen>
   {when <Wert>  => <Anweisungen>}

      ...

   {when <Wert>  => <Anweisungen>}
   {when others => <Anweisungen>}
end case;
```

Ein Anwendungsbeispiel der Case-When-Anweisung wird durch den folgenden Code dargestellt.

```
case a_vec is     -- a_vec ist vom Typ std_logic_vector(2 downto 0)
   when "000"=>
      q <= a and c;
      r <= a;
   when "001"|"010"=>
      q <= b;
      r <= a and c;
   when "111"=>
```

```
      q <= '1';
      r <= d;
   when others=>
      q <= '0';
      r <= '0';
end case;
```

Mit einer Case-Anweisung kann ein einzelner Ausdruck mit verschiedenen möglichen (konstanten) Werten verglichen werden. In vielen Fällen kann mit der Case-Anweisung ein sehr kompakter und übersichtlicher Code erzielt werden. Sind die Vergleichswerte nicht konstant oder sind Vergleiche mit unterschiedlichen Ausdrücken gewünscht, kann die If-Anweisung verwendet werden.

3.6.5.3 For-Schleife

VHDL unterstützt auch Schleifen. Zuerst wird hier die For-Schleife vorgestellt.

Nach dem Schlüsselwort *for* wird ein Bezeichner für die Schleifenvariable eingefügt. Der Schleifenbereich folgt nach dem Schlüsselwort *in*. Der Bereich kann aufsteigend (zum Beispiel „*1 to 8*") oder absteigend (zum Beispiel „*15 downto 0*") durchlaufen werden.

Nach der Angabe des Schleifenbereichs folgt das Schlüsselwort *loop*, welches von den Anweisungen des Schleifenkerns gefolgt wird. Die Schleife wird mit *end loop* abgeschlossen.

Schleifen dürfen optional mit einem Namen (*Label*) versehen werden.

```
{loop_label:} for <Bezeichner> in <Bereich> loop
   <Anweisungen>
end loop {loop_label};
```

Ein Beispiel für die Verwendung einer For-Schleife zeigt das nachfolgende Codefragment, das den Vektor x "spiegelt" und das Ergebnis dem Vektor y zuweist. *y(0)* erhält den Wert von *x(9)*, *y(1)* den Wert von *x(8)* usw.

```
my_loop: for i in 0 to 9 loop
   y(9-i):=x(i); -- x und y sind Vektoren
end loop my_loop;
```

Die For-Schleifen sind abweisende Schleifen. Beispielsweise würde der Kern der nachfolgenden Schleife nie ausgeführt werden, da es sich um eine abwärtszählende Schleife handelt, deren untere Grenze größer ist als die obere.

```
another_loop: for i in 0 downto 5 loop
   y(i):=x(i); -- was hier steht, wird nicht ausgeführt
end loop;
```

Schleifen sind synthesefähig, wenn die Schleifengrenzen statisch sind, sich die Schleifengrenzen also nicht erst zur Laufzeit des VHDL-Codes ergeben.

Darüber hinaus ist zu beachten, dass Schleifen von Syntheseprogrammen „ausgerollt" werden. Man kann sich dies so vorstellen, dass die Schleife aufgelöst und der Schleifenkern wiederholt in den Code eingefügt wird. Für jedes Durchlaufen des Schleifenkerns wird also eine eigene Hardwarekomponente generiert.

3.6.5.4 While-Schleife

Neben For-Schleifen können in VHDL auch While-Schleifen eingesetzt werden. Hierbei wird zunächst die nach dem Schlüsselwort *while* angegebene Bedingung geprüft. Ergibt diese den Wert *true*, wird der Schleifenkern ausgeführt und anschließend die Bedingung erneut geprüft. Auch die While-Schleifen sind also abweisende Schleifen.

Die Struktur einer while-Schleife zeigt der folgende Pseudocode.

```
{loop_label:} while <Bedingung> loop
    <Anweisungen>
end loop {loop_label};
```

Ein Beispiel für die Verwendung einer While-Schleife zeigt das nachfolgende Codefragment.

```
i := 0;
while i < 8 loop
    a(i)    := b(i) xor c(7-i);
    i       := i + 1;
end loop;
```

3.7   Hierarchie

Werden komplexere Schaltungen entworfen, ist es sinnvoll, die gesamte Schaltung in kleinere Module aufzuspalten, die zunächst separat in VHDL beschrieben werden. In einer weiteren VHDL-Beschreibung können diese Module dann zur gewünschten Gesamtschaltung kombiniert werden. Um dieses Vorgehen zu unterstützen, bietet VHDL die Möglichkeit Module innerhalb von Modulen „aufzurufen". In der Praxis spricht man hierbei nicht von „aufrufen", sondern von „instanziieren". Ein instanziiertes Modul wird auch als „Instanz" dieses Moduls bezeichnet.

Es ist auch möglich eine neu geschaffene Komponente, welche Instanzen enthält, wiederum in einem anderen Modul zu instanziieren und so eine hierarchische Beschreibung einer Schaltung in mehreren Stufen/Ebenen zu realisieren.

Im Folgenden wird die Vorgehensweise zur Instanziierung von Modulen in VHDL anhand des Beispiels einer Komponente beschrieben, die drei 8-Bit-Operanden addiert.

Nehmen wir an, dass bereits das folgende Entity-Architecture-Paar zur Beschreibung eines 8-Bit-Addierers für zwei Operanden in VHDL beschrieben wurde.

```vhdl
library ieee;
use ieee.std_logic_1164.all;
use ieee.numeric_std.all;


entity add_2 is
   port (op1 : in  std_logic_vector(7 downto 0);
         op2 : in  std_logic_vector(7 downto 0);
         sum : out std_logic_vector(7 downto 0) );
end;


architecture struct of add_2 is
begin
   process (op1,op2)
   begin
      sum <= std_logic_vector( unsigned(op1) + unsigned(op2) );
   end process;
end;
```

Um diese Beschreibung des Addierers in einer anderen VHDL-Architecture zu instanziieren, wird die Entity angegeben, die für diese Instanziierung verwendet werden soll. Darüber hinaus muss die Bibliothek angegeben werden, in der das Modul abgelegt wurde.

Die Instanziierung eines Moduls beginnt mit einem eindeutigen Namen für diese Instanz. Nach einem Doppelpunkt folgen das Schlüsselwort *entity*, die Bibliothek (im nachfolgenden Beispiel die Arbeitsbibliothek *work*) und der Name des zu instanziierenden Moduls. Abschließend wird die Zuordnung der Anschlüsse der Instanz zu den Ein- und Ausgängen oder den Signalen der instanziierenden Architecture angegeben. Die Zuordnung wird mit den Schlüsselwörtern *port map* eingeleitet.

Auf Basis des Addierers für zwei Operanden kann ein Addierer für 3 Operanden realisiert werden. Das Blockschaltbild dieses 3-Operanden-Addierers ist in Abb. 3.6 dargestellt.

Abb. 3.6 Blockschaltbild
eines Addierers für 3
Operanden

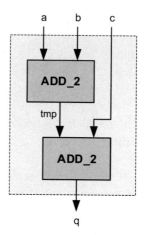

Dieser Addierer lässt sich in VHDL wie folgt beschreiben:

```
library ieee;
use ieee.std_logic_1164.all;


entity add_3 is
    port (a : in  std_logic_vector (7 downto 0);
          b : in  std_logic_vector (7 downto 0);
          c : in  std_logic_vector (7 downto 0);
          q : out std_logic_vector (7 downto 0) );
end;


architecture struct of add_3 is
    signal tmp : std_logic_vector (7 downto 0);
begin
    a1: entity work.add_2 port map (op1 => a, op2 => b, sum => tmp);
    a2: entity work.add_2 port map (op1 => tmp, op2 => c, sum => q);
end;
```

Das Beispiel zeigt die Zuordnung der Anschlüsse der *add_2*-Module zu den Ein- und Ausgängen des Moduls *add_3*, wobei eine namensbasierte Zuordnung (engl. *named association*) mithilfe des Zuordnungsoperators => verwendet wird. Eher selten findet man positionsbasierte Zuordnung (engl. *positional association*), bei der lediglich die Ports und Signale der instanziierenden Architecture angegeben werden. Das erste angegebene Signal wird dann an den ersten Port der instanziierten Architecture angeschlossen. Das zweite Signal an den zweiten Port, usw.

3.8   Übungsaufgaben

Haben Sie den Inhalt des Kapitels verstanden? Prüfen Sie sich mit den folgenden Aufgaben. Die Antworten finden Sie am Ende des Buches.

Sofern nicht anders vermerkt, ist nur eine Antwort richtig.

Aufgabe 3-1 Welche der folgenden Aussagen zum VHDL-basierten Entwurfsprozess ist richtig?

a) Eine Testbench ist eine VHDL-Datei, die nur in der Simulation zum Einsatz kommt.
b) Wurde mithilfe von Simulationen die korrekte Funktionsweise einer VHDL-Beschreibung nachgewiesen, müssen im weiteren Verlauf des Entwurfsprozesses keine Änderungen an dem VHDL-Code vorgenommen werden.
c) Ein digitales System muss immer in einer einzelnen VHDL-Datei beschrieben werden.
d) Eine syntaktisch korrekt beschriebenes Entity-/Architecture-Paar ist sowohl simulierbar als auch synthetisierbar.

Aufgabe 3-2 Welche Aussagen zu VHDL-Bibliotheken sind richtig? *(Mehrere Antworten sind richtig)*

a) Das Ergebnis der Übersetzung einer VHDL-Datei wird immer in einer Bibliothek abgelegt.
b) Zur Verwendung der Inhalte einer Bibliothek muss diese mithilfe einer Library-Anweisung bekannt gemacht werden (Ausnahmen *work, std*).
c) Die Bibliothek *work* enthält wichtige vordefinierte Datentypen.
d) Bei der Verwendung des Datentyps *std_logic* muss die Bibilothek *ieee* bekanntgemacht werden.
e) Die Datentypen *signed, unsigned* und *integer* sind vordefinierte Datentypen, die auch ohne Angabe einer Bibliothek verwendet werden können.

Aufgabe 3-3 Welche Aussagen sind richtig? *(Mehrere Antworten sind richtig)*

a) In VHDL wird Groß- und Kleinschreibung nicht unterschieden: *MY_SIG* und *my_sig* bezeichnen das gleiche Signal.
b) Anhand der Entity einer VHDL-Beschreibung können die Ein- und Ausgänge eines Moduls identifiziert werden.
c) Signale vom Datentyp std_logic können nur die Werte ‚0‘, ‚1‘ und ‚U‘ annehmen.
d) Im Deklarationsteil einer Architecture (= vor *begin*) können sowohl Signale als auch Variablen definiert werden.
e) Numerische Konstanten können nicht in hexadezimaler Darstellung angegeben werden.

Aufgabe 3-4 Welche Aussagen zu VHDL-Prozessen sind richtig? *(Mehrere Antworten sind richtig)*

a) Der Code innerhalb eines Prozesses wird sequenziell ausgeführt.
b) Alle Signale auf die innerhalb eines Prozesses schreibend zugegriffen wird, müssen in der Sensitivitätsliste erscheinen.
c) Innerhalb eines Prozesses ist nur die zuletzt ausgeführte Zuweisung an ein Signal relevant. Alle vorangegangenen Zuweisungen an das gleiche Signal haben keine Wirkung.
d) Für die Zuweisung eines Wertes an eine Variable wird die Zeichenkombination „<=" verwendet.

Aufgabe 3-5 Der nachfolgend dargestellte VHDL-Code ist syntaktisch nicht korrekt. Korrigieren Sie die Fehler.

```vhdl
library ieee.std_logic_1164.all;


entity my_module is
    port (a : in  std_logic_vector;
          b : in  integer;
          c : in  std_logic;
          q : out std_logic_vector; )
end;


architecture of my_module is
begin
    signal tmp : unsigned (7 downto 0);
    process (a,b,tmp)
        variable vi : unsigned (7 downto 0);
    begin
        tmp <= to_unsigned(A);
        vi  <= to_unsigned(B,8);
        if c == 1
            q <= vi - tmp;
        else
            q <= vi + tmp;
        end;
    end process;
end;
```

Aufgabe 3-6 Erstellen Sie ein VHDL-Modul (Entity und Architecture), welches die im Folgenden beschriebene Funktion realisiert:

- Das Modul besitzt die Eingänge a (Wortbreite 8 bit), b (8 Bit) und c (2 Bit) und den Ausgang q (8 Bit)
- Der Ausgang q wird in Abhängigkeit vom Eingang c aus den Werten der Eingänge a und b berechnet. Es soll gelten:

  $c=00$: $q=a$.

  $c=01$: $q=a$ & b.

  $c=10$: $q=a \vee b$.

  $c=11$: $q=a \oplus b \rightarrow (\oplus$ bezeichnet eine Exklusiv-ODER-Verknüpfung).
- Verwenden Sie für die Fallunterscheidung (Werte von c) eine If-Anweisung

Aufgabe 3-7 Ersetzen Sie die If-Anweisung aus Aufgabe 3–6 durch eine Case-Anweisung. Welche Codeänderungen sind erforderlich?

Aufgabe 3-8 Auf Basis des Moduls aus Aufgabe 3–6 soll ein Modul entworfen werden, das für eine Wortbreite von 16 Bit ausgelegt ist (Ports a,b und q) aber ansonsten die identische Funktion ausführt.

Schreiben Sie ein geeignetes Entity/Architecture-Paar in VHDL. Instanziieren Sie das Modul aus Aufgabe 3-6.

Kombinatorische Schaltungen

4

Digitalschaltungen, deren Ausgänge nur von den aktuellen Eingangswerten abhängen, nennt man *kombinatorische Schaltungen.* Eine solche Schaltung arbeitet nur mit Logikgattern und enthält weder Rückkopplungen noch Flip-Flops. Die Eingangswerte werden durch die Schaltung kombiniert (daher der Name) und ein Ergebnis berechnet. Da keine Flip-Flops verwendet werden, können keine Informationen gespeichert werden.

Kombinatorische Schaltungen sind normalerweise Teil einer größeren Schaltung. Sie werden zusammen mit Flip-Flops eingesetzt, wobei der kombinatorische Teil die Berechnungen vornimmt und die Flip-Flops die Ergebnisse speichern. Die gesamte Schaltung mit den Flip-Flops ist dann eine sequenzielle Schaltung, also eine Schaltung deren Ergebnis von der zeitlichen Abfolge (der Sequenz) ihrer Eingänge abhängt. In diesem Kapitel werden zunächst die Funktion und der Entwurf kombinatorischer Schaltungen erläutert. Flip-Flops und sequenzielle Schaltungen werden im nächsten Kapitel vorgestellt.

Als Beispiel für eine kombinatorische Schaltung ist in Abb. 4.1 eine einfache Alarmanlage dargestellt. Dabei sollen eine Tür *(T)* und zwei Fenster *(F1, F2)* überwacht werden. Mit einem Schalter *(S)* wird die Alarmanlage ein- oder ausgeschaltet. Diese vier Eingangssignale sollen binäre Werte also 0 oder 1 sein. Die 1 bedeutet dabei jeweils „aktiv", das heißt Tür oder Fenster ist offen, beziehungsweise Anlage ist eingeschaltet.

Die kombinatorische Schaltung wertet die vier Eingangssignale aus und berechnet, ob ein Alarm ausgelöst werden soll oder nicht. Dafür gibt es einen Ausgang *A,* der mit einer 1 einen Alarmfall anzeigt. Andernfalls ist der Ausgang 0. Am Ausgang *A* ist eine Alarmhupe angebracht.

Wie man systematisch die kombinatorische Schaltung entwirft, wird später in diesem Kapitel erläutert. Für dieses einfache Beispiel kann man die Schaltung direkt aus der Aufgabenstellung ableiten. Der Alarm soll überwachen, ob Tür oder Fenster offen sind und dabei melden, wenn einer oder mehrere der Kontakte auf 1 sind. Dies entspricht

© Springer-Verlag GmbH Deutschland, ein Teil von Springer Nature 2022
W. Gehrke und M. Winzker, *Digitaltechnik,*
https://doi.org/10.1007/978-3-662-63954-2_4

Abb. 4.1 Kombinatorische
Schaltung als einfache
Alarmanlage

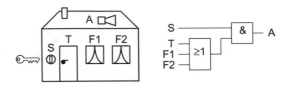

der ODER-Verknüpfung der drei Signale *T, F1, F2*. Dieses Zwischenergebnis führt zu
einem Alarm, wenn die Anlage eingeschaltet ist, also muss das Ergebnis der ODER-Verknüpfung noch mit dem Schalter *S* UND-verknüpft werden. Nur wenn der Schalter auf 1
ist, wird der Alarm *A* ausgelöst. Die kombinatorische Schaltung ist ebenfalls in Abb. 4.1
dargestellt.

4.1   Schaltalgebra

Die Rechenregeln der Digitaltechnik werden als *Schaltalgebra* bezeichnet. Der Begriff
Algebra ist aus der Schulmathematik bekannt und beschreibt dort die Rechenregeln für
Zahlen. Die Zahlen in der elementaren Algebra, also der Schulmathematik, können dabei
unendlich viele Werte einnehmen, also eins, zwei, drei, siebenundvierzig, fünftausend
und so weiter.

Die Schaltalgebra ist eine besondere Form der Algebra, bei der Variablen nur zwei
mögliche Werte haben, nämlich 0 und 1. Das heißt für alle Eingangswerte und das
Ergebnis einer Rechenoperation sind nur diese beiden Werte möglich. Manchmal werden
für die Werte auch die Begriffe *Falsch* (entspricht 0) und *Wahr* (entspricht 1) verwendet.

Funktionen, bei denen Eingangs- und Ausgangswerte nur die Werte 0 und 1
annehmen können, bezeichnet man als *binäre Schaltfunktionen, boolesche Schaltfunktionen* oder einfach *Schaltfunktionen*. Die Bezeichnung boolesch weist darauf hin,
dass die Funktion nach der Booleschen Algebra berechnet wird, die nach dem englischen
Mathematiker George Boole benannt ist.

Die Schaltalgebra ist also die mathematische Beschreibung der Funktionen in
der Digitaltechnik. Die Schaltung selbst wird dann als kombinatorische Schaltung
bezeichnet. Darin führen *Schaltglieder* eine logische Verknüpfung von Eingangswerten
zu einem Ausgangswert durch. Die Schaltglieder bezeichnet man auch als *Gatter*.

Physikalische Eigenschaften wie Spannungspegel oder Umschaltzeiten werden in der
Schaltalgebra nicht berücksichtigt. Ob ein digitales Signal den Wert 0 V oder 0,1 V hat,
ist unbedeutend. Beide Spannungspegel werden durch den Wert 0 dargestellt. Somit ist
die Schaltalgebra eine Abstrahierung zur vereinfachten Schaltungsbeschreibung.

4.1.1 Schaltfunktion und Schaltzeichen

Bei der Beschreibung von *Schaltfunktionen* werden die Eingangsvariablen meist mit den Buchstaben *A, B, C, ...* und die Ausgangsvariable mit dem Buchstaben *Y* bezeichnet. *Y* ist damit eine Funktion von *A, B, C, ...* und kann durch ein *Schaltzeichen* dargestellt werden (Abb. 4.2).

4.1.2 Funktionstabelle

Da jede Eingangsvariable nur zwei mögliche Werte haben kann, ist es möglich, sämtliche Kombinationen der Eingangswerte aufzuzählen und als Funktionstabelle anzugeben. Bei n Eingängen sind 2^n Kombinationen möglich. Für die *Funktionstabelle* wird auch der Begriff *Wahrheitstabelle* benutzt; er bezieht sich auf die Bezeichnungen *Falsch* und *Wahr.*

Somit gibt es bei zwei Eingangsvariablen *A* und *B* vier verschiedene Kombinationen der Eingangswerte, nämlich 00, 01, 10, 11. Drei Eingangsvariablen ergeben acht, vier Eingangsvariablen 16 Kombinationen.

Für die elementare Algebra wäre eine Funktionstabelle nicht möglich, da unendlich viele Eingangswerte möglich sind. Die Tabelle würde also unendlich groß werden. Trotzdem gibt es auch dort ein Beispiel für eine Funktionstabelle, nämlich das „Kleine Einmaleins". Für das Produkt zweier Zahlen von 1 bis 10 gibt es 100 Möglichkeiten und die 100 Ergebnisse werden in der Grundschule auswendig gelernt.

Funktionstabellen dienen zum Beschreiben vorhandener Schaltungen oder zur Spezifikation einer Schaltung, die entworfen werden soll. Beim Schaltungsentwurf, der Schaltungssynthese wird die Aufgabe meist als Text beschrieben und daraus die Funktionstabelle erstellt.

Als Beispiel soll eine Schaltung spezifiziert werden, welche die Mehrheit aus drei Eingangswerten bildet. Die Eingänge *A, B, C* sind digitale Werte und können die Werte 0 und 1 annehmen. Wenn zwei oder drei Eingänge 1 sind, soll auch der Ausgang *Y* 1 sein. Ansonsten ist der Ausgang 0.

Eine solche Mehrheitsschaltung oder *Majoritätsschaltung* kann als Sicherheitsschaltung für redundante Systeme dienen. Eine Fabrikhalle hat drei Rauchmelder und nur wenn zwei Rauchmelder auslösen, wird ein Alarm gemeldet und die Fabrikation gestoppt. Ein Fehler in einem Rauchmelder kann also keinen Alarm auslösen.

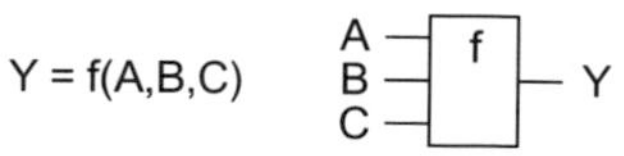

Abb. 4.2 Schaltfunktion und Schaltzeichen

$Y = f(A,B,C)$

Die Funktionstabelle der Majoritätsschaltung ist in Abb. 4.3 angegeben. Für drei Variablen gibt es 2^3, also 8 Kombinationen und die Tabelle gibt an, welche der Kombinationen eine 1 am Ausgang ergeben sollen.

4.1.3   Funktionstabelle mit Don't-Care

Als Besonderheit kann es bei Funktionstabellen vorkommen, dass für eine oder mehrere Eingangskombinationen keine Ausgabe spezifiziert werden muss. Dies ist dann der Fall, wenn bestimmte Eingangskombinationen laut Aufgabenstellung nicht vorkommen können. Oder das Ergebnis bestimmter Eingangskombinationen wird in der späteren Verarbeitung nicht verwendet.

Der nicht definierte Ausgang wird als *Don't-Care* bezeichnet und in der Funktionstabelle mit einem Strich ‚-' gekennzeichnet. Beim Schaltungsentwurf können die Don't-Care-Einträge benutzt werden, um eine möglichst kleine und damit kostengünstige Schaltung zu entwerfen.

Eine Schaltung soll für die Zahlen 0 bis 9 ausgeben, ob es sich um eine Primzahl handelt. Die Zahlen sind als vierstellige Dualzahl *A(3:0)* angegeben. Von den 16 Kombinationen der vier Stellen werden 6 Kombinationen nicht benutzt. Die Ausgabe für diese Kombinationen ist beliebig, also Don't-Care. Abb. 4.4 zeigt die Funktionstabelle.

Abb. 4.3 Funktionstabelle
der Majoritätsschaltung

A	B	C	Y
0	0	0	0
0	0	1	0
0	1	0	0
0	1	1	1
1	0	0	0
1	0	1	1
1	1	0	1
1	1	1	1

Abb. 4.4 Primzahlerkennung
für Zahlen 0 bis 9 als
Funktionstabelle mit Don't-
Care

A(3:0)	Y	Zahlenwert
0 0 0 0	0	0
0 0 0 1	0	1
0 0 1 0	1	2
0 0 1 1	1	3
0 1 0 0	0	4
0 1 0 1	1	5
0 1 1 0	0	6
0 1 1 1	1	7
1 0 0 0	0	8
1 0 0 1	0	9
1 0 1 0	-	
1 0 1 1	-	
1 1 0 0	-	
1 1 0 1	-	
1 1 1 0	-	
1 1 1 1	-	

4.2 Funktionen der Schaltalgebra

Die Grundfunktionen der Schaltalgebra sind UND-Verknüpfung, ODER-Verknüpfung und Negation. Alle anderen Schaltfunktionen lassen sich aus Kombinationen dieser Grundfunktionen darstellen. Zusammengesetzte Funktionen sind NAND-Verknüpfung, NOR-Verknüpfung, XOR-Verknüpfung (Antivalenz) und XNOR-Verknüpfung (Äquivalenz).

4.2.1 UND-Verknüpfung

Die *UND-Verknüpfung* wurde in Kap. 1 schon kurz vorgestellt. Der Ausgang Y ist 1, wenn alle Eingangsvariablen 1 sind. Ansonsten ist der Ausgang 0. Das Funktionszeichen ist nicht eindeutig definiert. Meist wird ‚&' (Kaufmanns-Und) verwendet. Daneben sind ‚∧' (umgekehrtes v), der Multiplikationspunkt ‚·' sowie das direkte Aneinanderfügen der Operatoren möglich. In der Übersicht aller Funktionen in Tab. 4.1 finden sich für alle Funktionen die verschiedenen Schreibweisen.

Tab. 4.1 Funktionen für zwei Eingangsvariablen

Ausgabe für AB =				Logische Funktion		Bezeichnung
11	**01**	**10**	**00**			
0	0	0	0	$Y = 0$		Konstante 0
0	0	0	1	$Y = \overline{A \vee B}$		NOR
0	0	1	0	$Y = A \,\&\, \overline{B}$		Inhibition
0	0	1	1	$Y = \overline{B}$	oder: $Y = \neg B$	Negation *(B)*
0	1	0	0	$Y = \overline{A} \,\&\, B$		Inhibition
0	1	0	1	$Y = \overline{A}$	oder: $Y = \neg A$	Negation *(A)*
0	1	1	0	$Y = A \oplus B$		XOR, Antivalenz
0	1	1	1	$Y = \overline{A \,\&\, B}$		NAND
1	0	0	0	$Y = A \,\&\, B$	oder: $Y = A \wedge B = A \cdot B = AB$	UND
1	0	0	1	$Y = \overline{A \oplus B}$	(selten: $Y = A \leftrightarrow B$)	XNOR, Äquivalenz
1	0	1	0	$Y = A$		Identität *(A)*
1	0	1	1	$Y = A \vee \overline{B}$	(selten: $Y = B \rightarrow A$)	Implikation
1	1	0	0	$Y = B$		Identität *(B)*
1	1	0	1	$Y = \overline{A} \vee B$	(selten: $Y = A \rightarrow B$)	Implikation
1	1	1	0	$Y = A \vee B$	(selten: $Y = A + B$)	ODER
1	1	1	1	$Y = 1$		Konstante 1

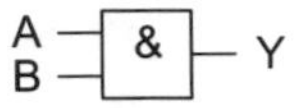

Abb. 4.5 Funktionstabelle
und Schaltzeichen der UND-
Verknüpfung

A B	Y
0 0	0
0 1	0
1 0	0
1 1	1

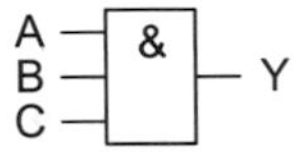

Abb. 4.6 Funktionstabelle
und Schaltzeichen einer
UND-Verknüpfung mit drei
Eingangsvariablen

A B C	Y
0 0 0	0
0 0 1	0
0 1 0	0
0 1 1	0
1 0 0	0
1 0 1	0
1 1 0	0
1 1 1	1

Das Verhalten der UND-Verknüpfung ist in der Funktionstabelle in Abb. 4.5 dargestellt. Alle vier Kombinationsmöglichkeiten für die beiden Eingänge sind aufgezählt; nur wenn A und B gleich 1 sind, ist auch Y gleich 1. Abb. 4.5 zeigt auch das Schaltzeichen der UND-Verknüpfung.

Eine UND-Verknüpfung ist auch für mehr als zwei Eingangsvariablen möglich. Abb. 4.6 zeigt Funktionstabelle und Schaltzeichen bei drei Eingangsvariablen. Genauso sind Funktionen mit vier, fünf oder mehr Eingangsvariablen möglich und werden auch in der Praxis verwendet.

4.2.2 ODER-Verknüpfung

Auch die *ODER-Verknüpfung* wurde in Kap. 1 kurz vorgestellt. Der Ausgang Y ist 1, wenn ein oder mehrere Eingangsvariablen 1 sind. Nur wenn alle Eingangsvariablen 0 sind, ist auch der Ausgang 0. Die Funktionstabelle und das Schaltzeichen sind in Abb. 4.7 dargestellt. Auch die ODER-Funktion kann mehr als zwei Eingänge verknüpfen. Als Symbol in der Schaltfunktion wird ‚≥ 1' verwendet. In Formeln wird ‚$\vee$' (mathematisches Symbol) oder ‚v' (Buchstabe) benutzt, auch das Plus-Zeichen ‚$+$' wird manchmal verwendet.

4.2.3 Negation, Inverter

Die *Negation* gibt das „Gegenteil" des Eingangswerts aus, also bei einer 0 eine 1 und bei einer 1 eine 0 (Abb. 4.8). In Formeln wird die Negation durch einen Strich über der Variablen oder Voranstellen des Zeichens ‚$\neg$' dargestellt. Auch ganze Ausdrücke können durch einen Strich oberhalb negiert werden. Ein Beispiel dafür ist das XNOR in Tab. 4.1.

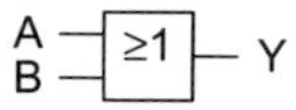

Abb. 4.7 Funktionstabelle
und Schaltzeichen der ODER-
Verknüpfung

A	B	Y
0	0	0
0	1	1
1	0	1
1	1	1

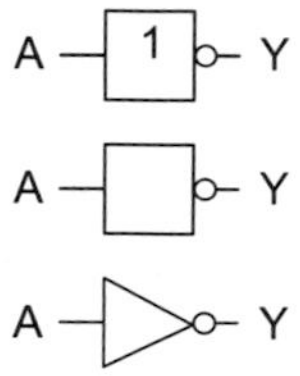

Abb. 4.8 Funktionstabelle der
Negation und drei Variationen
des Schaltzeichens für einen
Inverter

A	Y
0	1
1	0

Das Schaltungselement wird *Inverter* genannt. In Schaltzeichen wird die Negation durch einen Kreis dargestellt. Als Schaltzeichen für den Inverter werden drei verschiedene Varianten verwendet (Abb. 4.8). Das untere Schaltsymbol mit dem Dreieck ist am prägnantesten und wird in der Praxis meist benutzt.

Das Sonderzeichen ‚¬' ist etwas umständlich zu erzeugen, darum wird auch der Schrägstrich ‚/' als Präfix oder die Raute ‚#' als Suffix zum Kennzeichen einer Negation verwendet. Die Invertierung des Wertes A schreibt sich dann also $/A$ oder $A\#$.

4.2.4 NAND-Verknüpfung

Durch Kombination einer UND-Verknüpfung und einer Negation am Ausgang ergibt sich die *NAND-Verknüpfung*. Der Name leitet sich aus dem englischen „not and" ab. Das Schaltbild entspricht der UND-Verknüpfung mit einem Kreis am Ausgang für die Negation. Die Funktion ist für zwei oder mehr Eingangsvariablen definiert und Abb. 4.9 zeigt Funktionstabelle und Schaltzeichen für vier Variablen.

Formeln verwenden das UND-Symbol ‚&' und negieren den ganzen Ausdruck durch einen Strich oberhalb (siehe Tab. 4.1). Dies gilt auch für NOR und XNOR.

4.2.5 NOR-Verknüpfung

Durch Kombination einer ODER-Verknüpfung und einer Negation am Ausgang ergibt sich die *NOR-Verknüpfung*. Der Name leitet sich aus dem englischen „not or" ab. Das Schaltbild entspricht der ODER-Verknüpfung mit einem Kreis am Ausgang für die Negation (Abb. 4.10). Auch diese Funktion ist für zwei oder mehr Eingangsvariablen definiert.

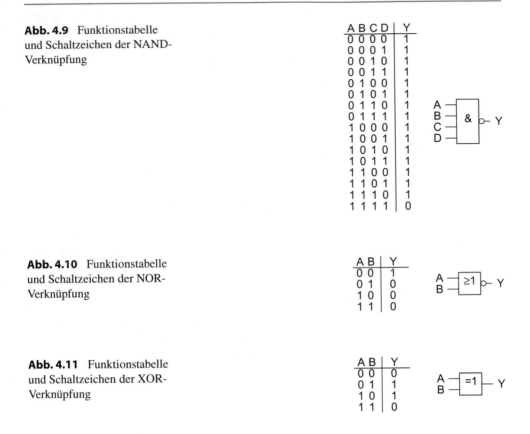

Abb. 4.9 Funktionstabelle
und Schaltzeichen der NAND-
Verknüpfung

A	B	C	D	Y
0	0	0	0	1
0	0	0	1	1
0	0	1	0	1
0	0	1	1	1
0	1	0	0	1
0	1	0	1	1
0	1	1	0	1
0	1	1	1	1
1	0	0	0	1
1	0	0	1	1
1	0	1	0	1
1	0	1	1	1
1	1	0	0	1
1	1	0	1	1
1	1	1	0	1
1	1	1	1	0

Abb. 4.10 Funktionstabelle
und Schaltzeichen der NOR-
Verknüpfung

A	B	Y
0	0	1
0	1	0
1	0	0
1	1	0

Abb. 4.11 Funktionstabelle
und Schaltzeichen der XOR-
Verknüpfung

A	B	Y
0	0	0
0	1	1
1	0	1
1	1	0

4.2.6 XOR-Verknüpfung

Die *XOR-Verknüpfung* ist in der Grundform zunächst für zwei Eingangsvariablen
definiert und ergibt eine 1 wenn genau eine Variable 1 ist, aber nicht beide gemeinsam.
Dies kann man als „ausschließendes oder", englisch „exclusive or" bezeichnen, daher
XOR. Manchmal wird die Funktion auch als *Antivalenz* bezeichnet. Dies meint, dass
beide Eingänge unterschiedlichen Wert haben müssen, damit der Ausgang 1 wird. Eine
XOR-Verknüpfung mit mehr als zwei Eingängen ist 1, wenn die Anzahl der 1-Werte am
Eingang ungerade ist.

In Formeln wird das XOR durch das Symbol ‚ $\oplus$ ' dargestellt. In Schaltzeichen wird
die Bezeichnung ‚ $=1$ ' verwendet (Abb. 4.11).

4.2.7 XNOR-Verknüpfung

Die *XOR-Verknüpfung* mit negiertem Ausgang wird als XNOR-Verknüpfung bezeichnet
(„exclusive not or"). Funktion und Schaltzeichen sind in Abb. 4.12 dargestellt. Manchmal

Abb. 4.12 Funktionstabelle
und Schaltzeichen der XNOR-
Verknüpfung

A	B	Y
0	0	1
0	1	0
1	0	0
1	1	1

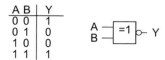

wird die Funktion auch als *Äquivalenz* bezeichnet. Dies meint, dass in der Grundform mit zwei Eingängen beide Eingänge den gleichen Wert haben müssen, damit der Ausgang 1 wird. Bei mehr als zwei Eingängen ist die XNOR-Verknüpfung 1, wenn die Anzahl der 1-Werte am Eingang gerade ist.

4.2.8 Weitere Verknüpfungen

Neben den genannten Verknüpfungen sind weitere Funktionen möglich. Bei nur einem Eingang gibt es noch die *Identität*, bei der der Ausgang gleich dem Eingang ist.

Alle möglichen Verknüpfungen mit zwei Eingängen sind in Tab. 4.1 aufgeführt. Eine Funktionstabelle für zwei Eingänge hat vier Einträge und für jeden Eintrag sind zwei Werte 0 und 1 möglich. Also sind $2^4 = 16$ Funktionen theoretisch denkbar. Einige dieser Funktionen sind trivial, beispielsweise Ausgang ist immer 0 oder Ausgang ist identisch Eingang *A*. Einige Funktionen sind die oben genannten Verknüpfungen, also UND, ODER, XOR und so weiter.

Daneben gibt es noch *Implikation* und *Inhibition* als weitere Verknüpfungen. Die Funktionen selbst werden verwendet, aber die Begriffe sind in der Praxis nicht üblich. Stattdessen wird die Funktion über eine Grundfunktion beschrieben, also beispielsweise „*A* und nicht *B*" für Eintrag drei der Tabelle.

4.2.9 Logikstufen

Alle Verknüpfungen können auch in einer mehrstufigen Funktion verwendet werden, bei der das Ergebnis einer Verknüpfung die Eingabe einer weiteren Verknüpfung ist. Die Anzahl der aufeinander folgenden Verknüpfungen wird als Stufigkeit bezeichnet. Der Begriff bezieht sich sowohl auf die Logik als auch auf deren Umsetzung als Schaltung.

- **Einstufige Logik:** Eine Logik und digitale Schaltung wird als einstufig bezeichnet, wenn zwischen Eingang und Ausgang nur eine Verknüpfung vorhanden ist.
- **Zweistufige Logik:** Eine Logik und digitale Schaltung wird
- als zweistufig bezeichnet, wenn zwischen Eingang und Ausgang zwei Verknüpfungen in Kette geschaltet sind.
- ***n*-stufige Logik:** Eine Logik und digitale Schaltung wird als *n*-stufig bezeichnet, wenn zwischen Eingang und Ausgang *n* Verknüpfungen in Kette geschaltet sind.

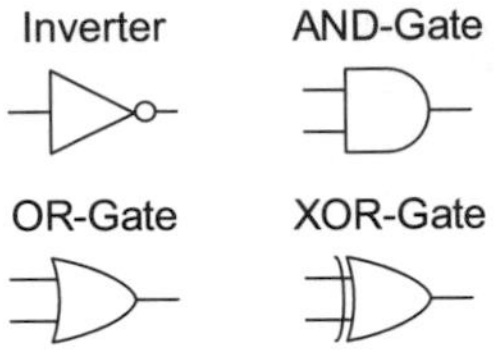

Abb. 4.13 US-amerikanische
Logiksymbole

Inverter   AND-Gate

OR-Gate   XOR-Gate

Bei der Anzahl der Stufen wird eine Negation am Eingang oder Ausgang nicht als
separate Stufe gezählt.

Beispiele für Logikfunktionen mit verschiedenen Stufen:

- **Einstufige Logik:** $Y = A \vee \overline{B}$
- **Zweistufige Logik:** $Y = \overline{(\overline{A} \,\&\, B)\,(C \,\&\, \overline{D})}$
- **4-stufige Logik:** $Y = A \,\&\, \left(\overline{B} \vee (C \,\&\, (\overline{D} \vee E))\right)$

Bedeutung hat die Stufenzahl insbesondere für eine Schaltungsrealisierung. Jede Verknüpfung entspricht einem Logikgatter in der Schaltung. Dabei addieren sich die Verzögerungszeiten sämtlicher Stufen. Deshalb sollte für zeitkritische Entwürfe die Anzahl
der Stufen so klein wie möglich sein.

4.2.10 US-amerikanische Logiksymbole

In englischsprachiger Literatur und in Datenblättern finden Sie auch Logiksymbole in
US-amerikanischer Darstellungsweise. Diese sind in Abb. 4.13 dargestellt. Durch einen
Kreis am Ausgang werden die Varianten mit invertiertem Ausgang gekennzeichnet, also
aus AND wird NAND, aus XOR wird XNOR.

Man kann sich die Symbole merken, indem man bei der geraden linken Kante des
AND an die vertikalen Striche des A und bei der gebogenen linken Kante des OR an die
Rundungen des O denkt.

4.3   Rechenregeln der Schaltalgebra

4.3.1 Vorrangregeln

Genau wie in der elementaren Algebra hat auch die Schaltalgebra *Vorrangregeln*. In
der elementaren Algebra gilt „Punktrechnung vor Strichrechnung", also hat die Multiplikation Vorrang vor der Addition.

In der Schaltalgebra hat das Negationszeichen den größten Vorrang und es kann für
eine einzelne Variable oder für einen gesamten Ausdruck stehen. An nächster Stelle sind
nach DIN die Verknüpfungszeichen für UND, ODER, NAND und NOR gleichrangig.

Abb. 4.14 Vorrangregeln der
Schaltalgebra

$$Y = (A \,\&\, B) \lor (C \,\&\, D) \qquad \text{korrekt nach DIN}$$

$$= A \,\&\, B \lor C \,\&\, D \qquad \text{„UND vor ODER''}$$

$$= A\,B \lor C\,D \qquad \text{verkürzt ohne ,\&'}$$

Danach folgen im Vorrang die Symbole für Implikation, Äquivalenz und Antivalenz, die untereinander wiederum gleichrangig sind. Da die Verknüpfungszeichen für UND sowie ODER die gleiche Priorität haben, müssen innerhalb einer Gleichung mit UND- und ODER-Verknüpfungen also die einzelnen Terme in Klammern gesetzt werden.

Allerdings wird der Vorrang in der Praxis anders gehandhabt. Den stärksten Vorrang hat weiterhin das Negationszeichen. Dann gilt allerdings „UND vor ODER'', das heißt die UND-Verknüpfung hat Vorrang vor der ODER-Verknüpfung. Dies spart oftmals Schreibarbeit und Klammern. Alle anderen Verknüpfungen werden üblicherweise per Klammer geordnet, um Missverständnisse zu vermeiden.

Auch in diesem Buch wird die Praxisregel „UND vor ODER'' benutzt. Abb. 4.14 zeigt die verschiedenen Schreibweisen. Alle drei Ausdrücke sind gleichwertig.

4.3.2 Rechenregeln

Rechenregeln zum Umformen von Funktionen gelten in der Schaltalgebra ähnlich wie in der elementaren Algebra. Die Rechenregeln gelten für UND- sowie ODER-Verknüpfungen. Für alle Rechenregeln wird auf mathematische Beweise verzichtet. Die meisten Regeln können verifiziert werden, indem alle möglichen Werte eingesetzt werden.

4.3.2.1 Vereinfachungsregeln für eine Variable

Es gibt eine Reihe von *Vereinfachungsregeln*, die gelten, wenn nur eine Variable und eventuell eine Konstante vorhanden ist.

Eine Variable ODER die Konstante 0 ergibt die Variable:

$$A \lor 0 = A$$

Eine Variable ODER die Konstante 1 ergibt 1:

$$A \lor 1 = 1$$

Eine Variable UND die Konstante 0 ergibt 0:

$$A \,\&\, 0 = 0$$

Eine Variable UND die Konstante 1 ergibt die Variable:

$$A \,\&\, 1 = A$$

Eine Variable ODER sich selbst ergibt die Variable:

$$A \lor A = A$$

Eine Variable UND sich selbst ergibt die Variable:

$$A \& A = A$$

Eine Variable ODER ihre Negation ergibt 1:

$$A \vee \overline{A} = 1$$

Eine Variable UND ihre Negation ergibt die 0:

$$A \& \overline{A} = 0$$

Eine Variable doppelt negiert ergibt wieder die Variable:

$$\overline{\overline{A}} = A$$

Einige dieser Rechenregeln haben Ähnlichkeit zur elementaren Algebra, also der Schulmathematik.

- Eine Zahl plus Null ergibt wieder die Zahl.
- Eine Zahl mal Null ergibt Null.
- Eine Zahl mal Eins ergibt wieder die Zahl.

Für andere Rechenregeln gibt es jedoch keine Entsprechung.

- Eine Zahl mal oder plus sich selbst ergibt keine Konstante.

4.3.2.2 Kommutativgesetz

Das *Kommutativgesetz*, oder Vertauschungsgesetz, besagt, dass die Reihenfolge der Operanden vertauscht werden darf. Es gilt also:

$$A \& B = B \& A$$

$$A \vee B = B \vee A$$

4.3.2.3 Assoziativgesetz

Das *Assoziativgesetz*, oder Verbindungsgesetz, besagt, dass Rechenoperationen mit dem gleichen Operator in beliebiger Reihenfolge durchgeführt werden dürfen. Es gilt also:

$$A \& B \& C = (A \& B) \& C = A \& (B \& C) = (A \& C) \& B$$

$$A \vee B \vee C = (A \vee B) \vee C = A \vee (B \vee C) = (A \vee C) \vee B$$

4.3.2.4 Distributivgesetz

Das *Distributivgesetz*, oder Verteilungsgesetz, besagt, dass ein Operand vor einer Klammer auf Operatoren in einer Klammer verteilt werden darf. Dies wird in der elementaren Algebra als Ausmultiplizieren und Ausklammern bezeichnet. Es gilt also:

$$A \,\&\, (B \vee C) = (A \,\&\, B) \vee (A \,\&\, C)$$

$$A \vee (B \,\&\, C) = (A \vee B) \,\&\, (A \vee C)$$

4.3.2.5 De Morgansche Gesetze

Die *De Morganschen Gesetze* sind zwei Regeln, die besagen:

- Eine NAND-Verknüpfung kann ersetzt werden durch eine ODER-Verknüpfung mit negierten Operatoren.
- Eine NOR-Verknüpfung kann ersetzt werden durch eine UND-Verknüpfung mit negierten Operatoren.

$$\overline{A \,\&\, B \,\&\, C \,\&\, \ldots \,\&\, X} = \overline{A} \vee \overline{B} \vee \overline{C} \vee \ldots \vee \overline{X}$$

$$\overline{A \vee B \vee C \ldots \vee X} = \overline{A} \,\&\, \overline{B} \,\&\, \overline{C} \,\&\, \ldots \,\&\, \overline{X}$$

Anschaulich gesagt, kann also die Negation des gesamten Ausdrucks ersetzt werden durch Negation der einzelnen Operanden und Tauschen von UND nach ODER beziehungsweise ODER nach UND. Diese Gesetze gelten für beliebig viele Operatoren.

Zu den De Morganschen Gesetzen gibt es kein Äquivalent in der elementaren Algebra, sodass diese Regeln eventuell etwas überraschend aussehen.

4.3.2.6 Shannonsches Gesetz

Das *Shannonsche Gesetz* ist eine Erweiterung der De Morganschen Gesetze. Es besagt, dass in einer Funktion, die aus UND- sowie ODER-Verknüpfungen besteht, alle Variablen negiert und die Operatoren UND sowie ODER vertauscht werden können. Die so entstehende Funktion ergibt dann die Negation der ursprünglichen Funktion. Als Formel schreibt sich dies:

$$\overline{f(A, B, \ldots, X;\, \&\, \vee\,)} = f(\overline{A}, \overline{B}, \ldots, \overline{X};\, \vee\, \&\,)$$

Das Shannonsche Gesetz erscheint zunächst sehr theoretisch, hat aber praktische Bedeutung. Mit ihm können logische Ausdrücke umgeformt werden, damit sie besser als Schaltung umgesetzt werden können. In der CMOS-Technologie sind beispielsweise NAND- und NOR-Verknüpfungen einfacher als UND-, ODER-Verknüpfungen. Mit dem Shannonschen Gesetz kann dann umgeformt werden:

$$\overline{A} \vee (B \,\&\, C) = \overline{A \,\&\, \overline{(\overline{B} \vee \overline{C})}} = \overline{A \,\&\, \overline{(B \,\&\, C)}}$$

Die Funktion kann somit durch zwei NAND-Schaltungen mit jeweils zwei Operatoren implementiert werden.

4.4   Schaltungsentwurf durch Minimieren

Beim Schaltungsentwurf wird für eine bestimmte Aufgabenstellung eine Schaltung entworfen. Aus der Spezifikation wird die logische Funktion erstellt. Diese logische Funktion entspricht einer Schaltung aus Gattern, welche die Funktion ausführt.

In diesem Abschnitt wird die prinzipielle Vorgehensweise erläutert. Für den praktischen Entwurf ist das graphische Verfahren mit *Karnaugh-Diagramm* gut geeignet, welches im nächsten Abschnitt beschrieben wird. Des Weiteren kann die Minimierung rechnergestützt erfolgen. Dabei können, je nach Algorithmus, auch mehrstufige Logikfunktionen entstehen. Mit dem hier vorgestellten Verfahren wird stets eine zweistufige Logik erzeugt.

4.4.1 Minterme

Für den Schaltungsentwurf werden sogenannte *Minterme* verwendet. Ein Minterm ist eine UND-Verknüpfung, die jede Variable genau einmal benutzt. Die Variable kann dabei nicht-negiert oder negiert verwendet werden. Bei n Eingangsvariablen existieren 2^n verschiedene Minterme. Bei drei Variablen A, B, C wären also acht verschiedene Minterme möglich. Alle drei Variablen werden nicht-negiert oder negiert verwendet, beispielsweise:

$$A \& B \& C \; ; \; A \& \overline{B} \& C \; ; \; \overline{A} \& \overline{B} \& \overline{C}$$

Das Besondere am Minterm ist, dass er bei genau einer Kombination der Eingangsvariablen den Ausgangswert 1 ergibt und sonst 0 ist. Dies ergibt sich dadurch, dass die UND-Bedingung ja nur bei einer Kombination erfüllt ist. Abb. 4.15 zeigt für drei Minterme die Funktionstabelle. Wenn die nicht-negierten Eingänge gleich 1 und die negierten Eingänge gleich 0 sind, ist der Ausgang gleich 1.

4.4.2 Schaltungsentwurf mit Mintermen

Mit den Mintermen kann direkt eine kombinatorische Schaltung entworfen werden. Dazu werden die Minterme ausgewählt, welche eine 1 ausgeben sollen. Die Minterme

Abb. 4.15 Funktionstabelle
für drei Minterme

A B C	A&B&C	A&$\overline{B}$&C	$\overline{A}$&$\overline{B}$&$\overline{C}$
0 0 0	0	0	1
0 0 1	0	0	0
0 1 0	0	0	0
0 1 1	0	0	0
1 0 0	0	0	0
1 0 1	0	1	0
1 1 0	0	0	0
1 1 1	1	0	0

werden dann ODER-verknüpft, damit die 1-Werte der Minterme auch in der Gesamt-schaltung eine 1 ausgeben. Diese Beschreibung wird als *disjunktive Normalform* (DNF) bezeichnet. Disjunktion ist dabei eine andere Bezeichnung für die ODER-Funktion.

Betrachten wir als Beispiel die Majoritätsschaltung dessen Funktionstabelle in Abb. 4.3 dargestellt ist. Die Schaltung soll für vier Eingangskombinationen eine 1 aus-geben. Die Minterme für diese vier Kombinationen werden ausgewählt und ODER-ver-knüpft. Dies ergibt die Funktion:

$$Y = \left(\overline{A}\,\&\,B\,\&\,C\right) \vee \left(A\,\&\,\overline{B}\,\&\,C\right) \vee \left(A\,\&\,B\,\&\,\overline{C}\right) \vee \left(A\,\&\,B\,\&\,C\right)$$

4.4.3 Minimierung von Mintermen

Die disjunktive Normalform, also die ODER-Verknüpfung der Minterme ist eine logische Gleichung, welche die geforderte Funktion ausführt. Allerdings kann die Normalform meist noch vereinfacht werden. Diese Vereinfachung wird als Minimierung bezeichnet. Dabei werden Terme anhand der Rechenregeln der Schaltalgebra zusammen-gefasst. Wenn ein Term nicht mehr weiter zusammengefasst werden kann, wird er als *Primterm* bezeichnet.

Bei der Majoritätsschaltung können unter anderem die Terme $\left(\overline{A}\,\&\,B\,\&\,C\right)$ sowie $(A\,\&\,B\,\&\,C)$ zusammengefasst werden. In beiden Termen müssen B und C den Wert 1 haben. A soll im ersten Term 0, im zweiten Term 1 sein. Das heißt, beide mögliche Werte für A sind erlaubt und daher braucht A nicht beachtet zu werden. Die Terme können des-halb zum Primterm $(B\,\&\,C)$ zusammengefasst werden.

Diese anschauliche Erklärung lässt sich auch über die Rechenregeln herleiten:

- Assoziativgesetz: $\left(\overline{A}\,\&\,B\,\&\,C\right) \vee (A\,\&\,B\,\&\,C) = \left(\overline{A}\,\&\,(B\,\&\,C)\right) \vee (A\,\&\,(B\,\&\,C))$
- Distributivgesetz: $\left(\overline{A}\,\&\,(B\,\&\,C)\right) \vee (A\,\&\,(B\,\&\,C)) = \left(\overline{A}\,\vee\,A\right)\,\&\,(B\,\&\,C)$
- Vereinfachungsregel: $\left(\overline{A}\,\vee\,A\right) = 1$
- Vereinfachungsregel: $1\,\&\,(B\,\&\,C) = (B\,\&\,C)$

Auf die gleiche Weise können die Terme $\left(A\,\&\,\overline{B}\,\&\,C\right)$ sowie $\left(A\,\&\,B\,\&\,\overline{C}\right)$ mit dem Term $(A\,\&\,B\,\&\,C)$ zusammengefasst werden. Dabei fällt die Variable $\overline{B}$ beziehungsweise $\overline{C}$ weg. Die minimierte Majoritätsfunktion lautet:

$$Y = (B\,\&\,C) \vee (A\,\&\,C) \vee (A\,\&\,B)$$

Diese Minimierung ist allerdings rechnerisch sehr aufwendig. Man muss genau auf-passen, welche Terme miteinander kombiniert werden können. Für die Ermittlung der Primterme ist das grafische Verfahren nach Karnaugh wesentlich einfacher, welches in Abschn. 4.5 erläutert wird.

4.4.4 Maxterme

Für den Schaltungsentwurf können auch sogenannte *Maxterme* verwendet werden. Ein Maxterm ist eine ODER-Verknüpfung, die jede Variable genau einmal verwendet. Wie bei Mintermen kann jede Variable wiederum nicht-negiert oder negiert sein. Für den Maxterm gilt dann, dass er bei genau einer Kombination der Eingangsvariablen den Ausgangswert 0 ergibt und sonst 1 ist. Maxterme sind:

$$A \vee B \vee C \,;\, A \vee \overline{B} \vee C \,;\, \overline{A} \vee \overline{B} \vee \overline{C}$$

Abb. 4.16 zeigt für drei Maxterme die Funktionstabelle. Nur wenn die nicht-negierten Eingänge gleich 0 sowie die negierten Eingänge gleich 1 sind, ist der Ausgang gleich 0.

Maxterme sind also das Gegenstück zu Mintermen. Eine Funktion benutzt die UND-, die andere die ODER-Verknüpfung. Bei einer Funktion gibt es eine einzige 1, bei der anderen eine einzige 0.

4.4.5 Schaltungsentwurf mit Maxtermen

Auch aus den Maxtermen kann direkt eine kombinatorische Schaltung entworfen werden. Dazu werden die Maxterme ausgewählt, welche eine 0 ausgeben und dann UND-verknüpft, damit diese Nullen in Kombinationen der Gesamtschaltung eine 0 ergeben. Diese Beschreibung wird als *konjunktive Normalform* (KNF) bezeichnet. Konjunktion ist dabei eine andere Bezeichnung für die UND-Funktion.

Die Majoritätsschaltung gibt für vier Eingangskombinationen eine 0 aus. Die Maxterme für diese vier Kombinationen werden ausgewählt und UND-verknüpft. Dies ergibt die Funktion:

$$Y = (A \vee B \vee C) \,\&\, \left(\overline{A} \vee B \vee C\right) \,\&\, \left(A \vee \overline{B} \vee C\right) \,\&\, \left(A \vee B \vee \overline{C}\right)$$

4.4.6 Minimierung von Maxtermen

Auch die konjunktive Normalform, also die UND-Verknüpfung von Maxtermen kann meist noch vereinfacht werden.

Abb. 4.16 Funktionstabelle für drei Maxterme

A B C	AvBvC	AvB̄vC	ĀvB̄vC̄
0 0 0	0	1	1
0 0 1	1	1	1
0 1 0	1	0	1
0 1 1	1	1	1
1 0 0	1	1	1
1 0 1	1	1	1
1 1 0	1	1	1
1 1 1	1	1	0

Für die Majoritätsschaltung kann der Maxterm $(A \vee B \vee C)$ jeweils mit den drei anderen Termen zusammengefasst werden. Die einzelnen Rechenschritte sollen hier jedoch nicht einzeln aufgeführt werden. Die minimierte Majoritätsfunktion lautet:

$$Y = (B \vee C) \,\&\, (A \vee C) \,\&\, (A \vee B)$$

4.5   Schaltungsminimierung mit Karnaugh-Diagramm

Im vorherigen Abschnitt wurde gezeigt, dass disjunktive und konjunktive Normalformen durch Minimierung vereinfacht werden können. Ein Karnaugh-Diagramm (Aussprache „Karnoh") führt diese Vereinfachung grafisch durch. Durch die Darstellung kann direkt erkannt werden, welche Terme miteinander verbunden werden können. Eine Minimierung mit Karnaugh-Diagramm ist sehr gut für Funktionen mit zwei bis vier Variablen geeignet. Für fünf oder sechs Variablen ist das Verfahren ebenfalls möglich, erfordert dann aber etwas Übung und gutes räumliches Vorstellungsvermögen.

Das Verfahren kann sowohl für die disjunktive als auch für die konjunktive Normalform durchgeführt werden. Hier soll hauptsächlich die disjunktive Normalform vorgestellt werden. Das Verfahren ist auch unter dem Namen *Venn-Diagramm*, *Karnaugh-Veitch-Diagramm* (Aussprache „Karnoh-Fietsch") oder *KV-Diagramm* bekannt.

Das Karnaugh-Diagramm ist insbesondere wichtig, da es die Zusammenhänge von Schaltalgebra, logischen Verknüpfungen und Schaltungsimplementierung verdeutlicht. In der Praxis erfolgt die Schaltungsminimierung heutzutage meist durch Computerprogramme zur Schaltungssynthese.

4.5.1   Grundsätzliche Vorgehensweise

Das Karnaugh-Diagramm ist im Prinzip eine andere Anordnung der Wahrheitstabelle. Die Eingangsvariablen werden am horizontalen und vertikalen Rand eines schachbrettartig unterteilten Rechtecks angeordnet. Für n Eingangsvariablen erhält man somit 2^n Felder. Dabei sind sie so angeordnet, dass jedes Feld einem Minterm entspricht und sich zwei horizontal oder vertikal benachbarte Felder nur in einer Eingangsvariablen unterscheiden. In die Felder werden die Werte 0 und 1 der Ausgangsvariablen eingetragen. Benachbarte 1-Felder werden dann wie im Abschn. 4.4.3 zusammengefasst:

$$(A \,\&\, B) \vee \left(A \,\&\, \overline{B}\right) = A \,\&\, \left(B \vee \overline{B}\right) = A$$

Im Karnaugh-Diagramm sind auch Felder am rechten und linken bzw. oberen und unteren Rand benachbart, denn auch sie unterscheiden sich nur in einer Variablen. Es müssen möglichst viele benachbarte 1-Felder zu einem Block zusammengefasst werden. Die logische Gleichung wird dann minimal, wenn die Blöcke möglichst viele Felder enthalten und die Anzahl der Blöcke minimal ist.

Die Vorgehensweise zum Aufstellen der disjunktiven Minimalform lautet:

1. Ausgehend von der Wahrheitstabelle wird die benötigte Anzahl der Eingangsvariablen ermittelt und das entsprechende Karnaugh-Diagramm aufgestellt. Die logischen Variablen werden am Rand des KV-Diagramms angeordnet.
2. Anhand der Wahrheitstabelle werden die Werte der Ausgangsvariablen 0 oder 1 in die entsprechenden Felder des Karnaugh-Diagramms eingetragen.
3. Benachbarte 1-Felder werden zu einem Block zusammengefasst.
4. Zwei Blöcke, die sich nur in einer Variablen unterscheiden, sind ebenfalls benachbart; sie dürfen zu einem größeren Block zusammengefasst werden. Ein Block enthält immer 2^n Felder. Eine Zusammenfassung von zum Beispiel drei oder fünf Feldern ist nicht erlaubt.
5. Ein 1-Feld darf in mehreren Blöcken integriert sein.
6. Jeder Block repräsentiert einen UND-Term (UND-Verknüpfung der Eingangsvariablen).
7. Aus den möglichen Termen (den Blöcken im Diagramm) werden die erforderlichen Terme so gewählt, dass alle 1-Felder berücksichtigt sind.
8. Die logische Gleichung ergibt sich aus der ODER-Verknüpfung der ausgewählten UND-Terme.
9. Die logische Gleichung wird nur dann minimal, falls die Blöcke so groß wie möglich sind und die Anzahl der ausgewählten Blöcke minimal ist.

4.5.2 Karnaugh-Diagramm für zwei Variablen

Bei zwei Variablen hat die Funktionstabelle vier Einträge. Im Karnaugh-Diagramm in Abb. 4.17 werden diese Einträge in vier Feldern dargestellt. Jeder Eintrag entspricht einem Feld und die horizontale Richtung unterscheidet zwischen verschiedenen Werten der Variable B, die vertikale Richtung unterscheidet zwischen verschiedenen Werten der Variable A. Die Buchstaben p bis s zeigen die Korrespondenz zwischen Tabelle und Diagramm.

Um eine Funktion zu minimieren, werden die Ausgabewerte der Funktionstabelle in das Diagramm eingetragen. Die beispielhaft gewählte Funktionstabelle in Abb. 4.18 hat einen Eintrag mit Funktionswert 0 und drei Einträge mit Funktionswert 1 und diese Werte finden sich im Karnaugh-Diagramm wieder. Jede 1 entspricht einem Minterm, das heißt, die Funktion könnte durch drei Minterme dargestellt werden.

Abb. 4.17 Zuordnung im
Karnaugh-Diagramm

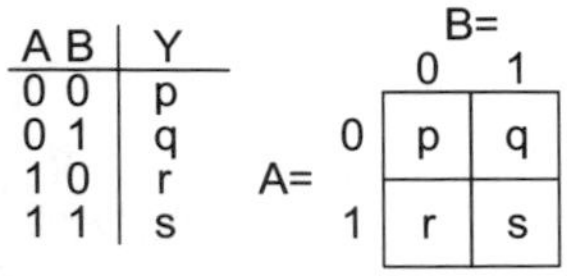

A	B	Y
0	0	p
0	1	q
1	0	r
1	1	s

$A=$

	B= 0	1
0	p	q
1	r	s

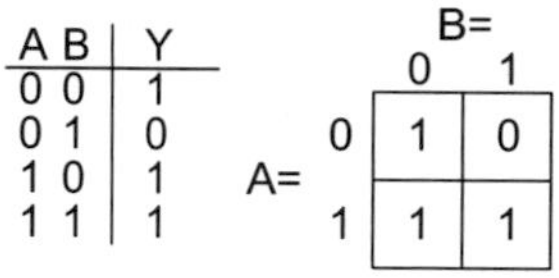

Abb. 4.18 Einträge im
Karnaugh-Diagramm

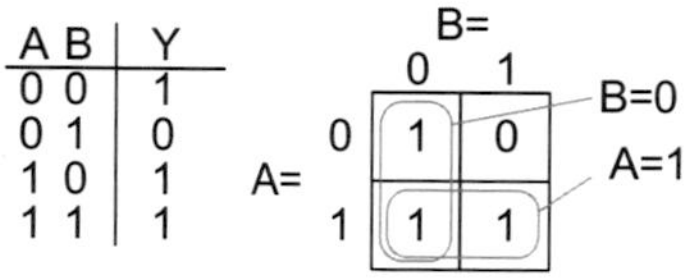

A B	Y
0 0	1
0 1	0
1 0	1
1 1	1

$$A=\quad\begin{array}{c|cc} & \text{B=}\ 0 & 1 \\\hline 0 & 1 & 0 \\ 1 & 1 & 1 \end{array}$$

Abb. 4.19 Zusammenfassung
von 1-Einträgen

A B	Y
0 0	1
0 1	0
1 0	1
1 1	1

$$A=\quad\begin{array}{c|cc} & \text{B=}\ 0 & 1 \\\hline 0 & 1 & 0 \\ 1 & 1 & 1 \end{array}\quad\begin{array}{l}\text{B=0}\\ \text{A=1}\end{array}$$

Im Diagramm kann man jetzt erkennen, welche 1-Einträge, also welche Minterm nebeneinander liegen. Diese benachbarten Minterme können zu einem Term zusammengefasst werden. In Abb. 4.18 sind dies die beiden Einsen in der linken Spalte und die beiden Terme in der unteren Zeile. Eine 1, also ein Minterm darf dabei mehrfach für die Minimierung verwendet werden.

Abb. 4.19 zeigt die zusammengefassten Einträge. Für die linke Spalte ist die Variable B gleich 0. Die Variable A kann 0 oder 1 sein, denn das abgerundete Rechteck der verbundenen Einträge liegt über der oberen und unteren Zeile. Damit entspricht dieser Term der Funktion $B=0$ gleichbedeutend mit $\overline{B}$. Der andere verbundene Eintrag läuft über die untere Zeile, also A gleich 1. B kann 0 oder 1 sein, denn das Rechteck liegt über den Spalten für beide Werte von B. Der Term ist also $A=1$ gleichbedeutend mit A. Die minimierte Funktion ergibt sich aus der ODER-Verknüpfung der Terme, also:

$$Y = A \vee \overline{B}$$

4.5.3 Karnaugh-Diagramm für drei Variablen

Für drei Variablen wird das Diagramm auf acht Felder erweitert (Abb. 4.20). An der langen Kante werden dafür zwei Variablen angeordnet. Die Reihenfolge der beiden Variablen ist so zu wählen, dass sich benachbarte Felder weiterhin in nur einer Variablen unterscheiden. Diese Reihenfolge entspricht dadurch dem Gray-Code. Beachten Sie, dass linker und rechter Rand benachbart sind.

Das Diagramm enthält somit zwei Terme, die sich aus jeweils zwei Mintermen, also zwei 1-Stellen zusammensetzen. Die minimierte Funktion ergibt sich zu:

$$Y = \left(\overline{A} \,\&\, \overline{B}\right) \vee \left(\overline{B} \,\&\, C\right)$$

Auch Gruppen von vier Funktionswerten können zu einer Vierergruppe zusammengefasst werden. Dies entspricht einer Zusammenfassung von zwei Zweiergruppen, die sich auch nur in einer Variablen unterscheiden. Wenn sich somit weniger Terme und größere Terme ergeben, spart dies Schaltungsaufwand. Die Vierergruppen können

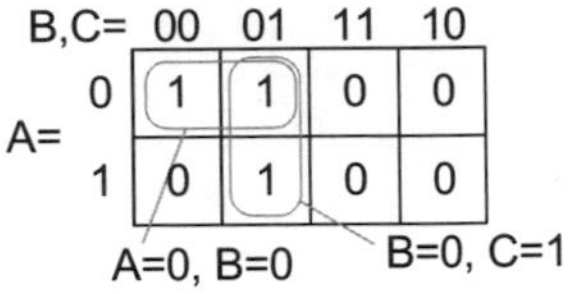

Abb. 4.20 Karnaugh-
Diagramm mit drei Variablen

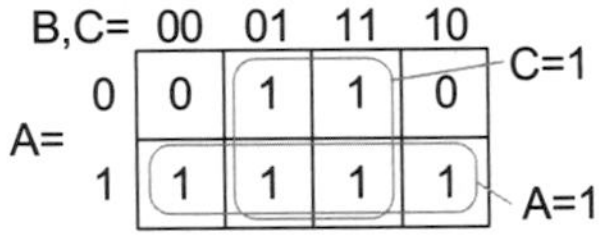

```
A B C | Y
0 0 0 | 1
0 0 1 | 1
0 1 0 | 0
0 1 1 | 0
1 0 0 | 0
1 0 1 | 1
1 1 0 | 0
1 1 1 | 0
```

B,C= 00 01 11 10

	00	01	11	10
A= 0	1	1	0	0
1	0	1	0	0

A=0, B=0   B=0, C=1

Abb. 4.21 Karnaugh-
Diagramm mit Vierergruppen

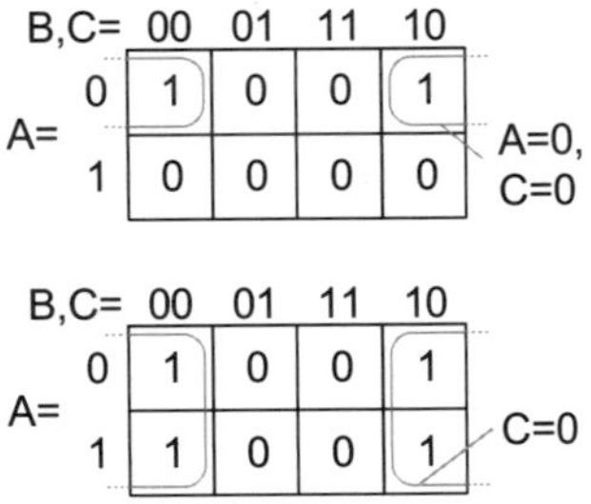

B,C= 00 01 11 10

	00	01	11	10
A= 0	0	1	1	0
1	1	1	1	1

C=1

A=1

Abb. 4.22 Linker und rechter
Rand sind im Karnaugh-
Diagramm benachbart

B,C= 00 01 11 10

	00	01	11	10
A= 0	1	0	0	1
1	0	0	0	0

A=0, C=0

B,C= 00 01 11 10

	00	01	11	10
A= 0	1	0	0	1
1	1	0	0	1

C=0

quadratisch oder über eine ganze Zeile gehen. Abb. 4.21 zeigt ein Karnaugh-Diagramm mit zwei Vierergruppen. Die resultierende Funktion ist:

$$Y = A \vee C$$

Die linke Spalte des Karnaugh-Diagramms enthält die Terme für $B,C = 00$ und die rechte Spalte die Terme für $B,C = 10$. Daher unterscheiden sich diese Terme auch nur in einer Variablen (Variable B) und sind benachbart. Zweier- und Vierergruppen können daher über den Rand hinaus verbunden sein. Abb. 4.22 zeigt dies für zwei Karnaugh-Diagramme.

4.5.4 Karnaugh-Diagramm für vier Variablen

Für vier Eingangsvariablen wird das Diagramm auf 16 Felder erweitert, sodass auch die vertikale Achse zwei Variablen enthält, wiederum mit der Reihenfolge in Gray-Codierung. Abb. 4.23 zeigt die Anordnung und zwei Gruppen.

Abb. 4.23 Karnaugh-
Diagramm mit vier Variablen

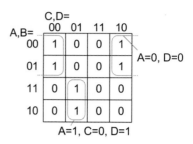

Abb. 4.24 Karnaugh-
Diagramm mit Achtergruppen

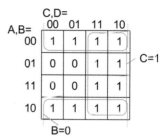

In den 16 Feldern können Gruppen mit zwei, vier oder acht 1-Feldern gebildet werden. Die Gruppengröße muss aber eine Zweierpotenz sein, das heißt eine Gruppe aus sechs Feldern ist nicht möglich. Dies ergibt sich daraus, dass bei einer Zusammenfassung eine Variable aus dem Term entfällt und dadurch die Gruppe jeweils doppelt so groß wird. Für ein Karnaugh-Diagramm mit vier Variablen gibt es also folgende mögliche Gruppen:

- Einzelnes 1-Feld mit allen vier Variablen
- Zweiergruppe mit drei Variablen
- Vierergruppe mit zwei Variablen
- Achtergruppe mit einer Variablen (siehe Abb. 4.24)

Theoretisch kann es dann auch eine 16er-Gruppe ohne Variable geben, das heißt die Funktion ist immer 1.

Wie schon beim Karnaugh-Diagramm für drei Variablen sind hier wieder die Ränder benachbart. Dies gilt natürlich auch für Vierergruppen, und zwar auch in der Kombination von oberer, unterer und linker, rechter Rand. Mit anderen Worten, auch die vier Ecken können zu einer Vierergruppe zusammengefasst werden (Abb. 4.25). Dazu müssen aber alle vier Eckfelder eine 1 eingetragen haben. Eine diagonale Zweiergruppe, also Feld links-unten und Feld rechts-oben wäre nicht möglich, da ja auch ansonsten keine diagonalen Felder erlaubt sind.

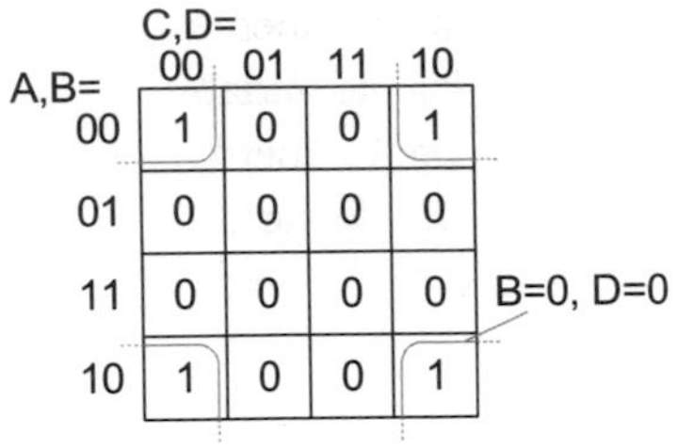

Abb. 4.25 Die vier Ecken
können eine Vierergruppe
bilden

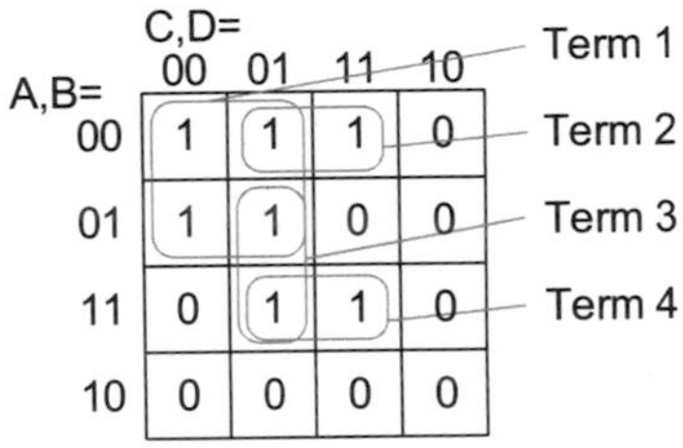

Abb. 4.26 Auswahl der
Primterme

4.5.5   Auswahl der erforderlichen Terme

Nachdem die 1-Felder zu möglichst großen Gruppen, den Primtermen, zusammengefasst sind, muss im nächsten Schritt überprüft werden, welche Terme erforderlich sind.
Dabei sind manchmal alle Primterme erforderlich und manchmal werden Primterme
nicht benötigt, sind also redundant. Die Bedingung für die Auswahl der Primterme ist,
dass alle 1-Felder in mindestens einem Primterm enthalten sein müssen. Je weniger
Primterme benötigt werden und je größer die Terme sind, umso günstiger ist die entstehende Schaltung.

Als Beispiel wird eine Funktion mit sieben 1-Feldern betrachtet, die in Abb. 4.26 im
Karnaugh-Diagramm eingetragen sind. Es lassen sich vier Primterme bilden, und zwar
eine Vierergruppe und drei Zweiergruppen. Da alle 1-Felder in einem der Primterme enthalten sein müssen, ist Term 1 erforderlich, denn nur er enthält die 1-Felder in der linken
Spalte. Auch Term 2 und Term 4 sind erforderlich, denn nur sie enthalten die 1-Felder in
der dritten Spalte (für $C,D = 11$). Term 3 hingegen ist nicht erforderlich, denn sein oberes
1-Feld ist bereits in Term 1, das untere 1-Feld in Term 4 enthalten.

4.5.6   Ermittlung der minimierten Funktion

Wenn die erforderlichen Primterme bekannt sind, müssen die logischen Funktionen für
diese Terme bestimmt werden. Die Terme sind dabei eine UND-Verknüpfung von nicht-
negierten und negierten Eingangsvariablen. Welche Eingangsvariablen im Term enthalten sind, ergibt sich durch die Position des Primterms im Karnaugh-Diagramm. Drei
Fälle sind möglich:

- Der Primterm überdeckt nur Zeilen oder Spalten, für die eine Eingangsvariable 1 ist. Dann wird die Variable nicht-negiert in der UND-Verknüpfung verwendet.
- Der Primterm überdeckt nur Zeilen oder Spalten, für die eine Eingangsvariable 0 ist. Dann wird die Variable negiert in der UND-Verknüpfung verwendet.
- Der Primterm überdeckt Zeilen oder Spalten, für die eine Eingangsvariable sowohl 1 als auch 0 sind. Dann wird die Variable nicht in der UND-Verknüpfung verwendet.

Die Formel für die minimierte Funktion ergibt sich dann als ODER-Verknüpfung aller UND-Terme.

Als Beispiel wird die Funktion für Term 1 in Abb. 4.26 ermittelt. Für die vier Eingangsvariablen gilt:

- Der Term überdeckt nur Zeilen, in denen die Variable A gleich 0 ist. A wird negiert verwendet.
- In den oberen beiden Zeilen ist die Variable B sowohl 0 als auch 1. B wird nicht verwendet.
- In den überdeckten linken Spalten ist C beides mal 0. C wird negiert verwendet.
- In den beiden linken Spalten ist D sowohl 0 als auch 1. D wird nicht verwendet.
- Die Funktion für Term 1 ist also: $\overline{A}\,\&\,\overline{C}$

Für Term 2 gilt, dass die Variablen A und B gleich 0 sind und daher negiert verwendet werden. D ist gleich 1 und wird nicht-negiert verwendet. C kann 0 und 1 sein und darum in der Funktion nicht enthalten. Der Primterm lautet also: $\overline{A}\,\&\,\overline{B}\,\&\,D$.

Für Term 4 sind die Variablen A, B und D gleich 1 und daher nicht-negiert. C ist wie bei Term 2 nicht enthalten und daher lautet der Primterm: $A\,\&\,B\,\&\,D$.

Somit ergibt sich die minimierte Funktion für Abb. 4.26 als ODER-Verknüpfung von Term 1, 2 und 4:

$$Y = \overline{A}\,\&\,\overline{C} \ \vee \ \overline{A}\,\&\,\overline{B}\,\&\,D \ \vee \ A\,\&\,B\,\&\,D$$

4.5.7 Karnaugh-Diagramm mit Don't-Care

Wenn für bestimmte Kombinationen von Eingangswerten keine Ausgabe spezifiziert ist, kann diese Freiheit benutzt werden, um die minimierte Funktion möglichst einfach zu erstellen. Ein Beispiel für Funktionen mit Don't-Care wurde am Anfang des Kapitels in Abschn. 4.1.3 erläutert.

Die Behandlung von Don't-Care-Einträgen bei der Minimierung nach Karnaugh ist relativ einfach. Zunächst werden die Don't-Cares als Strich ‚-‘ in das Karnaugh-Diagramm eingetragen. Bei der Ermittlung der Primterme werden die Don't-Cares einbezogen, um möglichst große Primterme zu bilden. Bei der Auswahl der erforderlichen Primterme werden die Don't-Cares dann nicht berücksichtigt, denn sie müssen nicht in einem Primterm enthalten sein.

Anschaulich gesprochen werden die Don't-Cares zur Bildung der Primterme wie 1-Werte, bei der Auswahl der erforderlichen Primterme wie 0-Werte behandelt. Primterme, die nur aus Don't-Cares bestehen, werden nicht eingetragen. In der resultierenden minimierten Funktion ergeben sich dann für manche Don't-Cares eine 1, für andere eine 0.

Als Beispiel für die Behandlung von Don' '-Cares soll die in Abschn. 4.1.3 beschriebene Primzahlerkennung für die Zahlen 0 bis 9 minimiert werden. Die Funktionstabelle findet sich in Abb. 4.4 und hat sechs Don't-Cares. Der Eingang ist die vierstellige Dualzahl $A(3{:}0)$, sodass die Eingangsvariablen hier nicht A bis D heißen. Abb. 4.27 zeigt auf der linken Seite die Zuordnung zwischen Feldern im Karnaugh-Diagramm und Dezimalzahlen.

Im Karnaugh-Diagramm in Abb. 4.27 (rechts) können drei Vierergruppen als Primterme gebildet werden. In der dritten Zeile wäre eine weitere Viererergruppe nur aus Don't-Cares möglich, die aber nicht eingetragen wird, da sie ohne 1-Felder nicht erforderlich sein kann.

Term 1 ist erforderlich, da nur er das 1-Feld rechts oben abdeckt. Term 2 ist erforderlich, da nur er das 1-Feld für ‚0101' abdeckt. Mit diesen beiden Termen sind sämtliche 1-Felder abgedeckt, sodass Term 3 nicht erforderlich ist.

Zur Bestimmung der Terme werden wieder die Eingangsvariablen betrachtet. Für Term 1 ist $A(2)$ stets 0 und $A(1)$ stets 1, also werden sie negiert beziehungsweise nicht-negiert berücksichtigt. Die Variablen $A(3)$ und $A(0)$ treten sowohl als 0 und 1 auf, entfallen also. Term 1 lautet somit $\overline{A(2)}\,\&\,A(1)$. Term 2 berechnet sich als $A(2)\,\&\,A(0)$. Die minimierte Funktion für die Primzahlerkennung ist die ODER-Verknüpfung der Terme und lautet:

$$Y = \overline{A(2)}\,\&\,A(1) \ \vee \ A(2)\,\&\,A(0)$$

Durch die gewählten Terme werden vier der sechs Don't-Care-Felder umfasst. Für diese Felder ergibt sich also eine 1 als Ausgabe, für die anderen beiden Don't-Care-Felder eine 0. Da laut Aufgabenstellung diese Eingangskombinationen nicht auftreten, konnten sie frei belegt werden.

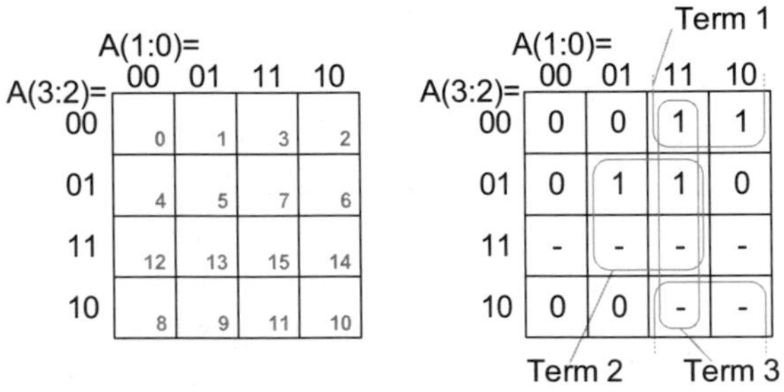

Abb. 4.27 Karnaugh-Diagramm für Primzahlerkennung mit Don't-Cares

Vielleicht fragen Sie sich beim Betrachten von Abb. 4.27, ob die Terme nicht auch kleiner gewählt werden könnten. Term 1 beispielsweise könnte auch als Zweiergruppe mit den beiden 1-Feldern aus der ersten Zeile eingetragen werden. Ein solcher Term würde tatsächlich eine korrekte logische Funktion ergeben. Er wäre aber aufwendiger als die Vierergruppe. Term 1 als Zweiergruppe entspricht $\overline{A(3)}\,\&\,\overline{A(2)}\,\&\,A(1)$, während die Vierergruppe durch den einfacheren Term $\overline{A(2)}\,\&\,A(1)$ umgesetzt wird.

4.5.8 Karnaugh-Diagramm für mehr als vier Variablen

Auch Funktionen mit fünf oder sechs Variablen können prinzipiell mit dem Karnaugh-Diagramm minimiert werden. Allerdings sind dafür mehr als zwei Dimensionen erforderlich und man muss sich die Felder räumlich hintereinander oder übereinander vorstellen. Abb. 4.28 zeigt eine Darstellung mit 32 Feldern für fünf Variable, bei der die beiden Hälften gedanklich an der mittleren, dickeren Linie geknickt werden. Felder aus rechter und linker Hälfte liegen dadurch übereinander. Eine mögliche Vierergruppe ist zur Verdeutlichung eingetragen. Für sechs Variablen müsste man in einem 64er-Feld auch eine obere und untere Hälfte übereinanderlegen.

Diese Darstellung ist allerdings unübersichtlich und daher fehleranfällig. Ein rechnergestütztes Verfahren wäre daher sinnvoll.

4.5.9 Karnaugh-Diagramm der konjunktiven Normalform

Bisher wurde stets die disjunktive Normalform beschrieben, aber in ähnlicher Weise kann auch die konjunktive Normalform aufgestellt werden. Entsprechend der Symmetrie der Schaltalgebra (siehe De Morgansche Gesetze in Abschn. 4.3.2.5) ist die Vorgehensweise praktisch spiegelbildlich. Es werden also anstatt der 1-Felder die 0-Felder verbunden, gegebenenfalls mithilfe der Don't-Care-Felder. Dann werden die ODER-Terme UND-verknüpft.

Als Beispiel soll die Primzahlerkennung auch in der konjunktiven Normalform minimiert werden. In Abb. 4.29 werden aus den 0-Feldern mithilfe der Don't-Cares

Abb. 4.28 Karnaugh-Diagramm für fünf Variablen

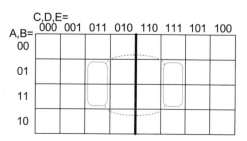

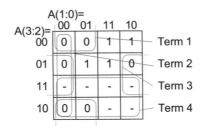

Abb. 4.29 Primzahlerkennung in der konjunktiven Normalform

eine Achtergruppe und drei Vierergruppen gebildet. Term 1 und 3 sind erforderlich, da es jeweils ein 0-Feld gibt, welches nur in ihnen enthalten ist. Damit sind alle 0-Felder abgedeckt, sodass Term 2 und 4 redundant sind.

Die minimierte Funktion ergibt sich zu:

$$Y = (A(2) \vee A(1)) \, \& \, \left(\overline{A(2)} \vee A(0) \right)$$

Für die Primzahlerkennung sind die minimierten Funktionen der disjunktiven und konjunktiven Normalform praktisch gleich aufwendig, denn beide Funktionen nutzen drei Verknüpfungen mit jeweils zwei Eingängen. Je nach Funktionstabelle kann eine der Varianten aber auch günstiger als die andere sein. Es gibt Entwurfsprogramme die beide Varianten ausprobieren und die günstigere verwenden.

4.6   VHDL für kombinatorische Schaltungen

4.6.1   Beschreibung logischer Verknüpfungen

Im Kap. 3 haben Sie die Schaltungsbeschreibung mit VHDL kennengelernt. Die logischen VHDL-Operatoren können verwendet werden, um eine Funktion zu beschreiben. Die gerade in Abschn. 4.5.9 berechnete Logikfunktion würde dann wie folgt lauten:

```
y <= (a(2) or a(1)) and ((not a(2)) or a(0));
```

Die Reihenfolge der Operationen wird durch Klammern vorgegeben. Dies empfiehlt sich, um zweifelsfrei zu definieren, wie die Funktion gemeint und interpretiert werden soll. Es ist besser einige Sekunden für eine weitere Klammer zu investieren, als mehrere Stunden oder länger nach einem Fehler im Code zu suchen.

Die direkte Beschreibung der Logikfunktion ist möglich und wird auch von Programmen verstanden. Viel sinnvoller ist es jedoch, die Funktion zu beschreiben und die Generierung der Logikfunktion dem Programm zu überlassen.

4.6.2   Beschreibung der Funktion

Bei der Funktionsbeschreibung in VHDL wird die Spezifikation durch If- und Case-Anweisungen sowie Zuweisungen beschrieben. Die Funktion soll ja die Primzahl aus dem 4-Bit-Wert *A* erkennen. Eine VHDL-Beschreibung würde darum *A* zunächst in einen Unsigned umwandeln und dann eine Case-Anweisung aufrufen.

```
signal a_u : unsigned (3 downto 0);
...
a_u    <= unsigned(a);
process (a_u)
   begin
   case a_u is
     when 0 => y <= '0';
     when 1 => y <= '0';
     when 2 => y <= '1';
     when 3 => y <= '1';
     when 4 => y <= '0';
     when 5 => y <= '1';
     when 6 => y <= '0';
     when 7 => y <= '1';
     when 8 => y <= '0';
     when 9 => y <= '0';
     when others => y <= '0';
   end case;
end process;
```

Diese Beschreibung benötigt zwar etwas mehr Text, dafür spart man sich die manuelle Schaltungsminimierung für die Logikfunktion. Außerdem ist beim Betrachten des Codes schneller deutlich, welche Funktion ausgeführt wird.

Man kann die Beschreibung auch noch vereinfachen, indem nur die Primzahlen in der Case-Anweisung genannt werden. Alle anderen Werte sind durch den Others-Fall berücksichtigt. Die Case-Anweisung würde dann lauten:

```
case a_u is
  when 2 => y <= '1';
  when 3 => y <= '1';
  when 5 => y <= '1';
  when 7 => y <= '1';
  when others => y <= '0';
end case;
```

Im Unterschied zu der Funktionstabelle in Abb. 4.4 werden bei beiden VHDL-Beschreibungen die Don't-Care-Fälle nicht berücksichtigt, sondern die Ausgabe für Werte größer 10 zu 0 gesetzt. Prinzipiell könnte für ein Don't-Care der Wert ‚-‘ zugewiesen werden. Dies wird in der Praxis jedoch selten gemacht, da die Einsparungen meist gering sind.

4.7   Übungsaufgaben

Haben Sie den Inhalt des Kapitels verstanden? Prüfen Sie sich mit den Aufgaben und Fragen am Kapitelende. Die Lösungen und Antworten finden Sie am Ende des Buches.

Bei den Auswahlfragen ist immer genau eine Antwort korrekt.

Aufgabe 4-1 Was ist ein Minterm?

a) Eine Logikfunktion die nur für eine Eingangskombination 1 ist
b) Eine Logikfunktion die mit geringstmöglicher Geschwindigkeit arbeitet
c) Eine Logikfunktion die nur für eine Eingangskombination 0 ist
d) Eine Logikfunktion die nur aus einem Inverter besteht
e) Eine Logikfunktion die nur aus einem XOR-Gatter besteht

Aufgabe 4-2 Was ist ein Maxterm?

a) Eine Logikfunktion die nur für eine Eingangskombination 0 ist
b) Eine Logikfunktion die nur für eine Eingangskombination 1 ist
c) Eine Logikfunktion die nur aus einem XOR-Gatter besteht
d) Eine Logikfunktion die nur aus einem Inverter besteht
e) Eine Logikfunktion die mit konstanter Geschwindigkeit arbeitet

Aufgabe 4-3 Für eine Stereoanlage soll die eingestellte Lautstärke auf einer vertikalen Skala mit sieben LEDs (*L1* bis *L7*) dargestellt werden. Die Lautstärke ist als 3-Bit-Dualzahl *D2, D1, D0* verfügbar.

Je höher die eingestellte Lautstärke, umso mehr LEDs sollen durch Ausgabe einer 1 leuchten. Bei Lautstärke 0 (*D2, D1, D0* = 000) sind alle LEDs aus, bei 1 (001) leuchtet nur L1, und so weiter. Abb. 4.30 zeigt den Wert 4 (100) bei dem *L1* bis *L4* leuchten.

Stellen Sie die Funktionstabelle der Schaltung auf.

Aufgabe 4-4 Für einen Spielautomaten soll die Eingabe eines Joysticks akustisch ausgegeben werden. Der Joystick hat vier Schalter *O* (oben), *U* (unten), *L* (links), *R* (rechts). In der Mittelstellung geben alle Schalter 0 aus, bei Auslenkung sind die entsprechenden Schalter 1. Der Joystick kann schräg gehalten werden, sodass ein horizontaler und ein

Abb. 4.30 Lautstärkeanzeige
einer Stereoanlage

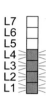

vertikaler Schalter gleichzeitig gedrückt sein können. Die beiden horizontalen bzw. vertikalen Schalter O und U bzw. L und R können nicht gleichzeitig gedrückt sein.

Wenn der Joystick aus der Mittelstellung heraus, horizontal oder vertikal gedrückt wird, soll durch Setzen des Ausgangs $T1 = 1$ ein bestimmter Ton ausgegeben werden. Wenn der Joystick schräg gehalten wird und zwei Schalter drückt, soll durch Setzen des Ausgangs $T2 = 1$ ein anderer Ton ausgegeben werden. $T1$ ist dann 0.

Stellen Sie die Funktionstabelle der Schaltung zur Erzeugung der Tonansteuerung $T1$ und $T2$ aus den Schaltern O, U, R, L des Joysticks auf. Für Eingangskombinationen, die nicht auftreten können, soll für die Ausgänge ein Don't-Care (‚-') eingetragen werden.

Aufgabe 4-5 Eine kombinatorische Schaltung hat vier Eingänge $A(3:0)$, die unten als Dezimalzahl A angegeben ist. Es gibt einen Ausgang Y der folgenden Werte hat:

- 1 bei $A = 5, 7, 10, 11, 14, 15$
- 0 sonst

Hinweis: Die Zuordnung von Dezimalzahl zu Feldern im Karnaugh-Diagramm ergibt sich aus der Zahlendarstellung, ist aber auch in Abb. 4.27 (links) angegeben.

a) Stellen Sie das Karnaugh-Diagramm auf.
b) Ermitteln Sie die Produktterme. Welche Produktterme sind erforderlich?
c) Geben Sie die Funktion für die Ausgangsvariable an.

Aufgabe 4-6 Eine kombinatorische Schaltung hat vier Eingänge $A(3:0)$, die unten als Dezimalzahl A angegeben ist. Es gibt einen Ausgang Y der folgenden Werte hat:

- 1 bei $A = 0, 1, 2, 3, 4, 7, 8, 9, 10, 11, 15$
- 0 sonst

a) Stellen Sie das Karnaugh-Diagramm auf.
b) Ermitteln Sie die Produktterme. Welche Produktterme sind erforderlich?
c) Geben Sie die Funktion für die Ausgangsvariable an.

Aufgabe 4-7 Eine kombinatorische Schaltung hat vier Eingänge $A(3:0)$, die unten als Dezimalzahl A angegeben ist. Es gibt einen Ausgang Y der folgende Werte hat:

- 1 bei $A = 1, 3, 8, 11, 13, 14$
- 0 bei $A = 0, 2, 4, 5, 6$
- Don't-Care sonst

a) Stellen Sie das Karnaugh-Diagramm auf.
b) Ermitteln Sie die Produktterme mit Nutzung der undefinierten Ausgänge. Welche Produktterme sind erforderlich?
c) Geben Sie die Funktion für die Ausgangsvariable an..

Aufgabe 4-8 Eine kombinatorische Schaltung hat vier Eingänge $A(3:0)$, die unten als Dezimalzahl A angegeben ist. Es gibt einen Ausgang Y der folgende Werte hat:

- 1 bei $A = 0, 5, 14, 15$
- 0 bei $A = 1, 2, 3, 6, 7, 8, 12, 13$
- Don't-Care sonst

a) Stellen Sie das Karnaugh-Diagramm auf.
b) Ermitteln Sie die Produktterme mit Nutzung der undefinierten Ausgänge. Welche Produktterme sind erforderlich?
c) Geben Sie die Funktion für die Ausgangsvariable an.

Sequenzielle Schaltungen

5

Während kombinatorische Schaltungen nur die aktuellen Werte der Eingangssignale verwenden, können sich *sequenzielle Schaltungen* Informationen merken. Die Ausgangswerte einer sequenziellen Schaltung können damit von den aktuellen und den vorangegangenen Werten der Eingangssignale abhängen. Dieses Gedächtnis wird durch Flip-Flops als Speicherelemente erreicht.

Beispielsweise kann der Kanal eines Fernsehers durch Zifferntasten sowie durch ‚+‘ und ‚−‘-Taste ausgewählt werden. Durch Drücken der Taste ‚4‘ wird der Kanal Vier ausgewählt. Der Fernseher hat hierfür eine sequenzielle Schaltung, die sich den aktuellen Kanal merkt, auch wenn keine Taste mehr gedrückt ist. Durch Drücken von ‚+‘ wechselt der Fernseher auf Kanal Fünf. Wird ‚−‘ gedrückt, geht der Fernseher wieder auf Kanal Vier. Der Kanal kann also auf verschiedene Arten angewählt werden. Wie die Kanalauswahl erfolgte, ist nicht wichtig. Wenn der Kanal Vier gewählt ist, braucht sich die sequenzielle Schaltung nicht zu merken, ob dies durch die Taste ‚4‘ oder ‚−‘ oder ‚+‘ geschah.

Sequenzielle Schaltungen werden in der Digitaltechnik sehr oft eingesetzt und dabei meist durch einen Takt angesteuert. Dieser Takt erreicht für eine Hochleistungs-CPU Frequenzen von über 3 GHz, während für viele Anwendungen eine Taktfrequenz im Bereich 10 bis 100 MHz ausreicht. Sequenzielle Schaltungen werden beispielsweise als Flankendetektor, als Zähler oder als Steuerung eingesetzt.

- Ein Flankendetektor erkennt die Änderung eines Eingangswertes und gibt einmalig ein Signal weiter. Wenn beim Fernseher die ‚+‘-Taste gedrückt wird, soll nur ein Kanal weitergeschaltet werden, selbst wenn die Taste etwas länger gedrückt wird.
- Ein Zähler ist beispielsweise in einer CPU enthalten und zählt pro Takt jeweils einen Wert weiter, um den nächsten Befehl auszuführen. Bei einer Verzweigung kann der Zähler auch auf einen bestimmten Wert gesetzt werden.

In diesem und dem nächsten Kapitel werden einige Schaltungen ausführlich erläutert.

© Springer-Verlag GmbH Deutschland, ein Teil von Springer Nature 2022
W. Gehrke und M. Winzker, *Digitaltechnik*,
https://doi.org/10.1007/978-3-662-63954-2_5

5.1 Speicherelemente

5.1.1 RS-Flip-Flop

Die Grundform eines Speicherelements ist das *RS-Flip-Flop* (RS-FF), auch als *Latch* bezeichnet. Es arbeitet ohne Takt und hat die beiden Eingänge R und S sowie den Ausgang Q. Das Schaltsymbol ist in Abb. 5.1 dargestellt.

5.1.1.1 Funktion
Die beiden Eingänge haben die Bedeutung Reset (R) und Set (S), also rücksetzen und setzen. Entsprechend dieser Namen ist auch die Funktion des RS-Flip-Flops.

- Mit R auf 1 wird der Ausgang Q auf 0 gesetzt (rücksetzen), S ist dabei 0.
- Mit S auf 1 wird der Ausgang Q auf 1 gesetzt (setzen), R ist dabei 0.
- Sind beide Eingänge 0, bleibt der Wert von Q unverändert (speichern).
- Beide Eingänge dürfen nicht gleichzeitig auf 1 sein. Man kann nicht gleichzeitig setzen und rücksetzen.

Der Zeitverlauf in Abb. 5.2 verdeutlicht die Funktion. In der Digitaltechnik wird der Zeitverlauf üblicherweise etwas vereinfacht dargestellt, da vor allem der logische Zusammenhang gezeigt werden soll. Auf der horizontalen Achse ist die Zeit aufgetragen. Die vertikale Achse zeigt die Pegel für die Eingangs- und Ausgangssignale. Die Zeitachse hat keinen Maßstab, da keine konkreten Zeiten, sondern die Abläufe wichtig sind. Ebenso hat die vertikale Achse keinen Maßstab, sondern gibt nur die Pegel L und H für die Werte 0 und 1 an. Die Signalübergänge werden leicht schräg dargestellt, um den Übergang von 0 nach 1 oder umgekehrt anzudeuten. Die Zeitverzögerung, die in jeder Schaltung enthalten ist, wird dadurch angedeutet, dass die Signalübergänge von Eingang und Ausgang leicht versetzt sind.

Für das RS-FF sind in Abb. 5.2 die Eingänge R und S sowie der im Flip-Flop gespeicherte Ausgangswert Q dargestellt. Die eingezeichneten Zeitpunkte haben folgende Bedeutung:

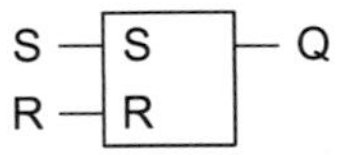

Abb. 5.1 Schaltsymbol eines RS-Flip-Flops (RS-FF)

Abb. 5.2 Zeitverlauf der Ansteuerung eines RS-Flip-Flops

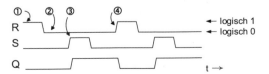

1. Der Eingang R ist 1, das RS-FF wird rückgesetzt und Q ist 0.
2. Beide Eingänge sind 0 und das RS-FF speichert den vorherigen Wert 0 für Q.
3. S wird 1 und setzt das RS-FF. Der Ausgang Q wird 1 und speichert diesen Wert, auch wenn S wieder auf 0 geht.
4. Mit Aktivierung von R wird das RS-FF wieder auf 0 gesetzt.

Beachten Sie: Wenn R und S 0 sind, kann der Ausgang sowohl 0 als auch 1 sein. Der Ausgangswert hängt also davon ab, ob zuletzt R oder S auf 1 war. Dies ist der wesentliche Unterschied zu einer kombinatorischen Schaltung, die bei gleichen Eingangswerten immer den gleichen Ausgangswert ergeben, unabhängig von vorherigen Werten.

5.1.1.2 Aufbau

Die Speicherung im RS-FF erfolgt durch eine *Rückkopplung* des Ausgangs Q. Es werden zwei NOR-Gatter benötigt, die wie in Abb. 5.3 verschaltet sind. Der Ausgang des zweiten NOR-Gatters wird an einen Eingang des ersten Gatters zurückgeführt und speichert so den Wert des Ausgangs Q. Da nur zwei Gatter benötigt werden, ist der Schaltungsaufwand für das RS-FF relativ klein.

Die NOR-Gatter des RS-FF können im Schaltplan auch nebeneinander geschoben werden, sodass sich die in Abb. 5.4 gezeigte Anordnung ergibt. Während ein NOR-Gatter den Ausgang Q erzeugt, hat das andere NOR-Gatter den invertierten Speicherwert als Ausgang.

5.1.1.3 Herleitung des Aufbaus

Der Aufbau des RS-Flip-Flops könnte auch mit den bereits bekannten Methoden aus dem vorherigen Kapitel hergeleitet werden. Abb. 5.5 zeigt, dass die Rückführung zur Speicherung des Flip-Flop-Wertes als separate Leitung angesehen werden kann. Der Rest des Flip-Flops ist dann eine normale kombinatorische Schaltung. Sie hat die Eingänge R und S sowie den alten Wert von Q, der hier als Q^n bezeichnet wird. Mit diesen

Abb. 5.3 Aufbau eines RS-Flip-Flops

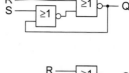

Abb. 5.4 Alternative Darstellung des RS-Flip-Flop-Aufbaus

Abb. 5.5 Entwurf des RS-Flip-Flops

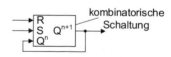

drei Werten berechnet die kombinatorische Schaltung dann den neuen Wert von Q, bezeichnet als Q^{n+1}. Die Bezeichner n und $n+1$ stellen Zeitschritte dar; n ist der aktuelle, $n+1$ der nächste Wert.

Für die kombinatorische Schaltung aus Abb. 5.5 kann eine Funktionstabelle erstellt und mit dem Verfahren nach Karnaugh minimiert werden. Abb. 5.6 zeigt die Funktionstabelle und das Karnaugh-Diagramm dieser kombinatorischen Schaltung. Zur Minimierung können die disjunktive und die konjunktive Normalform verglichen werden, also Einsen oder Nullen zusammengefasst werden. Die konjunktive Normalform mit dem in Abb. 5.6 dargestellten Termen ergibt die Funktion

$$Q^{n+1} = \overline{R} \,\&\, (Q^n \vee S)$$

Mit dem De Morganschen Gesetz wird die UND-Verknüpfung durch eine NOR-Verknüpfung mit negierten Operatoren ersetzt. Aus dem ODER in der Klammer wird dann ein NOR und die Negierung von R entfällt. Somit ergibt sich die in Abb. 5.3 gezeigte Struktur mit zwei NOR-Gattern.

$$Q^{n+1} = \overline{R} \,\&\, (Q^n \vee S) = \overline{R \vee \overline{(Q^n \vee S)}}$$

5.1.1.4 Verwendung

In der Praxis wird das RS-Flip-Flop in der einfachen Grundform nur selten verwendet, da es kein Taktsignal benutzt. Es ist jedoch als Teilschaltung in getakteten Flip-Flops enthalten und dadurch eine wichtige Grundlage für die Datenspeicherung in sequenziellen Schaltungen.

5.1.2 Taktsteuerung von Flip-Flops

5.1.2.1 Takt

Fast alle in der Realität eingesetzten Schaltungen benutzen einen *Takt* zur Ansteuerung der Speicherelemente. Der Takt ist ein periodisches Signal, welches in gleichmäßigem Rhythmus zwischen 0 und 1 wechselt. Ein 0-1-Zyklus wird als *Taktzyklus, Taktschritt* oder *Taktperiode* bezeichnet.

Der besondere Vorteil der Taktsteuerung ist die *Synchronisierung der Speicherelemente*. Durch den Takt schalten alle Flip-Flops gemeinsam und führen einen Rechenschritt aus. Mit dem nächsten Taktzyklus wird der nächste Rechenschritt ausgeführt.

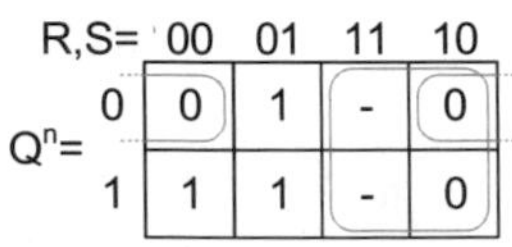

Abb. 5.6 Minimierung nach Karnaugh für den Entwurf des RS-FF

R	S	Q^n	Q^{n+1}	
0	0	0	0	} speichern
0	0	1	1	
0	1	0	1	} setzen
0	1	1	1	
1	0	0	0	} rücksetzen
1	0	1	0	
1	1	0	-	} verboten
1	1	1	-	

$Q^n=$	R,S=	00	01	11	10
	0	0	1	-	0
	1	1	1	-	0

Kennzeichnend für einen Takt sind die *Periodendauer* T_{per} und die *Taktfrequenz f*, die der Kehrwert der Periodendauer ist:

$$f = {}^1\!/_{T_{per}}$$

Taktfrequenzen für digitale Schaltungen sind typischerweise im Bereich zwischen 10 MHz für eine einfache Schaltung bis zu über 3 GHz für aktuelle CPUs in Computern. Die Periodendauer ergibt sich nach der genannten Formel.

Zur Verdeutlichung zwei Zahlenbeispiele:

- Für die Taktfrequenz 10 MHz beträgt die Periodendauer

$$T_{per} = {}^1\!/_f = {}^1\!/_{10\,\text{MHz}} = {}^1\!/_{10\,\cdot\,10^6\,\text{Hz}} = {}^1\!/_{10^7\,\text{Hz}} = 10^{-7}\,\text{s} = 100\cdot 10^{-9}\,\text{s} = 100\,\text{ns}$$

- Für die Taktfrequenz 3 GHz beträgt die Periodendauer

$$T_{per} = {}^1\!/_{3\,\text{GHz}} = 0{,}333\,\text{ns}$$

Je höher die Taktfrequenz ist, umso leistungsfähiger ist eine Schaltung. Allerdings steigen auch der Schaltungsaufwand, die Störanfälligkeit und die benötigte Leistung. Darum haben netzbetriebene stationäre Computer normalerweise höhere Taktraten als batteriebetriebene Laptops und Smartphones.

Eine weitere Kenngröße des Takts ist das *Tastverhältnis D* (englisch *Duty Cycle*), also die Dauer der 1-Phase bezogen auf die Periodendauer:

$$D = {}^{T_1}\!/_{T_{per}}$$

Der Duty Cycle sollte möglichst etwa 50 %, also 0- und 1-Phase etwa gleich lang sein. Dies ist insbesondere für hohe Taktfrequenzen wichtig, damit das Taktsignal ausreichend Zeit hat, auch wirklich die Low- und High-Pegel zu erreichen.

Abb. 5.7 zeigt den Taktverlauf eines Taktsignals mit Periodendauer und Zeiten für die Taktphasen. Die englische Bezeichnung für Takt ist *Clock;* das Signal wird daher oft als *CLK* oder *C* abgekürzt.

Abb. 5.7 Zeitverlauf eines Taktsignals

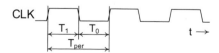

5.1.2.2 Taktpegelsteuerung

Als einfache Taktsteuerung kann der *Taktpegel,* also der Wert 0 oder 1, benutzt werden. Ein taktpegelgesteuertes Flip-Flop ist nur aktiv, wenn der Takt auf 1 ist. Die Grundform des RS-Flip-Flop kann mit wenig Aufwand um eine Taktpegelsteuerung erweitert werden. Wie in Abb. 5.8 gezeigt, werden dazu die Eingänge mit jeweils einem UND-Gatter erweitert. Nur wenn der Takt auf 1 ist, werden die beiden Steuereingänge R und S durch die UND-Funktion an R^* und S^* weitergegeben. Ist der Takt auf 0 sind auch R^* und S^* auf 0 und das RS-FF behält seinen Wert.

Der Zeitablauf in Abb. 5.9 verdeutlicht das Verhalten. Nur wenn der Takt *CLK* auf 1 ist, werden die Steuereingänge R und S ausgewertet. Dies sind die mit ✓ gekennzeichneten Impulse. Wenn der Takt auf 0 ist, führen an den mit ✗ gekennzeichneten Zeiten die Eingangssignale zu keiner Änderung am Ausgang.

Die Taktpegelsteuerung hat jedoch einen großen Nachteil. Eigentlich sollte die Verarbeitung so ablaufen, dass pro Taktzyklus die Informationen genau ein Flip-Flop weitergegeben werden. Allerdings dauert die 1-Phase eine gewisse Zeit und die Flip-Flops sind während dieser 1-Phase aktiviert. Es wird also vorkommen, dass Informationen durch mehrere Flip-Flops „rutschen".

Um dies zu vermeiden, werden bei taktpegelgesteuerten Flip-Flops zwei Taktsignale verwendet, die sich nicht überlappen. Dies ist in Abb. 5.10 dargestellt. Im oberen Teil des Bildes ist zu sehen, wie aufeinander folgende Flip-Flops abwechselnd an eines der Taktsignale angeschlossen werden. Unten ist der Zeitverlauf der beiden Taktsignale skizziert.

Abb. 5.8 Taktpegelgesteuertes
RS-Flip-Flop

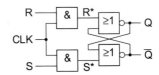

Abb. 5.9 Zeitverlauf beim
taktpegelgesteuerten RS-Flip-
Flop

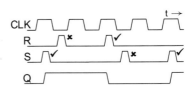

Abb. 5.10 Schaltungsprinzip
und Zeitdiagramm eines
Zweiphasentakts

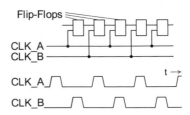

Immer abwechselnd, mit einer Pause dazwischen, ist ein Taktsignal aktiv. Damit werden die Daten immer genau einen Schritt, also ein Flip-Flop weitergereicht.

Das Prinzip des Zweiphasentakts ähnelt einer Kanalschleuse, bei der ein Schiff durch zwei Tore fahren muss. Erst fährt das Schiff durch ein Tor und das Tor wird geschlossen. Nach dem Ändern des Wasserstands wird das andere Tor geöffnet und das Schiff fährt weiter zur nächsten Schleuse. Es sind jedoch nie beide Tore gleichzeitig offen.

Ein solcher Zweiphasentakt mit taktpegelgesteuerten Flip-Flops wurde früher in vielen Schaltungen eingesetzt. Allerdings sind zwei Taktleitungen erforderlich, was einen höheren Aufwand bedeutet. Auch kann die Taktperiode nicht so gut ausgenutzt werden, sodass Zeit verloren geht. Darum werden heute kaum noch taktpegelgesteuerte Flip-Flops verwendet.

5.1.2.3 Taktflankensteuerung

Heutzutage wird praktisch immer eine *Taktflankensteuerung* verwendet. Nur bei einer Taktflanke ist das Flip-Flop aktiv, das heißt der Zeitpunkt des Schaltens ist sehr genau vorgegeben. Dies hat den Vorteil, dass alle Flip-Flops einer Schaltung wirklich gleichzeitig arbeiten können. Somit wird eine Verarbeitung immer genau einen Schritt von Flip-Flop zu Flip-Flop weitergeführt.

Für die Taktflankensteuerung kann entweder die steigende Taktflanke, also der Übergang von 0 nach 1, oder die fallende Taktflanke, also der Übergang von 1 nach 0, benutzt werden. Meist wird die steigende Taktflanke verwendet, da dies anschaulicher ist. Alle Flip-Flops einer Schaltung sind dann nur beim Übergang des Takts von 0 nach 1 aktiv. Genauso gut könnten auch Flip-Flops eingesetzt werden, die bei der fallenden Taktflanke aktiv sind. Dann sollten alle Flip-Flops der Schaltung so aufgebaut sein. Im Schaltsymbol wird die Taktflankensteuerung durch ein Dreieck am Takteingang dargestellt. Abb. 5.11 zeigt die Steuerung durch die Taktflanke und das Schaltsymbol.

Es gibt keine Flip-Flops, die bei beiden Flanken aktiv sind. Eine Mischung von Flip-Flops mit steigender und fallender Taktflanke wird nur bei Spezialschaltungen benötigt; ein Beispiel findet sich in einem späteren Kapitel bei der Ansteuerung von Speichern.

Bei der Taktflankensteuerung erfolgt üblicherweise keine Ansteuerung mit R und S wie beim RS-Flip-Flop. Stattdessen gibt es einen Dateneingang D, dessen Wert direkt gespeichert wird. Dieses taktflankengesteuerte D-Flip-Flop wird im nächsten Abschnitt erläutert.

Abb. 5.11 Taktflankensteuerung und Schaltsymbol

5.1.3 D-Flip-Flop

Das *taktflankengesteuerte D-Flip-Flop,* oder kurz *D-Flip-Flop (D-FF)* ist das heutzutage am häufigsten verwendete Flip-Flop. Wenn in der Praxis von einem Flip-Flop gesprochen wird, ist so gut wie immer das taktflankengesteuerte D-Flip-Flop gemeint. Zwei oder mehr D-FFs, die von einem gemeinsamen Takt angesteuert werden, bezeichnet man auch als *Register.*

5.1.3.1 Funktion

Beim D-Flip-Flop wird der Eingang D bei einer steigenden Flanke des Takts übernommen und am Ausgang Q ausgegeben. Das Schaltungssymbol in Abb. 5.12 zeigt auf der linken Seite den Dateneingang D und den Takteingang C mit dem Dreieck zur Kennzeichnung der Taktflankensteuerung. An der rechten Seite ist der Datenausgang Q. Wenn das D-FF auf die negative Taktflanke reagiert, wird dies durch einen Inverterkreis am Takteingang dargestellt. Im Symbol kennzeichnet die Ziffer 1 die Abhängigkeit der Signale voneinander. Der Dateneingang $1D$ wird abhängig vom Taktsignal $C1$ ausgewertet.

Das Verhalten des D-Flip-Flops wird durch die Funktionstabelle in Abb. 5.13 beschrieben. Die Form der Tabelle ist ähnlich zu den Funktionstabellen der kombinatorischen Schaltungen. Das Zeitverhalten wird durch das Taktflankensymbol und Indizes an den Werten beschrieben. Q^n meint dabei wieder den jetzigen Wert des Ausgangs Q und Q^{n+1} ist der zeitlich darauffolgende Wert. Die Indizes bezeichnen also aufeinanderfolgende Taktperioden oder Zeitschritte n und $n+1$.

Die Zeilen der linken Funktionstabelle (positive Taktflanke) haben die Bedeutung:

1. Bei D gleich 0 und positiver Taktflanke an C wird der Ausgang Q zu 0.
2. Bei D gleich 1 und positiver Taktflanke an C wird der Ausgang Q zu 1.
3. Wenn der Takt konstant auf 0 ist, behält Q seinen Wert. Der Wert von D ist irrelevant („X'). Das neue Q^{n+1} ist also gleich dem alten Q^n.
4. Wenn der Takt konstant auf 1 ist, behält Q seinen Wert. Q^{n+1} ist gleich Q^n.

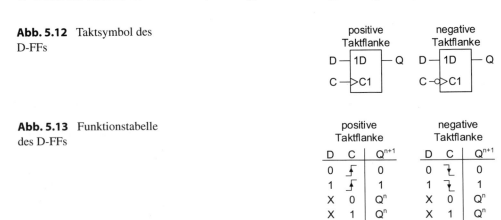

Abb. 5.12 Taktsymbol des D-FFs

Abb. 5.13 Funktionstabelle des D-FFs

Die rechte Funktionstabelle zeigt das entsprechende Verhalten für die negative Takt-flanke.

Das Zeitverhalten des D-FFs zeigt Abb. 5.14. Bei jeder steigenden Taktflanke wird der Eingang von D übernommen und am Ausgang Q ausgegeben. Änderungen von D zwischen den steigenden Taktflanken haben keine Auswirkungen.

Die eingezeichneten Zeitpunkte haben folgende Bedeutung:

1. Der Eingang D wird 1.
2. Bei der nächsten steigenden Taktflanke speichert das D-Flip-Flop den Eingangswert und gibt ihn am Ausgang aus. Q wird 1.
3. Der Eingang D wird 0.
4. Bei der nächsten steigenden Taktflanke speichert das D-Flip-Flop wieder den Ein-gangswert. Q wird 0.
5. D wird 1 und vor der nächsten steigenden Taktflanke wieder 0. Der gespeicherte Wert im Flip-Flop und der Ausgang Q ändern sich nicht.
6. D wird wieder kurz 1, dann 0. Da in dieser Zeit eine steigende Taktflanke auftritt, wird der Ausgang für einen Takt gleich 1.

Das Zeitverhalten und auch alle weiteren Erklärungen sind im Folgenden nur für Flip-Flops mit positiver Taktflanke dargestellt. Flip-Flops mit negativer Taktflanke verhalten sich entsprechend.

5.1.3.2 Reales Zeitverhalten

Wie erläutert, übernimmt das D-Flip-Flop den Eingangswert bei der positiven Takt-flanke. Natürlich braucht die Schaltung eine kurze Zeit, um den Wert zu übernehmen. Der Eingangswert darf sich darum zum Zeitpunkt der Taktflanke nicht ändern, sondern muss kurz vor und kurz nach der Taktflanke stabil sein. Abb. 5.15 zeigt einen zulässigen und unzulässigen Zeitverlauf.

1. Der Dateneingang D wechselt vor der Taktflanke.
2. Kurz vor und nach der Taktflanke ist D stabil und wird korrekt übernommen (✓).

Abb. 5.14 Zeitverhalten eines D-Flip-Flops

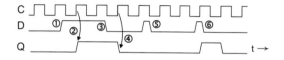

Abb. 5.15 Datenspeicherung bei Taktflanken

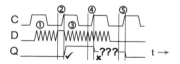

3. Nach der Taktflanke kann D wieder wechseln.

4. Während der nächsten Taktflanke ist D nicht stabil und wird nicht korrekt über-nommen (✗). Der Ausgang des Flip-Flops ist undefiniert. Er kann 0, 1 oder sogar einen unzulässigen Zwischenzustand haben.

5. Bei der nächsten Taktflanke ist D stabil. Dennoch kann das Flip-Flop einige Zeit benötigen, um sich zu „fangen". Dies wird als *Metastabilität* bezeichnet. Im Bild ist angenommen, dass der Ausgang bei dieser Taktflanke wieder normal den Eingangs-wert übernimmt.

Die benötigten Zeiten vor und nach der Taktflanke werden als *Setup-* und *Hold-Zeit* bezeichnet. Das Eingangssignal D muss vor der Taktflanke für die Setup-Zeit t_{setup} und nach der Taktflanke für die Hold-Zeit t_{hold} stabil sein.

Abb. 5.16 zeigt die Zeiten und verwendet die in der Digitaltechnik übliche Dar-stellung. Der horizontale Strich in der Mitte zwischen 0 und 1 gibt an, dass der Wert beliebig wechseln darf. Zwei parallele Striche bei 0 und 1 geben einen konstanten Wert 0 oder 1 an.

Die benötigten Zeiten von t_{setup} und t_{hold} hängen von der verwendeten Technologie ab und sind in Datenblättern angegeben. Bei modernen integrierten Schaltungen sind die Zeiten im Bereich von 0,1 ns oder kleiner. Die Hold-Zeit wird oft zu Null angestrebt, damit sich der Eingangswert direkt nach der Taktflanke ändern darf.

5.1.3.3 Aufbau

Für den Aufbau eines D-Flip-Flops gibt es mehrere Möglichkeiten, die sich in Größe, Zeitverhalten und Stromverbrauch unterscheiden. Abb. 5.17 zeigt eine Möglichkeit zum Aufbau eines D-Flip-Flops. Auf der rechten Seite ist ein RS-Flip-Flop zur Daten-speicherung (vgl. Abb. 5.3). Auf der linken Seite ist eine Vorstufe, in der sich ebenfalls

Abb. 5.16 Setup- und Hold-Zeiten beim D-FF

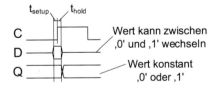

Abb. 5.17 Möglichkeit zum Aufbau eines D-Flip-Flops (nach Datenblatt TI SN7474)

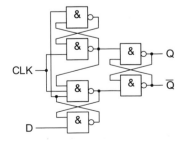

die Struktur zweier RS-FFs findet. Diese Vorstufe erkennt die steigende Taktflanke und steuert dann das RS-FF auf der rechten Seite an.

Eine weitere Schaltung zur Implementierung eines Flip-Flops wird später im Kapitel Halbleitertechnik vorgestellt (Kap. 10).

5.1.4 Erweiterung des D-Flip-Flops

Die Grundfunktion des D-Flip-Flops kann durch weitere Steuereingänge erweitert werden.

5.1.4.1 Asynchroner Reset und Set

Der Dateneingang des D-FF wird nur bei der Taktflanke ausgewertet. Manchmal ist es jedoch erforderlich, dass der Wert eines D-FFs sofort geändert wird. Hierzu dient ein *asynchroner Reset* oder *Set*. Der Begriff *asynchron* meint dabei „nicht synchron", also „nicht mit dem Takt gekoppelt". Normalerweise hat ein D-FF entweder Reset oder Set, je nachdem welchen Wert das D-FF bei Aktivierung einnehmen soll.

- Ein asynchroner Reset setzt das D-FF sofort auf 0.
- Ein asynchroner Set setzt das D-FF sofort auf 1.

Mit „sofort" ist hierbei gemeint, dass nicht auf die nächste Taktflanke gewartet werden muss. Natürlich hat das Flip-Flop eine kurze Verzögerungszeit, in der die Gatter umschalten.

Reset und Set sind normale Eingänge des Flip-Flops und werden an der linken Kante des Schaltsymbols eingezeichnet (Abb. 5.18). Negative Polarität wird wieder durch den Inverterkreis symbolisiert. Abb. 5.18 zeigt beispielhaft den Set mit negativer Polarität. Genauso wäre ein Reset mit negativer Polarität möglich.

Das Zeitverhalten eines D-Flip-Flops mit asynchronem Reset zeigt Abb. 5.19. Bei den steigenden Taktflanken sind Hilfslinien eingezeichnet, um die Taktzyklen zu verdeutlichen.

1. Mit der steigenden Taktflanke wird der Wert 1 des Eingangs D gespeichert.
2. Durch eine 1 am Reset wird das D-FF sofort auf 0 gesetzt, also ohne auf eine Taktflanke zu warten.

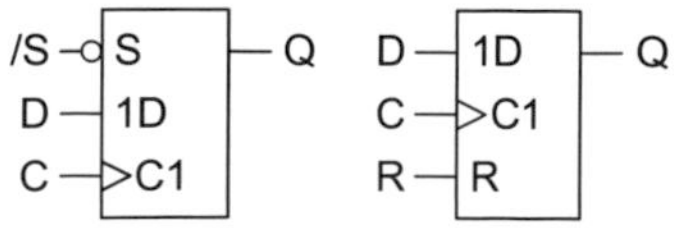

Abb. 5.18 Schaltsymbole von D-FFs mit asynchronem Set (hier mit negativer Polarität) und Reset

Abb. 5.19 Zeitverhalten eines
D-Flip-Flops mit asynchronem
Reset

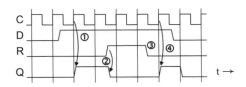

3. Reset wird wieder 0, also inaktiv. Dies hat aber noch keine Auswirkung auf den gespeicherten Wert.
4. Erst mit der nächsten steigenden Taktflanke wird der Wert von D wieder ausgewertet und der Ausgang Q wird 1.

Beachten Sie insbesondere, dass nach dem Ende des Resets, zum Zeitpunkt ③ das Flip-Flop noch auf 0 bleibt. Der Eingang D ist synchron, wird also erst bei der nächsten steigenden Taktflanke wieder ausgewertet.

Praktische Verwendung finden asynchroner Reset und Set insbesondere bei der Initialisierung. Beim Einschalten einer Digitalschaltung haben die Flip-Flops einen unbekannten Speicherzustand und können durch Reset und Set auf den gewünschten Startwert gesetzt werden.

Auch für die Erkennung kurzer Impulse können asynchroner Reset und Set verwendet werden. Ein Eingangssignal ist eventuell sehr kurz und schon vor der nächsten Taktflanke beendet. Ein solcher Impuls würde von einer synchronen Schaltung, die nur bei den Taktflanken arbeitet, nicht erkannt. Zur Erkennung solcher Impulse wird ein Flip-Flop durch den Dateneingang ständig auf 0 gesetzt und der Impuls wird am asynchronen Set angeschlossen. Wenn das Flip-Flop auf 1 ist, lag ein Impuls am Set-Eingang vor.

5.1.4.2 Synchroner Reset und Set

Alternativ kann Reset und Set auch ganz normal mit der Taktflanke ausgewertet werden, also *synchron*. Wie in Abb. 5.20 gezeigt, hat der Steuereingang dann die Ziffer 1, als Kennzeichnung der Abhängigkeit vom Takt.

Der synchrone Set ist prinzipiell ein weiterer Dateneingang, das heißt, der Ausgang des Flip-Flops wird 1, wenn während der Taktflanke D oder S auf 1 sind. Deswegen könnte die Schaltung auch durch ein normales D-FF und ein ODER-Gatter implementiert werden (Abb. 5.20, rechts). Entwurf und Darstellung als synchroner Set sind jedoch übersichtlicher und der Set kann direkt in die Flip-Flop-Schaltung integriert werden.

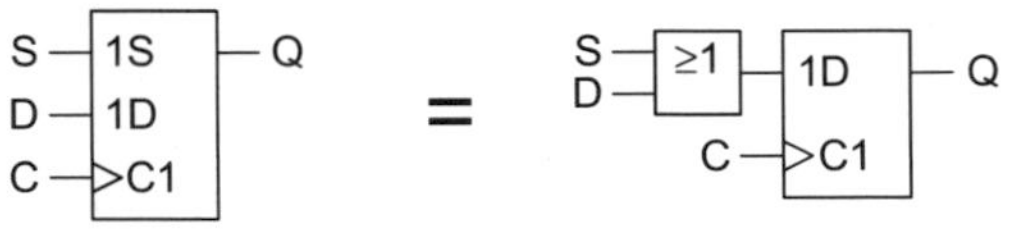

Abb. 5.20 Symbol und
Schaltung eines D-FFs mit
synchronem Set

In ähnlicher Weise gibt es D-FFs mit synchronem Reset. Auch synchroner Reset und Set werden für die Initialisierung von Digitalschaltungen verwendet.

5.1.4.3 Enable

Ein weiterer Steuereingang, der für D-FFs verwendet wird, ist der *Enable-Eingang* (EN). Bei einer Taktflanke wird der D-Eingang nur übernommen, wenn Enable gleich 1 ist. Ansonsten wird der Ausgang Q^n beibehalten. Abb. 5.21 zeigt Symbol und Zeitverhalten, wobei die Ziffern wieder die Abhängigkeit anzeigen. Takt *C1* und Enable *EN2* geben an, ob der Dateneingang *1,2D* übernommen wird.

Im Zeitverhalten sind folgende Fälle gekennzeichnet:

1. *EN* ist 0 und das Flip-Flop behält seinen Wert.
2. *EN* ist 1 und bei jeder steigenden Taktflanke wird der Wert von *D* übernommen.
3. *EN* ist 0 und das Flip-Flop behält seinen Wert.

Ein Enable-Steuereingang wird in der Praxis eingesetzt, wenn eine Teilschaltung nur zu bestimmten Zeiten oder bei bestimmten Bedingungen aktiv ist.

5.1.4.4 Kompakte Darstellung von D-Flip-Flops

Für die Darstellung von D-Flip-Flops in einer größeren Schaltung wird in der Praxis häufig eine kompakte Form gewählt und die Ziffern der Eingangsabhängigkeit weggelassen (Abb. 5.22, links).

Asynchroner Set und Reset können dann an der unteren oder oberen Kante des Symbols eingezeichnet sein, um darzustellen, dass sie unabhängig vom Takteingang sind. Der Set liegt in dieser Darstellung an der oberen Kante, denn er zieht den Wert „nach oben", zur 1. Reset wird entsprechend an der unteren Kante dargestellt, denn er zieht den Wert „nach unten", zur 0. Abb. 5.22 zeigt auch diese Darstellung, wobei das Set wieder beispielhaft negative Polarität hat (vgl. Abb. 5.18).

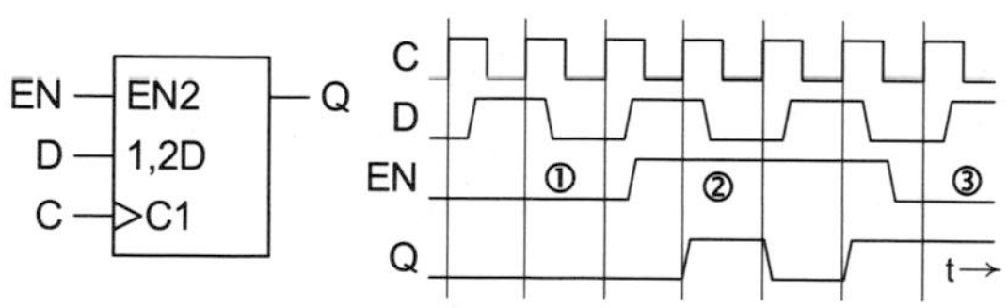

Abb. 5.21 Symbol und Zeitverhalten eines D-FF mit Enable

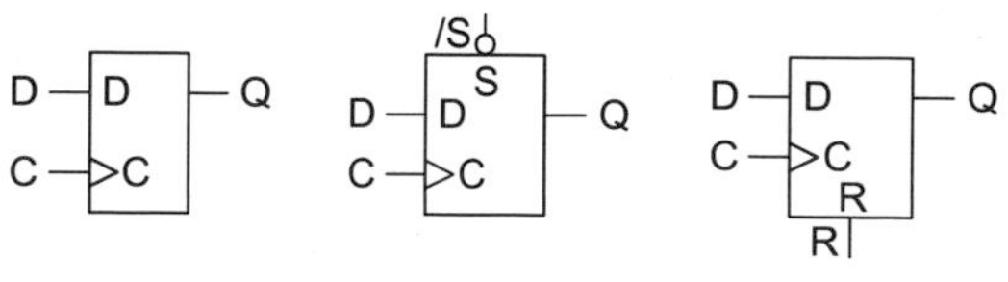

Abb. 5.22 Kompakte Darstellung eines D-FF in der Grundform sowie mit asynchronem Set und Reset

5.1.5 Weitere Flip-Flops

Es gibt neben D-Flip-Flops und ihren Erweiterungen auch andere taktflankengesteuerte Flip-Flops. Diese werden allerdings in der Praxis nur selten eingesetzt und darum hier nur kurz erwähnt.

5.1.5.1 JK-Flip-Flop

Das *JK-Flip-Flop* (JK-FF) hat einen Takteingang und die beiden Steuereingänge J und K. Diese haben folgende Bedeutung:

- Beide Eingänge auf 0: Flip-Flop behält seinen Wert.
- J auf 1 (und K auf 0): Flip-Flop geht auf 1
- K auf 1 (und J auf 0): Flip-Flop geht auf 0
- Beide Eingänge auf 1: Flip-Flop invertiert seinen Wert, geht also von 0 auf 1 oder von 1 auf 0.

Dieses Verhalten ähnelt dem RS-FF, mit J als Set und K als Reset. Die Bedeutung kann man sich merken als J wie *Jump* (auf 1) und K wie *Kill* (auf 0). Die beim RS-FF verbotene Kombination, dass beide Steuereingänge auf 1 sind, ist hier erlaubt und dreht den gespeicherten Wert um.

Auch dieses Flip-Flop kann durch asynchronen Reset oder Set erweitert werden.

JK-Flip-Flops wurden früher eingesetzt, als Digitalschaltungen noch durch einzelne diskrete Bausteine aufgebaut wurden. Durch geschickte Ansteuerung von J und K konnten Logikgatter eingespart werden. Heutzutage werden praktisch keine diskreten Flip-Flops und darum auch keine JK-FFs mehr verwendet.

5.1.5.2 Toggle-Flip-Flop

Das *Toggle-Flip-Flop* (T-FF) hat, neben dem Takt, nur einen Steuereingang T. Wenn T gleich 1 ist, invertiert das Flip-Flop seinen Wert, es „toggled". Bei T gleich 0 bleibt der gespeicherte Wert unverändert.

Auch das T-FF kann durch asynchronen Reset oder Set erweitert werden. Wie beim JK-FF wurde das T-FF eingesetzt, um durch geschickte Ansteuerung Logikgatter einzusparen. Es wird heutzutage praktisch nicht mehr verwendet.

5.1.6 Kippstufen

Flip-Flops werden auch als *bistabile Kippstufen* bezeichnet. Bistabil meint, dass beide „Kippwerte", also 0 und 1 stabil sind. Diese Bezeichnung legt nahe, dass es auch andere Kippstufen gibt.

5.1.6.1 Monostabile Kippstufe

Eine *monostabile Kippstufe*, auch als *Monoflop* bezeichnet, hat nur einen stabilen Zustand; der instabile Zustand geht nach einer Verzögerungszeit in den stabilen Zustand über. Das Monoflop reagiert auf eine positive Taktflanke am Eingang mit einem 1-Impuls am Ausgang. Aus dieser instabilen Lage kippt es nach einer einstellbaren Zeit T_D zurück in den stabilen Zustand mit einer 0 am Ausgang. Erst wenn der Ausgang wieder in seinen ursprünglichen Logik-Zustand zurückgekippt ist, kann ein neuer Eingangsimpuls mit seiner Flanke wirksam werden.

Als Variante sind *nachtriggerbare* Monoflops möglich. Falls die Impulsdauer T_D noch nicht abgelaufen ist, verlängert eine Taktflanke des Eingangssignals den Impuls bis wiederum die Zeit T_D nach der Flanke abgelaufen ist.

Dieses Verhalten entspricht der Treppenhausbeleuchtung in einem Mehrfamilienhaus. Nach Schalterdruck ist das Licht für zwei Minuten an (instabiler Zustand) und geht danach wieder aus (stabiler Zustand). Bei einer nachtriggerbaren Treppenhausbeleuchtung verlängert ein weiterer Schalterdruck die Beleuchtungsdauer.

Monostabile Kippstufen sind als diskrete Bauelemente verfügbar. Die Verzögerungszeit kann über ein RC-Glied eingestellt werden. Eingesetzt werden diese Bauelemente, um das Zeitverhalten von Signalen zu kontrollieren. Beispielsweise kann so sichergestellt werden, dass ein Reset eine bestimmte Mindestdauer hat.

5.1.6.2 Astabile Kippstufe

Eine *astabile Kippstufe* hat keinen stabilen Zustand, sondern wechselt periodisch zwischen den beiden Zuständen, also 0 und 1. Sie wird auch als *Oszillator* bezeichnet und als Taktgenerator eingesetzt.

Es gibt verschiedene Schaltungen, die als astabile Kippstufe eingesetzt werden können. Einfache Schaltungen nutzen RC-Glieder, um zwischen den Zuständen umzuschalten. Hierbei ist die Frequenz meist nicht sehr stabil, aber für einfache Anwendungen kann dies ausreichend sein.

Für hohe Ansprüche in Hinblick auf Frequenzstabilität werden quarzgesteuerte Oszillatoren eingesetzt. Für den Einsatz in der Digitaltechnik stehen integrierte Schaltkreise zur Verfügung, die über einen Schwingquarz auf eine bestimmte Frequenz eingestellt werden.

5.2   Endliche Automaten

Eine sequenzielle Schaltung, die aus Speicherelementen und Logikgattern besteht, wird als Automat, oder genauer als *endlicher Automat* bezeichnet.

5.2.1   Automatentheorie

Ein Automat ist dadurch gekennzeichnet, dass sein Verhalten durch aktuelle Eingangsvariablen und interne Zustandsvariablen bestimmt ist. Die Zustandswerte, oder auch
Zustände, beschreiben die „Vorgeschichte" des Automaten. Daraus ergibt sich auch die
englische Bezeichnung *Finite State Machine* (FSM), also frei übersetzt Automat mit endlicher Anzahl an Zuständen.

   Vielleicht fragen Sie sich jetzt, ob es überhaupt Automaten mit unendlicher Anzahl
an Zuständen gibt. Als reale Implementierung ist ein unendlich großer Speicher natürlich nicht möglich, aber in der Theorie ist dies denkbar. In der theoretischen Informatik
wird die *Turingmaschine* verwendet, die einen unendlich großen Speicher hat und somit
ein unendlicher Automat ist. Mit dem Gedankenmodell der Turingmaschine wird die
Berechenbarkeit von mathematischen Problemen analysiert.

5.2.1.1 Mealy-Automat

Eine Grundform der endlichen Automaten ist der Mealy-Automat. Er wird durch drei
Gruppen an Variablen und zwei Funktionen definiert.

   Die drei Gruppen an Variablen sind:

- **Eingangsvariablen,** also Eingangswerte, die in die Schaltung hineingehen. Sie
  werden als $X(0)$, $X(1)$, $X(2)$, … sowie gemeinsam als Gruppe X bezeichnet.
- **Ausgangsvariablen,** also Ausgangswerte, die aus der Schaltung herausgehen. Sie
  werden als $Y(0)$, $Y(1)$, $Y(2)$, … sowie gemeinsam Y bezeichnet.
- **Zustandsvariablen** also interne Werte der Schaltung, die den Zustand speichern. Sie
  werden als $Z(0)$, $Z(1)$, $Z(2)$, … sowie gemeinsam Z bezeichnet.

Die zwei Funktionen beschreiben die Zusammenhänge zwischen den Variablen:

- Die *Zustandsübergangsfunktion* benutzt die Eingangsvariablen X und die aktuellen
  Zustandsvariablen Z^n, also Z vom aktuellen Zeitschritt n. Hiermit berechnet sie die
  neuen Zustandsvariablen Z^{n+1} für den nächsten Zeitschritt $n+1$. Als Funktion aus-
  gedrückt lautet dies: $Z^{n+1} = f(X, Z^n)$
- Die *Ausgangsfunktion* benutzt ebenfalls die Eingangsvariablen X und die aktuellen
  Zustandsvariablen Z^n, um die Ausgangsvariablen Y zu berechnen. Die Funktion lautet:
  $Y = g(X, Z^n)$

Diese Struktur ist in Abb. 5.23 dargestellt. Eingangsvariable X und aktuelle Zustandsvariablen Z^n gehen in die Zustandsübergangsfunktion. Dieser Block ist eine
kombinatorische Schaltung aus UND-Gattern, ODER-Gattern und so weiter. Sie berechnet
den nächsten Zustand Z^{n+1}. Die Speicherglieder sind D-Flip-Flops, die zurzeit noch den
aktuellen Zustand Z^n speichern und bei der Taktflanke den neuen Zustand übernehmen. Die

Abb. 5.23 Struktur des Mealy-Automaten

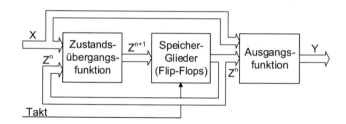

Ausgangsfunktion ist ebenfalls eine kombinatorische Schaltung und berechnet aus X und Z^n die Ausgangsvariablen Y.

Später in diesem Kapitel sind Beispiele für Automaten angegeben, um Struktur und Funktion des Mealy-Automaten zu verdeutlichen. Zunächst soll jedoch der andere bedeutende Automatentyp vorgestellt werden.

5.2.1.2 Moore-Automat

Der *Moore-Automat* ähnelt dem Mealy-Automaten, hat jedoch einen wesentlichen Unterschied. Die Ausgangsfunktion hängt nur von den aktuellen Zustandsvariablen Z^n ab und nicht von den Eingangsvariablen X. Die Funktion für die Ausgangsvariablen Y lautet also: $Y = g(Z^n)$.

Die Informationen der Eingangsvariablen beeinflussen also zunächst den Zustand und der Zustand bestimmt dann den Ausgang. Die Struktur ist in Abb. 5.24 zu sehen.

Verglichen mit dem Mealy-Automaten ist der Moore-Automat also etwas einfacher in der Struktur. Grundsätzlich können für praktische Problemstellungen stets beide Automaten verwendet werden. Für manche Problemstellungen ist ein Mealy-Automat besser geeignet, für andere ein Moore-Automat.

An den Beispielen, die später in diesem Kapitel folgen, werden die Unterschiede sowie Vor- und Nachteile deutlich.

5.2.1.3 Medwedew-Automat

Der *Medwedew-Automat* ist ein Spezialfall des Moore-Automaten. Bei ihm sind die Ausgangsvariablen Y gleich den Zustandsvariablen Z^n. Die Ausgangsfunktion ist also trivial und gibt die Zustandsvariablen direkt weiter. In der Funktionsschreibweise lautet dies: $Y = Z^n$.

Auf den Medwedew-Automat wird später in Abschn. 5.2.7 kurz eingegangen.

Abb. 5.24 Struktur des Moore-Automaten

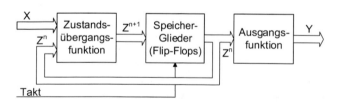

5.2.2 Beispiel für einen Automaten

5.2.2.1 Schaltungsanalyse

Um die Funktionsweise eines Automaten zu verstehen, wird in diesem Abschnitt ein vorhandener Automat analysiert. Im darauffolgenden Abschnitt lernen Sie dann, wie Automaten entworfen werden.

Startpunkt der Analyse ist das Schaltbild des Automaten in Abb. 5.25. Vergleichen Sie ihn auch mit den Grundstrukturen von Mealy- und Moore-Automat in Abb. 5.23 und 5.24.

Im Schaltbild sind die drei Blöcke des Automaten hervorgehoben:

- Die Zustandsübergangsfunktion besteht aus fünf Logikgattern.
- Als Speicherglieder werden zwei D-Flip-Flops verwendet.
- Die Ausgangsfunktion besteht aus einem Logikgatter.

Die drei Variablengruppen des Automaten sind:

- Es gibt eine Eingangsvariable X
- Es gibt eine Ausgangsvariable Y
- Es gibt zwei Zustandsvariablen $Z(0)$, $Z(1)$

Außerdem ist das Taktsignal *CLK* vorhanden.

Eine Betrachtung der Struktur zeigt, dass es sich um einen Moore-Automaten handelt, denn der Ausgang Y hängt nur von den Zustandsvariablen und nicht auch noch von der Eingangsvariablen ab.

Zur weiteren Analyse werden die Funktionstabellen der beiden kombinatorischen Schaltungen für Zustandsübergangsfunktion und Ausgangsfunktion aufgestellt. Die Zustandsübergangsfunktion hat drei Eingänge, also müssen für $2^3 = 8$ Eingangskombinationen die Funktionswerte ermittelt werden. Die Ausgangsfunktion hat zwei

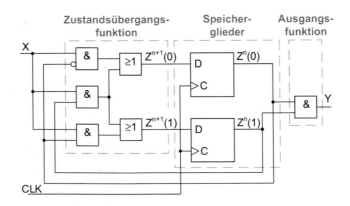

Abb. 5.25 Schaltbild eines Automaten

Eingänge, also $2^2 = 4$ Eingangskombinationen. Die Funktionstabellen werden direkt berechnet, indem alle Kombinationen in die Grafik oder die logische Funktion eingesetzt werden. Wenn Sie möchten, können Sie dies als Übung selbst berechnen, ansonsten finden Sie das Ergebnis in Abb. 5.26.

Beachten Sie die Unterscheidung für die Zustandsvariable $Z(0)$, $Z(1)$. Die aktuellen Werte $Z^n(0)$, $Z^n(1)$ sind *Eingänge* für beide Funktionstabellen. Die Werte $Z^{n+1}(0)$, $Z^{n+1}(1)$ für den nächsten Zeitschritt sind die *Ausgabe* der Zustandsübergangsfunktion.

5.2.2.2 Zustände und Zustandsfolgetabelle

Da der Automat zwei Zustandsvariablen hat, können vier verschiedene Zustände gespeichert werden. Zur besseren Anschaulichkeit werden diese Zustände durch Buchstaben A, B, C, D gekennzeichnet. Als allgemeine Bezeichnung für Zustände wird der Buchstabe s (engl. *State*) verwendet. Die Zuordnung zwischen Zustandsvariablen und Zuständen zeigt Abb. 5.27.

Jetzt können Zustandsübergangsfunktion und Ausgangsfunktion mit der Codierung der Zustände kombiniert werden. In Tabelle Abb. 5.26 werden also $Z(0)$ und $Z(1)$ durch die Zustandsnamen A, B, C, D aus Abb. 5.27 ersetzt. Das Ergebnis wird als *Zustandsfolgetabelle* (Abb. 5.28) bezeichnet. Die acht Zeilen der Zustandsübergangsfunktion (Abb. 5.26) sind umsortiert, sodass die Zustände in vier Zeilen und die Eingangsvariable in zwei Spalten angeordnet sind.

In der Zustandsfolgetabelle Abb. 5.28 steht links der aktuelle Zustand s^n. Auf der rechten Seite ist für die beiden Möglichkeiten der Eingangsvariablen der jeweilige Folgezustand s^{n+1} angegeben. Ganz rechts findet sich die Ausgangsvariable Y. Wie oben gesagt, ergibt sich Abb. 5.28 direkt aus den Funktionstabellen und der Zustandscodierung. Zum Nachvollziehen können Sie als Übung die Zustandsfolgetabelle selbst noch einmal erstellen.

Abb. 5.26 Funktionstabellen für Zustandsübergangsfunktion (links) und Ausgangsfunktion (rechts)

X	$Z^n(1)$	$Z^n(0)$	$Z^{n+1}(1)$	$Z^{n+1}(0)$
0	0	0	0	0
0	0	1	0	0
0	1	0	0	0
0	1	1	0	0
1	0	0	0	1
1	0	1	1	0
1	1	0	1	1
1	1	1	1	1

$Z^n(1)$	$Z^n(0)$	Y
0	0	0
0	1	0
1	0	0
1	1	1

Abb. 5.27 Codierung der Zustände

Codierung		Zustand
$Z(1)$	$Z(0)$	s
0	0	A
0	1	B
1	0	C
1	1	D

s^n	s^{n+1}		Y
	X=0	X=1	
A	A	B	0
B	A	C	0
C	A	D	0
D	A	D	1

Abb. 5.28 Zustandsfolgetabelle

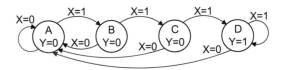

Abb. 5.29 Zustandsfolgediagramm

Die Übergänge zwischen den Zuständen lassen sich auch graphisch darstellen. Hierzu dient das *Zustandsfolgediagramm* in Abb. 5.29. Die Zustände sind als Kreise angegeben und enthalten auch die Ausgabewerte der jeweiligen Zustände. Die Übergänge zwischen den Zuständen sind Pfeile. Bei jeder steigenden Taktflanke geht der Automat einen Übergang, also einen Pfeil weiter. Am Pfeil steht jeweils die Bedingung, bei der der Übergang erfolgt, also $X=0$ oder $X=1$.

Da es für X zwei Möglichkeiten gibt, gibt es für jeden Zustand zwei mögliche Folgezustände. Dabei ist es auch möglich, dass ein Zustand sein eigener Folgezustand ist. Jeder Zustand ist Startpunkt für genau zwei Pfeile. Für die Endpunkte der Pfeile gibt es keine Beschränkung. Manche Zustände können nur von einem Pfeil, also einem Übergang erreicht werden. Andere Zustände können das Ziel von mehreren Zustandsübergängen sein.

5.2.2.3 Funktion

Durch das Zustandsfolgediagramm oder vielleicht bereits durch die Zustandsfolgetabelle wird die Funktion des Automaten deutlich. Der Automat erkennt Folgen von 1 am Eingang X. Wenn der Eingang das dritte Mal 1 ist, wird auch der Ausgang 1 und bleibt 1 so lange weiter eine 1 am Eingang anliegt. Wenn eine 0 am Eingang anliegt, geht der Ausgang auf 0 und es müssen wieder drei Werte mit 1 anliegen, damit der Ausgang 1 wird. Wenn nach zweimal 1 bereits eine 0 am Eingang X anliegt, beginnt das Zählen wieder von neuem; es muss wieder dreimal eine 1 auftreten.

Dieses Verhalten wird durch die Zustände wie folgt umgesetzt. Vergleichen Sie zur Beschreibung die Zustandsfolgetabelle (Abb. 5.28) und das Zustandsfolgediagramm (Abb. 5.29).

- Bei einer 0 am Eingang geht der Automat in den Zustand *A*. Dieser Zustand hat also die Bedeutung: „Der letzte Eingangswert war 0."
- Bei der ersten 1 geht der Automat in den Zustand *B*. Dieser Zustand hat die Bedeutung: „Es gab bisher eine 1."

- Wenn im Zustand *B* eine 0 anliegt, muss wieder von vorne gestartet werden und der Automat geht nach *A*. Eine 1 im Zustand *B* wäre jedoch die zweite 1 und der Automat geht in den Zustand *C* mit der Bedeutung: „Es gab bisher zweimal eine 1.“
- Eine weitere 1 wäre die dritte 1 und dies soll der Automat ja erkennen. Dann geht der Automat in den Zustand *D* und gibt am Ausgang eine 1 aus.
- Bei jeder weiteren 1 bleibt der Automat in *D* und gibt weiter 1 aus. Der Zustand *D* hat also die Bedeutung: „Drei oder mehr Eingangswerte nacheinander waren 1.“

Wie Sie aus der Beschreibung erkennen, hat also jeder Zustand eine bestimmte Bedeutung.

> **Zustand:** Der Zustand speichert Informationen aus der Vergangenheit, die für die Funktion erforderlich sind.

Abb. 5.30 zeigt das Zeitverhalten des Automaten beispielhaft für einen Zeitverlauf am Eingang *X*. Das Eingangssignal wird jeweils bei der steigenden Taktflanke ausgewertet und daraus ergeben sich der Zustand und das Ausgabesignal *Y* für den jeweiligen Taktzyklus.

In praktischen Anwendungen arbeiten fast alle Schaltungen mit einem Taktsignal. Deshalb verwenden auch alle Automaten, die in diesem Buch beschrieben sind, einen Takt und die Informationen am Eingang eines Automaten werden immer nur bei der steigenden Taktflanke ausgewertet. Die Beschreibung „Der Eingang *X* war dreimal 1.“ meint daher eigentlich „Der Eingang *X* war bei drei steigenden Taktflanke auf 1.“

5.2.3 Entwurf von Automaten

Normalerweise ist in der Praxis der Ablauf umgekehrt zu dem zuvor erläuterten Beispiel. Bei einer Entwicklung ist meist eine Aufgabe gegeben und hierzu soll eine Schaltung entworfen werden. Der Ablauf beim Entwurf umfasst die folgenden Schritte:

1. Spezifikation des Verhaltens
2. Aufstellen der Zustandsfolgetabelle
3. Minimierung der Zustände
4. Codierung der Zustände
5. Aufstellen der Ansteuerungstabelle
6. Logikminimierung

Abb. 5.30 Zeitdiagramm für den analysierten Automaten

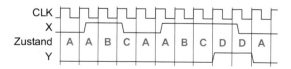

5.2.3.1 Spezifikation des Verhaltens

Das gewünschte Verhalten eines Automaten ist meist in Textform gegeben. Ein einfacher Automat kann in einem Absatz beschrieben werden. Für eine komplexe Schaltung, z. B. einen Mikroprozessor, kann die *Spezifikation* aber auch mehrere 100 Seiten Umfang haben. Gerade bei größeren Spezifikationen können Unklarheiten auftreten, zum Beispiel weil nicht alle möglichen Fälle des Eingangsverhaltens spezifiziert sind. Diese Unklarheiten müssen dann während des Entwurfs durch Rückfragen bei den Verantwortlichen für die Spezifikation geklärt werden.

In diesem Unterkapitel soll eine Schaltung mit folgender Spezifikation entworfen werden:

> Zum Entprellen eines Tasters soll ein Automat entwickelt werden. Der Automat soll am Ausgang Y den entprellten Wert des Eingangs X angeben. Wenn am Eingang drei Taktzyklen lang der gleiche Wert 0 oder 1 anliegt, soll der Ausgang Y diesen Wert annehmen. Ansonsten soll der letzte Eingangswert, der mindestens drei Taktzyklen anlag, ausgegeben werden.
> Beim Einschalten soll der Wert 0 ausgegeben werden.

Ein Zeitdiagramm kann die Spezifikation ergänzen. Zeitdiagramme sind dabei aber nur Beispiel und dienen der Illustration einer Spezifikation. Sie sind kein Ersatz für eine Spezifikation, denn die Angabe aller möglichen Abfolgen von Eingangskombinationen und Zuständen ist in einem Zeitdiagramm meist gar nicht möglich. Das Zeitdiagramm des Entprell-Automaten in Abb. 5.31 zeigt die Reaktion auf eine exemplarische Eingabe.

5.2.3.2 Aufstellen der Zustandsfolgetabelle

Das Aufstellen der Zustandsfolgetabelle ist der eigentliche kreative Schritt bei der Entwicklung eines Automaten. Am übersichtlichsten und einfachsten ist die graphische Darstellung als Zustandsfolgediagramm und spätere Abschrift als Tabelle.

Als Erstes muss entschieden werden, ob eine Implementierung als Mealy- oder Moore-Automat erfolgen soll. Bei Übungsaufgaben ist normalerweise der Typ vorgegeben. Hier soll ein Moore-Automat erstellt werden. Wenn Sie mehrere Automaten entworfen haben, können Sie selbst beurteilen, welcher Automatentyp günstiger ist.

Das Zustandsfolgediagramm wird schrittweise erstellt und dieser Entwurf soll hier auch in einzelnen Schritten erklärt werden, damit Sie die Vorgehensweise nachvollziehen können.

Schritt 1 Um einen Anfang für das Diagramm zu haben, wird mit einem ersten Zustand begonnen. In diesem Beispiel wird der Fall betrachtet, dass die Eingabe immer 0 ist. In diesem Fall ist auch die Ausgabe 0 und der Automat bleibt immer im gleichen Zustand.

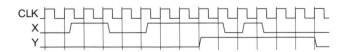

Abb. 5.31 Zeitdiagramm für Entprell-Automat

Abb. 5.32 zeigt den ersten Zustand. Um die Bedeutung anzudeuten, hat er den Namen „stabil 0". Zunächst wird ja nur der Fall betrachtet, dass der Eingang stets 0 ist, sodass auch nur ein Übergangspfeil eingetragen wird. Er führt wieder auf den Zustand „stabil 0". Die Ausgabe des Zustands ist 0.

Dieser Zustand ist auch der Startzustand, denn laut Spezifikation soll beim Einschalten der Wert 0 ausgegeben werden. Dies wird durch einen Pfeil mit „Reset" gekennzeichnet.

Schritt 2 Der Automat wird jetzt schrittweise erweitert. Als nächster Schritt wird angenommen, dass der Eingang auf 1 wechselt und dann auf diesem Wert bleibt. Der Automat muss mitzählen, wie oft der Eingang 1 ist. Dieses Mitzählen erfolgt durch die unterschiedlichen Zustände, denn bei jedem Takt geht der Automat ja einen Übergang, also einen Pfeil weiter.

Die ersten beiden Male darf er laut Spezifikation noch nicht reagieren. Erst beim dritten Mal wird der Wechsel auf 1 akzeptiert und auch die Ausgabe geht auf 1.

Dieses Verhalten wird, wie in Abb. 5.33 zu sehen, durch drei neue Zustände erreicht:

- Bei der ersten 1 merkt sich ein Zustand, dass einmal eine 1 aufgetreten ist. Dieser Zustand wird als „1-mal 1" bezeichnet. Er hat noch die Ausgabe $Y=0$, da erst nach drei Taktzyklen ein Wechsel akzeptiert werden soll.
- Mit der zweiten 1 wird der Zustand „2-mal 1" erreicht.
- Mit der dritten 1 akzeptiert der Automat, dass der neue Wert lange genug aufgetreten ist und jetzt stabil anliegt. Der neue Zustand „stabil 1" hat die Ausgabe 1.

Wenn der Eingang danach weiterhin 1 ist, bleibt der Automat im Zustand „stabil 1".

Abb. 5.32 Zustandsfolgediagramm des Entprell-Automaten – Schritt 1

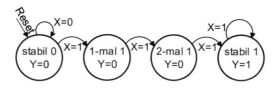

Abb. 5.33 Zustandsfolgediagramm des Entprell-Automaten – Schritt 2

Schritt 3 Als weiterer Schritt kann der Weg von der Ausgabe 1 zurück zu 0 eingetragen werden. Es wird angenommen, dass der Eingang jetzt wieder auf 0 wechselt und diesen Wert beibehält. Das Verhalten des Automaten ist ähnlich wie in Schritt 2, sodass jetzt zwei neue Zustände „1-mal 0" und „2-mal 0" eingetragen werden (Abb. 5.34). Danach wechselt der Automat wieder in den zuerst eingetragenen Zustand „stabil 0", ganz links.

Schritt 4 Als letzter Schritt wird überprüft, ob alle Übergänge für die Zustände eingetragen sind. Bei n Eingangsvariablen hat jeder Zustand 2^n Möglichkeiten für Folgezustände. Es müssen also prinzipiell 2^n Pfeile vorhanden sein, wobei auch mehrere Pfeile auf den gleichen Folgezustand führen können.

Der hier betrachtete Automat hat eine Eingangsvariable X, mit zwei möglichen Werten 0 und 1. Darum muss jeder Zustand zwei Übergänge, also zwei Pfeile haben. Hierzu müssen noch einige Pfeile eingetragen werden.

- Wenn bei „1-mal 1" der Eingang X auf 0 ist, wird das Zählen der 1-Werte abgebrochen und der Automat geht wieder auf den Zustand „stabil 0".
- Auch bei „2-mal 1" ist für X gleich 0 die erforderliche Anzahl von drei 1-Werten nicht erreicht. Der Automat geht auf „stabil 0".
- Bei „1-mal 0" fehlt der Übergang für X gleich 1. In diesem Fall geht der Automat auf „stabil 1".
- Bei „2-mal 0" ist für X gleich 1 der Folgezustand ebenfalls „stabil 1".

Abb. 5.35 zeigt den kompletten Automaten. Alle Zustände haben zwei Folgezustände, sodass keine Übergänge fehlen.

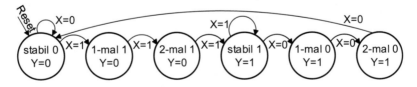

Abb. 5.34 Zustandsfolgediagramm des Entprell-Automaten – Schritt 3

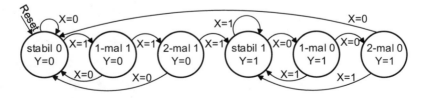

Abb. 5.35 Zustandsfolgediagramm des Entprell-Automaten – Schritt 4

Die Aufteilung in vier Schritte ergibt sich hier durch die Überlegungen zu den Teilfunktionen des Automaten. Bei anderen Aufgabenstellungen können mehr oder weniger Schritte sinnvoll sein.

Aufstellen der Zustandsfolgetabelle Aus dem Zustandsfolgediagramm kann jetzt als textuelle Form die Zustandsfolgetabelle erstellt werden. Dazu wird für jeden Zustand eine Zeile und für jede mögliche Eingangskombination eine Spalte angelegt. In diese Felder wird für jede Kombination aus Eingangswerten und Zustand der Folgezustand eingetragen.

Außerdem erhalten die Ausgangswerte eine Spalte.

Die Zustandsfolgetabelle des Automaten in Abb. 5.36 benötigt also sechs Zeilen für die sechs Zustände. In zwei Spalten werden die Folgezustände für $X=0$ und $X=1$ eingetragen; eine dritte Spalte gibt den Wert des Ausgangs Y an. In die Felder werden die Informationen des Zustandsfolgediagramms (Abb. 5.35) eingetragen. Der Startzustand wird mit einem Stern gekennzeichnet. Das Aufstellen der Tabelle ist eher formell, die kreative Arbeit wurde bei der Erstellung des Diagramms geleistet. Natürlich sollte noch einmal die Plausibilität des Automaten überprüft werden, also ob für jeden möglichen Fall auch ein Folgezustand definiert wurde.

5.2.3.3 Minimierung der Zustände

In diesem Schritt wird geprüft, ob die Anzahl der Zustände reduziert werden kann, oder ob die Anzahl bereits minimal ist. Eine Vereinfachung ist möglich, wenn *äquivalente* (also gleichbedeutende) Zustände zusammengefasst werden können. Zwei Zustände sind äquivalent, wenn für alle Eingangskombinationen die Folgezustände gleich oder äquivalent sind und außerdem die Ausgangswerte gleich sind.

Der Entprell-Automat ist minimal, benötigt also mindestens sechs Zustände, denn:

- Die drei linken und die drei rechten Zustände in Abb. 5.35 haben unterschiedliche Ausgaben.
- Die Folgezustände sind nicht gleich. Für die drei linken Zustände führt $X=0$ zwar immer nach „stabil 0". Für $X=1$ sind jedoch unterschiedliche Folgezustände vorhanden. Ähnliches gilt für die drei rechten Zustände.

s^n	s^{n+1}		Y
	$X=0$	$X=1$	
stabil 0*	stabil 0	1-mal 1	0
1-mal 1	stabil 0	2-mal 1	0
2-mal 1	stabil 0	stabil 1	0
stabil 1	1-mal 0	stabil 1	1
1-mal 0	2-mal 0	stabil 1	1
2-mal 0	stabil 0	stabil 1	1

* = Reset

Abb. 5.36 Zustandsfolgetabelle des Entprell-Automaten

Es gibt Algorithmen, mit denen äquivalente Zustände gefunden und der Automat minimiert werden können. In der Praxis werden diese Algorithmen aus zwei Gründen jedoch selten verwendet. Zum einen können durch Betrachten eines Automaten recht gut äquivalente Zustände identifiziert werden. Zum anderen wird akzeptiert, wenn ein oder zwei Zustände zu viel vorhanden sind, solange die Struktur des Automaten verständlich bleibt.

Beispiel für die Minimierung von Zuständen Unnötige Zustände entstehen, wenn im Zustandsfolgediagramm ein neuer Zustand erstellt wurde, obwohl ein bereits vorhandener Zustand genutzt werden könnte. Schauen Sie sich dazu noch einmal Schritt 3 der Erstellung des Zustandsfolgediagramms in Abb. 5.34 an. Hier fehlt noch der Fall, dass bei „1-mal 1", „2-mal 1" eine 0 auftritt, ein Wechsel also nur einen oder zwei Taktzyklen lang ist. Ähnliches gilt für „1-mal 0", „2-mal 0".

Man könnte jetzt für diese fehlenden Übergänge zwei neue Zustände erstellen, und zwar „bleib 0" und „bleib 1". Dies wäre nicht nötig, denn die Übergänge könnten nach „stabil 0" und „stabil 1" gehen. Aber eventuell wird dies bei der Erstellung des Automaten nicht erkannt.

Von den Zuständen „bleib 0" und „bleib 1" gehen die Übergänge auf sich selbst sowie auf „1-mal 1" beziehungsweise „1-mal 0". Es entsteht das Diagramm in Abb. 5.37. Dieses Zustandsfolgediagramm ist ein korrekter Automat, entsprechend der Spezifikation, aber er ist nicht minimal, denn er verwendet acht statt der erforderlichen sechs Zustände.

Zur Minimierung des Automaten in Abb. 5.37 können „bleib 0" und „stabil 0" zusammengefasst werden. Sie sind äquivalent, denn:

- Beide Zustände haben die gleichen Folgezustände, nämlich sich selbst für $X=0$ und „1-mal 1" für $X=1$.
- Beide Zustände geben $Y=0$ aus.

Gleiches gilt für „bleib 1" und „stabil 1".

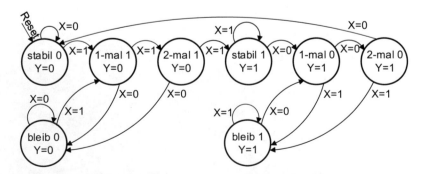

Abb. 5.37 Nicht minimales Zustandsfolgediagramm des Entprell-Automaten

Damit ergibt sich wieder der minimale Automat aus Abb. 5.35. Beide Automaten, also Abb. 5.35 und 5.37 sind äquivalent, denn sie ergeben für gleiche Eingaben auch die gleiche Ausgabe. Von außen, also ohne Sichtbarkeit des aktuellen Zustands, sind die Automaten nicht zu unterscheiden.

5.2.3.4 Codierung der Zustände

Als nächster Entwurfsschritt wird für die Zustände des Automaten eine *Zustandscodierung* bestimmt. Es muss also festgelegt werden, welche 0-1-Kombinationen für die Zustände gelten. Die Codewortlänge n muss so gewählt werden, dass alle m Zustände dargestellt werden können. Mathematisch ausgedrückt muss also gelten:

$$2^n \geq m$$

Aufgelöst nach der Codewortlänge n ergibt sich folgende Formel, bei der ld den Zweierlogarithmus bezeichnet:

$$n \geq ld\ m$$

Das Beispiel dieses Kapitels hat $m = 6$ Zustände, also ist $n \geq ld\ 6 = 2{,}58$ als Codewortlänge nötig. Da nur ganzzahlige Werte möglich sind, muss n mindestens 3 sein. Mit der Zweierpotenz kann man ähnlich rechnen. Für $n = 3$ gilt $2^3 = 8 \geq 6$. Die Gegenprobe für $n = 2$ zeigt, dass die kleinere Codewortlänge von zwei nicht möglich ist: $2^2 = 4 < 6$. Da die Zweierpotenzen für kleine Zahlen recht einfach zu merken sind, ist diese Rechenweise meist einfacher als der Logarithmus.

Tipp zur Berechnung: Taschenrechner haben normalerweise keine Taste für den Zweierlogarithmus. Der Wert kann berechnet werden, als Zehnerlogarithmus einer Zahl geteilt durch Zehnerlogarithmus von zwei:

$$ld\ m = \log m / \log 2$$

Für $m = 6$ lautet die Rechnung:

$$ld\ 6 = \log 6 / \log 2 = 0{,}778 / 0{,}301 = 2{,}58$$

Ziel der Zustandscodierung ist ein möglichst geringer Aufwand, eine möglichst hohe Taktfrequenz oder eine Kombination aus diesen beiden Anforderungen. Für die Codierung gibt es prinzipiell sehr viele Möglichkeiten, sodass diese nicht alle ausprobiert werden können. Es gibt darum verschiedene Strategien, die im Abschn. 5.2.4 noch erläutert werden.

In der Praxis wird oft eine einfache Zuordnung gewählt und das soll auch für das hier betrachtete Beispiel so erfolgen. Als Codierung werden die Zustände entsprechend der Dualzahlen durchnummeriert. Der Automat hat 6 Zustände, die entsprechend der Tabelle in Abb. 5.38 mit dem Codewort $Z(2:0)$ codiert werden. Da die Anzahl der Zustände keine Zweierpotenz ist, sind einige Codewörter unbenutzt, hier sind das die Codierungen 110 und 111.

Abb. 5.38 Codierung des
Entprell-Automaten mit
minimaler Codewortlänge

s^n	Z(2:0)
stabil 0	000
1-mal 1	001
2-mal 1	010
stabil 1	011
1-mal 0	100
2-mal 0	101

Abb. 5.39 Ansteuerungstabelle
des Entprell-Automaten

s^n	Z^n	Z^{n+1}		Y
		X=0	X=1	
stabil 0*	000*	000	001	0
1-mal 1	001	000	010	0
2-mal 1	010	000	011	0
stabil 1	011	100	011	1
1-mal 0	100	101	011	1
2-mal 0	101	000	011	1
-	110	- - -	- - -	-
-	111	- - -	- - -	-

5.2.3.5 Aufstellen der Ansteuerungstabelle

Mit der gewählten Codierung kann jetzt die Funktionstabelle für die kombinatorischen Schaltungen des Automaten erstellt werden. In der Zustandsfolgetabelle werden also die Namen der Zustände durch die Codierung ersetzt. Diese neue Tabelle wird als Ansteuerungstabelle bezeichnet.

Abb. 5.39 zeigt die Ansteuerungstabelle für die Codierung aus Abb. 5.38. Eine Besonderheit sind die beiden unbenutzten Codierungen, für die keine Folgezustände und Ausgabewerte definiert sind. Für sie werden Don't-Care-Werte eingetragen.

Für sicherheitskritische Schaltungen kann für die unbenutzten Codierungen auch ein bestimmter Folgezustand gewählt werden. Falls die Schaltung durch eine Störung, beispielsweise einen Spannungseinbruch, in einen undefinierten Zustand gerät, wird somit im Folgeschritt wieder ein gültiger Zustand erreicht.

5.2.3.6 Logikminimierung

Aus der Ansteuerungstabelle können jetzt die Logikfunktionen durch Minimierung, also mit Karnaugh-Diagramm ermittelt werden. Dies sind insgesamt vier Karnaugh-Diagramme für Ausgangswert Y und die drei neuen Zustandsvariable $Z^{n+1}(2:0)$. Die Diagramme haben vier Eingangswerte, nämlich Eingangsvariable X und drei Zustandsvariable $Z^n(2:0)$. Da bei dem Moore-Automaten die Ausgabe unabhängig vom Eingang ist, hat das Karnaugh-Diagramm für Y nur drei Eingangswerte $Z^n(2:0)$.

Auf die Darstellung der Karnaugh-Diagramme wird hier verzichtet. Die minimierten Funktionen sind:

$$Z^{n+1}(2) = \overline{X} \, \& \, Z^n(1) \, \& \, Z^n(0) \vee \overline{X} \, \& \, Z^n(2) \, \& \, \overline{Z^n(0)}$$

$$Z^{n+1}(1) = X \, \& \, Z^n(2) \vee X \, \& \, Z^n(1) \vee X \, \& \, Z^n(0)$$

$$Z^{n+1}(0) = X \& Z^n(2) \lor X \& Z^n(1) \lor X \& \overline{Z^n(0)} \lor Z^n(2) \& \overline{Z^n(0)}$$

$$Y = Z^n(2) \lor Z^n(1) \& Z^n(0)$$

Mit diesen Funktionen ergibt sich für den Automaten das Schaltbild aus Abb. 5.40. Es enthält drei Flip-Flops für die Zustandsvariablen sowie ein Dutzend Logik-Gatter für Zustandsübergangsfunktion und Ausgangsfunktion. Der Startzustand „stabil 0" hat die Codierung 000. Darum wird der Reset so geschaltet, dass alle Flip-Flops auf 0 gesetzt werden.

Damit ist der Automat komplett entworfen. In der Praxis würde nun die Dokumentation folgen, die ein Nachvollziehen des Schaltungsentwurfs ermöglicht. Außerdem werden durch eine Dokumentation spätere Modifikationen vereinfacht, die sich eventuell durch eine geänderte Spezifikation ergeben.

5.2.4 Codierung von Zuständen

Für die *Codierung der Zustände* gibt es verschiedene Strategien. Wichtiges Unterscheidungsmerkmal ist die *Codewortlänge*.

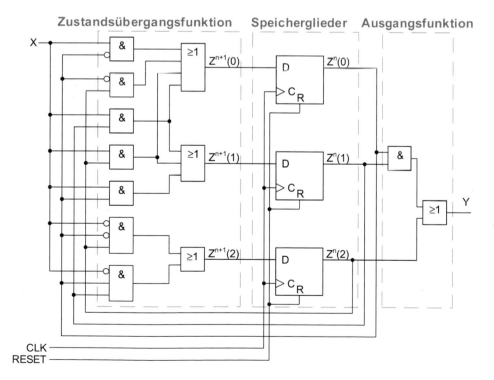

Abb. 5.40 Schaltbild des Entprell-Automaten

5.2.4.1 Codierung mit minimaler Codewortlänge

Die *Codierung mit minimaler Codewortlänge* wurde im vorstehenden Beispiel bereits verwendet. Bei der Zuordnung von Zuständen und Codewörtern gibt es mehrere Möglichkeiten. Theoretisch könnte man hier verschiedene Codierungen ausprobieren, um zu versuchen, möglichst einfache kombinatorische Schaltungen zu erhalten.

In der Praxis wird meist eine einfache Zuordnung gewählt, beispielsweise das oben verwendete Durchnummerieren der Zustände entsprechend der Dualzahlen. Der Aufwand zum kompletten Ausprobieren verschiedener Möglichkeiten ist meist zu hoch.

5.2.4.2 Codierung mit redundanter Codewortlänge

Eine andere Strategie zur Codierung benutzt mehr Stellen des Codewortes als eigentlich erforderlich wären. Die Codewortlänge ist also *redundant* und erfordert mehr Flip-Flops als bei minimaler Codewortlänge. Dies erscheint zunächst nicht sinnvoll, allerdings werden oft die kombinatorischen Schaltungen für Zustandsübergangsfunktion und Ausgangsfunktion einfacher und schneller.

Häufig verwendete Codes sind die *One-Hot-Codierung* sowie die *Zero-One-Hot-Codierung*. Die One-Hot-Codierung ist ein 1-aus-n-Code, das heißt von den n Stellen des Codeworts ist genau eine Stelle 1 (also „Hot"), die anderen sind 0. Die Anzahl der möglichen Codewörter ist genauso groß wie die Codewortlänge.

Die Zero-One-Hot-Codierung ist eine Variante, bei der zusätzlich das Codewort mit nur 0-Stellen erlaubt ist. Bei n Stellen sind also $n+1$ Codewörter möglich.

Der Entprell-Automaten aus Abschn. 5.2.3 hat 6 Zustände, sodass eine One-Hot-Codierung die Codewortlänge 6 hat. Die Zero-One-Hot-Codierung ergibt die Codewortlänge 5. Eine Zuordnung von Codierung und Zuständen ist in Abb. 5.41 angegeben.

Zum Vergleich der Codierungen soll der Entprell-Automat auch mit der One-Hot-Codierung implementiert werden. Genau wie im vorherigen Abschnitt wird in die Zustandsfolgetabelle die Codierung eingesetzt, sodass sich die Ansteuerungstabelle in Abb. 5.42 ergibt. Durch die Codewortlänge 6 sind $2^6 = 64$ Codierungen möglich, von denen 6 benutzt sind. Die 58 unbenutzten Codierungen haben Don't-Care als Folgezustand und Ausgabe und können somit zur Optimierung benutzt werden.

Aus der Ansteuerungstabelle werden wiederum die Logikfunktionen durch Minimierung erstellt. Für den Folgezustand sind sieben Eingangswerte zu beachten, nämlich sechs aktuelle Zustandsvariable sowie der Eingangswert X. Für den Ausgang sind es die sechs aktuellen Zustandsvariablen. Dies ist für ein Karnaugh-Diagramm

Abb. 5.41 Codierung des Entprell-Automaten mit redundanter Codewortlänge

s^n	„One-Hot" $Z(5:0)$	„Zero-One-Hot" $Z(4:0)$
stabil 0	000001	00000
1-mal 1	000010	00001
2-mal 1	000100	00010
stabil 1	001000	00100
1-mal 0	010000	01000
2-mal 0	100000	10000

zu unübersichtlich, sodass eine rechnergestützte Minimierung durchgeführt wird. Das Ergebnis lautet:

$$Z^{n+1}(5) = \overline{X} \& Z^n(4)$$

$$Z^{n+1}(4) = \overline{X} \& Z^n(3)$$

$$Z^{n+1}(3) = X \& \overline{Z^n(1)} \& \overline{Z^n(0)}$$

$$Z^{n+1}(2) = X \& Z^n(1)$$

$$Z^{n+1}(1) = X \& Z^n(0)$$

$$Z^{n+1}(0) = \overline{X} \& \overline{Z^n(4)} \& \overline{Z^n(3)}$$

$$Y = \overline{Z^n(2)} \& \overline{Z^n(1)} \& \overline{Z^n(0)}$$

Zwei Dinge fallen bei den Gleichungen auf:

- Die Zustandsvariable $Z^n(5)$ wird nicht verwendet. Es sind also nur fünf Stellen des Codeworts und damit auch nur fünf Flip-Flops nötig. Damit wird die Codierung zu einer Zero-One-Hot-Codierung, allerdings mit anderer Zuordnung als in Abb. 5.41.
- Die Logik-Funktionen sind deutlich einfacher als bei der Variante mit minimaler Codewortlänge. Es wird jeweils nur ein UND-Gatter mit zwei oder drei Eingängen benötigt. Die Informationen müssen nur durch eine Stufe an Logikgattern, wodurch die Schaltung prinzipiell schneller ist.

Die Schaltung des Automaten mit One-Hot-Codierung ist in Abb. 5.43 dargestellt. Für den Startzustand (vgl. Abb. 5.42) muss $Z^n(0)$ auf 1, die anderen Zustandsvariablen auf 0 gesetzt werden.

s^n	$Z^n(5{:}0)$	$Z^{n+1}(5{:}0)$		Y
		X=0	X=1	
stabil 0*	000001*	000001	000010	0
1-mal 1	000010	000001	000100	0
2-mal 1	000100	000001	001000	0
stabil 1	001000	010000	001000	1
1-mal 0	010000	100000	001000	1
2-mal 0	100000	000001	001000	1
	sonst	- - - - - -	- - - - - -	-
	* = Reset			

Abb. 5.42 Ansteuerungstabelle des Entprell-Automaten für One-Hot-Codierung

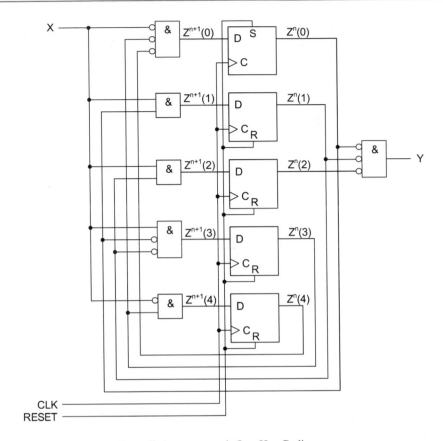

Abb. 5.43 Schaltbild des Entprell-Automaten mit One-Hot-Codierung

Auch im optischen Vergleich zu Abb. 5.40 wird sichtbar, dass die One-Hot-Codierung einen Nachteil durch zusätzliche Flip-Flops und Vorteile durch weniger Logikgatter und nur eine Logikstufe hat.

5.2.4.3 Optimierte Codierung

Um verschiedene Codierungen zu vergleichen, wird eine weitere Variante vorgestellt. Es handelt sich um eine Codierung bei der die Code-Zuordnung optimiert wird. Dazu wird die Zustandsfolgetabelle (vgl. Abb. 5.36) genauer betrachtet. Wie in Abb. 5.44 verdeutlicht, fallen zwei Dinge auf:

1. Drei der Zustände können nur bei $X = 0$ als Folgezustand auftreten, die drei anderen Zustände nur bei $X = 1$.
2. Für drei Zustände ist die Ausgabe $Y = 0$, für die drei anderen Zustände ist $Y = 1$.

Abb. 5.44 Analyse der Zustandsfolgetabelle zur Optimierung

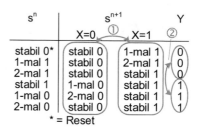

s^n	s^{n+1} X=0 ①	X=1 ②	Y
stabil 0*	stabil 0	1-mal 1	0
1-mal 1	stabil 0	2-mal 1	0
2-mal 1	stabil 0	stabil 1	0
stabil 1	1-mal 0	stabil 1	1
1-mal 0	2-mal 0	stabil 1	1
2-mal 0	stabil 0	stabil 1	1

* = Reset

Diese beiden Eigenschaften können ausgenutzt werden, um die Codierung möglichst einfach zu wählen.

1. Eine Zustandsvariable $Z(0)$ wird entsprechend des Folgezustands gewählt. Das heißt, die Zustände, die Folgezustand bei $X=0$ sind, werden auch mit $Z(0)=0$ codiert. Die anderen Zustände, die Folgezustand bei $X=1$ sind, werden mit $Z(0)=1$ codiert.
2. Eine Zustandsvariable $Z(1)$ wird entsprechend des Ausgabewertes gewählt. Das heißt, die Zustände mit Ausgangswert $Y=0$, werden mit $Z(1)=0$ codiert, die Zustände mit $Y=1$, haben $Z(1)=1$ als Code.

Weitere Zustandsvariable werden ohne besondere Zuordnung gewählt. Dabei muss beachtet werden, dass alle Zustände unterschiedliche Codierungen bekommen. Für die 6 Zustände des Entprell-Automaten ist eine dritte Zustandsvariable $Z(2)$ erforderlich. Die Codierung hat hier minimale Codewortlänge; dies ist jedoch keine zwingende Bedingung für eine optimierte Codierung.

Der gewählte Code ist in Abb. 5.45 dargestellt. Die Codierungen 100 und 011 werden nicht verwendet.

Die Ansteuerungstabelle und die Logikfunktionen werden hier nicht gezeigt, sondern direkt das Schaltbild des Automaten mit optimierter Codierung in Abb. 5.46. Die beiden Optimierungen sind direkt im Schaltbild zu erkennen. Da $Z(0)$ entsprechend des Folgezustands gewählt ist, wird direkt der Eingang X ohne weitere Verarbeitung gespeichert. Und da $Y(1)$ entsprechend des Ausgangs ist, kann diese Zustandsvariable direkt als Ausgang Y verwendet werden.

Auch für andere Automaten können oft optimierte Codierungen entsprechend der Ausgabe oder der Folgezustände gefunden werden.

Abb. 5.45 Codierung des Entprell-Automaten mit optimierter Codierung

s^n	$Z(2:0)$	
stabil 0	0 0 0	① Zustände, die bei X=,1' folgen
1-mal 1	0 0 1	
2-mal 1	1 0 1	
stabil 1	1 1 1	
1-mal 0	0 1 0	② Zustände mit Ausgabe Y=,1'
2-mal 0	1 1 0	

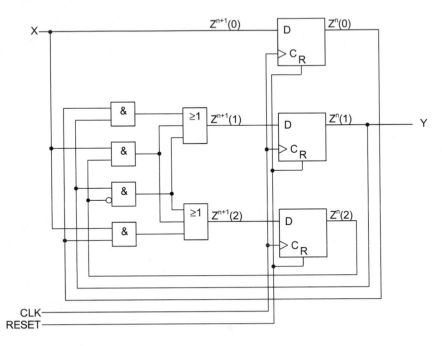

Abb. 5.46 Schaltbild des Entprell-Automaten mit optimierter Codierung

5.2.4.4 Vergleich der Codierungen

Um die Codierung der Zustände und die Struktur des Automaten besser zu verstehen, sollen hier noch einmal die drei Varianten verglichen werden:

- Codierung mit minimaler Codewortlänge und einfacher Durchnummerierung der Zustände, Abb. 5.40
- Codierung mit redundanter Codewortlänge und One-Hot-Codierung, Abb. 5.43
- Codierung mit optimierter Zustandscodierung durch Analyse der Zustandsfolgetabelle, Abb. 5.46

Zunächst ist wichtig zu sagen, dass alle Automaten *äquivalent* sind. Das heißt, sie ergeben bei gleicher Eingabe auch die gleiche Ausgabe. Damit sind sie in ihrem logischen Verhalten von außen nicht zu unterscheiden.

Ob allgemein eine Codierung mit minimaler oder redundanter Codewortlänge die geeignete Schaltung ergibt, hängt von der Struktur des Automaten, den Anforderungen und der Technologie der Schaltungsimplementierung ab. Es handelt sich um Strategien, die bei der Schaltungsoptimierung probiert werden können.

In der Praxis muss der Aufwand für eine Optimierung und der erzielte Nutzen beachtet werden. Die Arbeitszeit, die für eine optimale Zustandscodierung erforderlich ist, lohnt sich meist nicht, denn in einer sehr großen Schaltung werden nur einige Logikgatter gespart.

Der Schaltungsentwurf erfolgt heutzutage mit Computer-Unterstützung. In Abschn. 5.3 wird erläutert, wie die Zustandsfolgetabelle in VHDL umgesetzt werden kann. Die Codierung der Zustände und Berechnung der Logikfunktionen erfolgt durch den Computer, der eine Codierung mit minimaler oder redundanter Wortlänge wählt oder beide Möglichkeiten ausprobiert. Die Optimierung der Zustandscodierung erfolgt also durch den Rechner. Sie sollten die Rückmeldungen des Computers verstehen (z. B. „Choosing One-Hot-Coding").

5.2.5 Entwurf von Mealy-Automaten

Der Entwurf eines *Mealy-Automaten* gleicht in weiten Teilen dem eines Moore-Automaten.

5.2.5.1 Unterschied zum Moore-Automaten

Der wesentliche Unterschied beim Mealy-Automaten ist, dass die Ausgabe nicht von den Zuständen, sondern den Zustandsübergängen abhängt. Das bedeutet, im Zustandsfolgediagramm wird die Ausgabe nicht in die Zustandskreise, sondern an den Pfeilen der Zustandsübergänge eingetragen (Abb. 5.47).

Dieser Unterschied kommt daher, dass beim Mealy-Automaten die Ausgabe ja auch von den aktuellen Eingangswerten und nicht nur vom Zustand abhängt. Auch in der Zustandsfolgetabelle ist dann die Ausgabe abhängig von Zustand und Eingang und wird nicht einmal pro Zustand, sondern für jede Eingangsspalte angegeben (Abb. 5.48).

Diese Unterschiede erscheinen zunächst etwas formell. Sie eröffnen jedoch weitere Möglichkeiten für den Entwurf eines Automaten. Um dies zu verdeutlichen, wird im folgenden Beispiel ein Mealy-Automat entworfen.

Abb. 5.47 Vergleich der Zustandsfolgediagramme für Moore- und Mealy-Automat

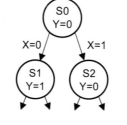

Abb. 5.48 Vergleich der Zustandsfolgetabellen für Moore- und Mealy-Automat

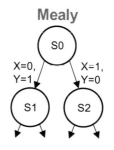

Moore				Mealy		
s^n	s^{n+1}		Y	s^n	s^{n+1}, Y	
	X=0	X=1			X=0	X=1
S0	S1	S2	0	S0	S1,1	S2,0
S1	S3	S4	1	S1	S3,0	S4,1
...	...	...	...	...	...	...

5.2.5.2 Beispiel für einen Mealy-Automaten

Am Anfang des Entwurfs steht wieder eine Spezifikation des Verhaltens. Als Beispiel soll ein Mealy-Automat mit folgender Spezifikation entworfen werden:

> Ein Automat soll die Anzahl von Taktzyklen mit dem Wert 1 halbieren. Wenn am Eingang X der Wert 1 anliegt, soll für jeden zweiten Wert eine 1, ansonsten eine 0 am Ausgang Y ausgegeben werden. Die Zählung soll durch Eingangswerte 0 nicht beeinflusst werden. Bei einer 0 am Eingang soll 0 ausgegeben werden.
> Beim Einschalten soll für die erste 1 der Wert 0 ausgegeben werden.

Auch hier wird die Spezifikation durch ein Zeitdiagramm ergänzt (Abb. 5.49). Der Wert von X wird immer bei der steigenden Taktflanke ausgewertet. Der erste Impuls mit 1 wird unterdrückt, der zweite Impuls führt zur Ausgabe 1. Wenn X dauerhaft auf 1 ist, führt dies zu einer 0-1-Folge an Y.

5.2.5.3 Aufstellen der Zustandsfolgetabelle

Um den Automaten zu entwerfen, wird zunächst überlegt, welche Informationen sich der Automat merken muss. Der Automat gibt nur jede zweite 1 am Eingang weiter und unterdrückt die jeweils andere 1. Er muss sich also merken, ob die nächste 1 weitergegeben oder unterdrückt wird. Mit dieser Grundidee an Zuständen wird der Automat wieder graphisch, durch das Aufstellen des Zustandsfolgediagramms entworfen.

Schritt 1 Es wird mit zwei Zuständen entsprechend obiger Überlegung gestartet (Abb. 5.50). Sie erhalten die Namen „next-0" und „next-1" mit der Bedeutung:

- next-0: Die nächste 1 am Eingang wird unterdrückt. Dies ist laut Spezifikation der Startzustand.
- next-1: Die vorherige 1 wurde unterdrückt, also wird die nächste 1 des Eingangs an den Ausgang weitergegeben.

Wie in Abb. 5.50 zu sehen, ist für die Zustände keine Ausgabe definiert, da ein Mealy-Automat entworfen wird.

Schritt 2 Für die beiden Zustände wird nun überlegt, was laut Spezifikation im Falle der Eingaben $X = 0$ und $X = 1$ passieren muss.

Abb. 5.49 Zeitdiagramm für Halbieren der 1-Werte

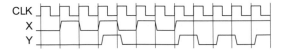

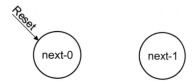

Abb. 5.50 Zustandsfolgediagramm zum Halbieren der 1-Werte – Schritt 1

- Für $X=0$ wird eine 0 ausgegeben. Das Zählen der 1-Werte wird nicht beeinflusst, darum ändert der Automat seinen Zustand nicht.
- Für $X=1$ sind zwei Fälle möglich:
  - Im Zustand next-0 wird die 1 unterdrückt, also eine 0 ausgegeben. Der Automat merkt sich, dass die nächste 1 weitergegeben wird, wechselt also nach next-1.
  - Im Zustand next-1 wird die 1 weitergegeben, also eine 1 ausgegeben. Der Automat merkt sich, dass die nächste 1 wieder unterdrückt wird, wechselt also nach next-0.

Damit sind für alle Zustände beide mögliche Folgezustände definiert und das Zustandsfolgediagramm in Abb. 5.51 ist komplett. Es werden zwei Zustände benötigt, die sich nicht zusammenfassen lassen.

Der Unterschied zum Moore-Automaten zeigt sich in der Definition der Ausgangswerte. Beim Mealy-Automaten in Abb. 5.51 sind die Ausgänge für die Zustandsübergänge, also für die Pfeile definiert. Beim Moore-Automat in Abb. 5.35 sind die Ausgänge für die Zustände, also die Kreise definiert.

Zustandsfolgetabelle

Die Zustandsfolgetabelle (Abb. 5.52) kann direkt aus dem Diagramm erstellt werden. Wie erläutert ist die Ausgabe abhängig von Zustand und Eingang. Darum wird sie zusammen mit dem Folgezustand für jede Eingangsspalte in der Form s^{n+1}, Y angegeben.

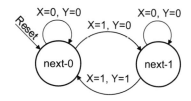

Abb. 5.51 Zustandsfolgediagramm zum Halbieren der 1-Werte – Schritt 2

s^n	s^{n+1}, Y	
	$X=0$	$X=1$
next-0 *	next-0, 0	next-1, 0
next-1	next-1, 0	next-0, 1
	* = Reset	

Abb. 5.52 Zustandsfolgetabelle zum Halbieren der 1-Werte

5.2.5.4 Implementierung des Mealy-Automaten

Der nächste Schritt zur Implementierung ist die Codierung der Zustände. Bei nur zwei Zuständen ist ein Codewort mit nur einer Stelle erforderlich. Die Wahl der Codierung lässt nicht viele Optionen zu und wird so gewählt, dass next-0 mit $Z=0$ und next-1 mit $Z=1$ codiert wird.

Nach Aufstellen der Ansteuerungstabelle kann der Automat mit einem Flip-Flop für den Zustandsspeicher, einem EXOR- sowie einem UND-Gatter implementiert werden (Abb. 5.53).

5.2.5.5 Vereinfachte Darstellung des Zustandsfolgediagramms

Die Darstellung des Zustandsfolgediagramms muss natürlich nicht exakt den Beispielen in Abb. 5.35 oder 5.51 entsprechen. Wenn mehrere Eingabe- oder Ausgabewerte vorhanden sind oder die Zustandsbezeichnungen zu lang werden, kann ein Diagramm auch unübersichtlich werden. Ziel sollte eine kompakte graphische Darstellung sein.

Einige Möglichkeiten zur vereinfachten Darstellung sind in Abb. 5.54 dargestellt:

1. Ein- und Ausgänge müssen nicht mit X, Y bezeichnet werden, sondern können natürlich Abkürzungen entsprechend der Spezifikation haben, beispielsweise im Bild *A1*, *A2, P, T*.
2. Eingangs- und Ausgangswerte müssen nicht stets neu benannt werden, sondern können in einer festen Reihenfolge angegeben werden. Eine empfohlene Reihenfolge ist: Eingangswerte, Schrägstrich, Ausgangswerte
3. Wenn für mehrere Eingangskombinationen derselbe Folgezustand eingenommen werden soll, kann dies an einen gemeinsamen Übergangspfeil angetragen werden
4. Zustände können einfach durchnummeriert werden (*S0, S1, …*) und die Bedeutung wird als Liste dokumentiert.

Eine andere Vereinfachung ist für die Zustandsübergänge möglich. Es kommt vor, dass für einen Zustandsübergang nur ein Teil der Eingangsvariablen beachtet werden muss. Dies kann man darstellen, indem man die erforderliche Eingabe benennt (Abb. 5.55,

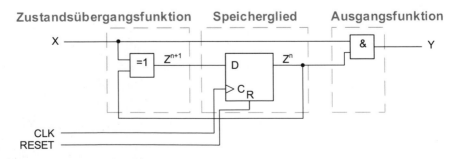

Abb. 5.53 Schaltbild des Mealy-Automaten zum Halbieren der 1-Werte

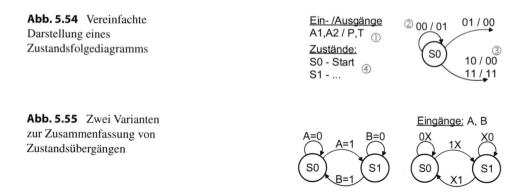

Abb. 5.54 Vereinfachte Darstellung eines Zustandsfolgediagramms

Abb. 5.55 Zwei Varianten zur Zusammenfassung von Zustandsübergängen

links) oder die nicht erforderliche Eingabe mit ‚X', für „Eingang beliebig" bezeichnet (Abb. 5.55, rechts).

Wichtig ist, dass sämtliche 2^n Eingangskombinationen bei n Eingangswerten berücksichtigt sind. Außerdem darf ein Diagramm auch nicht kryptisch kurz werden. In der Praxis muss man nach zwei Wochen, zwei Monaten oder zwei Jahren das Diagramm immer noch lesen und verstehen können.

5.2.6   Vergleich von Mealy- und Moore-Automat

Anhand der vorgestellten Beispiele können die Charakteristika von Mealy- und Moore-Automat jetzt verglichen werden. Der Mealy-Automat hat mehr Möglichkeiten, denn eine Ausgabe ist für jeden Übergangspfeil und nicht nur für die Zustandskreise definiert. Dies macht ihn jedoch im Entwurf auch etwas komplexer. Der Moore-Automat hat hingegen den Vorteil, dass weniger Fälle für die Ausgabe definiert werden müssen, was ihn übersichtlicher macht.

Moore-Automat Wegen der besseren Übersichtlichkeit wird in der Praxis meist der Moore-Automat verwendet. Die Zustände des Moore-Automaten entsprechen oft einer bestimmten Ausgabesituation, sodass die Funktion des Automaten einfacher nachvollzogen werden kann.

Die Übersichtlichkeit eines Schaltungsentwurfs erhöht seine *Wartbarkeit*. Damit ist nicht die Reparatur einer defekten Schaltung gemeint, sondern die Möglichkeit, einen Entwurf später einmal zu ändern und anzupassen. Je übersichtlicher ein Schaltungsentwurf ist, umso höher ist die Wartbarkeit.

Mealy-Automat Ein wesentlicher Vorteil des Mealy-Automaten ist dessen Geschwindigkeit. Der Moore-Automat geht für eine Änderung der Ausgabe in einen neuen Zustand, was stets einen Taktzyklus dauert. Für viele Anwendungen stellt diese Verzögerung kein Problem dar.

Manchmal muss eine Schaltung jedoch sehr schnell reagieren, ohne auf ein Takt-signal zu warten. Dies kann zum Beispiel bei Bussystemen wie dem PCI-Bus im PC der Fall sein. Für solche Fälle kann der Mealy-Automat noch im gleichen Taktzyklus eine Antwort geben. Dies ist auch im Zeitablauf von Abb. 5.49 ersichtlich. Die 1-Impulse werden im gleichen Taktzyklus weitergegeben. Es tritt nur eine kleine Verzögerung durch das UND-Gatter der Ausgangsfunktion auf.

Verwendung beim Automatenentwurf Es wird empfohlen, im Normalfall einen Auto-maten als Moore-Automaten zu entwerfen. Nur wenn der Automat noch im gleichen Taktzyklus eine Antwort ausgeben muss, empfiehlt sich der Einsatz eines Mealy-Automaten.

5.2.7 Registerausgabe

5.2.7.1 Taktkonzept
Mit der bisher gezeigten Struktur erfolgt für die Automaten die Ausgabe der Signalwerte Y aus einer kombinatorischen Verknüpfung. In der Praxis ist es vorteilhaft, wenn Teil-schaltungen klare Schnittstellen zu den folgenden Teilschaltungen haben. Deshalb wird oft ein Taktkonzept verwendet, bei dem die Ausgänge von Teilschaltungen immer aus einem Flip-Flop stammen müssen. Man spricht auch von einer *Registerausgabe*.

Für den Mealy-Automaten ist eine Registerausgabe normalerweise nicht erwünscht, denn der Vorteil bei diesem Automaten ist ja gerade die Reaktion der Schaltung ohne Warten auf das nächste Taktsignal.

5.2.7.2 Moore-Automat mit Registerausgabe
Für den Moore-Automaten kann eine Registerausgabe durch eine Veränderung des Block-schaltbilds erreicht werden. Dies ist in Abb. 5.56 dargestellt ist. Die Änderung funktioniert so, dass die Ausgangsfunktion nicht mit der gespeicherten aktuellen Zustandsvariable Z^n rechnet, sondern mit der neuen Zustandsvariable Z^{n+1}. Dadurch liegt das Ergebnis $Y*$ der Ausgangsfunktion bereits früher vor. Damit das gleiche Zeitverhalten wie im ursprüng-lichen Blockschaltbild entsteht, werden die Variablen $Y*$ in einer Registerstufe gespeichert und ergeben den Ausgang Y. Die Ausgangsfunktion wird also vor die Flip-Flops geschoben und die Ausgabe zum Ausgleich durch Flip-Flops gespeichert.

Beide Strukturen des Moore-Automaten sind äquivalent, haben also die gleiche logische Funktion. Allerdings ist das Zeitverhalten anders. Durch das Verschieben der Ausgabefunktion gibt der Automat die Werte für Y direkt aus Flip-Flops aus, was für das Taktkonzept gewünscht ist. Die nachfolgende Schaltung hat die komplette Zeit des Takt-zyklus für ihre Berechnungen.

Eine ausführliche Erläuterung von Taktkonzept und Laufzeiten befindet sich in Kap. 6.

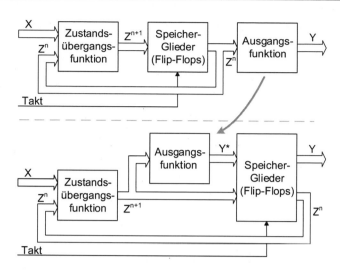

Abb. 5.56 Struktur des Moore-Automaten mit Registerausgabe

5.2.7.3 Beispiel für Moore-Automat mit Registerausgabe

Der im Abschn. 5.2.3 entworfene Moore-Automat zum Entprellen eines Signals wurde auf Registerausgabe umgestellt. Als Ausgangsbasis wurde das Schaltbild in Abb. 5.40 verwendet. Für die Registerausgabe wird die Ausgangsfunktion vor die Speicherglieder gezogen und der Wert $Y*$ in einem Speicherglied gespeichert. Die veränderte Schaltung ist in Abb. 5.57 dargestellt. Die Größe der Schaltung ändert sich nicht. Lediglich für den Ausgangswert Y wird ein weiteres Flip-Flop benötigt, aber genau dieses Flip-Flop ist ja erwünscht.

5.2.7.4 Medwedew-Automat

Der Medwedew-Automat ist ein Spezialfall des Moore-Automaten, bei dem die Ausgangsvariablen Y gleich den Zustandsvariablen Z^n sind. Darum sind für den Medwedew-Automat keine weiteren Ausgangs-Flip-Flops erforderlich, weil die Ausgangsvariablen ja bereits aus einem Flip-Flop kommen. Diese Struktur zeigt Abb. 5.58.

Für bestimmte Anwendungen lässt sich beim Entwurf eines Moore-Automaten einplanen, dass die Zustandsvariablen auch als Ausgangsvariablen verwendet werden. Ein Beispiel hierfür ist die optimierte Codierung des Entprell-Automaten (Abschn. 5.2.4.3), bei dem eine Zustandsvariable gleich dem Ausgang gewählt wurde. Auch ein Zähler ist ein Medwedew-Automat. Er gibt nacheinander Zahlenwerte aus, wie 0, 1, 2, 3, … Diese Zahl wird als Zustand gespeichert und ist die Ausgabe.

In der Praxis wird in vielen Fällen der Aufwand für zusätzliche Ausgangs-Flip-Flops akzeptiert. Der Arbeitsaufwand für eine spezielle Codierung wird hingegen vermieden.

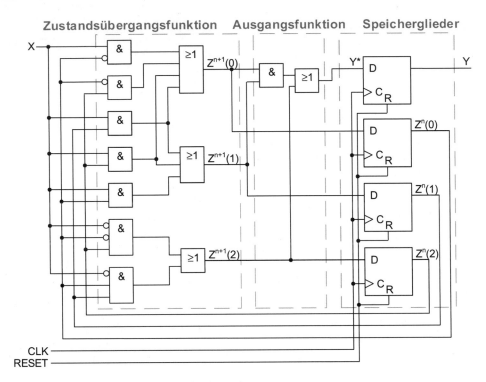

Abb. 5.57 Entprell-Automat mit Registerausgabe

Abb. 5.58 Struktur des
Medwedew-Automaten

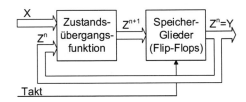

5.2.8 Asynchrone Automaten

Eine weitere Form von Automaten sind *asynchrone Automaten.* Sie werden in der Praxis
sehr selten entworfen und daher wird hier nur kurz ihre prinzipielle Struktur erläutert.

5.2.8.1 Struktur

Bei asynchronen Automaten sind keine Flip-Flops zur Datenspeicherung vorhanden.
Die Zustandsinformation wird stattdessen direkt vom Ausgang der Zustandsübergangsfunktion zurück nach dessen Eingang gegeben. Die Speicherung der Information findet
in der Verzögerung der Logikgatter und der Verbindungsleitungen statt.

Abb. 5.59 zeigt diese Struktur. Die kombinatorische Schaltung besteht aus den Logikgattern für Zustandsübergangsfunktion und Ausgabefunktion. Der als Verzögerung

Abb. 5.59 Struktur eines
asynchronen Automaten

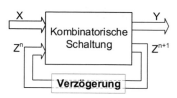

angegebene Block ist kein reales Bauelement, sondern symbolisiert das Zeitverhalten der Logikgatter.

Asynchrone Automaten haben in der Theorie einige Vorteile gegenüber synchronen Automaten, also Automaten mit Flip-Flops:

- Höhere Geschwindigkeit, denn der Takt muss nicht auf die langsamste Verzögerung der kombinatorischen Schaltung warten.
- Niedrigerer und gleichmäßigerer Stromverbrauch, denn bei synchronen Schaltungen sind bei den Taktflanken Hunderttausende von FFs gleichzeitig aktiv.
- Geringere Störausstrahlung, denn es gibt keinen Takt.

In der Praxis gibt es jedoch auch schwerwiegende Nachteile, die in Abschn. 5.2.8.3 folgen.

5.2.8.2 Beispiel eines asynchronen Automaten

Das in Abschn. 5.1.1 beschriebene RS-Flip-Flop ist ein Beispiel für einen asynchronen Automaten. Abb. 5.60 zeigt erneut den Aufbau des RS-FFs (wie in Abb. 5.3) mit den Strukturelementen des asynchronen Automaten. Die Rückführung des Zustands Q erfolgt ohne Verzögerung oder Flip-Flop.

5.2.8.3 Einsatz

Der praktische Einsatz von asynchronen Automaten ist nicht einfach, denn beim Entwurf sind wesentlich mehr Bedingungen zu beachten als bei synchronen Automaten.

- Ein asynchroner Automat ist nur stabil, wenn die Änderung einer Zustandsvariablen nicht erneut zu immer weiteren Änderungen von Zustandsvariablen führt. Ansonsten kann der Automat zwischen verschiedenen Zuständen schwingen.
- Die kombinatorische Schaltung darf keine kurzzeitigen Zwischenwerte ausgeben. Ansonsten kann der Automat in einen falschen Zustand übergehen.

Abb. 5.60 Strukturelemente
des asynchronen Automaten
beim RS-Flip-Flop

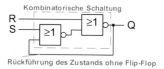

Aufgrund dieser Bedingungen sind asynchrone Automaten wesentlich schwieriger zu entwerfen, denn Fehler beim Einhalten der Bedingungen lassen sich nur schwer entdecken. Das Risiko beim Entwurf eines asynchronen Automaten ist relativ hoch.

In der Praxis werden darum asynchrone Automaten so gut wie nicht entworfen. In der Regel werden lediglich bewährte und besonders geprüfte Grundschaltungen eingesetzt, wie zum Beispiel das RS-Flip-Flop.

5.3   Entwurf sequenzieller Schaltungen mit VHDL

5.3.1   Grundform des getakteten Prozesses

Der Entwurf sequenzieller Schaltungen erfolgt in VHDL mit einer besonderen Form des bereits beschriebenen Prozesses. Der Prozess benötigt keine Sensitivity-Liste und beginnt mit einem Wait-Statement für die steigende Taktflanke. Dieses Wait-Statement hat die Schreibweise *wait until rising_edge(clk);* und sagt aus, dass die nachfolgenden Anweisungen nur bei einer steigenden Taktflanke ausgeführt werden sollen. Nach dem Wait-Statement steht der VHDL-Code, der bei der steigenden Taktflanke ausgeführt werden soll.

```
signal a , b : std_logic;
. . .

process
begin
   wait until rising_edge(clk);
   b <= a;
end process;
```

Im VHDL-Code sind nur die Definition von *a* und *b* sowie der Prozess gezeigt. Entity und Architecture-Definition werden zur besseren Übersicht zunächst weggelassen. Ein vollständiges Beispiel folgt später. Das Taktsignal *clk* ist ein normales Signal in VHDL; oft ist es direkt ein Eingangssignal der Schaltung.

Das Beispiel beschreibt ein einfaches D-Flip-Flop. Mit der steigenden Taktflanke wird der Wert des Signals *a* im Signal *b* gespeichert. Diese Beschreibung entspricht einem D-Flip-Flop entsprechend Abb. 5.61.

Die Schreibweise *rising_edge()* ist für die Beschreibung sequenzieller Schaltungen sehr wichtig. Syntheseprogramme erkennen diese Funktion und generieren eine Schaltung mit D-Flip-Flops. Es gibt außerdem die Variante *falling_edge()*. Hiermit wird

Abb. 5.61 Schaltung des in VHDL beschriebenen D-Flip-Flops

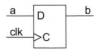

eine Funktion beschrieben, die bei einer fallenden Taktflanke aktiv ist. Entsprechend werden D-Flip-Flops generiert, die mit der fallenden Taktflanke aktiv sind.

5.3.2   Erweiterte Funktion des getakteten Prozesses

Die Grundform des Prozesses erscheint zunächst relativ aufwendig, denn für ein einzelnes Flip-Flop werden vier Zeilen VHDL-Code benötigt. Die Stärke von VHDL liegt darin, dass nach dem Wait-Statement weitere Funktionen beschrieben werden können. Es sind If-Abfragen, Case-Bedingungen und logische Verknüpfungen, auch ineinander geschachtelt, möglich. Die Optimierung der Schaltung wird von einem Synthese-Programm übernommen.

Als immer noch kleines Beispiel wird eine Überlauferkennung betrachtet. *count* ist eine Zahl mit dem Wertebereich von 0 bis 15 und in VHDL als unsigned-Signal mit 4 bit Wortbreite definiert. Eine Schaltung soll überprüfen, ob der Zahlenwert größer als zehn ist und das Ergebnis in einem Flip-Flop speichern. Dies könnte zum Beispiel anzeigen, dass ein Speicher überläuft.

```
signal count : unsigned(3 downto 0);
signal overflow : std_logic;
. . .

process
begin
   wait until rising_edge(clk);
   if count > 10 then
      overflow <= '1';
   else
      overflow <= '0';
   end if;
end process;
```

Nach dem Wait-Statement wird eine If-Abfrage mit der Konstanten zehn geschrieben. Ein Syntheseprogramm würde hieraus die Schaltung in Abb. 5.62 synthetisieren. Der Vorteil von VHDL ist, dass man sich über die Logikfunktion keine Gedanken machen muss. Auch Änderungen sind einfach. Wenn der Überlauf nicht bei Werten größer zehn, sondern bei elf oder zwölf erfolgen soll, wird einfach die Zahl im VHDL-Code geändert und das Synthese-Programm berechnet die neue Schaltung.

Abb. 5.62 Schaltung der in VHDL beschriebenen Überlauferkennung

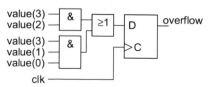

5.3.3 Steuerleitungen für Flip-Flops

Durch VHDL-Beschreibungen können auch die am Anfang dieses Kapitels in Abschn. 5.1.4 beschriebenen Erweiterungen des D-Flip-Flops realisiert werden, also Reset, Set und Enable. Die Reset- und Set-Eingänge können entweder als synchrone oder als asynchrone Eingänge implementiert werden. Für die VHDL-Beschreibung wird ein synchrones Rücksetzen der Schaltung empfohlen. Zum einen wird dies in der Praxis meist verwendet, zum andern ist die VHDL-Beschreibung etwas einfacher.

5.3.3.1 Synchroner Reset und Set

Der synchrone Reset und Set wird durch eine If-Abfrage des Steuersignals beschrieben. Diese If-Abfrage folgt direkt nach der Wait-Anweisung und beschreibt erst das Verhalten bei der Initialisierung und dann in der Else-Verzweigung die reguläre Verarbeitung.

Der folgende VHDL-Code erzeugt zwei D-Flip-Flops, f mit synchronem Reset und g mit synchronem Set. Beim Steuersignal wird üblicherweise der Name *reset* verwendet, egal auf welche Polarität initialisiert wird. Für die Else-Verzweigung werden als Beispiel einfache kombinatorische Verknüpfungen aufgerufen.

```
process
begin
    wait until rising_edge(clk);
    if reset = '1' then
        f <= '0';
        g <= '1';
    else
        f <= a or b;
        g <= b and c and d;
    end if;
end process;
```

Im Else-Zweig können, wie im Beispiel gezeigt, Berechnungen und Verknüpfungen programmiert werden. Für den Reset-Fall sind jedoch nur feste Werte, also 0 oder 1 möglich. Der Grund hierfür ist, dass die VHDL-Beschreibung in eine digitale Schaltung umgewandelt werden soll. Dabei wird der Reset-Wert für die Auswahl des Flip-Flops verwendet. Deswegen muss ein fester Wert vorhanden sein, anhand dessen entweder ein Flip-Flop mit Reset oder Set verwendet wird.

- Steht im Reset-Zweig die Anweisung $f <= \text{'0'}$; wird ein Flip-Flop mit Reset erzeugt.
- Steht im Reset-Zweig die Anweisung $f <= \text{'1'}$; wird ein Flip-Flop mit Set erzeugt.
- Steht im Reset-Zweig die Anweisung $f <= a$; oder $f <= b$ *or* c; kann nicht entschieden werden, ob ein Flip-Flop mit Set oder Reset erzeugt wird. Stattdessen wird ein Flip-Flop ohne Rücksetzfunktion erzeugt und die Funktion wird durch Logik-

gatter umgesetzt. Dies ist normalerweise nicht erwünscht, wenn der VHDL-Code eine Initialisierung beschreibt.

5.3.3.2 Asynchroner Reset und Set

Sequenzielle Schaltungen mit asynchronem Reset und Set werden durch einen VHDL-Programmierstil ohne Wait-Statement beschrieben. Stattdessen wird der Prozess mit einer Sensitivity-Liste für Takt und Steuersignal aufgerufen. Die Beschreibung der sequenziellen Schaltung erfolgt durch eine If-Elsif-Abfrage. Das Reset-Verhalten wird im If-Zweig, der Takt im Elsif-Zweig beschrieben. Die Syntax für Reset und Set ist gleich; die Unterscheidung erfolgt durch Zuweisung einer 0 oder 1.

Die Reihenfolge von If- und Elsif-Zweig entspricht der Priorität, denn das asynchrone Rücksetzen erfolgt ja unabhängig vom Takt. Die Takt-Abfrage folgt mit *elsif,* denn sie wird nur ausgeführt, wenn kein Reset anliegt.

```
process(clk, reset)
begin
    if reset - '1' then
        f <= '0';
        g <= '1';
    elsif rising_edge(clk) then
        f <= a or b;
        g <= b and c and d;
    end if;
end process;
```

Die Syntax von *if reset='1' then* und *elsif rising_edge(clk) then* muss unbedingt eingehalten werden. Nur so kann das Syntheseprogramm erkennen, dass es ein D-Flip-Flop mit Reset oder Set einbauen soll. Zwischen *end if;* und *end process;* darf kein anderer VHDL-Code eingeschoben werden. Natürlich kann auch ein Flip-Flop mit fallender Taktflanke erzeugt werden, indem die Abfrage auf *falling_edge(clk)* erfolgt.

Wie zuvor sind für den Reset-Fall nur feste Werte, also 0 oder 1 möglich. Bei der Anweisung *f <= '0';* wird ein Flip-Flop mit Reset erzeugt, bei *f <= '1';* ein Flip-Flop mit Set. Falls keine Konstante für den Reset-Fall angegeben ist, würde das Syntheseprogramm einen Fehler ausgeben. Der Grund hierfür ist, dass es für diese Beschreibung kein passendes Schaltungselement gibt. Angenommen im Reset-Fall stände die Anweisung *f <= a;.* Bei $a=0$ soll ein asynchroner Reset erfolgen, bei $a=1$ ein asynchroner Set. Das Syntheseprogramm muss aber entweder ein Flip-Flop mit Set oder mit Reset einbauen. Da dies nicht möglich ist, erfolgt die Fehlermeldung.

5.3.3.3 Enable

Auch eine Enable-Funktionalität wird durch eine If-Abfrage beschrieben. Die Enable-Abfrage enthält keine Else-Beschreibung. Wenn *enable* aktiviert ist, wird der neue Wert übernommen, ansonsten findet keine Änderung statt. Der folgende VHDL-Code erzeugt zwei D-Flip-Flops mit Enable.

```
process
begin
   wait until rising_edge(clk);
   if enable = '1' then
      f <= a or b;
      g <= b and c and d;
   end if;
end process;
```

Enable und Reset/Set können auch miteinander kombiniert werden. Dabei wird zuerst die If-Anweisung für die Rücksetzfunktion geschrieben, denn die Initialisierung hat normalerweise eine höhere Priorität als der Enable-Eingang.

5.3.4 Entwurf von Automaten

Mit einem Prozess kann auch ein kompletter Automat beschrieben werden. Zuvor müssen das Zustandsfolgediagramm und die Zustandsfolgetabelle erstellt werden (vgl. Abschn. 5.2.3). Die weiteren Schritte, also Codierung der Zustände und Generierung der Logik wird dann durch VHDL-Beschreibung und Logiksynthese übernommen.

5.3.4.1 Elemente der VHDL-Beschreibung

Im VHDL-Code wird die Funktion des Automaten nach der Wait-Anweisung beschrieben (vgl. Abschn. 5.3.2). Außerdem erfolgt ein Reset des Automaten.

Eine Besonderheit ist die Beschreibung des Zustands. Es ist empfehlenswert, für die Speicherung des Zustands einen neuen, individuellen Datentyp zu definieren. Dies hat zwei Vorteile:

- Der VHDL-Code wird lesbarer.
- Das Syntheseprogramm weiß durch diese Beschreibung, dass ein Automat synthetisiert werden soll und kann die Schaltung optimieren.

Die Definition des Datentyps erfolgt in der Architecture mit dem Befehl:

```
type <type_name> is (value_0, value_1, ...);
```

Dieser Befehl definiert nur, dass es einen neuen Datentyp gibt. Zusätzlich muss noch ein Signal mit diesem Datentyp erzeugt werden. Dies erfolgt mit dem Befehl:

```
signal <signal_name> : <type_name>;
```

In diesem Abschnitt soll der Entprell-Automat aus Abschn. 5.2.3 als Beispiel verwendet werden. Der Automat hat sechs Zustände, die erst als Datentyp definiert und dann als Signal verwendet werden. Die Zustandsnamen des Beispiels müssen leicht angepasst werden, da VHDL-Signale nicht mit Ziffern beginnen und keine Leerzeichen enthalten dürfen. Das Zustandsfolgediagramm Abb. 5.35 ist mit den angepassten Zustandsnamen in Abb. 5.63 noch einmal dargestellt.

Damit lautet die Signaldefinition in VHDL:

```
type    state_type is (stabil_0, einmal_1, zweimal_1,
                       stabil_1, einmal_0, zweimal_0);
signal state      :   state_type;
```

Die Funktion des Automaten wird dann in einem synchronen Prozess umgesetzt. Zunächst wird mit einem Reset der Startzustand programmiert und auch die Ausgabe Y des Automaten auf einen Startwert gesetzt. Laut Zustandsfolgediagramm Abb. 5.63 ist *stabil_0* mit $Y=0$ der Startzustand. Dies schreibt sich in VHDL:

```
process
begin
   wait until rising_edge(clk);
   if reset = '1' then
      state <= stabil_0;
      y     <= '0';
   else
      ...
```

Als nächstes folgt die Beschreibung der einzelnen Zustände. Hierfür wird ein Case-Statement mit dem Zustandssignal als Operator verwendet. Die Zustände sind die When-Bedingungen. Innerhalb der When-Bedingungen wird dann Folgezustand und Ausgabe für den Folgezustand beschrieben. Die Abhängigkeit von den Eingangswerten wird durch ein If-Statement oder ein Case-Statement beschrieben.

Der folgende VHDL-Code gilt wieder für den Entprell-Automaten. Er beschreibt das Case-Statement abhängig von Zustandssignal *state* und den ersten Fall für den Zustand *stabil_0*. Der Folgezustand ist abhängig vom Eingang *x*, und wird als If-Statement

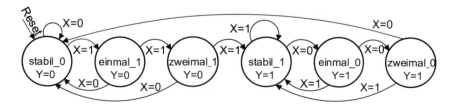

Abb. 5.63 Zustandsfolgediagramm des Entprell-Automaten für die VHDL-Beschreibung

beschrieben. Die Beschreibung für die weiteren Zustände erfolgt in der gleichen Weise und wird hier zunächst übersprungen. Der komplette VHDL-Code steht im folgenden Unterabschnitt.

Beachten Sie, dass mit den Folgezuständen jeweils die neuen Ausgabewerte beschrieben werden. Im folgenden VHDL-Code gibt es den Folgezustand *stabil_0,* der die Ausgabe *Y* gleich 0 hat, sowie den Folgezustand *einmal_1,* der ebenfalls die Ausgabe *Y* gleich 0 hat. Durch diese Schreibweise wird ein Moore-Automat mit Registerausgabe erzeugt, wie in Abschn. 5.2.7 beschrieben.

```
case state is
   when stabil_0 =>
      if x='0' then
         state <= stabil_0;
         y <= '0';
      else
         state <= einmal_1;
         y <= '0';
      end if;
   when einmal_1 =>
      ...
end case;
```

Die Beschreibung der einzelnen Zustände kann direkt aus dem Zustandsfolgediagramm (Abb. 5.63) und der Zustandsfolgetabelle übertragen werden.

Damit ist die komplette Funktion des Automaten beschrieben. Der komplette VHDL-Code mit Aufruf der IEEE-Bibliothek, Entity und Architecture ist im folgenden Unterkapitel angegeben. Die If-Statements für die Folgezustände werden in drei Zeilen formatiert, um den Automaten kompakter und damit übersichtlicher zu beschreiben. Die Formatierung hat keine Auswirkung auf die Bedeutung des VHDL-Codes und sollte gut lesbar gestaltet werden.

5.3.4.2 Kompletter VHDL-Code des Automaten

```
library ieee;
use ieee.std_logic_1164.all;

entity entprell is
   port ( clk   : in  std_logic;
          reset : in  std_logic;
          x     : in  std_logic;
          y     : out std_logic);
end;
```

```vhdl
architecture behave of entprell is

    type    state_type is (stabil_0, einmal_1, zweimal_1,
                           stabil_1, einmal_0, zweimal_0);
    signal state      : state_type;

begin

process
begin
wait until rising_edge(clk);
    if reset = '1' then
        state <= stabil_0;
        y     <= '0';
    else
        case state is
            when stabil_0 =>
                if x='0' then   state <= stabil_0;   y <= '0';
                else            state <= einmal_1;   y <= '0';
                end if;
            when einmal_1 =>
                if x='0' then   state <= stabil_0;   y <= '0';
                else            state <= zweimal_1;  y <= '0';
                end if;
            when zweimal_1 =>
                if x='0' then   state <= stabil_0;   y <= '0';
                else            state <= stabil_1;   y <= '1';
                end if;
            when stabil_1 =>
                if x='1' then   state <= stabil_1;   y <= '1';
                else            state <= einmal_0;   y <= '1';
                end if;
            when einmal_0 =>
                if x='1' then   state <= stabil_1;   y <= '1';
                else            state <= zweimal_0;  y <= '1';
                end if;
            when zweimal_0 =>
                if x='1' then   state <= stabil_1;   y <= '1';
                else            state <= stabil_0;   y <= '0';
                end if;
        end case; -- state
    end if; -- reset
end process;
end;
```

5.3.5   Programmierstile für VHDL-Code

Wie in jeder Programmiersprache sind auch für VHDL verschiedene Programmierstile möglich. Wir haben einen Programmierstil gewählt, der gut lesbar und wenig
fehleranfällig ist. In der Praxis werden Sie sicherlich auch VHDL-Code in anderer
Schreibweise begegnen. Für den Einstieg in VHDL empfehlen wir, zunächst bei einer
Schreibweise zu bleiben.

Der VHDL-Code wird durch ein Syntheseprogramm in eine Schaltung umgewandelt.
Heutige Syntheseprogramme sind so intelligent, dass sie für die meisten Programmierstile eine kompakte und schnelle Schaltung erzeugen.

In der Praxis gibt es innerhalb größerer Entwicklerteams oft eigene Richtlinien für
Programmierstile, damit von verschiedenen Personen geschriebener Code nicht zu
inhomogen wird.

5.4   Übungsaufgaben

Haben Sie den Inhalt des Kapitels verstanden? Prüfen Sie sich mit den Aufgaben und
Fragen am Kapitelende. Die Lösungen und Antworten finden Sie am Ende des Buches.
Bei den Auswahlfragen ist immer genau eine Antwort korrekt.

Bitte versuchen Sie unbedingt, die Aufgaben zu den Automaten zuerst selber zu lösen.
Nur durch Übung lernen Sie den Entwurf von Automaten. Die Lösungen sind bewusst
sehr knapp gehalten und werden am besten verstanden, wenn Sie vorher selbst eine
Lösung ermittelt haben.

Aufgabe 5–1 Was gilt für ein RS-Flip-Flop (RS-FF)?

a) Daten werden unabhängig von einem Takt gespeichert
b) Daten werden bei Takt gleich 1 gespeichert
c) Daten werden bei Takt gleich 0 gespeichert
d) Daten werden bei einer Taktflanke gespeichert

Aufgabe 5–2 Welche Ansteuerung für Flip-Flops ist heutzutage üblich?

a) Taktflanke
b) Unabhängig vom Takt
c) Taktpegel

Aufgabe 5–3 Wie reagiert ein D-Flip-Flop (D-FF) auf einen asynchronen Reset?

a) Ausgang geht bei der nächsten Taktflanke auf 0
b) Ausgang geht sofort auf 1

c) Ausgang geht bei der nächsten Taktflanke auf 1

d) Ausgang geht sofort auf 0

Aufgabe 5–4 Wie reagiert ein D-Flip-Flop (D-FF) auf einen synchronen Set?

a) Ausgang geht bei der nächsten Taktflanke auf 0

b) Ausgang geht sofort auf 1

c) Ausgang geht bei der nächsten Taktflanke auf 1

d) Ausgang geht sofort auf 0

Aufgabe 5–5 Ein Automat, bei dem der Ausgang nur vom Zustand und NICHT von den momentanen Eingangswerten abhängt, bezeichnet man als, …

a) Endlicher Automat

b) Mealy-Automat

c) Moore-Automat

d) Turing-Automat

e) Medwedew-Automat

Aufgabe 5–6 Ein Automat, bei dem der Ausgang vom Zustand UND von den momentanen Eingangswerten abhängt, bezeichnet man als, …

a) Endlicher Automat

b) Moore-Automat

c) Medwedew-Automat

d) Turing-Automat

e) Mealy-Automat

Aufgabe 5–7 Betrachten Sie die Taktsignale in Abb. 5.64. Wie groß ist für die Diagramme a) bis c) jeweils:

- Periodendauer
- Taktfrequenz
- Duty Cycle der 1-Phase

Abb. 5.64 Taktsignale

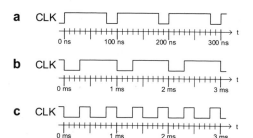

Aufgabe 5–8 Ein Automat mit 11 Zuständen soll mit minimaler Codewortlänge codiert werden. Wie viele Stellen muss das Codewort haben?

Aufgabe 5–9 Ein Automat mit 9 Zuständen soll mit einer One-Hot-Codierung codiert werden. Wie viele Stellen muss das Codewort haben?

Aufgabe 5–10 Wie viele Zustände können bei minimaler Codewortlänge mit 5 Stellen codiert werden?

Aufgabe 5–11 Wie viele Zustände können mit einer One-Hot-Codierung mit 8 Stellen codiert werden?

Aufgabe 5–12 Die Jalousie an einem Fenster soll durch einen einzelnen Taster angesteuert werden. Um nur einen Taster zu verwenden, ändert sich die Bewegungsrichtung der Jalousie bei jeder neuen Betätigung des Tasters. So lange wie der Taster gedrückt gehalten wird, bewegt sich die Jalousie nach oben oder nach unten. Beim Loslassen stoppt die Jalousie, kann also auch halb oder zweidrittel geschlossen werden.

Beispiel:

- Der Taster wird gedrückt und festgehalten: Die Jalousie bewegt sich nach unten.
- Der Taster wird losgelassen: Die Jalousie stoppt.
- Der Taster wird gedrückt und festgehalten: Die Jalousie bewegt sich nach oben.
- Der Taster wird losgelassen: Die Jalousie stoppt.
- Der Taster wird gedrückt und festgehalten: Die Jalousie bewegt sich nach unten.

Nach dem Start soll sich die Jalousie bei Tastendruck zuerst nach unten bewegen. Das Ende der Bewegung, also ganz offen oder ganz geschlossen, wird nicht überprüft, da der Motor dann selbstständig stoppt.

Die Jalousie soll durch einen Moore-Automaten angesteuert werden. Der Taster liegt am Eingang T und ist 1, wenn er gedrückt wird. Der Motor wird durch zwei Ausgänge *M(1:0)* angesteuert. Die Bedeutung ist:

- $M = 00$ – Motor ausgeschaltet
- $M = 01$ – Motor fährt herunter
- $M = 10$ – Motor fährt herauf
- $M = 11$ – nicht zulässig

a) Stellen Sie das Zustandsfolgediagramm auf. Verwenden Sie so wenige Zustände wie möglich.
b) Erstellen Sie die Zustandsfolgetabelle.

Aufgabe 5–13 Mit einem Automaten sollen Parkmünzen zum Preis von 50 Cent verkauft werden. Ein elektromechanisches System erkennt Münzen im Wert von 10, 20 und

50 Cent und meldet eine eingeworfene Münze auf zwei Leitungen $M(1:0)$. Wird keine Münze eingeworfen, ist $M = 00$. Erkannte Münzen werden mit einem Signal der Länge eines Taktzyklus angezeigt. Die Münzen werden wie folgt codiert:

- $M = 01$–10 Cent
- $M = 10$–20 Cent
- $M = 11$–50 Cent

Werden insgesamt mehr als 50 Cent eingeworfen, wird das übrige Geld einbehalten. Beispiele für erlaubte Kombinationen sind also:

- 20 Cent, 20 Cent, 10 Cent
- 50 Cent
- 20 Cent, 20 Cent, 20 Cent (10 Cent verfallen)
- 20 Cent, 50 Cent (ungeschickte Reihenfolge, 20 Cent verfallen)

Entwerfen Sie einen Moore-Automaten, der die Leitungen $M(1:0)$ auswertet und nach Einwurf eines Betrags von mindestens 50 Cent einen Ausgang P für einen Takt auf 1 schaltet, um eine Parkmünze auszugeben. Danach kann erneut Geld für die nächste Parkmünze eingeworfen werden. Aufgrund der mechanischen Auswertung vergehen zwischen zwei Münzeinwürfen mehrere Taktzyklen.

a) Stellen Sie das Zustandsfolgediagramm auf. Verwenden Sie so wenige Zustände wie möglich.
b) Erstellen Sie die Zustandsfolgetabelle.

Aufgabe 5–14 Der Automat zum Halbieren der Taktzyklen mit dem Wert 1 aus Abschn. 5.2.5 soll als Moore-Automat entworfen werden.

Wenn am Eingang X der Wert 1 anliegt, soll für jeden zweiten Wert eine 1, ansonsten eine 0 am Ausgang Y ausgegeben werden. Die Zählung soll durch Eingangswerte 0 nicht beeinflusst werden. Bei einer 0 am Eingang soll 0 ausgegeben werden. Beim Einschalten soll für die erste 1 der Wert 0 ausgegeben werden. Der Zeitablauf entspricht Abb. 5.49, allerdings ist die Ausgabe bis zur nächsten Taktflanke verzögert (da Moore-Automat).

a) Stellen Sie das Zustandsfolgediagramm auf. Verwenden Sie so wenige Zustände wie möglich.
b) Erstellen Sie die Zustandsfolgetabelle.

Aufgabe 5–15 Auf einer Datenleitung D werden Datenworte der Länge 4 übertragen. Die Datenworte bestehen aus drei Stellen Nutzinformation und einer vierten Stelle zur Fehlererkennung, der Parity-Stelle. Diese vierte Parity-Stelle ist so gewählt, dass die Anzahl der 1-Stellen im Datenwort immer ungerade ist. Ein Fehler bei der Übertragung

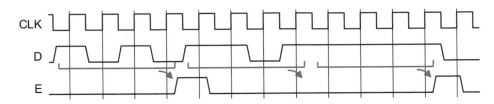

Abb. 5.65 Zeitdiagramm für die Fehlererkennung mit Parity-Stelle

kann erkannt werden, wenn beim Empfänger die Anzahl der 1-Stellen, also die Parität, gerade ist.

Entwerfen Sie einen **Mealy-Automaten,** der die Datenleitung D überwacht und ein falsches Datenwort erkennt. Wenn ein falsches Datenwort mit gerader Anzahl der 1-Stellen auftritt, soll der Ausgang E (Error) für einen Takt auf 1 sein. Innerhalb eines Datenwortes und wenn kein Fehler auftritt, ist E auf 0.

Abb. 5.65 ist ein Beispiel für einen Zeitablauf. Die Klammern kennzeichnen die Datenworte.

- Das erste Datenwort hat zwei 1-Stellen, also fehlerhaft, da Parität gerade.
- Das zweite Datenwort hat drei 1-Stellen, also korrekt, da Parität ungerade.
- Das dritte Datenwort hat vier 1-Stellen, also fehlerhaft, da Parität gerade.

a) Stellen Sie das Zustandsfolgediagramm auf. Verwenden Sie so wenige Zustände wie möglich.
b) Erstellen Sie die Zustandsfolgetabelle.

Hinweise:

- Der Automat muss mitzählen, wie viele Stellen und welche Werte empfangen wurden.
- Es müssen nicht alle verschiedenen Kombinationen unterschieden werden. Es sind weniger als zehn Zustände nötig.
- Achten Sie darauf, dass nach der vierten Stelle sofort das neue Datenwort beginnt. Der Automat darf keine Pause einlegen.

Schaltungsstrukturen

6

In den Kap. 4 und 5 wurde gezeigt, wie aus einer Aufgabenstellung eine kombinatorische oder sequenzielle Schaltung entwickelt werden kann. Dieser allgemeine Entwurfsweg ist prinzipiell für jede Spezifikation möglich. Für bestimmte Aufgabenstellungen kann es aber auch einfacher gehen. Es gibt einige Grundstrukturen, die häufig in digitalen Schaltungen vorkommen und solche Strukturen werden in diesem Kapitel vorgestellt. Die Strukturen können durch eine Beschreibung in VHDL erzeugt werden.

6.1   Grundstrukturen digitaler Schaltungen

Wenn Sie die hier gezeigten Grundstrukturen kennen, können Sie oft cinc digitale Schaltung direkt aus diesen Strukturen zusammenstellen. Sie sparen sich damit möglicherweise den allgemeinen Entwurfsweg über Funktionstabelle oder Zustandsfolgediagramm. In Abschn. 6.5.2 wird hierzu ein ausführliches Beispiel gezeigt.

6.1.1   Top-Down Entwurf

Größere Digitalschaltungen werden *Top-Down* entworfen, also „von oben nach unten". Damit ist gemeint, dass eine Schaltung schrittweise in immer kleinere Teile aufgeteilt wird. Das Gesamtsystem besteht also aus Teilschaltungen, die auch als *Untermodul* bezeichnet werden. Die Untermodule können wiederum aus weiteren Untermodulen zusammengesetzt sein. Auf dem untersten Schritt der Aufteilung befinden sich Grundelemente. Dies können Schaltungsstrukturen dieses Kapitels sein, aber auch Automaten (Kap. 4) oder einzelne Gatter und Flip-Flops.

Beispielsweise lässt sich ein Mikrocontroller (siehe Kap. 13, 14 und 15) in die folgenden Teilschaltungen aufteilen:

© Springer-Verlag GmbH Deutschland, ein Teil von Springer Nature 2022   171
W. Gehrke und M. Winzker, *Digitaltechnik,*
https://doi.org/10.1007/978-3-662-63954-2_6

Abb. 6.1 Standardisierte
Darstellung eines
Schaltungselements

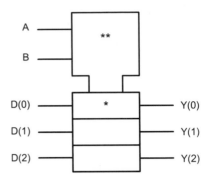

- Der Mikrocontroller besteht aus den Untermodulen CPU, Speicher, Eingabe, Ausgabe, Bussystem, …
- Die CPU besteht aus den Untermodulen Rechenwerk, Steuerwerk, Register, Speicherinterface, …
- Das Steuerwerk besteht aus Programmzähler, Befehlsdecoder, …
- Der Programmzähler wird durch die Grundstruktur Zähler implementiert.

Der Vorteil dieser Vorgehensweise ist, dass die Untermodule einzeln entworfen werden können. Dies ist übersichtlich und erlaubt auch eine Aufteilung auf mehrere Personen oder, bei größeren Projekten, sogar auf mehrere Standorte eines Unternehmens.

Die einzelnen Teilschaltungen werden dann Schritt für Schritt zur Gesamtschaltung zusammengesetzt. Dieses Zusammenfügen wird als *Bottom-up* bezeichnet.

6.1.2 Darstellung von Schaltungsstrukturen

In den bisherigen Kapiteln wurden bereits grafische Symbole *(Schaltzeichen)* für die Darstellung von Schaltungselementen verwendet. Gemeint sind die rechteckigen Kästen, bei denen sich die Eingänge auf der linken Seite und die Ausgänge auf der rechten Seite befinden. An der oberen und unteren Kante können sich Steuersignale befinden.

Auch für Schaltungsstrukturen werden solche Schaltzeichen verwendet. Es gibt eine standardisierte Darstellung, die in Abb. 6.1 zu sehen ist. Die Eingänge sind links, die Ausgänge rechts angeordnet. Der obere Block erhält Steuersignale, welche die Datensignale beeinflussen. Der untere Block umfasst die Datensignale. Dabei trennt ein horizontaler Strich unabhängige Datensignale voneinander. Abkürzungen und Symbole bei „*" und „**" geben die Funktion an.

Die Verwendung dieser Darstellung ist in der Praxis allerdings sehr uneinheitlich. Englischsprachige Quellen verwenden die Symbole kaum und darum findet sich auch in Deutschland oft eine einfachere Darstellung. Meist wird ein einfaches Rechteck verwendet und die Funktion durch eine Beschriftung verdeutlicht.

6.2 Kombinatorische Grundstrukturen

6.2.1 Multiplexer

Eine wichtige Grundstruktur für kombinatorische Schaltungen ist der *Multiplexer*, kurz „Mux". Abhängig von Steuersignalen wird einer von mehreren Eingängen ausgewählt und auf den Ausgang gegeben. Je nach Anzahl der Auswahlmöglichkeiten sind ein oder mehrere Steuerleitungen erforderlich.

- 1-aus-2-Multiplexer: Für zwei Dateneingänge ist eine Steuerleitung erforderlich
- 1-aus-4-Multiplexer: Für vier Dateneingänge sind zwei Steuerleitungen nötig, denn die zwei Steuerleitungen können vier Möglichkeiten anzeigen
- 1-aus-8-Multiplexer: Für acht Dateneingänge sind drei Steuerleitungen nötig

Auch Multiplexer für mehr Eingänge sind möglich. Mit n Steuerleitungen kann aus 2^n Eingängen ausgewählt werden.

Das Schaltsymbol für einen 1-aus-4-Multiplexer ist in Abb. 6.2 dargestellt. Links befindet sich das Symbol in der standardisierten Darstellung mit dem Steuerblock und den zwei Steuerleitungen *A(1:0)*. Entsprechend der Werte an *A* wird einer der vier Dateneingänge *D(3:0)* ausgewählt und an den Ausgang *Y* gegeben. In der Mitte ist ein vereinfachtes Symbol dargestellt, welches in der Praxis häufig verwendet wird.

Ebenfalls in Abb. 6.2 gezeigt ist die Funktionstabelle für den 1-aus-4-Multiplexer. Die Leitung *A* gibt als Binärzahl an, welcher Eingangswert auf *Y* geschaltet wird. Es wird als ein Datenwert ausgewählt und die Schaltung wird darum auch als Datenselektor bezeichnet.

VHDL-Beschreibung Ein Multiplexer kann durch das bereits bekannte Case-Statement erzeugt werden. Als Bedingung wird das Steuersignal *a* verwendet. Im Code sind die Signale definiert als:

- a : std_logic_vector(1 downto 0);
- d : std_logic_vector(3 downto 0);
- y : std_logic;

Abb. 6.2 Symbole und Funktionstabelle für 1-aus-4-Multiplexer

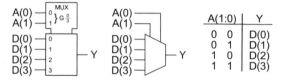

```
case a is
   when "00"   => y <= d(0);
   when "01"   => y <= d(1);
   when "10"   => y <= d(2);
   when others => y <= d(3);
end case;
```

Die Case-Anweisung kann nur innerhalb eines Prozesses aufgerufen werden. Die VHDL-Befehle für den Prozess werden hier und in den folgenden Beispielen zur besseren Übersichtlichkeit weggelassen. Der Others-Fall ist erforderlich, um alle möglichen Werte des Datentyps std_logic zu erfassen, also zum Beispiel auch ‚X' oder ‚U'.

6.2.2   Demultiplexer

Die entgegengesetzte Schaltung ist der *Demultiplexer*, kurz „Demux". Abhängig von Steuersignalen A wird ein Eingangssignal D auf einen von mehreren möglichen Ausgängen Y gelegt. Die anderen Ausgänge sind 0. Genau wie beim Multiplexer gibt es Varianten mit verschiedener Anzahl an Wahlmöglichkeiten, also 1-auf-2, 1-auf-4, 1-auf-8-Demultiplexer oder auch größere Schaltungen. Abb. 6.3 zeigt das Symbol und die Funktionstabelle für einen 1-auf-4-Demultiplexer.

Die Begriffe Multiplexer und Demultiplexer stammen von einer möglichen Anwendung, bei der sich mehrere Signalwege eine gemeinsame Leitung teilen. Dies ist in Abb. 6.4 dargestellt. Die Schaltungsstrukturen werden jedoch auch für andere Anwendungen eingesetzt.

Eine andere Bezeichnung für den Demultiplexer ist *Adressdecoder*. Dabei wählt eine Binärzahl mit n Stellen eine von 2^n Ausgangsleitungen und eine weitere Steuerleitung G aktiviert den Ausgang. Die Funktionstabelle für 8 Ausgangsleitungen ist in Abb. 6.5 dargestellt. Eine beispielhafte Anwendung ist, dass eine Adresse einen von 8 Speicherbausteinen auswählt. Die Schaltung entspricht exakt einem 1-auf-8-Demultiplexer des Datensignals G. Je nach Anwendungsgebiet ist die Bezeichnung als Adressdecoder jedoch verständlicher.

Abb. 6.3 Symbol und Funktionstabelle für 1-auf-4-Demultiplexer

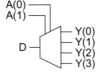

A(1:0)		Y(3:0)			
0 0		0	0	0	**D**
0 1		0	0	**D**	0
1 0		0	**D**	0	0
1 1		**D**	0	0	0

Abb. 6.4 Multiplexer und Demultiplexer

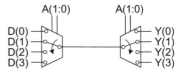

Abb. 6.5 Funktionstabelle
eines Adressdecoders für 8
Leitungen

G	A(2:0)	Y(7)	Y(6)	Y(5)	Y(4)	Y(3)	Y(2)	Y(1)	Y(0)
0	X X X	0	0	0	0	0	0	0	0
1	0 0 0	0	0	0	0	0	0	0	1
1	0 0 1	0	0	0	0	0	0	1	0
1	0 1 0	0	0	0	0	0	1	0	0
1	0 1 1	0	0	0	0	1	0	0	0
1	1 0 0	0	0	0	1	0	0	0	0
1	1 0 1	0	0	1	0	0	0	0	0
1	1 1 0	0	1	0	0	0	0	0	0
1	1 1 1	1	0	0	0	0	0	0	0

VHDL-Beschreibung Auch der Demultiplexer kann durch ein Case-Statement erzeugt werden. Zunächst werden alle Ausgangssignale y auf 0 gesetzt. Der Eingang d wird dann einer der vier Ausgangsleitungen zugewiesen und damit für diesen Ausgang die Zuweisung der Null wieder überschrieben. Da die zwei Zuweisungen nacheinander innerhalb eines Prozesses ausgeführt werden, hat die erste Zuweisung für die Hardware-Synthese keine Wirkung.

Am ausgewählten Ausgang wird also *nicht* kurzzeitig eine 0 (erste Zuweisung) und danach der Wert von d (zweite Zuweisung) zu beobachten sein.

Die Signale sind definiert als:

- a : std_logic_vector(1 downto 0);
- d : std_logic;
- y : std_logic_vector(3 downto 0);

```
y <= "0000";
case a is
    when "00"   => y(0) <= d;
    when "01"   => y(1) <= d;
    when "10"   => y(2) <= d;
    when others => y(3) <= d;
end case;
```

6.2.3 Addierer

Arithmetische Berechnungen sind eine wichtige Grundfunktion von digitalen Schaltungen. Eine Grundschaltung für die Addition zweier Zahlen wird als *Addierer* bezeichnet. In diesem Abschnitt werden Addierer für Binärzahlen beschrieben. Die Addition von Zweierkomplementzahlen erfolgt mit der gleichen Struktur; lediglich das Vorzeichen muss berücksichtigt werden.

Zwei Zahlen der Wortbreite n ergeben eine Summe der Wortbreite $n + 1$, denn der Wertebereich der Summe kann ja größer als die Summanden sein. Für die Beispiele in diesem Abschnitt wird $n = 8$ gewählt, wenn nichts anderes angegeben ist.

Für diesen Fall der Wortbreite $n = 8$ haben die Summanden einen Wertebereich von [0,255]. Die Summe kann den Wertebereich von [0,510] haben und benötigt eine Wortbreite von $n = 9$.

Ein Addierer hat somit $2 \cdot n$ Eingangsleitungen für die beiden Summanden A und B, sowie $n + 1$ Ausgangsleitungen für die Summe S. Ein Entwurf der Schaltung mit dem Karnaugh-Diagramm ist nicht möglich, da das Diagramm bei $2 \cdot n$ Eingangsleitungen $2^{2 \cdot n}$ Wertekombinationen hätte. Bei $n = 8$ wären diese $2^{16} = 65.536$ Einträge, also viel zu viel für eine graphische Optimierung.

Ripple-Carry-Addierer Für den Entwurf eines Addierers analysiert man die arithmetische Rechenoperation und setzt diese in eine Schaltung um. Zur Veranschaulichung ist in Abb. 6.6 die Addition zweier Zahlen dargestellt. Die Berechnung findet nacheinander für die einzelnen Binärstellen der Summanden A und B statt. Die beiden Werte werden mit dem *Übertrag* aus der vorherigen Stelle addiert und ergeben eine Summenstelle sowie einen Übertrag in die nächste Stelle. Der Übertrag zur ersten Stelle ist 0; der Übertrag der letzten Stelle ergibt die zusätzliche Summenstelle.

Diese Berechnung kann direkt in eine Schaltung umgesetzt werden. Die Berechnung für jede Stelle wird in einem Untermodul mit der Bezeichnung *Volladdierer* (VA) durchgeführt. Dieses Untermodul wird gleich noch beschrieben.

Für eine Addition von n Stellen werden n Volladdierer eingesetzt. Jeder Volladdierer erhält die beiden Stellen der Summanden sowie den Übertrag aus der vorherigen Stelle. Als Ausgabe des Volladdierers gibt es die Summe der aktuellen Stelle sowie den Übertrag für die nächste Stelle. Der erste Volladdierer hat am Eingang des Übertrags den Wert 0, denn die erste Stelle hat noch keinen Übertrag. Der Ausgang des Übertrags vom letzten Volladdierer ergibt die zusätzliche Summenstelle. Diese Struktur ist für $n = 8$ in Abb. 6.7 dargestellt. Der Übertrag (engl. *Carry*) läuft durch alle Stellen und darum wird diese Schaltungsstruktur als *Ripple-Carry-Addierer* (engl. *Ripple-Carry-Adder*) bezeichnet.

Es gibt noch weitere Addiererstrukturen, die für große Wortbreiten schneller arbeiten. Der Ripple-Carry-Addierer ist jedoch die wichtigste und am häufigsten vorkommende Addiererstruktur.

Volladdierer Der Volladdierer hat drei Eingangssignale und zwei Ausgangssignale. Eingänge sind A, B und CI, also die beiden Binärstellen der Summanden sowie der Übertrag aus der vorherigen Binärstelle mit der Bezeichnung CI für Carry-In. Ausgänge sind S und CO, also die Binärstelle der Summe sowie der Übertrag für die nächste Binärstelle mit der Bezeichnung CO für Carry-Out.

Abb. 6.6 Addition zweier Binärzahlen der Wortbreite 8 bit

A	1 0 1 1 1 0 0 1	
+ B	1 0 0 1 1 1 0 0	
	1 0 1 1 1 0 0 0 0	Übertrag
S	1 0 1 0 1 0 1 0 1	

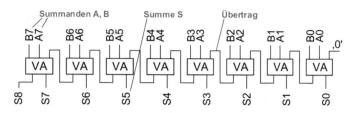

Abb. 6.7 Ripple-Carry-Addierer für Binärzahlen mit 8 Stellen

Die Schaltung muss die drei Eingangswerte *A, B, CI* summieren, was einen Wert von 0 bis 3 ergeben kann. Wenn diese Summe 2 oder 3 ist, erfolgt ein Übertrag in die nächste Stelle. Der Ausgang *S* wird 1, falls die Summe 1 oder 3 ist. Diese Funktion und das Symbol für einen Volladdierer ist in Abb. 6.8 gezeigt. Die Schaltung besteht aus wenigen Gattern.

Eine vereinfachte Form des Volladdierers ist der *Halbaddierer* (HA). Dieses Modul hat keinen Carry-Eingang und kann für die unterste Stelle des Ripple-Carry-Addierers verwendet werden.

VHDL-Beschreibung Der Addierer kann direkt durch das Plus-Zeichen erzeugt werden. Die Signale können als Vektor vom Typ signed/unsigned oder als integer definiert werden. Wie in Abschn. 3.5. erläutert, muss für signed und unsigned die Erweiterung der Wortbreite beachtet werden. Für Operanden *A* und *B* mit 8 bit Wortbreite lautet die Beschreibung:

```
s <= '0' & a + '0' & b;    -- für Datentyp unsigned
s <= a(7) & a + b(7) & b;  -- für Datentyp signed
```

Die Grundstruktur des Addierers wird auch für die Subtraktion eingesetzt. Prinzipiell wird statt des Volladdierers ein ähnlich definierter *Vollsubtrahierer* verwendet. In der Praxis wird jedoch oft einfach der Subtrahend invertiert und eine Addition durchgeführt. Damit ist kein weiteres Grundelement erforderlich. Es wird also $S = A + (-B)$ gerechnet. Damit die Invertierung dem Zweierkomplement entspricht, muss die 0 für den ersten Übertrag ebenfalls invertiert werden.

Abb. 6.8 Symbol und Funktionstabelle für einen Volladdierer

A	B	CI	CO	S
0	0	0	0	0
0	0	1	0	1
0	1	0	0	1
0	1	1	1	0
1	0	0	0	1
1	0	1	1	0
1	1	0	1	0
1	1	1	1	1

In VHDL wird die Subtraktion einfach durch das Minus-Zeichen aufgerufen. Für den Datentyp signed lautet die Beschreibung:

```
s <= a(7) & a - b(7) & b;
```

6.3   Sequenzielle Grundstrukturen

6.3.1   Zähler

Zähler sind wichtige Grundschaltungen, um Abläufe in digitalen Schaltungen zu steuern. Dabei wird als Grundoperation eine Binärzahl mit jedem Takt um eins erhöht. Auch ein Rückwärtszählen ist möglich, aber nicht so anschaulich. Gezählt wird stets ab dem Wert Null, also nicht ab Eins.

Die meisten Zähler beginnen nach Erreichen des letzten Ausgabewertes automatisch wieder beim ersten Ausgabewert, also der Null. Man bezeichnet dies als *Modulo-m Zähler*, wobei m die Anzahl der Zustände ist.

Beispielsweise zählt ein Modulo-5 Aufwärtszähler 0, 1, 2, 3, 4, 0, 1, 2, 3, 4, 0, 1, ...

Besonders einfach sind *Modulo-2^n Zähler*. Sie durchlaufen alle n-stelligen Binärzahlen. Um alle 10-stelligen Binärzahlen zu durchlaufen, wird ein Modulo-2^{10} Zähler eingesetzt. Er läuft von 0 bis 1023 und startet danach wieder bei 0.

Diese Grundfunktion kann verändert und durch verschiedene Steuersignale erweitert werden.

- **Enable:** Der Zähler geht nur zum nachfolgenden Wert, wenn ein Steuereingang *enable* $= 1$ ist.
- **Clear:** Der Zähler springt wieder auf den Startzustand. Dies entspricht einem Reset.
- **Load:** Der Zähler lädt auf einen Wert von einem Eingang.
- **Up/Down:** Die Zählrichtung kann gewählt werden, das heißt der Zähler zählt auf Wunsch in die negative Richtung.
- Kein automatischer Neustart, das heißt der Zähler hält beim Erreichen des Maximalwerts an und startet erst nach Clear erneut.

Ein ausführliches Beispiel für die Verwendung von Zählern folgt in Abschn. 6.5.2.

Implementierung Ein Zähler wird mit der gleichen Struktur wie ein Moore-Automat implementiert. Der aktuelle Zählerstand ist in Flip-Flops gespeichert und aus diesem Wert sowie den Steuersignalen berechnet eine kombinatorische Schaltung den nächsten Zählerstand (Abb. 6.9). Im einfachsten Fall besteht die kombinatorische Schaltung aus einem Addierer, der zum aktuellen Zählerstand den Wert Eins addiert. Je nach benötigten Steuersignalen sind weitere Gatter erforderlich.

VHDL-Beschreibung Ein Zähler wird durch die Addition einer Zählvariablen in einem getakteten Prozess erzeugt. Besonders einfach ist der Modulo-2^n Zähler, wenn die Zählvariable als unsigned definiert ist. Bei Erreichen des Maximalwerts ist die Addition so definiert, dass sie danach wieder den Wert Null ergibt.

Für einen Modulo-2^{10} Zähler wird die Zählvariable count definiert als:

- count: unsigned(9 downto 0);

```
process
begin
wait until rising_edge(clk);
   count <= count + 1;
end process;
```

Zähler mit Steuersignalen lassen sich durch Erweiterung des Codes mit If-Bedingungen umsetzen. Der folgende Code beschreibt einen Modulo-100 Zähler, der nur bei *enable* = 1 zählt. Der Steuereingang *clear* setzt den Zähler auf 0, und zwar unabhängig von *enable* (siehe auch Abb. 6.9). Er entspricht einem synchronen Rücksetzen.

Die Steuereingänge sind als std_logic und die Zählvariable als unsigned definiert:

- clear: std_logic;
- enable: std_logic
- count: unsigned(6 downto 0);

Abb. 6.9 Implementierung eines Zählers

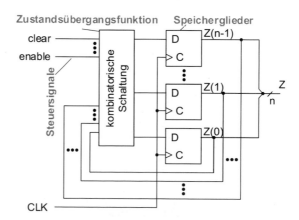

```
process
begin
wait until rising_edge(clk);
    if clear = '1' then
        count <= (others => '0');
    elsif enable = '1' then
        if count = 99 then
            count <= (others => '0');
        else
            count <= count + 1;
        end if;
    end if;
end process;
```

6.3.2 Schieberegister

Mehrere hintereinander geschaltete D-Flip-Flops werden als *Schieberegister* bezeichnet. In einem Schieberegister werden die gespeicherten Werte mit jedem Takt einen Wert weitergeschoben (Abb. 6.10).

Durch Steuersignale, beispielsweise ein Enable, kann die Grundstruktur erweitert werden. Ein Schieberegister wird verwendet, wenn Daten vor oder innerhalb einer Verarbeitung um wenige Taktzyklen verzögert werden sollen. Bei größeren Verzögerungen (ab ca. 16 Taktzyklen) sind jedoch Speicher meist effizienter.

Eine wichtige Anwendung von Schieberegistern ist die Verarbeitung serieller Daten und die Umwandlung zwischen seriellen und parallelen Daten. In Abb. 6.11 ist ein Schieberegister zur Wandlung paralleler Daten zur seriellen Datenübertragung dargestellt. Der Dateneingang D hat 8 Leitungen, die zu Beginn der Übertragung mit

Abb. 6.10 Schieberegister

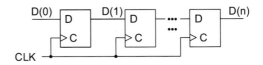

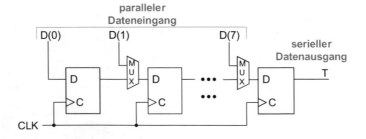

Abb. 6.11 Schieberegister zur Parallel-Seriell-Wandlung

Multiplexern in ein Schieberegister geladen werden. Dann wird 8 Taktzyklen lang das Datenwort auf der seriellen Leitung T ausgegeben. Nach diesen 8 Taktzyklen kann das nächste Datenwort übertragen werden.

VHDL-Beschreibung Für die VHDL-Beschreibung eines Schieberegisters wird die Zusammenfassung von Vektoren mit dem Concatenation-Operator & verwendet. Achtung: Verwechseln Sie diesen Operator nicht mit der UND-Verknüpfung.

Für ein einfaches Schieberegister ähnlich wie in Abb. 6.10 wird ein std_logic_vector definiert. Hier soll als Wortbreite 8 bit verwendet werden und ein Steuereingang *enable* beachtet werden. Der oberste Wert des Schieberegisters, das MSB (Most Significant Bit), wird nicht mehr gespeichert. Die übrigen Werte rücken eine Stelle auf und werden mit dem neuen Eingangswert *data* ergänzt. Dies wird programmiert, indem der Wert des Schieberegisters ohne MSB (also *d(6:0)*) mittels Concatenation um das Signal *data* ergänzt wird.

Die Signale sind definiert als:

- d : std_logic_vector(7 downto 0);
- data: std_logic;
- enable : std_logic;

```
process
begin
wait until rising_edge(clk);
   if enable = '1' then
       d <= d(6 downto 0) & data;
   end if;
end process;
```

6.3.3 Rückgekoppeltes Schieberegister

Bei einem *rückgekoppelten Schieberegister* werden einige Stellen XOR-verknüpft und wieder in das Schieberegister gegeben. Die englische Bezeichnung hierfür ist *Linear Feedback Shift Register* oder *LFSR*. Abb. 6.12 zeigt ein LFSR mit 4 Stellen. Die Daten an Position 3 und 4 werden XOR-verknüpft und wieder an Position 0 in das Schieberegister gegeben.

Bei geeigneter Wahl der Rückkopplung werden bei einem n-Bit-Schieberegister 2^n-1 verschiedene Zustände durchlaufen. Von den 2^n möglichen Kombinationen treten also sämtliche Werte auf, ausgenommen alle Stellen auf 0. Die Werte treten dabei nicht in der arithmetischen Reihenfolge auf und können darum auch als Pseudo-Zufallszahlen genutzt werden. Die Initialisierung muss vermeiden, dass alle Werte auf 0 sind (nicht in Abb. 6.12 dargestellt).

Die Abgriffe der Rückkopplung sind für verschiedene Längen des Schieberegisters in Tabellen angegeben. Eingesetzt werden LFSR beispielsweise als Zahlengeneratoren in der Kommunikationstechnik.

Abb. 6.12 Rückgekoppeltes
Schieberegister mit 4 Stellen

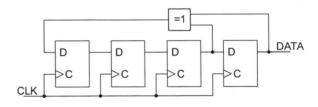

6.4   Zeitverhalten

6.4.1   Verzögerungszeit realer Schaltungen

Logikgatter benötigen eine kurze Laufzeit bis der Ausgang auf eine Änderung der Eingangsvariablen reagiert. Diese Laufzeit ist abhängig von der Technologie. Für ein einzelnes Gatter in einem Gehäuse kann die Laufzeit über 10 ns betragen. Als Teil eines modernen hochintegrierten ASICs sind Laufzeiten unter 0,1 ns möglich.

Realistische Werte für die Verzögerungszeit eines Gatters innerhalb integrierter Schaltungen betragen etwa 0,1 bis 1,0 ns, während die Verzögerungszeit diskreter Gatter bei etwa 1 ns bis 10 ns liegt (vgl. Kap. 7). Dabei ist die Verzögerungszeit auch abhängig von der Funktion des Logikgatters. Ein Inverter ist meist schneller als ein ODER-Gatter mit 8 Eingängen. Auch gleichartige Gatter können eine unterschiedliche Laufzeit haben, abhängig beispielsweise davon, ob ihr Ausgang 1 oder 10 weitere Gatter ansteuert.

6.4.2   Transiente Signalzustände

Beim Wechsel einer oder mehrerer Eingangsvariablen treten aufgrund der Verzögerungszeiten oft kurze Zwischenzustände auf. Diese werden als *Spike*, *Glitch* oder *Hazard* bezeichnet.

Zum besseren Verständnis wird die Schaltung in Abb. 6.13 betrachtet. Bei ihr wechselt der mittlere Eingang von 1 auf 0. Für beide Eingangswerte ist der Ausgang Y auf 1. Durch Verzögerungszeiten der Gatter kann jedoch ein kurzzeitiger Spike am Ausgang Y auftreten. Dieser entsteht durch den folgenden Ablauf:

- Der mittlere Eingang wechselt von 1 auf 0.
- Das obere UND-Gatter wechselt dadurch von 1 auf 0.
- An beiden Eingängen des ODER-Gatters liegt 0 an und der Ausgang ist kurzzeitig 0.
- Das untere UND-Gatter ist durch den vorgeschalteten Inverter etwas langsamer als das obere UND-Gatter und wechselt später von 0 auf 1.
- Der untere Eingang des ODER-Gatters wird 1 und der Ausgang wird wieder 1.

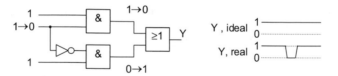

Abb. 6.13 Spike beim Wechsel eines Eingangssignals

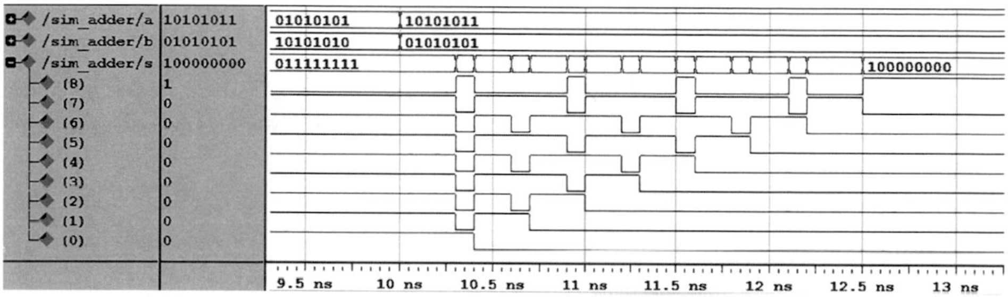

Abb. 6.14 Simulation eines Ripple-Carry-Addierers (VHDL-Simulator Modelsim)

6.4.3 Signalübergänge in komplexen Schaltungen

Bei komplexen Schaltungen können auch mehrere Übergänge auftreten, bis der endgültige Ausgangswert erreicht ist. Dies lässt sich beim Ripple-Carry-Addierer aus Abb. 6.7 gut nachvollziehen. Eine Summenstelle hängt von den Eingangswerten der aktuellen Stelle sowie von allen tieferen Stellen ab. Summenstelle $S(6)$ beispielsweise hängt von $A(6)$ und $B(6)$ sowie dem Übertrag aus allen vorherigen Stellen also $A(5)$ bis $A(0)$ und $B(5)$ bis $B(0)$ ab. Wenn zwei neue Zahlen für die Berechnung am Addierer anliegen, liegt an Stelle 6 die Information von $A(6)$ und $B(6)$ sofort an. Die Informationen aus den vorherigen Stellen müssen jedoch erst durch mehrere Volladdierer weitergegeben werden und treffen später an der Stelle 6 ein.

Als ein Beispiel werden die Signalwechsel des Ripple-Carry-Addierers simuliert. An den Eingängen A und B liegen zunächst die Werte 85_{10} und 170_{10}, also binär 01010101_2 und 10101010_2 an. Dann wechseln die Werte auf 171_{10} und 85_{10}, binär 10101011_2 und 01010101_2. Als Verzögerungszeit für einen Volladdierer wird 0,3 ns angenommen. Außerdem wird angenommen, dass der Eingang B eine etwas längere Anschlussleitung und dadurch eine zusätzliche Laufzeit von 0,1 ns hat.

Das Ergebnis der Simulation ist in Abb. 6.14 zu sehen. Die Summe wechselt von 255_{10} auf 256_{10}, binär von 011111111_2 auf 100000000_2. Durch die schrittweise Verarbeitung des Übertrags wechseln die höheren Summenausgänge S mehrfach den Wert.

6.5   Taktkonzept in realen Schaltungen

6.5.1   Register-Transfer-Level (RTL)

Der mehrfache Wechsel von Signalzuständen lässt sich in Digitalschaltungen kaum vermeiden. Er stellt aber auch kein Problem dar, denn fast alle Schaltungen werden durch einen Takt gesteuert. Das allgemeine *Taktkonzept* ist in Abb. 6.15 dargestellt. Die Eingangssignale einer Schaltung werden zunächst in Flip-Flops gespeichert. Die Flip-Flop-Ausgänge werden dann in einer kombinatorischen Schaltung verarbeitet. Dabei können mehrfache Signalwechsel auftreten. Wenn alle Wechsel der kombinatorischen Schaltung erfolgt sind, werden die Informationen in einer zweiten Flip-Flop-Stufe gespeichert. Von dort werden die Daten in der nachfolgenden Taktperiode an die nächste kombinatorische Schaltung gegeben, nach der sich erneut eine Flip-Flop-Stufe befindet.

Die Flip-Flop-Stufen werden auch als *Register* bezeichnet und als kompakte Darstellung das in Abb. 6.15 gezeigte Schaltsymbol verwendet. Das Taktkonzept bezeichnet man als *Register-Transfer* und diese Schaltungsstruktur ermöglicht ein sicheres Arbeiten der Schaltung, da die Register jeweils abwarten, bis alle Signalübergänge in der kombinatorischen Schaltung erfolgt sind.

Ein wesentlicher Vorteil dieses Schaltungskonzepts ist auch die Übersichtlichkeit beim Schaltungsentwurf. Beim Entwurf kann man sich gut vorstellen, welche Informationen jeweils in einer Registerstufe vorhanden sind. Daraus kann man dann beschreiben, was im nächsten Schritt mit diesen Informationen passieren soll. Die Entwurfsmethodik ist weit verbreitet und wird als *Register-Transfer-Level* (RTL) bezeichnet.

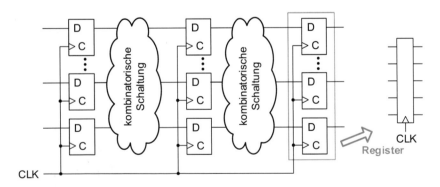

Abb. 6.15   Taktkonzept Register-Transfer

6.5.2   Beispiel für Entwurf mit Register-Transfer-Level: Ampelsteuerung

Der Entwurf im Register-Transfer-Level, kurz RTL-Design, wird mit einem ausführlichen Beispiel verdeutlicht. Dabei werden auch die Grundstrukturen aus Abschn. 6.3 verwendet.

Aufgabenstellung Eine Fußgängerampel soll durch eine Digitalschaltung angesteuert werden. Die Straße hat eine Ampel mit drei Lichtzeichen Rot, Gelb, Grün und der Fußgängerüberweg eine Ampel mit zwei Lichtzeichen Rot, Grün (Abb. 6.16). Um die Schaltung einfach zu halten, sollen keine Tasten ausgewertet werden, sondern stets folgender Ablauf stattfinden:

- 10 s grün für die Straße
- 1 s gelb für die Straße
- 1 s rot für die Straße
- 5 s grün für die Fußgänger
- 2 s rot für die Fußgänger
- 1 s rot und gelb für die Straße
- Zyklus beginnt erneut

Für eine echte Fußgängerampel wäre diese Steuerung sicher zu einfach, deswegen nehmen wir an, die Schaltung sei für eine Modelleisenbahn.

Die Digitalschaltung verwendet einen Takt mit der Frequenz 50 MHz.

Struktur Der Entwurfsablauf beim RTL-Design ist so, dass die Aufgabe zunächst in einzelne Teilschritte unterteilt wird. Diese Teilschritte werden dann zwischen den Registern berechnet. Für die Ampelsteuerung sind drei Teilschritte sinnvoll.

1. Aus dem Takt (50 MHz) wird ein Sekundensignal erzeugt.
2. Mit dem Sekundensignal werden die 20 Schritte des Ampelablaufs gezählt.
3. Mit der Information, welcher Schritt des Ampelablaufs vorliegt, werden die Lichtsignale ausgegeben.

Abb. 6.16 Einfache Fußgängerampel

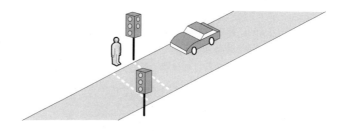

VHDL-Beschreibung Die Schaltung könnte prinzipiell mit einem Moore-Automaten umgesetzt werden. Es ist jedoch deutlich einfacher und übersichtlicher, wenn die Grundstrukturen Zähler und Multiplexer verwendet werden. Im Folgenden ist der komplette VHDL-Code inklusive Bibliotheksaufruf und Entity angegeben.

Das Eingangssignal *clock_50* ist der Takt von 50 MHz. Die Ausgangssignale sind *strasse* mit drei Werten für rotes, gelbes, grünes Licht (gezählt von MSB nach LSB) sowie *fussweg* mit zwei Werten für rotes und grünes Licht (MSB und LSB). Beim Wert „001" für *strasse* ist also der drittgenannte Wert, das grüne Licht aktiv. Beim Wert „10" für *fussweg* ist der erstgenannte Wert aktiv, also das rote Licht.

Die drei Schritte des Register-Transfer-Levels sind durch die Kommentarzeilen gekennzeichnet.

1. Der erste RTL-Schritt ist ein Zähler, der mit *count_a* 50 Mio. Werte zählt und dann *enable* für einen Takt auf 1 setzt. Die benötigte Wortbreite des Zählers berechnet sich aus dem Zweierlogarithmus von 50.000.000 und ergibt aufgerundet 26 bit.

$$ld\,50\,000\,000 = \log 50\,000\,000/\log 2 = 7{,}699/0{,}301 = 25{,}58$$

2. Der zweite RTL-Schritt ist ebenfalls ein Zähler, der durch *enable* einmal pro Sekunde aktiviert wird. Er zählt mit *count_b* die 20 Schritte des Ampelzyklus. Die benötigte Wortbreite beträgt 5 bit.
3. Der dritte RTL-Schritt ist eine Fallunterscheidung, codiert als If-Anweisung, die aus dem Wert von *count_b* die Ansteuerung der Ampellichter ermittelt.

```vhdl
library ieee;
use ieee.std_logic_1164.all;
use ieee.numeric_std.all;

entity ampel is
   port ( clock_50: in  std_logic;
          strasse  : out std_logic_vector(2 downto 0); -- rot, gelb, grün
          fussweg  : out std_logic_vector(1 downto 0));-- rot, grün
end;

architecture behave of ampel is

signal  enable  : std_logic;
signal  count_a : unsigned(25 downto 0);
signal  count_b : unsigned( 4 downto 0);

begin
```

```vhdl
process
begin
wait until rising_edge(clock_50);

    -- Zähler für 1 Impuls je Sekunde
    if count_a >= 49999999 then
        count_a <= (others => '0');
        enable  <= '1';
    else
        count_a <= count_a + 1;
        enable  <= '0';
    end if;


    -- Zähler für 20 Schritte der Ampel
    if enable = '1' then
        if count_b >= 19 then
            count_b < = (others => '0');
        else
            count_b <= count_b + 1;
        end if;
    end if;


    -- Abfrage für Lichter der Ampel
    if       count_b < 10 then
        -- 10 Sekunden grün für Straße, rot für Fussweg
        strasse <= "001"; fussweg <= "10";
    elsif  count_b < 11 then
        -- 1 Sekunde gelb für Straße
        strasse <= "010"; fussweg < = "10";
    elsif  count_b < 12 then
        --1 Sekunde rot für Straße
     strasse <="100"; fussweg <="10";
    elsif  count_b < 17 then
        -- 5 Sekunden grün für Fußweg
        strasse < = "100"; fussweg < = "01";
    elsif    count_b < 19 then
        -- 2 Sekunden rot für Fußweg
        strasse <= "100"; fussweg <= "10";
    else
        -- 1 Sekunde rot/gelb für Straße
        strasse < = "110"; fussweg < = "10";
    end if;
end process;
end;
```

6.5.3 Kritischer Pfad

Die Speicherung in einer Flip-Flop-Stufe darf erst erfolgen, wenn alle Wechsel der kombinatorischen Schaltung abgelaufen sind. Hierfür muss die maximale Verzögerungszeit der kombinatorischen Schaltung berechnet werden. Der langsamste Weg durch die Schaltung wird als *kritischer Pfad* bezeichnet. Ein Pfad beginnt bei einem Flip-Flop-Ausgang und endet bei einem Flip-Flop-Eingang.

Als Beispiel ist in Abb. 6.17 der kritische Pfad eines Ripple-Carry-Addierers dargestellt (vergleiche Abb. 6.7). Die Summanden A und B sowie die Summe S werden entsprechend der RTL-Methodik in Flip-Flop-Stufen gespeichert. Der kritische Pfad beginnt bei der untersten Stelle eines Summanden und endet bei der höchsten Stelle des Ergebnisses. Dazwischen müssen die acht Volladdierer des Ripple-Carry-Addierers durchlaufen werden.

Für die Verzögerungszeit des kritischen Pfads werden die Verzögerungszeiten aller Gatter sowie die Signallaufzeiten der Leitungen addiert. Außerdem hat auch der Ausgang des Flip-Flops am Start des Pfads eine Verzögerungszeit. Beim Flip-Flop am Ende des Pfads muss die Setup-Zeit eingehalten werden, also die Zeit vor der steigenden Taktflanke, in der das Eingangssignal stabil sein muss (siehe Kap. 5).

Als ein Beispiel wird der kritische Pfad des Ripple-Carry-Addierers berechnet. Dazu werden folgende Verzögerungszeiten angenommen.

- Verzögerungszeit eines Volladdierers: 0,3 ns
- Setup-Zeit eines Flip-Flops: 0,2 ns
- Verzögerungszeit von Takt nach Flip-Flop-Ausgang: 0,2 ns
- Laufzeit einer Leitung: 0,1 ns

Für einen 8-Bit-Addierer besteht der kritische Pfad dann aus:

- Flip-Flop-Ausgang: 0,2 ns
- 8 Volladdierer: $8 \cdot 0,3 \text{ ns} = 2,4 \text{ ns}$
- 9 Verbindungsleitungen: $9 \cdot 0,1 \text{ ns} = 0,9 \text{ ns}$
- Flip-Flop Setup-Zeit: 0,2 ns

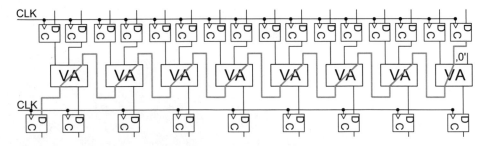

Abb. 6.17 Kritischer Pfad eines Ripple-Carry-Addierers

Dies ergibt in Summe 3,7 ns.

Für einen 32-Bit-Addierer müssen 32 Volladdierer und 33 Verbindungsleitungen berücksichtigt werden. Der kritische Pfad beträgt dann 13,3 ns.

In der Praxis wird der kritische Pfad durch Entwurfsprogramme ermittelt, indem sämtliche Pfade der Schaltung berechnet werden. In Abb. 6.17 könnte auch der andere Eingang des ersten Volladdierers sowie der andere Ausgang des letzten Volladdierers Anfang und Ende des kritischen Pfads sein. Dies hängt von den Verbindungsleitungen und dem inneren Aufbau der Volladdierer ab.

6.5.4   Pipelining

Mögliche Taktfrequenz Aus dem kritischen Pfad kann als Kehrwert die mögliche Taktfrequenz berechnet werden.

- Der 8-Bit-Ripple-Carry-Addierer hat im kritischen Pfad eine Verzögerungszeit von 3,7 ns. Die maximal mögliche Taktfrequenz beträgt darum $1/(3,7\text{ ns}) = 270\text{ MHz}$.
- Für den 32-Bit-Ripple-Carry-Addierer mit der Verzögerungszeit von 13,3 ns beträgt die maximal mögliche Taktfrequenz 75 MHz.

Oft ist jedoch die Vorgehensweise andersherum. Das heißt für eine Problemstellung ist die erforderliche Taktfrequenz vorgegeben. Sie ergibt sich entweder direkt aus der Aufgabe oder aus der Leistungsfähigkeit von Konkurrenzprodukten. Der kritische Pfad muss dann diese Vorgabe erfüllen.

Dies wird durch die beiden folgenden Zahlenbeispiele verdeutlicht:

- Eine digitale Schaltung soll Radarsignale analysieren, die mit 100 Mio. Werten pro Sekunde auftreten. Die Schaltung muss daher eine Taktfrequenz von 100 MHz erreichen. Der kritische Pfad darf 10 ns betragen.
- Ein Mikrocontroller soll entworfen werden. Die vorhandenen Produkte arbeiten mit bis zu 200 MHz. Für das neue Produkt wird daher eine Taktfrequenz von 250 MHz spezifiziert. Der kritische Pfad darf 4 ns betragen.

Taktfrequenz und kritischer Pfad Die Analyse des kritischen Pfads und der Vergleich mit der geforderten Taktfrequenz zeigen, ob die Geschwindigkeitsanforderungen an die Schaltung eingehalten werden. Wenn die Geschwindigkeit ausreicht, ist normalerweise keine weitere Optimierung erforderlich. Falls der kritische Pfad jedoch länger als die verfügbare Zeit ist, muss die Schaltung optimiert werden.

Zur Verkürzung des kritischen Pfads kann überlegt werden, ob die Verarbeitung einfacher aufgebaut oder in mehr Teilschritte aufgeteilt werden kann.

Beispielsweise wird in der Ampelsteuerung aus Abschn. 6.5.2 ein Zähler bis 50 Mio. eingesetzt. Falls dieser Zähler nicht mit der geforderten Taktfrequenz arbeitet, könnte er in zwei nacheinander geschaltete Zähler bis 10.000 und 5000 aufgeteilt werden.

Einfügen von Flip-Flop-Stufen Wenn eine Schaltung nicht umstrukturiert werden kann oder soll, lässt sich durch das Einfügen von Flip-Flop-Stufen die Verarbeitungsgeschwindigkeit erhöhen. Dies wird als *Pipelining* bezeichnet und in digitalen Schaltungen sehr häufig eingesetzt.

Abb. 6.18 zeigt das Einfügen einer Pipeline-Stufe. Die kombinatorische Logik wird durch einen Schnitt aufgeteilt und in sämtliche Verbindungsleitungen werden Flip-Flops eingefügt. Wichtig ist, dass tatsächlich alle Signale gleich verzögert werden, da die Informationen sonst zeitlich gegeneinander verschoben wären. In Abb. 6.18 wird die Pipeline-Stufe bereits nach zwei Gattern eingefügt. Je nach Geschwindigkeitsanforderungen kann aber auch erst nach 10 oder 20 Gattern eine Pipeline-Stufe erforderlich sein.

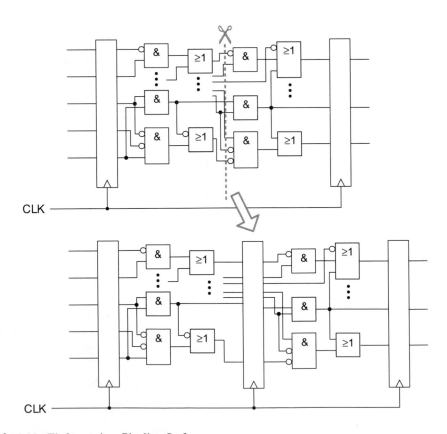

Abb. 6.18 Einfügen einer Pipeline-Stufe

Pipelining verkürzt nicht die Gesamtlaufzeit durch die Kombinatorik, sondern die Laufzeit zwischen Flip-Flop-Stufen. Ein kritischer Pfad von beispielsweise 10 ns wird durch Pipelining in zwei Teile zu 5 ns aufgeteilt und die Schaltung kann dadurch mit 200 MHz statt mit 100 MHz betrieben werden. Allerdings dauert die Berechnung dann zwei Taktzyklen. Die gesamte Verzögerung einer Berechnung wird als *Latenzzeit* bezeichnet.

Der Vorteil des Pipelinings ist, dass während einer Berechnung in der zweiten Pipe-line-Stufe, bereits die nächsten Werte in die erste Pipeline-Stufe gegeben werden können. Die Anzahl an Rechenzyklen wird als Durchsatz bezeichnet. Die Schaltung mit 100 MHz Takt hat einen *Durchsatz* von 100 Mio. Datenwerten, während bei 200 MHz der Durchsatz 200 Mio. Datenwerte beträgt. Pipelining bewirkt also eine Steigerung der Verarbeitungsleistung.

6.5.5 Taktübergänge

Taktbereiche Bisher wurde überall in einer Schaltung der gleiche Takt verwendet. Dies ist auch möglichst anzustreben. Allerdings lässt sich nicht immer vermeiden, dass mehrere Takte verwendet werden. Ein Beispiel dafür ist ein PC:

- Die CPU arbeitet mit einem Takt zwischen 3 und 4 GHz.
- Der DRAM-Speicher arbeitet mit einem Takt im Bereich von 1 GHz.
- Die Grafikkarte arbeitet mit einem Takt zwischen 500 und 1000 MHz.
- Peripheriebausteine für LAN und USB nutzen eigene Taktsignale.

Die *Taktbereiche* werden auch als *Clock-Domain* bezeichnet. Beim Übergang zwischen Clock-Domains kann eine fehlerhafte Datenübernahme auftreten, die durch spezielle Schaltungsstrukturen verhindert werden muss.

Fehler bei Taktübergängen Ein Fehler bei Taktübergängen tritt auf, wenn eine Information an mehreren Stellen einen Taktübergang hat. Zur Verdeutlichung des Problems ist in Abb. 6.19 eine Schaltung zur *Flankenerkennung* dargestellt. Das Signal A kommt aus einem anderen Taktbereich und die Schaltung soll erkennen, wenn es einen Übergang von 0 nach 1. Dies soll angezeigt werden, indem der Ausgang Q für einen Takt auf 1 gesetzt wird.

Die Funktionsweise der Flankenerkennung ist:

- Der Eingang A wird in einem Flip-Flop gespeichert. B ist somit der Wert des Eingangs A aus dem vorherigen Takt.
- Es wird überprüft, ob A im letzten Takt 0 war und jetzt 1 ist. Dies erfolgt durch ein UND-Gatter, welches nur 1 ist, wenn A auf 1 und B auf 0 ist (invertierter Eingang des Gatters).

Abb. 6.19 Schaltung zur Flankenerkennung

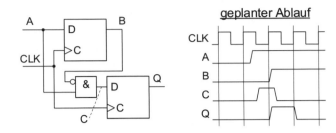

- Das Ergebnis des UND-Gatters, Signal *C* wird in einem Flip-Flop gespeichert.
- Der Ausgang des Flip-Flops ist die gewünschte Flankenerkennung.

Die Schaltung ist relativ übersichtlich und das Zeitdiagramm zeigt, wie der Ablauf zu dem geplanten Verhalten führt. Ein Fehler tritt jedoch auf, wenn das Signal *A* sich nicht zu dem angenommenen Zeitpunkt ändert. Dies ist möglich, da *A* ja aus einer anderen Clock-Domain stammt.

Das fehlerhafte Verhalten ist in Abb. 6.20 dargestellt.

- Der Eingang *A* ändert sich kurz vor der Taktflanke.
- Das Flip-Flop für den Wert *B* übernimmt den neuen Wert noch.
- Das UND-Gatter hat eine kurze Verzögerung, sodass der Wert *C* nicht mehr vom Flip-Flop übernommen wird.
- Nach der Taktflanke hat das Flip-Flop für *B* schon den neuen Wert übernommen. Darum liegt an beiden Eingängen des UND-Gatters der Wert 1 an und es wird keine Flanke erkannt.

Auslöser des Fehlers ist die unbekannte Zeitbeziehung zwischen *A* und den Takt *CLK*. Da das Signal *A* aus einem anderen Taktbereich kommt, wechselt es manchmal in ausreichendem Abstand und manchmal fast gleichzeitig zum Taktsignal *CLK*. Schwierig für die Fehlersuche ist, dass der Fehler nicht immer auftritt. Es ist gut möglich, dass 95 % der Taktflanken erkannt werden und nur für 5 % der Übergänge ein Fehler auftritt.

Abb. 6.20 Fehlerhafter Ablauf bei Flankenerkennung

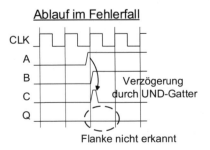

Korrekte Taktübernahme Die Vermeidung des Fehlers erfolgt dadurch, dass ein Takt-übergang nur an einer Stelle in der Schaltung erfolgen darf. Es muss also verhindert werden, dass das Signal *A* aus einem fremden Taktbereich die Eingangswerte für beide (!) Flip-Flops beeinflusst. Dies kann man in einer Schaltung erreichen, indem der Eingang *A* zunächst mit einem Flip-Flop in die Clock-Domain übernommen wird. In Abb. 6.21 wird *A* zunächst als *A_SYNC* in den Taktbereich von *CLK* übernommen. Damit ist die Zeitbeziehung von *A* zum Takt sichergestellt und es kann kein fehlerhafter Ablauf auftreten. Signal *B* wurde zur besseren Lesbarkeit umbenannt.

VHDL-Beschreibung In der Praxis wird die Schaltung aus Abb. 6.21 natürlich in VHDL entworfen. Das UND-Gatter ergibt sich aus der If-Anweisung.

```
process
begin
wait until rising_edge(clk);
    a_sync      <= a;
    a_sync_old <= a_sync;
    if (a_sync_old = '0') and (a_sync = '1') then
        q <= '1';
    else
        q <= '0';
    end if;
end process;
```

6.5.6 Metastabilität von Flip-Flops

Ein weiteres Problem bei der Taktübernahme ist die Einhaltung der Setup- und Hold-Zeiten (siehe Kap. 5). Damit ein Flip-Flop Daten korrekt übernimmt, muss der Eingang kurz vor (Setup) bis kurz nach (Hold) der Taktflanke unverändert sein. Wenn sich Daten unabhängig vom Takt ändern, wird diese Bedingung nicht immer eingehalten.

Zunächst kann nicht vorhergesagt werden, ob noch der alte oder schon der neue Signalwert vom Flip-Flop nach *A_SYNC* (Abb. 6.21) übernommen wird. Diese Unsicherheit wäre kein Problem, da die Empfangsschaltung ohnehin nicht weiß, wann

Abb. 6.21 Flankenerkennung mit sicherer Datenübernahme beim Taktübergang

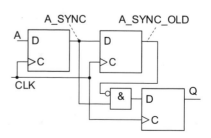

Abb. 6.22 Flankenerkennung
mit Synchronisation gegen
Metastabilität

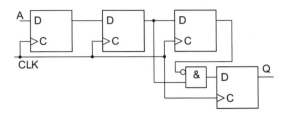

die Eingangsdaten übergeben werden und einen Zeitversatz berücksichtigen muss.
Allerdings kann der Fall eintreten, dass ein Flip-Flop in der Mitte zwischen 0 und 1
„hängt". Dieser Zwischenzustand wird als *Metastabilität* bezeichnet. Er tritt sehr selten
auf, kann jedoch einen Fehler in der Verarbeitung verursachen.

Als Schutz gegen Metastabilität wird empfohlen, ein Signal beim Übergang in einen
anderen Taktbereich mit zwei hintereinandergeschalteten Flip-Flops zu übernehmen
(Abb. 6.22). Erst danach darf das Signal im Taktbereich verwendet werden. Ein meta-
stabiles Signal des ersten Flip-Flops würde vom zweiten Flip-Flop nicht übernommen
werden.

Allerdings erhöht sich durch das zweite Flip-Flop die Latenzzeit, also die Reaktionszeit auf den Eingang. Eine Synchronisation gegen Metastabilität wird darum nicht in
allen Anwendungen eingesetzt.

6.5.7   Taktübergang mehrerer Signale

Schwieriger ist der Fall, wenn mehrere Signale gleichzeitig übernommen werden
müssen. Wenn sich Daten unabhängig vom Empfangstakt ändern, ist nicht sicher, ob alle
zusammengehörigen Informationen mit der gleichen Taktflanke gespeichert werden. Bei
einem 8-Bit-Wert könnte es beispielsweise passieren, dass Bit 0 noch rechtzeitig von
einer Taktflanke übernommen wird, Bit 1 jedoch erst von der nächsten Taktflanke. Dies
ist ein Problem, da die Informationen eines Datenworts so auseinandergezogen werden.

Zur Vermeidung dieses Fehlers gibt es mehrere Möglichkeiten:

- Warten auf langsamste Information: Die empfangende Schaltung kann ein oder zwei
  Taktzyklen warten, bis alle Stellen einer Information anliegen und erst dann die Daten
  auswerten. Dies ist relativ einfach, aber nur möglich, wenn sich die Daten deutlich
  langsamer als der Takt ändern.
- Vermeidung mehrerer Signalwechsel: Wenn Daten eine feste Reihenfolge haben, beispielsweise bei einem Zähler, kann die Codierung so erfolgen, dass sich immer nur
  ein Wert im Datenwort ändert. Ein möglicher Code hierfür ist der Gray-Code (siehe
  Kap. 2)
- Dual-Port-Speicher: Eine universelle Lösung ist ein Dual-Port-Speicher. In ihm kann
  mit einem Takt geschrieben und mit einem anderen gelesen werden. Die interne

Steuerung sorgt für eine sichere Trennung der Taktbereiche. Für die Verwaltung des Speichers (z. B. Füllstand) werden dann häufig Zähler auf Basis des Gray-Codes eingesetzt.

6.6   Spezielle Ein-/Ausgangsstrukturen

Für Ein- und Ausgänge von digitalen Schaltungen gibt es spezielle Schaltungsstrukturen.

6.6.1   Schmitt-Trigger-Eingang

Digitale Signale werden ja durch Spannungspegel dargestellt. Dabei gibt es einen Bereich für den Low-Pegel und einen Bereich für den High-Pegel. Dazwischen ist ein Übergangsbereich, in dem das Signal undefiniert ist (vgl. Kap. 1).

Der Übergangsbereich wird innerhalb digitaler Schaltungen normalerweise schnell durchlaufen. Am Eingang einer Schaltung kann es jedoch vorkommen, dass der Übergangsbereich langsamer durchlaufen wird und durch Rauschen gestört ist. Eine Digitalschaltung könnte dadurch mehrfach einen Pegelwechsel erkennen, was normalerweise nicht gewünscht ist.

Dieses Problem wird durch einen *Schmitt-Trigger* behoben. Ein Schmitt-Trigger hat eine Hysterese und behält einen Ausgangswert so lange, bis sich der Eingangswert deutlich ändert. Bei einem Eingangssignal im Übergangsbereich wird der vorhandene Ausgangswert beibehalten.

Das Symbol eines Schmitt-Triggers enthält zur Kennzeichnung eine Hysteresekurve (Abb. 6.23). In Abb. 6.23 ist das Zeitverhalten eines Schmitt-Triggers dargestellt.

- Eingang A hat zunächst Low-Pegel (L) und der Ausgang Y ist somit logisch 0.
- Der Eingang A geht dann in den Übergangsbereich, in dem eine normale Digitalschaltung ein undefiniertes Verhalten zeigen würde. Der Ausgang Y des Schmitt-Triggers bleibt jedoch auf logisch 0.
- Wenn A sich im Spannungsbereich des High-Pegels (H) befindet, wechselt auch Y auf logisch 1.
- A geht wieder in den Übergangsbereich, doch Y bleibt noch logisch 1.
- Erst wenn A wieder im Low-Pegel ist, wechselt auch Y auf logisch 0.

Abb. 6.23 Symbol und Zeitverhalten eines Schmitt-Triggers

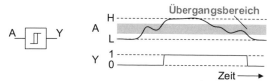

Abb. 6.24 Push–Pull
Ausgangsstruktur

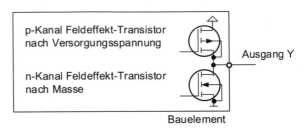

6.6.2 Tri-State-Ausgang

Die Grundstruktur für Ausgangssignale eines Bauelements ist der *Push–Pull-Aus-gang*. Dabei wird der Ausgang Y mit einem Transistor nach Versorgungsspannung, mit einem anderen Transistor nach Masse verbunden (Abb. 6.24). Die Ausgänge werden komplementär geschaltet, sodass nur ein Schaltungspfad leitend ist. Für die Schaltung können sowohl Bipolartransistoren, als auch Feldeffekttransistoren verwendet werden.

Digitale Ausgänge dürfen im allgemeinen Fall nicht miteinander verbunden werden. Wenn eine Leitung 0 und eine andere 1 ausgibt, fließt ein Kurzschlussstrom und der Logik-Pegel ist nicht eindeutig. Für den Einsatz in Bus-Systemen gibt es jedoch eine besondere Ausgangsstufe, die man parallelschalten kann.

Der *Tri-State-Ausgang* (auch *3-State* oder *Three-State*) hat drei Möglichkeiten für den Ausgabewert. Neben 0 und 1 kann der Ausgang abgeschaltet werden; er ist dann passiv und gibt keinen Wert aus. Dies wird als hochohmig mit der Abkürzung ,Z' bezeichnet. In Schaltsymbolen wird ein Tri-State-Ausgang durch ein auf der Spitze stehendes Dreieck dargestellt (Abb. 6.25).

Der Ausgangstreiber hat dazu einen Steuereingang *EN* (Enable), der mit 1 die Daten-ausgabe aktiviert. Bei *EN* auf 0 ist der Ausgang hochohmig (Abb. 6.26). Dies wird dadurch erreicht, dass keiner der Transistoren des Push-Pull-Ausgangs leitend geschaltet ist.

Ein typisches Einsatzgebiet von Tri-State-Leitungen sind Bus-Systeme, zum Bei-spiel der PCI-Bus im PC. Hier sind CPU, Grafikkarte und weitere Peripheriekarten ein-gesteckt. Nur einer dieser Busteilnehmer gibt Daten aus, die anderen Anschlüsse sind

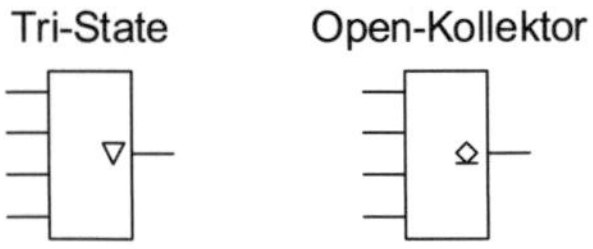

Abb. 6.25 Symbol für Tri-
State- und Open-Kollektor-
Ausgang

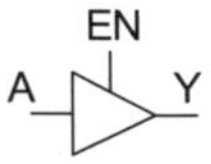

Abb. 6.26 Tri-State-Treiber
und Funktionstabelle

hochohmig. Durch die Steuerung muss sichergestellt werden, dass stets nur ein Ausgang aktiv ist.

Auch die Verbindung zwischen CPU und DRAM nutzt Tri-State-Leitungen. Wenn die CPU Daten schreibt, ist der DRAM-Anschluss hochohmig. Wenn die CPU Daten liest, ist der CPU-Anschluss hochohmig.

6.6.3 Open-Kollektor-Ausgang

Eine andere Methode zur Zusammenschaltung mehrerer Digitalausgänge ist der *Open-Kollektor-Ausgang*. Beim Open-Kollektor-Ausgang ist nur der Transistor zum Low-Pegel vorhanden. Der Kollektor dieser Schaltung bildet den Ausgang und liegt offen, daher der Name. Da statt Bipolartransistoren heute meist Feldeffekt-Transistoren verwendet werden, wird auch der Name *Open-Drain-Ausgang* verwendet.

Der Open-Kollektor-Ausgang wird an einen externen Lastwiderstand R_L angeschlossen, der die Ausgangsleitung nach Versorgungsspannung U_S und damit nach High-Pegel zieht. Wenn der Ausgang aktiv ist, schaltet er den Transistor leitend und zieht die Ausgangsleitung Y nach Low-Pegel. Der Vorteil dieses Schaltungsprinzips besteht darin, dass mehrere Open-Kollektor-Ausgänge parallelgeschaltet werden können und jeder den Ausgang auf Low-Pegel ziehen kann (Abb. 6.27).

Wenn ein oder mehrere Bauelemente die Ausgangsleitung auf Low-Pegel ziehen, ergibt sich eine logische 0. Nur wenn alle Bauelemente den Ausgang auf High-Pegel lassen, ergibt sich eine logische 1. Dies entspricht einer UND-Funktion. Die Zusammenschaltung wird auch als Wired-AND bezeichnet, also als „UND-Gatter durch Verdrahtung".

In Schaltsymbolen wird ein Open-Kollektor-Ausgang durch eine Raute mit Balken dargestellt (Abb. 6.25).

Der Open-Kollektor-Ausgang wird eingesetzt, wenn mehrere Signale miteinander logisch verknüpft werden sollen. Es ist, anders als bei Tri-State-Ausgängen, keine zentrale Steuerung erforderlich. Allerdings ist auch nicht ohne weiteres ersichtlich, welcher Baustein das Signal auf 0 gezogen hat.

Abb. 6.27 Verdrahtung mehrerer Open-Kollektor-Ausgänge

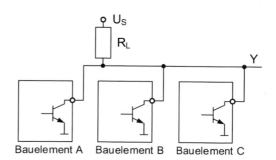

Als Beispiel nehmen wir an, dass mehrere Peripheriebausteine an eine CPU angeschlossen sind und einen Interrupt auslösen können. Durch ein Wired-AND können die Bausteine ihre Interrupt-Leitungen kombinieren und gemeinsam an die CPU geben, sodass nur ein einziger Interrupt-Eingang erforderlich ist. Wenn ein Interrupt auftritt, fragt die CPU ab, welcher Peripheriebaustein Auslöser des Interrupts war und bearbeitet die Anfrage.

6.7   Übungsaufgaben

Haben Sie den Inhalt des Kapitels verstanden? Prüfen Sie sich mit den Aufgaben und Fragen am Kapitelende. Die Lösungen und Antworten finden Sie am Ende des Buches.
    Bei den Auswahlfragen ist immer genau eine Antwort korrekt.

Aufgabe 6–1 Wie bezeichnet man eine Digitalschaltung, bei der Steuereingänge einen von mehreren Dateneingängen auswählen?

a) Multiplexer
b) Demultiplexer
c) Addierer
d) Schieberegister
e) Datenregister

Aufgabe 6–2 Die Grundstruktur einer Additionsschaltung mit der Kaskadierung von Volladdierern nennt man, …

a) Halbaddierer
b) Carry-Overflow-Addierer
c) Carry-Pulse-Addierer
d) Carry-Overtake-Addierer
e) Ripple-Carry-Addierer

Aufgabe 6–3 Welche Aussage trifft für Tri-State-Ausgänge zu?

a) Mehrere Ausgänge werden UND-verknüpft
b) Rauschen am Eingang wird durch eine Hysterese entstört
c) Der High-Pegel kann konfiguriert werden
d) Eine Signalleitung kann als Eingang oder Ausgang geschaltet werden
e) Ein High-Pegel wechselt nach kurzer Zeit automatisch zum Low-Pegel

Aufgabe 6–4 Was wird als Spike (auch Glitch oder Hazard) bezeichnet?

a) Fehler durch Weltraumstrahlung
b) Invertierung eines Taktsignals
c) Kurze Zwischenzustände an Schaltungsausgängen
d) Höchstfrequenz eines Taktsignals
e) Verzögerungszeit bei Flip-Flops

Aufgabe 6–5 Wie bezeichnet man den langsamsten Weg durch eine kombinatorische Schaltung?

a) Periodendauer
b) Hold-Zeit
c) Zyklus
d) Setup-Zeit
e) Kritischer Pfad

Aufgabe 6–6 Wie viele Signalleitungen (Ein-/Ausgänge, keine Versorgungsspannung/Masse) hat ein 1-aus-4 Multiplexer/Datenselektor?

a) 9
b) 5
c) 7
d) 4
e) 6

Aufgabe 6–7 Wie viele Signalleitungen (Ein-/Ausgänge, keine Versorgungsspannung/Masse) hat ein 1-auf-8 Demultiplexer?

a) 8
b) 10
c) 11
d) 12
e) 9

Aufgabe 6–8 Ein Modulo-2^{10} Zähler hat einen Takt von 50 MHz. Wie viele Zählzyklen schafft der Zähler pro Sekunde (gerundet)?

a) 5.000.000
b) 50.000
c) 50.000.000
d) 2000
e) 100.000.000

Aufgabe 6–9 Ein Modulo-2^8 Zähler hat einen Takt von 500 kHz. Wie viele Zählzyklen schafft der Zähler pro Sekunde (gerundet)?

a) 100.000
b) 2000
c) 5000
d) 1000
e) 500.000

Aufgabe 6–10 Die mögliche Taktfrequenz für den Addierer in Abb. 6.17 soll erhöht werden. Fügen Sie eine Pipeline-Stufe ein. Beachten Sie, dass alle Signale gleich verzögert werden, damit Informationen der Datenworte weiterhin zueinander passen.

Berechnen Sie kritischen Pfad und mögliche Taktfrequenz mit den Annahmen aus Abschn. 6.5.3.

Realisierung digitaler Systeme

7

Bei der Realisierung eines Systems müssen neben der digitalen Funktion weitere Aspekte berücksichtigt werden, die sowohl technischen als auch nicht-technischen Charakter besitzen. Einige Beispiele für diese Aspekte sind:

- Rechenleistung
- Verlustleistung
- Formfaktor, maximaler Platzbedarf
- Benötigte Logikpegel für Ein- und Ausgabe
- Entwurfskosten, Produktionskosten
- Entwicklungszeit, Time-to-Market
- Vorkenntnisse und Erfahrungen

Für die Realisierung eines digitalen Systems gibt es unterschiedliche Alternativen, die sich im Hinblick auf die genannten Eigenschaften unterscheiden. Es ist beispielsweise denkbar, ausschließlich Standard-Bausteine einzusetzen, deren Funktion vom Hersteller fest vorgegeben ist. Ebenso ist es möglich, selbst als Halbleiter-Hersteller zu agieren und eigene Chips produzieren zu lassen. Es können auch Programmierbare Logikbausteine eingesetzt werden, deren Hardware-Funktion flexibel festgelegt werden kann. Statt eine Funktion in Form von Gattern zu realisieren, ist auch ein softwareorientierter Ansatz möglich, bei dem beispielsweise Mikrocontroller eingesetzt werden. Diese Bausteine sind deutlich kompakter als ein PC und sind teilweise für weniger als 1 € erhältlich. In diesem Kapitel werden die verschiedenen Varianten näher beleuchtet.

© Springer-Verlag GmbH Deutschland, ein Teil von Springer Nature 2022
W. Gehrke und M. Winzker, *Digitaltechnik*,
https://doi.org/10.1007/978-3-662-63954-2_7

7.1   Standardisierte Logikbausteine

Unter *Standardlogik-Bausteinen* werden Komponenten verstanden, die käuflich zu erwerben sind und eine einfache digitale Hardware-Funktion zur Verfügung stellen, welche durch den Anwender nicht modifiziert werden kann.

Standardlogik-Bausteine sind in Bausteinfamilien bzw. -serien zusammengefasst. Die wichtigsten Familien sind die sogenannte 4000er-Serie sowie die 7400er-Serie (bzw. kurz 74er-Serie). Die Bezeichnung dieser Familien geht auf die Kennzeichnung der zugehörigen Schaltkreise zurück. So beginnt die Bezeichnung eines Bausteins der 74er-Serie immer mit der Zahl 74. Diese wird meist von mehreren Buchstaben gefolgt, die die Implementierungstechnologie und damit auch einige Eigenschaften (zum Beispiel Logikpegel) des Bausteins beschreiben. Eine abschließende Zahl kennzeichnet die logische Funktion. So besitzen ein 74HC374 und ein 74LVC374 zwar die gleiche logische Funktion (acht D-Flip-Flops), aber ein unterschiedliches Zeitverhalten und unterschiedliche elektrische Eigenschaften.

Als ein Vertreter der 74er-Familie ist in Abb. 7.1 der Baustein 74HC04 abgebildet, welcher sechs Inverter enthält. Die Buchstaben *SN* stehen für den Hersteller und das *N* am Ende der Bausteinkennzeichnung gibt die Gehäuseform an.

In den 1970er Jahren wurden die Standardlogik-Bausteine noch zur Realisierung von Computern eingesetzt. Die hiermit verbundenen Nachteile liegen auf der Hand: Große Bauform, hohe Kosten, große Verlustleistung. Die damaligen Computer waren so groß wie Kleiderschränke, hatten eine Stromaufnahme, die mit mehreren hundert heutiger PCs vergleichbar ist und boten für 6-stellige Dollar-Beträge eine Rechenleistung, für die heute vermutlich niemand auch nur einen Euro bezahlen würde.

Obwohl die Standardlogik-Komponenten heute keine Bedeutung für die Realisierung ganzer Systeme mehr haben, haben sie dennoch ihre Daseinsberechtigung. Sie werden

Abb. 7.1   Baustein 74HC04:
Sechs Inverter in einem
gemeinsamen Gehäuse

zum Beispiel dann eingesetzt, wenn einfache logische Funktionen mithilfe von ein paar wenigen Gattern realisiert werden sollen. Ebenso können einige dieser Bausteine auch als Leitungstreiber oder zur Pegelanpassung zwischen Komponenten mit unterschiedlichen Versorgungsspannungen eingesetzt werden.

Zur Verdeutlichung, welche logischen Funktionen in der 74er-Serie zur Verfügung stehen, sind einige ausgewählte Funktionen in Tab. 7.1 zusammengestellt. Eine umfassende Dokumentation der verfügbaren digitalen Funktionen kann von den Herstellern (Texas Instruments, NXP, STM, u.v. a.) bezogen werden.

Die ersten Standard-Logikbausteine der 74er-Serie wurden mithilfe von Bipolartransistoren realisiert. Inzwischen hat auch in diesem Bereich die CMOS-Technologie (vgl. Kap. 10) die reine bipolare Implementierung verdrängt. Einige Familien werden auch mit einer Kombination von bipolaren und MOS-Transistoren realisiert. Die Eingänge sowie die logische Funktion werden dann mithilfe der CMOS-Technik implementiert, während für die Ausgangstreiber Bipolartransistoren eingesetzt werden. So wird gegenüber einer reinen CMOS-Implementierung eine höhere Treiberleistung

Tab. 7.1   Ausgewählte Logikfunktionen der 74er-Serie

Baustein (letzte Ziffern)	Funktion
00	4 NAND2
02	4 NOR2
04	6 Inverter
07	6 Treiber/Buffer (mit OC-Ausgang)
08	4 AND2
10	3 NAND3
25	2 NOR4
46	BCD nach Siebensegment Decoder
74	2 D-Flip-Flops mit Set- und Reset-Eingängen
138	3:8 Demultiplexer/Decoder
148	8:3 Prioritätsencoder
165	8 Bit Parallel-In/Serial-Out Schieberegister
190	4 Bit Aufwärts-/Abwärtszähler
244	8 Bit Leitungstreiber mit Tristate-Ausgängen
245	8 Bit Bidirektionaler Bustreiber mit Tristate-Ausgängen
373	8 pegelgesteuerte D-Flip-Flops mit Tristate-Ausgängen
374	8 flankengesteuerte D-Flip-Flops mit Tristate-Ausgängen
573	8 pegelgesteuerte D-Flip-Flops mit Tristate-Ausgängen
574	8 flankengesteuerte D-Flip-Flops mit Tristate-Ausgängen
595	8 Bit Serial-In/Parallel-Out Schieberegister mit Tristate-Ausgängen

und eine geringere Abhängigkeit von der Lastkapazität erreicht. Eine Übersicht über verschiedene Familien der 74er-Serie folgt in Abschn. 7.1.5.

Nicht alle Grundfunktionen der 74er-Serie werden in allen Familien angeboten. Im Einzelfall muss geprüft werden, ob eine gewünschte Funktion zur Verfügung steht.

Als eine Ergänzung zu der weitverbreiteten 74er-Serie bietet beispielsweise die Firma NXP konfigurierbare Logikgatter in platzsparenden Gehäusen an. Damit kann ein einzelnes NAND- oder NOR-Gatter mit zwei Eingängen realisiert werden, während ein typischer Baustein der 74er-Serie vier dieser Gatter enthält. Die konfigurierbaren Logikgatter sind in den Familien LVC, AUP (Advanced Ultra-Low-Power) und AXP (Advanced Extremely Low-Power) verfügbar. Die Logikfunktion der Gatter ist durch die äußere Beschaltung wählbar.

7.1.1 Charakteristische Eigenschaften digitaler Schaltkreise

Bevor ein Baustein für den Entwurf eines digitalen Systems ausgewählt wird, müssen dessen Merkmale bekannt sein. In den Datenblättern integrierter Schaltungen wird meist eine Reihe von Kenndaten angegeben, die die Eigenschaften des Bausteins beschreiben. Neben dem erlaubten Versorgungsspannungsbereich sind unter anderem die Pegel sowie die zulässigen Ströme an Ein- und Ausgängen von Bedeutung (vgl. Abb. 7.2).

Für diese Parameter definieren die Datenblätter die zulässigen Wertbereiche. Einige der wichtigsten Parameter sind in Tab. 7.2 zusammengefasst. Die Formelzeichen entsprechen denen, die in englischsprachigen Datenblättern verwendet werden. Daher wird hier der Buchstabe V als Formelzeichen für die elektrische Spannung verwendet.

7.1.2 Lastfaktoren

Die Treiberstärke einer Ausgangsleitung muss für die angeschlossene Belastung durch die nachfolgenden Bausteine ausreichen. Die Belastung, die ein Ausgang durch einen Eingang innerhalb der gleichen Schaltkreisfamilie erfährt, wird durch den sogenannten

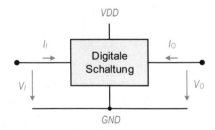

Abb. 7.2 Anschlussbezeichnung digitaler Schaltungen

Tab. 7.2 Wichtige Parameter zur Charakterisierung digitaler Schaltkreise

Formelzeichen	Bedeutung	Bemerkungen
GND	Masse	Alternative Bezeichnung: V_{SS}
VDD	Versorgungsspannung	Alternative Bezeichnung: V_{CC}
V_I	Eingangsspannung	
I_I	Eingangsstrom	
V_O	Ausgangsspannung	
I_O	Ausgangsstrom	
$V_I Hmin$	Minimale Eingangsspannung, die als High-Pegel erkannt wird	abhängig von Versorgungsspannung
$V_I Lmax$	Maximale Eingangsspannung, die als Low-Pegel erkannt wird	
$I_I H$	Eingangsstrom bei High-Pegel	Bei CMOS-Schaltkreisen meist vernachlässigbar
$I_I L$	Eingangsstrom bei Low-Pegel	
$V_O Hmin$	Garantierte minimale Ausgangsspannung bei High-Pegel	abhängig von Versorgungsspannung und Ausgangsstrom
$V_O Lmax$	Garantierte maximale Ausgangsspannung bei Low-Pegel	
$I_O Hmax,$ $I_O Lmax$	Maximal zulässiger Ausgangsstrom bei High- bzw. Low-Pegel	

Lastfaktor beschrieben. Hierzu wird der Eingangsstrom eines typischen Gatters der Bausteinfamilie (*Einheitsgatter*) definiert und mit N bezeichnet. Es ergeben sich für Low- und High-Pegel die beiden charakteristischen Größen $I_I HN$ und $I_I LN$, die den Strom angeben, welcher in den Eingang des Einheitsgatters hineinfließt.

Auf Basis der Eigenschaften eines Einheitsgatters lassen sich die beiden charakteristischen Größen Fan-In und Fan-Out definieren.

Fan-In (Eingangslastfaktor) Der Fan-In eines Eingangs gibt an, um welchen Faktor die Stromaufnahme größer ist als beim Einheitsgatter derselben Schaltkreisfamilie.

$$F_{I,H} = \frac{I_{I,H}}{I_{I,HN}} F_{I,L} = \frac{I_{I,L}}{I_{I,LN}} F_I = max\left[F_{I,H}, F_{I,L}\right]$$

Innerhalb einer Schaltkreisfamilie gilt ein Eingang als einfache Last, wenn er den gleichen Strom aufnimmt wie das Einheitsgatter ($F_I = 1$).

Fan-Out (Ausgangslastfaktor) Der Fan-Out gibt an, mit wie vielen Eingängen eines Einheitsgatters derselben Schaltkreisfamilie der entsprechende Ausgang belastet werden darf.

$$F_{O,H} = \frac{I_{O,Hmax}}{I_{I,HN}} F_{O,L} = \frac{I_{O,Lmax}}{O_{I,LN}} F_O = min\left[F_{O,H}, F_{O,L}\right]$$

7.1.3 Störspannungsabstand

Als *Störspannungsabstand* bezeichnet man die Spannung, um die ein Digitalausgang variieren darf, ohne dass ein angeschlossener Eingang derselben Logikfamilie in einen verbotenen Pegelbereich gelangt. Der Störspannungsabstand wird für High- und Low-Pegel getrennt angegeben (Abb. 7.3).

$$S_H = U_{O,Hmin} - U_{I,Hmin}$$

$$S_L = U_{O,Lmax} - U_{I,Lmax}$$

7.1.4 Schaltzeiten

Beim Einsatz eines digitalen Bausteins ist unter anderem die Verzögerungszeit, die teilweise auch als *Schaltzeit* bezeichnet wird, von großer Bedeutung. Um die Verzögerungszeiten zu bestimmen, wird üblicherweise eine Rechteckspannung an den Eingang des Bausteins angelegt und der zeitliche Verlauf der Ausgangspannung gemessen. Das Ausgangssignal ist nicht rechteckförmig und der Wechsel des logischen Signals am Ausgang nimmt eine gewisse Zeit in Anspruch. Die Zeit setzt sich zusammen aus einer Verzögerung im Inneren des Logikbausteins sowie der Zeit für die Umladung der Last am Ausgang.

Wird die Zeit gemessen, die der Ausgang benötigt, um von 10 % auf 90 % des Ausgangspegels anzusteigen bzw. von 90 % auf 10 % abzufallen, erhält man die Anstiegszeit (*rise time*, t_R) bzw. Abfallzeit (*fall time*, t_F). Häufig werden diese Zeiten auch zusammenfassend als *transition time* (t_T) angegeben.

Möchte man die Verzögerungszeit eines Bausteins angeben, so wird hierfür als Referenzpunkt genau die Mitte zwischen Minimal- und Maximalpegel gewählt. Die Zeit, die zwischen dem Erreichen des 50 %-Eingangspegels vergeht, bis der Ausgang seiner-

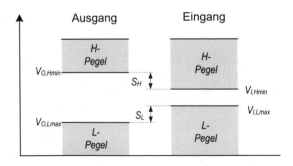

Abb. 7.3 Störspannungsabstand

seits 50 % des Pegels erreicht hat, ergibt also die Verzögerungszeit (*propagation delay,* t_P). Diese kann auch für steigende und fallende Flanken getrennt angegeben werden kann (t_{PLH}, t_{PHL}).

In Abb. 7.4 sind die Schaltzeiten für das Beispiel eines Inverters dargestellt.

7.1.5 Logikfamilien

In Tab. 7.3 sind einige ausgewählte Familien der 74er-Serie mit Versorgungsspannungs-bereich und Schaltzeiten eines 74*xx*00 (vier NAND2-Gatter) zusammengefasst. Die Schaltzeiten gelten für die angegebenen Randbedingungen, insbesondere Versorgungs-spannung und Lastkapazität (C_L). Darüber hinaus können die Schaltzeiten auch auf Grund von Streuungen bei der Fertigung der Bausteine variieren. In den meisten Daten-blättern wird daher neben den typischen Zeiten auch ein Maximalwert angegeben.

7.2   Komponenten für digitale Systeme

Für die Implementierung einer digitalen Schaltung kommen verschiedene Strategien in Betracht, die in diesem Abschnitt vorgestellt werden. Reale digitale Systeme verwenden häufig eine Kombination dieser Strategien.

Abb. 7.4 Verzögerungszeiten einer digitalen Schaltung am Beispiel eines Inverters

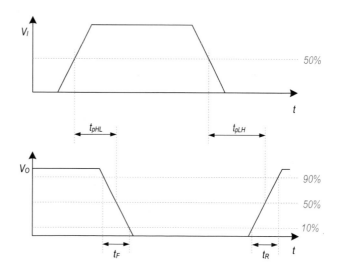

Tab. 7.3 Übersicht über einige Familien der 74er-Serie: Versorgungsspannungsbereich und typische Schaltzeiten für einen 74xx00-Baustein

Abkürzung	Bezeichnung	V_{CC} [V]	t_T [ns]	t_P [ns]	Bemerkungen
(keine)	Standard TTL *(veraltet)*	4,5 ~ 5,5	7	9	$V_{CC} = 5{,}0$ V; $C_L = 15$pF
LS	Low-Power Schottky *(veraltet)*	4,5 ~ 5,5	7	10	$V_{CC} = 5{,}0$ V; $C_L = 15$pF
HC	High-Speed CMOS	2,0 ~ 6,0	6	7	$V_{CC} = 5{,}0$ V; $C_L = 15$pF
HCT	HC, TTL-compatible	4,5 ~ 5,5	7	8	$V_{CC} = 5{,}0$ V; $C_L = 15$pF
AHC	Advanced High-Speed CMOS	2,0 ~ 5,5	3	4,5	$V_{CC} = 5{,}0$ V; $C_L = 15$pF
LVC	Low Voltage CMOS	1,65 ~ 3,6	2	3,0	$V_{CC} = 3{,}3$ V; $C_L = 50$pF
ALVC	Adv. Low Voltage CMOS	1,65 ~ 3,6	2	2,1	$V_{CC} = 3{,}3$ V; $C_L = 50$pF
ABT	Adv. BiCMOS, TTL-compatible	4,5 ~ 5,5	2,5	2,3	VCC = 3,3 V; CL = 50pF
AUC	Adv. Ultra Low Voltage CMOS	0,8 ~ 2,7	1	1,5	VCC = 1,8 V; CL = 30pF

7.2.1   ASICs

Möchte man ein digitales System realisieren, kann man einen speziellen Halbleiterbaustein fertigen lassen, der die gewünschte Funktion ausführt. In diesem Fall spricht man von sogenannten *ASICs (Application Specific Integrated Circuit)*. Beim Entwurf eines ASICs wird auch ein digitales System aus logischen Grundelementen erstellt. Statt jedoch die Grundfunktionen auf einer Platine (wie zum Beispiel bei Verwendung von Bausteinen der 74er-Serie) vorzunehmen, erfolgt die Platzierung und Verdrahtung der Gatter beim ASIC-Entwurf auf einer wenige Quadratmillimeter großen Siliziumfläche. Diese Realisierung ist viel kompakter als bei Verwendung standardisierter Logikbausteine. Darum ist ein ASIC häufig schneller und besitzt eine geringere Verlustleistung. Da die Anzahl und die Position der Gatter während des Entwurfs frei gewählt werden können, kann der Baustein für den jeweiligen Anwendungsfall optimiert werden.

Für den Entwurf eines ASICs wird der sogenannte Standardzellentwurf eingesetzt. Bei dieser Entwurfsmethodik stehen die logischen Grundelemente als Bibliothek in elektronischer Form zur Verfügung. Aus dieser Bibliothek können Bauelemente ausgewählt, auf dem Chip platziert und anschließend verdrahtet werden.

Die Auswahl und das Verbinden der einzelnen Gatter zu einem komplexen System erfolgt mithilfe einer Hardwarebeschreibungssprache wie VHDL. Mit einem Syntheseprogramm wird die VHDL-Beschreibung in eine sogenannte *Gatternetzliste* überführt. Diese Netzliste gibt an, welche Logikelemente verwendet werden und wie diese verdrahtet sind. Die Synthese hat also die Aufgabe die VHDL-Beschreibung zu analysieren und eine möglichst optimale Implementierung auf Basis der Grundelemente der Bibliothek zu finden. Optimal heißt in diesem Fall, dass die spezifizierten maximalen Verzögerungszeiten eingehalten werden und eine möglichst kleine Chipfläche benötigt wird. Darüber hinaus können auch Aspekte wie die Verlustleistung Berücksichtigung finden. Dieser Entwurfsschritt wird häufig auch als *Frontend-Design* bezeichnet.

Nachdem das Frontend-Design abgeschlossen ist, erfolgt das *Backend-Design.* In diesem Schritt werden mit speziellen Layoutprogrammen die Platzierung und die Verdrahtung der Elemente aus der Gatternetzliste vorgenommen. Hierfür ist in der Bibliothek für jedes Element der Netzliste eine Implementierung aus einzelnen Transistoren hinterlegt.

Auf den ersten Blick klingt der Ansatz des ASIC-Entwurfs vielleicht als ideale Lösung zur Realisierung digitaler Systeme. Aufgrund der Optimierung können die Schaltkreise mit einer relativ kleinen Siliziumfläche und damit kostengünstig produziert werden. Allerdings sind die Produktionskosten nicht der einzige Kostenfaktor eines ASIC-Entwurfs, denn es fallen in einem deutlichen Umfang einmalige Kosten (engl. *non-recurring engineering costs* bzw. *NRE*) an. Diese Kosten entstehen zum einen durch den hohen Arbeitsaufwand im Frontend- und Backend-Design. Zum anderen ist die Erstellung von Belichtungsmasken, die zur Produktion des Schaltkreises in der Halbleiterfabrik benötigt werden, ein weiterer wichtiger Kostenfaktor. Aufgrund der kleinen Strukturen heutiger Produktionsprozesse werden extrem präzise Masken benötigt, sodass die Vorbereitung der Produktion eines ASICs mehrere Millionen Euro kosten kann. Berücksichtigt man diese Kosten, wird deutlich, dass vor der Produktion eines ASICs eine intensive Überprüfung des Designs erforderlich ist, damit die Wahrscheinlichkeit eines Designfehlers verringert wird.

Nehmen wir als Beispiel an, dass die NRE-Kosten eines ASIC-Projekts etwa 15 Mio. Euro betragen. Wenn der Baustein in einer Stückzahl von 100.000 produziert werden soll, ergibt sich umgerechnet auf einen einzelnen Baustein ein Anteil von 150 €. Diese Kosten sind für viele Anwendungsgebiete unattraktiv, sodass nur bei sehr hohen Stückzahlen eine ASIC-Entwicklung wirtschaftlich sinnvoll ist.

7.2.2   ASSPs

Eine Alternative zur Entwicklung eines eigenen Bausteins können sogenannte *Application Specific Standard Products (ASSPs)* sein. Ein ASSP hat den gleichen Aufbau wie ein ASIC, wird allerdings nicht selbst entworfen, sondern ist ein frei am Markt erhältlicher Schaltkreis. Er kann für eine sehr spezielle Funktion (zum Beispiel WLAN, Steuerung von Motoren) optimiert sein oder aber auch als *System-on-Chip (SoC)* mehrere Funktionen integrieren und so die kostengünstige Implementierung eines Gesamtsystems ermöglichen. Ein Beispiel für ein System-on-Chip sind die ASSPs, die in heutigen Fernsehern verbaut werden: Fast die gesamte Funktionalität vom Empfang des

Fernsehsignals über Satellit, Kabel oder WLAN bis hin zur Anzeige auf einem Display ist in einem hochintegrierten Baustein vereinigt.

7.2.3 FPGAs und CPLDs

Die Produktion eines ASICs ist ein sehr attraktiver Weg zur Realisierung eines digitalen Systems – wenn sie nicht mit erheblichen Grundkosten verbunden wäre. Wäre es also vielleicht ein möglicher Ausweg, wenn man Bausteine hätte, deren Hardware zwar fest ist, aber deren digitale Funktion erst vom Anwender festgelegt würde? Diese Bausteine kann man (aufgrund der festen Hardware) in großen Stückzahlen günstig herstellen und dennoch kann der Anwender die digitale Funktion, wie bei einem ASIC, nach seinen Bedürfnissen festlegen.

Diese Überlegungen wurden bereits sehr früh angestellt und die Idee, Schaltkreise zu realisieren, deren logische Funktion „programmiert" werden kann, wurde schon in den 1970er Jahren aufgegriffen und ist bis heute immer weiter verfeinert worden.

Die Besonderheit dieser Bausteine ist, dass ihre logische Funktion noch im Feld (zum Beispiel nach dem Einsetzen in eine Platine) konfiguriert werden kann. Daher werden sie als *Field Programmable Gate Arrays (FPGAs)* bezeichnet. Neben FPGAs werden auch *Complex Programmable Logic Devices (CPLDs)* beziehungsweise *Simple Programmable Logic Devices (SPLDs)* angeboten. CPLDs eignen sich besonders für programmierbare logische Funktionen mit einer relativ geringen Komplexität, während mit FPGAs ganze Rechnersysteme realisiert werden können. Die gesamte Gruppe dieser Bausteine wird auch unter dem Begriff *Programmierbare Logik* zusammengefasst.

Sind also FPGAs die ideale Lösung zur Realisierung einer digitalen Funktion? In vielen Fällen kann man diese Frage tatsächlich bejahen: Mit heutigen FPGAs können sehr komplexe Systeme zu einem relativ günstigen Preis realisiert werden. Insbesondere bei kleinen bis mittleren Stückzahlen können FPGAs ihre Kostenvorteile gegenüber ASICs ausspielen. Daher werden programmierbare Logikbausteine in vielen Bereichen eingesetzt.

7.2.4 Mikrocontroller

Kann man eine digitale Funktion statt mit Gattern auf einer Platine oder in Form eines ASICs auf einem Stück Silizium vielleicht auch in Software realisieren? Schließlich ist doch das Grundprinzip eines jeden Rechnerprogramms das Einlesen von Eingabewerten, die Verarbeitung der Werte und die anschließende Ausgabe von Ergebnissen. Und letztlich macht ein logisches Gatter oder auch ein komplexes System nichts anderes: Es betrachtet sozusagen die Eingänge und bestimmt nach einer festgelegten Rechenvorschrift die Ausgangssignale. Also müsste es möglich sein, eine beliebige digitale Funktion auch mithilfe eines Rechners zu realisieren.

Sie mögen vielleicht einwenden, dass es wenig sinnvoll ist, wenn man beispielsweise die Funktion eines einfachen UND-Gatters durch ein Programm auf einem PC ersetzt. Sicher, die Kosten der PC-basierten Lösung wären viel zu hoch und auch die Bauform und die benötigte leistungsfähige Spannungsversorgung wären nachteilig. Ein Rechnersystem auf Basis eines PCs ist also aus verschiedensten Gründen für viele Anwendungsgebiete nicht gut geeignet.

Aber es existieren Alternativen zu einem Standard-PC: Bereits in den 1970er Jahren erkannten die Halbleiterhersteller den Bedarf an kostengünstigen, stromsparenden Rechnersystemen, die sich auf einem Stück Silizium unterbringen ließen. Diese Bausteine sind nicht als PC-Ersatz gedacht, sondern werden häufig dort eingesetzt, wo sich Steuerungs- und Regelungsaufgaben elegant in Software realisieren lassen und nur moderate Rechenleistungen benötigt werden. Aufgrund dieses Anwendungsbereiches bürgerte sich schnell die Bezeichnung Mikrocontroller für diese Art von Bausteinen ein.

Mikrocontroller enthalten in einem einzelnen Gehäuse alles, was einen Rechner ausmacht: Einen Mikroprozessor zur Abarbeitung eines Programms, Speicher für Programme und Daten und Ein-/Ausgabe-Schnittstellen für die Kommunikation mit der Außenwelt.

Obwohl das Grundkonzept eines PCs und eines Mikrocontrollers ähnlich ist, unterscheiden sie sich doch erheblich: Während PCs für interaktives Arbeiten ausgelegt sind und vorrangig eine hohe Rechenleistung bieten sollen, stehen bei Mikrocontrollern vor allem der Preis und eine kompakte Bauform im Vordergrund. Mikrocontroller besitzen daher eine (im Vergleich zu einem aktuellen PC) geringe Rechenleistung und einen deutlich kleineren Speicher. Trotz dieser Einschränkungen werden jedes Jahr mehrere Milliarden Mikrocontroller verbaut (Abb. 7.5).

Wenn Sie einen Gang durch Ihren Haushalt machen, werden Sie vermutlich viele Geräte entdecken, die einen Mikrocontroller enthalten. Betrachten wir als ein Beispiel eine Waschmaschine: Die Aufgaben an die Steuerung sind vielfältig. Es wird eine Benutzerschnittstelle in Form von Tastern, Drehschaltern und Displays benötigt. Die

Abb. 7.5 Beispiel eines Mikrocontrollers: Von außen ist nicht zu erkennen, dass es sich um einen kompletten Rechner handelt

Drehrichtung und Geschwindigkeit des Trommelmotors müssen geregelt werden. Und nicht zuletzt müssen Wasserzu- und -ablauf sowie die Heizung korrekt angesteuert werden. Besitzt man einen Rechnerbaustein mit digitalen Ein- und Ausgängen kann die Steuerung auf elegante Weise in Software implementiert werden. Die Rechenleistung heutiger Mikrocontroller reicht für die Regelungsalgorithmen einer typischen Waschmaschine völlig aus.

Das Einsatzgebiet der Mikrocontroller ist natürlich nicht auf den Haushalt beschränkt. Überall wo Steuerungen und Regelungen benötigt werden, werden Mikrocontroller eingesetzt. Häufig sind diese Rechnersysteme nicht sofort erkennbar, weshalb sie auch als eingebettete Systeme (*Embedded System*) bezeichnet werden.

7.2.5 Vergleich der Alternativen

Die möglichen Alternativen für die Implementierung einer digitalen Schaltung unterscheiden sich in Flexibilität, Entwicklungszeit, Entwicklungskosten und Stückkosten. Tab. 7.4 gibt einen groben Vergleich der Alternativen ASIC, ASSP, Mikrocontroller (μC) und FPGA. Die Symbole zur Bewertung bedeuten sehr gut (+ +), gut (+), mittel (O), schlecht (–), sehr schlecht (– –).

Die Wahl einer Alternative ist abhängig von den Randbedingungen des Entwicklungsprojektes, also unter anderem Komplexität der Schaltung, Zeitdruck, Kostendruck, Konkurrenzsituation. Die Entscheidung für ein Implementierungskonzept ist daher in der Praxis das Ergebnis einer ausführlichen Analyse und wird zwischen Entwicklungsteam, Produktmarketing und Unternehmensleitung abgestimmt.

Tab. 7.4 Alternativen zur Implementierung digitaler Schaltungen

	ASIC	ASSP	μC	FPGA
Hohe Flexibilität	+	-	+	+ +
Geringe Entwicklungszeit	– –	+	+ +	O
Geringe Entwicklungskosten	– –	+	+ +	O
Geringe Stückkosten	+ +	+	+ +	O
Rechenleistung	+ +	+ +	O	+
Verlustleistung	+ +	+ +	O	O
Geringe Stückzahlen möglich	– –	+ +	+ +	+ +
Hohe Stückzahlen möglich	+ +	+ +	+ +	+

7.2.6   Kombination von Komponenten

In komplexeren digitalen Systemen wird die Systemfunktion häufig auf verschiedene Bausteine verteilt. Die zentrale Komponente ist dann häufig ein programmierbarer Baustein, der einen Mikroprozessor enthält und mit Programmiersprachen wie C/C++ programmiert werden kann. Der Mikroprozessor kann durch programmierbare Logikbausteine, wie FPGAs oder CPLDs ergänzt werden. Auf diese Weise können einige Systemfunktionen in der programmierbaren Logik implementiert werden, wodurch der zentrale Mikroprozessor entlastet wird.

Wenn das System einen Speicherbedarf von einigen Megabyte oder mehr besitzt, werden zusätzlich spezielle Speicherbausteine benötigt, die als eigenständige Komponenten auf der Systemplatine untergebracht werden.

Ein-/Ausgabe-Komponenten, die nicht bereits durch den Mikroprozessor zur Verfügung gestellt werden, können entweder in der programmierbaren Logik oder als zusätzliche Systemkomponenten, zum Beispiel in Form eines ASSPs, integriert werden. Insbesondere Spezialfunktionen wie WLAN, USB oder Ethernet können durch derartige zusätzliche Bausteine realisiert werden.

Für einfache Anwendungen ist eine Systemrealisierung auf Basis mehrerer Einzelkomponenten häufig nicht sinnvoll, da sie zu kostenintensiv sind oder die Verlustleistung zu groß wäre. Für diese Anwendungsfälle bietet die Halbleiterindustrie die in Abschn. 7.2.4 vorgestellten Mikrocontroller an, die sich insbesondere für eine kostengünstige Realisierung von Systemen mit relativ geringen Anforderungen an die Rechenleistung realisieren lassen.

Die unterschiedlichen Komponenten digitaler Systeme werden in verschiedenen Kapiteln genauer vorgestellt: Kap. 9 vertieft Aspekte der programmierbaren Logikbausteine. Kap. 10 beschreibt die Grundlagen der Halbleitertechnik. In Kap. 11 werden Speicherbausteine vorgestellt. Die Kap. 12 vorgestellten Analog–Digital- und Digital-Analog-Umsetzer werden immer dann benötigt, wenn die Ein-/Ausgabe in analoger Form erfolgen soll. Kap. 13 und 14 gehen auf die Realisierung softwareprogrammierbarer Bausteine ein, wobei der Schwerpunkt auf Mikrocontrollern liegt.

7.3   VHDL-basierter Systementwurf

Für den Entwurf digitaler Systeme wird Software eingesetzt, die den Entwicklungsprozess auf dem Weg von der Idee zum fertigen System unterstützt. Der rechnergestützte Schaltungsentwurf wird als *Electronic Design Automation (EDA)* und die Programme für die Schaltungsentwicklung als *EDA-Programme* oder *EDA-Tools* bezeichnet. Mithilfe dieser Programme kann VHDL-Code eingegeben, simuliert und in Hardware überführt werden. Das Ergebnis des Entwurfsprozesses ist eine binäre Datei, die mithilfe eines

Programmiergerätes auf ein FPGA übertragen bzw. zur Fertigung eines ASICs an die Halbleiterfabrik übergeben wird.

Im Folgenden wird der VHDL-basierte Systementwurf näher beschrieben. Auf Grund der großen Bedeutung von programmierbaren Logikbausteinen, erfolgt die Beschreibung für ein FPGA-Design.

7.3.1   Designflow

Der Entwurf eines Systems auf Basis eines FPGAs beinhaltet immer zwei Aspekte: Zum einen muss die gewünschte Funktion in VHDL beschrieben und mithilfe der Entwurfssoftware in eine Programmierdatei für das FPGA übersetzt werden. Daneben ist es von wesentlicher Bedeutung, dass die einzelnen Entwurfsschritte durch Verifikation begleitet werden. Besondere Bedeutung kommt hierbei der frühzeitigen Simulation des eingegebenen VHDL-Codes zu.

Eine schematische Übersicht über den FPGA-Entwurf zeigt Abb. 7.6. Die einzelnen Schritte werden in den folgenden Abschnitten näher erläutert.

Der Ablauf eines VHDL-basierten Entwurfs besitzt teilweise Ähnlichkeiten zur Entwicklung von Software. Die gewünschte Funktion wird in Form einer Textdatei beschrieben. Diese Datei wird dann durch einen Compiler bzw. ein Synthesetool

Abb. 7.6 FPGA-Designflow
mit VHDL

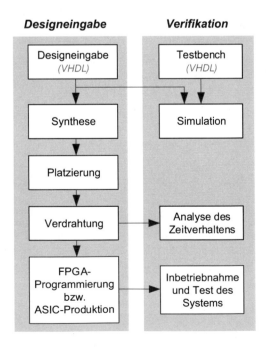

optiemiert und in ein ausführbares Programm bzw. eine Programmierdatei für das FPGA übersetzt. Es ist jedoch zu beachten, dass ein FPGA ein paralleles System ist, auf dem eine Vielzahl von Funktionen gleichzeitig ablaufen. Außerdem ist das Zeitverhalten von wesentlicher Bedeutung. Ist die Verzögerungszeit der Kombinatorik zwischen zwei Flip-Flops zu groß, wird das System fehlerhaft arbeiten. Daher ist der VHDL-basierte Entwurfsablauf, trotz der Ähnlichkeiten zur Softwareentwicklung, als Hardwareentwurf anzusehen.

7.3.2   VHDL-Eingabe

Die Hardwarebeschreibungssprache VHDL wurde in vorangegangenen Kapiteln bereits vorgestellt. Sie kennen bereits die Syntax der Sprache und wissen auch, wie Sie beispielsweise endliche Automaten in VHDL beschreiben können. Für die Entwicklung eines FPGA-Designs muss berücksichtigt werden, dass der VHDL-Code in der Regel ein synchrones System beschreibt, das aus Flip-Flops und kombinatorischer Logik besteht.

In Kap. 6 wurde bereits erläutert, dass die meisten digitalen Schaltungen eine Kombination von Registern und Kombinatorik zwischen den Registerstufen darstellen (*Register-Transfer-Level-Design* oder kurz *RTL-Design*). Die Grundstruktur der entsprechenden Hardware ist in Abb. 7.7 dargestellt.

Mit der Eingabe des VHDL-Codes werden die Registerstufen und die logische Funktion zwischen zwei Registerstufen festgelegt. Dabei muss auch das Zeitverhalten der späteren Hardware berücksichtigt werden. Für einfache Designs kann dies häufig als unkritisch angesehen werden. Für Entwürfe mit hohen Anforderungen an die Rechenleistung (und damit häufig einer hohen Taktfrequenz) nimmt die Bedeutung des Zeitverhaltens zu. Den größten Einfluss auf das Zeitverhalten hat der VHDL-Code. Alle nachfolgenden Schritte im Designflow können eventuelle Probleme im Zeitverhalten der Schaltung nur in einem begrenzten Umfang korrigieren.

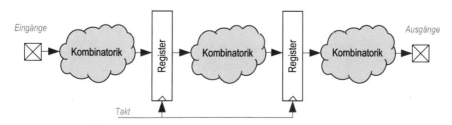

Abb. 7.7   Struktur eines RTL-Designs

7.3.3   Simulation

Die Simulation des VHDL-Codes ist einer der wichtigsten Schritte, um die Korrektheit der beschriebenen digitalen Funktion frühzeitig sicherzustellen. Prinzipiell bieten VHDL Simulatoren die Möglichkeit, durch Kommandos Signale auf definierte Werte zu setzen. Die verwendeten Kommandos sind nicht standardisiert und variieren mit den eingesetzten Simulatoren. Beispielsweise wird bei Verwendung des Simulators XSIM der Firma Xilinx ein Signal mit dem Namen *my_sig* mit dem Kommando *add_force my_sig 1* auf den Wert 1 gesetzt werden. Um die Reaktion der VHDL-Beschreibung sichtbar zu machen, muss anschließend mithilfe des Run-Kommandos (zum Beispiel *run 10 ns*) etwas Simulationszeit vergehen. Der zeitliche Verlauf sowohl von Eingangs- und Ausgangssignalen als auch von internen Signalen einer VHDL-Beschreibung wird während der Simulation mithilfe sogenannter Waveform-Viewer grafisch dargestellt (vgl. Kap. 3).

Das Anlegen unterschiedlicher Eingangswerte durch Simulator-Kommandos und die Überprüfung der Schaltungsreaktion anhand der grafischen Ausgabe wird in der Praxis allerdings kaum verwendet. Wird der VHDL-Code des Systems erweitert, muss die Simulation wiederholt werden. Die Eingabe-Kommandos müssen wiederholt werden, was zeitaufeändig und fehlerträchtig ist. In der Praxis wird daher meist eine Methode gewählt, bei der der zu prüfende VHDL-Entwurf in eine Testbench eingebunden wird. Auch die Testbench wird in VHDL programmiert.

Für kleinere Entwürfe benötigt man häufig nur einfache Testbenches, die Eingangsdaten *(Stimuli)* für den zu testenden VHDL-Code erzeugen. Die Korrektheit des Entwurfs wird durch die manuelle Inspektion der Signalverläufe überprüft. Diese interaktive Simulation ist jedoch mit dem Nachteil verbunden, dass die Überprüfung manuell erfolgt und daher auch Fehler übersehen werden können.

Die bessere Variante ist eine selbstüberpüfende *(self-checking)* Testbench, bei der die Ausgaben des getesteten Codes mit erwarteten Ergebnissen verglichen werden. Hierzu müssen die erwarteten Werte zum Beispiel als Textdatei zur Verfügung stehen.

Die Stimuli werden von der Testbench aus einer Datei eingelesen und an das zu überprüfende Design angelegt. Die erwarteten Ausgabewerte des Systems werden durch ein sogenanntes *Known-Good-Device,* zum Beispiel eine Beschreibung als C-Programm, erzeugt. Die erwartete Ausgabe wird ebenfalls von der Testbench eingelesen und mit den Ausgabewerten des Designs verglichen. Eventuell auftretende Differenzen werden während der Simulation in einer Protokolldatei aufgezeichnet und können anschließend zur Fehlersuche verwendet werden. Das Prinzip der self-checking Testbench verdeutlicht Abb. 7.8.

Eine self-checking Testbench bietet unter anderem den Vorteil, dass Simulationen automatisiert gestartet werden können und so selbst aufwendige Tests ohne interaktiven Eingriff möglich sind. Dies ist insbesondere für komplexe Systeme vorteilhaft, deren Simulationszeit mehrere Stunden beträgt.

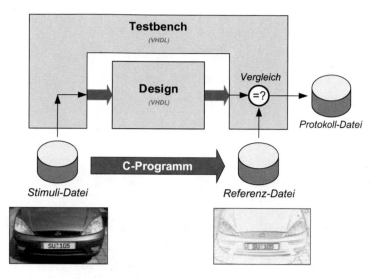

Abb. 7.8   Struktur einer selbstcheckenden Testbench

7.3.4   Synthese

Die Synthese umfasst das Einlesen und Analysieren des VHDL-Codes mit einer anschließenden Umsetzung der beschriebenen Funktion auf die verfügbaren digitalen Grundelemente. Das Ergebnis der Synthese ist eine sogenannte *Netzliste*, die Informationen über die benötigten Grundelemente und die Verbindungen zwischen den Elementen enthält.

Die genaue Platzierung der Elemente sowie deren exakte Verdrahtung bleiben bei diesem Schritt unberücksichtigt. Um die Verzögerungen durch die spätere Verdrahtung bereits bei der Synthese berücksichtigen zu können, werden statistische Modelle (*Wireload Models*) eingesetzt.

Die Synthese analysiert die VHDL-Beschreibung auch im Hinblick auf konstante Signale. Wird der Wert eines Signals als konstant erkannt, kann dieses zur Optimierung ausgenutzt werden, da die Logik, die an diesem Signal angeschlossen ist, vereinfacht oder im besten Fall komplett entfernt werden kann. Dieser Optimierungsschritt wird als *Constant Propagation* bezeichnet.

Ein Beispiel für die Optimierung von Konstanten zeigt das nachfolgende Codefragment. Für den Vergleich von *count* und *buf_size* realisiert die Synthese eine optimierte Hardware, die den Vergleich eines 4-Bit-Wertes mit der Konstanten 10 durchführt. Wäre *buf_size* dagegen ein Signal, das verschiedene Werte annehmen kann, müsste ein Vergleicher (also letztlich eine Subtraktion) von der Synthese implementiert werden.

```
architecture behave of my_module is
    constant buf_size : integer := 10;
    signal count : signed (3 downto 0);
begin
    process begin
      wait until rising_edge (clk);
      ...
      if count > buf_size then-- Hier nutzt die Synthese aus, dass
          ...                  -- buf_size eine Konstante ist
      end if;
      end process;
    end;
```

Code ohne eine digitale Funktion wird von der Synthese erkannt und ignoriert. Im nachfolgend dargestellten Codeausschnitt wird dem Signal *q* auf eine etwas umständliche
Weise der Wert Null zugewiesen. Dieses würde das Syntheseprogramm erkennen und
das Design entsprechend optimieren. Nachdem von der Synthese *q* als konstant erkannt
wurde, kann diese Information auch für weitere Optimierungsschritte auf Basis der
Constant Propagation verwendet werden.

```
process (a,b,c)
    variable v1 : std_logic;
    variable v2 : std_logic;
begin
    v1 := a and b;
    v2 := (not a) and (not c);
    q <= v1 and v2 and c;
end process;
```

7.3.5 Platzierung und Verdrahtung

Nach dem Syntheseschritt erfolgt die Platzierung (*Placement* bzw. *Place*) und Verdrahtung (*Routing* bzw. *Route*) der identifizierten Grundelemente. Das Programm wählt
für jedes Grundelement der Netzliste ein physikalisch vorhandenes Element des FPGA-
Chips aus. Nach diesem Platzierungs-Schritt sind die Positionen aller Netzlistenelemente
festgelegt. Nun werden die Ein- und Ausgänge der Elemente verbunden. Dazu muss das
Routing-Programm die durch das Syntheseergebnis vorgeschriebenen Verbindungen herstellen.

Nachdem die Verdrahtung abgeschlossen ist, kann eine genauere Abschätzung des
Zeitverhaltens erfolgen, da nun die exakten Verbindungsleitungen bekannt sind.

7.3.6   Timinganalyse

Bereits bei der Synthese sowie während Platzierung und Verdrahtung wird das Zeitverhalten der Schaltung überwacht und gegebenenfalls optimiert. Nach Abschluss der Verdrahtung steht das genaue Zeitverhalten der Schaltung fest und wird abschließend einer
Timinganalyse unterzogen.

Das wichtigste Ergebnis der Timinganalyse ist die Information, ob die Timing-
Anforderungen eingehalten werden und wie groß der *Worst Negative Slack* (*WNS*) ist.
Dieser Wert gibt die „Luft" im kritischen Pfad des Designs an. Wenn beispielsweise
ein *WNS* von 1 ns ausgegeben wird, bedeutet dies, dass alle Signale auch 1 ns später
an den Eingängen der Flip-Flops erscheinen könnten, ohne dass es zu einer Verletzung
der Setup-Zeit käme. Ist der WNS-Wert dagegen negativ, liegt ein Timingproblem vor.
Die Kombinatorik der Schaltung ist zu langsam. Wenn man die Taktfrequenz nicht
reduzieren kann, sind häufig Änderungen im VHDL-Code erforderlich (zum Beispiel der
Einsatz von Pipelining, vgl. Kap. 6).

Als Zusammenfassung wird auch der *Total Negative Slack* (*TNS*) angeben. Hierbei
handelt es sich um die Summe aller Pfade, deren Zeitverhalten die Setup-Zeit der Flip-
Flops verletzt. Pfade, deren Zeitverhalten nicht verletzt ist, werden bei der TNS-Analyse
nicht berücksichtigt. Somit ist der TNS-Wert entweder negativ oder Null (falls keine
Setup-Time-Verletzungen vorliegen).

In Analogie zur Analyse der Setup-Zeit wird auch eine Hold-Time-Analyse durchgeführt und der *WHS*- bzw. *THS*-Wert (*Worst Hold Slack* bzw. *Total Hold Slack*) ausgeben.

Diese Form der Analyse wird als *statische Timinganalyse* bezeichnet. Der Begriff
„statisch" meint, dass das Zeitverhalten ohne die genaue Kenntnis des dynamischen Verhaltens der Signale, also ohne das Anlegen von Eingangsstimuli, durchgeführt wird.

Normalerweise ist diese Form der Analyse ausreichend. Allerdings ist zu beachten,
dass die statische Timinganalyse pessimistisch ist. Sie überprüft alle Pfade eines Designs
auf mögliche Verletzungen des Zeitverhaltens. Manchmal werden jedoch einige Pfade
des Designs im praktischen Betrieb gar nicht verwendet. In diesem Fall kann eine
dynamische Timinganalyse in Betracht gezogen werden. Darüber hinaus kann es in
besonderen Fällen, zum Beispiel wenn das Design kritische Taktübergänge enthält, sinnvoll sein, eine dynamische Timinganalyse durchzuführen.

Für eine dynamische Timinganalyse wird das Design inklusive einer Modellierung
der Verzögerungen der Grundelemente in einer Simulation überprüft. Hierzu müssen
geeignete Eingangsstimuli definiert werden, die alle relevanten Pfade testen. Außerdem
ist zu bedenken, dass die Komplexität der Simulation aufgrund der Modellierung des
Zeitverhaltens deutlich höher ist als für die Simulation des VHDL-Quellcodes und daher
eine größere Rechenzeit für die Simulation benötigt wird.

7.3.7　Inbetriebnahme

Nachdem ein Entwurf durch Simulation verifiziert wurde, kann er, wenn er als ASIC realisiert werden soll, in einer Halbleiterfabrik produziert werden. Soll das System auf Basis eines CPLDs oder eines FPGAs realisiert werden, erfolgt nach der Simulation die Programmierung des Bausteins mithilfe eines entsprechenden Programmiergerätes. Ein Beispiel einer Experimentierplatine mit angeschlossenem Programmiergerät ist in Abb. 7.9 dargestellt.

Trotz sorgfältiger Simulation kann es in der Praxis Fälle geben, die eine Fehlersuche im laufenden Betrieb erfordern. Dies kommt vor, wenn in der Anwendung Fälle auftreten, die in der Simulation nicht beachtet wurden oder aus Zeitgründen nicht simuliert werden konnten. Auch bei der Ansteuerung von externen Bauelementen, beispielsweise einem Speicher, kann es passieren, dass sich der reale Baustein etwas anders verhält, als dies in der Simulation vorhergesehen wurde.

Zur Fehlersuche, insbesondere bei komplexen FPGAs, ist es häufig nicht ausreichend, wenn nur die äußeren Anschlüsse des Systems zugänglich sind und der zeitliche Verlauf von internen Signalen nicht sichtbar ist. Um die Fehlersuche im Betrieb zu erleichtern, können dem Entwurf spezielle Module hinzugefügt werden, die in der Lage sind, den zeitlichen Verlauf interner Signale aufzuzeichnen und über eine Debug-Schnittstelle auszugeben. Auf diese Weise können die Zustände der internen Signale ähnlich wie in einer VHDL-Simulation visualisiert werden.

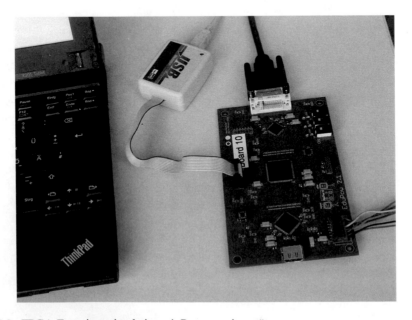

Abb. 7.9　FPGA-Experimentierplatine mit Programmiergerät

Der Vorteil dieses Vorgehens ist es, dass auch FPGA-interne Signale im laufenden Betrieb analysiert werden können. Auf der anderen Seite benötigt dieses Vorgehen aber mehr Ressourcen des FPGAs. So wird zum Beispiel für die Speicherung des zeitlichen Verlaufs der beobachteten Signale interner Speicher benötigt. Um den Hardwareaufwand für die Verifikation im Betrieb klein zu halten, wird daher meist nur ein relativ kurzes Zeitfenster aufgezeichnet. Darüber hinaus werden nur wenige besonders wichtige Signale für die Beobachtung im laufenden Betrieb ausgewählt. Da die Beobachtbarkeit der Signale gegenüber einer Simulation deutlich eingeschränkt ist, stellt dieses Vorgehen keinen Ersatz, sondern eine Ergänzung zur Simulation dar.

7.3.8 Der digitale Entwurf als iterativer Prozess

Die in diesem Kapitel beschriebenen Entwurfsschritte müssen bei komplexeren Designs unter Umständen mehrfach durchlaufen werden. Zeigt der erste Syntheselauf, dass das angestrebte Zeitverhalten nicht eingehalten werden kann oder das geplante Ressourcenbudget überschritten wird, kann bei kleinen Zielabweichungen versucht werden, durch geeignete Einstellungen der Entwurfsprogramme ein besseres Ergebnis zu erzielen. Bei größeren Abweichungen bleibt meist nur der Schritt zurück zum VHDL-Code, um zum Beispiel den zeitlich kritischen Pfad im Design zu optimieren. Bei sehr anspruchsvollen Designs können diese Änderungen nun wiederum Probleme an anderen Stellen des Codes nach sich ziehen, sodass der Designflow vom Schreiben des VHDL-Codes bis zur Platzierung und Verdrahtung mehrfach durchlaufen werden muss.

Für erste Schritte im FPGA-Design wird meist kein iteratives Vorgehen benötigt: Sind die Anforderungen an die Taktfrequenz moderat gewählt und die Anforderungen an den maximalen Ressourcenbedarf einer Schaltung von untergeordneter Bedeutung, wird man häufig bereits mit dem ersten Syntheseversuch ein zufriedenstellendes Ergebnis erzielen.

7.4 Übungsaufgaben

Prüfen Sie sich selbst mit den Fragen am Kapitelende. Die Lösungen und Antworten finden Sie am Ende des Buches.

Sofern nicht anders vermerkt, ist nur eine Antwort richtig.

Aufgabe 7–1 Welche Aussage ist im Hinblick auf einen Vergleich der Bausteine 74HC00 und 74AHC00 korrekt?

a) Beide Bausteine besitzen den gleichen Versorgungsspannungsbereich.
b) Die logischen Funktionen der Bausteine sind identisch.
c) Die logische Funktion der Bausteine ist vom Hersteller abhängig.
d) Der minimale High-Pegel an den Eingängen der Bausteine ist identisch.

Aufgabe 7–2 Was beschreibt der Begriff *Fan-Out*?

a) Die Anzahl der Ausgänge eines Schaltkreises.

b) Die Anzahl der Leitungen die an einen Ausgang angeschlossen werden dürfen.

c) Ein Maß für die Last, die die Ausgänge des Bausteins treiben können.

d) Ein Maß für die Last, die ein Eingang des Bausteins darstellt.

Aufgabe 7–3 Was gilt für die unterschiedlichen Bausteine einer Familie (zum Beispiel „HC") der 74er-Serie?

a) Alle Bausteine besitzen die gleiche Verzögerungszeit.

b) Eingänge der Bausteine müssen immer mit Ausgängen der gleichen Familie verbunden werden.

c) Für alle Bausteine wird vom Hersteller eine maximale Schaltzeit unabhängig von der Ausgangsbelastung garantiert.

d) Alle Bausteine besitzen den gleichen Versorgungsspannungsbereich.

Aufgabe 7–4 Welche Aussage trifft auf ASICs zu? *(Mehrere Antworten sind richtig).*

a) Für den Entwurf eines ASICs werden meist Bibliotheken mit Standardzellen verwendet.

b) Ein ASIC-Entwurf ist sowohl für kleine als auch für große Stückzahlen sinnvoll.

c) Ein ASIC-Entwurf ist mit relativ hohen Fixkosten verbunden.

d) Die digitale Funktion eines ASICs kann nicht mithilfe von VHDL beschrieben werden.

Aufgabe 7–5 Welche Aussagen treffen für den Vergleich eines Mikrocontrollers mit einem PC zu? *(Mehrere Antworten sind richtig).*

a) Mikrocontroller besitzen im Gegensatz zu einem PC keine Ein-/Ausgabe-Schnittstellen.

b) Mikrocontroller sind kostengünstiger als PCs.

c) Typische Mikrocontroller besitzen eine geringere Rechenleistung als PCs.

d) Typische Mikrocontroller besitzen eine geringere Speicherkapazität als PCs.

Aufgabe 7–6 Was meint der Begriff „Programmierbare Logik"?

a) Die Bausteine können Programme ausführen, die in Sprachen wie C oder Java geschrieben sind.
b) ASICs, die einen software-programmierbaren Mikroprozessor beinhalten.
c) Die logische Funktion der Hardware des Bausteins kann durch den Anwender programmiert werden.
d) Logische Funktionen, die mithilfe eines Programms auf einem PC simuliert werden.

Aufgabe 7–7 Welches ist typische Reihenfolge der Entwurfsschritte?

a) Synthese, Platzierung, Verdrahtung
b) Platzierung, Verdrahtung, Synthese
c) Platzierung, Synthese, Verdrahtung
d) Synthese, Verdrahtung, Platzierung

Aufgabe 7–8 Welche Kombinationen von Worst Negative Slack (WNS) und Total Negative Slack (TNS) können in der Praxis auftreten? *(Mehrere Antworten sind richtig).*

a) WNS: -3 ns; TNS: -4 ns
b) WNS: -3 ns; TNS: 0 ns
c) WNS: $+3$ ns; TNS: $+5$ ns
d) WNS: 0 ns; TNS: 0 ns

VHDL-Vertiefung

8

In Kap. 3 wurden die wichtigsten Sprachelemente von VHDL vorgestellt und Sie sind damit bereits in der Lage, digitale Schaltungen in VHDL zu entwerfen. In diesem Kapitel werden vertiefende Aspekte der Hardwarebeschreibung mit VHDL dargestellt. Einige dieser Sprachelemente eröffnen neue Möglichkeiten zur Beschreibung von Hardwarekomponenten. Andere können helfen, den Code besser zu strukturieren und lesbarer zu gestalten. Darüber hinaus werden in diesem Kapitel VHDL-Konstrukte vorgestellt, die zur Überprüfung der von Ihnen erstellten Hardwarebeschreibungen eingesetzt werden können. Nach dem Studium dieses Kapitels haben Sie die wichtigsten Aspekte der Sprache VHDL kennengelernt und können auch komplexere Schaltungen in VHDL realisieren.

8.1 Weitere Datentypen

Einige wichtige Datentypen sind bereits aus Kap. 3 bekannt. In diesem Abschnitt werden weitere nützliche Datentypen behandelt.

8.1.1 Natural und Real

Der Datentyp *natural* dient zur Darstellung natürlicher Zahlen im Bereich von 0 bis $+2^{31}-1$, also dem Bereich der positiven Zahlen, der sich auch mit dem Datentyp *integer* darstellen lässt. Ergänzend zu den ganzzahligen Datentypen, bietet VHDL auch die Verwendung von Gleitkommazahlen an, die mit dem Datentyp *real* definiert werden können.

Im Gegensatz zum Datentyp *real* sind die Ganzzahl-Datentypen synthetisierbar. VHDL-Beschreibungen auf Basis dieser Datentypen können also in eine digitale

© Springer-Verlag GmbH Deutschland, ein Teil von Springer Nature 2022
W. Gehrke und M. Winzker, *Digitaltechnik,*
https://doi.org/10.1007/978-3-662-63954-2_8

Hardware überführt werden, während die Verwendung von Gleitkommadatentypen auf Testbenches beschränkt ist.

8.1.2   Boolean

Wie viele Programmiersprachen unterstützt VHDL den Datentyp *boolean*. Diesem Datentyp können nur die Werte *true* oder *false* zugewiesen werden. Ein Objekt dieses Datentyps entspricht in Hardware einem einzelnen Bit. Die Bezeichnung der Werte erfolgt jedoch nicht mit 0 oder 1. Dies wäre dagegen syntaktisch inkorrekt (da es sich bei 0 und 1 um Werte vom Typ *integer* handelt) und würde zu Fehlermeldungen führen.

Ein häufiger Anwendungsfall für diesen Datentyp ist die Abfrage von Bedingungen. Werden beispielsweise zwei Werte verglichen, so ist das Ergebnis dieses Vergleichs vom Datentyp *boolean*. Selbstverständlich können auch Objekte, zum Beispiel Signale, mit diesem Datentyp angelegt werden, die dann in einer Abfrage ausgewertet werden.

8.1.3   Time

VHDL unterstützt die Verwendung von physikalischen Datentypen. Die Werte dieses Datentyps setzen sich aus einem Zahlenwert und einer Einheit zusammen. Der wichtigste physikalische Datentyp ist *time*. Dieser Datentyp erlaubt die Angabe von Zeiten mit den Einheiten Femtosekunde (fs), Picosekunde (ps), Nanosekunde (ns), Mikrosekunde (ms), Millisekunde (msec), Sekunde (sec), Minute (min) oder Stunde (hr).

Der Datentyp *time* ist nicht synthesefähig, da Zeitangaben im Zuge der Synthese ignoriert werden. Für Testbenches ist der Datentyp jedoch sehr hilfreich, um das zeitliche Verhalten von Signalen nachzubilden. Ein Beispiel für die Verwendung des Datentyps *time* ist im nachfolgenden Codeausschnitt dargestellt. Das Signal *clk* wird durch eine not-Anweisung invertiert. Durch Angabe einer zeitlichen Verzögerung mithilfe des Schlüsselworts *after* ergibt sich ein Signal, welches alle 5 Nanosekunden invertiert wird. Auf diese Weise wird also ein digitales Taktsignal modelliert, welches eine Periodendauer von 10 ns besitzt. Die Definition des Signals *clk* beinhaltet die initiale Zuweisung des Wertes 0. Auf diese Weise wird sichergestellt, dass *clk* zu Beginn der Simulation einen definierten Wert erhält.

```
signal clk : std_logic := '0';
  ...
clk <= not clk after 5 ns;
```

Auch die Definition eigener physikalischer Datentypen ist in VHDL möglich. Allerdings wird hiervon selten Gebrauch gemacht, sodass dieser Aspekt hier nicht weiter vertieft wird.

8.1.4   Std_ulogic, Std_ulogic_vector

Neben den Datentyp *std_logic* und *std_logic_vector* wird im IEEE-Paket auch der Datentyp *std_ulogic* und *std_ulogic_vector* definiert. Es handelt sich dabei um eine Alternative zu den Datentypen *std_logic* und *std_logic_vector*. Diese bereits vor-gestellten Datentypen haben eine sogenannte Auflösungsfunktion (engl. *resolution function*). Die Auflösungsfunktion ist immer dann relevant, wenn einem Signal gleich-zeitig zwei Werte zugewiesen werden. Mithilfe der beim Datentyp *std_logic* definierten Auflösungsfunktion wird für diese Fälle der sich ergebende Wert des Signals bestimmt. Wird einem Signal beispielsweise gleichzeitig der Wert 0 und der Wert 1 zugewiesen, wäre das Ergebnis bei Verwendung von *std_logic* der Wert *X* (*unknown*).

In den Datentypen *std_ulogic* und *std_ulogic_vector* steht das „u" für *unresolved* und drückt aus, dass für diesen Datentyp keine Auflösungsfunktion existiert. Werden einem Signal gleichzeitig zwei Werte zugewiesen, würden die Entwurfswerkzeuge bereits beim Übersetzungsvorgang der VHDL-Beschreibung einen Fehler ausgeben. Es ist eine individuelle Entscheidung, ob diese Eigenschaft als ein Vorteil angesehen wird. In der Praxis werden die meisten VHDL-Beschreibungen auf Basis des Datentyps *std_logic* geschrieben. Daher wird in diesem Buch auf die Verwendung des Datentyps *std_ulogic* verzichtet.

8.1.5   Benutzerdefinierte Datentypen

Mithilfe des Schlüsselwortes *Type* können in VHDL auch benutzerdefinierte Datentypen, zum Beispiel für die Codierung der Zustände eines endlichen Automaten (vgl. Kap. 5) angelegt werden.

Die Definition des benutzerdefinierten Typs Farbe kann zum Beispiel wie folgt formuliert werden:

```
type farbe is (rot,gruen,blau,lila);
```

8.1.6   Zeichen und Zeichenketten

Für einzelne Zeichen bietet der VHDL-Standard den Datentyp *character* an. Dieser Datentyp ist ein Aufzählungstyp, der insgesamt 256 Werte umfasst, wobei die ersten 128 Werte dem 7-Bit-ASCII-Code (vgl. Kap. 2) entsprechen und die letzten 128 Werte Umlaute und Sonderzeichen enthalten. Da die Definition des Datentyps im Paket *std* erfolgt, kann der Datentyp ohne Use-Anweisung in allen VHDL-Beschreibungen eingesetzt werden. Die Typdefinition zeigt der folgende Codeausschnitt:

```
type character is (
    NUL,   SOH,   STX,   ETX,   EOT,   ENQ,   ACK,   BEL,
     BS,    HT,    LF,    VT,    FF,    CR,    SO,    SI,
    DLE,   DC1,   DC2,   DC3,   DC4,   NAK,   SYN,   ETB,
    CAN,    EM,   SUB,   ESC,   FSP,   GSP,   RSP,   USP,
    ' ',   '!',   '"',   '#',   '$',   '%',   '&',   ''',
    '(',   ')',   '*',   '+',   ',',   '-',   '.',   '/',
    '0',   '1',   '2',   '3',   '4',   '5',   '6',   '7',
    '8',   '9',   ':',   ';',   '<',   '=',   '>',   '?',
    '@',   'A',   'B',   'C',   'D',   'E',   'F',   'G',
    'H',   'I',   'J',   'K',   'L',   'M',   'N',   'O',
    'P',   'Q',   'R',   'S',   'T',   'U',   'V',   'W',
    'X',   'Y',   'Z',   '[',   '\',   ']',   '^',   '_',
    '`',   'a',   'b',   'c',   'd',   'e',   'f',   'g',
    'h',   'i',   'j',   'k',   'l',   'm',   'n',   'o',
    'p',   'q',   'r',   's',   't',   'u',   'v',   'w',
    'x',   'y',   'z',   '{',   '|',   '}',   '~',   DEL,
    -- weitere 128 Werte
);
```

Ähnlich wie für den Datentyp *std_logic* existiert ein zugehöriger vektorieller Datentyp mit dem Namen *string*, in dem Zeichenketten abgelegt werden können. Der folgende Code zeigt einige Beispiele zur Verwendung der Datentypen.

```
signal i : integer;
signal my_char : character;
signal my_string : string(1 to 10) := "Hallo Welt";
my_string(7 to 10) <= "VHDL"; -- my_string danach: "Hallo VHDL"
my_string(6) <= '_';          -- my_string danach: "Hallo_Welt"
my_char <= my_string(1);      -- my_char enthält danach 'H'
```

8.1.7 Subtypes

Man kann von deklarierten Typen weitere Typen *(subtype)* ableiten. Ein Subtype ist ein Datentyp mit eingeschränktem Wertebereich im Vergleich zum Basistyp. Die Syntax zur Definition eines Subtypes lautet:

```
subtype <subtype_name> is <subtype_indication>;
```

Die *subtype_indication* enthält den Namen des Basisdatentyps und optional eine Einschränkung, welcher Bereich des Basisdatentyps dem neu definierten Subtype zur Verfügung stehen soll.

```
-- Subtype Beispiele:
subtype dezimal_ziffer is integer range 0 to 9; -- Bereichseinschränkung
subtype byte is std_logic_vector (7 downto 0); -- Indexeinschränkung
subtype zahl is integer; -- zahl = anderer Name für Integer

-- Beispiele für vordefinierte Subtypes:
subtype natural is integer range 0 to integer'high;
subtype positive is integer range 1 to integer'high;
subtype std_logic is resolved std_ulogic;
subtype X01 is resolved std_ulogic range 'X' to '1'; -- ('X','0','1')
```

Die Angabe *resolved* bedeutet, dass für den hier definierten Datentyp eine Auflösungsfunktion definiert ist.

Bei der Definition der Subtypes *natural* und *positive* wird das Attribut *high* verwendet. Mithilfe dieses Attributs wird der größte Zahlenwert des Typs *integer* ausgewählt. Der Audruck *integer'high* ist also gleichbedeutend mit $+2147483647$.

8.1.8 Arrays

Wie alle Programmiersprachen unterstützt auch VHDL Arrays, also Felder von beliebigen Datentypen. Die Definition eines Arrays ist in VHDL etwas umständlicher gelöst als in den meisten Programmiersprachen, da man zunächst das gewünschte Array als neuen Datentyp definieren muss. Erst anschließend darf dieser neue Datentyp für die Definition von Signalen oder Variablen verwendet werden. Die Typdefinition eines Arraydatentyps sieht wie folgt aus:

```
type <type_name> is array (range) of <element_data_type>;
```

Nehmen wir an, Sie möchten ein Array aus 10 Integer-Werten anlegen. Dann sehen die Typdefinition und die Definition eines entsprechenden Array-Signals zum Beispiel so aus:

```
type my_array_type is array (1 to 10) of integer; -- neuer Typ
signal my_ints : my_array_type; -- Signal auf Basis des neuen Typen
```

Ein Zugriff auf das Array erfolgt dann genauso wie beim Zugriff auf einzelne Elemente eines Signals vom Typ *std_logic_vector* (denn der Datentyp *std_logic_vector* ist auch ein Array-Datentyp):

```
my_ints(6) <= 24;
```

Selbstverständlich kann man auch mehrdimensionale Arrays anlegen, wenn man die Typdefinitionen verschachtelt:

```
type my_int_array_type_1D is array (1 to 20) of integer;
type my_int_array_type_2D is array (1 to 10) of my_int_array_type_1D;
signal my_2D_ints : my_int_array_type_2D;
...
my_2D_ints(7)(5) <= 12; -- zweidimensionaler Arrayzugriff
```

Arrays werden häufig benötigt, um Speicher zu modellieren. Sie wollen zum Beispiel einen Speicher der Größe 1 kByte modellieren. Dies erreichen Sie mit folgendem Code:

```
type mem_type is array (0 to 1023) of std_logic_vector (7 downto 0);
signal mem : mem_type;
```

8.1.9   Records

VHDL unterstützt Records, also das Zusammenfassen mehrerer Werte in einem neuen Datentyp. Dies ist mit *Structs* vergleichbar, die Sie vielleicht aus einer Programmiersprache bereits kennen. Die allgemeine Form einer Record-Definition sieht wie folgt aus:

```
type <record_type_name> is
   element_name : element_typ;
   {element_name : element_typ;} -- Ggf. weitere Elemente
end record [record_type_name]; -- record_type_name ist optional
```

Die Definition und Verwendung von Records wird durch die nachfolgenden Beispiele verdeutlicht:

```
type bus_mosi is
   addr : std_logic_vector(31 downto 0);
   data : std_logic_vector(31 downto 0);
   rd   : std_logic;
   wr   : std_logic;
end record;

type bus_miso is
   data  : std_logic_vector(31 downto 0);
   ready : std_logic;
end record;
```

Wenn Sie Records angelegt haben, dürfen Sie den Datentyp wie jeden anderen Datentyp verwenden. Sehr praktisch kann es sein, Records für die Ports eines Moduls einzusetzen: Wenn viele Signale gemeinsam zu verdrahten sind (zum Beispiel Bussignale, die von einem Master an mehrere Slaves anzuschließen sind), können Records die Lesbarkeit des Codes verbessern.

Der Zugriff auf die Elemente eines Records erfolgt über *selected names,* den „Punkt-Operator":

```
signal bus_out : bus_mosi;
signal bus_in : bus_miso;
... -- weiterer VHDL-Code
bus_out.addr <= x"1234_5678"; -- Zugriff auf die Elemente des Records
bus_out.rd <= '1';
bus_out.wr <= '0';
...
data_in <= bus_in.data;
```

8.2   Sprachelemente zur Code-Strukturierung

VHDL unterstützt den Entwicklungsprozess mit einigen nützlichen Sprachelementen bei der Strukturierung des Codes. Einige der Konstrukte sind in ähnlicher Form auch in Software-Programmiersprachen vorhanden.

8.2.1 Function

Eine VHDL-Funktion (Schlüsselwort: *function*) dient dazu, aus einem oder mehreren Übergabeparametern einen Rückgabewert zu berechnen. Wichtige Eigenschaften von Funktionen sind:

- Funktionen haben immer exakt einen Rückgabewert. Die Rückgabe erfolgt mithilfe des Schlüsselwortes *return*.
- Die Parameter dürfen innerhalb der Funktion nur gelesen werden. Schreibzugriffe sind nicht erlaubt.
- Innerhalb von Funktionen können lokale Variablen oder Konstanten definiert werden. Die Variablen werden mit jedem Funktionsaufruf neu initialisiert. Mit anderen Worten: Wird einer Variablen ein Wert zugewiesen, steht dieser beim nächsten Aufruf der Funktion nicht mehr zur Verfügung.
- Funktionen dürfen keine Wait-Anweisungen enthalten.
- Funktionen dürfen keine Signalzuweisungen enthalten.
- Funktionen dürfen sowohl Funktionen als auch Prozeduren (s. u.) aufrufen. Auch rekursive Aufrufe (eine Funktion ruft sich selbst auf) sind erlaubt.

Die syntaktische Struktur einer VHDL-Funktion stellt der nachfolgende Code dar.

```
function <Name> ({<Parameter>}) return <Typ_Rückgabewert> is
   <Deklarationen>
begin
   <Anweisungen>
end function;
```

Funktionen dürfen im Deklarationsteil einer Architecture (also vor dem *begin*) oder in Paketen definiert werden.

Als ein Beispiel ist im Folgenden eine VHDL-Funktion zur Umwandlung vom Gray-Code in eine Dualzahl dargestellt.

Die Funktionsdefinition verwendet den Datentyp *std_logic_vector* ohne die Länge des Vektors zu spezifizieren. Auf diese Weise können durch die Funktion Vektoren mit einer beliebigen Länge verarbeitet werden. Allerdings wird für die Implementierung der Funktion die Länge des jeweils bei Aufruf der Funktion übergebenen Vektors benötigt. Diese lässt sich sehr elegant mithilfe des *length*-Attributs des Vektors bestimmen. Die Schreibweise *gray_val'length* liefert die Länge (Anzahl der Elemente) des Vektors *gray_val* und wird zu Beginn der Funktion genutzt.

```vhdl
-- Definition der Funktion Gray2Bin
function Gray2Bin (gray_val : std_logic_vector)
                                           return std_logic_vector is
   constant vlen : integer := gray_val'length;
   variable temp : std_logic_vector(vlen-1 downto 0);
begin
   temp := gray_val;
   if vlen > 1 then
      for i in vlen-2 downto 0 loop
         temp(i) := gray_val(i) xor temp(i+1);
      end loop;
   end if;
   return temp(vlen-1 downto 0);
end function;


-- Beispiel für den Aufruf der Funktion Gray2Bin
   ...
   bin <= Gray2Bin(gray);
   ...
```

8.2.2   Procedure

VHDL-Prozeduren können ebenso wie Funktionen im Deklarationsteil einer Architecture oder in Paketen definiert werden.

Im Gegensatz zu Funktionen können Prozeduren mehrere Rückgabewerte besitzen. Die Rückgabe der Ergebnisse einer Prozedur erfolgt durch Modifikation der Werte der übergebenen Parameter und es ist daher erlaubt, auf die übergebenen Parameter schreibend zuzugreifen. Um festzulegen, ob ein Parameter nur gelesen, nur beschrieben oder sowohl gelesen als auch beschrieben werden darf, wird mit den Parametern eines der Schlüsselwörter *in, out* oder *inout* angegeben.

Als Parameter können Variablen, Signale oder Konstanten verwendet werden. Bei der Definition einer Prozedur muss festgelegt werden, welcher der drei Parameterklassen von der Prozedur erwartet wird.

Ein weiterer Unterschied zu Funktionen ist, dass innerhalb einer Prozedur Zuweisungen an Signale erlaubt sind, wenn die Prozedur innerhalb eines Prozesses definiert wird.

Darüber hinaus dürfen Wait-Anweisungen in Prozeduren verwendet werden. Allerdings sind diese Prozeduren dann nicht mehr synthetisierbar und der Einsatz solcher Prozeduren bleibt auf Testbenches beschränkt.

Der grundlegende Aufbau einer VHDL-Prozedur ist einer Funktion recht ähnlich:

```vhdl
procedure <Prozedurname> (<Parameterliste>) is
   <Deklarationen>
begin
   <Anweisungen>
end procedure;
```

Ein Beispiel für eine VHDL-Prozedur zeigt der nachfolgende Code, der eine Sortierung von drei Signalen implementiert.

```vhdl
-- Prozedur sort_u3
-- Sortiert 3 Werte vom Datentyp unsigned
procedure sort_u3 (signal val1 : in unsigned;
                   signal val2 : in unsigned;
                   signal val3 : in unsigned;
                   signal min : out unsigned;
                   signal med : out unsigned;
                   signal max : out unsigned ) is

   variable min_v : unsigned(min'length-1 downto 0);
   variable med_v : unsigned(med'length-1 downto 0);
   variable max_v : unsigned(max'length-1 downto 0);
   variable tmp_v : unsigned(min'length-1 downto 0);

begin
   max_v := val1;
   med_v := val2;
   min_v := val3;
   if min_v >= med_v then -- min/med tauschen?
      tmp_v := med_v;
      med_v := min_v;
      min_v := tmp_v;
   end if;

   if med_v >= max_v then -- max/med tauschen?
      tmp_v := max_v;
      max_v := med_v;
      med_v := tmp_v;
   end if;
```

```
if min_v >= med_v then -- und noch einmal ggf. min/med tauschen
    tmp_v := med_v;
    med_v := min_v;
    min_v := tmp_v;
end if;


min <= min_v;
med <= med_v;
max <= max_v;
end procedure;


-- Beispiel für den Aufruf der Procedure


...
sort_u3 (sig_1,sig_2,sig_3,sig_min,sig_med,sig_max);
-- alle sechs Signale müssen vom Typ unsigned sein
-- und die gleiche Wortbreite besitzen
...
```

8.2.3   Entity-Deklaration mit Generics

Stellen Sie sich vor, Sie möchten eine logische Funktion in VHDL realisieren, die Signale vom Typ *std_logic_vector* verknüpft. Da es sich um eine grundlegende Funktion handelt, die Sie häufig benötigen, muss Sie für Vektoren mit unterschiedlicher Wortbreite zur Verfügung stehen.

Natürlich kann man für jede benötigte Wortbreite ein eigenes Entity-Architecture-Paar realisieren. Allerdings kann dies sehr aufwendig werden, wenn viele unterschiedliche Wortbreiten benötigt werden. Es wäre eleganter, wenn man der Instanz des Moduls „irgendwie" die benötigte Wortbreite als Parameter mitteilen könnte. Wenn dieser Parameter in der Entity und der Architecture des instanziierten Moduls entsprechend berücksichtigt werden würde, kann die Erstellung eines einzelnen Entity-Architecture-Paares ausreichend sein.

Um einem Modul während der Instanziierung Parameterwerte übergeben zu können, muss die Entity des Moduls neben einer Port-Liste eine auch eine Parameter-Liste (Schlüsselwort *Generic*) enthalten.

Diese Parameter (*Generics*) können dann in symbolischer Form bei der Beschreibung des Moduls verwendet werden. Erst mit der Instanziierung des Moduls werden die (für diese Instanz) zu verwendenden Werte der Parameter festgelegt.

In der Praxis werden Generics häufig mit dem Datentyp *integer* oder *natural* definiert. Aber auch alle anderen VHDL-Datentypen sind zulässig und können für bei der Definition eines Generics eingesetzt werden.

Ein Beispiel soll die Vorgehensweise verdeutlichen: Angenommen Sie möchten ein Modul erstellen, das ein Signal um eine bestimmte Anzahl von Taktzyklen verzögern soll. Dieses Modul soll möglichst flexibel sein und für beliebige Wortbreiten oder Verzögerungen einsetzbar sein. Das Modul kann mithilfe von Generics wie folgt realisiert werden:

```vhdl
library ieee;
use ieee.std_logic_1164.all;


entity delay_unit is
    generic (D    : natural := 3; -- Anzahl Verzögerungszyklen (D>0 !)
             N    : natural := 8); -- Breite verzögerte Werte (N>0 !)
    port (clk     : in std_logic;
          d_in    : in std_logic_vector(N-1 downto 0);
          d_out   : out std_logic_vector(N-1 downto 0) );
end;


architecture behave of delay_unit is
    -- Hier legen wir ein Array mit D Einträgen an
    -- Jeder Eintrag nimmt N Bits auf
    --
    -- Durch die Synthese wird eine Kette von D Registern (also D-FFs)
    -- mit der Wortbreite N implementiert
    type arr_type is array (0 to D-1) of std_logic_vector(N-1 downto 0);
    signal array : arr_type;
begin
    process begin
        wait until rising_edge(clk);
        for i in 0 to (D-2) loop -- Werte in der FF-Kette verschieben
            d_array(i) <= d_array(i+1);
        end loop;
        d_array(D-1) <= d_in; -- Eingangswert an oberster Position
                              -- der FF-Kette abspeichern
    end process;
    d_out <= d_array(0);      -- ältesten Wert ausgeben
end;
```

Bei der Instanziierung des Moduls erfolgt nun neben der Portzuordnung *(port map)* auch die Zuordnung der verwendeten Generics *(generic map)*. Ist bei der Deklaration des Parameters in der Entity ein Default-Wert angegeben worden, kann die Parameterzuordnung auch entfallen. In diesem Fall wird für diese Instanz der angegebene Default-Wert verwendet.

Die Werte, die den Generics bei der Instanziierung zugeordnet werden, müssen zur Übersetzungszeit des VHDL-Codes berechenbar sein. Werte, die sich erst während der Simulation ergeben, sind nicht erlaubt. So ist es beispielsweise nicht möglich, einem Generic ein Signal zuzuweisen.

Der folgende Code zeigt die Instanziierung des oben beschriebenen Moduls.

```
...
-- Verwendung der Default-Werte für die Parameter D und N,
-- also D=3 und N=8
u0 : delay_unit port map (clk => clk, d_in => x_sv8, d_out => q_sv8);


-- Überschreiben der Default-Werte: D=5, N=32
-- Die Ein- und Ausgänge dieser Instanz haben die Wortbreite 4
u1 : delay_unit
    generic map (D=> 5, N => 32)
    port map (clk => clk, d_in => x_sv32, d_out => q_sv32);
...
```

8.2.4 Generate-Anweisung

In manchen Fällen lassen sich Parameter sehr elegant in einer Generate-Anweisung verwenden. Die Generate-Anweisung existiert in den beiden Varianten *if-generate* und *for-generate* und dient der bedingten beziehungsweise wiederholten Ausführung nebenläufiger Anweisungen wie Signalzuweisungen, Prozesse oder Instanziierungen.

Die allgemeine Schreibweise der beiden Generate-Anweisungen lautet

```
<Name>: if <Bedingung> generate
    <Nebenläufige Anweisungen>
end generate;


<Name>: for <Laufindex> in <Bereich> generate
    <Nebenläufige Anweisungen>
end generate;
```

Mithilfe der If-Generate-Anweisung können nebenläufige Anweisungen mit einer Bedingung versehen werden. Nur wenn die Bedingung erfüllt ist, ist dieser Code aktiv. Auf diese Weise können zum Beispiel Instanziierungen oder Prozesse in Abhängigkeit von Generics aktiviert werden.

Betrachten wir hierzu das Beispiel des Moduls *delay_unit* aus dem vorangegangenen Abschnitt. Das Modul kann nur eingesetzt werden, wenn die Verzögerung mindestens einen Taktzyklus beträgt, also $D > 1$ gilt. Würde D zu 0 gewählt werden, würde die Zuweisung.

```
d_array(D-1) <= d_in;
```

auf *d_array(-1)* zugreifen. Dieser Feldindex existiert jedoch nicht, da der kleinste mögliche Index 0 ist. Eine Fehlermeldung wäre die Folge.

Möchte man auch die Auswahl $D = 0$ (also keine Verzögerung des Signals) ermöglichen, kann dies mithilfe der If-Generate-Anweisung realisiert werden. Da bei der If-Generate-Anweisung kein *else* unterstützt wird, werden zwei If-Generate-Anweisungen benötigt. Der VHDL-Code kann wie folgt aussehen:

```vhdl
entity my_module is
    generic ( delay_count : natural := 1 );
    port ( clk : in std_logic;
             -- weitere Ports
         );
end;


architecture behave of my_module is
    signal q_sv32, x_sv32 : std_logic_vector (31 downto 0);
begin
-- Prozesse und nebenläufige Zuweisungen dieses Moduls
GEN_D0: if delay_count = 0 generate -- Ein Label muss sein
        -- delay_count = 0, also direkte Zuweisung
        q_sv32 <= x_sv32;
    end generate;


GEN_D1: if delay_count > 0 generate
    -- delay_count > 0, also das Modul einbauen
    -- für die Wortbreite N wird der Defaultwert (32)
    -- aus der Entity-Definition der Delay_Unit genutzt
    u1 : delay_unit
        generic map (D => delay_count)
        port map (clk => clk, d_in => x_sv32, d_out => q_sv32);
    end generate;
end;
```

Die For-Generate-Anweisung wird für eine wiederholte Ausführung nebenläufiger Zuweisungen oder Modul-Instanziierungen eingesetzt. Der Einsatz dieser Anweisung wird im Folgenden anhand eines sehr einfachen Beispiels verdeutlicht. Nehmen wir an, Sie haben ein AND2-Modul, also ein UND-Gatter mit zwei Eingängen realisiert und möchten dieses für die VHDL-Beschreibung eines UND-Gatters mit N Eingängen verwenden. Eine mögliche Lösung mithilfe der For-Generate-Anweisung kann dann wie folgt formuliert werden:

```
architecture for_gen_arch of and_n is
begin
    AND2GEN: for i in 0 to N-1 generate
        ui : and_2 port map (a => a(i), b => b(i), q => q(i));
    end generate;
end;
```

Beide Formen der Generate-Anweisung sollten nicht mit ähnlichen Sprachkonstrukten für Prozesse verwechselt werden. Die If- und For-Anweisungen in Prozessen beinhalten sequenziell ausgeführten Code, der Teil eines Prozesses ist. Die Generate-Anweisung bezieht sich dagegen immer auf nebenläufigen Code, beispielsweise Signalzuweisungen, Prozesse oder Instanziierungen.

Insbesondere müssen die Bereichsgrenzen der For-Generate-Anweisung beziehungsweise die Bedingung der If-Generate-Anweisung zum Zeitpunkt der Übersetzung des Moduls berechenbar sein. Der Grund hierfür ist, dass aus dem VHDL-Code Hardware generiert wird und daher bekannt sein muss, wie viele und welche Schaltungselemente erzeugt werden sollen. Es wäre beispielsweise nicht möglich, in einer If-Generate-Bedingung den Wert eines Signals abzufragen. Da sich der Wert des Signals erst während der Simulation oder während des Betriebs der Hardware ergibt, ist die Bedingung zum Übersetzungszeitpunkt des Moduls nicht auflösbar und würde Fehlermeldungen bei der Übersetzung des VHDL-Codes zur Folge haben.

8.2.5 Attribute

Mit Attributen lassen sich Eigenschaften von Objekten und Typen abfragen. VHDL-Beschreibungen können hiermit teilweise kürzer oder eleganter realisiert werden. Der Wert eines Attributs kann in einem VHDL-Modell weiter verwendet werden. Attribute lassen sich auf viele Datentypen anwenden, beispielsweise lässt sich die Anzahl der Elemente in einem Vektor bestimmen. Die generelle Syntax für Verwendung von Attributen lautet:

```
<typ_name>'<attribut_bezeichner>
```

Die Werte der Attribute unterscheiden sich von den Datenobjektwerten. VHDL unterscheidet vordefinierte und benutzerdefinierte Attribute. Die wichtigsten vordefinierte Attribute sind: *'left, 'right, 'high, 'low, 'length, 'pos, 'val* und *'range*.

Der folgende Code zeigt einige Beispiele zur Verwendung von Attributen:

```vhdl
process
    type farben_typ is (rot, gruen, blau, gelb, lila);
    variable farbe : farben_typ;
    variable i     : integer;
    variable c     : character := 'A';
    variable slv   : std_logic_vector (7 downto 0);
begin
    farbe := farben_typ'left;    -- liefert: rot
    farbe := farben_typ'right;   -- liefert: lila
    i := slv'low;                -- liefert: 0 (kleinster Indexwert)
    i := slv'high;               -- liefert: 7 (höchster Indexwert)
    i := slv'length;             -- liefert: 8 (Länge des Vektors)
    i := character'pos(c);       -- liefert: 65 (= ASCII-Wert von 'A')
    c := character'val(65);    -- liefert: 'A'(= Zeichen an Position 65)
    wait;
end process;
```

In manchen VHDL-Beschreibungen findet sich das Attribut *'event* in Verbindung mit Signalen. Falls innerhalb eines VHDL-Modells eine Flanke des Signals *clk* eine Aktion bewirken soll, so lässt sich diese Flanke auch durch die Bedingung *if clk'event and clk = '1' then* abfragen.

Die folgenden Schreibweisen beschreiben beispielsweise ein D-Flip-Flop:

```vhdl
-- D-FF mit der IEEE-Funktion rising_edge()
process begin
    wait until rising_edge(clk);
    q <= d;
end process;
-- D-FFs mit Abfrage des Attributs 'event
-- Diese Schreibweise ist nicht empfehlenswert
process begin
    -- Prozess unterbrechen bis ein Ereignis (Zuweisung eines neuen
    -- Wertes) auf dem Signal clk stattgefunden hat UND das Signal
    -- den Wert 1 angenommen hat
    wait until clk'event and clk='1';
    q <= d;
end process;
```

In manchen VHDL-Beschreibungen ist die Schreibweise *clk'event and clk = '1'* zu finden. Allerdings deckt diese Schreibweise alle Signalwechsel ab, bei denen das abgefragte Signal *clk* von einem Wert ungleich *'1'* auf *'1'* wechselt und sollte daher nicht verwendet werden.

So würde beispielsweise ein Wechsel von *'H'* zu *'1'* in der Simulation als steigende Flanke interpretiert. Dies ist jedoch inkorrekt, da *'H'* eine „schwache Eins" und *'1'* eine "starke 1" darstellt. Der Wechsel von *'H'* zu *'1'* stellt also keine steigende Flanke dar. Demgegenüber würde beispielsweise ein Wechsel von *'0'* zu *'H'*, welcher eine steigende Flanke darstellt, nicht als solche erkannt werden.

Die falsch interpretierten Signalwechsel wirken sich nur in der Simulation aus. Die synthetisierte Hardware, die ja nur Nullen und Einsen kennt, würde sich dagegen korrekt – und damit anders als die Simulation – verhalten.

Für die Erkennung einer Taktflanke wird darum die Verwendung der Funktion *rising_edge()* (beziehungsweise *falling_edge()* für fallende Signalflanken) empfohlen, die expliziter und damit besser lesbar ist.

8.2.6   Instanziierung mit der Component-Anweisung

In Kap. 3 wurde die Instanziierung von Modulen durch Angabe der Bibliothek und der Entity bereits vorgestellt. Im Folgenden wird eine alternative Vorgehensweise zur Instanziierung von Modulen beschrieben, die ebenfalls sehr häufig angewendet wird. Daher wird Ihnen diese Variante dann begegnen, wenn Sie beispielsweise VHDL-Code aus Internet-Quellen verwenden möchten.

Angenommen Sie haben ein Modul beschrieben und möchten dieses in einem anderen Modul verwenden. Als Beispiel verwenden wir ein einfaches UND-Modul mit zwei Eingängen. Die Entity des Grundmoduls kann wie folgt aussehen:

```
entity and_2 is
port (a : in std_logic;
      b : in std_logic;
      q : out std_logic );
end;
```

In der alternativen Beschreibung ohne Angabe der VHDL-Bibliothek wird eine Component-Anweisung verwendet. Diese Anweisung macht das zu instanziierende Modul in der Architecture bekannt und anschließend kann das Modul beliebig oft in der VHDL-Architecture verwendet werden.

Die Component-Anweisung beschreibt im Wesentlichen die Anschlüsse des zu instanziierenden Moduls und ist der Entity-Deklaration des Moduls sehr ähnlich: Im Gegensatz zur Entity-Deklaration wird statt des Schlüsselwortes *entity* das Schlüsselwort *component* verwendet.

Die Component-Anweisung des UND-Gatters würde wie folgt aussehen:

```
component and_2 is
port (a : in std_logic;
      b : in std_logic;
      q : out std_logic ); -- Sieht wie die Entity aus ...
end component;
```

Die Instanziierung des damit bekannt gemachten Moduls beginnt (wie bei der bereits bekannten Entity-Instanziierung) mit einem eindeutigen Namen für diese Instanz. Nach einem Doppelpunkt wird die Komponente (in diesem Beispiel *and_2*) angeben. Darauf folgt die Zuordnung der Anschlüsse, die mit den Schlüsselwörtern *port map* eingeleitet wird.

Für das Beispiel eines Vierfach-UND-Moduls, welches UND-Gatter instanziiert, können Entity und Architecture wie folgt beschrieben werden:

```
library ieee;
use ieee.std_logic_1164.all;



entity and_4x2 is
   port (a : in std_logic_vector (3 downto 0);
         b : in std_logic_vector (3 downto 0);
         q : out std_logic_vector (3 downto 0) );
end;


architecture behave of and_4x2 is

   component and_2 is
      port (a : in std_logic;
            b : in std_logic;
            q : out std_logic );
   end component;


begin
   u0 : and_2 port map (a => a(0), b => b(0), q => q(0));
   u1 : and_2 port map (a => a(1), b => b(1), q => q(1));
   u2 : and_2 port map (a => a(2), b => b(2), q => q(2));
   u3 : and_2 port map (a => a(3), b => b(3), q => q(3));
end;
```

Die in Kap. 3 eingeführte Entity-Instanziierung und Instanziierung mit der Component-Anweisung sind gleichwertig, wenn die Untermodule als VHDL-Beschreibung vorliegen. Für die Einbindung von Spezialkomponenten (siehe Abschn. 8.2.8), für die keine VHDL-Beschreibung vorhanden ist, ist die Component-Anweisung erforderlich.

8.2.7   Pakete

Einige häufig verwendete Bibliotheken und die darin enthaltenen Pakete (*Packages*) wurden in den vorangegangenen Abschnitten bereits verwendet. Pakete sind immer dann sinnvoll, wenn grundlegende Funktionen oder Datentypen in mehreren VHDL-Dateien verwendet werden sollen.

In einem Paket können unterschiedliche VHDL-Elemente abgelegt sein. Dies sind in der Praxis neben selbstdefinierten Datentypen, Funktionen oder Prozeduren häufig auch Component-Anweisungen. Wird beispielsweise ein Paket, das Component-Anweisungen enthält, in einer VHDL Beschreibung durch geeignete Library- und Use-Anweisungen bekannt gemacht, können die hierin enthaltenen Component-Anweisungen im nachfolgenden Code entfallen. Der Code wird dadurch kürzer und übersichtlicher.

Pakete werden in einen Header- und einen Body-Teil aufgespalten. Der Header enthält die „von außen" sichtbaren Deklarationen, zum Beispiel welche Aufrufparameter eine Prozedur besitzt. Der Package-Body legt die Implementierung der im Header deklarierten Elemente fest.

Der Package-Header wird mit dem Schlüsselwort *package* eingeleitet, während ein Package-Body durch *package body* gekennzeichnet wird:

```
package <Paketname> is
   <Typdefinitionen>
   <Definition oder Deklaration von Konstanten>
   <Signaldefinitionen>
   <Deklaration von Funktionen und Prozeduren>
   <Component-Anweisungen>
end package;


package body <Paketname> is
   <Definition von Konstanten, falls im Header nur deklariert>
   <Definitionen von Funktionen und Prozeduren>
end package body;
```

Als ein Beispiel für die Anwendung von Paketen zeigt der nachfolgende Code ein Paket, das Funktionen zur Umwandlung des Gray-Codes in Dualzahlen und umgekehrt enthält.

```vhdl
library ieee;
use ieee.std_logic_1164.all;


---------------------
-- Package Header
---------------------
package gray_pkg is

    -- Funktionsdeklarationen --
    function gray2bin (gray_val : std_logic_vector)
        return std_logic_vector;


    function bin2gray (bin_val : std_logic_vector)
        return std_logic_vector;


end package;


---------------------
-- Package Body
---------------------


package body gray_pkg is
    -- Implementierung: Gray2Bin --
    function gray2bin (gray_val : std_logic_vector)
        return std_logic_vector is
        constant vlen : integer := gray_val'length;
        variable temp : std_logic_vector(vlen-1 downto 0);
    begin
        temp := gray_val;
        if vlen > 1 then
            for i in vlen-2 downto 0 loop
                temp(i) := gray_val(i) xor temp(i+1);
            end loop;
        end if;
        return temp(vlen-1 downto 0);
    end function;
```

```
   -- Implementierung: Bin2Gray --
   function bin2gray (bin_val : std_logic_vector)
      return std_logic_vector is
      constant vlen : integer := bin_val'length;
   begin
      return ('0' & bin_val(vlen-1 downto 1)) xor bin_val;
   end function;

end package body;
```

8.2.8   Einbindung von Spezialkomponenten

Für FPGAs und ASICs sind Spezialkomponenten wie Multiplizierer, Speicher oder
Elemente zur Taktaufbereitung verfügbar. Doch wie können diese Elemente in einem
VHDL-basierten Design eingesetzt werden? Hierzu werden zwei Ansätze unterschieden:
Die Instanziierung und die Inferenz (engl. *instantiation* beziehungsweise *inference*).
Beide Ansätze werden im Folgenden näher erläutert.

Instanziierung beim FPGA-Entwurf Bei der Instanziierung wird ein bestimmtes
Modul, zum Beispiel ein Multiplizierer, explizit als eine Komponente aufgerufen. Damit
wird dem Synthesetool vorgeschrieben dieses konkret benannte Modul zu verwenden.

   Für die Instanziierung stellen die FPGA-Hersteller spezielle VHDL-Bibliotheken
zur Verfügung, in denen alle Grundelemente hinterlegt sind. Man kann also auf die verfügbaren Hardwarekomponenten explizit zugreifen. Theoretisch könnten auch einzelne
Logikzellen ausgewählt und durch den Designer verdrahtet werden. Da man hiermit aber
die Intelligenz der Synthesetools nicht nutzen würde, wird von dieser Möglichkeit in der
Praxis kein Gebrauch gemacht. Die Instanziierung wird im Allgemeinen nur dort eingesetzt, wo dies unumgänglich ist, weil die gewünschten Elemente nicht automatisch
durch die Synthese ausgewählt werden können. Ein Beispiel hierfür sind PLLs zur
Taktaufbereitung. Für diese Elemente existiert keine Entsprechung in VHDL und daher
müssen sie per Instanziierung ausgewählt werden.

   Die Parameter der jeweiligen Instanz werden im VHDL-Code durch Übergabe von
Generics festgelegt. Da dies in einigen Fällen etwas umständlich ist, werden grafische
Blockgeneratoren angeboten. Mithilfe der Generatoren ist es möglich, die Eigenschaften
des zu instanziierenden Blocks interaktiv über eine grafische Oberfläche festzulegen.
Als Ergebnis liefern die Generatoren einen Block, der in einer VHDL-Beschreibung als
Komponente instanziiert werden kann.

Inferenz beim FPGA-Entwurf In einigen Fällen kann man auch auf die „Intelligenz" des Synthesetools setzen: Für bestimmte VHDL-Konstrukte erkennt die Synthese automatisch, dass hier ein Hardmakro (zum Beispiel ein Multiplizierer-Modul oder ein FPGA-interner Speicher) in Betracht kommt. Da sich die Verwendung der Makros aus dem VHDL-Code ergibt, wird dieses Vorgehen als Inferenz bezeichnet.

Die Syntheseprogramme unterstützen meist die Inferenz von Speichern, Multiplizieren und einfachen arithmetischen Komponenten wie zum Beispiel die in der Signalverarbeitung häufig vorkommende Kombination eines Multiplizierers mit einem nachfolgenden Addierer. Für die Inferenz eines Multiplizierers genügt es beispielsweise, die entsprechende Operation im VHDL-Code zu verwenden.

Die Instanziierung und Inferenz wird im Folgenden anhand des Beispiels eines FPGA-internen Speichers für einen FPGA-Baustein der Xilinx Serie 7 näher beleuchtet.

8.2.8.1 Beispiel: Instanziierung eines Speichers

Der nachfolgend dargestellte VHDL-Code zeigt die Instanziierung eines Speichers. Es wird das Modul BRAM_SDP_MACRO, welches in der von der Firma Xilinx zur Verfügung gestellten Bibliothek *unisim* vorliegt, aufgerufen und mit den Signalen des Designs verbunden. Über Generics lassen sich verschiedene Parameter, wie die Wortbreite oder die Größe des Speichers, auswählen.

```vhdl
library unisim;
use unisim.vcomponents.all;
library unimacro;
use unimacro.vcomponents.all;
...
my_ram_instance : bram_sdp_macro
generic map (
    bram_size    => "18Kb",      -- Auswahl Speichergroesse
    device       => "7SERIES",   -- Zielbaustein-Serie
    write_width  => 8,           -- Wortbreite Schreibport
    read_width   => 8,           -- Wortbreite Leseport
    do_reg       => 0,           -- Zus. Register am Daten-Ausgang?
    init_file    => "NONE",      -- evtl. Datei mit Initialwerten
    sim_collision_check => "NONE", -- für Simulation
                                 -- auf gleiche Adresse checken?
    srval        => x"0000000000000000", -- Ausgabe nach Reset
    write_mode   => "WRITE_FIRST"  -- Auswahl Kollisionsbehandlung
    )
port map (
    rst     => rst,      -- Reseteingang
    rdclk   => rdclk,    -- Taktsignal Leseport
    rdaddr  => rdaddr,   -- Leseadresse
```

```
   rden   => rden,    -- Enable: Lesen
   regce  => '1',     -- Enable für Ausgangsregister
   do     => do,      -- Lesedaten
   wrclk  => wrclk,   -- Taktsignal Schreibport
   wraddr => wraddr,  -- Schreibadresse
   wren   => wren,    -- Enable-Signal für Schreiboperation
   we     => we,      -- Byte-weises Enable-Signal
   di     => di       -- Schreibdaten
);
```

Ein Nachteil der Instanziierung ist, dass man unter anderem die Größe der Speichermodule auf dem FPGA kennen muss. Wird ein Speicher benötigt, der größer als ein
einzelner Speicherblock ist, muss die entsprechende Anzahl an Speichermodulen
instanziiert werden. Darüber hinaus lässt sich VHDL-Code, der die Instanziierung
von Elementen verwendet, nicht unbedingt auf andere FPGAs übertragen. So könnten
sich zum Beispiel die Eigenschaften der Speichermodule einer nachfolgenden FPGA-
Generation ändern. Der VHDL-Code wäre damit nicht mehr zu dem neuen FPGA
kompatibel und müsste entsprechend angepasst werden.

8.2.8.2 Beispiel: Instanziierung eines Speichers mit Blockgenerator

Alternativ stellen die FPGA-Hersteller Modul-Generatoren zur Verfügung, um Speicher-
Module über eine grafische Oberfläche zu konfigurieren. Der Blockgenerator erstellt
dann eine Komponente, die im VHDL-Code eingebunden werden kann. Der Vorteil
dabei ist, dass der Blockgenerator auch größere Speicher aus mehreren Speicherblöcken
zusammenstellen kann. Falls zusätzliche kombinatorische Logik erforderlich ist, wird
auch diese erzeugt.

Im untenstehenden Beispiel wird ein FIFO-Speicher aufgerufen, der Datenworte um
eine feste Anzahl an Taktzyklen verzögert. FIFO steht dabei für First-In-First-Out. Der
Blockgenerator erzeugt die VHDL-Dateien des Moduls *fifo_memory*. Neben Speicher-
Modulen können Generatoren auch andere Funktionen erzeugen, beispielsweise
Divisionsschaltungen oder Filter.

```
my_fifo_instance : fifo_memory
port map (
   clk => clk,
   d_in => d_in,
   d_out => d_out );
```

Wie bei der Instanziierung von Modulen aus der FPGA-Bibliothek kann ein Untermodul
nicht unbedingt auf andere FPGAs übertragen werden.

Dieser Nachteil lässt sich durch die Inferenz von Speichern umgehen. Hierzu muss der VHDL-Code so geschrieben werden, dass er den Eigenschaften des Speichers entspricht.

8.2.8.3 Beispiel: Inferenz eines Speichers

Der nachfolgende Code zeigt die Realisierung eines Speichers. Die Wortbreite und die Größe des Speichers kann über Generics ausgewählt werden. Da der Lesezugriff synchron implementiert ist, wählen die Syntheseprogramme die auf dem FPGA-Baustein verfügbaren RAM-Speicherelemente (sogenanntes *Block-RAM*) aus.

```vhdl
library ieee;
use ieee.std_logic_1164.all;
use ieee.numeric_std.all;
entity bmem_sp is
   generic (
       DW    : integer := 16;     -- Data Width
       AW    : integer := 10 );   -- Address Width
     port (
        clk : in std_logic;                        -- Clock
        en  : in std_logic;                        -- Enable
        we  : in std_logic;                        -- Write enable
        a   : in std_logic_vector(AW-1 downto 0);  -- Address
        d   : in std_logic_vector(DW-1 downto 0);  -- Data in
        q   : out std_logic_vector(DW-1 downto 0) ); -- Data out
end;
architecture rtl of bmem_sp is
   type tmem is array(0 to 2**AW-1) of
                           std_logic_vector(DW-1 downto 0);
   signal mem : tmem;
begin
   process begin
      wait until rising_edge(clk);
      q <= mem(to_integer(unsigned(a)));
      if en = '1' then
         if we = '1' then
            mem(to_integer(unsigned(a))) <= d;
         end if;
      end if;
   end process;
end;
```

Da keine Aussagen über die FPGA-Technologie im Code vorgenommen werden, ist die Speicherinferenz auch auf andere FPGAs übertragbar. Darüber hinaus kann die Speichergröße und Wortbreite flexibel über die Generics angegeben werden, ohne eine genauere Kenntnis der zugrundeliegenden FPGA-Technologie zu haben.

Möchte man dagegen statt der Block-RAM-Module lieber Flip-Flops als Speicher verwenden, ist nur eine kleine Änderung des Codes erforderlich. Zieht man die Zuweisung an den Datenausgang *q* vor den Prozess, wird ein asynchroner Lesezugriff beschrieben. Mit einer derartigen VHDL-Beschreibung werden dann Flip-Flops als Speicherelemente (sogenanntes *Distributed Memory*) ausgewählt. Dies kann zum Beispiel vorteilhaft sein, wenn nur ein sehr kleiner Speicher benötigt wird: Block-RAMs stehen meist nur in Vielfachen von 1 oder 2 kByte zur Verfügung. Benötigt man zum Beispiel nur 256 Bit Speicherplatz und sind die Block-RAM-Ressourcen knapp, ist der Einsatz von Distributed Memory erwägenswert.

Die entsprechenden Änderungen für die Verwendung von Distributed Memory sind im folgenden Code-Ausschnitt dargestellt.

```vhdl
begin
   q <= mem(to_integer(unsigned(a))); -- Asynchroner Lese-Zugriff
   process begin
      wait until rising_edge(clk);
      if en = '1' then
      ...
```

In der Regel sollte die Inferenz bevorzugt werden, da diese übersichtlicher ist und sich der Code leichter auf andere FPGAs übertragen lässt. Für einige Module, beispielsweise PLLs, hat man nicht die Wahl zwischen Instanziierung und Inferenz. Diese Spezialmodule müssen entweder durch eine VHDL-Instanziierung oder durch einen Blockgenerator im System eingebaut werden. Die näheren Einzelheiten über die zu verwendenden Bibliotheken oder den Aufruf des entsprechenden Moduls in VHDL ist bei Bedarf in der Dokumentation der Anbieter der Synthesetools zu finden.

8.2.8.4 Beispiel: Inferenz eines Dual-Port-Speichers

FPGAs stellen meist auch sogenannte Dual-Port-Speicher zur Verfügung. Hierbei handelt es sich um Speicher, die zwei getrennte Anschlüsse für Lese- und Schreibzugriffe besitzen. Es kann also gleichzeitig von zwei unterschiedlichen Modulen auf die Elemente des Speichers zugegriffen werden.

Dual-Port-Speicher erlauben es, beide Module mit unterschiedlichen Taktfrequenzen zu betreiben. In diesem Fall muss die Inferenz des Dual-Port-Speichers mithilfe zweier getrennter VHDL-Prozesse (ein Prozess für jeden der beiden Schreib-Lese-Ports) beschrieben werden.

Da beide Prozesse auch einen Schreibzugriff auf die Speicherelemente unterstützen müssen, ergibt sich hier eine Besonderheit: Das Speicher-Array kann nicht durch eine Variable innerhalb **einer** der beiden Prozesse realisiert werden, da dann der andere Prozess keinen Zugriff auf die Variable hätte. Aber auch die Realisierung mithilfe eines VHDL-Signals ist nicht möglich: Beide Prozesse würden schreibend auf das Array-Signal zugreifen, was während der Synthese zu Fehlermeldungen führen würde.

Um diese Problematik zu lösen, können Variablen eingesetzt werden, die (wie Signale) im Deklarationsteil der Architecture definiert werden und in allen Prozessen der Architecture sichtbar sind. Diese Art der Variablen wird in VHDL als *Shared Variables* bezeichnet. Die Beschreibung eines synchronen Dual-Port-Speichers kann wie folgt realisiert werden:

```vhdl
library ieee;
use ieee.std_logic_1164.all;
use ieee.numeric_std.all;

entity bmem_dp is
   generic (
      DW  : integer := 16;    -- Data Width
      AW  : integer := 10 );  -- Address Width


   port (
      -- Port 1
      clk1 : in  std_logic;                      -- Clock
      we1  : in  std_logic;                      -- Write enable
      a1   : in  std_logic_vector(AW-1 downto 0); -- Address
      d1   : in  std_logic_vector(DW-1 downto 0); -- Data in
      q1   : out std_logic_vector(DW-1 downto 0); -- Data out


      -- Port 2
      clk2 : in  std_logic;                      -- Clock
      we2  : in   std_logic;                      -- Write enable
      a2   : in  std_logic_vector(AW-1 downto 0); -- Address
      d2   : in  std_logic_vector(DW-1 downto 0); -- Data in
      q2   : out std_logic_vector(DW-1 downto 0)  -- Data out
      );
end;


architecture rtl of bmem_dp is
   type tmem is array(0 to 2**AW-1) of
                        std_logic_vector(DW-1 downto 0);
```

```
-- Hier wird die "shared variable" definiert
shared variable mem : tmem := ((others=> (others=>'0')));
signal q1_sig : std_logic_vector(DW-1 downto 0) := (others=>'0');
signal q2_sig : std_logic_vector(DW-1 downto 0) := (others=>'0');


begin
   q1 <= q1_sig;
   q2 <= q2_sig;

   -- Port 1
   process begin
      wait until rising_edge(clk1);
      if (we1 = '1') then
         mem(to_integer(unsigned(a1))) := d1;
      end if;
      q1_sig <= mem(to_integer(unsigned(a1)));
   end process;

   -- Port 2
   process begin
      wait until rising_edge(clk2);
      if (we2 = '1') then
         mem(to_integer(unsigned(a2))) := d2;
      end if;
      q2_sig <= mem(to_integer(unsigned(a2)));
   end process;
end;
```

Natürlich kann dieser Code auch eingesetzt werden, wenn die beiden Module, die auf den Speicher zugreifen, identische Taktsignale verwenden. In diesem Fall wird an die Taktanschlüsse *clk1* und *clk2* einfach das gleiche Taktsignal angelegt.

Achtung: Lassen Sie sich nicht dazu verleiten, *Shared Variables* als Ersatz für VHDL-Signale einzusetzen. *Shared Variables* können zwar von typischen Synthesetools – mit entsprechenden Warnmeldungen – in Hardware übersetzt werden, aber das Verhalten von Schreibzugriffen aus zwei Prozessen heraus ist für *Shared Variables* nicht eindeutig definiert. Im obigen Fall der Beschreibung eines Speichermoduls ist dies akzeptabel und wird vom Synthesetool korrekt in einen entsprechenden Dual-Port-Speicher überführt. In den meisten anderen Fällen kann die Verwendung von *Shared Variables* zu Unterschieden zwischen Simulation und synthetisierter Hardware führen.

8.3   Sprachelemente zur Verifikation

Wie bereits in Kap. 7 beschrieben, ist die Simulation mit einer Testbench ein wesentlicher Schritt zur Verifikation von VHDL-Code. VHDL bietet dabei die Möglichkeit
während der Simulation auf Dateien zuzugreifen. Dieses kann zum Beispiel sinnvoll
sein, um Ausgabewerte oder Statusmeldungen während der Simulation in einer Datei
abzulegen, die anschließend auch ohne erneuten Simulationsaufruf zur Verfügung stehen.
    Grundsätzlich ist die binäre Ein-/Ausgabe und die Ein-/Ausgabe von Textdateien
zu unterscheiden. Binäre Dateien enthalten die gespeicherten Werte in binärer Form,
während die gespeicherten Werte in Textdateien im ASCII-Code vorliegen und mithilfe
eines Editors betrachtet und modifiziert werden können.

8.3.1   Binäre Ein-/Ausgabe

Um auf eine Datei zugreifen zu können, muss in VHDL zunächst ein Dateidatentyp
angelegt werden. Dies erfolgt mithilfe der Definition eines benutzerdefinierten Datentyps. Anschließend wird mithilfe dieses Datentyps ein sogenannter *Dateideskriptor*
angelegt, welcher für alle weiteren Zugriffe auf die verwendet wird. Das nachfolgende
Beispiel zeigt die erforderlichen Definitionen für eine Datei, die mit dem Datentyp
integer arbeitet.

```
type my_file_type is file of integer;
file my_file : my_file_type;
```

Das eigentliche Öffnen der Datei erfolgt anschließend mithilfe der Prozedur *file_open()*.
Diese Prozedur erwartet vier Parameter. Der erste Parameter ist vom Datentyp *FILE_*
OPEN_STATUS. Ihm wird der Status nach dem Öffnen der Datei zugewiesen. War das
Öffnen der Datei erfolgreich, erhält der Parameter den Wert *OPEN_OK*. Für eventuelle
Fehlerfälle stehen die Werte *STATUS_ERROR, NAME_ERROR, MODE_ERROR* zur
Verfügung. Der zweite Parameter ist vom Datentyp *FILE*. Hier wird der zuvor definierte
Dateidatentyp übergeben. Der Dateiname wird als dritter Parameter angeben. Ob
die Datei zum Lesen oder Schreiben geöffnet wird, legt der vierte Parameter fest: Mit
READ_MODE wird eine Datei zum Lesen geöffnet, während *WRITE_MODE* eine zu
schreibende Datei öffnet. Sollen Daten an den Inhalt einer bestehenden Datei angehängt
werden, wird als vierter Parameter *APPEND_MODE* verwendet.
    Ein mögliches Beispiel für das Öffnen einer Datei zeigt der nachfolgende Codeaus-
schnitt:

```
file_open(my_file_status, my_file, "my_values.dat", WRITE_MODE);
```

Für die Ein-/Ausgabe stellt VHDL die Prozeduren *read()* und *write()* zur Verfügung. Als Parameter werden der Dateideskriptor und eine Variable übergeben, die den auszugebenden Wert enthält (*write*) oder welcher der eingelesene Wert zugewiesen wird (*read*).

Ein Beispiel wie in einem Prozess eine binäre Datei geöffnet und der Schreibzugriff realisiert wird, zeigt der nachfolgende Code:

```vhdl
process
    type my_file_type is file of integer;
    file my_file : my_file_type;
    variable cnt : integer:= 64;
    variable my_file_status : FILE_OPEN_STATUS;
begin
    -- Datei öffnen
    file_open(my_file_status, my_file, "my_values.dat", WRITE_MODE);
    if my_file_status = OPEN_OK then -- Datei erfolgreich geöffnet?
        for i in 1 to 10 loop
            write(my_file, cnt); -- Werte in die Datei schreiben
            cnt := cnt+1;
        end loop;
        file_close(my_file); -- Datei schließen
    end if;
    wait; -- Diesen Prozess mit einfacher Wait-Anweisung beenden
end process;
```

8.3.2 Ein-/Ausgabe mit Textdateien

Während für die binäre Ein-/Ausgabe keine besonderen Pakete benötigt werden, muss für den Zugriff auf Textdateien das standardisierte Paket *textio*, welches ein Teil der Standardbibliothek *std* ist, mithilfe einer Use-Anweisung bekannt gemacht werden. Dieses Paket umfasst die textuelle Ein-/Ausgabe für die im VHDL-Standard definierten Datentypen. Sollen Daten vom Typ *std_logic* eingelesen oder ausgegeben werden, steht das zusätzliche Paket *std_logic_textio* aus der Bibliothek *ieee* zur Verfügung.

Die textuelle Ein-/Ausgabe erfolgt zeilenbasiert. So wird bei der Ausgabe zunächst eine Textzeile (vom Datentyp *line*) mit der Write-Prozedur beschrieben. Ist eine Textzeile erstellt, kann diese mit der Prozedur *writeline()* ausgeben werden. Entsprechendes gilt für die Eingabe: Zunächst wird eine Zeile mit der Prozedur *readline()* eingelesen und anschließend mithilfe der Read-Prozedur auf den Inhalt der Zeile zugegriffen.

Eine Besonderheit ist zu beachten, wenn Zeichenketten (strings) ausgegeben werden sollen. Die folgenden Zeilen würden zu einer Fehlermeldung führen:

```vhdl
write (my_line, "Hallo");  -- Fehler! Ist dies eine Zeichenkette?
write (my_line, "10010");  -- Auch falsch! String oder Vector?
                           -- oder etwas anderes ???
```

Bei der ersten Zeile ist es für einen Menschen sofort offensichtlich, dass es sich um
eine Zeichenkette vom Datentyp *string* handelt. Bei der zweiten Zeile ist dies weniger
offensichtlich. Schließlich könnte es sich beispielsweise auch um einen Wert vom Typ
std_logic_vector handeln. Damit nun die korrekte Implementierung der *Write*-Prozedur
aufgerufen werden kann, muss der Datentyp in diesem Fall explizit angeben werden.
Dies gilt auch für die eigentlich für einen Menschen offensichtlichen Fälle. Die explizite
Kennzeichnung des Datentyps erfolgt über einen sogenannten *Type-Qualifier*, dessen allgemeine Form wie folgt aussieht:

```vhdl
<Datentyp>'(<Wert>)
```

Für die obigen Beispiele würde der korrekte Code also wie folgt lauten:

```vhdl
write (my_line, string'("Hallo"));  -- Ok! Mit expliziter Typangabe ...
write (my_line, string'("10010"));  -- ... kann die richtige
                                    -- write-Funktion
                                    -- identifiziert werden
```

Ein Beispiel zur Verwendung der Textausgabe zeigt der nachfolgende Prozess.

```vhdl
process
    -- Für die Angabe des Dateityps kann der im textio-Paket definierte
    -- Datentyp text verwendet werden
    file my_txt_file : text;

    variable cnt     : integer:= 64;
    variable cnt_slv : std_logic_vector (7 downto 0);
    variable l       : line;
    variable file_stat : FILE_OPEN_STATUS;
begin
    -- Datei öffnen
    file_open(file_stat, my_txt_file, "my_values.txt", WRITE_MODE);
    if file_stat = OPEN_OK then -- Datei erfolgreich geöffnet?
        for i in 1 to 5 loop
            write(l, cnt); -- Integer in die Datei schreiben
            write(l,string'(" "));
            cnt_slv := std_logic_vector(to_unsigned(cnt,8));
            write(l,cnt_slv); -- Wert als std_logic_vector schreiben
```

```
      writeline(my_txt_file,l);
      cnt := cnt+1;
   end loop;
   file_close(my_txt_file); -- Datei schließen
 end if;
 wait; -- Prozess beenden
end process;
```

Die Simulation initialisiert die Variable *cnt* mit dem Wert 64. In einer Schleife wird *cnt* als Integer und *std_logic_vector* fünfmal ausgegeben und dabei jeweils um 1 erhöht. Nach Durchführung der Simulation würde die Datei *my_values.txt* den folgenden Inhalt besitzen:

```
64 01000000
65 01000001
66 01000010
67 01000011
68 01000100
```

Beim Einlesen von Dateien kommen den Funktionen *endfile()* und *endline()* eine wichtige Bedeutung zu. Ihnen wird als Parameter ein Dateideskriptor oder eine Zeile übergeben. Wenn der Rückgabewert (Typ: *boolean*) der Funktion den Wert *true* besitzt, wurde das Ende der Datei beziehungsweise der Zeile erreicht.

Mithilfe der vorgestellten Ein-/Ausgabekonzepte können auch Ein- und Ausgaben auf der Simulatorkonsole erfolgen. Hierfür sind die Symbole *INPUT* und *OUTPUT* vordefiniert:

```
write(l,string'("Hallo Konsole!"));
writeline(OUTPUT,l);
```

8.3.3   Wait-Anweisungen in Testbenches

In den vorangegangenen Kapiteln wurde die Wait-Anweisung bereits eingeführt. Die Wait-Anweisung wurde verwendet, um sequenzielle Schaltungen vom einfachen D-Flip-Flop bis hin zu komplexeren endlichen Automaten zu beschreiben. Zur Erinnerung ist hier noch einmal die VHDL-Beschreibung eines Prozesses angegeben, der die Funktion eines D-Flip-Flops realisiert:

```
process begin
   wait until rising_edge(clk);
   q <= d;
end process;
```

In diesem Beispiel wird die Ausführung unterbrochen bis eine bestimmte Bedingung, hier das Auftreten einer steigenden Flanke des Taktsignals *clk,* wahr ist. Für synthetisierbaren VHDL-Code ist diese Form der Wait-Anweisung ist die am häufigsten verwendete Variante. Es gibt jedoch noch weitere Varianten der Wait-Anweisung, die insbesondere für die Erstellung von Testbenches nützlich sind. Die vier Varianten der Wait-Anweisung sind in Tab. 8.1 zusammengefasst.

Es ist zu beachten, dass Wait-Anweisungen und Sensitivitätslisten einander ausschließen. Besitzt ein Prozess eine Sensitivitätsliste, darf er keine Wait-Anweisung enthalten. Wird dagegen eine Wait-Anweisung verwendet, darf der Prozess keine Sensitivitätsliste besitzen. Darüber hinaus darf synthetisierbarer Code nur eine einzelne Wait-Until-Anweisung pro Prozess enthalten. Testbench-Prozesse, die dagegen nur für die Simulation verwendet werden, dürfen beliebig viele Wait-Anweisungen enthalten. Mithilfe der Wait-Anweisung kann eine Testbench auf recht einfache Weise erstellt werden. Der nachfolgende Abschnitt zeigt hierzu ein Beispiel.

8.3.4   Testbench mit interaktiver Überprüfung

Eine Testbench besitzt keine Eingangs- oder Ausgangssignale. Daher kann die Entity sehr einfach realisiert werden. Sie besteht im Allgemeinen aus zwei Zeilen:

```
entity tb is
end;
```

Im Deklarationsteil der Architecture werden die Signale definiert, die an die Ein- und Ausgänge des zu überprüfenden Moduls angeschlossen werden. Im Anweisungteil der Architecture wird der Prüfling instanziiert und es werden mithilfe eines Prozesses unterschiedliche Testvektoren an die zu testende Komponente angelegt.

Die Architecture einer Testbench für einen Encoder, welcher einen 4-Bit-Binärwert in ein 7-Bit-Codewort für eine Sieben-Segment-Anzeige umsetzt, kann wie folgt realisiert werden:

```
architecture tb_arch of tb is
    signal bin_val : std_logic_vector(3 downto 0);
    signal sev_seg_code : std_logic_vector(6 downto 0);
begin
    dut : entity work.bin2sevenseg -- DUT: Device Under Test
    port map (
        bin     => bin_val,
        sevenseg => sev_seg_code );
```

```
   process begin -- Prozess zum Anlegen der Stimuli
      bin_val <= "0000";
      wait for 10 ns; -- Kurze Wartezeit
      bin_val <= "0001";
      wait for 10 ns;
      bin_val <= "0010";
      wait for 10 ns;
      -- Hier ggf. weitere Stimuli
      wait; -- Test durchlaufen. Der Prozess kann beendet werden.
   end process;
end;
```

Da die Testbench keine Überprüfung der Ausgabewerte des Prüflings vornimmt, muss die Korrektheit durch eine manuelle Überprüfung der erzeugten Waveform erfolgen. Dieses Vorgehen besitzt den Vorteil, dass der Testbench-Code auf die Erzeugung von Stimuli beschränkt bleibt und daher relativ einfach zu realisieren ist. Ein Nachteil ist, dass bei der Überprüfung ein mögliches Fehlverhalten des zu testenden Moduls übersehen werden könnte.

8.3.5 Testbench mit Assert-Anweisungen

Sind die erwarteten Ausgabewerte des Prüflings bekannt, kann die Verifikation im Rahmen auch durch die Testbench selbst erfolgen. Hierzu kann die Assert-Anweisung eingesetzt werden. Diese Anweisung überprüft während der Simulation eine angegebene Bedingung. Ist diese nicht erfüllt, wird eine Meldung ausgegeben. Der Schweregrad der Verletzung der angegebenen Bedingung kann explizit angegeben werden. Zur Auswahl stehen hierbei *note, warning, error* und *failure*. Welcher Schweregrad zu einem Abbruch der Simulation führt, kann mithilfe der Aufrufparameter des Simulators ausgewählt werden. Erfolgt keine Auswahl, führen in der Regel die Schweregrade *error* und *failure* zu einem Abbruch der Simulation.

Die folgenden Beispiele zeigen den typischen Aufbau von Assert-Anweisungen:

```
-- Signal a wird gegen einen erwarteten Wert a_exp getestet
assert a = a_exp report "Fehler in der Simulation" severity error;
```

```
-- Eine Warnung ausgeben falls der Wert von i 10 überschreitet
assert i <= 10 report "i ist groesser als 10" severity warning;
```

```
-- Eine Simulation mithilfe der Assert-Anweisung beenden
assert false report "Simulation wird beendet" severity failure;
```

Die Verwendung der Assert-Anweisung für die Verifikation eines UND-Gatters zeigt
der folgende Code. Die erwarteten Ausgabewerte werden in der Variablen *q_expected*
abgelegt und mit den Ausgabewerten des Prüflings verglichen. Die Variable *q_expected*
beschreibt, dass die erwartete Ausgabe für die Eingangswerte 00, 01 und 10 jeweils 0
ist. Nur für die Eingabe 11 wird am Ausgang des UND-Gatters eine 1 erwartet. Tritt
ein Fehler auf, wird mithilfe einer Assert-Anweisung eine entsprechende Meldung ausgegeben.

```
process
    variable i_sv        : std_logic_vector (1 downto 0);
    variable q_expected : std_logic_vector (3 downto 0) := "1000";
begin
    for i in 0 to 3 loop
        i_sv := std_logic_vector(to_unsigned(i,2));
        a <= i_sv(0);
        b <= i_sv(1);
        wait for 10 ns;
        assert q = q_expected(i) report "Fehler!" severity error;
    end loop;
    wait;
end process;
```

Die Anwendung der Assert-Anweisung ist nicht auf Testbench-Code beschränkt. Auch
in synthetisierbaren VHDL-Beschreibungen können Assert-Anweisungen eingesetzt
werden, um beispielsweise das Einhalten eines erwarteten Wertebereichs zu überprüfen.
Bei der Synthese der VHDL-Beschreibung wird aus den Assert-Anweisungen keine
Hardware generiert. Sie werden vom Syntheseprogramm ignoriert.

8.3.6   Testbench mit Dateiein-/ausgabe

Häufig entsteht bei dem Entwurf eines digitalen Systems der Wunsch Stimuli oder
erwartete Ausgabewerte aus Dateien einzulesen oder Ausgaben der Simulation in einer
Datei abzulegen. Dieses Vorgehen hat verschiedene Vorteile:

- Die Stimuliwerte sind übersichtlich in einer Datei zusammengefasst und können
  leicht geändert werden.
- Stimuli- und Erwartungswerte können rechnergestützt erstellt werden. Dies ist ins-
  besondere dann interessant, wenn ein funktionales Modell des zu entwerfenden
  Systems in einer Hochsprache (meist C/C++) erstellt wurde.
- Simulationen benötigen keine interaktiven Eingriffe.

Tab. 8.1 Formen der Wait-Anweisung

Struktur	Beispiel	Erläuterung
wait;	wait;	„Für immer warten“: Der Prozess wird unter-brochen und nie fortgesetzt
wait for <Zeitangabe>;	wait for 10 ns;	Prozessunterbrechung für einen bestimmten Zeitraum
wait on <Signalliste>;	wait on A,B;	Prozessunterbrechung bis ein Wechsel eines Signals der Signalliste detektiert wird
wait until <Bedingung>;	wait until A = B;	Unterbrechung des Prozesses bis die angegebene Bedingung wahr ist

- Die Simulationsergebnisse können rechnergestützt ausgewertet werden.
- Stimuli und Resultate einer Simulation liegen in einfach lesbarer Form vor und können zu Dokumentationszwecken aufbewahrt werden.

Diesen Vorteilen steht gegenüber, dass der Aufwand zum Erstellen einer Testbench größer ist als bei den zuvor skizzierten Ansätzen. In vielen Fällen kann der zusätz-liche Aufwand geringgehalten werden, wenn eine bereits zuvor eingerichtete Testbench wiederverwendet werden kann und nur leicht abgewandelt werden muss.

Der nachfolgende Code stellt eine komplette Testbench mit Datei-Ein/Ausgabe für ein einfaches logisches Gatter dar. Der Code lässt sich auch auf komplexere Problem-stellungen erweitern.

```
use std.textio.all; -- bei Benutzung der Standard-Bibliothek
                    -- ist keine Library-Anweisung erforderlich
library ieee;
use ieee.std_logic_1164.all;
use ieee.numeric_std.all;
use ieee.std_logic_textio.all;


entity tb is
end;


architecture tb_arch of tb is
   signal bin_val : std_logic_vector(3 downto 0);
   signal sev_seg_code : std_logic_vector(6 downto 0);
begin
   dut : entity work.bin2sevenseg -- DUT: Device Under Test
      port map (
         bin      => bin_val,
         sevenseg => sev_seg_code );
```

```
process -- Prozess zum Anlegen von Stimuli und zum Ueberprufen
        -- der Ausgabewerte des „device under test (DUT)"


   file stimuli_file        : text; -- Filedeskriptoren anlegen
   file resultat_file       : text;
   variable stim_file_status : FILE_OPEN_STATUS; -- Filestatus
   variable res_file_status : FILE_OPEN_STATUS;
   variable l               : line; -- Variable vom Typ line
   variable stim            : std_logic_vector(3 downto 0);
   variable exp             : std_logic_vector(6 downto 0);
   variable wait_time       : time;
   variable errors_detected : natural := 0;
begin
   -- Dateien öffnen
   file_open(stim_file_status, stimuli_file, "stimuli.txt", READ_MODE);
   file_open(res_file_status, resultat_file, "result.txt", WRITE_MODE);


   -- Dateien erfolgreich geöffnet?
   if stim_file_status = OPEN_OK and res_file_status = OPEN_OK then
      while not endfile(stimuli_file) loop -- Dateiende?
         readline(stimuli_file,l); -- Eine Zeile lesen
         read(l,stim); -- Stimuli lesen
         bin_val <= stim;
         read(l,wait_time); -- Wartezeit lesen
         wait for wait_time; -- Warten
         read(l,exp); -- Erwarteten Ausgabewert lesen
         write (l,stim); -- Stimuli und Ausgabewerte
         write (l,string'(" ")); -- in Resultat-Datei schreiben
         write (l,sev_seg_code);
         write (l,string'(" "));
         assert sev_seg_code = exp
                 report "Simulation error detected" severity warning;
         if sev_seg_code = exp then -- in Resultat-Datei schreiben
            write (l,string'("Ok"));
         else
            write (l,string'("Error -- Expected: "));
            write (l,exp);
            errors_detected := errors_detected + 1;
         end if;
         writeline(resultat_file,l);
      end loop;
      -- Am Ende der Simulation den Fehlerzaehler ausgeben
      write (l,string'("--------------------------------"));
      writeline(resultat_file,l);
```

```
      write (1,string'("Total Error Count: "));
      write (1,errors_detected);
      writeline(resultat_file,1);
      write (1,string'("-------------------------------"));
      writeline(resultat_file,1);
      file_close(stimuli_file); -- Dateien schliessen
      file_close(resultat_file);
   end if;
   -- Simulation mit Assert-Anweisung beenden
   assert false report "Simulation finished." severity failure;
end process;
end;
```

Die Stimulidatei *stimuli.txt* besitzt ein recht übersichtliches zeilenorientiertes Format. In einer Zeile stehen zunächst die Stimuliwerte. Daran schließt sich die Angabe der Zeit an, die zwischen Anlegen der Stimuliwerte und Auswertung der Ausgangswerte vergehen soll. Am Ende der Zeile ist der erwartete Ausgabewert des Prüflings angegeben.

```
0000 10 ns 0111111
0001 10 ns 0000110
0010 10 ns 1011011
0011 10 ns 1001111
0100 10 ns 1100110
0101 10 ns 1101101
0110 10 ns 1111101
0111 10 ns 0000111
1000 10 ns 1111111
1001 10 ns 1101111
1010 10 ns 1110111
1011 10 ns 1111100
1100 10 ns 0111001
1101 10 ns 1011110
1110 10 ns 1111001
1111 10 ns 1110001
```

Die durch die Simulation erzeugte Ergebnisdatei sieht beispielsweise wie folgt aus:

```
0000 0111111 Ok
0001 0000110 Ok
0010 1011011 Ok
0011 1001111 Ok
0100 1100110 Ok
0101 1101101 Ok
```

```
0110 1111101 Ok
0111 0000101 Error -- Expected: 0000111
1000 1111111 Ok
1001 1101111 Ok
1010 1110111 Ok
1011 1111100 Ok
1100 0111001 Ok
1101 1011110 Ok
1110 0000001 Error -- Expected: 1111001
1111 1110001 Ok
-------------------------------
Total Error Count: 2
-------------------------------
```

8.4   Übungsaufgaben

Haben Sie den Inhalt des Kapitels verstanden? Prüfen Sie sich selbst mit den folgenden Aufgaben. Am Ende des Buches finden Sie die Lösungen.

Sofern nicht anders vermerkt, ist nur eine Antwort richtig.

Aufgabe 8–1 Ein Taktsignal soll mithilfe des VHDL-Signals *clk* modelliert werden. Die Frequenz des Taktsignals beträgt 100 MHz. Welche der folgenden Codezeilen ist korrekt?

a) clk <= not clk;
b) clk <= not clk after 5 ns
c) clk <= clk after 10 ns
d) clk <= not clk after 10 ns

Aufgabe 8–2 Welche Aussagen über die Datentypen *std_logic* und *std_ulogic* sind korrekt? *(Mehrere Antworten sind richtig)*

a) Der Datentyp *std_logic* besitzt eine "Auflösungsfunktion" (*resolution function*), der Datentyp *std_ulogic* dagegen nicht.
b) Ein Signal vom Datentyp *std_ulogic* wird zu Beginn einer Simulation immer auf 'U' (*undefined*) gesetzt. Ein Signal vom Datentyp *std_logic* erhält zu Beginn der Simulation immer den Wert '0'.
c) Die beiden Datentypen sind Teil des VHDL-Standards. Daher können sie auch ohne die Verwendung von Library- und Use-Anweisungen in VHDL-Beschreibungen eingesetzt werden.

d) Erfolgen Zuweisungen an ein Signal vom Datentyp *std_logic* aus zwei Prozessen heraus, führt dies in der Simulation nicht zu einer Fehlermeldung.

Aufgabe 8–3 Welche Aussage über die Generics sind korrekt?

a) Bei der Instanziierung eines Moduls können auch Signale an die Generics "angeschlossen" werden.
b) Die Werte, die an die Generics übergeben werden, müssen zur Übersetzungszeit berechenbar (zum Beispiel Konstanten) sein.
c) Generics sind immer vom Datentyp *integer.*
d) Wird ein Generic verwendet, muss bei der Instanziierung des entsprechenden Moduls dem Generic immer ein Wert zugewiesen werden.

Aufgabe 8–4 Wie kann ein Prozess mithilfe der Wait-Anweisung (für immer) beendet werden?

a) wait forever;
b) wait;
c) wait until ();
d) wait on;

Aufgabe 8–5 Was gilt für Prozesse in Testbenches?

a) Eine Testbench darf nur einen einzelnen Prozess beinhalten.
b) Testbench-Prozesse dürfen mehrere Wait-Anweisungen beinhalten.
c) Testbench-Prozesse dürfen eine Sensitivitätsliste besitzen und gleichzeitig eine Wait-Anweisung beinhalten.
d) Testbench-Prozesse dürfen nur synthetisierbaren Code beinhalten.

Aufgabe 8–6 Gegeben ist der nachfolgende VHDL-Prozess.

```
process
    file my_file : text;
    variable my_f_status : FILE_OPEN_STATUS;
    variable l : line;
    variable slv : std_logic_vector (3 downto 0);
begin
```

```
file_open(my_f_status, my_file, "test.txt", WRITE_MODE);
if my_f_status = OPEN_OK then
   for i in 1 to 5 loop
      write (l,i);
      write (l,string'(" "));
      slv := std_logic_vector(to_unsigned(i,4));
      write (l,slv);
      writeline(my_file,l);
   end loop;
end if;
wait;
end process;
```

Welche Ausgabe erwarten Sie in der Datei *test.txt*?

a)

```
1
2
3
4
5
```

b)

```
1 001
2 010
3 011
4 100
5 101
```

c)

```
1 0001
2 0010
3 0011
4 0100
5 0101
```

d)

```
1
0001
2
0010
3
0011
4
0100
5
0101
```

Programmierbare Logik 9

In Kap. 7 wurden programmierbare Logikbausteine bereits kurz vorgestellt. Diese Bausteine zeichnen sich dadurch aus, dass ihre logische Funktion durch den Anwender festgelegt werden kann. Viele programmierbare Logikbausteine lassen sich mehrfach programmieren, sodass sich eventuelle Designfehler innerhalb kurzer Zeit durch eine Neuprogrammierung beheben lassen. Ebenso können beispielsweise auch Änderungen der Spezifikation des Zielsystems selbst in späten Phasen des Entwicklungsprozesses eingearbeitet werden. Aufgrund dieser Vorteile haben sich programmierbare Logikbausteine in vielen Bereichen durchgesetzt. Mit einigen dieser Bausteine lassen sich nur wenige Gatter ersetzen, andere ermöglichen dagegen die Realisierung von komplexen digitalen Systemen.

Zur Beschreibung der gewünschten logischen Funktion wird meist VHDL verwendet. Der VHDL-Code wird von Software-Tools, die teilweise kostenlos von den Baustein-Herstellern zur Verfügung gestellt werden, interpretiert und für den Zielbaustein optimiert. Das Ergebnis ist eine binäre Datei, die auf die programmierbare Logikkomponente geladen wird. Erst durch diesen Programmiervorgang erhält der Baustein seine finale digitale Funktion.

Die Preise der Bausteine unterscheiden sich erheblich: Während einfache Bausteine für wenige Cent erworben werden können, müssen für komplexere Bausteine zwei- oder dreistellige Eurobeträge aufgebracht werden. Auch für extrem komplexe Spezialanwendungen stehen Bausteine zur Verfügung. Da diese Bausteine jedoch eine relativ große Siliziumfläche benötigen und sie nur in relativ kleinen Stückzahlen verkauft werden, erreichen die Preise dieser Komponenten vier- oder sogar fünfstellige Eurobeträge.

Auch wenn der Begriff *Programmierbarkeit* eine Nähe zu Software-Programmen nahelegt, handelt es sich dennoch um unterschiedliche Konzepte. Ein Software-Programm wird auf einen Computer geladen und dann sequenziell vom Prozessor des

Rechners ausgeführt. Im Fall programmierbarer Logik wird zwar auch die Information über die auszuführende Funktion auf den Baustein geladen, die Ausführung dieser Funktion geschieht jedoch direkt in Hardware und nicht durch eine sequenzielle Interpretation der Befehle eines Computerprogramms. Um den Unterschied der Konzepte deutlich zu machen, werden programmierbare Logikbausteine auch als *konfigurierbare Logik* bezeichnet.

Im Rahmen der folgenden Abschnitte werden zunächst die technischen Grundkonzepte programmierbarer Logikbausteine erläutert. Diese werden anschließend aufgegriffen und es werden unterschiedliche Typen programmierbarer Logikbausteine vorgestellt.

9.1 Grundkonzepte programmierbarer Logik

Für die Realisierung eines Bausteins, dessen Funktion erst durch den Anwender festgelegt wird, können zwei grundlegende Konzepte verfolgt werden, die im Folgenden näher erläutert werden.

9.1.1 Zweistufige Logik

Eine beliebige kombinatorische Funktion lässt sich mithilfe des KV-Diagramms – oder bei komplexeren Funktionen mithilfe eines geeigneten Computerprogramms – in eine zweistufige Darstellung überführen. Wird beispielsweise eine disjunktive Darstellung der Funktion angestrebt, besteht die erste Logikstufe aus UND-Verknüpfungen während in einer zweiten Stufe ODER-Verknüpfungen verwendet werden. Um einen Baustein zu realisieren, dessen logische Funktion vom Anwender in disjunktiver Form programmiert werden kann, muss dieser Baustein also eine zweistufige UND-/ODER-Struktur enthalten. Durch die Auswahl, ob ein Eingangssignal in der UND-Stufe berücksichtigt wird, können die Produktterme der gewünschten Funktion in der UND-Stufe realisiert werden. Die Produktterme werden mit der ODER-Stufe zum Ausgangssignal der Funktion zusammengefasst.

Um die Auswahl der zu berücksichtigenden Eingangssignale und Produktterme zu ermöglichen, werden neben UND- und ODER-Gattern elektrische Schalter benötigt, die die Eingangssignale beziehungsweise Produktterme mit den Eingängen der Gatter verbinden. Soll ein Gattereingang unberücksichtigt bleiben, wird der Schalter so programmiert, dass eine logische 1 (bei UND-Gattern) beziehungsweise eine logische 0 (bei ODER-Gattern) zugeführt wird.

Die Grundstruktur eines solchen programmierbaren Logikbausteins ist in Abb. 9.1 dargestellt. Der Baustein besitzt die drei Eingänge X1, X2 und X3. Die an diesen Eingängen anliegenden Signale können den UND-Gattern negiert oder nicht-negiert zugeführt werden. In dem dargestellten Beispiel können mithilfe der beiden UND-

Abb. 9.1 Struktur eines zweistufigen programmierbaren Logikbausteins mit 3 Eingängen und einem Ausgang

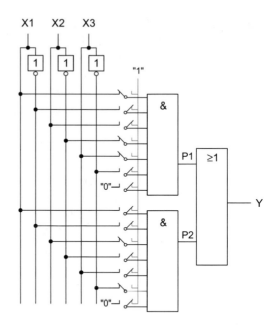

Gatter insgesamt zwei Produktterme gebildet werden. Wird nur ein Term benötigt, kann einer der Eingänge des nicht benötigten UND-Gatters auf Null gesetzt werden. Auf diese Weise wird sichergestellt, dass der Ausgang des UND-Gatters, unabhängig von den Werten der anderen Eingänge, den Wert 0 besitzt und somit in der nachfolgenden ODER-Stufe nicht berücksichtigt wird.

Mit der in Abb. 9.1 gezeigten Beispielprogrammierung werden die Terme $P1$ und $P2$ durch die folgenden logischen Gleichungen beschrieben:

$$P1 = X1\,\overline{X2}\,\&\,X3$$

beziehungsweise

$$P2 \;=\; X2\,\&\,\overline{X3}$$

Damit ergibt sich der Ausgangswert für Y zu

$$Y \;=\; P1 \;\vee\; P2 \;=\; (X1\,\&\,\overline{X2}\,\&\,X3) \;\vee\; (X2\,\&\,\overline{X3})$$

Mithilfe der dargestellten Schaltung lassen sich beliebige kombinatorische Funktionen realisieren, wenn diese maximal drei Eingangsvariablen besitzen und sie sich mithilfe von maximal zwei Termen beschreiben lassen.

Um auch komplexere logische Funktionen realisieren zu können, kann die Grundschaltung mit mehr UND-Gattern ausgestattet werden. Sollen darüber hinaus auch mehrere Ausgangssignale gleichzeitig berechnet werden, werden weitere ODER-Gatter hinzugefügt. Es ist nachvollziehbar, dass eine vollständige grafische Darstellung eines solchen Bausteins schnell unübersichtlich werden kann. Daher wird häufig eine kompaktere Darstellung gewählt, bei der die Eingänge der UND-Gatter in einem einzelnen Strich zusammengefasst werden. Hierbei entfällt auch die explizite Darstellung der Schalter. Diese werden durch Punkte ersetzt. Ein gesetzter Punkt deutet an, dass der zugehörige Schalter so programmiert ist und damit eine Verbindung zwischen dem jeweiligen Eingangssignal und der UND-Stufe hergestellt ist. Fehlt der Punkt dagegen, liegt an dem zugehörigen Eingang des UND-Gatters eine 1 an.

Für das obige Beispiel ist die kompakte Darstellung in Abb. 9.2 abgebildet.

Das in diesem Abschnitt vorgestellte Grundprinzip wird bei sogenannten *Programmable Logic Devices* (*PLDs*) verwendet, die in den Abschn. 9.2 und 9.3 näher vorgestellt werden. Ist neben dem UND-Array auch das ODER-Feld programmierbar, wird meist der Begriff *Programmable Logic Arrays* (*PLA*) verwendet.

Der Vorteil des programmierbaren ODER-Feldes eines PLAs ist es, dass die Produktterme allen ODER-Verknüpfungen zugeführt werden. Wird ein Produktterm für die Berechnung von mehr als einem Ausgang benötigt, muss der Term daher nur einmal durch die entsprechende UND-Verknüpfung gebildet werden. Dieser Vorteil der PLA-Struktur muss mit der Programmierbarkeit des ODER-Feldes erkauft werden, was zu einem höheren Flächenbedarf des Bausteins und damit zu höheren Kosten führt.

Ein Beispiel soll die mehrfache Verwendung eines Produktterms verdeutlichen: Es werden die Funktionen

$$Y1 = P1 \vee P2 = (X1 \,\&\, \overline{X2} \,\&\, X3) \vee (X2 \,\&\, \overline{X3})$$

und

$$Y2 = P1 \vee P3 = (X1 \,\&\, \overline{X2} \,\&\, X3) \vee (X1 \,\&\, X2)$$

mithilfe eines PLAs realisiert.

Die Programmierung des PLAs kann dann wie in Abb. 9.3 dargestellt realisiert werden.

Abb. 9.2 Beispiel eines programmierbaren Logikbausteins in kompakter grafischer Darstellung

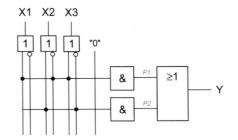

Abb. 9.3 Programmierbarer
Logikbaustein mit mehrfach
verwendetem Produktterm

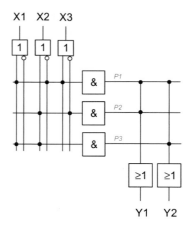

9.1.2   Tabellenbasierte Logikimplementierung

Eine logische Funktion kann auch durch eine Tabelle definiert werden, welche die möglichen Eingangswerte mit den zugehörigen Ausgangswerten auflistet. Diese tabellarische Darstellungsform kann für eine direkte Implementierung in Hardware verwendet werden. Als Grundelemente werden in diesem Fall statt Gatter sogenannte *Lookup-Tabellen* (engl. *look-up table, LUT*) verwendet. Eine Lookup-Tabelle ist ein kleiner Speicher, in dem für alle Eingangskombinationen die jeweiligen Ausgangswerte abgelegt sind.

Besitzt die LUT beispielsweise vier Eingänge, müssen für die Implementierung der Tab. 16 Speicherstellen bereitgestellt werden. Die Auswahl, welche der gespeicherten Werte am Ausgang erscheint, erfolgt durch Anlegen eines 4 bit breiten Wertes an die Eingänge der LUT.

Möchte man eine LUT aus digitalen Grundelementen aufbauen, kann dies beispielsweise mithilfe von D-Flip-Flops und einem Multiplexer erfolgen. Ein Beispiel für eine Realisierung einer solchen LUT ist in Abb. 9.4 dargestellt. Dabei wird auf eine genauere Darstellung der Logik zum Schreiben der gespeicherten Werte aus Gründen der Übersichtlichkeit verzichtet.

Auch mithilfe einer LUT-basierten Implementierung lassen sich also beliebige logische Funktionen realisieren, sofern die Anzahl der LUT-Eingänge ausreichend groß gewählt ist.

In Abb. 9.5 ist die Realisierung eines UND- und eines ODER-Gatters auf Basis der LUT mit zwei Eingängen dargestellt. Für alle möglichen Kombinationen der Eingänge *I0* und *I1* werden die entsprechenden Ausgangswerte in den Flip-Flops abgespeichert (0,0,0,1 für ein UND-Gatter und 0,1,1,1 für ein ODER-Gatter). Der Multiplexer wählt anhand der Eingangswerte *I0* und *I1* einen der vier Flip-Flop-Ausgänge aus. In dem Beispiel in Abb. 9.5 liegen am Eingang der LUT die Werte 1 und 0 an. Hiermit wird das

Abb. 9.4 Implementierung
einer Lookup-Tabelle mit
D-Flip-Flops

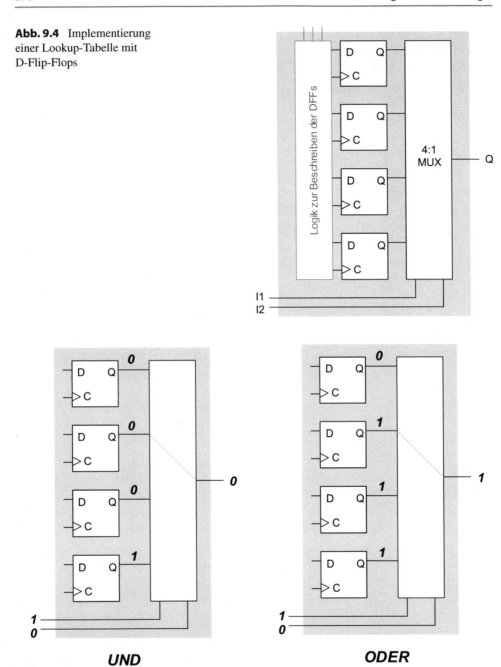

Abb. 9.5 LUT-basierte Realisierung eines UND- und eines ODER-Gatters

zweite Flip-Flop ausgewählt, in dem im Fall einer UND-Verknüpfung eine 0 beziehungsweise im Fall eines ODER-Gatters eine 1 abgelegt ist.

Besitzt die zu realisierende Funktion mehr Eingänge als die verwendeten LUTs, müssen mehrere LUTs durch Parallelschaltung und Kaskadierung kombiniert werden. Welche LUTs wie kombiniert werden müssen, hängt von der zu implementierenden logischen Funktion ab.

Ein programmierbarer Logikbaustein auf Basis von LUTs muss also neben den programmierbaren LUTs auch konfigurierbare Verbindungen zwischen den einzelnen LUTs zur Verfügung stellen. So können dann auch komplexe Funktionen, bei denen mehrere LUTs kombiniert werden müssen, mithilfe des Bausteins realisiert werden.

Das in diesem Abschnitt skizzierte Prinzip der LUT-basierten Implementierung in Kombination mit einem programmierbaren Verdrahtungskonzept setzen die Field Programmable Gate Arrays (FPGA) ein. Reale FPGAs realisieren die Speicherelemente der LUTs zur Reduktion der benötigten Chipfläche auf Basis von speziellen Speichertechnologien (zum Beispiel SRAM). Eine detailliertere Diskussion der FPGA-Technologie ist in Abschn. 9.4 zu finden.

9.2 Simple Programmable Logic Device (SPLD)

Die ersten programmierbaren Bausteine wurden bereits 1971 von der Firma Monolithic Memories Inc. entwickelt und unter dem Namen *PAL* (*Programmable Array Logic*) vermarktet. Heute werden diese Bausteine und ihre Nachfolger häufig auch als *Simple Programmable Logic Device (SPLD)* bezeichnet. Mit diesen Bausteinen lassen sich kombinatorische Schaltungen in disjunktiver Form realisieren.

Die Eingangssignale werden hierzu in einer Eingangsstufe verstärkt und in negierter und nicht-negierter Form für die weitere Verarbeitung zur Verfügung gestellt. Die aufbereiteten Eingangsgrößen werden einem UND-Array zugeführt, welches die benötigten Produktterme berechnet. Eine feste Verdrahtung der UND-Ausgänge mit den ODER-Eingängen sorgt für die gewünschte disjunktive Verknüpfung der Produktterme. Die Grundstruktur eines PALs entspricht also den in Abschn. 9.1.1 dargestelltem Ansatz einer zweistufigen disjunktiven Logikimplementierung, bei der die Programmierbarkeit durch konfigurierbare Verbindungen im UND-Array erreicht wird, während das ODER-Feld festverdrahtet ist.

Darüber hinaus bieten die Bausteine die Möglichkeit, einige der Ausgänge wahlweise auch als Eingang zu nutzen. So können auch komplexere Funktionen, die eine höhere Anzahl an Eingangssignalen benötigen, mithilfe des Bausteins realisiert werden. Die Ausgänge werden hierzu mit Tri-State-Treibern versehen, deren Ausgänge durch eine entsprechende Programmierung des Bausteins in einen hochohmigen Zustand versetzt werden können. An diesen Anschlüssen können dann Eingangssignale angelegt werden, deren Werte ebenfalls im UND-Feld verarbeitet werden können.

Abb. 9.6 Struktur eines PAL-
Bausteins

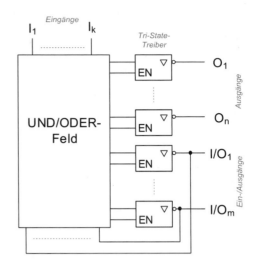

Tab. 9.1 Beispiele einiger PAL-Bausteine

Bezeichnung	Anzahl Eingänge	Anzahl Ein-/Ausgänge		Anzahl Minterme je Ausgang
		ohne Register	mit Registern	
PAL16L8	10	8	0	7
PAL16R4	8	4	4	7
PAL16R8	8	0	8	7
PAL20R8	12	0	8	8

Die Grundstruktur eines PAL-Bausteins mit Eingängen *(I)*, Ausgängen *(O)* und Ein-/
Ausgängen *(I/O)* ist in Abb. 9.6 dargestellt. Die Eigenschaften ausgewählter PALs sind
in Tab. 9.1 zusammengefasst.

Da mithilfe derartiger Bausteine auch endliche Automaten realisiert werden sollen, ist
es sinnvoll, die hierfür notwendigen Register auf dem Chip vorzusehen. Daher wurden
neben PALs mit der in Abb. 9.6 gezeigten Struktur auch Bausteine entwickelt, die bereits
D-Flip-Flops enthalten. Die Grundstruktur eines solchen Bausteins zeigt Abb. 9.7.

Eine besondere Eigenschaft von PALs ist es, dass eine einmal programmierte
Funktion nicht modifiziert werden kann. Dieser Nachteil wurde mithilfe der sogenannten
GALs (*Generic Array Logic*) vermieden. Das Grundprinzip dieser Bausteine ist
allerdings sehr ähnlich. Teilweise können GALs auch als Ersatz für PALs eingesetzt
werden.

Die Bedeutung von PALs und GALs ist in den letzten Jahren zurückgegangen und sie
werden in Neuentwicklungen meist nicht mehr eingesetzt. Obwohl die Bausteine noch
angeboten werden, haben einige Hersteller die Bausteinfamilien bereits abgekündigt.

Abb. 9.7 Grundstruktur
eines programmierbaren
Logikbausteins mit UND/
ODER-Struktur und Registern

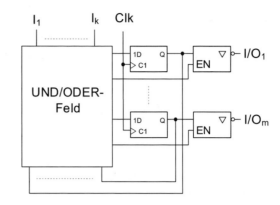

Abb. 9.8 Struktur eines
CPLDs auf PLA-Basis

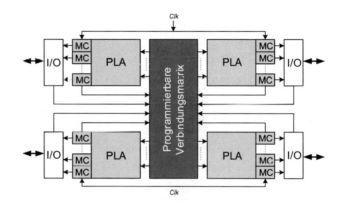

Statt der PALs werden heute meist die im nachfolgenden Abschnitt vorgestellten CPLDs verwendet.

9.3 Complex Programmable Logic Device (CPLD)

Eine Weiterentwicklung des PLA-Konzeptes stellen die sogenannten *Complex Programmable Logic Devices* (*CPLDs*) dar. Viele dieser Bausteine bedienen sich dem PLA-Konzept und kombinieren mehrere PLA-Blöcke mit einer programmierbaren Verbindungsmatrix, die es ermöglicht, die Ausgänge eines PLA-Blocks mit den Eingängen eines anderen Blocks zu verbinden. Auf diese Weise ist die Implementierung der logischen Funktion nicht allein auf die disjunktive Form beschränkt. Es können auch mehrere disjunktive Stufen kaskadiert werden. Dies kann insbesondere bei komplexeren Funktionen zu einer günstigeren Realisierung führen.

Die Grundstruktur eines CPLDs ist in Abb. 9.8 dargestellt. Neben den programmierbaren UND/ODER-Strukturen (*PLA*) besitzen CPLDs sogenannte Makrozellen (*Macro Cell, MC*). Die Makrozellen können als eine Erweiterung der Registerstufen einfacher

PLA-Bausteine aufgefasst werden. Der schematische Aufbau der Makrozelle eines CPLDs der Coolrunner-II-Serie (Fa. Xilinx) ist in Abb. 9.9 dargestellt. Der Kern der Makrozelle ist ein D-Flip-Flop, dessen D-Eingang mit der PLA-Struktur verbunden ist. Mithilfe eines Exklusiv-Oder-Gatters kann entschieden werden, ob der durch die UND/ODER-Struktur berechnete Term nicht-invertiert oder invertiert an das D-Flip-Flop weitergereicht wird. Die Rückführung des Terms in die Verbindungsmatrix kann sowohl asynchron (Abgriff vor dem Flip-Flop) oder synchron (Abgriff hinter dem Flip-Flop) erfolgen. Ebenso kann für die Ausgabe eines Wertes ausgewählt werden, ob diese asynchron oder synchron erfolgen soll. Das Flip-Flop der dargestellten Makrozelle besitzt Enable-, Set- und Reset-Eingänge, die ebenfalls mithilfe der PLA-Struktur angesteuert werden.

In der Praxis stellt sich die Frage, welcher CPLD-Baustein zur Lösung eines konkret vorliegenden Problems geeignet ist. Neben der benötigten Anzahl an Ein- und Ausgängen spielt hierbei auch die Frage, wie viele Gatter durch ein bestimmtes CPLD ersetzt werden können, eine wichtige Rolle. Die Antwort auf diese Fragestellung lässt sich häufig nicht allein durch den Blick auf die Architektur eines CPLDs beantworten. Passt die zu implementierende Funktion nur schlecht zu der im CPLD-Baustein vorgegebenen Struktur, wird die Realisierung ineffizient sein, sodass viele Teile der verfügbaren CPLD-Ressourcen nicht genutzt werden können. Daneben hat auch die Effizienz der Syntheseprogramme, die zum Umsetzen der in VHDL beschriebenen Funktion verwendet werden, einen nicht unerheblichen Einfluss auf das Ergebnis. In der Praxis wird man daher, sofern nicht auf Erfahrungswerte aus ähnlich gelagerten Fällen zurückgegriffen werden kann, vor der finalen Auswahl eines CPLD Bausteins mehrere Syntheseläufe ausführen, um so den Ressourcenverbrauch für unterschiedliche Bausteine abschätzen zu können.

Tab. 9.2 fasst exemplarisch einige wichtige Parameter der CPLD-Familie CoolRunner-II der Firma Xilinx zusammen.

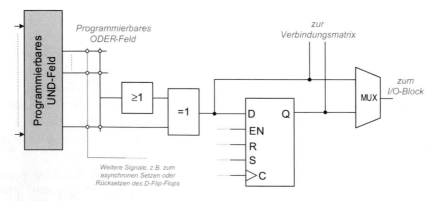

Abb. 9.9 Schematischer Aufbau einer Makrozelle

Tab. 9.2   Parameter der CPLD-Familie CoolRunner-II (Xilinx)

	Baustein					
	XC2C32A	XC2C64A	XC2C128	XC2C256	XC2C384	XC2C512
Makrozellen	32	64	128	256	384	512
Max. I/Os	33	64	100	184	240	270
Max. Takt-frequenz F_{system} (MHz)	323	263	244	256	217	179

Tab. 9.3   Parameter der CPLD-Familie MAX V (Intel)

	Baustein						
	5M40Z	5M80Z	5M160Z	5M240Z	5M570Z	5M1270Z	5M2210Z
Logic Elements	40	80	160	240	570	1270	2210
Äquiv. Makrozellen	32	64	128	192	440	980	1700
Max. I/Os	54	79	79	114	159	271	271
Verzögerungs-zeit, pin-to-pin (ns)	7,5	7,5	7,5	7,5	9,0	6,2	7,0

CPLDs werden von mehreren Herstellern angeboten. Die wichtigsten sind Xilinx, Intel, Lattice, MicroSemi und Atmel. Einige Anbieter, wie die Firmen Intel oder Lattice, setzen als Alternative zu dem hier vorgestellten PLA-basierten Konzept eine LUT-basierte Realisierung ein, die bis vor einigen Jahren hauptsächlich im Bereich der im nachfolgenden Abschnitt beschriebenen FPGAs zu finden war.

Um einen Vergleich mit PLA-basierten CPLDs zu unterstützen, geben die Hersteller zum Teil an, wie vielen Makrozellen ein CPLD entspricht. Als ein Beispiel hierfür sind in Tab. 9.3 einige Parameter der MAX V Serie der Firma Intel angegeben. Das Kern-element dieser CPLDs ist ein Logic Element (LE). Ein Logic Element enthält eine LUT mit 4 Eingängen, ein Flip-Flop sowie Logik zum Setzen oder Rücksetzen des Flip-Flops.

9.4   Field Programmable Gate Arrays

Der Begriff *Gate Array* bezeichnete ursprünglich Bausteine, die aus einem großen Feld vorgegebener Logikgatter bestand. Die Verdrahtung der Gatter, und damit die zu realisierende logische Funktion, konnte vom Kunden festgelegt werden. Die Verdrahtung der Gatter wurde dann im Auftrag des Kunden in einer Halbleiterfabrik realisiert. Auch die Funktion der heute üblichen Form der Gate-Arrays, die Field Programmable Gate

Arrays, kann durch den Anwender festgelegt werden. Da die Programmierung elektrisch erfolgt, sind keine zeitaufwendigen Produktionsschritte in einer Halbleiterfabrik erforderlich: Mithilfe eines Programmiergerätes kann die gewünschte logische Funktion in wenigen Sekunden auf ein FPGA geladen werden. Da FPGAs zu attraktiven Preisen angeboten werden, haben Sie sich in vielen Bereichen durchgesetzt. Im Folgenden werden die Grundkonzepte dieser Bausteine näher vorgestellt.

9.4.1 Allgemeiner Aufbau eines FPGAs

Wie bei anderen programmierbaren Logikbausteinen lässt sich die digitale Funktion eines FPGAs im Feld programmieren. Ein wesentliches Merkmal von FPGAs ist es, dass sich deutlich komplexere Funktionen realisieren lassen, als dies mit PALs oder CPLDs möglich wäre. Auch im Hinblick auf die technische Realisierung der „Programmierbarkeit" unterscheiden sich FPGAs von vielen CPLDs. Während einfache Logikbausteine (hierzu zählen wir auch CPLDs) im Kern eine zweistufige UND/ODER-Struktur einsetzen, basieren FPGAs auf einer tabellenbasierten Implementierung.

Die Grundidee eines FPGAs ist relativ einfach: Man realisiert einen Baustein, der viele kleine *Logikblöcke* enthält, in denen sich programmierbare Lookup-Tabellen (LUTs) befinden. Jede LUT besitzt beispielsweise vier Eingänge und einen Ausgang. Die spätere Programmierung der LUTs legt fest, nach welcher logischen Funktion der Ausgangswert aus den Eingängen berechnet werden soll. Da für die Implementierung eines digitalen Systems auch Flip-Flops benötigt werden, enthalten die Logikblöcke auch Flip-Flops. Meist sind die gleiche Anzahl an LUTs und Flip-Flops vorhanden, da dies dem Bedarf in praktischen Schaltungen entspricht. Dabei wird jeder LUT ein FF zugeordnet, sodass der Ausgangswert einer LUT auch innerhalb eines Logikblocks gespeichert werden kann.

Für die Verbindungen zwischen den Logikblöcken wird ein Verbindungsnetzwerk eingesetzt. Die Programmierbarkeit des Verbindungsnetzwerkes wird durch programmierbare Schalter erreicht (*Switch Matrix*). Die Funktionsweise des Verbindungsnetzwerkes kann man mit Gleisen einer Eisenbahn vergleichen: Sollen Daten von einem Logikblock an einen bestimmten anderen Logikblock gesendet werden, werden die „Weichen" innerhalb des Netzwerkes so programmiert, dass eine elektrische Verbindung zwischen den beiden Logikblöcken hergestellt wird. Im Gegensatz zu einer Eisenbahnverbindung werden die Weichen nicht dynamisch im Betrieb umgeschaltet, sondern sie werden nach dem Einschalten einmalig für die gewünschte logische Funktion konfiguriert.

Durch die Programmierbarkeit der Logik-Blöcke und des Verbindungsnetzwerkes, können komplexe logische Funktionen durch die Kombination mehrerer LUTs umgesetzt werden. Die maximale Komplexität der Gesamtfunktion ist durch die Anzahl der verfügbaren Logikblöcke begrenzt.

Darüber hinaus ist es auch denkbar, dass das Verdrahtungsnetzwerk der limitierende Faktor einer FPGA-basierten Systemimplementierung ist, wenn eine sehr aufwendige

Signalverdrahtung benötigt wird. In diesem Fall können nicht alle vorhandenen LUTs genutzt werden.

Neben den Logikblöcken und dem Verbindungsnetzwerk enthalten FPGAs auch Ein-/Ausgabeblöcke (*IO-Blocks* oder kurz *IOBs*). Mithilfe dieser Blöcke kann unter anderem eine Anpassung von Logikpegeln erfolgen. Arbeitet ein FPGA beispielsweise mit einer internen Versorgungsspannung von 1,8 V, können die Pegel der internen Signale mithilfe der IOBs so angepasst werden, dass sie auch Bausteinen mit einer Versorgungsspannungsspannung von 3,3 V zugeführt werden können. Daneben stehen in den IOBs auch Funktionen zur Verfügung, die für eine besonders schnelle Ein-/Ausgabe hilfreich sein können. Ein Beispiel hierfür sind IOB-interne Parallel-Seriell-Wandler, die auf Schieberegistern basieren *(Serializer)*. Ausgabedaten werden von den Logikblöcken parallel (zum Beispiel 4 oder 8 bit) an die IOBs herangeführt. Innerhalb des IOBs werden die Daten „serialisiert“, das heißt Bit für Bit am äußeren Anschluss des FPGAs ausgegeben. Auf diese Weise kann eine hohe Datenrate am Ausgang des FPGAs realisiert werden, obwohl die Implementierung der logischen Funktion innerhalb des FPGAs vergleichsweise langsam ist. Für die Eingabe können *De-Serializer* eingesetzt werden, welche die Daten seriell einlesen und für die FPGA-interne Logik in paralleler Form zur Verfügung stellen.

Die Grundstruktur eines FPGAs, das aus Logik-Blöcken, IO-Blöcken und einem Verbindungsnetzwerk besteht, ist in Abb. 9.10 dargestellt.

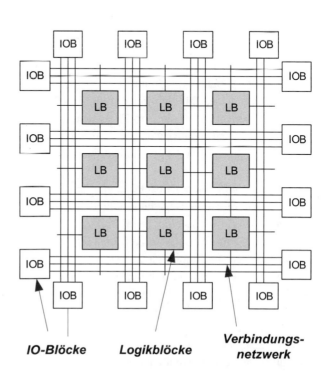

Abb. 9.10 Prinzipieller Aufbau eines FPGAs

IO-Blöcke   Logikblöcke   Verbindungs-netzwerk

Abb. 9.11 Aufbau eines
Logikblocks

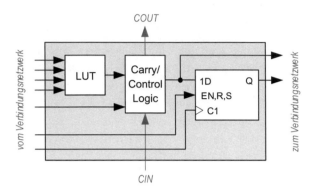

Der Aufbau eines einfachen Logikblocks ist in Abb. 9.11 dargestellt. Die meisten Eingänge und Ausgänge sind mit dem Verbindungsnetzwerk verbunden. Darüber hinaus
existieren die Anschlüsse *CIN* und *COUT,* die mit dem Block *Carry/Control-Logic* verbunden sind. Mithilfe dieser Anschlüsse und der zugehörigen Logik wird ein besonders
schneller Durchlauf der Übertragsbits eines Addierers ermöglicht. Mithilfe dieser
besonderen Carry-Logik kann die Verzögerungszeit der Addition deutlich reduziert
werden.

9.4.2 Taktverteilung im FPGA

In digitalen Systemen werden die Datenausgabe und die Datenübernahme der Flip-
Flops mithilfe von Taktsignalen gesteuert. Im Idealfall „sehen" alle Flip-Flops eines
Systems zum gleichen Zeitpunkt die steigende Flanke eines Taktsignals. In der Praxis
lässt sich dieser Idealfall nicht realisieren, da Taktsignale, wie alle anderen Signale, über
Leitungen des Chips an die Flip-Flops herangeführt werden müssen. Reale Leitungen
besitzen eine Verzögerungszeit, sodass Flip-Flops, die nah an einer Taktquelle platziert
sind, eine steigende Flanke etwas eher sehen als ein Flip-Flop, das am Ende einer Taktleitung liegt.

Dass dies ein potenzielles Problem für die Realisierung eines Systems darstellen
kann, macht folgendes Beispiel deutlich: Nehmen wir vereinfachend an, dass die verwendeten D-Flip-Flops eine Setup-Zeit und ein *Clock-to-Q-Delay* (also die Zeit, die
benötigt wird, um nach der steigenden Taktflanke den im Flip-Flop gespeicherten Wert
am Ausgang zur Verfügung zu stellen) von jeweils 1 ns besitzen. Nehmen wir weiterhin
an, die Logik und die Verdrahtung zwischen zwei derartigen Flip-Flops habe eine Verzögerungszeit von 3 ns. Mit diesen Werten würde sich eine minimale Taktperiode von
1 ns + 1 ns + 3 ns = 5 ns ergeben. Dieses System kann also bei idealer Taktverteilung mit
maximal 200 MHz betrieben werden.

Erhält das zweite Flip-Flop die steigende Flanke früher als das erste Flip-Flop,
vergrößert sich die maximale Periodendauer entsprechend, da das empfangende (zweite)

Flip-Flop bereits früher stabile Daten am Eingang erwartet. Nehmen wir an, die zeitliche Verschiebung des Taktsignals (im Fachjargon auch *Clock Skew* genannt) betrage 2 ns. Dann würde sich die minimale Taktperiode um diese 2 ns auf 7 ns erhöhen und damit die maximale Taktfrequenz des Systems auf etwa 140 MHz absinken.

Was kann man also tun? Nun, die Signalverzögerungen beruhen auf physikalischen Gesetzen und können daher nicht eliminiert oder umgangen werden. Aber ein erster Schritt zur Problemlösung ist es, die Verzögerungen des Taktsignals innerhalb des Chips zu kennen. Auf Basis dieser Kenntnis kann für jedes Flip-Flop, dessen Ausgang mit einem anderen Flip-Flop verbunden ist, die Verzögerung des Taktsignals abgeschätzt und bei der Logik-Synthese entsprechend berücksichtigt werden. Aber natürlich löst dies noch nicht das eigentliche Problem, dass große Verzögerungen des Taktsignals zu einer signifikanten Reduktion der Systemfrequenz und damit der Rechenleistung führen können. Um dieses zu Problem zu reduzieren, setzen FPGAs spezielle Verbindungsnetzwerke zur Verteilung der Taktsignale ein. Ein Beispiel für den Aufbau eines Taktnetzwerks mit zentralen Taktreibern ist in Abb. 9.12 dargestellt.

Die Taktsignale werden baumartig im System verteilt. Auf diese Weise wird erreicht, dass der Clock Skew in einem akzeptablen Rahmen gehalten werden kann und es kann davon ausgegangen werden, dass Flip-Flops, die sich in örtlicher Nähe befinden, in etwa das gleiche zeitliche Verhalten des Taktes sehen. Werden zwei Flip-Flops, die weit voneinander entfernt liegen, miteinander verbunden, kann hierbei natürlich weiterhin ein signifikanter Clock-Skew auftreten. So sehen zum Beispiel Flip-Flops, die in der Nähe der Takttreiber liegen, die steigende Flanke deutlich eher als Flips-Flops, die in den Ecken des FPGAs platziert sind.

Mit Fortschreiten der Halbleitertechnologie wird dieses Problem verschärft: Einerseits steigen die erzielbaren Taktfrequenzen kontinuierlich an, wodurch die Verzögerungen durch das Taktverteilungsnetzwerk immer deutlicher spürbar werden. Andererseits werden die geometrischen Abmessungen der Leitungen kleiner, was zu einem höheren Widerstand und damit zu langsameren Pegelwechseln führt. Um den

Abb. 9.12 Taktnetzwerk mit zentralen Takttreibern

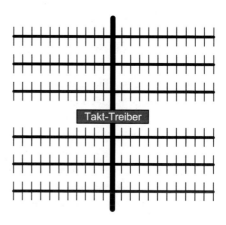

Nachteil der zentralen Taktpufferung zu reduzieren, werden in modernen FPGAs Takt-reiber eingesetzt, die über den Chip verteilt sind. Auf diese Weise wird die Leitungslänge zwischen Takttreiber und Takteingang der Flip-Flops reduziert und damit der Clock-Skew deutlich reduziert.

Aus diesen Erläuterungen zum Aufbau des Taktnetzwerkes ergibt sich auch, dass man niemals ein Taktsignal aus einer logischen Funktion heraus generieren sollte, da dieses Taktsignal nicht über das Taktnetzwerk geführt werden kann und somit signifikante Clock-Skew-Probleme die Folge sein können. Da das Taktsignal über Gatter geführt wird, wird dies in der Praxis auch als *Gated Clock* bezeichnet. Insbesondere Anfängern im FPGA-Design unterläuft nicht selten der Fehler, dass versehentlich Gated Clocks in einem VHDL-Entwurf realisiert werden, indem zum Beispiel ein Ausgangssignal eines Moduls einfach mit dem Takteingang eines anderen Moduls verbunden wird. Syntaktisch ist dies völlig korrekt und auch in der Simulation der Schaltung wird man häufig keine unerwarteten Ergebnisse sehen. Um das Risiko zu minimieren, dass versehentlich Gated Clocks in einem VHDL-Entwurf eingebaut werden, sollten die Takteingänge aller VHDL-Module mit einem (wenn im System nur ein Takt verwendet wird: mit dem gleichen) Taktsignal verbunden werden. Jegliche logische Verknüpfungen (und seien sie noch so simpel) eines Taktsignals mit anderen Signalen sollten vermieden werden.

9.4.3   Typische Spezialkomponenten

Um die Implementierung von logischen Funktionen besser zu unterstützen, enthalten heutige FPGAs vielfach Spezialkomponenten, die zusätzlich zu den Logikblöcken für die Implementierung eines Systems verwendet werden können. In diesem Abschnitt werden die wichtigsten dieser Elemente kurz vorgestellt.

Mit Spezialkomponenten wird das Ziel verfolgt, eine bestimmte häufig genutzte Funktion möglichst effizient zur Verfügung zu stellen. Die Instanziierung dieser Module wird häufig von den Designtools unterstützt.

9.4.3.1   Speicherelememente
In vielen Fällen ist für die Realisierung eines Systems auch die Speicherung von Daten erforderlich. Wird eine sehr große Speicherkapazität benötigt, ist in der Regel ein externer Speicher außerhalb des FPGAs unvermeidbar. Ist der benötigte Speicherbedarf jedoch kleiner, ist eine Speicherung der Daten innerhalb des FPGAs wünschenswert, da so schneller und flexibler auf die Daten zugegriffen werden kann.

Da eine LUT letztlich auch ein kleiner Speicher ist, liegt die Idee nahe, die verfüg-baren LUTs zu einem Speicher mit der benötigten Kapazität zu verbinden. Dieses Prinzip wird von FPGAs unterstützt und man spricht in diesem Fall von verteiltem Speicher *(Distributed Memory)*. Der Nachteil dieses Ansatzes ist, dass die wertvollen Ressourcen der Logikblöcke für die Speicherung von Daten eingesetzt werden und nicht mehr für die Implementierung von logischen Funktionen zur Verfügung stehen.

Daher bieten heutige FPGAs auch Speicher in Form von sogenanntem *Block-RAM* an. Hierbei handelt es sich um mehrere kleine Speicher (meist in der Größe weniger kByte), die auf dem FPGA-Chip verteilt sind. Der Vorteil von Block-RAM ist, dass die erzielbare Speicherdichte, also Bits pro Siliziumfläche, um ein Vielfaches größer ist als bei der Verwendung von Distributed Memory. Daher bietet sich die Verwendung von Block-RAM immer dann an, wenn ein größerer Speicher benötigt wird, beziehungsweise die Ressourcen zur Implementierung von Logik knapp sind.

Um den Speicher für verschiedene Anwendungen möglichst gut nutzen zu können, ist die Wortbreite der Block-RAMs konfigurierbar. Beispielsweise besitzen die Block-RAMs der Cyclone-V-FPGAs (Fa. Intel) eine Größe von 9 kbit. Der Speicher kann mit Wortbreiten zu 1, 2, 4, 8, 9, 16, 18, 32 oder 36 genutzt werden, wobei die maximale Anzahl der Worte immer eine Zweierpotenz ist. Da die Gesamtkapazität festliegt, nimmt die maximale Anzahl der Speicherworte mit der Wortbreite ab. So kann ein einzelner dieser Speicher zum Beispiel 8192 Worte mit einer Breite von 1 bit aufnehmen oder aber auch für die Speicherung von 512 16-Bit-Worten genutzt werden. Wortbreiten von 9, 18 und 36 bit werden unterstützt, da diese in der Kommunikationstechnik verwendet werden.

FPGA-internes Block-RAM wird meist als Dual-Port-Speicher implementiert, der zwei Schreib-/Leseanforderungen gleichzeitig bearbeiten kann. Diese Eigenschaft ist zum Beispiel dann vorteilhaft, wenn ein Modul Daten generiert, die vor der Verarbeitung durch ein zweites Modul zwischengespeichert werden müssen. Beide Module können dann unabhängig voneinander auf den Speicher zugreifen. Eine Arbitrierungslogik, die festlegt welches der beiden Module auf den Speicher zugreifen darf, kann dann entfallen.

9.4.3.2 Arithmetische Module

Eine häufig benötigte arithmetische Operation ist die Multiplikation. Daher beinhalten die meisten aktuellen FPGAs spezielle Multiplizierer-Module, die gegenüber einer LUT-basierten Implementierung der Multiplikation den Vorteil einer geringeren Verzögerungszeit bieten. Darüber hinaus kann durch die Verwendung der Hardware-Multiplizierer die Anzahl der benötigten Logikblöcke reduziert werden.

In modernen FPGAs wird das Konzept zur Unterstützung arithmetischer Funktionen häufig erweitert und es stehen nicht nur Multiplizierer zur Verfügung. Der FPGA-Hersteller Xilinx bietet beispielsweise sogenannte „DSP-Slices" an. Hierbei handelt es sich um Module, die neben einem Multiplizierer auch einen Addierer und einen Akkumulator enthalten. Mithilfe dieser Module sollen insbesondere Anwendungen der digitalen Signalverarbeitung *(Digital Signal Processing, DSP)* unterstützt werden.

Die meisten angebotenen arithmetischen Module sind für die Verarbeitung von ganzen Zahlen ausgelegt. Einige FPGA-Serien, wie zum Beispiel Stratix-10 der Firma Intel, stellen auch Spezialhardware zur Verarbeitung von Gleitkommazahlen bereit.

9.4.3.3 Takterzeugung

FPGAs enthalten meist auch Komponenten zur Erzeugung von intern verwendeten Takt-signalen. Diese Komponenten beinhalten meist eine Phasenregelschleife (engl. *Phase-Locked Loop, PLL*), die es ermöglicht, aus einem Eingangtaktsignal Ausgangssignale zu erzeugen, deren Frequenz und Phasenlage aus dem Eingangssignal abgeleitet wird. Teilweise kommen auch *DLLs (Delay-Locked Loop)* zum Einsatz.

Die Quelle des Eingangstaktes einer PLL kann entweder ein von außen zugeführtes Signal oder ein bereits im FPGA (zum Beispiel durch eine weitere vorgeschaltete PLL) vorhandenes Taktsignal sein.

Die PLLs der meisten FPGAs erlauben die gleichzeitige Erzeugung mehrerer Takt-signale aus einem einzelnen Eingangstakt, wobei die Frequenzen der erzeugten Signale sowohl kleiner als auch größer als die Frequenz des Eingangstaktes sein können. Neben der einfachen Erzeugung unterschiedlicher Systemtaktsignale können die PLLs auch zur Synchronisierung des externen Taktsignals mit den intern verwendeten Takten verwendet werden. Dies ist insbesondere dann hilfreich, wenn die Eingangsdaten des FPGAs synchron zur Verfügung gestellt werden.

Das Blockschaltbild einer PLL zeigt Abb. 9.13. Die Phasenlage eines von außen zugeführten Taktes wird mit einem Referenztakt verglichen. Mithilfe einer Regelung wird ein analoges Signal erzeugt, welches einem spannungsgesteuerten Oszillator (*Voltage-Controlled-Oscillator, VCO*) zugeführt wird. Durch Teilung des Oszillatortaktes werden die Ausgangssignale der PLL sowie der zum Phasenvergleich zurückgeführte Referenztakt erzeugt.

9.4.3.4 Spezialisierte Peripheriemodule

Viele FPGAs bieten spezielle Peripheriemodule an, die Schnittstellen mit besonders kritischen Zeitanforderungen besitzen. Ein typisches Beispiel für derartige Module sind Speicher-Controller. In älteren FPGA-Generationen musste die Speicheranbindung noch mithilfe der Standard-FPGA-Ressourcen (Logikblöcke, IO-Blöcke) erfolgen. Dass hier-bei wertvolle Ressourcen für eine standardisierte und häufig benötigte Funktion ein-gesetzt werden müssen, ist eher ein untergeordnetes Problem. Viel schwerwiegender ist häufig das Problem, dass die maximalen Taktfrequenzen, und damit die erzielbare Speicherbandbreite, bei einer Implementierung mit den üblichen FPGA-Ressourcen

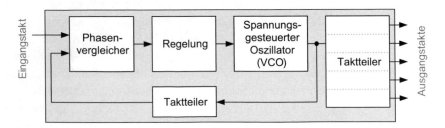

Abb. 9.13 Aufbau einer PLL

begrenzt sind. Um die hohen Datenraten wie sie von modernen Speicherbausteinen angeboten werden, auch für ein FPGA-basiertes Design nutzbar zu machen, werden spezialisierte Speichercontroller benötigt. Diese Komponenten sind für die Anbindung von externem Speicher optimiert und unterstützen Datenraten von mehreren GByte/s, die sich mithilfe von Logikblöcken nicht realisieren ließen. In einem beschränkten Umfang können diese Module konfiguriert werden. So sind zum Beispiel der Speichertyp sowie Eigenschaften der FPGA-internen Speicher-Schnittstelle wählbar.

Ein anderes Beispiel für ein spezielles Peripheriemodul ist eine PCI Express (PCIe) Schnittstelle. Der PCIe-Bus hat sich als wichtiger Standard für die Verbindung von Komponenten etabliert. Da die Implementierung einer PCIe-Schnittstelle besondere Anforderungen (insbesondere im Hinblick auf das Zeitverhalten) stellt, ist eine Implementierung mit Standard-FPGA-Ressourcen schwierig und aufwändig. Dieser Nachteil wird durch die Bereitstellung von PCIe-Hard-Macros vermieden und die entsprechende Funktion kann so effizienter und mit geringerem Aufwand implementiert werden.

9.4.3.5 Prozessor-Subsysteme

Häufig besteht der Wunsch, Teile eines Systems „in Hardware" auf einem FPGA, andere Teile dagegen „in Software" auf einem Mikroprozessor zu implementieren.

Natürlich kann ein Mikroprozessor auch mithilfe von Logikblöcken implementiert werden. Die FPGA-Hersteller bieten hierzu entsprechende Prozessordesigns (zum Beispiel *NIOS* der Firma Intel oder *Microblaze* der Firma Xilinx) mit den zugehörigen Werkzeugen zur Softwareentwicklung an. Da diese Prozessoren mithilfe der flexibel einsetzbaren programmierbaren Logikkomponenten implementiert werden, werden sie auch als *Soft-Prozessoren* bezeichnet. Allerdings gilt auch für diese Lösungen, dass ihre Effizienz eher als moderat anzusehen ist.

Wäre es da nicht logisch, in einem FPGA neben den spezialisierten Hard-Makros auch Prozessoren – oder am besten gleich ganze Prozessorsysteme – anzubieten?

Genau dieser Ansatz wird von einigen Herstellern verfolgt. So bieten zum Beispiel die Firmen Xilinx und Intel Chips an, die neben einem FPGA-Teil auch Multikern-Rechner-Systeme beinhalten. Die maximalen Taktfrequenzen, und damit die erzielbare Rechenleistung dieser Systeme erreichen ein Vielfaches von dem der Soft-Prozessoren. Da diese Chips nicht mehr als reine FPGAs anzusehen sind, werden sie von den Herstellern unter dem Begriff *System-on-Chip* (*SoC*) vermarktet. Dieser Begriff soll deutlich machen, dass es sich um komplette Systeme handelt, deren Funktion sich als Kombination von Software (auf dem CPU-Subsystem) und Hardware (auf dem FPGA-Teil) festlegen lässt.

Abbildung Abb. 9.14 zeigt den prinzipiellen Aufbau eines SOC-FPGAs. Es enthält zwei Subsysteme für CPU- und FPGA-Teil. Das CPU-Subsystem enthält einen oder mehrere CPU-Kerne und deren On-Chip-Speicher. Außerdem sind mehrere Eingabe- und Ausgabekomponenten für externen Speicher (SDRAM, EEPROM) und Kommunikationsprotokolle (Ethernet, USB) vorhanden. Das FPGA-Subsystem wird vom CPU-Teil ebenfalls als eine Komponente angesteuert. Es enthält die FPGA-Fabric, also LUT, FFs, Speicher und Arithmetik. Daneben sind auch im FPGA-Subsystem spezialisierte Peripheriemodule vorhanden.

Sowohl CPU- als auch FPGA-Subsystem enthalten Schnittstellen für externe Komponenten. Dem CPU-Subsystem werden in der Regel die Schnittstellen zugeordnet, die ein aufwendiges Protokoll benötigen. Das FPGA-Subsystem ist besonders für hohe Datenraten geeignet. Manche Schnittstellen können auch an beiden Subsystemen vorhanden sein, beispielsweise ein SDRAM-Controller.

9.5   FPGA-Familien

Der FPGA-Markt ist auf den ersten Blick relativ unübersichtlich. Es gibt unterschiedliche Anbieter, wobei die Firmen Xilinx (inzwischen von AMD übernommen) und Intel (vormals Altera) zusammen ca. 85 % des Marktes bedienen. Die Hersteller bringen schritthaltend mit der Weiterentwicklung der Halbleitertechnik etwa alle 2 Jahre eine neue Bausteingeneration heraus. Innerhalb dieser Generationen werden wiederum unterschiedliche Familien angeboten, die FPGAs mit ähnlichen Grundeigenschaften beinhalten, sich aber im Hinblick auf die Komplexität (Anzahl der Logikblöcke und Hard-Makros, Größe des internen Speichers usw.) unterscheiden.

Die Bausteine einer Generation werden häufig in einer besonders preisgünstigen „Low-Cost"-Familie und einer besonders leistungsstarken „High-Performance"-Familie angeboten. Daneben werden teilweise auch „Mid-Range"-Familien angeboten, die einen Mittelweg zwischen den beiden anderen Familien bieten (vgl. Tab. 9.4).

Durch die Fortschritte der Halbleitertechnologie steigt die Leistungsfähigkeit von Generation zu Generation an. So bieten aktuelle Low-Cost-Familien teilweise Eigenschaften an, die den High-Performance-Familien zurückliegender Generationen entsprechen. Tab. 9.5 fasst den Zeitpunkt der Einführung und die jeweils verwendete Halbleitertechnologie für das Beispiel der High-Performance-Familie Stratix der Firma Intel zusammen. Die jeweils verwendeten Produktionstechnologien entsprechen in etwa

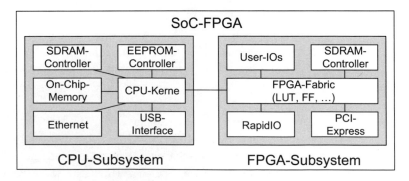

Abb. 9.14 Struktur eines SOC-FPGA

Tab. 9.4 Auswahl einiger FPGA-Familien und ihre Marktpositionierung

Intel	Familie	*Stratix*	*Arria*	*Cyclone*
	Positionierung	„High density, high performance"	„Balance of cost, power and performance"	„Low system cost plus performance"
Xilinx	Familie	*Virtex*	*Kintex*	*Artix*
	Positionierung	„System performance"	„Price Performance with low power"	„System performance per Watt for cost sensitive applications"

denen, die auch bei der Produktion von anspruchsvollen Spitzenprodukten wie PC-Prozessoren, zum Einsatz kommen. Genauso wie bei PC-Prozessoren wird also auch bei der Produktion von FPGAs angestrebt, die neueste verfügbare Produktionstechnologie einzusetzen. Eine neuere Halbleitertechnologie von 10 nm wird in der Agilex Produktfamilie verwendet.

9.5.1 Vergleich ausgewählter FPGA-Familien

Innerhalb der Stratix-Familie werden unterschiedliche Bausteine angeboten. Eine Übersicht über die Eigenschaften dieser FPGAs ist in Tab. 9.6 zusammengefasst. Die Abkürzung *ALM* (*Adaptive Logic Module*) ist eine Hersteller-spezifische Abkürzung. Die wesentlichen Elemente eines ALM sind eine LUT mit 7 Eingängen, Logik für schnelle Addition und 4 Register.

Zum Vergleich zu der High-Performance-Familie Stratix 10 fasst Tab. 9.7 einige der Eigenschaften von Vertretern der Familie Cyclone V zusammen.

Die interne Speicherkapazität lässt sich relativ leicht, auch über FPGA-Generationen hinweg, vergleichen. Ein Vergleich der Logikelemente ist dagegen schwieriger, da der Aufbau der programmierbaren Grundelemente von Generation zu Generation wechseln kann. Ein einfacher Vergleich der Anzahl der ALMs ist nicht unbedingt zielführend, weil sich ALMs unterschiedlicher Generationen in ihrem Aufbau unterscheiden können. Für einen groben Vergleich unterschiedlicher Bausteine gibt die Firma Intel daher das Maß *Logic Elements (LE)* an, welches die verfügbaren ALMs in fiktive Grundelemente umrechnet. Einige der angebotenen FPGAs der Firma Intel sind auch als „SoC-

Tab. 9.5 Zeitpunkt der Markteinführung und verwendete Halbleitertechnik der Stratix-Familie (Fa. Intel)

Generation/Name	Stratix	Stratix II	Stratix III	Stratix IV	Stratix V	Stratix 10
Jahr der Einführung	2002	2004	2006	2008	2010	2013
Halbleitertechnologie	130 nm	90 nm	65 nm	40 nm	28 nm	14 nm

Tab. 9.6   Übersicht über einige Eigenschaften von ausgewählten FPGAs der Stratix-10-Familie

Bezeichnung	GX500	GX1100	GX2500	GX5500
Anzahl ALMs	164,160	370,080	821,150	1,867,680
Anzahl Flip-Flops	656,640	1,480,320	3,284,600	7,470,720
Speicher (Mbit)	46	92	208	166
Arithmetik-Module für Signalverarbeitung	1152	2250	5011	1980
Multiplizierer (18×19 bit)	2304	5040	10,022	3960
PCIe-Makros	1	2	6	3

Tab. 9.7   Übersicht über einige Eigenschaften von ausgewählten FPGAs der Cyclone-V-Familie

Bezeichnung	5CGXC3	5CGXC5	5CGXC7	5CGXC9
Anzahl ALMs	13,460	29,080	56,480	113,560
Anzahl Flip-Flops	53,840	116,320	225,920	454,240
Speicher (Mbit)	1,6	4,8	7,6	13,8
Arithmetik-Module für Signalverarbeitung	57	150	156	342
Multiplizierer (18×18 bit)	114	300	312	684
PCIe-Makros	1	2	2	2

Varianten" verfügbar, die zusätzlich zum FPGA-Teil ein Multikern-CPU-Subsystem beinhalten.

Der Hersteller Xilinx verwendet zur Angabe der FPGA-Komplexität die Begriffe *Slice* beziehungsweise *Complex Logic Block (CLB)*. Ein CLB der „Ultrascale"-FPGAs enthält beispielsweise 8 LUTs mit jeweils 6 Eingängen, Addiererlogik und 16 Flip-Flops. Einige Parameter von Bausteinen der Kintex- beziehungsweise Virtex-Ultrascale-Familie sind in Tab. 9.8 zusammengefasst.

Für besonders kostensensitive Systeme bietet Xilinx die Artix-7-Serie an. Diese ist ähnlich positioniert wie die Cyclone-Serie von Intel. Ebenso wie Intel bietet auch die Firma Xilinx Bausteine an, die CPU-Subsysteme enthalten. So enthält beispielsweise die Zynq-7000-Serie ein Subsystem, das auf einem Zweikern-System basiert, während mit der Zynq-Ultrascale+-Serie ein Prozessorsystem zum Einsatz kommt, das insgesamt 6 Prozessoren zur Verfügung stellt. Die CPUs dieser Serie werden durch Hard-Makros unterstützt, die für Beschleunigung von 3D-Grafik- oder Videofunktionen ausgelegt sind, sodass die anderen Ressourcen (FPGA-Teil oder Prozessoren) entlastet werden.

Obwohl in diesem Abschnitt bereits viele Zahlen präsentiert werden, welche die Eigenschaften kommerziell angebotener FPGA-Familien beschreiben, ist diese Darstellung nur ein kleines Schlaglicht auf das umfangreiche Angebot der FPGA-Hersteller. Betrachtet man alleine die Anzahl der zur Verfügung gestellten Flip-Flops, so liegt beispielsweise zwischen dem kleinsten Baustein der Cyclone-V-Serie und dem größten

Tab. 9.8 Übersicht über einige Eigenschaften von ausgewählten FPGAs der Kintex- und der Virtex-Ultrascale-Familie

	Kintex			Virtex		
Bezeichnung	KU035	KU060	KU115	XCVU065	XCVU125	XCVU440
Anzahl CLBs	25,391	41,460	82,920	44,760	89,520	316,620
Anzahl Flip-Flops	406,256	663,360	1,326,720	716,160	1,432,320	5,065,920
Block-RAM (Mbit)	19,0	38,0	75,9	44,3	88,6	88,6
Arithmetik-Module für Signalverarbeitung (DSP-Slices)	1700	2760	5520	600	1200	2880
PCIe-Makros	2	3	6	2	4	6

Baustein der Stratix-10-Serie ein Faktor von etwa 140. Für den internen Speicher (Block-RAM) beträgt das Verhältnis etwa 100. Vergleichbare Faktoren ergeben sich auch für die Bausteine des Herstellers Xilinx.

Um die absoluten Zahlen einordnen zu können, kann folgendes Beispiel eines Systems zur Verarbeitung von Videosignalen dienen. Das System besitzt eine Kameraschnittstelle mit Anbindung zum externen Speicher, Module zur Verarbeitung der Bilder (zweidimensionale Filter) in Echtzeit sowie eine Ausgabeeinheit mit Speicheranbindung, die zur Anzeige der verarbeiteten Kamerabilder auf einem Monitor dient. Wird für die Implementierung dieses nicht ganz trivialen Systems ein Zynq-7000-SoC der Firma Xilinx eingesetzt, werden etwa jeweils 3000 LUTs und Flip-Flops benötigt. Selbst bei dem kleinsten in der Zynq-7000-Serie verfügbaren Baustein ist damit weniger als 20 % der FPGA-Ressourcen belegt.

Dieses Beispiel macht deutlich, dass viele der heutigen FPGAs nicht für den Ersatz von wenigen Gattern gedacht sind. Im Gegenteil: Sie ermöglichen die Realisierung hochkomplexer Systeme, für deren Realisierung noch vor wenigen Jahren ASICs erforderlich gewesen wären. Daher haben FPGAs den Einsatz von ASICs in vielen Bereichen ersetzt. Die seit einigen Jahren verfügbare Kombination von der „hardwareprogrammierbaren" Logik mit leistungsfähigen „softwareprogrammierbaren" Prozessor-Subsystemen eröffnet weitere Möglichkeiten für den Einsatz der FPGA-Technologie.

Die bisher betrachteten FPGAs zielen auf die Realisierung von wesentlichen Teilen eines Systems innerhalb der programmierbaren Logik. Ein anderer Ansatz wird mit den besonders kleinen, kostengünstigen und energieeffizienten FPGAs der Hersteller Lattice und Quicklogic verfolgt. So bietet beispielsweise Lattice die Serie Ice40 in den Varianten Ultra und UltraLite an. Diese Bausteine besitzen eine relativ geringe Anzahl von Logikblöcken und bieten nur wenig Speicherkapazität. Der entscheidende Vorteil dieser Bausteine ist die geringe statische Stromaufnahme, die im Bereich von 30 bis 70 µA liegt.

Daher werden diese Bausteine bevorzugt in mobilen Geräten eingesetzt. Die FPGAs werden zum Teil als sogenannte *Glue Logic* verwendet, also zur Realisierung logischer Funktionen, mit denen die Hauptkomponenten des Systems untereinander verbunden werden. Daneben kann mithilfe dieser FPGAs auch der Hauptprozessor des Systems, zum Beispiel bei Ein-/Ausgabe-Operationen, entlastet werden. Der Hauptprozessor kann so bereits in einen Stromsparmodus wechseln, während das FPGA noch mit der Ein-/Ausgabe beschäftigt ist. Insgesamt wird so die Verlustleistung reduziert, da der relativ energiehungrige Hauptprozessor länger im Stromsparmodus verweilen kann.

Als ein exemplarischer Vertreter von besonders energieeffizienten FPGAs sind in Tab. 9.9 die wesentlichen Kennwerte der Ice40-Serie des Herstellers Lattice zusammengefasst.

9.6   Hinweise zum Selbststudium

In vielen Fällen werden die Programme zum Entwurf von FPGA-Systemen in kostenlosen Varianten angeboten und können von Internetseiten der Hersteller heruntergeladen werden. Für die Bedienung der Software bieten die Hersteller Online-Tutorials, Trainingsvideos und eine umfangreiche Dokumentation an, die es ermöglichen, erste eigenständige Schritte im Bereich des VHDL-Entwurfs für programmierbare Logikbausteine durchzuführen.

Da der Entwurf einer FPGA-Platine eine herausfordernde Aufgabe ist, bieten sich für eigene Experimente fertige Boards an, die teilweise auch zu vergünstigten Preisen für Studierende und andere nicht-kommerzielle Nutzer angeboten werden. Für erste eigene Schritte bieten sich günstige Boards an, die bereits für deutlich unter 100 € zum Kauf angeboten werden.

Tab. 9.9 Eigenschaften von Low-Power FPGAs am Beispiel der Ice40-Serie

	UltraLite		Ultra		
Bezeichnung	UL640	UL1K	LP1K	LP2K	LP4K
Anzahl Logikblöcke	640	1248	1100	2048	3520
Block-RAM (kbit)	56	56	64	80	80
Multiplizierer	–	–	2	4	4
PLLs	1	1	1	1	1
Stat. Stromaufnahme (μA)	35	35	71	71	71

Für die beiden Marktführer Xilinx und Intel bieten die Firmen Digilent (www. digilentinc.com) beziehungsweise Terasic (www.terasic.com) günstige Einsteigerboards an. Da diese Boards auch ein integriertes Programmiergerät besitzen, lassen sie sich ohne weitere Kosten für eigene Experimente verwenden.

Sehr interessant sind die Boards, die mit FPGAs ausgestattet sind, die auch ein CPU-Subsystem als Hardmacro beinhalten. Als ein Beispiel für ein solches Board ist das mit Xilinx-Baustein Zynq ausgestattete ZyBo Z7 Board der Firma Digilent in Abb. 9.15 dargestellt. In der Mitte des Boards ist der FPGA-Baustein mit einem Kühlkörper und darunter ein SDRAM-Speicher zu sehen. Das Board verfügt über viele Anschlussmöglichkeiten wie HDMI, Ethernet, USB, Audio, sowie Steckverbinder für die Anbindung weiterer Hardware.

Mithilfe dieser Boards lassen sich auch erste Schritte im Bereich des FPGA-Enwurfs durchführen, ohne das CPU-System zu nutzen. Später kann dann die Verwendung des CPU-Subsystems einbezogen werden. So können interessante Experimente bis hin zur Einbindung von eigener Hardware unter dem Betriebssystem Linux durchgeführt werden. Obwohl diese Boards etwas teurer als die einfachen FPGA-Experimentierboards sind, kann sich die Anschaffung auf Grund der erweiterten Möglichkeiten lohnen.

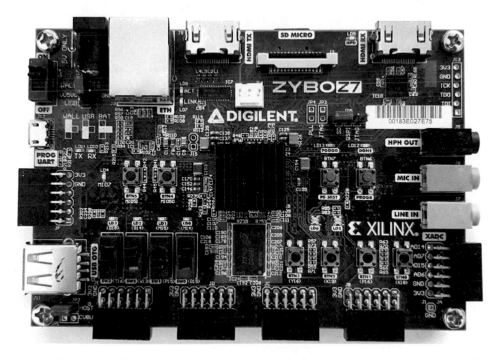

Abb. 9.15 Beispiel eines erschwinglichen FPGA-Boards für eigene Experimente: Das ZyBo Z7 Board der Firma Digilent Inc

9.7   Übungsaufgaben

Hier finden Sie Aufgaben, die einige Aspekte dieses Kapitels aufgreifen. Die Lösungen finden Sie am Ende des Buches.

Sofern nicht anders vermerkt, ist nur eine Antwort richtig.

Aufgabe 9–1 Welche Vorteile besitzen programmierbare Logikbausteine gegenüber logischen Standard-Komponenten beziehungsweise ASICs? *(Mehrere Antworten sind richtig)*

a) Die digitale Funktion programmierbarer Logikbausteine kann durch den Anwender festgelegt werden.
b) Designfehler lassen sich schneller korrigieren als dies bei dem Einsatz von ASICs möglich wäre.
c) Mithilfe Programmierbarer Logikbausteine können logische Funktionen kompakter realisiert werden als dies mit ASICs möglich wäre.
d) Mithilfe Programmierbarer Logikbausteine können logische Funktionen kompakter realisiert werden als dies mit Standardkomponenten (zum Beispiel 74er-Logikserie) möglich wäre.

Aufgabe 9–2 Wodurch zeichnen sich PAL-Bausteine aus?

a) Sie ermöglichen die Realisierung beliebig komplexer Funktionen.
b) Sie bieten eine höhere Komplexität als FPGAs.
c) Sie besitzen intern eine UND/ODER-Struktur.
d) Sie enthalten grundsätzlich keine Flip-Flops. Daher kann mit den Bausteinen immer nur eine Kombinatorik realisiert werden.

Aufgabe 9–3 Wodurch zeichnen sich CPLDs aus?

a) CPLDs sollten aus Kostengründen nur für Systeme eingesetzt werden, die in sehr hohen Stückzahlen gefertigt werden.
b) Im Vergleich zu PALs bieten CPLDs eine deutlich geringere Komplexität.
c) Sie enthalten grundsätzlich keine Flip-Flops. Daher kann mit den Bausteinen immer nur eine Kombinatorik realisiert werden.
d) Die Funktion der Schaltung kann mithilfe von VHDL beschrieben werden.

Aufgabe 9–4 Wodurch zeichnen sich FPGAs aus?

a) Typische FPGAs realisieren logische Funktionen auf Basis einer zweistufigen UND/ODER-Struktur.
b) Sie können nicht zur Realisierung von endlichen Automaten verwendet werden.
c) FPGAs realisieren logische Funktionen mithilfe von Lookup-Tabellen.
d) Alle FPGAs besitzen einen Mikroprozessor in Form eines Hardmacros.

Aufgabe 9–5 Wie viele unterschiedliche logische Funktionen können mit einer LUT mit 5 Eingängen realisiert werden?

a) 5
b) 25
c) 32
d) 64

Aufgabe 9–6 Welche der folgenden Komponenten sind in typischen FPGAs enthalten? *(Mehrere Antworten sind richtig)*.

a) Spezialmodule für ausgewählte arithmetische Operationen, zum Beispiel Multiplizierer
b) Speicher
c) Spezialmodule zur Beschleunigung von 3D-Grafik-Anwendungen
d) Module zur Takterzeugung

Halbleitertechnik

Digitale Schaltungen werden als *Integrierte Schaltung* aufgebaut. Der Begriff Integrierte Schaltungen beschreibt, dass sich auf einem Stück Halbleiter nicht nur ein einzelner, sondern viele Transistoren befinden. Eine komplette Schaltung ist also auf dem Halbleiterkristall integriert. Ursprünglich umfasste eine Integrierte Schaltung einige tausend Transistoren; mittlerweile können über eine Milliarde Transistoren auf einer Fläche von etwa einem Quadratzentimeter zusammengefasst werden.

Für Integrierte Schaltungen sind verschiedene Begriffe gebräuchlich. Sie werden auch als Mikrochip, Chip, IC oder ASIC bezeichnet. IC steht für „Integrated Circuit", ASIC für „Application Specific Integrated Circuit" also Anwendungsspezifische Integrierte Schaltung.

Die wesentlichen Vorteile Integrierter Schaltungen sind insbesondere geringe Baugröße, geringe Kosten, hohe Rechenleistung und geringe Parameterabweichungen.

- Durch Verwendung integrierter Schaltungen kann die Baugröße eines Gerätes sehr gering sein. Statt mehrerer Bauelemente, die einzeln in Chipgehäusen verpackt sind, ist nur ein einzelnes Chipgehäuse erforderlich.
- Durch die Zusammenfassung mehrerer Bauelemente können fast immer die Kosten für ein elektronisches Gerät reduziert werden. Die wichtigsten Kostenvorteile sind dabei die geringere Anzahl an benötigten Bauelementen, kleinere und damit günstigere Platinen und Gerätegehäuse, sowie kostengünstigere Fertigung durch Verwendung von weniger Komponenten.
- In einer Schaltung mit geringerer Baugröße sind die Verbindungsleitungen zwischen den Transistoren wesentlich kürzer. Dadurch kann die Rechenleistung der Schaltung erhöht werden, da wesentlich kleinere Kapazitäten umgeladen werden.

© Springer-Verlag GmbH Deutschland, ein Teil von Springer Nature 2022
W. Gehrke und M. Winzker, *Digitaltechnik*,
https://doi.org/10.1007/978-3-662-63954-2_10

- Wenn sich die einzelnen Transistoren einer Schaltung auf demselben Halbleiter-kristall befinden, haben die Transistoren nur sehr geringe Produktionsschwankungen zueinander.

10.1 CMOS-Technologie

Die für einen IC gewählte Schaltungstechnik wird als Chip-Technologie bezeichnet. Die zurzeit mit Abstand größte Marktbedeutung hat die *CMOS-Technologie*, die in diesem Kapitel erläutert wird.

Die CMOS-Technologie verwendet *Silizium* als Halbleitermaterial und das Haupt-anwendungsgebiet sind digitale Schaltungen. Sie erlaubt eine sehr hohe Integrations-dichte. Das heißt, dass auf einem Chip sehr viele Transistoren untergebracht werden können. Auf Basis der CMOS-Technologie werden Computer-Prozessoren, Grafikkarten-ICs, Speicherbausteine, MP3-Decoder und viele andere ICs gefertigt.

Der Name CMOS steht für *Complementary Metal-Oxid-Semiconductor* und beschreibt das Grundprinzip. *Complementary,* also komplementär, meint zwei sich ergänzende Schaltungsteile, die zusammen einen digitalen Ausgangswert ergeben und *Metal-Oxid-Semiconductor* bezeichnet in diesem Zusammenhang einen bestimmten Typ von Feldeffekttransistoren.

Der Vorteil der CMOS-Technologie ist ihre relativ geringe Verlustleistung. Dies spart zum einen Energie, insbesondere bei mobilen Geräten wie Laptop oder Mobiltelefon. Ebenso wichtig ist aber zum anderen, dass die Schaltungen sich nicht zu stark erwärmen, denn die Verlustleistung muss vom Halbleiter auf das Chipgehäuse und von dort auf die Umgebung abgeführt werden.

Aktuelle Computer und ihre Grafikkarten werden durch große und manchmal störend laute Lüfter gekühlt. Die Aussage, CMOS-Schaltungen hätten eine geringe Verlust-leistung, mag darum zunächst nicht offensichtlich sein. Allerdings enthält eine integrierte Schaltung etliche Millionen Transistoren, die mit hoher Geschwindigkeit Berechnungen durchführen. Nur durch die geringe Verlustleistung von CMOS-Schaltungen ist es über-haupt möglich, eine so hohe Integrationsdichte zu erreichen und die Verlustleistung in einem handhabbaren Rahmen zu halten.

10.1.1 Prinzipieller Aufbau

Der Aufbau und die Funktionsweise einer CMOS-Schaltung werden am Beispiel eines NAND-Gatters mit zwei Eingängen deutlich. Abb. 10.1 zeigt links den prinzipiellen Auf-bau eines NAND-Gatters. Die zwei Eingänge A und B sind an insgesamt vier Schalter angeschlossen. Abhängig von dem Wert der Steuerleitung sind die Schalter geöffnet oder geschlossen. Dadurch verbinden sie den Ausgang Y entweder mit 0 oder 1.

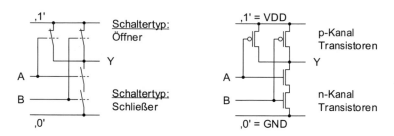

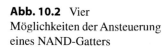

Abb. 10.1 Grundprinzip und reales Schaltbild eines NAND-Gatters

Abb. 10.2 Vier
Möglichkeiten der Ansteuerung
eines NAND-Gatters

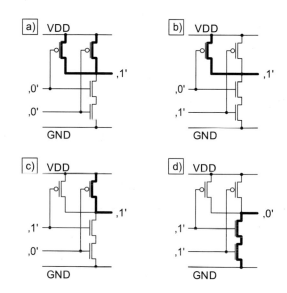

Natürlich sind in Integrierten Schaltungen keine mechanischen Schalter, sondern Transistoren eingebaut. Es werden zwei Transistorarten verwendet. Der p-Kanal-Transistor leitet bei einer 0 (niedrige Spannung) am Eingang und sperrt bei einer 1 (hohe Spannung). Der n-Kanal-Transistor leitet dagegen bei einer 1 am Eingang und sperrt bei einer 0. Abb. 10.1 zeigt auf der rechten Seite das Schaltbild des NAND-Gatters. Die Masse wird als *Ground (GND)* bezeichnet. *VDD* ist die Versorgungsspannung (mit V für „Voltage" und D für den Drain-Anschluss des Transistors). Typische Werte für die Versorgungsspannung sind zwischen 1,0 V und 5,0 V.

Zur Erläuterung der Funktion zeigt Abb. 10.2 die möglichen Ansteuerungen der Eingänge. Die dick dargestellten Leitungen kennzeichnen welche Verbindungen leitend sind. Da beide Eingänge jeweils zwei Werte einnehmen können, existieren insgesamt vier Möglichkeiten der Ansteuerung.

- Im Fall a) sind beide Eingänge gleich 0. Dadurch leiten beide p-Kanal-Transistoren und der Ausgang wird niederohmig mit der Versorgungsspannung verbunden. Außerdem sperren die n-Kanal-Transistoren, sodass kein Kurzschluss von der Versorgungsspannung zur Masse entsteht.
- In den Fällen b) und c) ist ein Eingang 0, der andere 1 und einer der p-Kanal-Transistoren ist leitend, der andere sperrt. Durch die Parallelschaltung der p-Kanal-Transistoren ist auch hier eine Verbindung des Ausgangs zur Versorgungsspannung vorhanden; der Ausgang ist 1. Von den n-Kanal-Transistoren ist einer durch eine 1 am Eingang leitend. In der Reihenschaltung fließt jedoch kein Strom nach Masse.
- Im Fall d) sind beide Eingänge 1. Jetzt sind beide n-Kanal-Transistoren leitend und der Ausgang ist mit Masse verbunden, gibt also eine 0 aus. Die beiden p-Kanal-Transistoren sperren, sodass der Ausgang nicht mit Versorgungsspannung verbunden ist.

Die vier Eingangskombinationen ergeben somit die NAND-Funktion. In den vier möglichen Fällen zeigt sich die wichtige Eigenschaft der Schaltung, dass von den beiden Netzwerken aus p-Kanal und n-Kanal-Transistoren jeweils eins leitend, das andere gesperrt ist. Die Netzwerke verhalten sich also genau entgegengesetzt, was durch das ‚C' in CMOS, also den Begriff *komplementär,* ausgedrückt wird.

10.1.2 Feldeffekttransistoren

Feldeffekttransistoren werden sowohl nach n-Kanal und p-Kanal als auch nach selbstsperrend und selbstleitend unterschieden. Da in der CMOS-Technologie nur selbstsperrende Transistoren eingesetzt werden, sind nur diese im Folgenden erläutert. Sie werden auch als Anreicherungstyp oder Enhancement-Typ bezeichnet. Selbstleitende Transistoren (Verarmungstyp, Depletion-Typ) werden in der CMOS-Technologie nicht verwendet.

Das Grundmaterial, genannt *Substrat*, ist monokristallines Silizium, bei dem also die Silizium-Atome ein gleichmäßiges Gitter bilden. Dieses Material wird *dotiert*, das heißt, es werden kleine Mengen weiterer chemischer Elemente hinzugefügt. Je nach chemischem Element handelt es sich um eine *n-Dotierung* mit zusätzlichen Elektronen oder um eine *p-Dotierung* mit sogenannten Löchern, also Freistellen, sodass sich Elektronen bewegen können.

n-Kanal-Transistor Der Aufbau eines Feldeffekttransistors ist in Abb. 10.3 als Schnittansicht von schräg oben dargestellt. Das Substrat ist leicht p-dotiert und in dieses Grundmaterial werden die beiden Anschlüsse Source und Drain durch n-Dotierung erzeugt. Zwischen den Anschlüssen liegt über einer Isolationsschicht der Gate-Anschluss. Die Isolationsschicht besteht meist aus Siliziumdioxid SiO_2 und der Gate-Anschluss aus polykristallinem Silizium, der durch eine hohe Dotierung gut leitet. L und W bezeichnen

Abb. 10.3 Aufbau eines
n-Kanal-Feldeffekttransistors

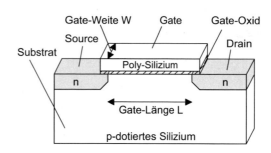

die Länge und Weite des Transistors. Sie sind wichtige Kenngrößen, denn aus ihnen ergeben sich die Größe und die Leitfähigkeit des Transistors.

Die Funktion des Feldeffekttransistors ist in Abb. 10.4 dargestellt. Zur einfacheren Darstellung ist die Seitenansicht gewählt. Im spannungslosen Zustand ist die Verbindung zwischen Source und Drain nichtleitend.

Bei Anlegen einer positiven Spannung an das Gate werden die p-Ladungsträger im Substrat, also die Löcher, verdrängt, denn gleichnamige Ladungen stoßen sich ab. Gleichzeitig werden n-Ladungsträger, also Elektronen, angezogen, denn ungleichnamige Ladungen ziehen sich an. Ab einer gewissen Spannung sind so viele Löcher verdrängt und Elektronen angezogen, dass sich ein Überhang von n-Ladungsträgern zwischen Source und Drain bildet. Dieser Bereich wird als *Kanal* bezeichnet. Mit dem Kanal bildet sich ein Gebiet, das zwischen Source und Drain durchgängig eine n-Dotierung besitzt, sodass der Transistor leitet.

Da die Leitfähigkeit durch einen *n-Kanal* entsteht, wird dieser Aufbau als *n-Kanal-Transistor* bezeichnet. Die Spannung, ab der ein Kanal entsteht, ist die Schwellenspannung U_T (T für „Threshold", Schwelle). Der genaue Wert der Schwellenspannung ist unter anderem von der Dotierung abhängig.

p-Kanal-Transistor Der Aufbau eines *p-Kanal-Transistors* ist im Prinzip der gleiche, allerdings sind die Dotierungen vertauscht (Abb. 10.5). Das Substrat ist n-dotiert und die Bereiche für Source und Drain haben eine p-Dotierung. Durch eine negative Spannung am Gate werden Elektronen abgestoßen und Löcher angezogen, sodass sich ab der Schwellenspannung ein *p-Kanal* bildet, der die p-Bereiche Source und Drain verbindet.

Abb. 10.4 Funktion des
n-Kanal-Feldeffekttransistors

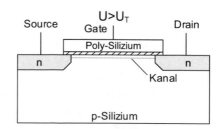

Abb. 10.5 Funktion des
p-Kanal-Feldeffekttransistors

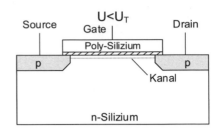

Die negative Gate-Spannung bedeutet dabei nicht, dass auf einem CMOS-Chip negative Spannungen verwendet werden. Die Gate-Spannung muss negativ gegenüber dem Bezugspotenzial des Substrats werden. Dies wird dadurch erreicht, dass beim p-Kanal-Transistor das Substrat an Versorgungsspannung gelegt wird. Eine Gate-Spannung von 0 V ist damit negativ gegenüber Substrat.

Ein Unterschied zum n-Kanal-Transistor besteht in den elektrischen Eigenschaften. Die Beweglichkeit der Löcher ist etwas geringer als die Beweglichkeit der Elektronen. Deswegen ist der Widerstand eines p-Kanal-Transistors etwa 2- bis 3-mal so hoch wie bei einem n-Kanal-Transistor gleicher Größe. Als Ausgleich wird normalerweise ein p-Kanal-Transistor mit doppelter oder dreifacher Gate-Weite W (siehe Abb. 10.3) verwendet, wodurch beide Transistoren etwa gleichen elektrischen Widerstand haben.

10.1.3 Layout

Über den Transistoren befinden sich Verbindungsleitungen aus Metall. Für die vielen Verbindungen auf einem Chip sind mehrere Lagen an Verbindungsleitungen vorhanden. Moderne ICs haben etwa fünf bis zehn Lagen, wovon die unteren Lagen für lokale Verbindungen, die oberen Lagen für längere Verbindungen und die Spannungsversorgung verwendet werden. Zwischen den Verbindungsleitungen sowie zu den Transistoren sind Isolierschichten, die an vertikalen Verbindungsstellen durch Kontaktlöcher, sogenannte *Vias* unterbrochen sind. Abb. 10.6 zeigt die Transistorstruktur (gates) und die Verbindungslagen (M1 bis M4) im Elektronenmikroskop und gibt einen Eindruck von der realen Geometrie.

Der physikalische Aufbau einer CMOS-Schaltung wird als *Layout* bezeichnet. Das Layout beschreibt die Position der Transistoren sowie der Verbindungsleitungen. In Abb. 10.7 ist zunächst das Layout eines einzelnen Transistors gezeigt. Links sieht man die Seitenansicht, wie im vorherigen Abschnitt erläutert. Dabei sind Source und Drain durch Metalllage und Kontaktloch angeschlossen. Rechts ist die Draufsicht gezeigt, die für das Layout verwendet wird. Dabei wird in der Darstellung nicht zwischen Source und Drain unterschieden.

Das Layout eines kompletten Gatters ist in Abb. 10.8 dargestellt. Es handelt sich um das oben beschriebene NAND-Gatter. Zur Orientierung ist das Schaltbild noch einmal

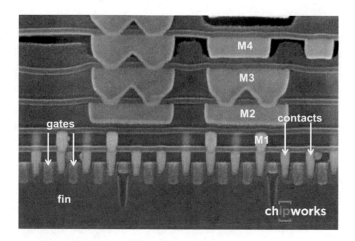

Abb. 10.6 Transistor im Elektronenmikroskop (Foto: Chipworks)

Abb. 10.7 Layout eines
Transistors

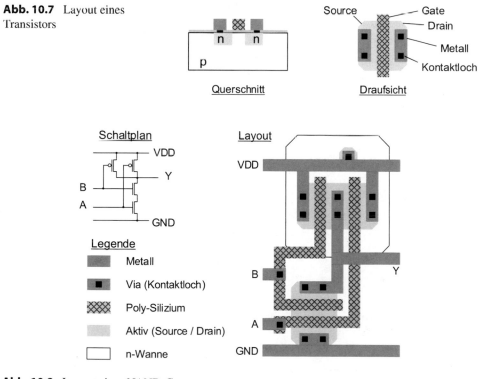

Abb. 10.8 Layout eines NAND-Gatters

angegeben. Im Layout sind oben und unten Metallleitungen für die Anschlüsse von Versorgungsspannung (*VDD*) und Masse (*GND*) vorhanden.

Die beiden n-Kanal-Transistoren befinden sich im unteren Bereich des Layouts und sind in Reihe geschaltet. Zwischen den Transistoren ist keine zusätzliche Verbindung nötig. Das Drain-Gebiet des einen Transistors ist direkt das Source-Gebiet des anderen Transistors. Ein Anschluss dieser Reihenschaltung ist an *GND,* der andere am Ausgang *Y.* Die Gate-Anschlüsse sind mit den Eingängen des NAND-Gatters, *A* und *B* verbunden.

Im oberen Bereich des Layouts sind die beiden p-Kanal-Transistoren. Sie sind parallelgeschaltet und verbinden jeweils *VDD* mit dem Ausgang *Y.* Auch sie werden durch die Eingänge *A* und *B* angesteuert. Wie oben erläutert, benötigen die p-Kanal-Transistoren ein anderes Substrat und dies wird durch die sogenannte n-Wanne bereitgestellt. Die n-Wanne ist ein Bereich, in dem das eigentlich p-dotierte Grundmaterial durch Dotierung in einen n-Bereich umgewandelt wird. Durch das Kontaktloch ganz oben an der *VDD*-Leitung wird die n-Wanne mit dem Pegel der Versorgungsspannung verbunden.

Im Layout sind auch Länge und Weite des Gates dargestellt. Die *Gate-Länge* wird so kurz wie möglich gewählt, damit der Widerstand durch den Transistor nicht unnötig groß wird. Die Weite wird so gewählt, dass n-Kanal und p-Kanal-Netzwerke den gleichen Widerstand und damit symmetrisches Verhalten haben. Beim NAND-Gatter sind zwei n-Kanal-Transistoren in Reihe, was den doppelten Widerstand ergibt. Die p-Kanal-Transistoren haben aufgrund der geringeren Beweglichkeit der Löcher ebenfalls etwa doppelten Widerstand. Somit sind die Widerstände beider Transistornetzwerke etwa gleich groß.

10.2   Grundschaltungen in CMOS-Technik

In diesem Abschnitt wird für einige Grundschaltungen der Aufbau in CMOS-Technik erläutert. Das Ziel ist dabei, dass Sie sich vorstellen können, wie Digitalschaltungen aus Transistoren aufgebaut werden.

10.2.1 Inverter

Der Inverter ist noch einfacher aufgebaut als das NAND-Gatter und besteht aus nur zwei Transistoren. Ein Transistor verbindet den Ausgang mit *VDD,* ein anderer mit *GND.* Schaltbild und Layout sind in Abb. 10.9 dargestellt. Die Gate-Weite des p-Kanal-Transistors (oben) ist doppelt so groß wie beim n-Kanal-Transistor, um die geringere Beweglichkeit der Löcher auszugleichen.

Abb. 10.9 Schaltbild und
Layout eines Inverters

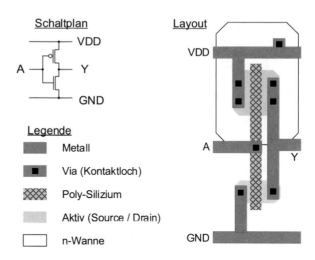

10.2.2 Logikgatter

Andere Grundgatter können in ähnlicher Weise wie das NAND-Gatter mit n- und p-Kanal-Transistoren aufgebaut werden. Ein Netzwerk von n-Kanal-Transistoren verbindet den Ausgang mit Masse, ein zweites Netzwerk von p-Kanal-Transistoren verbindet den Ausgang mit der Versorgungsspannung. Dabei ist wichtig, dass die Netzwerke zueinander komplementär sind, also stets genau eins der Netzwerke leitet.

Das Beispiel in Abb. 10.10 hat die Funktion $Y = \overline{(A \vee B) \,\&\, C}$. Man erkennt, dass die Netzwerke auch in ihrer Topologie komplementär sind. Im p-Kanal-Netzwerk sind die Transistoren für A und B in Reihe und C ist parallel dazu. Im n-Kanal-Netzwerk sind A und B parallelgeschaltet und C liegt in Reihe dazu.

Nach dem gezeigten Grundprinzip lassen sich viele weitere Logikgatter entwerfen. Ein Kennzeichen von CMOS-Logikgattern ist, dass Funktionen mit einer Invertierung einfacher zu implementieren sind. Dies bedeutet, dass beispielsweise die NAND-Funktionen einfacher als eine UND-Funktion aufgebaut sein kann, denn die NAND-Funktion nutzt die Eigenschaft, dass eine 0 die Transistoren nach *VDD* öffnet.

Abb. 10.10 Komplexgatter in
CMOS-Technik

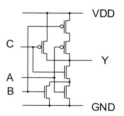

Für ein Gatter ohne Invertierung wird ein Inverter angefügt. Ein UND-Gatter besteht beispielsweise aus dem NAND-Gatter (Abb. 10.1), ergänzt um den Inverter aus Abb. 10.9. Die Schaltung benötigt 6 Transistoren, vier für das NAND, zwei für den Inverter. Im Layout werden die beiden Schaltungsteile kombiniert, um wenig Fläche zu belegen.

10.2.3 Transmission-Gate

In den bisher gezeigten Grundgattern verbinden die Transistoren den Ausgang mit *VDD* oder *GND*. Es ist jedoch auch möglich, Signaleingänge durch die Transistoren zu leiten oder zu sperren. Die entsprechende Schaltungsstruktur wird als *Transmission-Gate* bezeichnet und ist in Abb. 10.11, links dargestellt. Ein n-Kanal und ein p-Kanal-Transistor sind parallelgeschaltet und geben abhängig vom Steuersignal *EN* den Eingang auf den Ausgang weiter. Da die Transistoren bei unterschiedlichem Pegel der Steuersignale leiten, ist das Signal *EN* in positiver und negativer Polarität erforderlich.

Der Vorteil dieser Schaltungsstruktur ist der geringe Schaltungsaufwand. Manche Funktionen lassen sich mit deutlich weniger Transistoren umsetzen, als bei der Struktur mit komplementären Transistornetzwerken nötig wäre. Der Nachteil der Struktur ist, dass ein Transmission-Gate keine Treiberfähigkeit besitzt. Dies ist jedoch meist kein Problem, denn der Treiber des Eingangssignals kann üblicherweise ein oder sogar mehrere Transmission-Gates treiben. Falls die Treiberfähigkeit nach dem Transmission-Gate zu gering ist, kann ein Inverter als Treiber eingefügt werden.

Vielleicht haben Sie beim Blick auf Abb. 10.11 überlegt, ob nicht ein Transistor als Transmission-Gate ausreichen würde. Dies ist ungünstig, denn der n-Kanal-Transistor schaltet eine 0 mit vollem Pegel, reduziert aber eine 1 um die Schwellenspannung. Umgekehrt schaltet der p-Kanal-Transistor die 1 mit vollem und die 0 mit reduziertem Pegel. Erst die Kombination beider Transistoren gibt ein gutes Schaltverhalten.

Ein Logikgatter, welches die Transmission-Gate-Struktur verwendet, ist in Abb. 10.11, rechts zu sehen. Es handelt sich um einen 1-aus-2-Multiplexer mit Steuereingang *S* und Dateneingängen *A* und *B*. Die Dateneingänge sind jeweils durch ein Transmission-Gate mit dem Ausgang *Y* verbunden. Da die Ansteuerung für die Transmission-Gates unterschiedliche Polarität hat, ist genau ein Gate geöffnet, das andere sperrt. Die Schaltung benötigt nur sechs Transistoren, zwei für den Inverter und vier in den Transmission-Gates, und ist damit sehr kompakt.

Abb. 10.11 Transmission-Gate und Anwendung in einem Multiplexer

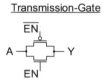

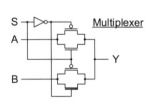

10.2.4 Flip-Flop

Neben kombinatorischen Elementen enthält eine Digitalschaltung natürlich auch Flip-Flops zur Speicherung von Informationen. Heutzutage werden praktisch immer takt-flankengesteuerte D-Flip-Flops verwendet. Es gibt verschiedene Schaltungstechniken, um ein solches Flip-Flop zu realisieren. Die Varianten unterscheiden sich in Silizium-fläche, Schaltgeschwindigkeit und Stromverbrauch.

Als eine Flip-Flop-Schaltung ist in Abb. 10.12 exemplarisch das *Transmission Gate Pulsed Latch*, kurz TGPL, dargestellt. Zum Verständnis der Schaltung ist ein kleines Zeitdiagramm angegeben sowie einige interne Signalknoten mit Bezeichnung markiert. Dateneingang D, Takteingang CK sowie Datenausgang Q sind fett dargestellt.

Funktionsweise des Transmission Gate Pulsed Latch (TGPL):

1. Das TGPL enthält auf der linken Seite eine Taktaufbereitung. Der Takteingang CK wird durch drei Inverter verzögert und in der Polarität gedreht (Signal $/CK$, siehe Zeit-diagramm). Durch ein NAND-Gatter werden dann CK und $/CK$ verknüpft und das Pulssignal P entsteht. P ist meist 1 und wird nur bei einer steigenden Taktflanke kurz 0. Damit steuert dieses Pulssignal die Datenübernahme an der Taktflanke.

2. Der Dateneingang D läuft zunächst durch einen Inverter, der als Treiber dient. $/D$ wird gespeichert, indem das Pulssignal P beim Pegel 0 ein Transmission-Gate öffnet. Das gespeicherte Datensignal liegt dann am internen Knoten $/Q$ an. Durch den Eingangs-inverter hat es die umgekehrte Polarität. Kurz nach der Taktflanke wechselt P wieder auf den Wert 1 und schließt das Transmission-Gate.

3. Jetzt wird zur Datenspeicherung der interne Knoten $/Q$ durch den Inverter und die vier Transistoren auf der rechten Seite der Schaltung wieder nach $/Q$ gegeben. Dieser Schaltungsteil ist eine Rückkopplung, die den Wert an $/Q$ speichert. Nur wenn P auf 0 ist, also bei einer steigenden Taktflanke, unterbricht die Rückkopplung, damit ein neuer Eingangswert D gespeichert werden kann.

4. Durch den Inverter rechts unten wird der interne Knoten $/Q$ auf den Datenausgang Q gegeben. Die Invertierung am Eingang wird wieder durch den Ausgangsinverter auf-gehoben, sodass der richtige Signalwert ausgegeben wird.

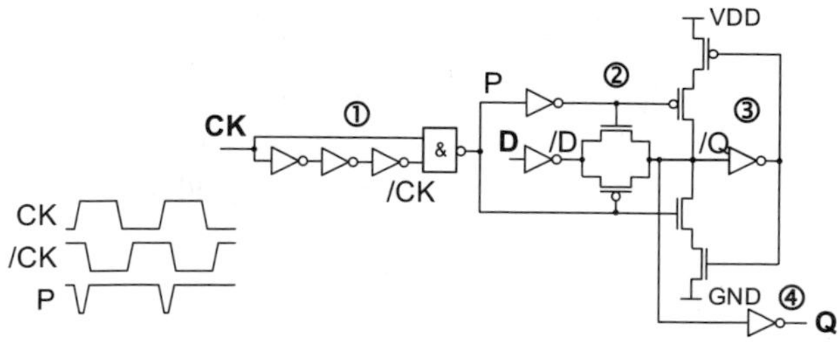

Abb. 10.12 Schaltbild des Transmission Gate Pulsed Latch (Quelle: M. Alioto, IEEE Transactions on VLSI Systems, 2011)

Für die sichere Funktion muss das Zeitverhalten der Schaltung genau abgestimmt werden. Die Laufzeit der drei Inverter bei ① muss ein Pulssignal P erzeugen, welches den Eingang D sicher übernimmt. Andererseits sollte das Pulssignal auch nicht zu lange 0 sein, denn während dieser Zeit darf sich D nicht ändern. Die Dauer des Pulssignals bestimmt also Setup- und Hold-Zeit.

Außerdem muss die Verzögerungszeit von Transmission-Gate bei ②, sowie Rückkopplung bei ③ zueinander passen, damit die Schaltungsteile sicher zusammenarbeiten.

Dieses Zeitverhalten muss bei allen Variationen der Arbeitsbedingungen sicher funktionieren. Als Variationen der Arbeitsbedingungen sind drei Einflussgrößen zu beachten, die unter der Abkürzung *PVT* zusammengefasst sind:

- **Process (P):** Die elektrischen Eigenschaften der Transistoren unterliegen den Toleranzen des verwendeten Halbleiterprozesses und können schwanken. Beispiel: Die Dotierung von Source und Drain kann gegenüber dem „Normalfall" abweichen.
- **Voltage (V):** Die Versorgungsspannung kann, eventuell auch nur kurzzeitig, schwanken. Beispiel: Statt ideal 1,2 V kann die Spannung 1,15 V oder 1,25 V betragen.
- **Temperature (T):** Die Temperatur kann schwanken. Beispiel: Der Chip kann bei Temperaturen im Bereich von $-20°C$ bis $80°C$ arbeiten.

Bei der Entwicklung eines Flip-Flops wird die Schaltung darum unter verschiedenen Arbeitsbedingungen simuliert und es werden Testschaltungen hergestellt. Dabei kann auch überprüft werden, ob eventuell eine andere Flip-Flop-Schaltung für den jeweiligen Halbleiterprozess besser geeignet ist. Das oben beschriebene TGPL ist nur eine mögliche Schaltungsvariante.

10.3   Verlustleistung

Neben der Anzahl an Transistoren, welche die Größe einer Schaltung ausmacht, ist der Energieverbrauch einer Schaltung eine wichtige Kenngröße. Die CMOS-Technik ist prinzipiell sehr energieeffizient. Sie hat gegenüber anderen Halbleitertechniken den großen Vorteil, dass durch ein Gatter kein Ruhestrom fließt, denn entweder sperren die p-Kanal-Transistoren oder die n-Kanal-Transistoren. Vorgängertechnologien hingegen hatten einen ständigen Ruhestrom und wurden wegen dieser ständigen Verlustleistung durch CMOS abgelöst.

Durch immer leistungsfähigere Schaltungen ist allerdings auch die Verlustleistung von CMOS-Schaltungen in den letzten Jahren immer weiter gestiegen. Deutlich sichtbar ist dies bei High-End-Grafikkarten für PC-Spiele. Sie haben hohe Rechenleistung für die Berechnung der Grafik, aber auch große Kühlkörper und Lüfter zur Kühlung.

Es gibt verschiedene Gründe, aus denen eine geringe Verlustleistung Integrierter Schaltungen sinnvoll ist.

- Höhere Leistungsaufnahme erhöht die Kosten für Chipgehäuse und Kühlkörper. Gegebenenfalls sind Lüfter erforderlich.
- Die Betriebskosten für Spannungsversorgung und Kühlung steigen. Dies ist insbesondere in Rechenzentren ein hoher Kostenanteil.
- Mobile Geräte wie Laptop, Tablet oder Smartphone sollen mit einer Akkuladung möglichst lange Betriebszeiten haben.
- Es werden autarke Sensoren eingesetzt, die mit einer Batterie mehrere Jahre betrieben werden sollen.

Die Verlustleistung entsteht durch einen statischen und einen dynamischen Anteil. Diese beiden Aspekte der Verlustleistung werden in den folgenden Abschnitten näher vorgestellt.

10.3.1 Statische Verlustleistung

CMOS-Schaltungen haben zwar keinen Ruhestrom, der durch einen geöffneten Transistor fließt. Dennoch fließen winzige sogenannte *Leckströme*, da der Transistor natürlich keine galvanische Trennung des Stromflusses vornimmt. Diese Leckströme addieren sich über die Milliarden Transistoren eines Chips und verursachen eine *statische Verlustleistung*.

Leckströme entstehen an verschiedenen Stellen des Transistoraufbaus. Insgesamt gibt es vier Anteile, die in Abb. 10.13 dargestellt sind (vergleiche Abb. 10.4 und 10.5). Der Anschluss B ist dargestellt, da auch über das Substrat (Bulk) Leckströme fließen können.

- *Subthreshold Leakage* I_{subth} entsteht, da der Kanal nicht vollständig ausgeschaltet werden kann.
- *Gate Leakage* I_{gate} ergibt sich aufgrund von Ladungsträgerübertragung durch sehr dünnes Gate-Oxyd.
- *Reverse Bias Junction Leakage* I_{rev} ist der Sperrstrom des pn-Übergangs zum Substrat.
- *Gate Induced Drain Leakage* I_{gidl} ist der Leckstrom vom Drain-Anschluss, verursacht durch die Feldstärke der Drain-Spannung.

Der Hauptanteil der statischen Verlustleistung entsteht durch die *Subthreshold Leakage* I_{subth}. Einen geringeren Anteil tragen *Gate Leakage* I_{gate} und *Reverse Bias Junction*

Abb. 10.13 Leckströme bei einem CMOS-Transistor

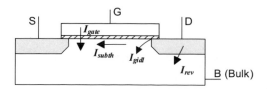

Leakage I_{rev} bei. Die *Gate Induced Drain Leakage* I_{gidl} ist normalerweise vernachlässig-
bar. Allgemein führt eine erhöhte Temperatur zu steigenden Leckströmen.

Die *Subthreshold Leakage* ist exponentiell von der Schwellenspannung abhängig.
Je höher die Schwellenspannung, umso geringer sind die Leckströme. Andererseits
reduziert eine höhere Schwellenspannung auch die Verarbeitungsgeschwindigkeit, sodass
ein Kompromiss gefunden werden muss.

10.3.2 Dynamische Verlustleistung

Die *dynamische Verlustleistung* entsteht bei Aktivität der Schaltung. Zum Verständnis wird die Inverter-Schaltung aus Abschn. 10.2.1 erneut betrachtet. Abb. 10.14 zeigt
den Inverter sowie Spannungen und Ströme bei Schaltungsaktivität. Zusätzlich zu den
beiden Transistoren ist ein Kondensator mit der Kapazität C_L abgebildet. Dieser stellt
die Lastkapazität dar, welche vom Inverter geschaltet wird. Die Lastkapazität setzt sich
zusammen aus den Gate-Kapazitäten der nachfolgenden Gatter sowie der Leitungs-
kapazität auf den Verbindungen dorthin. Der Zeitverlauf zeigt den prinzipiellen Verlauf
der Spannungen am Eingang und Ausgang des Inverters sowie der Ströme im p-Kanal-
Transistor $i_p(t)$, im n-Kanal-Transistor $i_n(t)$, sowie zum Kondensator $i_c(t)$.

Im Diagramm wechselt die Eingangsspannung zum Zeitpunkt ① von logisch 1 auf
0. Mit kurzer Zeitverzögerung wechselt darauf der Ausgang von 0 nach 1. Dabei wird
der Kondensator über den p-Kanal-Transistor geladen, sichtbar an den Strömen i_p und i_c.
Außerdem fließt ein kleinerer *Querstrom* über i_p und i_n, wenn beim Umschalten des Eingangs beide Transistoren für kurze Zeit teilweise leiten.

Zum Zeitpunkt ② wechselt der Eingang wieder von 0 auf 1 und der Ausgang kurz
darauf von 1 nach 0. Jetzt wird der Kondensator über den n-Kanal-Transistor entladen, sichtbar an den Strömen i_n und einem negativen Wert für i_c. Wieder sind beim
Umschalten kurzfristig beide Transistoren teilweise leitend, sodass erneut ein Querstrom
über i_p und i_n fließt.

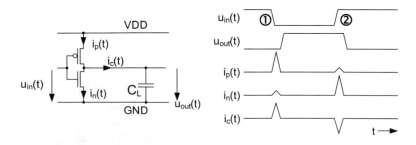

Abb. 10.14 CMOS-Inverter mit Zeitverlauf von Spannungen und Strömen

Die Verlustleistung des Inverters berechnet sich über das Integral des Stroms $i_p(t)$, multipliziert mit der Versorgungsspannung V_{DD}. Dabei hat das Umladen der Kapazität den größten Anteil. Einflussgrößen sind zum einen der Wert der Lastkapazität C_L sowie die Höhe der Versorgungsspannung V_{DD}. Zum anderen muss berücksichtigt werden, wie oft die Kapazität umgeladen wird. Dies wird durch die Taktfrequenz f der Schaltung angegeben, sowie die *Schaltaktivität* σ als Wahrscheinlichkeit einer 0–1-Flanke pro Taktzyklus.

Diese Einflussgrößen multiplizieren sich zur Verlustleistung P_C für das Umladen der Lastkapazität. Dabei hat die Versorgungsspannung einen quadratischen Einfluss:

$$P_{C,inv} = \sigma f \, V_{DD}^2 C_L$$

Die Einflussgrößen sind, ausgenommen die Schaltaktivität, bereits bekannt. Die Schaltaktivität drückt aus, wie häufig eine Leitung auf 1 wechselt und kann Werte zwischen 1 und 0 einnehmen.

- Das Taktsignal hat jeden Takt eine steigende Flanke und daher ist $\sigma = 1$
- Die unterste Stelle eines Zählers hat von Takt zu Takt abwechselnd die Werte 0 und 1. Es gibt also jeden zweiten Takt eine steigende Flanke: $\sigma = 0{,}5$
- Die oberste Stelle eines 8-Bit-Zählers hat nur eine steigende Flanke beim Übergang von 127 nach 128. Der nächste Wechsel tritt erst 256 Taktzyklen später auf: $\sigma = 1/256 \approx 0{,}004$
- Die Reset-Leitung einer CPU wird im normalen Betrieb nicht angesteuert, daher ist $\sigma = 0$
- Audio und Video-Signale haben, je nach Typ des Signals, einen Wert von $\sigma \approx 0{,}3$ bis $0{,}1$

Für eine gesamte Integrierte Schaltung müssen die Anteile der einzelnen Schaltungsknoten addiert werden.

$$P_C = \sum_{i=alleKnoten} \sigma_i f \, V_{DD}^2 C_{L,i}$$

Die Verlustleistung durch den Querstrom ist in dieser Gleichung noch nicht berücksichtigt. Allerdings ist der Anteil deutlich kleiner als P_C und ebenfalls proportional zur Schalthäufigkeit. Darum wird in der Praxis meist nur die Verlustleistung durch Umladen der Lastkapazitäten betrachtet. Der Einfluss des Querstroms kann beispielsweise berücksichtigt werden, indem die Lastkapazitäten C_L etwas höher angesetzt werden.

10.3.3 Entwurf energieeffizienter Schaltungen

Um Schaltungen mit geringer Verlustleistung zu entwerfen, werden möglichst alle Einflussgrößen optimiert. Ein Faktor ist die Versorgungsspannung, die früher bei 5 V lag und heute bis auf Werte von etwa 1 V reduziert wurde. Dies ist ohnehin erforderlich, damit die Feldstärken in den kleiner werdenden Transistoren nicht zu stark ansteigen. Durch die geringere Versorgungsspannung reduzieren sich statische und dynamische Verlustleistung.

Die statische Verlustleistung kann durch Wahl der Parameter des Halbleiterprozesses, also Transistorgeometrie und Dotierungsstärken reduziert werden. Weil dadurch auch die Geschwindigkeit einer Schaltung sinkt, kann ein Hersteller einen Halbleiterprozess in verschiedenen Varianten anbieten. Beispielsweise kann eine Version angeboten werden, die im Hinblick auf die Schaltgeschwindigkeit optimiert ist. Weitere Varianten des Halbleiterprozesses könnten eine Low-Power-Version oder eine „balancierte Version", die einen Kompromiss aus Rechenleistung und Stromverbrauch darstellt, sein.

Die dynamische Verlustleistung kann reduziert werden, indem eine geringere Kapazität C_L umgeladen wird. Dies kann durch einen Prozess mit geringeren physikalischen Abmessungen erfolgen. Aber auch eine geringere Anzahl an Schaltungselementen reduziert die Anzahl an Schaltungsknoten und damit die Lastkapazität. Eine Möglichkeit ist beispielsweise, wenn eine Rechenoperation nur eine Genauigkeit von 16 bit anstatt 32 bit erfordert.

Als weitere Einflussgröße kann eine geringere Häufigkeit der Signalwechsel die dynamische Verlustleistung reduzieren. Eine Möglichkeit hierfür ist das Abschalten ganzer Schaltungsteile, wenn sie nicht benötigt werden. Dies erfolgt beispielsweise in einer CPU mit mehreren Prozessoren. Bei geringer Rechenlast werden einzelne Prozessoren komplett ausgeschaltet und damit die dynamische Verlustleistung reduziert. Wenn ein Prozessor oder nicht benötigte Schnittstellenkomponenten vorübergehend von der Versorgungsspannung abgetrennt werden, reduziert sich zusätzlich auch die statische Verlustleistung.

10.4   Integrierte Schaltungen

Eine komplette Integrierte Schaltung setzt sich aus vielen einzelnen Gattern und Flip-Flops zusammen.

10.4.1 Logiksynthese und Layout

Standardzellbibliothek Die in Abschn. 10.2 beschriebenen Grundschaltungen werden vom Hersteller eines Halbleiterprozesses in einer Bibliothek zur Verfügung gestellt. Diese Grundschaltungen werden als *Standardzellen* bezeichnet. Eine *Standardzellbibliothek* umfasst beispielsweise 100 bis 200 Zellen, darunter:

- Inverter und Treiber, also nacheinander geschaltete Inverter, für größere Lastkapazitäten
- Logikgatter, also UND-, ODER-, NAND-, NOR-, XOR-Gatter mit unterschiedlicher Anzahl an Eingängen
- Komplexgatter, für kombinierte Logikfunktionen, beispielsweise die Funktion $Y = \overline{(A \lor B) \,\&\, C}$ aus Abb. 10.10 oder der Multiplexer aus Abb. 10.11
- Arithmetische Schaltungen, beispielsweise Volladdierer
- Flip-Flops in verschiedener Konfiguration, beispielsweise mit Set oder Reset

Außerdem können für manche Zellen Varianten mit verschiedener Treiberstärke vorhanden sein. Ein Flip-Flop, das nur ein weiteres Gatter ansteuert, benötigt einfache Treiberstärke. Falls mehrere Gatter angesteuert werden, könnte die vierfache Treiberstärke sinnvoll sein.

Logiksynthese Die Auswahl der passenden Standardzelle erfolgt normalerweise durch ein EDA-Programm. Dazu schreiben Sie VHDL-Code und das Programm sucht dann die passende Standardzelle für die beschriebene Funktion. Anhand der Verbindungen zu weiteren Standardzellen, entscheidet das Programm auch, welche Treiberstärke eingesetzt werden soll. Dieser Schritt wird als Logiksynthese bezeichnet.

Beispielsweise wurde im Kap. 6 eine Flankenerkennung beschrieben, bei der folgender VHDL-Code verwendet wurde:

```
if (a_sync_old='0') and (a_sync='1') then
    q <= '1'; else
    q <= '0'; end if;
```

Die Logiksynthese interpretiert diesen Code und erkennt, dass eine Logikfunktion $\overline{A}\&B$ erforderlich ist. A ist dabei das VHDL-Signal *a_sync_old*, B ist *a_sync*. Für die Umsetzung in Standardzellen hat die Logiksynthese mehrere Möglichkeiten:

- Inverter für A gefolgt von einem UND-Gatter.
- Da Grundgatter in CMOS-Technologie stets eine Invertierung beinhalten, wäre ein NAND- oder NOR-Gatter vorteilhaft. Die Logikfunktion kann mit den Gesetzen von De Morgan umgewandelt werden in $\overline{A} \,\&\, B = \overline{\left(A \lor \overline{B}\right)}$. Damit ergibt sich ein Inverter für B gefolgt von einem NOR-Gatter.
- Eventuell steht in der Standardzellbibliothek ein passendes Komplexgatter mit der Funktion $\overline{A}\&B$ zur Verfügung.

Dieser Entwurfsschritt ist ähnlich zur in Kap. 7 beschriebenen Synthese von FPGA-Schaltungen. Allerdings muss die Logiksynthese unter vielen Standardzellen wählen, während der FPGA-Synthese üblicherweise nur Look-Up-Tables und Flip-Flops zur Verfügung stehen.

Layout Die Logiksynthese erzeugt eine Netzliste mit benötigten Standardzellen und ihren Verbindungsleitungen. Im nächsten Schritt werden die Position der Standardzellen und die Lage der Verbindungsleitungen ermittelt. Die physikalische Anordnung wird als Layout, die beiden Einzelschritte als Placement und Routing bezeichnet. Auch diese Schritte werden von einem EDA-Programm durchgeführt und sind ähnlich zur Platzierung und Verdrahtung des FPGA-Entwurfs.

Miteinander verbundene Standardzellen werden vom EDA-Programm möglichst nah aneinander platziert. Dazu probiert ein intelligenter Algorithmus verschiedene Anordnungen aus. Abb. 10.15 zeigt das Layout einer automatisch erzeugten Teilschaltung.

Aus den Teilschaltungen wird schließlich die gesamte integrierte Schaltung zusammengestellt. Abb. 10.16 zeigt als Beispiel das Chip-Foto eines System-on-Chip (SoC) für ein Smartphone. Es handelt sich um die zentrale Steuereinheit des Geräts mit zwei CPU-Kernen und der Grafikerzeugung (GPU) sowie lokalem Speicher (L1, L2, SRAM). Ebenso sind verschiedene Schnittstellen für externen Speicher (DRAM), Kamera, USB und das Display (LCD) vorhanden. Für die Taktaufbereitung dienen PLLs (Phase-Locked Loop). Der Chip enthält über 1 Mrd. Transistoren auf rund 1 Quadratzentimeter Fläche.

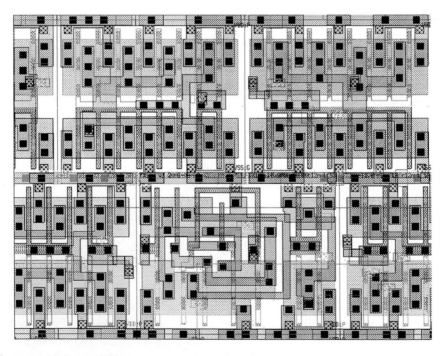

Abb. 10.15 Teil eines Chip-Layouts (Quelle: Infineon)

10.4.2 Herstellung

Als Grundmaterial für die Herstellung von CMOS-Schaltungen wird monokristallines Silizium verwendet. Die Herstellung erfolgt auf dünnen Siliziumscheiben, genannt *Wafer*. Ein Wafer ist etwa 1 mm dick und hat einen Durchmesser zwischen 15 und 30 cm (Abb. 10.17). Auf diesem Substrat werden durch aufwendige chemische und physikalische Prozesse die Strukturen für die Schaltung aufgebracht. Aus einem kompletten Wafer können mehrere hundert einzelne Chips gefertigt werden.

Die Anzahl an Chips je Wafer ergibt sich direkt aus der Fläche. Als Zahlenbeispiel betrachten wir einen Wafer mit 30 cm Durchmesser, auf dem sich Chips mit der Fläche von 2 cm^2 befinden. Die Kreisfläche ist $\pi \cdot r^2$, also $3{,}14 \cdot (15\ \text{cm})^2 = 707\ \text{cm}^2$. Da jeder Chip 2 cm^2 benötigt, ergibt der Wafer theoretisch 353 Chips. An den Kanten, zum Sägen der Chips und für kleine Testflächen geht jedoch Fläche verloren. Praktisch können aus dem Wafer darum etwa 250 bis 300 Chips hergestellt werden.

Auf dem Wafer werden die Strukturen der Transistoren und Metallleitungen in mehreren Arbeitsschritten nacheinander gefertigt. Abb. 10.18 zeigt den Arbeitsschritt der Erzeugung von Source und Drain eines Transistors (vergleiche Abb. 10.4). Das Substrat ist p-dotiert und für Source und Drain sollen zwei n-dotierte Bereiche entstehen. Das Bild zeigt einen kleinen Ausschnitt des Wafers in Seitenansicht.

Zunächst wird die Oberfläche mit Fotolack versehen, mit einer Belichtungsmaske abgedeckt und belichtet. Dieser Verarbeitungsschritt wird als Lithographie (auch Belichtungstechnik) bezeichnet. Die nicht belichteten Stellen können entfernt werden und lassen das darunter liegende Substrat frei (Abb. 10.18, links). Dann wird der Halbleiter in eine Atmosphäre mit dem Dotierungsgas gebracht und erhitzt. Für eine n-Dotierung kann die Dotierung zum Beispiel Arsen sein. Die Dotierungsatome dringen in das Substrat ein und bilden Source und Drain (Abb. 10.18, rechts).

Auf diese Art werden Schritt für Schritt die einzelnen Ebenen einer Schaltung erzeugt. Die komplette Bearbeitung eines Wafers benötigt mehrere hundert Verarbeitungsschritte. Dazu gehört immer wieder das Auftragen von Fotolack, Belichten mit einer Fotomaske, Freiätzen unbelichteter Regionen, Dotieren nichtabgedeckter Bereiche und Entfernen des Fotolacks. Für die einzelnen Schaltungsebenen werden rund 20 bis 30 verschiedene Belichtungsmasken benötigt.

Aufgrund der sehr feinen Strukturen würde ein Staubkorn oder ein Haar auf dem Wafer die Fertigung stören und der Chip wäre an der Stelle des Staubkorns unbrauchbar. Darum findet die Fertigung in einem Reinraum statt. Dort trägt man spezielle Schutzkleidung und einen Mundschutz und es werden möglichst Industrieroboter eingesetzt. Dennoch bleibt trotz aller Sorgfalt eine geringe Staubkonzentration, sodass sich Fertigungsfehler nicht komplett vermeiden lassen.

Darum müssen sämtliche ICs nach der Fertigung einzeln getestet werden. Üblicherweise erfolgt dieser *Fertigungstest* zweimal, einmal noch auf dem Wafer, ein anderes Mal nach dem Verpacken. Durch den ersten Test werden Kosten beim Verpacken in die

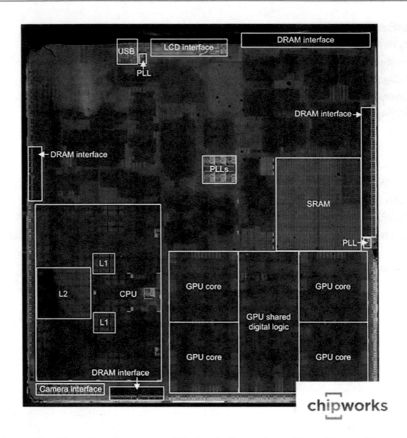

Abb. 10.16 Chip-Foto eines System-on-Chip für ein Smartphone (Foto: Chipworks)

Gehäuse gespart, denn defekte Chips werden nicht weiterverarbeitet. Durch den zweiten Test wird überprüft, ob das Zersägen des Wafers und das Verpacken zu Fehlern geführt haben.

Der Anteil der korrekt gefertigten ICs wird als *Ausbeute* (engl. *Yield*) bezeichnet. Genaue Ausbeutewerte werden von den Halbleiterfirmen als Betriebsgeheimnis gehütet. Werte für eine eingefahrene Fertigung können bei 80 bis 90 % liegen. Für eine neue Halbleitertechnologie kann die Ausbeute jedoch auch bei nur 10 % oder noch darunter liegen. Dennoch kann solch eine Fertigung wirtschaftlich sein, wenn die Produkte aufgrund der Leistungsfähigkeit der neuen Technologie einen entsprechend hohen Preis erzielen.

10.4.3 Packaging

Nach Erstellen der Schaltungsstrukturen wird schließlich der Wafer in einzelne Chips zersägt und in Gehäuse verpackt. Diese unverpackten Chips werden auch als *Die*

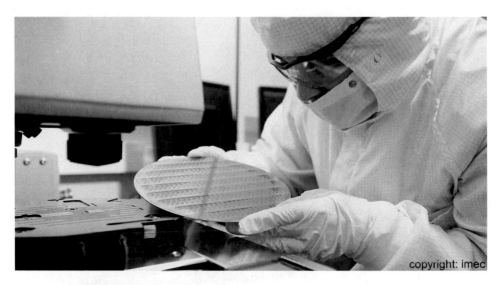

Abb. 10.17 Silizium-Wafer (Foto: imec)

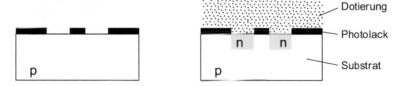

Abb. 10.18 Substrat vor und während der Dotierung von Source und Drain eines CMOS-Transistors

bezeichnet; der Plural ist *Dies* oder *Dice*. Mit dünnen Golddrähtchen werden *Die* und Gehäuse miteinander verbunden. Die Drähtchen werden als *Bond-Draht* bezeichnet, der Fertigungsschritt als *Bonding*. Abb. 10.19 zeigt, wie in einem geöffneten Gehäuse die Bond-Drähte eine Verbindung zum *Die* herstellen. Für die Bond-Drähte wird Gold als Material verwendet, weil es ein sehr guter elektrischer Leiter ist und sich für diese Anwendung gut verarbeiten lässt.

Die Anschlussflächen im Inneren des Gehäuses sind mit den Pins außen am Gehäuse verbunden. Mit den Pins erfolgt dann die elektrische Verbindung zur Platine.

10.4.4 Gehäuse

Es sind verschiedene Gehäuseformen gebräuchlich. Hauptkriterium für die Auswahl des Gehäuses durch den Hersteller ist die Anzahl der Anschlüsse. Weitere Kriterien sind auftretende Verlustleistung, Platzbedarf und Gehäusekosten. Um die Ausrichtung der ICs

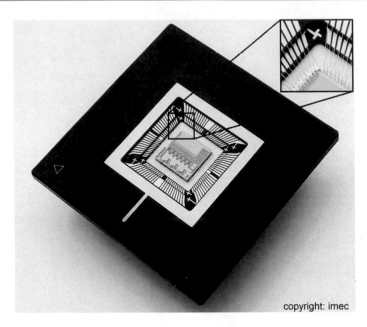

Abb. 10.19 Geöffneter Chip mit Bond-Drähten zwischen Die und Gehäuse (Foto: imec, bearbeitet)

zu bestimmen, sind an den Gehäusen Orientierungsmarken angebracht, meist ein eingeprägter Punkt oder eine Kerbe im Gehäuse. Zusätzlich kann sich in einer Ecke ein fehlender oder zusätzlicher Pin befinden.

Abb. 10.20 zeigt beispielhaft einige Gehäuseformen. Von links nach rechts sind abgebildet:

- **DIL-Gehäuse** (Dual In-Line): Geeignet für kleine Anzahl an Pins. Die „Beinchen" des Gehäuses sind für eine Durchsteckmontage gedacht, werden also durch Löcher in der Platine geführt.
- **PLCC-Gehäuse** (Plastic Leaded Chip Carrier): Für mittlere Anzahl an Pins geeignet. Die Pins erlauben die Oberflächenmontage und das Einstecken in Sockel.
- **QFP-Gehäuse** (Quad Flat Pack): Ebenfalls für mittlere Anzahl an Pins und die Oberflächenmontage geeignet. Im Vergleich zu PLCC etwas kleinere Pins.
- **BGA-Gehäuse** (Ball Grid Array): Bis zu großer Anzahl an Pins verfügbar. Die Anschlüsse für die Oberflächenmontage befinden sich als Lötkugeln unterhalb des Bausteins.

Abb. 10.20 Verschiedene Gehäuse für Integrierte Schaltungen

10.4.5 Chiplets

Eine weitere Form des Packings Integrierter Schaltungen sind Chiplets, mit denen mehrere Dies in ein gemeinsames Gehäuse verpackt werden. Dadurch kann eine größere Schaltung in mehrere kleinere Dies mit besserer Fertigungsausbeute aufgeteilt werden. Ein besonderer Vorteil ist dabei, dass diese Dies in unterschiedlichen Fertigungstechnologien hergestellt werden können, um spezialisierte CMOS-Prozesse für unterschiedliche Funktionen nutzen zu können. Eine schnelle Signalverarbeitung profitiert von einem Prozess mit kleiner Strukturgröße, während DRAM-Speicher, EEPROM oder Analog-Funktionen spezialisierte Fertigungsprozesse erfordern.

Abb. 10.21 zeigt den prinzipiellen Aufbau eines Chiplets, bei dem ein Mikrocontroller mit einem AD-Umsetzer und einem EEPROM kombiniert wird. Die einzelnen Dies liegen kopfüber auf einem Verbindungssubtrat, welches Verbindungen untereinander und zur Platine herstellt. Von außen ist der innere Aufbau nicht ersichtlich und nur ein BGA-Gehäuse zu erkennen.

10.5 Miniaturisierung der Halbleitertechnik

Die erste Integrierte Schaltung wurde 1958 von Jack Kilby entwickelt, der dafür den Nobelpreis für Physik erhielt. Seitdem hat sich die Halbleitertechnik kontinuierlich weiterentwickelt. Ein wesentlicher Fortschritt ist, dass es durch geschickte Fertigungstechnik gelungen ist, die Größe eines Transistors immer weiter zu reduzieren.

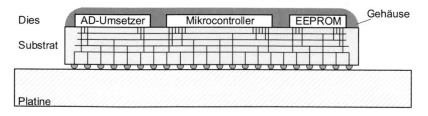

Abb. 10.21 Chiplet mit drei Dies

Als Angabe wie klein die Strukturen einer Halbleitertechnologie sind, wird die sogenannte *Strukturgröße* als Größenangabe verwendet. Früher entsprach die Strukturgröße der Gate-Länge L des Transistors (vergleiche Abb. 10.3). Durch verschiedene Möglichkeiten für die Gestaltung der Transistorgeometrie hat die Strukturgröße heute jedoch keinen direkten Bezug zu einer bestimmten Geometrie. Eine kleinere Strukturgröße kennzeichnet einen moderneren Prozess, der mehr Transistoren enthalten kann. Durch die kleineren Abmessungen arbeitet er schneller und mit weniger Verlustleistung. Die kleinste Strukturgröße beträgt aktuell 2 nm, aber auch Strukturgrößen von 60 nm werden noch verwendet und bieten ausreichende Leistungsfähigkeit (Stand 2022). Diese Angabe finden Sie oft in Zeitschriftenartikeln, beispielsweise als "neue CPU in 2 nm Technologie". Ein menschliches Haar hat übrigens einen Durchmesser von rund 80 µm, ist also mehr als 10000mal so dick.

10.5.1 Moore'sches Gesetz

Durch die Miniaturisierung passen immer mehr Transistoren auf einen einzelnen Chip. Diese Entwicklung wird als *Moore'sche Gesetz* bezeichnet.

> Das Moore'sche Gesetz besagt: Die Anzahl der Transistoren pro Integrierter Schaltung verdoppelt sich alle zwei Jahre.

Abb. 10.22 zeigt den Anstieg der Integration. Die vertikale Achse hat eine logarithmische Skala, das heißt, ein Teilstrich der Skala entspricht einem Multiplikationsfaktor von 10 gegenüber dem vorherigen Teilstrich. Die Punkte stellen Einführungsjahr und Transistoranzahl für einige Computer-Prozessoren dar, angefangen beim Intel 4004, dem ersten in Serie produzierten Mikroprozessor.

Gordon Moore, ein Mitbegründer der Firma Intel, hat die nach ihm benannte Aussage, die natürlich kein Naturgesetz, sondern eine Prognose ist, bereits 1965, also am Anfang der „Geschichte" integrierter Schaltkreise formuliert. Ursprünglich wurde sogar eine jährliche Verdopplung prognostiziert, 1975 dann auf den Zeitraum von zwei Jahren zurückgenommen. Das „Moore's Law" ist oft zitiertes Synonym für das stürmische Wachstum der Halbleiterindustrie. Ein Ende dieser Entwicklung wurde zwar oft vorausgesagt, scheint aber für die nächsten Jahre noch nicht in Sicht.

10.5.2 FinFET- und Nanosheet-Transistoren

Bei der Miniaturisierung von Halbleitern gibt es eine natürliche Grenze: Die Größe der Atome. Der Atomdurchmesser eines Siliziumatoms beträgt etwa 0,25 nm, sodass die Gate-Länge heute bereits unter hundert Atomen liegt. Als Folge müssen für die Schalteigenschaften der Transistoren quantenphysikalische Einflüsse einzelner Atome beachtet

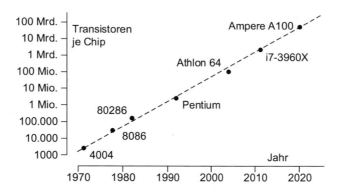

Abb. 10.22 Das Moore'sche Gesetz beschreibt die stetige Zunahme an Transistoren je integrierter Schaltung

werden. Durch die kleinen Abmessungen verschlechtern sich die elektrischen Eigenschaften der Transistoren.

Darum werden neue Transistorgeometrien entwickelt, die für sehr kleine Strukturen besser geeignet sind, als die in Abschn. 10.1.2 beschriebenen, sogenannten Planar-Transistoren. Eine erfolgreich eingesetzte Struktur sind *FinFET-Transistoren*. Dabei liegt das Gate nicht oberhalb des Kanals, sondern um einen Steg herum, der wie eine Finne oder Rückenflosse aussieht. Aus dieser Finne und der Abkürzung FET für Feldeffekttransistor ergibt sich der Name FinFET. Der physikalische Aufbau eines FinFET-Transistors ist in Abb. 10.23 dargestellt. Das Gate umschließt den Kanal von drei Seiten und hat daher auf kleinem Raum eine hohe Schaltwirkung. Auch Abb. 10.6 zeigt FinFET-Transistoren.

Um bei noch kleineren Strukturen die Schalteigenschaften von Transistoren zu verbessern, umschließt bei Nanosheet-Transistoren das Gate den Kanal von allen vier Seiten. Mehrere parallele Transistor-Kanäle sorgen für eine ausreichende Leitfähigkeit des Transistors. Abb. 10.23 zeigt rechts den prinzipiellen Aufbau eines Nanosheet-Transistors.

10.5.3 Weitere Technologieentwicklung

In den nächsten Jahren werden Fortschritte in der Fertigungstechnik für eine weitere Miniaturisierung sorgen. Techniken in der Erprobung sind unter anderem dreidimensionaler Aufbau von Schaltungen und Verbindungen mit *Kohlenstoffnanoröhren* (CNT, englisch *Carbon Nanotubes*). Das Grundprinzip digitaler Schaltungen, also das Schalten von Nullen und Einsen bleibt auch für die vorgeschlagenen neuen Fertigungstechniken erhalten.

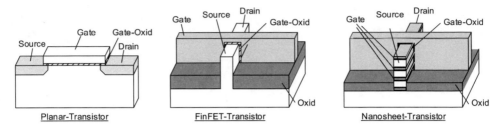

Planar-Transistor   FinFET-Transistor   Nanosheet-Transistor

Abb. 10.23 Dreidimensionaler Aufbau von FinFET- und Nanosheet-Transistor

Das Problem für eine neue Fertigungstechnik ist oft die Zuverlässigkeit in der industriellen Fertigung. Wenn im Labor ein Aufbau funktioniert, ist dies nur der erste Schritt. Eine neue Technik muss auch in der Massenfertigung zu vertretbaren Kosten eine hohe Fertigungsausbeute ergeben.

10.6   Übungsaufgaben

Haben Sie den Inhalt des Kapitels verstanden? Prüfen Sie sich mit den Aufgaben und Fragen am Kapitelende. Die Lösungen und Antworten finden Sie am Ende des Buches.

Bei den Auswahlfragen ist immer genau eine Antwort korrekt.

Aufgabe 10–1 Was für Schaltelemente werden für CMOS-Schaltungen benutzt?

a)   Feldeffekttransistoren
b)   Mechanische Schalter
c)   Feldeffekt- und Bipolartransistoren
d)   Bipolartransistoren

Aufgabe 10–2 Ein CMOS-Inverter besteht aus zwei Transistoren. Wie heißt der mit Versorgungsspannung (VDD) verbundene Transistor?

a)   Depletion-Transistor
b)   p-Kanal Transistor
c)   n-Kanal Transistor
d)   Verarmungstransistor

Aufgabe 10–3 Ein CMOS-Inverter besteht aus zwei Transistoren. Wie heißt der mit Masse (GND) verbundene Transistor?

a)   n-Kanal Transistor

b)   Depletion-Transistor

c)   p-Kanal Transistor

d)   Verarmungstransistor

Aufgabe 10–4 Wenn bei CMOS das Substrat p-dotiert ist, muss der p-Kanal-Transistor in einem speziellen, umdotierten Gebiet liegen. Wie wird dieses Gebiet bezeichnet?

a)   Sillicon Region

b)   Silicon Valley

c)   n-Wanne

d)   Raumladungszone

e)   Verarmungszone

Aufgabe 10–5 Was bedeutet der Begriff Complementary (komplementär) bei CMOS-Gattern?

a)   Es ist stets entweder n-Kanal- oder p-Kanal-Netzwerk leitend

b)   p-Kanal-Transistoren haben eine größere Kanalweite

c)   CMOS-Gatter beinhalten normalerweise eine Invertierung

d)   p-Kanal- und n-Kanal-Transistoren haben entgegengesetztes Verhalten

Aufgabe 10–6 Warum hat im CMOS-Inverter der p-Kanal-Transistor eine 2-3fache Kanalweite?

a)   Löcher haben eine höhere Beweglichkeit als Elektronen

b)   Löcher haben eine geringere Beweglichkeit als Elektronen

c)   Die Schaltzeiten 0 nach 1 sowie 1 nach 0 sollen unterschiedlich sein

d)   Die Reihenschaltung mehrerer Transistoren wird ausgeglichen

e)   Die Parallelschaltung mehrerer Transistoren wird ausgeglichen

Aufgabe 10–7 Welchen Aufbau hat ein Transmission-Gate?

a)   Zwei unterschiedliche Inverter sind parallelgeschaltet

b)   Es werden nur p-Kanal-Transistoren verwendet

c)   Zwei Inverter sind in Reihe geschaltet

d)   n-Kanal und p-Kanal-Transistor sind parallelgeschaltet

e)   Es werden nur n-Kanal-Transistoren verwendet

Abb. 10.24 Schaltung für
Aufgabe 10–10

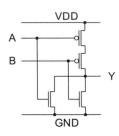

Aufgabe 10–8 Was besagt das Moore'sche Gesetz?

a)   Die Fläche von Integrierten Schaltungen verdoppelt sich alle zwei Jahre
b)   Der Stromverbrauch Integrierter Schaltungen ist proportional zur Anzahl an
     Transistoren
c)   Die Fläche von Integrierten Schaltungen halbiert sich alle zwei Jahre
d)   Die Anzahl der Transistoren pro Integrierter Schaltung verdoppelt sich alle zwei
     Jahre
e)   Der Stromverbrauch Integrierter Schaltungen ist proportional zur Fläche

Aufgabe 10–9 Was kennzeichnet einen FinFET-Transistor?

a)   Die Dotierung wird besonders schwach gewählt
b)   Der Kanal ist oberhalb des Gatters
c)   Die Dotierung wird besonders stark gewählt
d)   Es handelt sich um einen Bipolartransistor
e)   Das Gate liegt um den Kanal herum

Aufgabe 10–10 Welche Funktion hat die Schaltung in Abb. 10.24?
Hinweis: Bei einer 0 am Eingang leiten die p-Kanal-Transistoren (oberes Netzwerk), bei
einer 1 am Eingang leiten die n-Kanal-Transistoren (unteres Netzwerk). Stellen Sie eine
Funktionstabelle für die vier möglichen Eingangskombinationen auf und ermitteln Sie,
welcher Spannungswert am Ausgang anliegt. Aus der Funktionstabelle können Sie die
Logikfunktion erkennen.

Speicher

11

Die Speicherung von Informationen ist eine wichtige Funktion innerhalb von Digitalschaltungen. Für kleine Speichergrößen werden Flip-Flops eingesetzt, die bereits aus vorherigen Kapiteln bekannt sind. Für mittlere und größere Datenmengen sind spezielle Speicherstrukturen effizienter, die in diesem Kapitel vorgestellt werden. Für mittlere Datengrößen werden die Speicher auf einem Chip integriert. Für sehr große Datenmengen sind spezielle Speicherbausteine verfügbar.

Es gibt verschiedene Technologien für den Aufbau von Speichern, die sich in ihren Eigenschaften deutlich unterscheiden und daher jeweils eigene Anwendungsbereiche haben. Die wichtigste Unterscheidung bei den Speichertechnologien ist die Speicherfähigkeit ohne Betriebsspannung.

- **Flüchtige Speicher** benötigen eine Versorgungsspannung zum Erhalt der Informationen. Zu diesen Speichern gehören SRAM und DRAM. Auch Flip-Flops benötigen die Versorgungsspannung zur Informationsspeicherung.
- **Nichtflüchtige Speicher** behalten ihren Inhalt auch ohne Versorgungsspannung. Zu diesen Speichern gehören EEPROM, FRAM, MRAM, PCRAM und RRAM.

Die englischen Begriffe sind *Volatile Memory* und *Non-Volatile Memory*.

Im Folgenden werden zunächst die verschiedenen Technologien zur Speicherung erläutert und danach aktuelle Speicherbausteine betrachtet.

© Springer-Verlag GmbH Deutschland, ein Teil von Springer Nature 2022
W. Gehrke und M. Winzker, *Digitaltechnik*,
https://doi.org/10.1007/978-3-662-63954-2_11

11.1 Übersicht

11.1.1 Begriffe und Abkürzungen

Für die verschiedenen Speichertypen und Speicherorganisationen werden eine Reihe von Begriffen und Abkürzungen verwendet. Für Ihren Überblick klären wir für zunächst die wichtigsten Bezeichnungen.

- **SRAM** steht für *Static Random Access Memory,* also ein statischer Speicher mit wahlfreiem Zugriff.
- **DRAM** steht für *Dynamic Random Access Memory,* also ein dynamischer Speicher mit wahlfreiem Zugriff.

Der Unterschied zwischen statisch und dynamisch bedeutet, dass ein SRAM seine Daten unbegrenzt hält, solange die Versorgungsspannung anliegt. Das DRAM hingegen würde Daten nach einiger Zeit verlieren und darum muss die gespeicherte Information in regelmäßigen Abständen aufgefrischt werden. Der Fachbegriff für diesen Vorgang ist *Refresh.*

- **ROM** ist ein *Read-Only-Memory,* also ein Speicher, der nur gelesen werden kann. Er enthält feste Werte, die nicht verändert werden können.
- **EEPROM** ist ein nicht-flüchtiger Speicher, der mehrfach neu beschrieben werden kann. Die Abkürzung steht für *Electrically Erasable Programmable Read-Only Memory.*
- **FRAM, MRAM, PCRAM** und **RRAM** sind innovative nichtflüchtige Speicher. Die Abkürzungen stehen für *Ferroelectric RAM, Magnetoresistive RAM, Phase-Change RAM* und *Resistive RAM.*
- **NVRAM** steht für *Non-Volatile RAM* und ist der Oberbegriff für nichtflüchtige Speicher.

In dem Begriff EEPROM ist eine längere Geschichte der Speichertechniken verborgen.

- **ROM** ist der Ausgangspunkt. Sie werden mit festem Speicherinhalt hergestellt, der vor der Fertigung festgelegt wurde.
- **PROM** steht für *Programmable ROM,* also programmierbares ROM. Damit werden Speicherbausteine bezeichnet, bei denen der Speicherinhalt programmiert werden kann. Zunächst war aber nur ein einziger Programmiervorgang möglich.
- **EPROM** steht für *Erasable PROM,* also löschbares PROM. Der Löschvorgang erfolgte durch Belichtung mit UV-Licht. Das EPROM wurde aus der Platine entnommen und für circa 15 min in ein spezielles Belichtungsgerät gelegt. Danach konnte es neu programmiert werden.

- **EEPROM** steht für *Electrically Erasable PROM,* also ein PROM, welches elektrisch löschbar ist und nicht mehr belichtet werden muss.
- **Flash-EEPROM** bezeichnet eine häufig genutzte Variante des EEPROMs. Dabei können Speicherzellen nicht einzeln geändert werden, sondern beim Ändern des Speicherinhalts werden ganze Speicherblöcke zurückgesetzt („geflasht").

Auch der Begriff RAM, also Random Access Memory, hat historischen Hintergrund. Heutige Speicher haben fast immer einen wahlfreien Zugriff auf die gespeicherten Informationen. Früher wurden auch *FIFO-Speicher* verwendet, die Daten in der gleichen Reihenfolge ausgeben, mit der sie geschrieben werden. Der Begriff FIFO steht für *First-In-First-Out* und diese Speicher schieben intern die Daten wie in einem Fließband schrittweise weiter.

Auch heute werden noch FIFOs verwendet, beispielsweise in Computer-Netzwerken, wenn Datenpakete empfangen und in der gleichen Reihenfolge weitergegeben werden. In diesen FIFOs ist jedoch mittlerweile ein SRAM-Speicher enthalten, welcher in fester Reihenfolge angesteuert wird.

11.1.2 Grundstruktur

Die prinzipielle Grundstruktur ist für alle Speichertechnologien ähnlich und in Abb. 11.1 dargestellt. Die Speicherzellen sind in einer Matrixform in Zeilen und Spalten angeordnet. Auf die einzelnen Speicherzellen wird über eine *Adresse* zugegriffen. Anhand eines Teils der Speicheradresse wird eine Zeile ausgewählt. Der Rest der

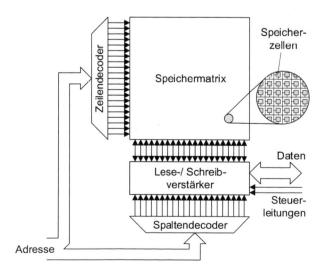

Abb. 11.1 Grundstruktur eines Halbleiterspeichers

Speicheradresse wählt eine Spalte aus. Steuerleitungen geben an, ob Daten gelesen oder geschrieben werden sollen.

Die Daten werden über Lese- und Schreibverstärker aus der Speicherzelle gelesen beziehungsweise in die Zelle geschrieben. Über den Lese-/Schreibverstärker erfolgt der Datenaustausch mit der weiteren Schaltung. Normalerweise enthält ein Speicher *Datenworte* mit mehreren Bits, das heißt unter einer Adresse sind 8 Bit, 16 Bit oder 32 Bit gespeichert. Die einzelnen Speichertechnologien unterscheiden sich durch die Art der verwendeten Speicherzellen in der Matrix.

Durch die Matrixanordnung ergibt sich eine Zweiteilung der Adresse, welche die interne Ansteuerung des Speichers erleichtert. Anstelle eines großen Adressdecoders sind zwei kleine Decoder nötig. Die Aufteilung wird meist so gewählt, dass die Speichermatrix quadratisch ist oder ein Verhältnis von 2-zu-1 oder 4-zu-1 hat.

Als Beispiel wird ein Speicher für 2^{20} Datenworte zu 16 Bit betrachtet. Dies sind exakt 1.048.576 Datenworte, also rund eine Million. Dafür sind etwa 16 Mio. Speicherzellen erforderlich, die bei einer quadratischen Aufteilung eine Speichermatrix aus 4096 Zeilen und 4096 Spalten bilden. Jeweils 16 Zellen einer Zeile bilden ein Datenwort und haben die gleiche Adresse. Es müssen also 4096 Zeilen und $4096/16 = 256$ Spalten angesteuert werden.

Aus der Speichergröße ergibt sich die benötigte Wortbreite für die Adresse. Mit n Adressleitungen können 2^n Adressen angesteuert werden.

Der Speicher mit 2^{20} Datenworten benötigt somit 20 Adressleitungen. In der internen Struktur werden 12 Adressleitungen verwendet, um die Zeilenadresse zu bestimmen. Dies berechnet sich aus den 4096 Adressen, die dem Wert 2^{12} entsprechen. Die restlichen 8 Adressleitungen bestimmen die Spaltenadresse, denn 256 ist 2^8.

11.1.3 Physikalisches Interface

Die Geschwindigkeit eines Datenzugriffs ist natürlich wichtig für die Leistungsfähigkeit eines Speichers. Dabei unterscheidet man zwischen *Latenzzeit* und *Datentransferrate*. Die Latenzzeit ist die Reaktionszeit auf einen Datenzugriff und hängt von der Organisation des Speichers ab. Die Datentransferrate ist die Geschwindigkeit mit der Daten zwischen Speicher und System übertragen werden.

Die höchste Datentransferrate ist möglich, wenn der Speicher sich auf demselben Chip wie das restliche System befindet. Dies wird als interner Speicher oder *Embedded Memory* bezeichnet. Für separate Speicherbausteine, also externen Speicher, ist die Verbindung, das physikalische Interface zwischen Speicher und System, entscheidend für die Datentransferrate.

Zur Beschleunigung des Datentransfers werden verschiedene Schaltungstechniken eingesetzt.

Reduzierter Spannungshub mit Referenzspannung Die Leitungen zwischen System und Speicher haben Kapazitäten, die bei Signalwechseln umgeladen werden müssen. Um dies zu beschleunigen, wird der Spannungshub auf den Leitungen reduziert. Allerdings sinkt dadurch auch der Störabstand, denn der Übergangsbereich zwischen Low- und High-Pegel wird sehr klein. Als Ausgleich wird eine Referenzspannung eingeführt. Wenn der Signalpegel höher als die Referenzspannung ist, wird bei positiver Logik eine 1 erkannt. Spannungen unterhalb des Referenzpegels werden als eine logische 0 interpretiert. Störungen wirken sich auf Signale und Referenzspannung gleichermaßen aus, sodass die Information nicht verfälscht wird.

Terminierung von Leitungen Auf elektrischen Leitungen können Reflektionen von Signalwechseln auftreten. Wenn diese die eigentlichen Signale überlagern, sind Fehler in der Datenübertragung möglich. Für die Signalleitungen zu externen Speichern gibt es daher Layout-Regeln, damit die Leitungen einen passenden Wellenwiderstand haben. Außerdem können auf der Platine oder direkt auf den Chips Abschlusswiderstände für eine Terminierung der Leitungen sorgen.

Double-Data-Rate Schnelle Speicher verwenden ein synchrones Interface, bei denen die Abfolge der Daten durch einen Takt angezeigt wird. Allerdings kann die hohe Frequenz des Taktsignals problematisch sein. Grund ist, dass der Takt schnellere Signalwechsel als die Datenleitungen hat. Der Takt wechselt in jedem Zyklus von 0 nach 1 und wieder von 1 nach 0. Ein Datensignal hat jedoch pro Taktzyklus maximal einen Signalwechsel und damit die halbe Frequenz.

Zur Verringerung der Frequenz für das Taktsignal wird eine Datenübertragung mit *Double-Data-Rate,* abgekürzt *DDR,* verwendet. Dabei signalisieren steigende *und* fallende Taktflanken die übertragenen Daten. Pro Taktzyklus werden also zwei Datenworte übertragen, was zu der Bezeichnung „doppelte Datenrate" führt.

11.2 Speichertechnologien

11.2.1 SRAM

Im SRAM erfolgt die Datenspeicherung durch Rückkopplung zweier Inverter. Abb. 11.2 zeigt einen Ausschnitt aus der Speichermatrix. Die Inverter sind wechselseitig mit ihren Ein- und Ausgängen verbunden, sodass eine gespeicherte 0 oder 1 doppelt invertiert und verstärkt wird. Damit bleibt die Information erhalten. Beim Abschalten der Versorgungsspannung entfällt die Rückkopplung, die Daten gehen verloren, der Speicher ist flüchtig.

Angesteuert werden die SRAM-Zellen über eine Zeilenadresse sowie Datenleitungen. Für jede Spalte sind zwei Datenleitungen vorhanden, die Daten und invertierte Daten verbinden.

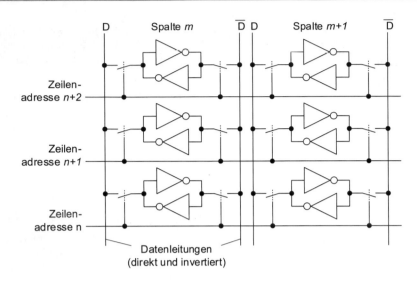

Abb. 11.2 Speicherzellen eines SRAMs

Abb. 11.3 Transistoraufbau
einer SRAM-Speicherzelle

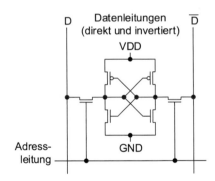

- Zum Lesen von Daten wird eine Zeile ausgewählt und die Zeilenadresse auf 1 gesetzt.
  Dadurch werden alle Speicherzellen einer Zeile mit den Datenleitungen verbunden.
  Der Leseverstärker wählt dann die richtigen Spalten aus und gibt die Daten an den
  Ausgang.
- Zum Schreiben von Daten wird ebenfalls eine Zeile durch Zeilenadresse auf 1 aus-
  gewählt. Wiederum werden die Speicherzellen mit den Datenleitungen verbunden.
  Dort wo Daten geschrieben werden, müssen die Datenleitungen die neuen Werte ent-
  halten. Außerdem muss der Schreibverstärker so stark sein, dass er die Rückkopplung
  der Speicherzelle überschreibt.

Die Speicherzelle selbst ist in Abb. 11.3 dargestellt. Die Inverter haben jeweils zwei
Transistoren, die Schalter sind durch jeweils einen einzelnen Transistor aufgebaut.

Anders als beim Transmission-Gate (vgl. Kap. 10) wird nur ein n-Kanal-Transistor verwendet, um Transistoren zu sparen. Insgesamt benötigt die SRAM-Zelle 6 Transistoren. Sie wird daher auch als *6 T-Zelle* bezeichnet.

Wir betrachten wieder den Speicher mit 2^{20} Datenworten zu 16 Bit. Horizontal verlaufen 4096 Zeilenadressen und vertikal für jede Zelle zwei Datenleitungen also insgesamt 8192. Für die rund 16 Mio. Speicherzellen werden $6 \cdot 16$ Mio., also 96 Mio. Transistoren benötigt. Bei der Adressierung eines 16-Bit-Wortes werden 32 nebeneinanderliegende Datenleitungen angesprochen, je Bit zwei Leitungen.

11.2.2 DRAM

Ein DRAM verwendet eine andere Art der Speicherung. Eine Information wird als Ladung auf einem kleinen Kondensator gespeichert. Ein Transistor dient als Schalter zur Datenleitung. Die Adressleitung öffnet den Transistor, sodass die Ladung gespeichert oder abgefragt werden kann (Abb. 11.4).

Der wesentliche Vorteil der DRAM-Speicherung ist der geringere Platzbedarf gegenüber einem SRAM. Zunächst werden weniger Komponenten benötigt, und zwar nur ein Transistor und ein Kondensator, verglichen mit den sechs Transistoren des SRAMs. Ein weiterer Platzvorteil entsteht dadurch, dass keine p-Kanal-Transistoren verwendet werden und darum keine n-Wanne mit einem Mindestabstand zu den n-Kanal-Transistoren erforderlich ist. Der Masseanschluss des Kondensators verbindet zum Substrat. Darum wird keine Masseleitung benötigt und auch Versorgungsspannung sowie eine zweite Datenleitung sind nicht erforderlich, was weiterhin Platz einspart. Die Speicherkapazität eines DRAMS ist dadurch wesentlich höher als bei einem SRAM.

Das Speicherprinzip des DRAMs hat jedoch auch Nachteile, insbesondere die Notwendigkeit einer speziellen Halbleitertechnologie sowie die begrenzte Datenerhaltung.

Spezielle Halbleitertechnologie Wichtig für die Informationsspeicherung ist ein Kondensator mit ausreichender Kapazität. Dieser ist in einem Standard-CMOS-Prozess nicht vorhanden, sodass eine spezielle Halbleitertechnologie erforderlich ist. Ein SRAM-Speicher hingegen lässt sich auf einem Standard-CMOS-Prozess fertigen.

Es gibt verschiedene Möglichkeiten, einen Kondensator aufzubauen. Zwei Grundprinzipien sind Capacitor over Bitline (COB) und Trench-Transistoren.

Abb. 11.4 Speicherzelle
eines DRAMs

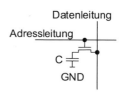

- Bei Capacitor over Bitline befindet sich der Kondensator oberhalb der Datenleitung (Bitline) und wird beim Aufbau der verschiedenen Schichten eines Chips erzeugt.
- Als Trench-Kondensator wird in das Substrat ein Graben (engl. *Trench*) oder Loch geätzt und mit leitfähigem Material aufgefüllt. Grundprinzip und Chipfoto einer DRAM-Zelle mit Trench-Kondensator sind in Abb. 11.5 dargestellt. WL (Write Line) bezeichnet die Adressleitung.

Begrenzte Datenerhaltung Die Ladung des Kondensators wird nicht, wie beim SRAM, durch eine Rückkopplung automatisch erhalten. Dies muss für die Speicherung und für den Lesevorgang berücksichtigt werden.

Bei der Speicherung wird der Kondensator durch Leckströme langsam entladen. Die Daten werden also nur für einen kurzen Zeitraum gespeichert und müssen durch einen *Refresh* periodisch erneuert werden. Die garantierte Speicherzeit zwischen zwei Refreshvorgängen ist abhängig von der Halbleitertechnologie und liegt in der Größenordnung von 100 ms.

Beim Lesevorgang wird der Transistor am Kondensator geöffnet und die Ladung über die Datenleitung gelesen. Dies erfordert einen sehr empfindlichen Leseverstärker, der erkennen muss, ob ein kleiner Kondensator am Ende einer langen Datenleitung geladen oder nicht geladen war. Außerdem wird durch das Lesen des Kondensators die Information gelöscht. Nach dem Lesen einer Zelle muss also immer die Information wieder in die Kondensatoren zurückgeschrieben werden.

Dies hört sich zunächst nach einem sehr hohen Aufwand an. Gemildert wird der Aufwand dadurch, dass beim Lesen eine ganze Zeile in den Leseverstärker geladen wird.

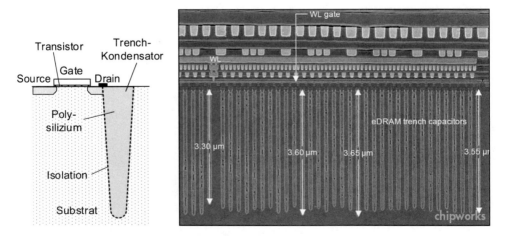

Abb. 11.5 DRAM-Speicherzelle mit Trench-Kondensator als physikalischer Aufbau und im Elektronenmikroskop (Foto: Chipworks)

Weitere Datenzugriffe in die gleiche DRAM-Zeile können darum sehr schnell erfolgen, da die Daten bereits im Leseverstärker vorhanden sind.

Als Zahlenbeispiel nehmen wir wieder den oben betrachteten Speicher mit 2^{20} Datenworten zu 16 Bit. Wenn er als DRAM implementiert ist, wird zunächst eine der 4096 Zeilenadressen angesprochen und in den Leseverstärker geladen. Dort stehen dann 256 Worte zu 16 Bit für den schnellen Datenzugriff bereit.

Aufgrund des geringeren Platzbedarfs für die Speicherzellen wird für die Speicherung großer Datenmengen oft ein DRAM eingesetzt. Beispielsweise wird der Hauptspeicher eines PCs durch DRAM-Speicher implementiert.

11.2.3 ROM

Wenn in einem System unveränderliche Werte gespeichert werden sollen, wird ein Read-Only-Memory (ROM) eingesetzt. An den Kreuzungspunkten von Adress- und Datenleitungen befinden sich Kontaktmöglichkeiten, die verbunden oder nicht verbunden sind und damit eine 0 oder 1 darstellen. Um einen Kurzschluss über andere Speicherstellen zu vermeiden, befindet sich an der Kontaktstelle eine Diode.

Abb. 11.6 zeigt den Aufbau eines ROMs mit verbundenen und unverbundenen Kontaktstellen. Zum Lesen einer Information wird eine Adressleitung auf High-Pegel gelegt und vom Leseverstärker überprüft, ob auf der Datenleitung ein Strom fließt. Die unbenutzten Adressleitungen liegen auf Low-Pegel und sind durch die Dioden abgetrennt.

11.2.4 OTP-Speicher

Eine besondere Art eines nichtflüchtigen Speichers stellt der Einmalprogrammierbare Speicher dar. Er wird als *OTP*, also *One-Time-Programmable* bezeichnet. Ein OTP-Speicher kann nach der Programmierung nicht mehr verändert werden und gegebenenfalls muss ein kompletter Baustein ausgetauscht und weggeworfen werden. In der

Abb. 11.6 Struktur eines ROMs

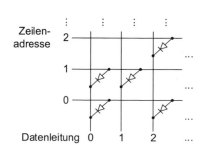

Anfangszeit der Mikroelektronik war eine Programmierung nicht anders möglich. Heute ist diese Einschränkung für viele Anwendungen nicht mehr akzeptabel.

Für programmierbare Schaltungen (FPGAs) wird eine Einmalprogrammierung jedoch weiterhin eingesetzt. Sie hat den Vorteil, dass sie Sicherheit gegen unbeabsichtigte Änderung oder Manipulation einer Schaltung bietet. Ein Anwendungsbeispiel sind FPGAs für Satelliten und Raumfahrt, bei denen die Programmierung durch kosmische Strahlung nicht gestört werden darf. Bei der Entwicklung werden eventuell einige wenige Bausteine mit Testversionen programmiert und ausgetauscht. Danach kann eine Kleinserie mit dem gewünschten Speicherinhalt programmiert und in Geräte eingebaut werden.

Implementiert werden Einmalprogrammierbare Speicher durch Sicherungen und Antisicherungen. Eine Sicherung brennt bei zu hohem Strom durch, während eine Anti-Sicherung (*Anti-Fuse*) bei Anlegen einer Programmierspannung eine elektrische Verbindung herstellt. In der Praxis sind heutzutage Anti-Fuses gebräuchlich, da diese zuverlässiger programmiert werden können.

Das Grundprinzip eines PROM zeigt Abb. 11.7. An jeder Verbindung von Adressleitung und Datenleitung ist eine Sicherung oder Anti-Fuse in Reihe zu einer Diode geschaltet. Bei der Programmierung wird festgelegt, welche Verbindungen benötigt werden.

11.2.5 EEPROM

Für viele Anwendungen sollen Daten nichtflüchtig gespeichert, aber auch leicht veränderbar sein. Das hierfür am weitesten verbreitete Halbleiterelement ist das EEPROM. Hierbei erfolgt die Datenspeicherung durch spezielle Transistoren mit einem zusätzlichen isolierten Gate (engl. *Floating-Gate*). Wie Abb. 11.8 zeigt, liegt das Floating-Gate zwischen dem regulären Steuer-Gate und dem Kanal. Auf dem Floating-Gate kann durch Tunneleffekte und sogenanntes Hot-Electron-Injection eine Ladung gespeichert und wieder gelöscht werden. Das Floating-Gate ist jedoch elektrisch isoliert und speichert die Ladung daher sehr lange. Die garantierte Speicherzeit beträgt je nach Baustein bis zu 20 Jahre.

Zum Lesen der Daten muss die Ladung nicht abgerufen werden. Der Transistor wird über das Steuer-Gate angesprochen. Falls keine Ladung auf dem Floating-Gate vor-

Abb. 11.7 Struktur eines
OTP-Speichers

programmierbare
Verbindung

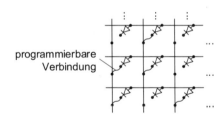

Abb. 11.8 Floating-Gate
Transistor für EEPROMs

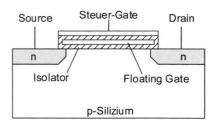

handen ist, leitet der Transistor wie in der normalen CMOS-Technik. Falls eine Ladung gespeichert ist, verschiebt sich die Schwellenspannung und der Transistor bleibt auch bei Ansteuerung durch das Steuer-Gate nichtleitend. So ist eine Unterscheidung des Speicherinhalts möglich.

Häufig wird die als Flash-EEPROM bezeichnete Schaltungsform eingesetzt. Hierbei hat der Schreibvorgang die Besonderheit, dass für eine einzelne Zelle nur die Änderung von einer 1 in eine 0 möglich ist. Falls eine 0 in eine 1 geändert werden soll, muss ein ganzer Block komplett auf 1 gesetzt werden und erneut die benötigten 0-Werte geschrieben werden. Typische Blockgrößen sind zwischen 8 kByte und 256 kByte. Dieses Löschen ganzer Speicherblöcke hat zu dem Namen *Flash* geführt. Ein Vorteil der Flash-Technik ist der geringere Schaltungsaufwand, u. a. weil beim Löschen nicht jede Zelle einzeln angesprochen werden muss.

Die Anzahl der möglichen Löschzyklen ist begrenzt und beträgt beispielsweise 100.000 Zyklen. Bei der Ansteuerung des Flash-EEPROMs wird meist versucht, die Blöcke möglichst gleich häufig zu benutzen, um die Lebensdauer des Bausteins zu verlängern. Diese Strategie bezeichnet man als *Wear Leveling*, also frei übersetzt „Ausgleichen der Abnutzung".

Es gibt zwei Strukturen für die Anordnung von Floating-Gate Transistoren zu einem Speicher, und zwar die NOR- und die NAND-Struktur, dargestellt in Abb. 11.9. Beiden Technologien gemeinsam ist, dass wieder eine Zeile durch einen Zeilendecoder ausgewählt wird.

- In der *NOR-Struktur* schalten die Speichertransistoren die Datenleitung parallel nach Masse. Die nicht aktiven Transistoren sind nicht leitend und stellen somit keine Verbindung nach Masse dar. Zum Lesen wird ein Transistor über die Adressleitung angesprochen. Abhängig von seinem Speicherzustand kann er daraufhin leitend werden und die Datenleitung nach Masse ziehen. Dies wird vom Leseverstärker erkannt.

- In der *NAND-Struktur* sind die Speichertransistoren in der Datenleitung in Reihe angeordnet. Die nicht aktiven Transistoren sind leitend geschaltet. Der Transistor, der gelesen werden soll, wird über die Adressleitung angesprochen und schaltet die Reihenschaltung leitend oder nicht leitend. Auch dies wird vom Leseverstärker erkannt.

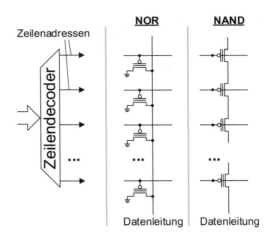

Abb. 11.9 Interne EEPROM-
Speicherzellenstruktur in
NOR- und NAND-Technik

Beide Strukturen werden in der Praxis eingesetzt.

- Der Vorteil der NOR-Struktur ist ein geringer Widerstand auf der Datenleitung,
  welcher eine gute Lesbarkeit der Daten ermöglicht. Der Nachteil ist ein höherer
  Flächenbedarf, da jeder Transistor einen Kontakt zu Masse benötigt.
- Der Vorteil der NAND-Struktur ist ein geringerer Flächenbedarf, da die Speichertransistoren direkt aneinander geschaltet werden. Dadurch ist die Speicherkapazität
  höher. Der Nachteil ist, dass die nicht aktiven Transistoren auch im leitenden Zustand
  noch einen gewissen Widerstand haben, der sich in der Reihenschaltung addiert.
  Dadurch ist das Auslesen schwieriger und es können Lesefehler auftreten.

Für die meisten Anwendungen wird heutzutage die NAND-Struktur verwendet, da die
Speicherdichte deutlich höher ist. Beim Lesen können jedoch einzelne Datenworte
fehlerhaft sein, sogenanntes *Bit-Flipping*. Darum wird die Information mit einem fehlerkorrigierenden Code gespeichert, englisch *Error Correcting Code* (*ECC*). Durch Zusatz-
informationen kann ein Controller einzelne Fehler erkennen und direkt korrigieren.
Wenn zu viele Fehler in einem Speicherblock auftreten, können diese jedoch nicht mehr
korrigiert werden. Ein problematischer Speicherblock muss rechtzeitig erkannt und als
unbrauchbar markiert werden. Ein NAND-Speicher kann einige solcher *Bad Blocks*
haben, wodurch sich seine Speicherkapazität leicht reduziert.

   Eine Erhöhung der Speicherdichte ist möglich, indem verschiedene Ladungs-
mengen auf das Floating-Gate gespeichert werden. Je nach Ladung verschiebt sich die
Schwellenspannung des Speichertransistors und kann durch den Leseverstärker unterschieden werden. Aktuell werden zwei bis vier Bit auf einem Transistor gespeichert, was
die Unterscheidung von bis zu 16 verschiedenen elektrischen Ladungen erfordert. Diese
Technik wird nur für NAND-Speicher eingesetzt und allgemein als *Multi-Level-Cell*
(*MLC*) bezeichnet; bei Speicherung von 3 oder 4 Bit auch als *Triple-* oder *Quad-Level-
Cell* (*TLC*, *QLC*). Die mit diesen Techniken verbundene höhere Fehlerwahrscheinlichkeit
erfordert einen Controller mit leistungsfähiger Fehlerkorrektur.

11.2.6 Innovative Speichertechniken

In den letzten Jahren ist der Markt für nicht-flüchtige Halbleiterspeicher (NVRAM) kontinuierlich gewachsen. Grund dafür ist, dass diese Speicher in immer mehr Geräten eingesetzt werden und dabei auch die Speichergrößen steigen. NVRAMs finden sich in USB-Speicher-Sticks, Digitalkameras, Mobiltelefonen, Tablets, Solid-State-Festplatten und weiteren Elektronikgeräten.

Darum werden weitere Speichertechniken entwickelt, die höhere Speicherkapazitäten, geringere Kosten oder einfachere Ansteuerung verglichen mit EEPROMs ermöglichen. Einige dieser Techniken sind bereits im praktischen Einsatz, allerdings sind ihre Marktanteile noch recht klein. Es ist gegenwärtig nicht absehbar, welche der neuen Techniken zu einer Konkurrenz von EEPROMs werden oder diese sogar ersetzen können. Das Prinzip einiger innovativer Speichertechniken wird in diesem Unterkapitel vorgestellt.

Für die Speicherung wird ein Material gesucht, welches

- zwei verschiedene Zustände hat, die sich in ihren elektrischen Eigenschaften unterscheiden,
- einen einfachen Wechsel zwischen diesen Zuständen ermöglicht,
- beide Zustände stabil über Jahre hinweg behält,
- sehr oft zwischen diesen Zuständen wechseln kann, also mindestens hunderttausend, möglichst eine Milliarde Mal,
- platzsparend und kostengünstig zu einem CMOS-Prozess ergänzt werden kann.

Die vorgeschlagenen Speichertechniken nutzen jeweils andere Materialien zur Datenspeicherung. Die folgende Übersicht nennt aktuell verwendete Materialien für die Speichertechniken.

FRAM FRAM, also Ferroelectric RAM, verwendet einen Kondensator mit einem ferroelektrischen Dielektrikum. Dieses Material hat eine Kristallstruktur, welche zwei stabile Zustände mit unterschiedlichem elektrischen Feld aufweist. Für das Material Blei-Zirkonat-Titanat (PZT) ist die Struktur in Abb. 11.10 dargestellt. In der Mitte der Kristallstruktur aus Blei (Pb) und Sauerstoff (O) ist ein Atom aus Zirconium oder Titan, welches sich in der unteren oder oberen Position der kubischen Struktur befinden kann. Durch ein elektrisches Feld lässt sich dieses zentrale Atom verschieben und so eine Information speichern.

MRAM MRAM, also Magnetoresistive RAM, speichert Informationen in einer ferromagnetischen Schicht. Diese befindet sich getrennt durch ein dünnes Dielektrikum aus Aluminiumdioxid (Al_2O_3) gegenüber einer weiteren magnetischen Schicht (siehe Abb. 11.11). Die obere Magnetschicht ist magnetisch weich und kann in ihrer magnetischen Orientierung gedreht werden. Die untere Magnetschicht ist magnetisch hart und hat eine feste Orientierung. Der Strom durch das Dielektrikum ist durch einen

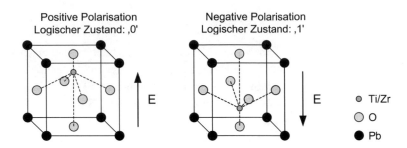

Abb. 11.10 Kristallstruktur eines FRAM-Speichermaterials

Tunneleffekt abhängig davon, ob die magnetische Orientierung parallel oder antiparallel ist.

PCRAM PCRAM, also Phase-Change-RAM, Phasenwechselspeicher, nutzt ein Material, welches eine kristalline oder amorphe Struktur einnehmen kann. Je nach Struktur ist der elektrische Widerstand unterschiedlich und zeigt so eine 0 oder 1 an. Der Wechsel zwischen den Strukturen erfolgt über Aufheizen durch elektrischen Strom. Je nach Geschwindigkeit der Abkühlung wird das Material kristallin oder amorph (Abb. 11.12).

RRAM RRAM, auch ReRAM, für Resitive RAM, verändert ähnlich wie PCRAM den Widerstand eines Speichermaterials. Dabei befindet sich ein Metalloxid zwischen zwei Elektroden. Durch einen Strom kann der Widerstand des Metalloxids zwischen hohem und niedrigem Widerstand wechseln. Dafür ist allerdings keine Erwärmung und Abkühlung des Materials nötig, sodass ein Speichervorgang prinzipiell einfacher erfolgen kann. Ein Ausschnitt aus der Speichermatrix ist in Abb. 11.13 dargestellt.

Ansteuerung innovativer NVRAMs Die Ansteuerung erfolgt für alle Speichertechnologien wieder in Matrixstruktur mit Adress- und Datenleitungen. Die Einbindung des

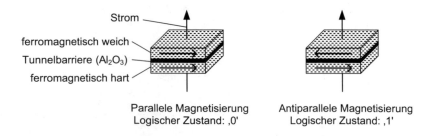

Abb. 11.11 Aufbau eines MRAM-Speicherelements

Abb. 11.12 Speicherprinzip eines Phase-Change-RAM

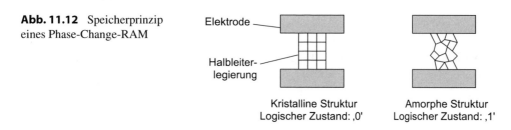

Elektrode

Halbleiter-
legierung

Kristalline Struktur
Logischer Zustand: ‚0'

Amorphe Struktur
Logischer Zustand: ‚1'

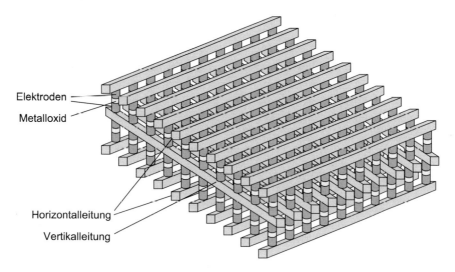

Elektroden

Metalloxid

Horizontalleitung

Vertikalleitung

Abb. 11.13 Dreidimensionale Struktur eines RRAMs

Speichermaterials ist abhängig davon, welche elektrische Eigenschaft sich für die Datenspeicherung ändert. Teilweise wird ein Transistor benötigt, der die Speicherzelle freischaltet.

Eine besonders kompakte Anordnung ist für bestimmte RRAMs möglich. Durch horizontale und vertikale Leitungen kann eine einzelne Speicherzelle direkt angesprochen werden (Abb. 11.13). Durch eine Diode in der Speicherzelle, wie beim ROM, haben andere Zellen keinen Einfluss auf die Leseelektronik. Mehrere Lagen an Zellen sollen gestapelt werden, um die Speicherkapazität zu erhöhen. Dabei kann eine Leitung gemeinsam für zwei Ebenen an Speicherzellen genutzt werden (Vertikalleitung in Abb. 11.13).

11.3 Eingebetteter Speicher

Als *eingebetteter Speicher,* engl. *Embedded Memory*, werden Speicherblöcke bezeichnet, die sich gemeinsam mit einer größeren Schaltung auf einem Chip befinden.

11.3.1 SRAM

In fast jedem größeren digitalen Chip befinden sich SRAM-Speicherblöcke. Ein SRAM ist mit der normalen CMOS-Fertigungstechnik herzustellen und erfordert daher keinen zusätzlichen Fertigungsaufwand. Eingesetzt werden SRAM-Speicherblöcke beispielsweise als interner Speicher einer CPU, für die Zwischenspeicherung von Audio- und Videodaten oder bei der Zwischenspeicherung von Netzwerkdaten.

Die Ansteuerung eines SRAMs erfolgt durch Adresse, Datenleitungen und Steuerleitungen. Oft sind Flip-Flops an Eingängen und Ausgängen integriert, sodass auch ein Takteingang vorhanden ist.

- Die Adressleitungen entsprechen der Anzahl an Speicherworten. Ein Speicher mit 2^n Adressen benötigt n Adressleitungen, die parallel anliegen. So hat ein Speicher mit 1024 Speicherworten einen Adressbus mit 10 Leitungen, denn $2^{10} = 1024$.
- Die Datenleitungen entsprechen der Wortbreite der Speicherworte. Ein Speicher für 16-Bit-Worte hat Datenleitungen mit 16 Stellen. Dateneingang und Datenausgang sind getrennte Leitungen. Bidirektionale Leitungen sind bei Embedded Memory nicht nötig, da die Anzahl der Verbindungsleitungen innerhalb eines Chips kaum begrenzt ist.
- Als Steuerleitung ist eine Schreibsteuerung erforderlich, die angibt, ob die Daten am Eingang in den Speicher geschrieben werden sollen. Optional ist ein Enable-Signal möglich, mit dem das SRAM zur Verringerung der Verlustleistung inaktiv geschaltet werden kann.

Ein Speicher für 1024 Worte der Wortbreite 16 bit hat damit die in Abb. 11.14 dargestellten Eingangs- und Ausgangssignale. Anstelle eines besonderen Symbols wird ein Block mit der Angabe der Speichergröße verwendet.

Embedded-SRAM werden in der Schaltungsentwicklung als Bibliothekselement bereitgestellt, ähnlich wie die Logikgatter oder Flip-Flops. Je nach Technologie sind bestimmte Speichergrößen vorgegeben oder können, in gewissen Grenzen, frei mit einem Generator erzeugt werden.

Ein Embedded-SRAM kann auch mehr als ein Speicher-Interface haben. Häufig werden Dual-Port-Speicher eingesetzt, die zwei unabhängige Zugriffe unterstützen. Beide Anschlüsse können verschiedene Takteingänge besitzen und somit auch Daten aus einem Taktbereich in einen anderen Taktbereich überführen. Durch die Adressierung muss sichergestellt werden, dass keine Konflikte durch gleichzeitigen Schreibzugriff auf die gleiche Speicherstelle auftreten.

Abb. 11.14 Eingangs- und Ausgangssignale eines Embedded-SRAM

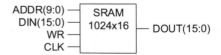

Die Anschlüsse haben jeweils eigene Adresseingänge. Als Datenleitungen sind entweder für beide Anschlüsse Dateneingang und -ausgang vorhanden oder ein Anschluss ist ein Eingang, der andere Anschluss ein Ausgang. Auch mehr als zwei Anschlüsse sind prinzipiell für ein Embedded-SRAM möglich, werden aber selten verwendet.

Als Anwendungsbeispiel soll ein Audiosignal mit einem Halleffekt digital verfremdet werden. Dazu wird das Signal verzögert und mit reduziertem Pegel zum Eingangssignal addiert. Für die Verzögerung kann ein SRAM eingesetzt werden, in das permanent die aktuellen Signalwerte gespeichert und von anderer Adresse frühere Signalwerte gelesen werden.

11.3.2 DRAM

Ein DRAM bietet eine deutlich höhere Speicherkapazität als SRAM, erfordert jedoch einen speziellen CMOS-Prozess. Embedded-DRAM wird in der Praxis eingesetzt, wenn große Datenmengen gespeichert werden sollen. Durch eine Kombination von Speicher und Signalverarbeitung sind sehr kompakte Systeme möglich.

Embedded-DRAM lohnt sich meist nur in Einzelfällen. Sehr große Datenmengen übersteigen die Speicherkapazität und erfordern mehrere externe Speicherchips. Bei kleineren bis mittleren Datenmengen wird Embedded-SRAM verwendet. Dies erfordert zwar mehr Chipfläche, ist aber kostengünstiger, da kein spezieller CMOS-Prozess verwendet werden muss.

Ein Beispiel ist der Grafik-Prozessor SM768 von Silicon Motions mit 256 MByte Embedded-DRAM. Er erzeugt eine Grafik für einen Monitor und kann direkt an ein LCD-Panel angeschlossen werden. Der Baustein wird über USB 3.0 angesteuert, ohne dass eine Grafikkarte nötig ist. Auch komprimierte Videodaten können decodiert werden. Dadurch dass sich Speicher und Signalverarbeitung auf einem einzigen Baustein befinden, ermöglicht dieser einzelne Chip den kostengünstigen Aufbau eines intelligenten Monitors.

11.3.3 ROM

Festwertspeicher können, genau wie SRAMs, mit der normalen CMOS-Fertigungstechnik hergestellt werden. Damit eignen sie sich, wenn in einer Schaltung vorab festgelegte Informationen abgespeichert werden sollen. Eingesetzt werden ROMs beispielsweise für den *Boot-Code* einer CPU, also die fest vorgegebenen Anweisungen beim Starten eines Rechnersystems.

Ein weiteres Einsatzgebiet für ROMs ist die Verwendung als Tabelle für arithmetische Operationen. Als Beispiel hierfür nehmen wir an, dass in einer Digitalschaltung die Wurzel von einer Dualzahl mit der Wortbreite 10 bit benötigt wird. Der Ausgabewert soll auf ganze Zahlen gerundet werden. Die Ergebnisse dieser Rechenoperation können vorab berechnet und in einem ROM gespeichert werden. Die Eingangswerte betragen 0 bis 1023, die Wurzel hiervon ist 0 bis 31,98, gerundet 0 bis 32. Für den Ausgabewert sind also 6 Bit erforderlich. Das ROM umfasst 1024 Worte mit jeweils 6 bit Wortbreite. Der Eingangswert wird als Adresse an das ROM angelegt. Am Ausgang wird das Ergebnis der Wurzelberechnung anzeigt. Die Schnittstelle des ROMs und ein Ausschnitt der Wertetabelle sind in Abb. 11.15 gezeigt.

11.3.4 NVRAM

Ein nichtflüchtiger Speicher (NVRAM) erfordert, genau wie ein DRAM, einen speziellen CMOS-Prozess. Anders als beim DRAM gibt es jedoch keine Alternative, wenn in einem Chip Daten auch ohne Versorgungsspannung gespeichert werden sollen. In diesem Fall muss ein CMOS-Prozess mit Erweiterung für NVRAM eingesetzt werden.

Ein häufig eingesetztes Anwendungsbeispiel sind Mikrocontroller. Auf einem einzigen Chip sind eine CPU, Peripherie und der Programmspeicher integriert. Damit der Mikrocontroller durch die Anwender programmiert werden kann, ist der Programmspeicher als NVRAM implementiert. Während der Programmentwicklung kann der Programmspeicher immer wieder umprogrammiert werden. Ebenfalls gibt es FPGAs, die programmierbare Logik und die Speicherung der Konfiguration in einem NVRAM kombinieren.

Alternativ kann das System auch auf zwei Chips aufgeteilt werden. Ein Chip in Standard-CMOS enthält den Mikrocontroller oder das FPGA und ein zweiter Speicher-Chip enthält den Programmspeicher oder die Konfiguration.

Ein Anwendungsbeispiel ist der ATmega328-Controller der Firma Atmel, welcher auf der populären Mikrocontroller-Platine Arduino Uno verwendet wird. Der ATmega328 enthält zwei Blöcke NVRAM.

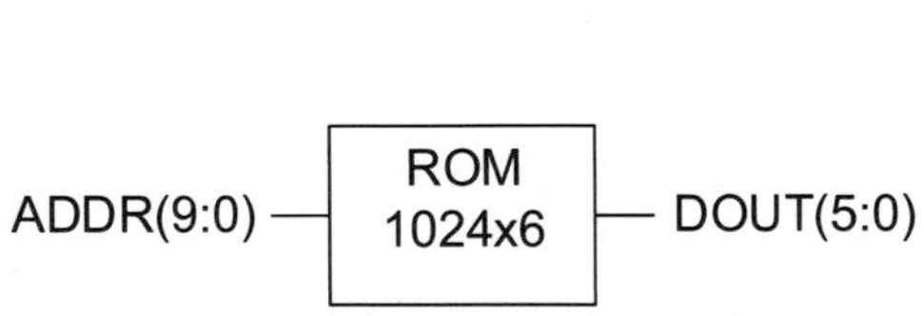

Abb. 11.15 Symbol und Ausschnitt der Wertetabelle für ein ROM zur Wurzel-Berechnung

$$\text{ADDR(9:0)} - \boxed{\begin{array}{c} \text{ROM} \\ \text{1024x6} \end{array}} - \text{DOUT(5:0)}$$

ADDR (in hex)	Zahlenwert	Wurzel	Wurzel gerundet	DOUT (in hex)
000	0	0	0	00
001	1	1	1	01
002	2	1,41	1	01
003	3	1,73	2	02
...	...	...	...	...
123	291	17,06	17	11
...	...	...	...	...
3FF	1023	31,98	32	20

- Ein Programmspeicher von 32 kByte.
- Ein Datenspeicher von 1 kByte, der vom Programm gelesen und beschrieben werden kann.

11.4   Diskrete Speicherbausteine

Wenn in einem digitalen System größere Datenmengen gespeichert werden müssen, werden hierzu häufig *diskrete Speicherbausteine* eingesetzt. Das System besteht dann aus mehreren Chips, also zum einen aus Signalverarbeitungschips, gefertigt in einem Standard-CMOS-Prozess, zum anderen aus einem oder mehreren Speicher-Chips, gefertigt in speziellen CMOS-Varianten.

11.4.1 Praktischer Einsatz

Ein Beispiel hierfür ist ein PC. Er enthält auf dem Motherboard unter anderem die Chips für CPU und Chipset, gefertigt in Standard-CMOS. Als Hauptspeicher wird DRAM eingesetzt, der sich auf steckbaren Speichermodulen befindet. Jedes Speichermodul enthält mehrere, beispielsweise acht, DRAM-Chips. Der Boot-Code für das PC-System, bekannt als BIOS (Basic Input Output System), sowie Grundeinstellungen befinden sich in einem NVRAM.

11.4.1.1 Systemaufbau
Eine Aufteilung des Systems unter Nutzung diskreter Speicherbausteine hat mehrere Vorteile.

- Die Kapazität externer Speicherbausteine ist höher als bei gemeinsamer Nutzung der Chipfläche für Speicher und Signalverarbeitung.
- Höhere Flexibilität des Systems, weil je nach Bedarf mehr oder weniger externer Speicher angebunden werden kann.
  - Im oben genannten PC-System können DRAM-Riegel, je nach Bedarf eingesetzt werden.
  - Einige Smartphones werden mit unterschiedlicher Speicherkapazität verkauft. Auf den Geräten sind dann unterschiedliche NVRAMs verbaut.
- Externe Speicherbausteine sind gut verfügbar. Sie können, auch in kleinen Stückzahlen, kurz nach Markteinführung bei Distributoren gekauft werden. Dies ist nicht der Fall bei Chips mit Embedded-DRAM, die nur von wenigen Chipherstellern angeboten werden und häufig Großkunden vorbehalten sind. Auch für Embedded-NVRAM ist die Anzahl an Chipherstellern geringer als für Standard-CMOS-Speichertechnologien.

- Neue Speichertechnologien werden zunächst für den Massenmarkt der diskreten Speicherbausteine angeboten. Meist sind sie nur mit einer signifikanten Verzögerung von einem Jahr oder mehr als Embedded-Speicher verfügbar.
- Die Kosten für einen Chip mit Standard-CMOS-Technologie sind geringer als für einen Chip, der einen speziellen Herstellungsprozess mit Embedded-Speicher-Unterstützung benötigt. Die Einsparung ist in der Regel so hoch, dass sie auch die Kosten für die diskreten Bauelemente deckt.

Der Einsatz von diskreten Speicherbausteinen kann jedoch auch Nachteile haben.

- Je mehr Bauelemente ein System hat, umso größer ist der Platzbedarf. Dies ist insbesondere für mobile Geräte ungünstig.
- Ein Speicherzugriff auf externe Bauelemente hat eine geringere Bandbreite, da die Anzahl der Leitungen begrenzt und die Geschwindigkeit externer Signalleitungen geringer ist. Außerdem ist die Verlustleistung höher, da größere Leitungskapazitäten umgeladen werden müssen.
- Es muss sichergestellt werden, dass die verwendeten Speicherbausteine für die Produktlebensdauer verfügbar sind. Im PC-Bereich werden Bauteile oft nach wenigen Jahren durch leistungsfähigere Neuentwicklungen ersetzt. Für einen PKW müssen hingegen jahrzehntelang Ersatzteile verfügbar sein.

11.4.1.2 Aktuelle Speicherbausteine

Für flüchtige Datenspeicherung werden in der Praxis am häufigsten DRAM-Speicherbausteine eingesetzt. Der Grund dafür ist die höhere Speicherdichte eines DRAM, also Bits pro Siliziumfläche, verglichen mit einem SRAM. An diesen Marktverhältnissen wird sich auch in Zukunft wenig ändern.

Für nicht-flüchtige Datenspeicherung werden hauptsächlich EEPROMs in der Ausführung als NAND-Flash eingesetzt. Die NOR-Flash-Technologie hat den Nachteil der geringeren Speicherkapazität und darum nur einen kleinen Marktanteil. Innovative Speichertechnologien sind noch nicht so weit entwickelt, dass sie den Marktanteil von NAND-Flash-EEPROMs erreichen. Dies kann sich jedoch in den nächsten Jahren ändern.

Im Folgenden sind exemplarisch vier Speicherbausteine beschrieben, die in der Praxis weite Verbreitung haben oder exemplarisch für ähnliche Bausteine sind. Dazu wurden ein SRAM, ein DRAM, ein EEPROM und ein innovatives NVRAM ausgewählt. Sie werden in kompatibler Form von mehreren Herstellern angeboten und bieten dadurch höhere Sicherheit der Verfügbarkeit.

Die Entwicklung neuer Speicherbauelemente baut üblicherweise auf den Vorgängern auf. Das heißt, die Eigenschaften, die in den folgenden Abschnitten beschrieben sind, finden sich in ähnlicher Weise in den Vorgängern und sind Grundlage für die Spezifikation der nächsten Speichertechnologie.

11.4.2 QDR-II-SRAM

11.4.2.1 Übersicht

QDR bezeichnet eine Familie von Dual-Port-SRAMs, die also zwei Anschlüsse haben. Ein Anschluss ist ein Schreib-Interface, der andere ein Lese-Interface. Beide Anschlüsse übertragen Daten bei steigender und fallender Taktflanke (Double-Data-Rate), sodass als Bezeichnung *Quad-Data-Rate* (*QDR*) gewählt wurde. Es gibt verschiedene Geschwindigkeitsstufen der QDR-Familie. Hier soll QDR-II betrachtet werden, mit ‚II' im Sinne der römischen Zahl Zwei.

Das Einsatzgebiet dieser Speicherbausteine sind insbesondere Anwendungen, die eine sehr hohe Datenrate benötigen und bei denen Lese- und Schreiboperationen etwa gleich häufig vorkommen. Ein Anwendungsbeispiel sind Netzwerkanwendungen, bei denen Datenpakete zwischengespeichert werden müssen.

Die SRAMs werden mit unterschiedlichen Speichergrößen im Bereich von 18 bis 144 Mbit und Datenwortbreiten von 9, 18 und 36 bit angeboten. Ein typischer Baustein ist der CY7C1514KV18 von Cypress, mit einer Speicherkapazität von 72 Mbit und 36 bit Datenwortbreite. Die Taktfrequenz darf 350 MHz betragen. Vergleichbare Bausteine werden unter anderem von IDT und Renesas angeboten. Der Speicher arbeitet mit Vielfachen von 9 bit, nicht 8 bit, da in der Telekommunikation häufig zusätzliche Bits zur Fehlererkennung verwendet werden.

Der Speicherbaustein hat folgende Anschlüsse:

- *A*, 20 Bit, Adresse, gemeinsame für Schreib- und Lese-Interface
- *D*, 36 Bit, Dateneingang
- *Q*, 36 Bit, Datenausgang
- */WPS*, Write-Port-Select aktiviert einen Schreibzugriff
- */RPS*, Read-Port-Select aktiviert einen Lesezugriff
- *K* und/*K*, Takt für Schreib-Interface in positiver und negativer Polarität
- *C* und/*C*, Takt für Lese-Interface in positiver und negativer Polarität
- *CQ* und/*CQ*, Ausgabe des Takts *C* für Anpassung an Laufzeiten
- *VREF*, Referenzspannung für Datenleitungen
- weitere Pins für Steuerfunktionen, Stromversorgung und Fertigungstest

Insgesamt hat das Chipgehäuse 165 Pins. Der Schrägstrich (/) kennzeichnet Low-aktive Signale.

Auffällig ist die hohe Anzahl an Taktanschlüssen. Die Takte für Lese-Interface und Schreib-Interface sind in beiden Polaritäten vorhanden. Außerdem wird der Lesetakt in beiden Polaritäten wieder aus dem Speicherbaustein ausgegeben. Die Takte sind nicht unabhängig voneinander, sondern es handelt sich um den gleichen Takt mit unterschiedlichen Verzögerungen. Dieser Aufwand ist nötig, da bei den verwendeten hohen Taktfrequenzen die Laufzeit der Signale auf der Platine beachtet werden muss. In der

Konfiguration mit 36 bit Wortbreite sind 333 MHz möglich, die einer Periodendauer von 3 ns entsprechen. Aufgrund der Anwendung der Double-Data-Rate-Technik hat jedes Datenwort nur eine Dauer von 1,5 ns.

11.4.2.2 Logisches Interface

Die Adressierung des SRAMs erfolgt stets abwechselnd für Lese- und Schreib-Interface. Abb. 11.16 gibt ein Beispiel für den Zeitablauf. Im oberen Bereich sind sechs Eingänge des SRAMs, im unteren Bereich drei Ausgänge dargestellt. Für das Taktinterface sind verschiedene Konfigurationen möglich. K als primärer Takt ist stets erforderlich, die Verwendung von C und CQ ist optional. In diesem Beispiel wird kein separater Lesetakt C, aber die Taktausgabe CQ verwendet.

Der Zeitablauf zeigt drei Lesezugriffe auf die Adressen a0 bis a2, sowie vier Schreibzugriffe auf die Adressen a4 bis a7. Die Zugriffe erfolgen immer als *Burst* (Sequenz) von zwei Datenworten, das heißt, pro Adresse werden immer zwei 36-Bit-Worte angesprochen. Damit sind für die Speicherkapazität von 72 Mbit 20 Adressleitungen nötig.

Zunächst wird die Leseoperation betrachtet. Die Adresse bei der steigenden Taktflanke von K ist immer die Leseadresse. Zum Zeitpunkt ① wird die Adresse a0 angegeben und durch/RPS auf 0 (Low-aktiv) ein Lesevorgang angezeigt. Der Zugriff auf das SRAM benötigt etwas Zeit, deswegen werden die Daten nach einer Latenzzeit von (hier) zwei Taktzyklen ausgegeben. Zum Zeitpunkt ③ wird das erste Datenwort mit der Bezeichnung q00 ausgegeben; einen halben Taktzyklus später bei ④ folgt das zweite Datenwort des Burst q01. Durch/RPS auf 0 folgen noch zwei weitere Datenzugriffe auf die Adressen a1 und a2, die Daten folgen unmittelbar auf den ersten Burst. Danach wird/ RPS zu 1 und es folgen keine weiteren Leseoperationen.

Das Lese-Interface gibt auch CQ und/CQ als Hilfssignale für die Datenübernahme aus. CQ und/CQ haben ihre Taktflanken an der gleichen Position wie der Datenausgang.

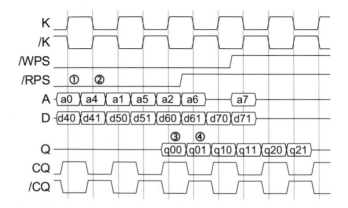

Abb. 11.16 Zeitablauf der Ansteuerung eines QDR-II-SRAMs

Das System, welches die Daten empfängt, kann hieraus den Takt für die Datenübernahme erzeugen.

Die Schreiboperation beginnt auch bei der steigenden Taktflanke von K, verwendet aber die Adresse einen halben Taktzyklus später an der steigenden Taktflanke von/K. Die erste Schreiboperation beginnt also zum Zeitpunkt ① mit dem ersten Datenwort d40 und dem Steuersignal/WPS. Dann folgt zum Zeitpunkt ② die Adresse a4, und das Datenwort d41. Auf eine Adresse werden mit den Datenworten d40 und d41 also insgesamt 72 Bit geschrieben. Im Diagramm werden vier Bursts von jeweils zwei Datenworten geschrieben. Danach wird/WPS zu 1 und das Schreib-Interface ist inaktiv.

Übrigens müssen mit einem Schreibzugriff nicht immer 72 Bit geschrieben werden. Über das Steuersignal Write-Byte-Select (in Abb. 11.16 nicht dargestellt) können Teile des Datenwortes ausgewählt werden.

11.4.2.3 Physikalisches Interface

Zusätzlich zur logischen Ansteuerung sind Zeitanforderungen und Spannungspegel zu beachten. Bei den Zeitanforderungen sind dies Setup- und Hold-Zeiten der Eingangssignale, sowie Vorgaben zum Duty Cycle der Takte und deren Zeitversatz.

Wird das oben genannte SRAM mit 333 MHz Takt betrieben, beträgt die Zykluszeit 3 ns und für Daten und Adresse steht die halbe Zykluszeit von 1,5 ns zur Verfügung. Die Zeitvorgaben sind in diesem Fall:

- Setup- und Hold-Zeit jeweils 0,3 ns
- Duty Cycle des Takts zwischen 40 % und 60 %
- Abstand der steigenden Flanken von K und/K mindestens 1,35 ns, also 45 % der halben Zykluszeit.
- Initialisierungszeit, also Zeit zwischen Anlegen der Spannungsversorgung und erstem Datenzugriff, 1 ms

Als Spannungspegel sind drei verschiedene Versorgungsspannungen definiert, und zwar

- Core-Spannung von 1,8 V für die komplette interne Logik
- I/O-Spannung von 1,5 V für die Ein- und Ausgangspins
- Referenzspannung von 0,75 V für die Erkennung der Datenpegel

Die Logikpegel der Signaleingänge sind in Relation zur Referenzspannung definiert. Der Low-Pegel muss 0,1 V kleiner, der High-Pegel 0,1 V größer als die Referenzspannung sein. Damit reicht also ein Spannungshub von 0,2 V aus.

Darüber hinaus gibt es weitere Vorgaben, unter anderem die maximal erlaubten Spannungen, die Stromaufnahme und weitere Zeitanforderungen. Diese sind in den Datenblättern der QDR-II-SRAMs angegeben.

11.4.3 DDR3-SDRAM

11.4.3.1 Übersicht

DRAM-Speicherbausteine haben eine deutlich höhere Speicherkapazität als SRAMs und sind damit kostengünstiger. Allerdings ist die Ansteuerung deutlich komplexer, da nach jedem Lesevorgang die Information in den Speicherzellen wiederhergestellt werden muss (vgl. Abschn. 11.2.2). Außerdem ist ein regelmäßiger Refresh erforderlich.

DDR-SDRAM ist in mehreren Versionen verfügbar, die durch Ziffern unterschieden werden. Das ‚S' in SDRAM steht für synchron und gibt an, dass der Baustein mit einem Takt arbeitet. Die neuesten Versionen DDR4 und DDR5 werden vor allem in DRAM-Modulen für PCs eingesetzt. DDR3 und frühere Versionen werden vorwiegend im industriellen Bereich und auf FPGA-Platinen eingesetzt. Die Versionen unterscheiden sich durch Spannungspegel und Details des inneren Aufbaus. Die prinzipielle Ansteuerung ist für alle Versionen ähnlich.

In diesem Abschnitt wird exemplarisch der Baustein IS43TR81024B von ISSI betrachtet, ein 8 Gbit DDR3-DRAM mit einer Datenwortbreite von 8 bit. Die prinzipielle Ansteuerung gleicht der von DDR4 und DDR5 Versionen.

Der Baustein wird mit verschiedenen Geschwindigkeiten angeboten. Die Taktfrequenz darf bis etwa 1 GHz betragen. Es gibt nur ein Speicherinterface mit bidirektionalen Datenleitungen. Die wesentlichen Anschlüsse sind:

- *A,* 16 Bit, Adresse
- *BA,* 3 Bit, Bankadresse, wählt eine von acht internen Speicherbänken aus
- *DQ,* 8 Bit, Datenbus, bidirektional als Dateneingang und Datenausgang
- *DQS* und*/DQS,* Referenzsignal für das Ausgangstiming
- */RAS, /CAS, /WE,* Steuersignale für Lese- und Schreiboperationen
- *CK* und*/CK,* Takt in positiver und negativer Polarität
- *VREF_DQ,* Referenzspannung für Datenleitungen
- *VREF_CA,* Referenzspannung für Steuerleitungen
- weitere Pins für Steuerfunktionen, Stromversorgung und Fertigungstest

Das Gehäuse hat 78 Anschlüsse, also weniger als die Hälfte, verglichen mit dem QDR-II-SRAM.

11.4.3.2 Logisches Interface

Das DRAM muss beim Start zunächst initialisiert werden. Für die Ansteuerung muss dann beim Lesen, Schreiben und Refresh der innere Aufbau beachtet werden. Das Arbeitsprinzip wird am besten deutlich, wenn der Lesevorgang betrachtet wird.

Beim Lesen wird eine komplette Zeile in den Schreib/Lese-Verstärker geladen. Dabei wird die Ladung in den Speicherzellen gelöscht und muss wieder „zurückgeschrieben" werden. Dieses Lesen und Zurückschreiben benötigt mehrere Taktzyklen.

Während dieser Zeit ist das DRAM blockiert. Darum sind in einem DRAM-Chip acht unabhängige Speicherbänke verfügbar. Während eine Bank noch durch Zurückschreiben von Daten belegt ist, kann bereits auf eine andere Bank zugegriffen werden.

Der Lesezugriff auf den Speicher erfolgt in drei Schritten.

- **Activate:** Hierdurch wird eine Zeile in den Leseverstärker geladen.
- **Read:** Aus der Zeile werden Datenworte gelesen. Mehrere Leseoperationen für die aktivierte Zeile sind möglich und jede Leseoperation liest einen Burst von vier oder acht Worten.
- **Precharge:** Der Zugriff auf die Zeile wird beendet und die Daten wieder in die Speicherzellen zurückgeschrieben.

Die Schritte werden durch die Steuersignale /RAS, /CAS und /WE aufgerufen. Zwischen den Schritten gibt es Wartezeiten von mehreren Taktzyklen, die eingehalten werden müssen. Nach Activate können ebenfalls Schreiboperationen in die Zeile erfolgen, auch abwechselnd mit Leseoperationen.

Abb. 11.17 zeigt den Zeitablauf für zwei Leseoperationen auf zwei verschiedene Bänke. Als Burst sind 8 Worte gewählt. Die invertierten Signale /CK und /DQS sind zur besseren Übersicht weggelassen. Die Steuersignale /RAS, /CAS, /WE sind zum Kommandowort ‚cmd' (Command) zusammengefasst. Die eingezeichneten Zeitpunkte haben folgende Bedeutung:

1. Aktivierung der Zeile r0 (r wie Row) in der Bank 0 mit dem Kommando ‚act' (Activate). Bevor die Zeile verwendet werden kann, muss mehrere Taktzyklen gewartet werden.
2. Aktivierung der Zeile r1 in der Bank 1.
3. Lesezugriff auf Spalte c0 (c wie Column) in der Bank 0. Nach Ausführen der Leseoperation soll die Zeile durch Precharge zurückgeschrieben werden. Als Kommando wird darum ‚rdp' (Read with Precharge) aufgerufen.
4. Lesezugriff auf Spalte c1 in der Bank 1, ebenfalls mit Precharge.
5. Nach einer Latenzzeit werden die Daten des Lesezugriffs ③ ausgegeben. Entsprechend der Burst-Länge werden acht Daten von 0 bis 7 ausgegeben. Als Hilfssignale für die Datenübernahme wird DQS ausgegeben. Die Taktflanken sind an der gleichen Position wie der Datenausgang und das System, welches die Daten empfängt, kann hieraus den Übernahmetakt erzeugen.
6. Direkt nach dem ersten Datenburst werden die Daten des Lesezugriffs ④ ausgegeben. Dies sind die Daten 8 bis f.

Die Bezeichnung *nop* (No Operation) gibt an, dass kein Kommando übertragen wird. Bitte beachten Sie, dass in Abb. 11.17 die Abstände zwischen den Kommandos etwas

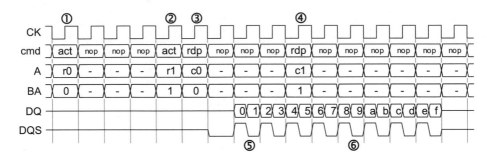

Abb. 11.17   Zeitablauf zweier Leseoperationen eines DDR3-SDRAMs

verkürzt dargestellt sind. Die internen Vorgänge benötigen bestimmte Zeiten, die einer Anzahl an Taktzyklen entsprechen. Deswegen werden mit steigender Taktfrequenz mehr Taktzyklen für bestimmte Abläufe benötigt.

Die maximale Taktfrequenz und die Wartezeiten werden als Kennziffern des DRAMs angegeben und sind Ihnen vielleicht schon begegnet, wenn Sie Speicherriegel für den PC gekauft oder die Werte im BIOS eingeben haben. Die Bezeichnung DDR3-1866 CL13 13–13-32 bedeutet beispielsweise:

- DDR3-1866: DDR3-SDRAM mit 1866 Mio. Transfers je Sekunde, also einer maximalen Taktfrequenz von 933 MHz.
- CL13 ist die Anzahl der Taktzyklen zwischen Read und Ausgabe der Daten. CL steht für Column Access Latency oder CAS Latency.
- Die folgenden drei Zahlen bezeichnen weitere Zeiten
  - 13 Taktzyklen zwischen dem Activate-Befehl einer Zeile und erstem Read-Zugriff
  - 13 Taktzyklen für den Precharge-Vorgang
  - 32 Taktzyklen zwischen zwei Activate-Befehlen auf dieselbe Bank

Der Zugriff auf ein DRAM erfordert also das Beachten der internen Speicher-organisation. Eine hohe Datenrate kann erreicht werden, wenn mehrere Daten aus der gleichen Zeile gelesen werden (nur ein Activate-Befehl nötig) und die Zugriffe ansonsten auf verschiedene Speicherbänke verteilt werden (Wartezeit zwischen Activate-Befehlen auf dieselbe Bank).

Diese Zugriffsmuster werden beispielsweise von den CPUs in einem PC berück-sichtigt. Der Speichercontroller einer CPU liest größere Datenblöcke aus dem DRAM und speichert sie auf einem internen SRAM, dem sogenannten *Cache*. Die Daten sind so im DRAM abgelegt, dass ein Zugriff möglichst effizient erfolgen kann.

11.4.3.3 Physikalisches Interface

Das physikalische Interface des DDR3-SDRAMs nutzt ähnliche Prinzipien wie das QDR-II-SRAM. Da noch höhere Frequenzen auftreten können, sind die Anforderungen entsprechend höher.

Für ein DDR3-1866-SDRAM beträgt die Taktfrequenz 933 MHz Takt und somit ist die Zykluszeit 1,07 ns. Der Duty Cycle des Takts muss zwischen 47 % und 53 % liegen. Anstelle fester Setup- und Hold-Zeit für die Signaleingänge werden Grenzen für den Zeitverlauf der Spannung definiert. Darin ist auch festgelegt, wie stark ein Überschwingen der Signale erfolgen darf. Die Adress- und Steuerleitungen werden nur einmal pro Taktzyklus ausgewertet, während Datenleitungen zweimal pro Taktzyklus gültig sind. Daher wird zwischen diesen Signalen unterschieden.

Die Spannungsversorgung für Core und I/O beträgt 1,5 V, die Referenzspannung zur Erkennung der Datenpegel ist 0,75 V.

Spezifische Angaben zum physikalischen und logischen Interface finden Sie im Datenblatt eines DDR3-SDRAMs, beispielsweise dem IS43TR81024B von ISSI.

11.4.4 EEPROM

11.4.4.1 Übersicht

Im Bereich der EEPROMs gibt es eine große Vielfalt an unterschiedlichen diskreten Speicherbausteinen. Es gibt kleine, mittlere und große Speichergrößen, sowie langsamen und schnellen Speicherzugriff.

- Kleine Speichergrößen im Bereich von einigen kByte, werden beispielsweise verwendet, um Geräteeinstellungen zu speichern, wie Netzwerkname, WLAN-Passwort und IP-Adresse eines Netzwerkgeräts.
- Mittlere Speichergrößen, im Bereich von MByte, werden beispielsweise zum Speichern von Messdaten oder von Programmcode für größere Prozessoren verwendet.
- Große Speichergrößen, im Bereich von GByte, werden als Massenspeicher verwendet, beispielsweise im Smartphone oder als Solid-State-Disk (SSD).

Bei kleineren Speichergrößen kann teilweise jedes Datenwort einzeln gelöscht werden. Mittlere und große Speichergrößen werden als Flash-EEPROM implementiert.

Der Speicherzugriff kann seriell über eine Datenleitung oder parallel über mehrere Leitungen erfolgen.

- Der serielle Zugriff ist langsamer, aber ausreichend, wenn nur wenige Daten benötigt werden oder wenn die Daten einmalig gelesen und dann auf dem System zwischengespeichert werden.
- Der parallele Zugriff ist schneller und für größere Datenmengen sinnvoll.

Aus den unterschiedlichen Anforderungen ergibt sich eine Vielfalt an diskreten EEPROM Speicherbausteinen. SRAM und DRAM Bausteine werden nur eingesetzt, wenn die Speicherkapazität auf einem Chip nicht ausreicht. Ein EEPROM Baustein ist jedoch bereits erforderlich, wenn nur wenige Byte nichtflüchtig gespeichert werden sollen, da ein Chip in Standard-CMOS-Technologie dies nicht bietet.

11.4.4.2 Gbit Flash-Memory

Als ein Beispiel für ein EEPROM mit großer Speicherkapazität wird der Baustein TH58NVG3S0HTA00 von Kioxia mit einer Speichergröße von 8 Gbit, also 1 GByte betrachtet. Es handelt sich dabei um ein NAND-Flash-EEPROM. Andere Anbieter von NAND-Flash-EEPROMs sind beispielsweise Cypress, Micron, Samsung und Winbond.

Der Baustein ist in 4096 Blöcken organisiert und jeder Block hat 64 „Speicher-seiten" mit jeweils 4352 Bytes. Dieser Inhalt einer Seite umfasst 4096 Bytes Nutzdaten sowie 256 Bytes für Speicherverwaltung und die bei der NAND-Struktur nötige Fehler-korrektur. Ein Flash-Löschvorgang bezieht sich immer auf einen Block von 64 Seiten, also 256 kByte.

Der Baustein ist darauf ausgelegt mit einem fehlerkorrigierenden Controller zusammenzuarbeiten. Das Speicherinterface arbeitet ohne Takt und hat die folgenden Anschlüsse:

- *IO,* 8 Bit, I/O-Port
- *CLE,* Command Latch Enable, Übernahmesignal für Befehle
- *ALE,* Address Latch Enable, Übernahmesignal für Adresse
- */CE,* Chip Enable
- */WE,* Write Enable
- */RE,* Read Enable
- *RY/BY,* Ready/Busy, zeigt an, ob der Baustein noch einen Befehl ausführt
- */WP,* Write Protect, für einen Schreibschutz
- Pins für Stromversorgung

Das Gehäuse hat 48 Anschlüsse, von denen jedoch ein größerer Teil nicht verwendet wird. RY/BY ist ein gleichzeitig High-aktives Ready- und Low-aktives Busy-Signal.

11.4.4.3 Logisches Interface

Der 8-Bit-Port *IO* wird gemeinsam für Kommandos, Adressen und Daten verwendet. Kommandos werden durch bestimmte 8-Bit-Werte übermittelt. *CLE* und *ALE* zeigen an, um welche Information es sich jeweils handelt.

Die drei Grundoperationen des Bausteins sind Löschen eines Blocks, Schreiben von Daten und Lesen von Daten.

Löschen eines Blocks Abb. 11.18 zeigt den Zeitablauf beim Löschen eines EEPROM-Blocks.

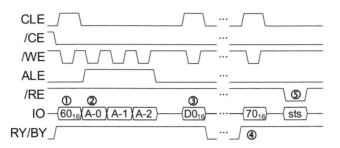

Abb. 11.18 Zeitablauf beim Löschen eines EEPROM-Blocks

1. Der Löschvorgang wird durch ein spezielles Kommando gestartet. Dazu liegt der Wert 60_{16} auf den acht Datenleitungen und CLE zeigt an, dass es sich bei dieser Information um ein Kommando handelt. Die Datenübernahme erfolgt durch die steigende Flanke an /WE.
2. Die Adresse des zu löschenden Blocks wird auf der Datenleitung übertragen. Da die Datenleitung kleiner als die Adresswortbreite ist, wird die Adresse in drei Teile A-0, A-1, A-2 aufgeteilt.
3. Das Kommando $D0_{16}$ löst den Löschvorgang aus. Durch RY/BY wird angezeigt, dass der Baustein beschäftigt ist. Das Löschen eines Blocks benötigt etwa 2,5 bis 5 ms.
4. Nach Ende des Löschvorgangs muss überprüft werden, ob das Löschen erfolgreich war. Dazu wird das Kommando 70_{16} angegeben.
5. Der Baustein antwortet mit einem Statuswort (sts). Für diese Leseoperation wird /RE angesteuert.

Bei einem NAND-EEPROM kann es vorkommen, dass Speicherblöcke fehlerhaft sind oder im Gebrauch fehlerhaft werden. Dies würde durch das Statuswort angezeigt und der Controller verwendet einen solchen Block dann nicht mehr. Für den hier betrachteten Baustein werden 60.000 Löschzyklen angegeben, wobei mit zunehmender Anzahl an Löschzyklen einige Blöcke unbrauchbar werden können. Laut Datenblatt bleiben über die spezifizierte Lebensdauer mindestens 4016 der 4096 Blöcke funktionsfähig.

Schreiben von Daten Das Schreiben von Daten erfolgt vorzugsweise für einzelne Seiten mit 4096 plus 256 Bytes. Der Zeitablauf ist in Abb. 11.19 dargestellt. Die Steuersignale werden ähnlich wie beim Löschen angesteuert und für bekannte Schritte nicht einzeln erläutert.

1. Das Kommando 80_{16} gibt an, dass ein Schreibvorgang ausgeführt werden soll.
2. Die Adresse von Block und Seite wird in fünf Teilen von A-0 bis A-4 übertragen.
3. Jetzt werden nacheinander die Daten jeweils mit der steigenden Flanke von /WE übertragen. Bis zu 4352 Byte sind möglich, das heißt D-x wäre dann D-4351. CLE und

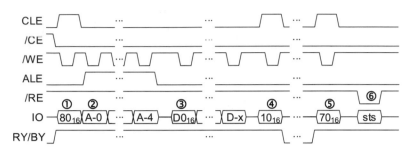

Abb. 11.19 Zeitablauf beim Schreiben in ein EEPROM

ALE auf 0 zeigen an, dass es sich weder um ein Kommando (CLE) noch um Adressen (ALE) handelt.

4. Das Kommando 10_{16} startet den Schreibvorgang. Die Daten sind bisher in einem internen Zwischenspeicher und werden jetzt in die Speichermatrix geschrieben. Das EEPROM überprüft den Schreibvorgang und versucht eventuell mehrfach zu schreiben. Durch RY/BY wird die Aktivität angezeigt. Die Programmierung einer Seite dauert 300 bis 700 µs.
5. Nach Ende des Schreibvorgangs muss mit dem Kommando 70_{16} überprüft werden, ob das Schreiben erfolgreich war.
6. Der Baustein antwortet mit einem Statuswort (sts).

Für die Verwendung des EEPROMs ist die interne Organisation zu beachten. Der Controller schreibt Daten auf freie Seiten des Speichers. Nicht mehr benötigte Seiten werden nicht sofort gelöscht, sondern zunächst als ungültig gekennzeichnet. Erst wenn alle Seiten eines Blocks ungültig sind, wird ein ganzer Block gelöscht. Hierfür kann es eventuell nötig sein, noch gültige Seiten in andere Blöcke zu kopieren.

Damit der Controller Schreibzugriffe und das Löschen von Blöcken optimieren kann, wird empfohlen, den Speicher nicht komplett zu füllen.

Lesen von Daten Das Lesen von Daten erfolgt ähnlich wie das Schreiben von Daten. Zunächst wird ein Lesekommando gegeben, dann die Leseadresse in fünf Teilen und ein weiteres Kommando. Daraufhin lädt der Baustein die Daten aus der Speichermatrix in den Leseverstärker und gibt nacheinander die Daten ab der angeforderten Adresse aus. Das Lesen der Daten aus der Speichermatrix benötigt 25 µs.

11.4.4.4 Physikalisches Interface

Die Datenrate bei Schreib- und Lese-Zugriffen ist deutlich geringer als bei SRAM und DRAM, denn das EEPROM ist als Massenspeicher und nicht als schneller Arbeitsspeicher vorgesehen.

Die mögliche Datenrate beim Schreiben und Lesen von Daten beträgt 40 MHz. Hinzu kommen die oben genannten Zeiten für den Zugriff auf die Speichermatrix.

Die Spannungsversorgung des Bausteins beträgt 3,3 V. Die Daten werden durch Spannungspegel dargestellt. Der Low-Pegel wird bis 0,66 V erkannt, der High-Pegel ab 2,64 V, dazwischen befindet sich der Übergangsbereich, in dem keine eindeutige Zuordnung der Spannung zu einem logischen Wert möglich ist.

Spezifische Angaben zum physikalischen und logischen Interface finden Sie im Datenblatt.

11.4.5 FRAM mit seriellem Interface

11.4.5.1 Übersicht

Als ein Beispiel für ein NVRAM mit einer innovativen Speichertechnik wird der Baustein MB85RS64V von Fujitsu betrachtet. Es handelt sich um ein Ferroelektrisches RAM mit 8192 Worten zu 8 bit und seriellem Interface. Jede Zelle kann einzeln beschrieben werden. Mit der Speicherkapazität von 8 kByte handelt es sich um eine kleine Speichergröße. Dafür ist der Baustein allerdings auch sehr kompakt und hat ein Gehäuse mit nur 8 Pins. Bausteine mit ähnlichem Interface und Speichergröße sind auch als EEPROM von verschiedenen Herstellern verfügbar.

Als besonderer Vorteil sind für das FRAM 10^{12} mögliche Zugriffe pro Zelle spezifiziert. Für EEPROMs werden üblicherweise 10^5 bis 10^6 Schreibvorgänge angegeben.

Die Anschlüsse des Bausteins sind:

- *SCK,* Serial Clock, Takt für den seriellen Zugriff
- *SI,* Serial Data Input, serieller Dateneingang
- *SO,* Serial, Data Output, serieller Datenausgang
- */CS,* Chip Select, zum Aktivieren des Bausteins
- */WP,* Write Protect, Schreibschutz
- */HOLD,* pausiert einen Zugriff
- Versorgungsspannung und Masse

11.4.5.2 Logisches Interface

Die Kommunikation mit dem Baustein erfolgt über das *Serial Peripheral Interface (SPI)*. Bei diesem Protokoll sind getrennte Leitungen für Dateneingang und –ausgang vorhanden, das heißt die Datenleitung wird nicht bidirektional betrieben. Ein Zugriff auf den Baustein erfolgt über Kommandos. Bei Schreib- und Leseoperationen folgt nach dem Kommando eine Adresse und bei einem Schreibzugriff die Daten. Bei einem Lesezugriff antwortet der Baustein nach der Adressübertragung mit den angeforderten Daten.

Abb. 11.20 zeigt den Zeitablauf eines Schreibvorgangs. /CS aktiviert zunächst den Baustein. Dann werden insgesamt 32 Bits durch die steigende Flanke von SCK

Abb. 11.20 Serielles
Schreiben in ein FRAM mit
SPI-Protokoll

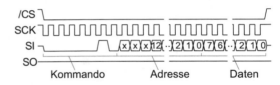

übertragen, die Most Significant Bits (MSB) jeweils zuerst. Die ersten 8 Bit sind das Schreibkommando 02_{16}. Dann folgt die Adresse mit 16 Bit. Da für 8 kByte nur 13 Bit benötigt werden, sind die obersten drei Adressbits unbelegt. Schließlich werden die Daten übertragen und durch/CS die Übertragung beendet.

Es ist auch möglich, mehrere Bytes an Daten zu übertragen, die dann in aufeinander folgende Adressen geschrieben werden (nicht in Abb. 11.20 dargestellt). Damit ist keine wiederholte Übertragung von Kommando und Adresse nötig.

11.4.5.3 Physikalisches Interface

Die maximale Taktfrequenz für SCK beträgt 20 MHz. Wartezeiten für die Programmierung sind nicht erforderlich. Die Spannungsversorgung des Bausteins beträgt 3,3 bis 5 V. Bei 3,3 Spannungsversorgung wird der Low-Pegel bis 0,66 V, der High-Pegel ab 2,64 V erkannt.

11.5 Speichersysteme

Ein *Speichersystem* ist die Kombination aus mehreren Speichern. Dabei sind verschiedene Konfigurationen möglich. Mehrere gleiche Speicher können kombiniert werden, um die Speicherkapazität zu erhöhen. Verschiedene Speicher können kombiniert werden, wenn unterschiedliche Eigenschaften benötigt werden. Dies kann SRAM- und DRAM-Speicher oder flüchtiger und nicht-flüchtiger Speicher sein. Außerdem können die Speicher sowohl Embedded Speicher auf der Integrierten Schaltung als auch diskrete Speicherbausteine außerhalb sein.

11.5.1 Adressdecodierung

Oft ist es gewünscht, dass die Speicher gemeinsam von einer zentralen Steuerlogik, zum Beispiel der CPU eines Rechnersystems, angesprochen werden sollen. Die Unterscheidung der Speicher erfolgt dann anhand der Speicheradresse. Der *Adressraum* enthält Adressbereiche für die unterschiedlichen Speicher. Je nach Größe von Adressraum und Speicherkomponenten können Adressbereiche auch unbelegt sein.

Der prinzipielle Aufbau eines Speichersystems ist in Abb. 11.21 dargestellt. Die zentrale Steuerlogik gibt eine Adresse sowie Steuersignale an das Speichersystem. Je nach Speichermodul können unterschiedliche Steuersignale sinnvoll und erforderlich sein. Hier sind dargestellt:

- *CS* für Chip Select: Ein Zugriff findet statt
- *WR* für Write: Ein Schreibzugriff findet statt
- *RD* für Read: Ein Lesezugriff findet statt

Ein Adressdecoder ermittelt dann aus der Adresse, welches Speichermodul adressiert ist und gibt an dieses Modul ein individuelles Chip-Select-Signal weiter. Über den Datenbus gibt die Steuerlogik entweder Daten an das Speichermodul oder es werden Daten empfangen.

Aus der Organisation des Adressraums ergibt sich die Adressierung. Zur Verdeutlichung wird das Speichersystem eines fiktiven Rechnersystems in Abb. 11.22 dargestellt. Die Adresse hat eine Wortbreite von 16 bit und kann damit 64 kByte adressieren. Speicherzugriffe erfolgen jeweils auf ein Byte. Es sind drei Speicher vorhanden, und zwar ein ROM von 4 kByte für den Boot-Code, ein SRAM von 8 kByte als Datenspeicher und ein EEPROM von 32 kByte für den Programmcode. Der Adressraum ist links in Abb. 11.22 angegeben. Das Präfix „0x" kennzeichnet hexadezimale Zahlen. Die Adressbelegung ist wie folgt:

- $0 \times 8000 - 0$xffff: EEPROM
- $0 \times 6000 - 0 \times 7$fff: unbelegt
- $0 \times 4000 - 0 \times 5$fff: SRAM
- $0 \times 1000 - 0 \times 3$fff: unbelegt
- $0 \times 0000 - 0 \times 0$fff: ROM

Abb. 11.21 Aufbau eines Speichersystems aus mehreren Speichermodulen

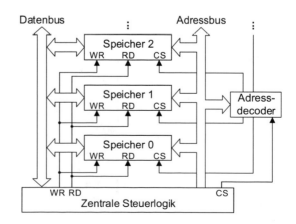

Die Steuerlogik kann also beispielsweise durch Angabe von Adresse 0×0123 auf das ROM sowie durch Adresse 0×4567 auf das SRAM zugreifen.

Auf der rechten Seite von Abb. 11.22 ist die Logik des Adressdecoders abgebildet. Die 16 Adressleitungen werden teils für die Selektion des Speichermoduls verwendet, teils gehen sie in das Speichermodul. Ein Chip-Select-Signal der Steuerlogik wird hier nicht verwendet; die Speicher werden über Read und Write angesteuert.

Die Logik des Adressdecoders und die Wortbreite der Adressen ergeben sich aus Speichergröße und Position im Adressraum.

- Das EEPROM benötigt für 32 kByte Speichergröße eine Adresse der Wortbreite 15 bit. Das oberste Bit der Adresse selektiert den Speicher, wenn die Adresse größer als 0×8000 ist. Als Chip-Select-Signal des EEPROMs kann direkt Adressleitung 15 verwendet werden.
- Das SRAM benötigt für 8 kByte Speichergröße eine Adresse der Wortbreite 13 bit. Die vorderen drei Bit der Adresse selektieren den Speicher für Adressen zwischen 0×4000 und $0\times5\mathrm{fff}$. In diesem Adressbereich sind A(15) bis A(13) gleich 010_2. Das Chip-Select-Signal wird durch ein UND-Gatter mit drei Eingängen, zwei davon negiert, erzeugt.
- Das ROM benötigt für 4 kByte Speichergröße eine Adresse der Wortbreite 12 bit. Die vorderen vier Bit der Adresse selektieren den Speicher für Adressen zwischen 0×0000 und $0\times1\mathrm{fff}$. In diesem Adressbereich sind A(15) bis A(12) gleich 0. Das Chip-Select-Signal wird durch ein UND-Gatter mit vier negierten Eingängen erzeugt.

11.5.2 Multiplexing des Datenbusses

Jetzt betrachten wir den Datenbus auf der linken Seite von Abb. 11.21. Daten können von der Steuerlogik zu einem Speicher oder vom Speicher zur Steuerlogik übertragen

Abb. 11.22 Adressraum und -decoder für ein Speichersystem mit drei Speichermodulen

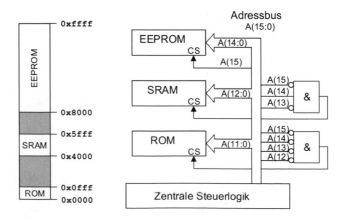

werden. Für die Implementierung gibt es zwei Möglichkeiten. Entweder sind getrennte Datenleitungen für Schreib- und Leseoperationen vorhanden, die dann durch Multiplexer ausgewählt werden. Oder es wird eine gemeinsame Datenleitung verwendet, auf die alle Busteilnehmer mit Tri-State-Ausgängen schreiben.

Innerhalb Integrierter Schaltungen werden stets getrennte Datenleitungen für Schreib- und Leseoperationen verwendet. Tri-State-Leitungen sind innerhalb eines ICs zwar technisch möglich, aber für Fertigung und Herstellungstest sehr problematisch. Auch für die Ansteuerung diskreter Speicherbausteine können getrennte Datenleitungen verwendet werden. Beispiele dafür sind das QDR-II-SRAM und das FRAM aus Abschn. 11.4.

Der Schaltungsaufbau bei getrennten Datenleitungen ist in Abb. 11.23 dargestellt, wiederum für das Speichersystem mit EEPROM, SRAM und ROM. Alle drei Speicher-module haben einen Datenausgang, aber nur das SRAM hat einen Dateneingang. Hier wird angenommen, dass die Programmierung des EEPROMs über ein eigenes Programmier-Interface erfolgt (nicht dargestellt); die Steuerlogik schreibt nicht in das EEPROM. Die Richtung von Schreiben und Lesen bezieht sich jeweils auf die Sicht der Steuerlogik. Der Schreibbus führt direkt vom Datenausgang (*D_OUT*) der Steuerlogik an den Dateneingang (*D_IN*) des Speichermoduls. Auch mehrere Speichermodule können an den Schreibbus angeschlossen werden, da nur die Steuerlogik Daten schreiben kann.

Der Lesebus hat mehrere Quellen, und zwar die Datenausgänge aller Speichermodule. Darum ist ein Multiplexing erforderlich, damit nur die Daten des adressierten Speicher-moduls an die Steuerlogik gegeben werden (siehe Abb. 11.23). Zunächst wird für jedes Speichermodul die *RD*-Leitung mit der *CS*-Leitung UND-verknüpft. Das verknüpfte Signal ist 1, wenn ein Lesezugriff auf das entsprechende Modul erfolgt. Zum Multi-plexing wird der Datenausgang des Speichermoduls durch UND-Gatter weitergegeben. Falls das Modul nicht aktiv ist, bleibt der Ausgang dieser UND-Gatter auf 0. Da immer nur ein Speichermodul adressiert sein kann, ist auch nur ein Lesebus aktiviert und die anderen Lesebusse sind 0. Für den Dateneingang der Steuerlogik werden die einzelnen Lesebusse ODER-verknüpft.

Ein Datenbus mit Tri-State-Leitungen kann für die Ansteuerung diskreter Bau-elemente verwendet werden. Dies hat den Vorteil, dass die Datenleitungen gemeinsam zum Lesen und Schreiben verwendet werden, denn die Anzahl der Anschlüsse eines ICs ist begrenzt. Beispiele dafür sind das DDR3-SDRAM und das Flash-EEPROM aus Abschn. 11.4. Beim Flash-EEPROM wurde der Datenbus auch für Kommandoworte und Adresse genutzt, um noch mehr Pins zu sparen.

Abb. 11.24 zeigt ein Speichersystem mit Tri-State-Leitungen. Die Blöcke für Speicher und Steuerlogik stellen jetzt jeweils eigene diskrete Bauelemente dar und sind zur Verdeutlichung mit dickeren Linien gezeichnet. Sowohl die Speicher als auch die Steuerlogik müssen für den Betrieb an einem Tri-State-Bus vorgesehen sein und entsprechende Treiber an den Anschlüssen besitzen. Im Chip der Steuerlogik wird der Tri-State-Treiber durch das Write-Signal angesteuert, bei den Speichern durch UND-Verknüpfung aus Read und jeweiligem Chip-Select-Signal.

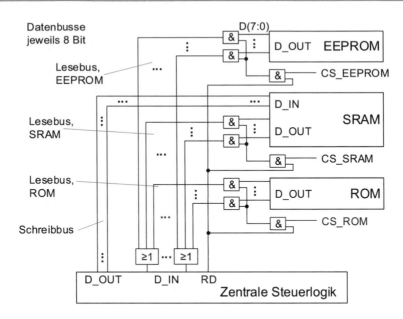

Abb. 11.23 Datenbusse des Speichersystems mit drei Speichermodulen

Die Datenleitungen werden in den Bauelementen gleichzeitig als Ausgang und Daten-eingang für die interne Logik genutzt. Eine Steuerlogik (hier nicht dargestellt) ent-scheidet, ob der Dateneingang verwendet wird.

11.5.3 Ansteuerung diskreter Speicherbausteine

Die vier in Abschn. 11.4 vorgestellten diskreten Speicherbausteine haben Schnittstellen, die unterschiedlich komplexe Ansteuerungen benötigen:

- Das serielle NVRAM kann relativ einfach angesprochen werden.
- Das NAND-EEPROM hat ein recht einfaches Interface, erfordert jedoch Fehler-korrektur und Beachtung defekter Blöcke.
- Das SRAM hat ein einfaches logisches Interface, erfordert jedoch bei höheren Takt-frequenzen eine spezielle Taktbehandlung sowie eine physikalische Ansteuerung mit Logikpegeln bezogen auf eine Referenzspannung.
- Das DRAM erfordert ein komplexes Protokoll für die Ansteuerung, Beachtung der Bankstruktur sowie Taktbehandlung und physikalische Ansteuerung mit Referenz-spannung.

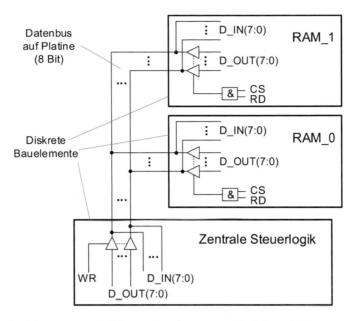

Abb. 11.24 Speichersystem mit diskreten Bauelementen und Tri-State-Leitungen

Für die Ansteuerung diskreter Speicherbausteine sind verschiedene Funktionselemente vorhanden, die für den Aufbau eines Systems genutzt werden können.

Logisches Interface Für die logische Ansteuerung werden Controller angeboten, welche die Ansteuerung der Bausteine ausführen. Diese Controller sind teilweise als VHDL-Code oder Gatter-Netzliste verfügbar und können in eigene Schaltungsentwürfe übernommen werden. Solche Schaltungsbeschreibungen werden als Intellectual Property (IP) bezeichnet und müssen üblicherweise als Lizenz gekauft werden. Für programmierbare Bausteine (FPGAs) werden von den Herstellern IP-Blöcke angeboten. Diese sind für Käufer der FPGAs oft ohne weitere Kosten verfügbar.

Physikalisches Interface Die physikalische Ansteuerung von SRAMs und DRAMs erfolgt über Pins mit speziellen Logikpegeln. Für Tri-State-Busse sind ebenfalls entsprechende Pins erforderlich. Die Hersteller von ICs und FPGAs bieten diese Ein- und Ausgangstreiber als Bibliothekselement an.

11.6 Übungsaufgaben

Haben Sie den Inhalt des Kapitels verstanden? Prüfen Sie sich mit den Aufgaben und Fragen am Kapitelende. Die Lösungen und Antworten finden Sie am Ende des Buches.

Bei den Auswahlfragen ist immer genau eine Antwort korrekt.

Aufgabe 11–1 Welche der folgenden Technologien ist ein ‚flüchtiger Speicher'?

a)   FRAM
b)   EPROM
c)   Flash
d)   SRAM
e)   EEPROM

Aufgabe 11–2 Wie viele Transistoren hat eine normale SRAM-Zelle?

a)   9
b)   2
c)   1
d)   5
e)   6

Aufgabe 11–3 Wie viele Transistoren hat eine normale DRAM-Zelle?

a)   6
b)   5
c)   2
d)   1
e)   9

Aufgabe 11–4 Wozu wird beim DRAM ein ‚Refresh' benötigt?

a)   Zugriff auf verschiedene Speicherblöcke
b)   Zugriff auf Zeilen und Spalten der Speichermatrix
c)   Auswahl eines Speicherblocks
d)   Aufladen von Kondensatoren
e)   Löschen von Datenbereichen

Aufgabe 11–5 Was passiert beim ‚Flash' eines Flash-Speichers?

a)   Zugriff auf Zeilen und Spalten der Speichermatrix
b)   Auswahl eines Speicherblocks
c)   Löschen von Datenbereichen
d)   Zugriff auf verschiedene Speicherblöcke
e)   Aufladen von Kondensatoren

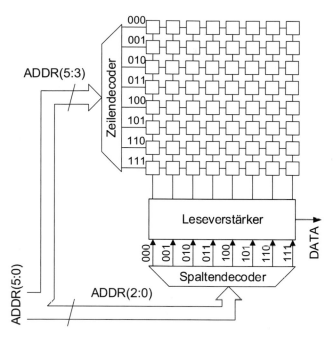

Abb. 11.25 Einfaches Speichermodul für Primzahl-Detektor

Aufgabe 11–6 Wie erfolgt die Datenspeicherung in EEPROMs?

a)   Kondensator
b)   Magnetfeld
c)   Rückkopplung von Invertern
d)   Transistor mit ‚Floating-Gate‘
e)   Brennen von Sicherungen

Aufgabe 11–7

a)   Wie viele Adressleitungen braucht ein SRAM mit 16 K Datenworten?
b)   Wie viele Adressleitungen braucht ein SRAM mit 256 K Datenworten?

Aufgabe 11–8

a)   Ein SRAM hat 16 Adressleitungen und 8 Datenleitungen. Wie hoch ist die Speicherkapazität?

b)   Ein SRAM hat 20 Adressleitungen und 16 Datenleitungen. Wie hoch ist die Speicherkapazität?

Aufgabe 11–9 Abb. 11.25 zeigt ein einfaches Speichermodul mit 6 Adressleitungen und 1 bit Wortbreite. Damit soll ein Primzahl-Detektor realisiert werden. Programmieren Sie die Speicherelemente mit 0 oder 1, sodass der Speicher eine 1 ausgibt, wenn eine Primzahl am Eingang anliegt.

Analog-Digital- und Digital-Analog-Umsetzer

12

Analog-Digital-Umsetzer (ADU), engl. *Analog-Digital-Converter (ADC),* sind Bindeglieder zwischen analogen Signalquellen wie Messwandler für Druck, Temperatur, Weg, Beschleunigung, Mikrophonen und digital arbeitenden Systemen. Sie wandeln einen analogen Spannungswert in eine digitale Darstellung. *Digital-Analog-Umsetzer (DAU)* engl. *Digital-Analog-Converter (DAC),* wandeln dann einen digitalen Wert wieder in die analoge Welt.

Technische Herausforderungen beim Einsatz von ADUs und DAUs liegen in den Anforderungen an Genauigkeit und Geschwindigkeit der Umsetzung. Wirtschaftliche Herausforderungen liegen in den Kosten der Umsetzer, denn ein Gesamtsystem kann aus Analog-Digital-Umsetzer, digitaler Verarbeitung und Digital-Analog-Umsetzer bestehen. Im Vergleich mit einem rein analogen System müssen die Kosten vergleichbar sein oder die digitale Verarbeitung muss eine bessere Qualität der Verarbeitung ermöglichen.

Generelle Vorteile der digitalen gegenüber der analogen Technik bestehen unter anderem durch:

- Geringere Störanfälligkeit digitaler Signale, bzw. Fehlerkorrektur nach Störungen
- Einsatzmöglichkeit besonders hoch integrierter Digitalbausteine wie FPGAs, Mikroprozessoren, Signalprozessoren, Speicher usw.
- Möglichkeit zur Datenkomprimierung und Verschlüsselung von Daten

12.1 Grundprinzip von Analog-Digital-Umsetzern

Analog-Digital-Umsetzer sind Systeme, die einer analog vorliegenden elektrischen Messgröße (z. B. einer Spannung U) eine digitale Repräsentationsgröße (z. B. eine binäre Zahl) zuordnen. Bei analogen Systemen liegt demgegenüber die Repräsentationsgröße,

Abb. 12.1 Prinzipielle
Wirkungsweise eines Analog-
Messgerätes

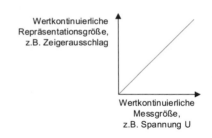

Abb. 12.2 Prinzipielle
Wirkungsweise eines Analog-
Digital-Umsetzers

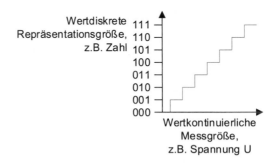

beispielsweise der Zeigerausschlag eines Messgerätes, in analoger Form vor. Analoge
Größen sind zeit- und wertkontinuierlich wie Abb. 12.1 zeigt.

Ein ADU ordnet der analogen Eingangsgröße eine zeit- und wertdiskrete
Repräsentationsgröße zu, beispielsweise Binärzahlen, wie Abb. 12.2 zeigt. Ein ADU
bildet demzufolge ein Signalintervall *(Quantisierungsintervall Q)* auf einen diskreten
Wert ab. Dadurch werden systematische Fehler, die Quantisierungsfehler, verursacht.

Beim Vorliegen zeit- und wertkontinuierlicher, also analoger Signale bewirkt der
ADU eine *Diskretisierung* in zweifacher Hinsicht:

- Diskretisierung in eine endliche Anzahl zugelassener Amplitudenwerte, auch
  Quantisierung genannt.
- Diskretisierung im Zeitbereich, denn ein Amplitudenwert gilt für eine bestimmte
  Mindestzeit. Diesen Vorgang nennt man *Abtastung*.

Weiterhin liefert der ADU die digitale Information in einem bestimmten Code, beispielsweise dem Dual-Code. Dieser Vorgang heißt *Codierung*. Die erforderlichen Verarbeitungsschritte beim Übergang vom analogen zum digitalen Signal sind in Abb. 12.3
veranschaulicht.

Wesentliche Anwendungsgebiete für ADUs und DAUs sind:

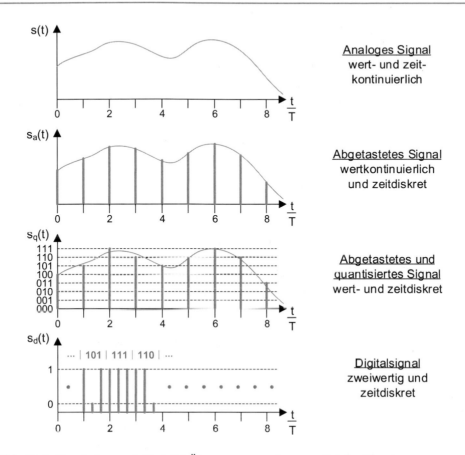

Abb. 12.3 Verarbeitungsschritte beim Übergang von analogen zu digitalen Signalen

- Digitalmessinstrumente: Analoge Messgrößen wie Strom, Spannung, Widerstand, Frequenz, Temperatur, Gewicht usw. werden mit endlicher Auflösung als Ziffern angezeigt.
- Nachrichtentechnische Einrichtungen: Sprach- und Videosignale, die zunächst in analoger Form vorliegen, werden digitalisiert und digital übertragen oder gespeichert. Beispiele: Telefonie per Voice-over-IP, Videocodierung für Digitalfernsehen oder Blu-Ray Disc.
- Digitale Signalverarbeitung: Sprach-, Bild- und Videosignale werden durch digitale Verarbeitung verändert. Beispiel: Bildverbesserung in Digitalkameras.
- Digitale Regelungssysteme und Prozesssteuerung: Ein Digitalregler kann einen oder mehrere Regelkreise betreiben. Beispiele: Werkzeugmaschinen, Lebensmittelproduktion, allgemeine Prozessabläufe, Überwachung von Verbundsystemen zur elektrischen Energieversorgung.

12.1.1 Systeme zur Umsetzung analoger in digitale Signale

Die Analog-Digital-Umsetzung umfasst prinzipiell die folgenden vier Schritte:

1. Bandbegrenzung durch Tiefpassfilter
2. Abtastung im *Abtasthalteglied* (*AHG,* engl. *Sample & Hold*)
3. Quantisierung
4. Codierung

Ein System zur Digitalisierung analoger Signale lässt sich somit durch das Blockschalt-bild in Abb. 12.4 beschreiben. Integrierte Schaltungen zur AD-Umsetzung vereinen die Funktionen meist auf einem Baustein. Es ist jedoch auch möglich, die Umsetzfunktion auf mehrere Bauelemente aufzuteilen.

Der Eingangstiefpass mit der Grenzfrequenz f_g ist für den Fall erforderlich, dass das Analogsignal nicht hinreichend bandbegrenzt ist. Seine Dimensionierung wird durch das Abtasttheorem bestimmt (Abschn. 12.1.2). Als nächster Block ist ein Abtasthalteglied (AHG) vorgesehen. Dieses hält während der Umsetzungsdauer des ADU das umzu-setzende Analogsignal konstant (Abschn. 12.1.3). Das AHG speist direkt den eigent-lichen Umsetzer, der aus Quantisierer und Codierer besteht. Verschiedene Architekturen werden in Abschn. 12.2 vorgestellt. Eine Ablaufsteuerung koordiniert die Aufgaben der einzelnen Blöcke.

12.1.2 Abtasttheorem

Das *Abtasttheorem* von Shannon gibt an, in welchen zeitlichen Abständen dem vor-liegenden Analogsignal mindestens Proben (Abtastwerte) entnommen werden müssen, damit nach einer späteren DA-Umsetzung das Ursprungssignal (bis auf die Quantisierungsfehler) fehlerfrei rekonstruiert werden kann.

> Das Abtasttheorem lautet: Eine auf f_g bandbegrenzte Signalfunktion $s(t)$ wird vollständig bestimmt durch zeitdiskrete und äquidistante Abtastwerte $s_a(t)$ im zeitlichen Abstand von
> $T = T_{abt} < 1/(2f_g)$

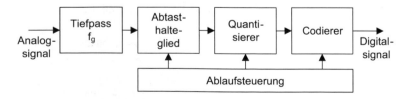

Abb. 12.4 Gesamtsystem zur Digitalisierung analoger Signale

Das bedeutet, die in einem Signalgemisch auftretende höchstfrequente spektrale Komponente muss wenigstens zweimal pro Periode T_g abgetastet werden. Dieses lässt sich sowohl im Zeit- als auch im Spektralbereich begründen. Die Formel für T_{abt} wird auch mit dem Formelzeichen kleiner-gleich angegeben, aber das Gleichheitszeichen hat nur theoretische und keine praktische Bedeutung. Wird das Abtasttheorem verletzt, entstehen Signalfehler, die in der Regel nicht zu eliminieren sind.

Als Beispiel soll ein Audiosignal betrachtet werden. Das menschliche Gehör kann Frequenzen bis zu 20 kHz wahrnehmen. Die Abtastrate muss darum größer als 40 kHz sein. Für die Speicherung auf einer Audio-CD wird eine Abtastrate von 44,1 kHz verwendet.

12.1.3 Abtasthalteglied (AHG)

Das Abtasthalteglied soll dem vorliegenden Signal in Abständen, die durch das Abtasttheorem festgelegt sind, Signalproben entnehmen und diese während der Umsetzdauer t_u des ADUs konstant halten (speichern), wie Abb. 12.5 zeigt. Die Haltedauer t_H muss größer als die Umsetzdauer t_u des ADUs gewählt werden, sodass gilt:

$$t_u \leq t_H \leq T = T_{abt}$$

Ist allerdings die Umsetzdauer t_u sehr viel kleiner als T_{abt} kann theoretisch auf eine Abtasthaltung verzichtet werden. Diese Forderung lässt sich in der Praxis allerdings selten sinnvoll erfüllen, da der ADU dadurch sehr teuer werden würde. Die Zusammenhänge sollen an einem Beispiel konkretisiert werden.

Wird kein AHG benutzt, kann sich während der Umsetzdauer t_u des ADU das Eingangssignal $s(t)$ um ds ändern, was zu einem falschen Umsetzungsergebnis führt. Soll die maximale Genauigkeit eines ADU von 1/2 LSB (Least Significant Bit) erhalten bleiben, muss im Sinne einer Worst-Case-Betrachtung gefordert werden, dass an der Stelle der größtmöglichen Signalsteigung die Signaländerung kleiner als 1/2 LSB bleibt. Beispielsweise führt diese Forderung bei einem vollaussteuernden Sinussignal $s(t) = A \cdot sin(\omega_g \cdot t)$ zu folgendem Ergebnis:

$$\left(\frac{ds}{dt}\right)_{max} = A \cdot \omega_g = S_{max}$$

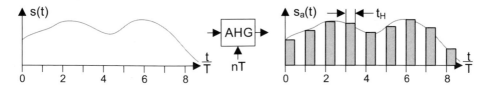

Abb. 12.5 Prinzipielle Wirkungsweise eines Abtasthaltegliedes

Das ist die maximale Steigung des Signals mit der Amplitude $A = m \cdot Q/2$, wobei Q die Quantisierungsintervallbreite und m die Quantisierungsstufenzahl im Aussteuerbereich sind. Weiter gelte $f_g = 1/(2 \cdot T_{abt})$ als Grenzfall für die Abtastung. Dann folgt:

$$S_{max} = \frac{m \cdot Q \cdot 2 \cdot \pi \cdot f_g}{2} = \frac{m \cdot Q \cdot \pi}{2 \cdot T_{abt}}$$

Mit der oben formulierten Bedingung $S_{max} \cdot t_u \leq Q/2$ folgt durch Gleichsetzen

$$S_{max} = \frac{m \cdot Q \cdot \pi}{2 \cdot T_{abt}} \leq \frac{Q}{2 \cdot t_u}$$

und nach t_u umgestellt:

$$t_u \leq \frac{T_{abt}}{m \cdot \pi}$$

Dieses ist die erforderliche Umsetzdauer eines ADUs, welche bei der Abtastung ein AHG entbehrlich macht. Diese Forderung ist sehr weitreichend, da in der Regel m sehr viel größer als 1 ist.

Als Beispiel wird eine Abtastperiodendauer von 125 µs für die digitale Sprachsignal-verarbeitung mit Telefonqualität betrachtet. Es wird ein linearer ADU mit $n = 12$ bit ver-wendet, sodass $m = 2^n - 1 = 4095$ ist. Dann gilt für die Umsetzdauer:

$$t_u \leq \frac{125\,\mu s}{4095 \cdot \pi} = 9{,}72\,ns$$

Dieses lässt sich nicht sinnvoll realisieren, da ADUs mit diesen Leistungsmerkmalen zwar technisch möglich, jedoch für diese Anwendung zu aufwendig sind. Wird dagegen ein AHG eingesetzt, darf die Umsetzdauer t_u des ADU näherungsweise T_{abt}, also im vor-liegenden Beispiel 125 µs betragen. Darin liegen Sinn und Vorteil eines AHG.

Die Arbeitsweise eines AHG zeigt das prinzipielle Schaltbild in Abb. 12.6. Wird der Schalter S in die obere Stellung gebracht, lädt sich der Haltekondensator C_H auf die Signalspannung auf. Dieses entspricht der Abtastphase. Nach Bewegen des Schalters S in die Mittelstellung beginnt die Haltephase, während der das Signal in C_H gespeichert bleibt. Die Spannung U_H ist durch einen hochohmigen Leseverstärker als $s_a(t)$ verfügbar. R_S ist der Eingangswiderstand des AHG, R_i der Innenwiderstand der Signalquelle.

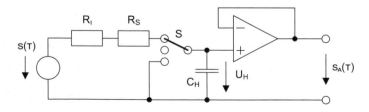

Abb. 12.6 Prinzipieller Aufbau eines AHGs und sein Anschluss an die Signalquelle $s(t)$

In modernen Pipeline-ADUs in CMOS-Technologie werden die AHGs mit geschalteten Kondensatoren (Switched Capacity Circuits) realisiert, wie in Abb. 12.7 dargestellt ist.

In der Abtastphase sind die Schalter S_1 und S_3 geschlossen, und S_2 ist offen. Da der Summationspunkt des Operationsverstärkers auf Bezugspotenzial liegt, wird der Kondensator C_H mit der Eingangsspannung U_i geladen.

Für die Haltephase werden die Schalter S_1 und S_3 geöffnet und S_2 geschlossen und damit die Haltekapazität in den Gegenkopplungskreis des Operationsverstärkers gelegt. Da die Ladung von C_H nicht über den Summationspunkt abfließen kann, bleibt sie erhalten, und die Ausgangsspannung U_a nimmt den Wert U_i an.

12.1.4 Erreichbare Genauigkeit für ADUs abhängig von der Codewortlänge

Durch die Codewortlänge n ist die Anzahl der möglichen Codewörter gegeben. Hieraus lassen sich die Quantisierung der Messwerte und die erreichbare Genauigkeit berechnen. Zur besseren Anschaulichkeit wird im Folgenden angenommen, dass der Messbereich bei 0 V beginnt.

Ein Wert für die mögliche Genauigkeit eines ADUs ist die Quantisierungsintervall-breite Q. Sie berechnet sich aus der Codewortlänge n und dem Aussteuerbereich U_{max}. Für einen n-Bit-ADU ergibt sich Q als:

$$Q = \frac{U_{max}}{2^n}$$

Der höchste codierbare Spannungswert beträgt dann:

$$U_{max}^* = (2^n - 1) \cdot Q$$

Dieser Wert ergibt sich daraus, dass von den 2^n möglichen Codewörtern der erste Wert für die Spannung 0 V benötigt wird und die folgenden $2^n - 1$ Codewörter jeweils um den Wert Q größer sind.

Als einfaches Beispiel betrachten wir einen Aussteuerbereich U_{max} von 1 V und eine Wortbreite von $n = 3$ bit. Dann beträgt $Q = 1\,V/2^3 = 1\,V/8 = 125\,mV$. Die Zahl der

Abb. 12.7 Prinzipschaltbild eines Abtasthalteglieds mit geschaltetem Kondensator in CMOS-Technik, wie es z. B. in Pipeline-ADUs verwendet wird

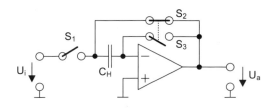

Quantisierungsintervalle beträgt 8, sodass der höchste codierbare Spannungswert 7 Intervalle höher als 0 V ist:

$$U^*_{max} = 7 \cdot 125\,\mathrm{mV} = 0{,}875\,\mathrm{V}$$

Die Quantisierungskennlinie dieses ADUs ist in Abb. 12.8 dargestellt. Es existieren 8 darstellbare Spannungswerte und 7 Intervalle zwischen diesen Werten. Jedem Codewort entspricht ein Repräsentationswert, beispielsweise für den Code 011 der Wert 0,375 V. Die Eingangswerte des zugehörigen Quantisierungsintervalls werden diesem Wert zugewiesen. Für den Code 011 sind beispielsweise die Übergangswerte 0,3125 V und 0,4375 V. Der höchste darstellbare Digitalwert ist 0,875 V und um ein Quantisierungsintervall kleiner als die maximale Eingangsspannung U_{max}.

Die beiden Punkte in den Ecken des Diagramms legen die ideale Quantisierungsgerade fest. Diese verläuft durch die Mittelpunkte aller Quantisierungsintervalle einer idealen Quantisierungskennlinie. Bei einer realen Quantisierungskennlinie ergibt sich für die Mittelpunkte aller Quantisierungsintervalle jedoch im allgemeine keine Gerade. Darin äußern sich unterschiedliche Fehler realer Umsetzer, wie sie in Abschn. 12.4 im Einzelnen erläutert werden.

Als Beispiel für reale Größenordnungen wird ein Aussteuerbereich U_{max} von 10 V und eine Wortbreite von $n = 12$ bit betrachtet. Dann beträgt $Q = 10\,\mathrm{V}/2^{12} = 1\,\mathrm{V}/4096 = 2{,}44\,\mathrm{mV}$. Der höchste codierbare Spannungswert beträgt $U^*_{max} = 4095 \cdot (10\,\mathrm{V}/4096) = 9{,}976\,\mathrm{V}$.

Bei einer idealen Quantisierungsgerade sind alle Quantisierungsintervalle Q gleich groß und man spricht von linearer Quantisierung. Dann ist der maximale Quantisierungsfehler F_{abs} die Hälfte des Quantisierungsintervalls:

$$F_{abs} = \frac{Q}{2} = \frac{U_{max}}{2^{n+1}}$$

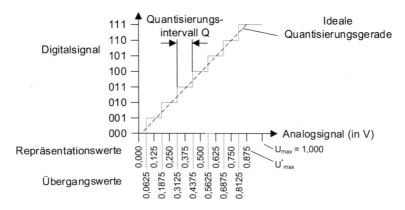

Abb. 12.8   Quantisierungskennlinie eines 3-Bit-ADUs mit $U_{max} = 1$ V

Der relative Fehler F_{rel} hängt von der aktuellen Aussteuerung ab, er nimmt bei Vollaussteuerung sein Minimum an:

$$F_{rel} = \frac{F_{max}}{U^*_{max}} \approx \frac{F_{max}}{U_{max}} = \frac{1}{2^{n+1}}$$

Für einen 3-Bit-ADU beträgt der Fehler F_{rel} beispielsweise $1/16 = 6{,}25\,\%$.

Wird bei einer Digitalisierung eine bestimmte relative Genauigkeit F_{rel} verlangt, so kann daraus die erforderliche Wortbreite für den ADU berechnet werden. Sie ergibt sich aus dem nächstgrößeren ganzzahligen Wert und dem Zweierlogarithmus der benötigten Genauigkeit nach der Formel:

$$n^* \geq n = -1 - ld\ F_{rel}$$

Soll beispielsweise eine relative Genauigkeit bei Vollaussteuerung von $1\,\%$ erreicht werden, berechnet sich der Zweierlogarithmus von $0{,}01$ zu $ld\ 0{,}01 = -6{,}64$. Daraus ergibt sich $n = 5{,}64$, sodass für den ADU mindestens $n^* = 6$ bit nötig sind.

12.1.5 Codierung der ADU-Werte

Für das eben genannte Beispiel eines 12-Bit-ADU mit Aussteuerbereich U_{max} von 10 V ist die Codetabelle in Tab. 12.1 auszugsweise dargestellt. Die Codeworte werden als Dualzahl dargestellt.

Falls mit dem ADU auch negative Spannungen gemessen werden, ist eine Darstellung als Dualzahl mit Offset oder als Zweierkomplement möglich. Bei der Offsetdarstellung beginnt der Code bei der geringsten Spannung mit dem Codewort Null und steigt bis zum höchsten codierbaren Spannungswert an. Bei der Zweierkomplementdarstellung werden negative Spannungswerte durch eine negative Zahl angegeben. Manche

Tab. 12.1 Repräsentationswerte und Codeworte für einen 12-Bit-ADU

Codewort-Nummer	Repräsentationswert in V	Codierung
0	0	0000 0000 0000
1	0,0024414	0000 0000 0001
2	0,0048828	0000 0000 0010
…	…	…
1024	2,5000000	0100 0000 0000
…	…	…
2048	5,0000000	1000 0000 0000
…	…	…
4095	9,9975586	1111 1111 1111

Bausteine bieten auch die Datenausgabe im Gray-Code. Die Codierung eines ADUs ist im Datenblatt definiert und kann teilweise durch Konfigurationssignale ausgewählt werden.

12.2   Verfahren zur Analog-Digital-Umsetzung

Für die eigentliche AD-Umsetzung sind verschiedene Verfahren möglich, die sich in Aufwand und Geschwindigkeit deutlich unterscheiden. Für die folgenden Erläuterungen werden meistens die Repräsentationswerte der einzelnen Quantisierungsschritte verwendet, da dies anschaulicher ist (siehe Abb. 12.8). In realen Schaltungen erfolgen Vergleiche hingegen mit den Übergangswerten.

12.2.1 Parallelverfahren

Umsetzer nach diesem Verfahren heißen *Parallel-, Direkt-* oder *Flash-Umsetzer.* Das Messverfahren ähnelt der Längenmessung mit einem Zollstock. An die unbekannte Größe wird der Zollstock angelegt, der in m Teile des Quantisierungsintervalls, sogenannte Normale, eingeteilt ist. Der nächstliegende ganzzahlige Wert ist die gesuchte Länge.

Für die elektronische Realisierung dieses Verfahrens ist Folgendes wichtig:

- Es ist nur ein Messschritt nötig, das Verfahren arbeitet schnell.
- Es sind m Normale nötig, also großer Aufwand an Präzisionsbauelementen.

Elektrisch kann dieses Normalenlineal durch eine Spannungsteilerkette mit m gleichgroßen Präzisionswiderständen realisiert werden. Jeder Widerstand ergibt eine darstellbare Stufe. Zusätzlich ist noch der Wert Null vorhanden, sodass $m+1$ Werte möglich sind. Das Blockschaltbild des entsprechenden Parallelumsetzers ist in Abb. 12.9 dargestellt. Es gilt: $R_1 = R_2 = \ldots = R_m$. R_{ref} wird entsprechend dem Verhältnis von U_{max} zu U_{ref} gewählt.

Mittels m Komparatoren wird die unbekannte Spannung U_x mit den einzelnen Abgriffen des Normalen-Spannungsteilers verglichen. Alle Komparatoren, deren Spannungen an den Teilereingängen größer als U_x sind, liefern am Ausgang eine logische 1, alle anderen eine logische 0. Diese Werte werden mit einem Abtastimpuls in ein Register übernommen und in der Decodierlogik in die entsprechende Anzahl von $n = ld(m+1)$ bits umgesetzt. Das Register realisiert eine digitale Abtasthaltung, sodass dieser Umsetzer ohne ein zusätzliches AHG betrieben werden kann.

Der hohe Aufwand zeigt sich in der großen erforderlichen Anzahl von Präzisionswiderständen und Komparatoren. Daher wird dieses Verfahren normalerweise nur bis

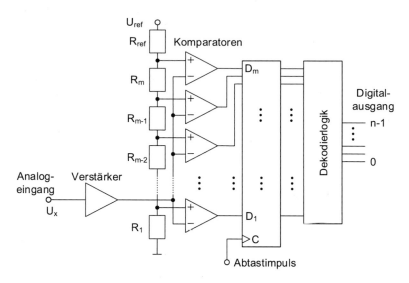

Abb. 12.9 Blockschaltbild eines ADUs nach dem Flash-Verfahren

Auflösungen von 12 bit eingesetzt. Technische Probleme bei hoher Auflösung liegen außerdem im Eingangsverstärker, der m Komparatoreingänge treiben muss und in den Komparatoren selbst, die eine kleine Hysterese und hohe Gleichtaktunterdrückungen aufweisen müssen. Ein weiterer Nachteil ist die vergleichsweise hohe Verlustleistung dieses Umsetzertyps.

Die Geschwindigkeit des Umsetzers wird durch den langsamsten Komparator bestimmt, der erst eingeschwungen sein muss, bevor der Abtastimpuls eintrifft. Anwendungsschwerpunkte für Umsetzer dieses Typs liegen bei der digitalen Signalverarbeitung, insbesondere der Bildverarbeitung und bei Transientenrecordern.

Eventuell ist Ihnen aufgefallen, dass beim Flash-ADU die Quantisierungsschritte immer bis zum nächsten Repräsentationswert reichen. Bei der Auflösung aus Abb. 12.8 würde die Codierung „000" also dem Wertebereich von 0 V bis 0,125 V entsprechen. Dies liegt daran, dass alle Widerstände des Spannungsteilers gleich groß gewählt sind und die Komparatoren die Eingangsspannung mit den Repräsentationswerten vergleichen. Bezogen auf die Dezimalzahl wird durch diese Vereinfachung der Nachkommaanteil abgeschnitten und es findet nicht die eigentlich erforderliche Rundung statt.

In der Praxis wird diese Verschiebung durch Halbierung des Werts für R_1 und entsprechender Erhöhung von R_{ref} oder durch einen Offset im Eingangsverstärker gelöst. Um die Beschreibung der Schaltungsstrukturen in diesem Kapitel übersichtlich zu halten, sollen solche Rundungsfragen nicht beachtet werden.

12.2.2 Wägeverfahren

Beim *Wägeverfahren* wird pro Messschritt ein Bit des Digitalwortes erzeugt. Der Name dieses Verfahrens stammt von dem bei einer Balkenwaage üblichen Messvorgang: Das Wägegut unbekannten Gewichts wird in eine Waagschale gelegt. In die andere kommt zunächst das größte verfügbare Gewicht. Ist dieses zu schwer, wird es wieder entfernt und eine Null notiert. Ist es nicht zu schwer, bleibt es liegen und es wird eine Eins notiert. Anschließend werden nacheinander alle verfügbaren kleineren Gewichte in gleicher Weise benutzt. Das unbekannte Gewicht entspricht der Summe aller mit Eins markierten Gewichte.

Das Wägeverfahren benutzt mehrere Normale q_i mit dualer Abstufung ihres Wertes. Die Auflösung entspricht einer Quantisierungsstufe Q, also dem LSB des fertigen Codewortes. Die erste Normale q_0 hat den Wert Q, die folgenden Normale sind $q_1 = 2 \cdot Q$, $q_1 = 4 \cdot Q$ bis $q_{n-1} = 2^{n-1} \cdot Q$.

Da die Anwendung jedes Normals q_i ein Bit liefert, sind für einen n-Bit-ADU also n Normale nötig. Das größte umfasst den halben Messbereich, also $U_{max}/2$ und die Summe aller Normale ergibt den insgesamt darstellbaren Messbereich $U_{max} - Q$.

Eine Messung der Eingangsgröße x beginnt mit dem Vergleich mit dem größten Normal q_{n-1}.

- Gilt $x \geq q_{n-1}$, wird $b_{n-1} = 1$ und q_{n-1} bleibt angelegt.
- Gilt dagegen $x < q_{n-1}$, wird $b_{n-1} = 0$ und q_{n-1} wird entfernt.

Damit ist das MSB (Most Significant Bit) des Digitalwertes b gebildet. Im nächsten Schritt wird der verbleibende Rest der Messgröße mit dem nächstkleineren Normal verglichen.

- Gilt $x - b_{n-1} \cdot q_{n-1} \geq q_{n-2}$, wird $b_{n-2} = 1$ und q_{n-2} bleibt angelegt.
- Gilt dagegen $x - b_{n-1} \cdot q_{n-1} < q_{n-2}$, wird $b_{n-2} = 0$ und q_{n-2} wird entfernt.

Dieser Vorgang wird mit den restlichen Normalen bis zum kleinsten Normal q_0 der Größe Q fortgesetzt. Die Zahl Z der Messschritte entspricht der Normalenzahl N und damit der Bitanzahl, also gilt $Z = N = n$.

Das Messergebnis lautet $x = b_{n-1} \cdot 2^{n-1} + b_{n-2} \cdot 2^{n-2} + \ldots + b_2 \cdot 2^2 + b_1 \cdot 2 + b_0$.

Als Beispiel wird ein Wägecodierer mit $m = 255$ Quantisierungsintervallen betrachtet. Er hat eine Auflösung von $Q = 1/256$ und damit sind $Z = N = 8$ und $n = ld(m+1) = 8$ bit. Daher sind $N = 8$ Normale und $Z = 8$ Messschritte erforderlich. Das größte Normal hat den Wert $q_{n-1} = 2^{(n-1)} \cdot Q = 128 \cdot Q$ und das kleinste den Wert $q_0 = Q$.

Die Umsetzzeit im Wägecodierer ist größer als beim Direktumsetzer, da mehr Schritte erforderlich sind. Dafür werden weniger Normale benötigt, d. h. der Aufwand an Präzisionsbauteilen ist prinzipiell geringer.

Bei der technischen Realisierung des Wägeverfahrens unterscheidet man zwischen Umsetzern mit *schrittweiser Annäherung (Sukzessive Approximation, Successive Approximation)* und *Kaskadenumsetzer (Pipeline-A/D-Umsetzer)*. In der Praxis wird von diesen beiden Varianten meist das Verfahren mit schrittweiser Annäherung verwendet und darum wird dieses hier anhand des Rückkopplungscodierers erläutert. Das Blockschaltbild in Abb. 12.10 zeigt den Aufbau mit der Rückkopplung als wesentliches Merkmal.

Als Rückkopplung wird mit einem Digital-Analog-Umsetzer (DAU) eine Referenzspannung U_{ref} erzeugt. Diese wird entsprechend der Summe der aktivierten Normale schrittweise variiert. Im ersten Schritt ist das MSB gesetzt und $U_{ref} = U_{max}/2$. Der Komparator vergleicht die Referenzspannung mit der Eingangsspannung und ermittelt das MSB des Digitalausgangs, der im Successive Approximation Register (SAR) gespeichert wird. Der DAU erzeugt dann den nächsten analogen Vergleichswert, der wieder mit dem Eingangssignal verglichen wird, um das nächste Ausgangsbit zu ermitteln.

Als Beispiel soll das Verfahren für einen ADU mit $n = 3$ bit und $U_{max} = 1$ V durchgespielt werden. Das Quantisierungsintervall Q ist damit 0,125 V. Als Eingangsspannung wird $U_x = 0,8$ V angenommen.

- Im Abtasthalteglied AHG wird die Eingangsspannung gehalten, damit während der schrittweisen Umsetzung stets der gleiche Analogwert U^*_x anliegt.
- Der erste Vergleich erfolgt mit dem Wert $U_{ref} = 2^2 \cdot Q = 4 \cdot 0{,}125$ V $= 0{,}5$ V. Der Eingangswert von 0,8 V ist größer als die Referenzspannung, also ist das MSB b_2 gleich 1.
- Der zweite Vergleich addiert zu der bisher ermittelten Spannung von 0,5 V die nächste Normale, mit halber Größe der vorherigen Normale. Es ergibt sich also der Wert $U_{ref} = b_2 \cdot 2^2 \cdot Q + 2^1 \cdot Q = 0{,}5$ V $+ 2 \cdot 0{,}125$ V $= 0{,}75$ V. Der Eingangswert von 0,8 V ist wieder größer als die Referenzspannung, also ist das nächste Bit b_1 gleich 1.
- Der dritte Vergleich addiert wieder zu der bisher ermittelten Spannung von 0,75 V die nächste Normale, mit halber Größe der vorherigen Normale. Es ergibt sich der Wert $U_{ref} = b_2 \cdot 2^2 \cdot Q + b_1 \cdot 2^1 \cdot Q + 2^0 \cdot Q = 0{,}75$ V $+ 0{,}125$ V $= 0{,}875$ V. Der Eingangswert von 0,8 V ist kleiner als die Referenzspannung, also ist Bit b_0 gleich 0.

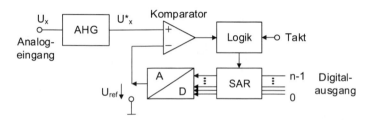

Abb. 12.10 Blockschaltbild des Rückkopplungscodierers mit schrittweiser Annäherung (Sukzessive Approximation)

- Damit ergibt sich nach drei Schritten der digitale Ausgangswert 110, der einer
  Spannung von $6 \cdot Q = 0,75$ V entspricht.

Das Ergebnis ist innerhalb der erreichbaren Genauigkeit für die gewählte Codewortlänge.

12.2.3 Zählverfahren

Beim *Zählverfahren* handelt es sich um ein rein seriell arbeitendes Verfahren. Es existiert
nur ein Normal der Länge Q und während der Messung wird gezählt, wie oft dieses
Normal an den unbekannten Wert x angelegt werden muss, um diesen zu erreichen. Das
Zählergebnis entspricht dann dem gesuchten Digitalwert von x.

Die Zahl der erforderlichen Vergleichsschritte Z hängt von der Messgröße ab und
beträgt maximal $Z = m = 2^n - 1$, denn falls beim $(2^n - 1)$ten Messschritt immer noch gilt
$x > (2^n - 1) \cdot Q$, dann muss x im letzten Quantisierungsintervall liegen.

Der Vorteil dieses Umsetzertyps ist, dass nur ein Normal, also ein geringer Aufwand
an Präzisionsbauelementen, benötigt wird. Da die Anzahl der Messschritte jedoch von
allen Umsetzverfahren am größten ist, arbeitet es auch am langsamsten.

Das Zählverfahren kann elektronisch durch eine Abwandlung des soeben vorgestellten Rückkopplungsumsetzers realisiert werden. Dazu wird das SAR durch einen
Zähler ersetzt und damit U_{ref} pro Messschritt nur um eine Quantisierungsstufe Q erhöht.

Vergleicht man die drei bisher dargestellten Umsetzverfahren miteinander, so zeigt
sich, dass Aufwand (bzw. Kosten) und Umsetzungsdauer bis zu einem gewissen Grade
untereinander austauschbar sind. Dieses ist in Abb. 12.11 anschaulich dargestellt. Häufig
besteht bei der Anwendung von ADUs jedoch der Wunsch, die Auswahl hinsichtlich
Geschwindigkeit und Kosten präziser an das vorliegende Digitalisierungsproblem anzupassen, als es die drei bisher genannten Verfahren zulassen. Dafür stehen zwei weitere
Verfahren zur Verfügung: Das erweiterte Parallel- und das erweiterte Zählverfahren.
Beide werden in den nächsten Abschnitten vorgestellt.

Abb. 12.11 Vergleich der drei klassischen AD-Umsetzverfahren hinsichtlich Hardwareaufwand
und Geschwindigkeit

12.2.4 Erweitertes Parallelverfahren

Das Parallelverfahren ist zwar sehr schnell, hat aber den Nachteil, dass der Aufwand an Präzisionsbauteilen exponentiell mit der Auflösung steigt; denn es werden $N = m = 2^n - 1$ Normale für einen n-Bit-Umsetzer benötigt. Abhilfe schafft hier das erweiterte Parallelverfahren, dessen Funktion zwischen Parallel- und Wägeverfahren liegt.

Im folgenden Abschnitt wird zunächst das allgemeine Prinzip des *erweiterten Parallelverfahrens* dargelegt und anschließend eine moderne Realisierung dieses Prinzips anhand des *Pipeline-A/D-Umsetzers* erläutert.

12.2.4.1 Allgemeines Prinzip des erweiterten Parallelverfahrens

Man erhöht, ausgehend von einem Parallelverfahren, die Anzahl der Messschritte von $Z = 1$ auf $Z > 1$, beispielsweise auf $Z = 2$, bildet im ersten Schritt $(m' + 1)$ Grobstufen und unterteilt die Grobstufe, in der der unbekannte Wert x liegt, in $(m'' + 1)$ Feinstufen. Die Gesamtauflösung beträgt dann $m + 1 = (m' + 1) \cdot (m'' + 1)$, und die Zahl der Normale verringert sich auf $N = m' + m''$.

Das soll am Beispiel verdeutlicht werden. Für einen 8-Bit-ADU gilt $m = 2^8 - 1 = 255$. Dann muss z. B. für $Z = 2$ Messschritte gelten: $m + 1 = (m' + 1) \cdot (m'' + 1) = 256$. Hierfür gibt es die in Tab. 12.2 dargestellten Möglichkeiten.

Allgemein gilt, dass die minimale Normalenzahl, also der kleinste Hardwareaufwand, im Fall $(m' + 1) = (m'' + 1)$ erreicht wird.

Geht man allgemein auf $Z > 2$ Messschritte über, muss gelten $(m' + 1) \cdot (m'' + 1) \cdot (m''' + 1) \ldots \cdot (m^{(Z)} + 1) = m + 1 = 2^n$ und die Normalenzahl beträgt:

$$N = \sum_{i=1}^{Z} m^{(i)}$$

Die Zahl der nötigen Normale wird wiederum minimal, wenn für alle $m^{(i)} = m' = konstant$ gilt. Dann beträgt die Anzahl an Quantisierungsstufen pro Messschritt:

Tab. 12.2 Möglichkeiten für die Realisierung eines ADUs nach dem erweiterten Parallelverfahren, mit n = 8 bit und Z = 2 Schritten

Grobstufen	Feinstufen	N = m' + m''	Bemerkungen
1	256	255	Direktverfahren
2	128	128	
4	64	66	
8	32	38	
16	16	30	Minimale Normalenzahl
32	8	38	Ab hier Wiederholung

Abb. 12.12 Struktur eines dreischrittigen 8-Bit-ADU nach dem erweiterten Parallelverfahren mit minimaler Normalenzahl

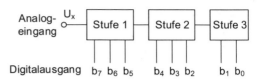

Abb. 12.13 Vereinfachtes Blockschaltbild eines 8-Bit-Half-Flash-Umsetzers

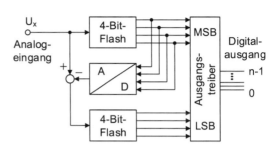

$$\left(m' + 1\right) = \left(m'' + 1\right) = \left(m^{(Z)} + 1\right) = \sqrt[z]{m + 1} = \sqrt[z]{2^n}$$

und die erforderliche Normalenzahl beträgt $N = Z \cdot m'$.

Als einfaches Beispiel soll ein 8-Bit-ADU in $Z = 4$ Schritten mit minimaler Normalenzahl aufgeteilt werden. Die minimale Normalenzahl ergibt sich für

$$\left(m' + 1\right) = \left(m'' + 1\right) = \left(m''' + 1\right) = \left(m'''' + 1\right) = \sqrt[4]{2^8} = \sqrt[4]{256} = 4$$

Dies bedeutet pro Umsetzerstufe werden 2 Bit generiert. Die Zahl der Normale beträgt $N = Z \cdot m' = 4 \cdot 3 = 12$.

Falls die Einzelquantisierungsstufenzahl keine Potenz von 2 ergibt, ist eine andere Aufteilung nötig. Soll beispielsweise der 8-Bit-ADU in $Z = 3$ Schritte aufgeteilt werden, ergibt sich für die Anzahl an Quantisierungsstufen der Wert $\sqrt[3]{256} = 6{,}35$ also keine Zweierpotenz. Die drei Stufen müssen dann so gewählt werden, dass sie einer Zweierpotenz entsprechen und sich insgesamt die benötigten 256 Quantisierungsstufen ergeben. Dies erfolgt, durch zwei Stufen mit 8 und einer Stufe mit 4 Einzelquantisierungsstufen, die insgesamt $8 \cdot 8 \cdot 4 = 256$ Stufen ergeben. In Bit gerechnet ergeben die Einzelstufen zweimal 3 und einmal 2 Bit, insgesamt also 8 Bit. Die minimale Normalenzahl ist 17. Die Umsetzerstruktur ist in Abb. 12.12 gezeigt.

Umsetzer nach dem erweiterten Direktverfahren mit der Schrittzahl $Z = 2$ sind als Half-Flash-Umsetzer auf dem Markt vertreten. Das vereinfachte Blockschaltbild des Half-Flash-Umsetzers AD 7821 (Analog Devices) mit 8 Bit ist in Abb. 12.13 dargestellt. Ein 4-Bit-Direktumsetzer erzeugt im ersten Schritt die vier höchstwertigen Bits (MSB). Deren Analogäquivalent wird anschließend von der analogen Eingangsspannung subtrahiert. Aus der verbleibenden Differenz werden dann mit einem zweiten 4-Bit-Direktumsetzer die vier niederwertigsten Bits ermittelt (LSB).

12.2.4.2 Pipeline-Analog-Digital-Umsetzer

Bei einem Pipeline-ADU erfolgt die Umsetzung ebenfalls in mehreren Schritten. Anders als beim allgemeinen Verfahren werden die Werte in jeder Stufe mit einem AHG gehalten und nach der Differenzbildung verstärkt. Durch das Halten der Zwischenwerte ist eine Verarbeitung im Pipeline-Verfahren möglich, denn während die zweite Stufe die nachfolgenden Bits ermittelt, kann die erste Stufe bereits den nächsten Abtastwert bearbeiten. Die Verstärkung ermöglicht der nachfolgenden Stufe mit höheren Signalpegeln zu arbeiten.

Abb. 12.14 zeigt das Prinzip eines Pipeline-Analog-Digital-Umsetzers mit vier Stufen eines 3-Bit-Umsetzers, angelehnt an den Baustein AD9200 von Analog Devices. Vom analogen Eingangssignal werden in der ersten Stufe die drei höchstwertigen Bits in einem Flash-AD-Umsetzer (ADU) ermittelt und das digitale Teilergebnis mit einem DA-Umsetzer (DAU) wieder in einen analogen Wert umgesetzt. Der Eingangswert wird im ersten Abtast-Halte-Glied (AHG) gespeichert und von ihm wird jetzt der Ausgang des DAUs abgezogen. Da im ersten Schritt drei Bit des Ergebnisses ermittelt wurden, kann die Differenz um den Faktor $2^3 = 8$ verstärkt werden. Dadurch hat die Differenz wieder den gleichen Pegel wie das Eingangssignal und die zweite Stufe kann genauso wie die erste Stufe dimensioniert werden. Dies ist für den Schaltungsentwurf und die Genauigkeit der AD- und DA-Umsetzung vorteilhaft. Nach der zweiten Stufe werden in der dritten und vierten Stufe die weiteren Bits ermittelt.

Für den praktischen Entwurf ist es vorteilhaft, wenn sich die Bereiche der einzelnen Stufen etwas überlappen. Pro Stufe wird darum nicht der volle 3-Bit-Messbereich von 0 bis 7 genutzt, sondern nur etwa der Wertebereich von 0 bis 5. Diese 6 Werte entsprechen rund 2,5 bit Auflösung und somit erfolgt dann die Verstärkung zwischen den Stufen auch mit dem Faktor 6. Eine Korrekturlogik setzt aus den vier Teilergebnissen den Messwert mit der Genauigkeit von 10 bit zusammen. In dieser Korrekturlogik kann sichergestellt werden, dass sich der gesamte ADU über den Messbereich möglichst linear verhält. Insbesondere wird vermieden, dass *Missing Codes* auftreten, das heißt beim Übergang zwischen Messbereichen wird kein Codewort übergangen.

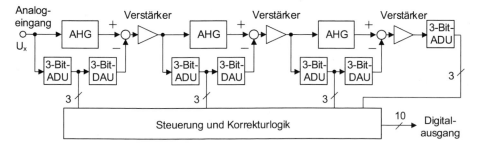

Abb. 12.14 Blockschaltbild eines Pipeline-Analog-Digital-Umsetzers

12.2.5 Erweitertes Zählverfahren

Das erweiterte Zählverfahren liegt in seiner Funktion zwischen dem Zähl- und dem Wägeverfahren. Das Zählverfahren hat zwar den Vorteil minimalen Aufwands an Präzisionsbauelementen, dafür ist aber die Schrittzahl und damit die Umsetzdauer die höchste der drei klassischen Umsetzverfahren. Beispielsweise sind für einen 8-Bit-Umsetzer 255 Schritte erforderlich.

Eine Reduzierung der Umsetzdauer lässt sich prinzipiell durch eine Aufteilung in eine Grobmessung und eine Feinmessung erreichen. In der Grobmessung könnte ein Normal der Größe $2 \cdot Q$ verwendet werden, was bei 8 Bit 127 Schritte erfordert. In der Feinmessung wird dann in einem einzelnen Schritt ein Normal der Größe Q verwendet. Somit wird die Anzahl der erforderlichen Schritte etwa halbiert. Auch eine weitere Aufteilung mit Zwischenmessungen ist denkbar.

Eine praktische Bedeutung bei der Realisierung von ADUs hat das erweiterte Zählverfahren bislang nicht.

12.2.6 Single- und Dual-Slope-Verfahren

Bisher wurden ausschließlich Umsetzverfahren betrachtet, bei denen die elektrische Spannung direkt gemessen wurde. Bei indirekten Verfahren wird dagegen die Messgröße zunächst in eine Hilfsgröße überführt, welche genauer, schneller oder mit kleinerem Aufwand messbar ist. Die wichtigsten Hilfsgrößen sind eine messgrößenproportionale Frequenz sowie eine messgrößenproportionale Zeit.

Die Messung mithilfe einer variablen Zeit erfolgt durch Zählung mit einem Taktsignal. Das Grundprinzip dieses Verfahren wird als *Single-Slope-Verfahren* bezeichnet. Die Funktion wird an einem Blockschaltbild beschrieben (Abb. 12.15). Ein Sägezahngenerator erzeugt eine linear ansteigende Spannung U_k, die zum Beginn einem Messzyklus gestartet wird. Wenn diese die Spannung Null erreicht, wechselt der logische Pegel am unteren Komparator auf High und der Zähler startet. Erreicht U_k die unbekannte Messspannung U_x, wechselt der logische Pegel am oberen Komparator auf Low und der Zähler stoppt. Der so ermittelte Zählerstand ergibt den digitalen Messwert. Es handelt sich also um ein Zählverfahren, wobei die Spannungsänderung dU_k/dt während einer Taktperiode einem Quantisierungsintervall entspricht.

Abb. 12.15 Blockschaltbild eines ADUs nach dem Single-Slope-Verfahren

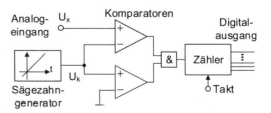

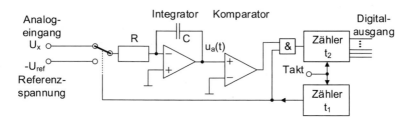

Abb. 12.16 Prinzipschaltbild eines AD-Umsetzers nach dem Dual-Slope-Verfahren

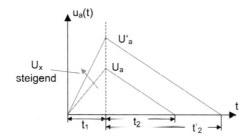

Abb. 12.17 Spannungsverläufe im Dual-Slope-Umsetzer während des Messzyklus

Dieses einfache Verfahren wird in der Praxis jedoch nicht eingesetzt, denn der Säge-zahngenerator hat durch alterungs- oder temperaturbedingte Änderungen seiner Bauelemente nur eine begrenzte Genauigkeit.

Praktisch eingesetzt wird das *Doppelflanken-* oder *Dual-Slope-Verfahren*. Hierbei wird, anders als beim Single-Slope-Verfahren, die Messgröße U_x und nicht eine Referenzspannung über eine feste Zeit t_1 integriert. Abb. 12.16 und 12.17 zeigen Prinzipschaltbild und Zeitverlauf bei einer Messung. Während der festen Messdauer t_1 wird in einem Integrator die unbekannte Spannung U_x bis zur Endspannung U_a aufintegriert. Anschließend schaltet der Zähler für t_1 um und die Spannung U_a wird über eine negative Referenzspannung $-U_{ref}$ wieder bis auf die Spannung 0 integriert. Die Zeit t_2, die hierfür erforderlich ist, wird gemessen und ergibt den digitalen Messwert für die Spannung U_x.

Der Vorteil dieser Messung liegt darin, dass die Bauteile R und C für beide Integrationszyklen verwendet werden. Dadurch ist die Messung unabhängig von Parameterschwankungen bei diesen Bauteilen. Es ist lediglich eine stabile Referenzspannung erforderlich, die durch Band-Gap-Dioden mit hoher Genauigkeit zur Verfügung steht.

Die Messdauer t_1 kann zu einem Vielfachen der Periodendauer der 50 Hz Netzspannung, also zu $n \cdot 20$ ms gewählt werden. In diesem Fall haben Störungen durch die Netzspannung keinen Einfluss auf das Messergebnis.

Die Vorteile dieses Messverfahrens sind also:

- gute Störspannungsunterdrückung, da integrierendes Verfahren
- unabhängig von alterungs- und temperaturbedingten Änderungen der Bauelemente und des Taktoszillators
- Die Langzeitpräzision wird nur durch U_{ref} bestimmt, die sehr präzise erzeugt werden kann
- erzielbare Genauigkeit: ca. 0,001 %, d. h. 15–16 bit bzw. 5 Dezimalstellen

Nachteil:
- Das Verfahren arbeitet relativ langsam

Die häufigste Anwendung findet dieser Umsetzertyp in Digitalvoltmetern.

12.2.7 Sigma-Delta-Umsetzer

Ein *Sigma-Delta-Umsetzer* ($\Sigma\Delta$-Umsetzer) kombiniert die Rückführung eines 1-Bit-DA-Umsetzers mit einem Integrator und einer Überabtastung. Das Blockschaltbild Abb. 12.18 zeigt den Aufbau. Der Eingangswert U_x wird mit der Rückführung kombiniert und in einem Integrator weiterverarbeitet. Dieser Integrator ist ähnlich wie beim Dual-Slope-Verfahren aufgebaut. Ein Komparator ermittelt, ob das Integral positiv oder negativ ist und arbeitet daher als 1-Bit-ADU. Der ADU-Ausgang *Plus* ist eine binäre Information und geht an ein D-Flip-Flop, wo der Wert mit hoher Taktfrequenz abgetastet wird. Als Rückführung geht der abgetastete Vergleichswert P auf einen 1-Bit-DA-Umsetzer, dessen Ausgang vom Eingangswert abgezogen wird.

Der Digitalausgang berechnet sich durch einen digitalen Filter aus der Folge von Vergleichswerten P. Der Name Sigma-Delta bildet sich aus den Funktionselementen Integration (Sigma) und der Differenzbildung mit der Rückkopplung (Delta).

Zum Verständnis des Funktionsprinzips wird der Zeitablauf bei einer Umsetzung in Tab. 12.3 Schritt für Schritt erläutert. Als Messbereich wird ±1 V angenommen und auch der Ausgang des DAU beträgt +1 V oder -1 V. Als Spannung am Analogeingang U_x soll 0,6 V gemessen werden. Für den Zeitschritt 1 wird zum besseren Verständnis die Rück-

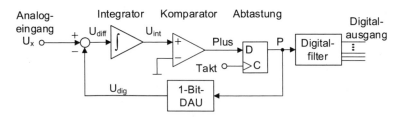

Abb. 12.18 Blockschaltbild eines Sigma-Delta-Umsetzers

Tab. 12.3 Zeitablauf einer AD-Umsetzung mit Sigma-Delta-Umsetzer

Zeit-schritt	1	2	3	4	5	6	7	8	9	10	11	12	13	14	15
U_x [in V]	0,6	0,6	0,6	0,6	0,6	0,6	0,6	0,6	0,6	0,6	0,6	0,6	0,6	0,6	0,6
U_{dig} [in V]	0*	+1	+1	−1	+1	+1	+1	+1	−1	+1	+1	+1	+1	−1	+1
U_{diff} [in V]	0,6	−0,4	−0,4	1,6	−0,4	−0,4	−0,4	−0,4	1,6	−0,4	−0,4	−0,4	−0,4	1,6	−0,4
U_{int} [in V]	0,6	0,2	−0,2	1,4	1,0	0,6	0,2	−0,2	1,4	1,0	0,6	0,2	−0,2	1,4	1,0
Plus [binär]	1	1	0	1	1	1	1	0	1	1	1	1	0	1	1

führung weglassen, daher ist $U_{dig}=0$ V (in der Tabelle mit 0* markiert). Ebenfalls wird angenommen, dass der Integrator mit der Spannung $U_{int}=0$ V startet.

In den Zeitschritten erfolgen dann die folgenden Berechnungen:

1. U_x plus U_{dig} ergeben 0,6 V, die im Integrator verarbeitet werden. Dieser Wert ist positiv, daher ist Plus gleich 1.
2. Die Rückführung nimmt den vorherigen Wert von *Plus* und ergibt darum $U_{dig}=1$ V. Dieser Wert wird von U_x abgezogen, sodass $U_{diff}=-0,4$ V ist. Addiert zum vorherigen Wert des Integrators bleibt $U_{int}=0,2$ V. Dieser Wert ist positiv, daher ist *Plus* gleich 1.
3. Die Rückführung ergibt erneut $U_{dig}=1$ V, sodass wiederum $U_{diff}=-0,4$ V ist. Der Wert des Integrators wird $U_{int}=-0,2$ V. Dieser Wert ist negativ, daher ist *Plus* gleich 0.
4. Wegen des negativen Werts im Integrator ergibt die Rückführung nun $U_{dig}=-1$ V. Daher ist $U_{diff}=1,6$ V und der Wert des Integrators wird $U_{int}=1,4$ V. Dieser Wert ist positiv, daher wird *Plus* wieder gleich 1.
5. Die Rückführung ergibt wieder $U_{dig}=1$ V, darum wird $U_{diff}=-0,4$ V. Der Wert des Integrators wird $U_{int}=1$ V. Dieser Wert ist positiv, daher ist *Plus* gleich 1.
6. Der weitere Zeitablauf kann aus der Tabelle abgelesen werden.

Beim Zeitablauf in Tab. 12.3 besteht die Pulsfolge am digitalen Filter aus vier Einsen und einer Null. Die Pulsfolge wird Tiefpass-gefiltert und ergibt einen 1-Anteil von 80 %. Dieser Wert bezieht sich auf den Messbereich von ± 1 V und entspricht $U_x=-1$ V$+0,8 \cdot 2$ V $=-1$ V$+1,6$ V$=0,6$ V.

Die Tabelle zeigt die Umsetzung eines konstanten Eingangswertes. Wenn sich U_x ändert, wird sich auch die Pulsfolge nach mehreren Schritten an den geänderten Eingangswert anpassen.

Der Sigma-Delta-Umsetzer versucht also mit Pulsen von +1 V und −1 V die Eingangsspannung nachzubilden. Dies sind recht grobe Schritte; im Gegenzug dafür wird die Frequenz der Schritte sehr hoch gewählt. Der Unterschied zwischen höchster Frequenz des Eingangssignals und Abtastrate wird als Oversampling Ratio OSR bezeichnet und hierfür sind Faktoren von 100 und höher möglich. Diese Arbeitsfrequenz passt sehr gut zu modernen CMOS-Prozessen, die hohe Taktfrequenzen ermöglichen.

Das Messprinzip des Sigma-Delta-Umsetzers unterscheidet sich damit maßgebend von dem der bisher dargestellten Umsetzer. Letztere liefern bei einer Abtastrate, die möglichst nahe der unteren durch das Abtasttheorem erlaubten Grenze liegt, jeweils ein vollständiges Codewort. Der Sigma-Delta-Umsetzer liefert dagegen eine 1-Bit-Folge mit sehr viel höherer Frequenz. Dieses Verfahren nennt man daher auch *Oversampling-Technik*. Der Sigma-Delta-Umsetzer hat gegenüber anderen Umsetzern eine Reihe von Vorteilen:

1. Er kann nahezu völlig aus digitalen Komponenten aufgebaut werden. Die Anforderungen an die 1-Bit-Umsetzung sind nicht sehr hoch.
2. Er wirkt für das Eingangssignal wie ein Tiefpass, für das Quantisierungsfehlersignal jedoch wie ein Hochpass. Das Spektrum des Quantisierungsfehlersignals wird daher schwerpunkthaft in die Nähe der sehr hohen Abtastfrequenz verschoben. Der digital arbeitende Tiefpass eliminiert erhebliche Teile davon und kann so dimensioniert werden, dass er 50 Hz-Störungen unterdrückt.
3. Dem Umsetzerprinzip ist eine monotone Quantisierungskennlinie inhärent.
4. Wegen der sehr hohen Abtastfrequenz kommt der Sigma-Delta-Umsetzer generell ohne Abtast-Halteglied aus.
5. Derzeit liefert dieses Verfahren die höchsten verfügbaren Auflösungen.

Den Vorteilen stehen auch einige Nachteile gegenüber:

1. Wegen des mittelwertbildenden digitalen Filters gibt es eine große Latenzzeit zwischen dem ersten Abtastwert und dem ersten Codewort. Daher eignet sich dieser Umsetzer nicht zum Multiplexbetrieb für mehrere Signalquellen.
2. Gegenüber Flash-Umsetzern arbeitet das Sigma-Delta-Verfahren langsam.

Sigma-Delta-Umsetzer nach dem Oversampling-Prinzip haben sich inzwischen mit Auflösungen von 16 bit in der hochwertigen Tonsignalverarbeitung etabliert. Weiterhin wird dieses Verfahren in der Telemetrie und zur präzisen Überwachung langsam veränderlicher Signale, beispielsweise bei Dehnungsmessstreifen eingesetzt.

12.3   Verfahren zur Digital-Analog-Umsetzung

Digital-Analog-Umsetzer (DAU) dienen der Rückgewinnung des Analogsignals aus codierten digitalen Werten. Dabei verursacht die Zeitdiskretisierung prinzipiell keine Fehler, wenn das Abtasttheorem eingehalten wird. Die Wertdiskretisierung führt zu Quantisierungsfehlern, die systematischer Natur sind und nicht mehr eliminiert werden können. Durch Wahl einer hohen Auflösung können die Quantisierungsfehler jedoch sehr klein gehalten werden.

Bei der Umsetzung liefert der DAU Impulse endlicher Breite t_s und mit der Höhe, die durch die Digitalwerte vorgegeben ist (Abb. 12.19). Dieses Signal ist also noch zeitdiskret. Durch anschließende Filterung in einem Tiefpass (Interpolator-Tiefpass) wird dieses Signal wieder zu einer stetigen Analogfunktion interpoliert.

Theoretisch sollte die Impulsbreite t_s möglichst klein sein, um keine zusätzlichen Frequenzen für das Ausgangssignal zu erzeugen. In der Realität wird jedoch aus zwei Gründen eine größere Impulsbreite gewählt, die meist der Periodendauer der Abtastung T_{abt} entspricht.

- Durch die größere Breite des Signals ist eine höhere Signalleistung vorhanden.
- Es ist keine Abschaltung des Signals zwischen den Ausgabewerten erforderlich.

Das resultierende Rechtecksignal ergibt eine merkliche Verzerrung des Ausgangssignals, denn das Spektrum des digitalen Signals wird mit dem Spektrum einer Rechteckfunktion der Breite T_{abt} multipliziert. Diese Verzerrung kann jedoch durch ein nachfolgendes analoges Filter wieder eliminiert werden. Die Struktur eines DAUs entspricht damit Abb. 12.20.

Abb. 12.19 Das Ausgangssignal eines DAU besteht prinzipiell aus Impulsen endlicher Breite

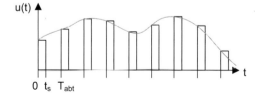

Abb. 12.20 Prinzipschaltbild eines Umsetzers digitaler in analoge Signale

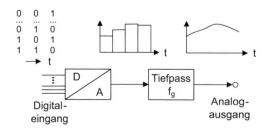

12.3.1 Direktverfahren

Im *Direktverfahren* werden die möglichen Ausgangsspannungen des n-Bit-Umsetzers in einem Spannungsteiler aus 2^n gleichen Widerständen gebildet. Durch einen Multiplexer wird eine Spannung ausgewählt und an den Ausgang gegeben (Abb. 12.21). Die Schalter des Multiplexers sind natürlich keine mechanischen Schalter, sondern werden durch Transistoren implementiert. Die Widerstandsreihe führt auch zu der englischen Bezeichnung „String Architecture". Das Verfahren ähnelt dem Parallelverfahren zur AD-Umsetzung aus Abb. 12.9.

Der Vorteil dieses Verfahrens ist eine relativ gleichmäßige Schrittweite der Umsetzungskennlinie, denn die Toleranzen der Widerstände entsprechen der Schrittweite zweier Ausgabewerte. Dadurch können insbesondere keine Monotoniefehler (siehe Abschn. 12.4.1.6) auftreten.

Der Nachteil des Verfahrens ist der hohe Aufwand an Widerständen und Schaltern, insbesondere bei höheren Wortbreiten. Es gibt jedoch erweiterte Strukturen, bei denen nicht alle 2^n Ausgangsspannungen direkt erzeugt werden, sondern eine Interpolation zwischen Abgriffen der Widerstandsreihe erfolgt.

12.3.2 Summation gewichteter Ströme

Das Verfahren der *Summation gewichteter Ströme* basiert auf dem Prinzip, dass für jedes auf 1 gesetzte Bit des Dualwortes ein dem Bitgewicht entsprechender Strom erzeugt wird. Dann werden alle Ströme rückwirkungsfrei summiert, beispielsweise durch einen Operationsverstärker (OP). Für einen DAU mit n bit ergibt sich daraus die in Abb. 12.22 gezeigte Schaltung. Das digitale Codewort steuert die Schalter b_0 bis b_{n-1}. Die Ausgangsspannung des OPs beträgt dann:

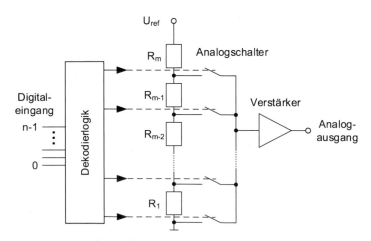

Abb. 12.21 DA-Umsetzung im Direktverfahren

Abb. 12.22 Prinzipschaltbild eines DAU nach dem Summationsprinzip gewichteter Ströme

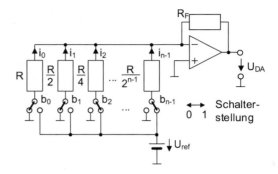

$$U_{DA} = -R_F(b_0 \cdot i_0 + b_1 \cdot i_1 + b_2 \cdot i_2 + \ldots + b_{n-1} \cdot i_{n-1})$$

Für die Ströme gilt

$$i_k - \frac{U_{ref}}{R/2^k} = \frac{U_{ref} \cdot 2^k}{R}$$

Damit berechnet sich die Ausgangsspannung U_{DA} des Umsetzers zu

$$U_{DA} = -U_{ref} \frac{R_F}{R} \sum_{k=0}^{n-1} b_k \cdot 2^k$$

Es ist ersichtlich, dass die Ausgangsspannung U_{DA} eine Form hat, die dem vorgegebenen dualen Wert bis auf eine multiplikative Konstante entspricht. Die elektronischen Schalter können in Bipolar- oder CMOS-Technik realisiert werden.

Ein wesentlicher Nachteil der Schaltungsstruktur ist, dass sich die Widerstandswerte für einen n-Bit-Umsetzer um den Faktor 2^{n-1} unterscheiden. Dieses ist in monolithischer Technik schwer zu realisieren, da der herstellbare Wertebereich technologisch begrenzt ist. Außerdem sind die Anforderungen an die Präzision der kleineren Widerstände sehr hoch. Der kleinste Widerstand R hat den höchsten Strombeitrag und sein Stromfehler sollte kleiner als 1/2 Stelle des Ergebnisses sein. Das bedeutet, der Fehler darf nur so groß wie die Hälfte des Strombeitrags des größten Widerstands $R/2^{n-1}$ sein. Darum muss die Genauigkeit besser als 2^{-n} sein. Bei einem 12-Bit-Umsetzer benötigt der kleinste Widerstand also die Genauigkeit von $2^{-12} = 2{,}44 \cdot 10^{-4}$ und dieser Wert ist praktisch nicht zu erreichen.

Aus diesen Gründen werden integrierte DAUs nicht nach dem oben dargestellten Prinzip realisiert, sondern durch fortgesetzte Spannungsteilung in einem Kettenleiternetzwerk. Dieses Verfahren wird im nächsten Kapitel beschrieben.

Eingesetzt wird die Umsetzung mit Summation gewichteter Ströme bei Anwendungen mit geringer Wortbreite. Ein Beispiel ist die Codierung von Tasten für Mikrocontroller.

Wenn ein Mikrocontroller durch mehrere Taster bedient werden soll, wäre prinzipiell
für jeden Taster eine Eingangsleitung erforderlich. Stattdessen können vier bis sechs
Taster über ein Widerstandsnetzwerk wie in Abb. 12.22 an einen einzigen Analogeingang
des Mikrocontrollers gegeben werden, sodass Eingangsleitungen gespart werden. Der
Operationsverstärker ist dabei nicht erforderlich.

12.3.3 R-2R-Leiternetzwerk

Die Arbeitsweise dieses DA-Umsetzertyps basiert prinzipiell auf dem gleichen Verfahren
wie der zuvor dargestellte, denn es werden Ströme addiert, die dem Wert der einzelnen
Dualstellen des vorgegebenen Digitalwortes entsprechen. Allerdings werden hier die
Ströme stufenweise mit gleichgroßen Widerständen anhand fortgesetzter Spannungsteilung in einem Leiternetzwerk erzeugt. Grundelement ist dabei ein π-Glied, das als
belasteter Spannungsteiler mit folgenden Eigenschaften betrieben wird:

- Belastet man den Spannungsteiler mit einem Abschlusswiderstand Z, so soll sein Eingangswiderstand ebenfalls Z sein. Das ermöglicht eine einfache Kettenschaltung der
  einzelnen Spannungsteiler.
- Der Teilerfaktor in jeder abgeschlossenen Teilerstufe soll entsprechend der dualen
  Abstufung 2 sein.

Diese Forderungen lassen sich mit symmetrischen Vierpolen erreichen, die mit ihrem
Wellenwiderstand abgeschlossen sind. Eine Rechnung liefert das in Abb. 12.23 dargestellte verlängerbare Kettenleiternetzwerk. Wegen der charakteristischen Widerstandswerte wird diese Schaltung auch als R-2R-Leiternetzwerk bezeichnet. Der Wert für den
Widerstand R kann frei gewählt werden.

Für die Verwendung als ADU wird an die Klemmen A und B eine Referenzspannung
U_{ref} angeschlossen. Der Spannungsteilerkette werden über Stromschalter die Einzel-
ströme gemäß dem vorliegenden Binärwort entnommen und am Summationspunkt eines
OP rückwirkungsfrei addiert (Abb. 12.24).

Für die eingetragenen Spannungen gilt:

$$U_3 = U_{ref}$$

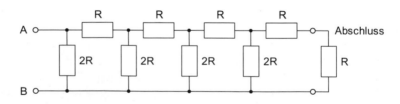

Abb. 12.23   R-2R-Leiternetzwerk für einen Digital-Analog-Umsetzer

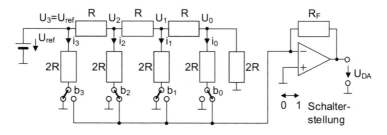

Abb. 12.24 Prinzipschaltbild eines 4-Bit-DAUs mit R-2R-Leiternetzwerk

$$U_2 = U_3/2$$

$$U_1 = U_2/2$$

$$U_0 = U_1/2$$

Damit ergeben sich die Ströme zu:

$$I_3 = \frac{U_3}{2R} = \frac{U_{ref}}{2R}$$

$$I_2 = \frac{U_2}{2R} = \frac{U_{ref}/2}{2R} = \frac{I_3}{2}$$

$$I_1 = \frac{U_1}{2R} = \frac{U_{ref}/4}{2R} = \frac{I_3}{4}$$

$$I_0 = \frac{U_0}{2R} = \frac{U_{ref}/8}{2R} = \frac{I_3}{8}$$

Die Stromschalter werden in Bipolar- oder CMOS-Technik realisiert. Es tritt lediglich das gut realisierbare Widerstandsverhältnis 2:1 auf. Ein typischer Wert für R ist 500 Ω. Nach diesem Prinzip arbeiten die meisten käuflichen DAUs in monolithischer und hybrider Technik. Außerdem ist in ADUs mit sukzessiver Approximation im Gegenkopplungspfad ein DAU dieses Typs enthalten.

12.3.4 Pulsweitenmodulation

Die *Pulsweitenmodulation* (PWM) erzeugt eine analoge Ausgangsgröße durch schnellen Wechsel zwischen zwei Spannungswerten. Das Verhältnis zwischen den Zeiten für die Ausgangspegel bestimmt die analoge Ausgangsgröße. Abb. 12.25 zeigt den Zeitablauf

Abb. 12.25 Zeitablauf für
eine Pulsweitenmodulation
(PWM) für die Ausgabewerte
20 % und 70 %

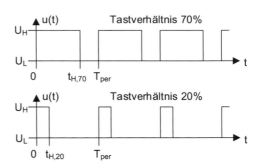

für zwei Ausgabewerte. Das Ausgangssignal wechselt periodisch zwischen High-Pegel U_H und Low-Pegel U_L. Die Dauer des High-Pegels t_H dividiert durch die Periodendauer T_{Per} wird als Tastverhältnis bezeichnet.

Aus der Pulsfolge kann durch einen Tiefpass eine Mittelwertbildung erfolgen, um eine analoge Ausgangsspannung zu erzeugen; im einfachsten Fall reicht ein Kondensator. Die analoge Ausgangsspannung berechnet sich zu

$$U_{DA} = U_L + \frac{t_H}{T_{Per}}(U_H - U_L)$$

Als Beispiel wird für den Zeitverlauf in Abb. 12.25 ein High-Pegel von 3,3 V und ein Low-Pegel von 0 V angenommen. Dann ergibt sich für das Tastverhältnis von 70 % die Ausgangsspannung 2,31 V und für 20 % die Spannung 0,66 V.

Es gibt jedoch auch Anwendungen, bei denen keine analoge Ausgangsspannung benötigt wird, sondern stattdessen der angesteuerte Aktor oder der nachfolgende Sensor einen Mittelwert bildet.

- Ein Gleichstrommotor kann durch eine PWM angesteuert werden und ergibt verschiedene Drehgeschwindigkeiten. Die Masse der Achse und die Motorlast sorgen für die Mittelwertbildung.
- Wird eine Leuchtdiode mit einer PWM angesteuert, erscheint sie verschieden hell. Die LED ist abwechselnd leuchtend und nicht-leuchtend und das menschliche Auge sorgt für die Mittelwertbildung.

12.4   Eigenschaften realer AD- und DA-Umsetzer

Reale Umsetzerbausteine sind mit Fehlern behaftet. Sie sind bauelemente-, schaltungs- oder prinzipbedingt und können sowohl im ADU als auch im DAU auftreten. Sie lassen sich in statische und dynamische Fehler unterteilen.

Die zunächst betrachteten statischen Fehler treten in ADUs und bis auf den Quantisierungsfehler auch in DAUs auf. Die in den folgenden Kapiteln hierzu dargestellten Diagramme beziehen sich auf ADUs. Durch Spiegelung an der Einheitsgeraden erhält man daraus die entsprechenden Darstellungen für DAUs. Bei dynamischen Fehlern muss zwischen ADUs und DAUs unterschieden werden.

12.4.1 Statische Fehler

Als statische Fehler werden solche Fehler bezeichnet, die nach dem Abklingen aller Einschwingvorgänge übrigbleiben.

12.4.1.1 Quantisierungsfehler

Die Beschränkung auf eine endliche Anzahl darstellbarer Amplitudenstufen bei der AD-Umsetzung verursacht systematische Fehler, deren Amplitude im Allgemeinen $\pm 0{,}5 \cdot Q$ erreichen kann. Nach der DA-Umsetzung ergibt sich dadurch ein Fehlersignal, der *Quantisierungsfehler,* der rauschsignalähnlichen Charakter hat und den Signal-Rausch-Abstand begrenzt. Der Quantisierungsfehler ist auch interpretierbar als Auswirkung der nichtlinearen Stufenkennlinie eines Quantisierers auf das Signal. Da in praktischen Fällen die Stufen der Quantisiererkennlinie sehr klein sind, kann man auch von einer mikroskopischen Nichtlinearität sprechen.

Setzt man eine lineare Quantisierung, ein in jedem Quantisierungsintervall gleichverteiltes Signal und einen mitten im Quantisierungsintervall Q liegenden Repräsentationswert voraus, beträgt die Quantisierungsgeräuschleistung (Noise) N:

$$N = Q^2/12$$

Als Zahlenbeispiel wird ein vollaussteuerndes Sinussignal bei einem Umsetzer mit $m \cdot Q \approx 2^n$ Quantisierungsintervallen angenommen, wobei n die Codewortbreite ist. Hier beträgt die Signalleistung S:

$$S = \left(\frac{m \cdot Q}{2 \cdot \sqrt{2}}\right)^2 = \frac{2^{2n} \cdot Q^2}{8}$$

Dann beträgt der maximal erreichbare Signal-Rausch-Abstand (Signal to Noise Ratio) für das mit n bit digitalisierte Sinussignal

$$SNR = 10 \cdot log\frac{S}{N} = (1{,}76 + 6{,}02 \cdot n) \, \text{dB}$$

Unter den oben getroffenen Voraussetzungen ist daher mit einem 12-Bit-Umsetzer ein max. Rauschabstand von $SNR = 74$ dB erreichbar. Dieser Wert entspricht einer guten Signalqualität, somit kann der Quantisierungsfehler bei der Digitalisierung mit einem erträglichen technischen Aufwand relativ klein gehalten werden.

Für die nächsten Betrachtungen wird die Stufenkennlinie mittels einer Geraden durch die Quantisierungsintervallmitten ersetzt (Umsetzerkennlinie). Der ideale lineare AD-Umsetzer hat dann eine Umsetzerkennlinie, wie sie in Abb. 12.26 dargestellt ist.

Abb. 12.26 Kennlinie eines
idealen AD-Umsetzers

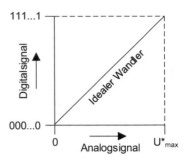

Verwendet man für Ein- und Ausgangsgrößen gleiche Maßstäbe, verläuft die ideale Kennlinie unter 45°. Weicht ein Umsetzer von dieser Kennlinie ab, ist er fehlerhaft.

12.4.1.2 Offsetfehler

Anschaulich gesehen liegt ein *Offsetfehler (Zero Error)* vor, wenn die Umsetzerkennlinie gegenüber der idealen Kennlinie parallelverschoben ist (Abb. 12.27, links). Ursache hierfür ist beispielsweise ein Offsetfehler des Eingangsverstärkers. Konkret entspricht dieser Fehler der Lageabweichung des ersten Übergangswerts oberhalb von Null von der Ideallage bei $0,5 \cdot Q$ (siehe auch Abb. 12.8). Der Offsetfehler verursacht einen konstanten absoluten Fehler im gesamten Aussteuerbereich und ist auf null abgleichbar.

Die Angabe des Offsetfehlers im Datenblatt erfolgt üblicherweise in Bruchteilen des Aussteuerbereichs. Der Offsetfehler hat darüber hinaus einen Temperatur-Koeffizienten, der nur mit großem Aufwand kompensiert werden kann.

12.4.1.3 Verstärkungsfehler

Anschaulich gesehen liegt ein *Verstärkungsfehler (Gain Error)* vor, wenn die Kennliniensteigung von der idealen Steigung 1 abweicht (Abb. 12.27, rechts). Er verursacht einen konstanten relativen Fehler im Aussteuerbereich und ist auf null abgleichbar.

Die exakte Definition des Verstärkungsfehlers ist die Abweichung der real vorliegenden Spannungsdifferenz zwischen dem ersten Übergangswert bei $0,5 \cdot Q$ und dem letzten bei $U_{max} - 1,5 \cdot Q$ vom idealen Wert (siehe Abb. 12.8).

Die Angabe des Verstärkungsfehlers im Datenblatt erfolgt entweder absolut in LSB oder relativ in % des Aussteuerbereichs. Der Verstärkungsfehler hat einen Temperatur-Koeffizienten, der nur mit großem Aufwand kompensiert werden kann.

12.4.1.4 Nichtlinearität

Die *Nichtlinearität (Nonlinearity)* eines Umsetzers, auch Integrale Nichtlinearität (INL) genannt, entspricht der maximalen Kennlinienabweichung von der Geraden durch die Endpunkte des Diagramms.

Nach Abgleich der Offset- und Verstärkungsfehler entspricht sie der maximalen Abweichung von der idealen Kennlinie (Abb. 12.28). Gelegentlich wird allerdings in

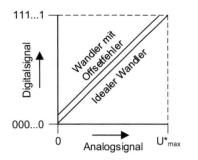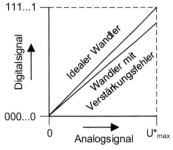

Abb. 12.27   Kennlinien mit Offsetfehler und Verstärkungsfehler

Abb. 12.28   Integrale
Nichtlinearität

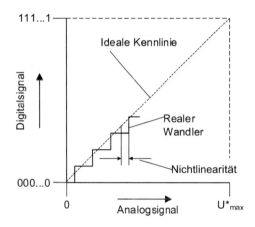

Datenblättern die Nichtlinearität auch als maximale Abweichung von der bestmöglichen Geraden interpretiert. Dann ist ein Offsetfehler einzustellen, damit die Nichtlinearität den Herstellerangaben entspricht.

Der Grund für Nichtlinearitäten sind ungleich große Quantisierungsintervalle. Die Nichtlinearität kann durch mehrere benachbarte Quantisierungsintervalle verursacht werden, welche Abweichungen in gleicher Richtung haben. Die Angabe der Nichtlinearität erfolgt üblicherweise in Bruchteilen des LSB.

12.4.1.5 Differenzielle Nichtlinearität

Als *differenzielle Nichtlinearität (Differential Nonlinearity)* bezeichnet man die Abweichung der Breite eines Quantisierungsintervalls vom Idealwert Q. Dabei bezieht man sich auf dasjenige Quantisierungsintervall mit der größten Abweichung (Abb. 12.29).

Die Angabe im Datenblatt erfolgt üblicherweise in Bruchteilen eines LSB. Ist die differenzielle Nichtlinearität im Datenblatt beispielsweise mit $\pm 0{,}5$ LSB angegeben, müssen alle Quantisierungsintervalle im Bereich 1 LSB $\pm 0{,}5$ LSB liegen. Eine Sonder-

Abb. 12.29 Differenzielle
Nichtlinearität

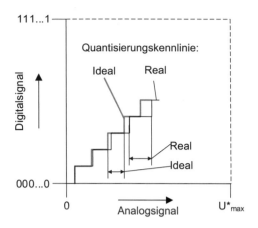

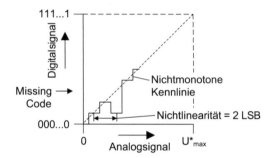

Abb. 12.30 Umsetzerkennlinie mit Monotoniefehler

form der differenziellen Nichtlinearität liegt vor, wenn einzelne Codeworte fehlen *(Missing Code).* In diesem Falle beträgt sie 1 LSB.

12.4.1.6 Monotoniefehler

Ein Umsetzer hält die *Monotonität* (Monotonicity) ein, wenn die Umsetzerkennlinie für steigende Eingangswerte stufenweise monoton ansteigt. Hinreichende Bedingung für Monotonität ist, dass die Nichtlinearität kleiner als 2 LSB bleibt. Eine Kennlinie, die diese Bedingung nicht einhält, ist in Abb. 12.30 gezeigt.

12.4.1.7 Betriebsspannungsabhängigkeit der Umsetzerparameter

Die Ausgangsgrößen von Umsetzern sind auch von der Betriebsspannung abhängig. In den Datenblättern wird diese Eigenschaft als *Power Supply Sensitivity* (bzw. *Power Supply Rejection*) bezeichnet. Die Angabe erfolgt als „prozentuale Änderung der Ausgangsgrößen" dividiert durch „prozentuale Änderung der Betriebsspannung". In der Regel bezieht sie sich auf Tracking-Netzteile, bei denen die beiden Spannungen unterschiedlicher Polarität sich nur symmetrisch ändern können. Eine Verwendung getrennter Netzteile für positive und negative Betriebsspannung wirkt sich in dieser Beziehung nachteilig aus.

12.4.2 Dynamische Fehler

Dynamische Fehler an Umsetzern treten auf, wenn diese unter nichtstatischen Bedingungen, insbesondere in der Nähe ihrer maximalen Geschwindigkeit, betrieben werden. Sie lassen sich aus den statischen Fehlerkenndaten in der Regel nicht gewinnen.

Dabei muss stets das gesamte System betrachtet werden, das heißt auch das Abtasthalteglied bei ADUs sowie Analogverstärker am Eingang von ADUs und am Ausgang von DAUs tragen zur Systemcharakteristik bei. Sie können die dynamischen Umsetzereigenschaften wegen ihrer Einschwingcharakteristik deutlich einschränken.

Die wichtigsten heute weiterhin üblichen Kenndaten zur Beschreibung des dynamischen Verhaltens von ADUs sind der Signal-Rausch-Abstand, die Effektive Auflösung, die Harmonischen Verzerrungen und das Histogramm. Sie werden in den folgenden Kapiteln dargestellt. Ihre Messung erfolgt auf digitaler Ebene mit schnellen Rechnern und, bis auf das Histogramm, anhand der Fast Fourier-Transformation (FFT). Daher werden für die Charakterisierung keine Präzisions-DAUs benötigt. Eine für DAUs wichtige dynamische Kenngröße ist die Glitch-Fläche.

12.4.2.1 Einschwingzeit

Die *Einschwingzeit (Acquisition Time)* eines DAUs ist die Zeit, die nötig ist, damit sich die Spannung bzw. der Strom bei einem Sprung über den gesamten Aussteuerbereich in einen Toleranzschlauch zurückzieht, der die Breite eines LSB hat und symmetrisch zum stationären Endwert liegt (Abb. 12.31). Die Einschwingzeit setzt sich aus Verzögerungs-, Anstiegs- und Überschwingzeit zusammen. Erst nach Verstreichen der Einschwingzeit entsprechen die Messwerte der geforderten Genauigkeit. Die Überschwingzeit wird auch als *Settling Time* bezeichnet.

12.4.2.2 Signal-Rausch-Abstand und Effektive Auflösung

Das Verhältnis der Leistung S eines den ADU vollkommen aussteuernden Sinussignals zur Quantisierungsgeräuschleistung N entspricht dem *Signal-Rausch-Abstand SNR (Signal to Noise Ratio)*:

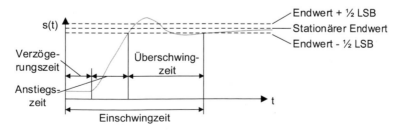

Abb. 12.31 Definition der Einschwingzeit (Acquisition Time) eines DAU oder Abtast-Haltegliedes

$$SNR = 10 \ log\frac{S}{N} \ \text{dB}$$

Für eine praxisgerechte Größe müssen neben den Quantisierungsfehlern alle weiteren Fehler D *(Distortion)* bei der Umsetzung berücksichtigt werden. D ist die Leistung der weiteren Verzerrungen, die durch nichtideales Verhalten der Bauelemente entstehen. Die daraus resultierende Kenngröße wird als *SINAD (SIgnal to Noise And Distortion ratio)* bezeichnet und wird durch Messungen ermittelt:

$$SINAD = 10 \ log\frac{S}{N+D} \ \text{dB}$$

Der Signal-Rausch-Abstand eines idealen ADUs berücksichtigt nur die Quantisierungs-fehler und errechnet sich zu (siehe Abschn. 12.4.1):

$$SNR = (1{,}76 + 6{,}02 \cdot n) \ \text{dB}$$

Für einen idealen ADU mit einer Auflösung von $n = 12$ bit ergibt sich daraus ein Wert von $SNR = 74$ dB.

Reale Umsetzer liefern kleinere Werte, die darüber hinaus mit steigender Signal-frequenz abnehmen. Die Darstellung des über die FFT gemessenen SINAD über der Signalfrequenz wird daher zur Beurteilung der dynamischen Qualität eines ADUs heran-gezogen.

Benutzt man die gemessenen SINAD-Werte, setzt sie in die obige Beziehung ein und stellt diese nach n um, gewinnt man als äquivalentes Qualitätskriterium die effektive Auf-lösung n' (Effective Number Of Bits, ENOB) gemäß:

$$n' = \frac{SINAD - 1{,}76 \ \text{dB}}{6{,}02 \ \text{dB}}$$

Ein realer ADU mit der Auflösung von n bit entspricht also in seinem dynamischen Verhalten einem fiktiven idealen ADU mit der Auflösung von n' bit, wobei n' kleiner als n ist. Der Wert von n' ist abhängig von der Frequenz des gemessenen Signals und nimmt für höhere Frequenzen ab. Ein typischer Verlauf der effektiven Auflösung ist in Abb. 12.32 dargestellt.

Abb. 12.32 Prinzipieller Verlauf der effektiven Auflösung n' in bit über der Frequenz für einen realen n-Bit-ADU

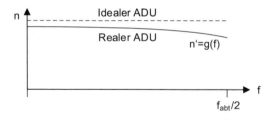

12.4.2.3 Harmonische Verzerrungen

Zur Bestimmung der *Harmonischen Verzerrungen THD (Total Harmonic Distortion)* werden bezüglich der Anzahl verwendeter Oberwellen unterschiedliche Definitionen benutzt. Sie reichen von 2 bis zur Gesamtzahl aller messbaren Oberwellen. Die Firma Analog Devices benutzt zum Beispiel 5 Oberwellen. Damit ergibt sich die Total Harmonic Distortion zu:

$$THD = 10 \cdot log \frac{U_1^2 + U_2^2 + U_3^2 + U_4^2 + U_5^2}{U_0^2} dB$$

Dabei entspricht U_0 dem Effektivwert der Grundwelle und U_i ist der Effektivwert der i-ten Oberwelle.

12.4.2.4 Histogramm

Das *Histogramm* gestattet Aussagen darüber, wie sich bei einem ADU unter dynamischer Belastung Integrale und Differenzielle Nichtlinearitäten verhalten. Dazu wird der ADU mit einem vollaussteuernden Eingangssignal konstanter Verteilungsdichte gespeist und in einem Digitalrechner die Häufigkeitsverteilung der einzelnen Codeworte durch Zählung ermittelt. Wird ein anderes Testsignal (z. B. Sinus) verwendet, kann die Abweichung von einer konstanten Verteilungsdichte rechnerisch kompensiert werden.

Die grafische Darstellung der relativen Häufigkeiten *H* über den Codeworten ist das Histogramm (diskrete Verteilungsdichte). Ein Prinzipbeispiel zeigt Abb. 12.33.

Für einen in dieser Hinsicht idealen ADU gilt *H=konstant*. Nichtideale Umsetzer weichen hiervon ab. Zeigt das Histogramm etwa benachbarte Spitzen oder Einbrüche, sind das Hinweise auf Differenzielle Nichtlinearitäten. Fehlt eine Linie völlig, ist das zugehörige Codewort nicht ansprechbar *(Missing Code)*.

12.4.2.5 Glitch-Fläche

Die dynamischen Eigenschaften speziell von DAUs können durch die Einschwingzeit nicht hinreichend beschrieben werden. Abhängig von Toleranzen der elektronischen Stromschalter können nämlich am Ausgang kurzzeitig sehr hohe Störimpulse, sogenannte Glitches, auftreten.

Als Beispiel wird betrachtet, dass sich der Eingangscode eines 8-Bit-DAU von 0111 1111 auf 1000 0000 ändert. Alle elektronischen Stromschalter am Leiternetzwerk werden in diesem Falle umgeschaltet. In der Realität geschieht dieses jedoch nicht

Abb. 12.33 Prinzipielle Darstellung eines Histogramms H für einen ADU mit 4096 darstellbaren Stufen, entsprechend 12 Bit

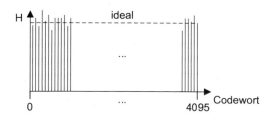

exakt gleichzeitig. Es wird angenommen, dass der Schalter für das MSB schneller als die anderen schaltet. Dann wird kurzzeitig der Zwischencode 1111 1111 angenommen. Dieses führt am Ausgang zu einem Störimpuls, dessen Höhe dem halben Aussteuerbereich nahekommt, obwohl der Wert sich eigentlich nur um 1 LSB ändern soll.

Im Datenblatt wird diese Größe durch das Integral über die Glitch-Funktion, also die Glitch-Fläche, zum Beispiel in der Einheit nVs bei spezifiziertem Messmodus angegeben. Dieser Wert sollte möglichst klein sein.

Einige Hersteller sehen einstellbare Korrekturschaltungen zur Minimierung der Glitch-Fläche vor. Glitches können auch vermieden werden, indem der Ausgang des DAUs nach Abklingen der Einschwingvorgänge durch Track-and-Hold-Glieder abgetastet und bis zur nächsten Umsetzung konstant gehalten wird. Teilweise sind derartige Deglitch-Einrichtungen bereits in den DAUs enthalten. Allerdings vergrößert sich dadurch die Gesamteinschwingzeit des Umsetzers.

12.5   Ansteuerung von diskreten AD- und DA-Umsetzern

Analog-Digital- und Digital-Analog-Umsetzer können als Teil eines größeren ASICs implementiert werden. Ein ASIC mit analogen und digitalen Schaltungsteilen wird als *Mixed-Signal-ASIC* bezeichnet. Beispiele hierfür sind:

- Ein Controller für einen LCD-Monitor nimmt Videosignale aus der analogen VGA-Schnittstelle entgegen. Sie werden dann digital verarbeitet, also, wenn erforderlich, auf Bildschirmgröße skaliert, mit On-Screen-Display überlagert und dann an das eigentliche Display weitergegeben.
- Ein ASIC für einen USB-Musik-Player liest digitale Daten aus einem NVRAM und decodiert sie aus dem komprimierten Format. Die digitalen Signale werden dann auf dem ASIC in analoge Signale umgesetzt und ausgegeben.
- Mikrocontroller enthalten oft Analog-Digital-Umsetzer, um analoge Informationen direkt verarbeiten zu können.

Oftmals werden allerdings auch rein digitale ASICs verwendet und eine AD- und DA-Umsetzung in diskreten Bausteinen implementiert. Die Aufteilung eines Systems in Digital-ASIC und diskrete Umsetzer hat insbesondere folgende Vorteile:

- Es ist eine Vielzahl von diskreten ADUs und DAUs verfügbar, die eine Wahl bezüglich Geschwindigkeit, Genauigkeit und Preis ermöglichen.
- Die digitale Verarbeitung in einem Mixed-Signal-ASIC kann den analogen Schaltungsteil stören und die Qualität der Umsetzung einschränken.
- Ein Mixed-Signal-ASIC ist aufwendiger als ein Digital-ASIC und daher teurer.

- Der Zugang zu Mixed-Signal-Fertigungstechnik ist schlechter verfügbar. Außerdem müssen im Entwicklerteam ausreichende Kompetenzen für analoge Schaltungstechnik vorhanden werden.
- Bei FPGAs gibt es kaum Bausteine mit AD- oder DA-Umsetzen.

In diesem Abschnitt wird erläutert, wie diskrete AD- und DA-Umsetzer angesteuert werden. Dabei werden serielle und parallele Ansteuerung verwendet.

12.5.1 Serielle Ansteuerung

Die serielle Ansteuerung diskreter Umsetzer hat den Vorteil, dass nur wenige Leitungen benötigt werden. Die maximale Taktfrequenz normaler Signalleitungen liegt meist im Bereich von 10 bis 100 MHz. Für einen Datenwert sind, je nach Protokoll und Auflösung, 10 bis 20 Bit erforderlich. Eine serielle Ansteuerung ist also für Abtastraten im Bereich von kHz bis wenige MHz geeignet.

Als Beispiel für Umsetzer mit serieller Ansteuerung werden die Bausteine MCP3201 und MCP4921 von der Firma Microchip betrachtet. Sie verwenden das Serial Peripheral Interface (SPI), welches auch in Kap. 11 für ein FRAM mit seriellem Interface verwendet wurde.

12.5.1.1 AD-Umsetzer MCP3201

Der Baustein MCP3201 ist ein Analog-Digital-Umsetzer mit 12 bit Auflösung und einer Abtastrate von 100 kHz bei 5 V Betriebsspannung und 50 kHz bei 2,7 V Betriebsspannung. Die Umsetzung erfolgt mit dem Wägeverfahren und sukzessiver Approximation (SAR). Der Baustein benötigt lediglich acht Pins und ist damit sehr kompakt. Seine Anschlüsse sind:

- *IN+* und *IN−*, analoge Eingänge
- *DOUT*, Datenausgang
- *CLK*, Takteingang
- */CS*, Chip-Select und Shutdown
- *VREF*, Referenzspannung
- *VDD* und *VSS*, Versorgungsspannung und Masse

Anmerkung: Im Datenblatt werden für Datenausgang und Takt die Bezeichnungen *DOUT* und *CLK* verwendet. Um die Beschreibung allgemein zu halten, werden hier die SPI-Bezeichnungen *SDO* und *SCK* verwendet.

Der Baustein ermittelt die Differenz zwischen den beiden analogen Eingänge *IN+* und *IN−*. Dabei gibt es jedoch die Einschränkung, dass *IN−* nur um ±100 mV vom Massepegel abweichen darf, sodass kein vollständiger differentieller Eingang vorhanden

Abb. 12.34 Ansteuerung und
Datenübertragung des ADUs
MCP3201 von Microchip

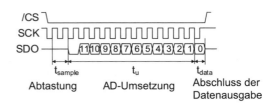

ist. Die getrennten Spannungsversorgungen *VDD* und *VREF* ermöglichen die Verwendung einer besonders stabilisierten Referenzspannung.

Die Ansteuerung und Datenübertragung sind in Abb. 12.34 dargestellt. Eine AD-Umsetzung wird durch Wechsel des Eingangs */CS* von 1 auf 0 gestartet. Von der nächsten fallenden Flanke an *SCK* wird für eineinhalb Taktzyklen der analoge Eingangswert im Abtast-Halte-Glied (AHG) erfasst. Die Taktfrequenz an *SCK* darf 1,6 MHz betragen, sodass eine Sample-Zeit t_{sample} von etwa 1 μs möglich ist. Mit den nächsten Taktzyklen an *SCK* erfolgt dann die Umsetzung in sukzessiver Approximation und es werden nacheinander eine 0 sowie die Stellen des ermittelten Wertes ausgegeben. In der sukzessiven Approximation wird zuerst das höchstwertige Bit (MSB) ermittelt und darum wird dieses Bit auch zuerst ausgegeben. Nach zwölf Taktzyklen ist die Umsetzung beendet (t_u) und es ist noch ein weiterer Taktzyklus für die Ausgabe des LSB erforderlich (t_{data}). Weitere Taktzyklen sind erlaubt; eine neue AD-Umsetzung wird jedoch erst durch eine fallende Flanke an */CS* gestartet.

Die Ansteuerung kann direkt durch die SPI-Schnittstelle eines Mikrocontrollers erfolgen. Dazu werden Steuerbefehle gegeben, die zwei Byte einlesen. Die SPI-Schnittstelle erzeugt damit 16 Flanken an *SCK* und liest 16 Bit Daten. Aus diesen 16 Bit werden die gültigen 12 Bit der AD-Umsetzung extrahiert.

12.5.1.2 DA-Umsetzer MCP4921

Der Baustein MCP4921 ist ein Digital-Analog-Umsetzer mit 12 bit Auflösung und externer Referenzspannung. Er arbeitet im Direktverfahren. Es gibt verwandte Produkte mit 10 und 8 bit Auflösung, mit zusätzlicher interner Referenzspannung sowie mit zwei Ausgängen. Genau wie der zuvor betrachtete MCP3201 hat auch der MCP4921 acht Pins und ist sehr kompakt. Seine Anschlüsse sind:

- *VOUT*, analoger Ausgang
- *SDI*, Dateneingang
- *SCK*, Takteingang
- */CS*, Chip-Select
- */LDAC*, Übernahmesignal für Daten (Latch DAC, Verwendung optional)
- *VREF*, Referenzspannung
- *VDD* und *VSS*, Versorgungsspannung und Masse

Anmerkung: Hier werden im Datenblatt schon die SPI-Bezeichnungen verwendet.

Abb. 12.35 Ansteuerung des DAUs MCP4921 von Microchip

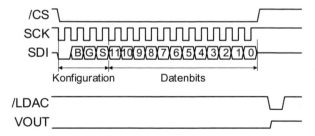

Die Ansteuerung des Bausteins zeigt Abb. 12.35. Mit /CS auf 0 wird der Datentransfer begonnen. Dann werden für einen analogen Ausgabewert 16 Bit im SPI-Protokoll übertragen. Das erste Übertragungsbit ist 0, danach kommen drei Steuerbits (werden im nächsten Absatz erläutert) und darauf die 12 Bits, welche als Analogwert ausgegeben werden sollen. Nach der Übertragung wird durch Setzen von /LDAC auf 0 der Analogwert am Ausgang VOUT aktualisiert. Durch diese Steuerleitung können mehrere DAUs zeitgleich ihre Ausgabe ändern. Falls keine Synchronisation durch /LDAC benötigt wird, kann dieser Wert konstant auf 0 gelegt werden und der Ausgang wird nach der Datenübertragung automatisch aktualisiert.

Bei der Übertragung werden drei Steuerbits angegeben, die folgende Bedeutung haben. In Abb. 12.35 werden zur besseren Übersichtlichkeit die ersten Buchstaben *B*, *G*, *S* angegeben.

- **BUF:** Die Referenzspannung kann gepuffert werden, was zu höherer Eingangsimpedanz bei leichten Einschränkungen in der Umsetzungsqualität führt.
- **/GA (Gain):** Es ist ein Ausgabeverstärker vorhanden, für den der Faktor 1 oder 2 gewählt werden kann.
- **/SHDN (Shutdown):** Der Analogausgang kann zur Verringerung der Verlustleistung abgeschaltet werden.

12.5.2 Parallele Ansteuerung

Für höhere Datenraten ist eine Datenübertragung über SPI nicht mehr möglich. Eine Geschwindigkeitssteigerung kann über parallele Datenleitungen erfolgen.

12.5.2.1 AD-Umsetzer AD9200 mit einfachem Parallelausgang

Der Baustein AD9200 ist ein Pipeline-Analog-Digital-Umsetzer von Analog Devices mit 10 bit Auflösung und einer Abtastrate von 20 MHz. Es sind zwei Gehäuse mit 28 und 48 Pins verfügbar. Die digitale Schnittstelle besteht aus den Anschlüssen:

- *D9* bis *D0*, Datenausgang mit 10 bit Wortbreite
- *OTR*, Out-of-Range Indicator
- *STBY*, Standby, setzt den AD-Umsetzer in den Ruhezustand

- *THREE-STATE*, schaltet die Ausgangsleitungen ab
- *CLK*, als Takt für die interne Operation des Umsetzers sowie für den Datenausgang

Dieses Dateninterface ist sehr einfach. Bei jedem Takt wird ein Datenwort mit 10 Bit ausgegeben. Der Out-of-Range Indicator gibt an, wenn die Eingangswerte außerhalb des Messbereichs liegen. Der Datenausgang wird dann auf den kleinsten oder größten Wert limitiert. In Verbindung mit dem MSB des Datenausgangs kann unterschieden werden, ob ein Überlauf oder ein Unterlauf auftritt.

12.5.2.2 AD-Umsetzer AD9467 mit differentiellem Parallelausgang

Bei höheren Taktfrequenzen wird ab etwa 100 MHz die Datenübertragung auf einer Platine störanfällig. Für bessere Übertragungseigenschaften werden dann differentielle Leitungen eingesetzt. Dies bedeutet, ein Ausgang verwendet nicht mehr eine einzelne Leitung, sondern zwei Leitungen, die entgegengesetzte Spannungspegel einnehmen. Diese werden durch ‚+‘ und ‚−‘ gekennzeichnet, das heißt beispielsweise der Takt *CLK* wird auf den Leitungen *CLK+* und *CLK−* übertragen.

Durch die differentielle Übertragung kann der Spannungshub zwischen Low- und High-Pegel deutlich verringert werden, denn Störungen betreffen immer beide Leitungen. Aufgrund des geringeren Spannungshubs sind dann auch höhere Takt-frequenzen möglich. Die differentielle Übertragung wird als *LVDS (Low Voltage Differential Signaling)* bezeichnet.

Der Baustein AD9467 ist ein Pipeline-Analog-Digital-Umsetzer von Analog Devices mit 16 bit Auflösung und einer Abtastrate bis zu 250 MHz. Das Gehäuse hat 72 Pins und die digitale Schnittstelle besteht aus einem parallelen LVDS-Datenausgang und einem seriellen Steuereingang.

Der parallele LVDS-Datenausgang arbeitet mit Double-Data-Rate (DDR), einer Technik, die bereits in Kap. 11 in Zusammenhang mit DDR-SDRAMs vorgestellt wurde. Das heißt, es werden pro Taktzyklus nacheinander zwei Bit auf einer Datenleitung aus-gegeben. Diese Datenleitung ist dann in zwei Polaritäten vorhanden, also als ‚+‘ und ‚−‘. Die Datenleitungen für beispielsweise die Bits 15 und 14 werden als *D15+/D14+* und *D15−/D14−* bezeichnet. Der Datenausgang hat insgesamt die folgenden Anschlüsse:

- *D15+/D14+* und *D15−/D14−* bis *D1+/D0+* und *D1−/D0−*, Datenausgang mit 8 bit LVDS-Werten auf 16 Leitungen
- *OTR+* und *OTR−*, Out-of-Range Indicator (2 Leitungen)
- *CLK+* und *CLK−*, Takteingang (2 Leitungen)
- *DCO+* und *DCO−*, Taktausgang (2 Leitungen)

Der Zeitablauf von Datenerfassung und -ausgabe ist in Abb. 12.36 dargestellt. Die steigende Flanke am Takteingang *CLK+* bestimmt die Abtastzeitpunkte des analogen Eingangssignals. Der Datenausgang hat ein eigenes Taktsignal *DCO*, mit dem die Daten-bits von der nachfolgenden Schaltung übernommen werden müssen.

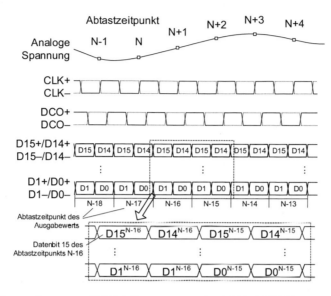

Abb. 12.36 Datenerfassung und LVDS-Datenausgang des ADUs AD9467

Die Umsetzung des analogen Eingangswerts benötigt aufgrund des Pipeline-Verfahrens 16 Taktzyklen, sodass der Ausgangswert erst nach dieser Latenzzeit ausgegeben wird. Während der Umsetzung werden weitere Daten erfasst und jeweils nach der Latenzzeit von 16 Taktzyklen ausgegeben. Die Latenzzeit entspricht der Wortbreite des ADUs von 16 bit.

Der vergrößerte Ausschnitt in Abb. 12.36 zeigt den Zeitablauf bei der Datenausgabe. Mit der steigenden Flanke von *DCO+* wird Bit 15 für den Abtastwert N-16 ausgegeben (Bezeichnung: $D15^{N-16}$). Mit der fallenden Flanke an *DCO+* folgt einen halben Takt später Bit 14 für diesen Abtastwert. Im darauffolgenden Takt folgen die Daten für Abtastwert N-15. Parallel liegen auf den anderen 7 LVDS-Leitungen die weiteren Bits des Datenworts an.

Außerdem enthält der Baustein AD9467 einen seriellen Steuereingang mit SPI-Protokoll (vergleiche Abb. 12.34). Hierüber können Konfigurationsregister geschrieben und gelesen werden. Diese Konfiguration betrifft analoges und digitales Verhalten, beispielsweise:

- Justierung des Spannungsmessbereichs
- Wahl des Datenformats zwischen dual, 2er-Komplement und Gray-Code
- Ausgabe vordefinierter Daten zu Testzwecken

12.5.3 Serielle Hochgeschwindigkeitsschnittstelle JESD204B

Die im vorherigen Abschnitt vorgestellte parallele Schnittstelle benötigt 20 Leitungen, die auf einer Platine paarweise parallel geführt müssen und zudem die gleiche Länge haben sollen. Eine Alternative zu dieser aufwendigen Verbindung ist die serielle Hochgeschwindigkeitsschnittstelle *JESD204B*, welche von der Standardisierungsorganisation *JEDEC (Joint Electron Device Engineering Council)* definiert wird.

Ein wesentliches Problem bei hohen Übertragungsgeschwindigkeiten auf der Platine ist nicht unbedingt die Geschwindigkeit des Datensignals, sondern die Synchronisierung von Daten und Takt. Aus diesem Grund wird beim, im vorherigen Abschnitt beschriebenen, parallelen Interface des AD9467 der Takt zusammen mit den Daten ausgegeben, damit diese möglichst die gleiche Laufzeit haben. Noch höhere Taktraten sind möglich, wenn der Empfänger den Takt aus den empfangenen Daten rekonstruieren kann. Dieses Prinzip wird für die JESD204B-Übertragung genutzt.

Für die Taktrekonstruktion muss sichergestellt sein, dass die Daten genügend Taktflanken besitzen. Wird beispielsweise der Wert 0 mit 0000 0000 codiert und mehrfach nacheinander ausgegeben, kann der Empfangsbaustein hieraus keinen Takt erkennen. Als Lösung dieses Problems wird ein spezieller Code mit redundanter Wortlänge verwendet. Dazu werden die 8 Bit eines Byte mit 10 Stellen codiert. Von den 1024 möglichen Codewörtern werden nur solche verwendet, bei denen mindestens alle 5 Taktzyklen eine Signalflanke auftritt. Damit ist sichergestellt, dass der Takt aus den Daten zurückgewonnen werden kann. Der entsprechende Code wird als *8b/10b-Code* bezeichnet und auch für andere Anwendungen in der Kommunikationstechnik verwendet.

Der Baustein ADC32J45 von Texas Instruments ist ein ADU mit JESD204B-Schnittstelle. Er hat zwei Analogeingänge und setzt diese mit einer Abtastrate von 160 MHz und 14 bit Genauigkeit um. Für die Konfiguration des Bausteins ist zusätzlich ein SPI-Port vorhanden.

Abb. 12.37 zeigt die wichtigsten Signale des JESD204B-Datenausgangs in vereinfachter Darstellung. Der Baustein erhält vom Signalverarbeitungs-ASIC den Takt *CLK* und das Steuersignal *SYNC*, beide als differentielles LVDS-Signal. Vom ADU

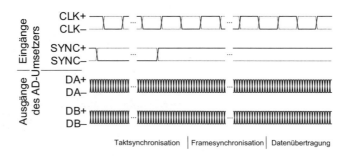

Abb. 12.37 Vereinfachter Zeitablauf am Datenausgang des ADUs ADC32J45 mit JESD204B-Schnittstelle

gehen zwei LVDS-Signale *DA* und *DB* mit den Daten der beiden Analogeingänge an das Signalverarbeitungs-ASIC. Die Datenübertragung erfolgt im 8b/10b-Format mit 10-facher Geschwindigkeit des Taktsignals. Bei positivem und bei negativem Pegel von *CLK* wird jeweils ein Byte und somit pro Taktzyklus die 14 Bit des Messwertes und 2 ungenutzte Bits übertragen.

Mit dem Steuersignal SYNC wird am Beginn einer Übertragung der Empfangstakt im Signalverarbeitungs-ASIC synchronisiert. Ist *SYNC+* gleich 0 sendet der ADU ein festes Steuerwort. Sobald dieses Steuerwort mehrfach korrekt erkannt wurde, ist die Taktsynchronisierung erfolgt und *SYNC+* wird auf 1 gesetzt. Danach sendet der ADU noch Steuerworte zur sogenannten Framesynchronisierung und dann folgen die Daten der AD-Umsetzung.

Für die Synchronisierung und Decodierung des 8b/10b-Codes ist im Signalverarbeitungs-ASIC ein entsprechendes Schaltungsmodul erforderlich. Für FPGAs werden von den Herstellern JESD204B-Interfaces angeboten, welche die Verwendung dieser Schnittstelle vereinfachen.

12.6 Übungsaufgaben

Haben Sie den Inhalt des Kapitels verstanden? Prüfen Sie sich mit den Aufgaben und Fragen am Kapitelende. Die Lösungen und Antworten finden Sie am Ende des Buches.

Aufgabe 12-1 Ordnen Sie den AD-Umsetzern jeweils die passende Kurzbeschreibung zu.

A. Dual-Slope-Verfahren
B. Parallelverfahren
C. Sigma-Delta-Umsetzer
D. Wägeverfahren

1. Gleichzeitiger Vergleich mit $2^n - 1$ Komparatoren
2. Integration von Referenzspannung und Messspannung
3. Hohe Überabtastung des Eingangswertes und 1-Bit-Umsetzung
4. Schrittweise Bestimmung der einzelnen Bits

Aufgabe 12-2 Ordnen Sie den DA-Umsetzern jeweils die passende Kurzbeschreibung zu.

A. Pulsweitenmodulation
B. Summation gewichteter Ströme
C. Direktverfahren
D. R-2R-Leiternetzwerk

1. Verwendung von 2^n gleichen Widerständen
2. Verwendung von einer Widerstandskette mit Widerständen gleicher Größenordnung
3. Verwendung von Widerständen mit den Werten R, R/2, R/4, R/8, R/16, R/32, …
4. Mittelwertbildung aus zwei Spannungswerten

Aufgabe 12-3 Ein ADU hat einen Aussteuerbereich U_{max} von 3 V und eine Wortbreite von $n = 10$ bit.

a) Wie groß ist die Quantisierungsintervallbreite Q?
b) Wie groß ist der höchste codierbare Spannungswert?
c) Welche Codierung ergibt sich für die Spannung 1,2 V?
d) Am Ausgang wird der Code 00 0100 1011 ausgegeben. In welchem Bereich ist der Spannungswert?

Aufgabe 12-4 Ein ADU im Wägeverfahren hat einen Aussteuerbereich U_{max} von 2 V und eine Wortbreite von $n = 8$ bit.

a) Wie groß ist die Quantisierungsintervallbreite Q?
b) Am Eingang liegt die Spannung 0,7 V an. Geben Sie die Schritte der AD-Umsetzung an. Welche Codierung ergibt sich für die Spannung?

Aufgabe 12-5 Ein Sigma-Delta-Umsetzer hat einen Messbereich von ± 1 V und der Analogeingang U_x beträgt $-0,2$ V.

a) Geben Sie den Zeitverlauf einer AD-Umsetzung an. Nehmen Sie an, dass im ersten Zeitschritt die Rückführung $U_{dig} = 0$ V ist und dass der Integrator mit der Spannung $U_{int} = 0$ V startet (Tab. 12.4).
b) Interpretieren Sie die Ausgabewerte.

Tab. 12.4 Zeitablauf für Übungsaufgabe zum Sigma-Delta-Umsetzer

Zeit-schritt	1	2	3	4	5	6	7	8	9	10	11	12	13	14	15
U_x [in V]	−0,2	−0,2	−0,2	−0,2	−0,2	−0,2	−0,2	−0,2	−0,2	−0,2	−0,2	−0,2	−0,2	−0,2	−0,2
U_{dig} [in V]	0														
U_{diff} [in V]															
U_{int} [in V]															
Plus [binär]															

Abb. 12.38 Zeitablauf der
Pulsweitenmodulation (PWM)

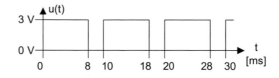

Aufgabe 12-6 Ein PWM-Ausgang hat den in Abb. 12.38 dargestellten Zeitverlauf.
Welche Ausgangsspannung wird durch das Signal erzeugt?

Grundlagen der Mikroprozessortechnik

13

Einer der wichtigsten Meilensteine auf dem Weg zu modernen Rechnersystemen war die kommerzielle Realisierung des ersten integrierten Mikroprozessors. Zu Anfang der 1970er Jahre gelang dies der Firma Intel. Wenige Jahre später schloss sich die Einführung von Mikrocontrollern an, die ein gesamtes Rechnersystem mit Mikroprozessor, Speicher und weiteren Komponenten auf einem einzelnen Chip integrieren. Damit war der Startschuss für eine Entwicklung gefallen, die bis heute anhält. Neue Erfindungen und Verbesserungen in den Produktionsprozessen ermöglichen es, integrierte Schaltungen immer kostengünstiger zu produzieren und mehr Transistoren auf einem Chip unterzubringen. Inzwischen sind Mikroprozessoren überall im täglichen Leben zu finden. Sie sind zentrale Komponenten in PCs, Laptops, Tablets oder Smartphones. Aber auch in Systemen, die nicht sofort als Computer erkennbar sind, werden sie in großen Stückzahlen eingesetzt. Digitalkameras, Geräte der Unterhaltungselektronik, Hausgeräte, Kraftfahrzeuge sind nur einige Beispiele für Bereiche, in denen Mikroprozessoren und Mikrocontroller unentbehrlich geworden sind.

Im Rahmen dieses Kapitels werden die Grundlagen der Mikroprozessortechnik vorgestellt. Sie werden im zweiten Teil dieses Kapitels anhand eines verbreiteten Mikroprozessors der Firma Arm, dem Arm® Cortex™-M0+, vertieft. In Kap. 14 und 15 werden Mikrocontroller vorgestellt. Kap. 14 thematisiert grundlegende Aspekte des Aufbaus und der Programmierung von Mikrocontrollern. In Kap. 15 werden typische Peripheriemodule von Mikrocontrollern vorgestellt. Die Themen dieser Kapitel werden anhand eines modernen Mikrocontrollers aus der STM32-Serie vertieft.

Die Inhalte dieses und der beiden nachfolgenden Kapitel ermöglichen Ihnen einen Einstieg in die Welt der STM32-Mikrocontroller, den Sie mithilfe eines erschwinglichen Boards auch praktisch vertiefen können (vgl. Abschn. 13.10).

Das Studium dieser Kapitel ist auch hilfreich, wenn Sie momentan nicht planen, einen STM32-Mikrocontroller zu programmieren. Moderne Mikrocontroller besitzen ähnliche

© Springer-Verlag GmbH Deutschland, ein Teil von Springer Nature 2022
W. Gehrke und M. Winzker, *Digitaltechnik*,
https://doi.org/10.1007/978-3-662-63954-2_13

Komponenten. Daher können Sie die erworbenen Kenntnisse auch auf Mikrocontroller anderer Hersteller übertragen.

13.1 Grundstruktur eines Rechnersystems

Computer sind digitale Systeme. Ihre Aufgabe ist es, Daten zu verarbeiten. Diese Aufgabe zerfällt in drei grundlegende Schritte, die von einem Mikrorechnersystem ausgeführt werden müssen: Dateneingabe, Datenverarbeitung und Datenausgabe. Die Steuerung dieser Schritte wird durch ein Programm festgelegt, welches die Reihenfolge der benötigten Verarbeitungsschritte festlegt. Dabei werden Eingabedaten miteinander verknüpft, Zwischenergebnisse berechnet und aus Eingabedaten und Zwischenergebnissen die Ausgabewerte berechnet. Zur Speicherung des Programms und der verarbeiteten Daten besitzen Rechnersysteme meist mehrere Speicherkomponenten.

Aus diesen grundlegenden Feststellungen können die wesentlichen Komponenten eines Rechnersystems abgeleitet werden: Es werden Eingabe- und Ausgabekomponenten, Speicher und mindestens eine Verarbeitungseinheit zur Abarbeitung des Programms benötigt. Ein Rechnersystem auf Basis dieser Komponenten wurde in den 1940er Jahren von John von Neumann beschrieben und ist als sogenannte *Von-Neumann-Architektur* bekannt geworden (Abb. 13.1).

Auch heutige Rechnersysteme, von PCs bis zu Mikrorechnersystemen, welche zum Beispiel die Steuerung einer Waschmaschine übernehmen, können als eine Implementierung der Von-Neumann-Architektur aufgefasst werden.

Eine Von-Neumann-Architektur besteht aus drei wesentlichen Komponenten: Die Ein-/Ausgabe-Einheit dient dem Datenaustausch mit externen Komponenten wie Tastaturen, Anzeigen oder auch Sensoren und Aktoren.

Die zentrale Verarbeitungseinheit ist ein Mikroprozessor, der häufig auch als *Central Processing Unit (CPU)* bezeichnet wird. Diese Komponente dient der eigentlichen Verarbeitung der Daten. Eine CPU kann gedanklich in drei Teilkomponenten aufgespalten

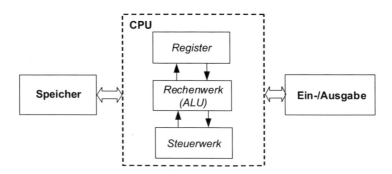

Abb. 13.1 Blockschaltbild eines Rechners auf Basis der Von-Neumann-Architektur

werden: Steuerwerk, Rechenwerk und Register. Die Aufgabe des Steuerwerks ist die Interpretation der Befehle des auszuführenden Programms und die zugehörige Ablaufsteuerung innerhalb der CPU, während das Rechenwerk (engl. *Arithmetic Logical Unit, ALU*) logische und arithmetische Operationen ausführt. Die Operanden und Ergebnisse der Operationen werden in den CPU-internen Registern, die auch als *Arbeitsregister* bezeichnet werden, abgelegt.

Die dritte Komponente einer Von-Neumann-Architektur ist der Speicher, in welchem sowohl die Befehle des Programms als auch Daten abgelegt werden.

Für den Austausch von Daten zwischen den einzelnen Komponenten eines Rechnersystems werden *Busse* eingesetzt. Als Bus wird die Zusammenfassung einzelner Signalleitungen bezeichnet.

Der Initiator des Datenaustauschs wird als *Master* bezeichnet. Dagegen ist ein *Slave* eine Komponente, die auf die Aufforderung zum Datenaustausch reagiert. In einfachen Systemen existiert nur ein Master (meist die CPU), welcher mit mehreren Slaves (zum Beispiel Ein-/Ausgabe-Schnittstellen und Speicher) Daten austauschen kann. Komplexere Systeme können dagegen auch mehrere Master besitzen.

Die Leitungen eines Busses übertragen binäre Werte und können in der Regel in drei Gruppen eingeteilt werden:

Die *Adressleitungen* dienen zur Auswahl einer Komponente, mit der der Master Daten austauschen möchte. Dies kann zum Beispiel ein Speicher sein. Anhand der vom Master ausgegebenen Adresse wird sowohl der Slave (in diesem Beispiel der Speicher) als auch die Speicherstelle innerhalb des Slaves ausgewählt. Es ist üblich mithilfe der Adresse ein einzelnes Byte auszuwählen. Werden in einem Bus beispielsweise 32 Adressleitungen verwendet, können $2^{32} = 4.294.967.296$ unterschiedliche Bytes adressiert werden.

Die Daten werden über *Datenleitungen* übertragen. Die Datenleitungen können bidirektional für die Übertragung vom Master zum Slave als auch in umgekehrter Richtung verwendet werden. Dieses Prinzip wird meist von Bussen eingesetzt, die integrierte Bausteine auf einer Platine verbinden. Innerhalb eines Chips werden die Datenleitungen dagegen meist unidirektional verwendet. Es existieren in diesem Fall getrennte Leitungen für die Datenübertragung vom Master zum Slave und vom Slave zum Master (vgl. Abschn. 11.5.2).

Neben den Leitungen für den Datentransfer und den Adressleitungen werden *Steuerleitungen* benötigt. Diese übermitteln weitere Informationen, die neben Daten und Adressen an die Komponenten des Systems übertragen werden müssen. Ein Beispiel für eine solche Information ist, ob von der ausgewählten Adresse Daten gelesen werden sollen (Lesezugriff) oder ob Daten unter der gewählten Adresse abgelegt werden sollen (Schreibzugriff).

Viele Busse werden synchron ausgelegt. Hierbei wird allen Busteilnehmern ein Taktsignal zur Verfügung gestellt. Durch die Taktflanken werden die Zeitpunkte markiert, zu denen die Informationen auf dem Bus gültig sind und von den Empfängern eingelesen werden können.

Ein exemplarisches Blockschaltbild eines Mikrorechnersystems mit bidirektionalen Datenleitungen ist in Abb. 13.2 dargestellt. Dieses Beispielsystem besitzt zwei verschiedene Speicher. Ein Flashspeicher dient der Aufnahme von Daten, die auch nach dem Abschalten der Versorgungsspannung erhalten bleiben sollen. Wird in diesem Speicher das Programm abgelegt, steht es direkt nach dem Einschalten zur Verfügung und kann sofort ausgeführt werden. Darüber hinaus können im Flashspeicher Konstanten abgelegt werden, die für die Ausführung des Programms benötigt werden. Da sich die Variablen eines Programms während der Programmlaufzeit häufig ändern, ist es nicht sinnvoll diese ebenfalls in einem Flashspeicher abzulegen, da das häufige Beschreiben des Flashspeichers eine frühe Alterung des Speichers nach sich ziehen würde. Daher ist in dem Beispielsystem ein RAM-Speicher zur Speicherung von Variablen vorgesehen.

Neben den Speichern besitzt das System Eingabe- und Ausgabekomponenten. Die CPU kann mit den Komponenten des Systems kommunizieren, indem die entsprechende Adresse der jeweils ausgewählten Komponente auf den Adressleitungen ausgegeben wird. Da die Adressen vom ausgeführten Programm angesprochen werden, ist es wichtig, die Adressen zu kennen, unter denen die Systemkomponenten angesprochen werden. Diese Adressen werden häufig als Tabelle oder in grafischer Form als sogenannte *Address Map* zur Verfügung gestellt.

Eine mögliche Address Map für das gezeigte Beispielsystem ist in Abb. 13.3 links dargestellt. Die Auswahl zwischen Speicher und Ein-/Ausgabeeinheiten wird in diesem Fall nur mithilfe der anliegenden Adresse durchgeführt. Adressen im Bereich von 0x0000 bis 0x5FFF adressieren die Speicherelemente des Systems, während mit Adressen im Bereich 0xC000 bis 0xFFFF auf Eingabe- und Ausgabekomponenten zugegriffen werden kann. Man spricht in diesem Fall auch davon, dass sich der Speicher und die Ein-/Ausgabeeinheiten „einen gemeinsamen Adressraum teilen". Der Fachbegriff für diesen Ansatz lautet *Memory-Mapped-I/O*.

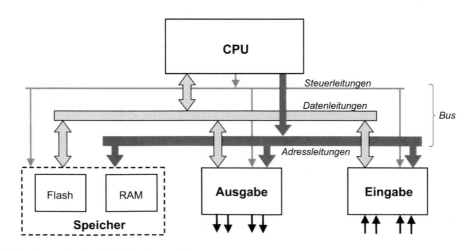

Abb. 13.2 Blockschaltbild eines einfachen Mikrorechnersystems

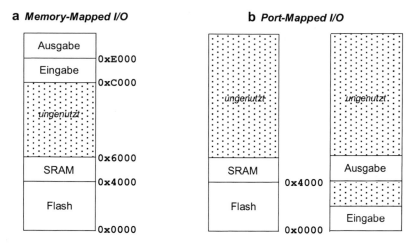

Abb. 13.3 Mögliche Address Maps für das Beispielsystem

Als Alternative können auch getrennte Adressräume für Speicher und Ein-/Ausgabe-komponenten verwendet werden. In diesem Fall spricht man von *Port Mapped I/O*. Eine mögliche Adressierung der Systemkomponenten des Beispielsystems ist in Abb. 13.3 rechts angegeben. Die Adressierung der Systemkomponenten erfolgt nun mit der Adresse und der zusätzlichen Information, ob ein Speicherzugriff oder ein Zugriff auf die Ein-/Ausgabe erfolgen soll. Diese Zusatzinformation wird den Komponenten mit-hilfe von Steuerleitungen zur Verfügung gestellt.

13.2   Befehlsabarbeitung in einem Mikroprozessor

Die Befehle eines Programms werden in binärer Form im Programmspeicher abgelegt. Jeder Befehl enthält Informationen über die auszuführende Operation, die benötigten Operanden und wo die Ergebnisse des Befehls abgespeichert werden sollen. Für die Abarbeitung eines Befehls muss die CPU die binär codierten Befehle zunächst decodieren. Im Anschluss werden die benötigten Operanden gelesen und dem Rechen-werk der CPU zugeführt. Das Rechenwerk führt dann die im Befehl angegebene Operation (zum Beispiel eine arithmetische Berechnung) aus. Anschließend wird das Ergebnis abgespeichert. Somit sind fünf Schritte für die Ausführung eines Befehls erforderlich:

1. Befehl aus dem Programmspeicher holen und in die CPU übertragen
2. Befehl decodieren, die Operanden bestimmen und die auszuführende Operation aus dem Befehlswort extrahieren

3. Werte der Operanden bestimmen, zum Beispiel Werte aus dem Datenspeicher in die CPU übertragen
4. Operation mithilfe des Rechenwerks ausführen
5. Ergebnis der Operation abspeichern

Die Steuerung des Ablaufes dieser Schritte wird vom Steuerwerk der CPU übernommen. Das Steuerwerk ist ein endlicher Automat, welcher die benötigten Arbeitsschritte zur Ausführung eines Befehls sequenziell durchläuft. Mikroprozessoren sind also synchrone Systeme, deren interne Abläufe durch ein zentrales Taktsignal synchronisiert werden. Im einfachsten Fall werden die einzelnen Schritte der Befehlsabarbeitung in jeweils einem Taktzyklus ausgeführt. Somit würde die Abarbeitung eines einzelnen Befehls gemäß den oben dargestellten Schritten jeweils 5 Taktzyklen benötigen.

Bei realen Mikroprozessoren kann die Anzahl der benötigten Taktzyklen zur Ausführung sowohl von Prozessor zu Prozessor als auch für die einzelnen Befehle eines Prozessors unterschiedlich sein. Ein Grund hierfür sind technologische Randbedingungen, die für die Herstellung eines Prozessors gelten. So kann beispielsweise ein Zugriff auf den Programmspeicher im Vergleich zu den anderen Verarbeitungsschritten deutlich mehr Zeit in Anspruch nehmen. In diesem Fall wäre es denkbar, dass der erste Schritt, also der Zugriff auf den Programmspeicher, in einem Taktzyklus ausgeführt wird, während die weiteren Schritte zusammengefasst in einem weiteren Taktzyklus durchgeführt werden. In diesem Fall würde die Abarbeitung eines Befehls also lediglich zwei Taktzyklen benötigen.

Ebenfalls ist es möglich, dass einzelne Befehle komplexere Verarbeitungsschritte benötigen als andere Befehle. So kann es beispielsweise vorkommen, dass für den Zugriff auf die Operanden eine aufwendige Berechnung der Speicheradresse erforderlich ist, die mehrere Taktzyklen in Anspruch nimmt.

13.3   Typische Befehlsklassen

Bei dem Entwurf eines Mikroprozessors ist eine der wichtigsten Fragen, welche Befehle zur Verfügung gestellt werden sollen. Hierbei existieren viele Freiheitsgrade. Es gibt nicht den einen ultimativen Satz von Befehlen, der von allen Prozessoren gleichermaßen unterstützt wird. Vielmehr besitzt jeder Prozessor einen eigenen Befehlssatz, der mit Rücksicht auf unterschiedliche Kriterien wie Kosten, Speicherbedarf, Rechenleistung etc. entworfen worden ist. Auch wenn der Befehlssatz eines Prozessors also nicht allgemeingültig angegeben werden kann, so gibt es dennoch Gemeinsamkeiten der Befehlssätze.

Für einen typischen Prozessor können die verschiedenen Befehle in *Befehlsklassen* zusammengefasst werden. Typische Befehlsklassen werden in den folgenden Abschnitten vorgestellt.

13.3.1 Arithmetische und logische Befehle

Die Aufgabe eines Mikroprozessors besteht darin, Daten mithilfe von mathematischen Operationen zu verknüpfen. Für die meisten der benötigten Grundoperationen wird ein entsprechender Befehl zur Verfügung gestellt. Ein typischer Prozessor besitzt arithmetische Befehle, die zum Beispiel die Negierung eines Operanden und die Addition oder Subtraktion zweier Operanden unterstützen. Darüber hinaus werden logische Befehle unterstützt, welche bitweise UND-, ODER, und Exklusiv-ODER-Verknüpfung oder bitweises Rechts- oder Linksschieben durchführen.

Der Implementierungsaufwand eines Rechenwerkes für diese Operationen ist relativ gering. Daher werden diese Operationen von fast allen Prozessoren unterstützt. Ein Befehl zur Multiplikation oder Division erfordert dagegen einen höheren Aufwand und ist daher nicht in allen CPUs enthalten. Fehlt die Hardwareunterstützung für eine arithmetische Operation, müssen diese Funktionen durch eine Folge von mehreren Befehlen implementiert werden, im Fall der Multiplikation beispielsweise durch Additions- und Schiebeoperationen.

Ein weiterer wichtiger Faktor im Hinblick auf den Implementierungsaufwand des Rechenwerks ist die Wortbreite der Operationen. Einfache Prozessoren besitzen häufig Rechenwerke mit einer Wortbreite von 8 bit. Viele Prozessoren mit einer mittleren Rechenleistung verwenden in der Regel Rechenwerke mit einer Wortbreite von 32 bit. Hochleistungsprozessoren, wie sie zum Beispiel in PCs eingesetzt werden, besitzen dagegen auch Rechenwerke, welche die Verarbeitung von Operanden mit einer Wortbreite von 128 bit und mehr ermöglichen.

Werden in einem Programm häufig Gleitkommavariablen verwendet, ist es wünschenswert, dass die zugehörigen arithmetischen Grundoperationen mithilfe eines einzelnen Befehls ausgeführt werden können. Hierzu wird innerhalb des Rechenwerkes eine Einheit zur Ausführung von Operationen mit ganzzahligen Operanden (Integer-Unit) und eine Einheit zur Ausführung von Gleitkommaoperationen (Floating-Point-Unit) implementiert. Der hiermit verbundene Realisierungsaufwand ist bei vielen Prozessoren des unteren bis mittleren Kostensegments häufig nicht sinnvoll. Aus diesem Grund werden Gleitkommaeinheiten in diesen Mikroprozessoren in der Regel nicht eingesetzt. Gleitkommaoperationen müssen dann durch eine Folge von Ganzzahloperationen realisiert werden, wodurch die Rechenzeit des Programms ansteigt.

13.3.2 Transferbefehle

Sollen zwei Werte, die im Speicher des Systems abgelegt sind, miteinander verknüpft werden, ist dies bei typischen Mikroprozessoren nicht mit einem einzelnen Befehl durchführbar. Vielmehr muss zunächst ein Operand aus dem Speicher in ein Register, welche häufig auch als Arbeitsregister bezeichnet werden, innerhalb der CPU kopiert werden (vgl. Abb. 13.1). Im Anschluss daran kann mit einem arithmetischen oder logischen Befehl die eigentliche Verknüpfung der Daten erfolgen.

Daneben ist es häufig auch erforderlich, Daten zum Beispiel aus einer Eingabeeinheit in den Speicher des Systems zu kopieren, ohne die Daten hierbei zu modifizieren. Für beide Fälle stellen Prozessoren Datentransferbefehle zur Verfügung, mit denen Daten zwischen Speicher und Arbeitsregistern oder Eingabe-/Ausgabeeinheiten und Arbeitsregistern ausgetauscht werden können. Die unterschiedlichen Befehle zum Kopieren von Daten werden unter dem Begriff *Transferbefehle* zusammengefasst.

13.3.3 Befehle zur Programmablaufsteuerung

Ist ein arithmetischer Befehl oder ein Transferbefehl von der CPU ausgeführt worden, wird die Programmausführung mit dem nächsten im Programmspeicher abgelegten Befehl fortgesetzt. Die Möglichkeiten zum Erstellen von Programmen sind jedoch allein mit Transferbefehlen oder arithmetischen Befehlen sehr eingeschränkt. Selbst einfache Programme benötigen die Möglichkeit, Befehle wiederholt auszuführen (Schleifen) oder einzelne Programmteile unter bestimmten Bedingungen zu überspringen (bedingte Verzweigungen). Um diese Programmkonstrukte zu unterstützen, stellen Mikroprozessoren Befehle zur Steuerung des Programmablaufs zur Verfügung. Die zu dieser Gruppe zählenden Befehle umfassen:

Unbedingte Sprungbefehle Nach Ausführung eines unbedingten Sprungbefehls wird die Ausführung des Programms an einer durch den Befehl spezifizierten Adresse im Programmspeicher fortgesetzt und es wird an eine andere Position im Programmspeicher „gesprungen".

Bedingte Sprungbefehle Bedingte Sprungbefehle führen, den Sprung nur aus, wenn eine im Befehl angegebene Bedingung erfüllt ist. Ist die Bedingung dagegen nicht erfüllt, wird das Programm mit dem nachfolgenden Befehl fortgesetzt.

Als Bedingungen können Informationen herangezogen werden, die sich aus der Ausführung vorangegangener Befehle ergeben. So kann zum Beispiel eine Programmverzweigung erfolgen, falls das Ergebnis der vorangegangenen Operation Null ist. Ebenso kann eine Verzweigung ausgeführt werden, falls das Ergebnis des zuvor ausgeführten Befehls negativ ist oder ein arithmetischer Überlauf aufgetreten ist.

Unterprogrammaufrufe Nach dem Ende eines Unterprogramms muss zur aufrufenden Position im Programm zurückgekehrt werden. Die CPU muss beim Aufruf eines Unterprogramms also die aktuelle Befehlsadresse zwischenspeichern.

Ein Befehl zum Aufruf eines Unterprogramms besitzt daher die Funktionalität eines unbedingten Sprungs. Zusätzlich wird bei der Ausführung des Befehls die aktuelle Programmspeicheradresse gesichert. Auch für das Beenden eines Unterprogramms wird ein besonderer Befehl verwendet. Dieser Befehl sorgt dafür, dass das Programm an der beim Aufruf des Unterprogramms gespeicherten Programmspeicherposition fortgesetzt wird.

13.3.4 Spezialbefehle

Viele Mikroprozessoren stellen Befehle zur Verfügung, die nicht einer der zuvor diskutierten Befehlsklassen zugeordnet werden können. Dies kann beispielsweise ein Befehl sein, der den Prozessor in einen Stromsparmodus schaltet. Solche Befehle sind auf den jeweiligen Mikroprozessor zugeschnitten und finden sich daher nicht in allen Befehlssätzen.

13.4   Codierung von Befehlen

Ein Programm besteht aus einzelnen Befehlsworten, die nacheinander ausgeführt werden. Mit jedem Befehlswort wird dem Prozessor mitgeteilt, welcher Teil-schritt als nächstes auszuführen ist. Die Befehle müssen in binärer Form auf einem Speichermedium abgelegt werden. Bei PCs ist dieses Speichermedium häufig eine Solid-State-Disk. In eingebetteten Systemen werden häufig Bausteine eingesetzt, die den Programmspeicher als Flashspeicher zusammen mit der CPU und weiteren Komponenten auf einem Chip integrieren.

Für die Befehle eines Prozessors müssen also binäre Codierungen definiert werden, die beschreiben, wie Befehle durch Nullen und Einsen repräsentiert werden sollen. Hierbei kann sowohl die Wortbreite der einzelnen Befehle als auch die Bedeutung der in einem Befehlswort vorhandenen Bits bei der Definition eines Instruktionssatzes frei gewählt werden.

Um die Decodierung eines Befehls durch das Steuerwerk zu vereinfachen, können Bits des Befehlswortes zu Feldern zusammengefasst werden. Eines dieser Felder gibt dann zum Beispiel die auszuführende Operation (zum Beispiel „Addition" oder „Sprung") an. Die weiteren Bits stellen ergänzende Informationen zur Verfügung. So muss beispielsweise bei einem arithmetischen Befehl angegeben werden, aus welchen Arbeitsregistern die Operanden geholt werden und in welchem Arbeitsregister das Ergebnis abgelegt wird.

Betrachten wir zur Verdeutlichung einen Prozessor, dessen Befehle 32 Bit umfassen, und schauen uns eine mögliche Codierung eines Additions- und eines Sprungbefehls an: Um eine ausreichend große Anzahl an unterschiedlichen Befehlen zu ermöglichen, wird die auszuführende Operation mit 6 Bit codiert. Um beispielsweise 32 verschiedene Arbeitsregister auswählen zu können, werden pro Register 5 Bit benötigt. Für eine Addition müssen drei Arbeitsregister ausgewählt werden, zwei für die Summanden und eines für die Aufnahme des Ergebnisses. Damit werden für diesen Befehl 21 Bit belegt. Die verbleibenden 11 Bit können einen beliebigen Wert besitzen.

Möchte man dagegen eine Addition mit einem Registerwert und einer Konstanten durchführen, wird diese Konstante häufig mit im Befehlswort abgelegt. Da hierbei ein Register weniger ausgewählt werden muss (ein Summand ist ja die Konstante), werden also für die Operation und die beiden Register zusammen 16 Bit benötigt und es verbleiben 16 Bit für die Konstante. Durch eine Vorzeichenerweiterung (vgl. Kap. 2) kann dieser Wert auch für Operationen mit größerer Wortbreite verwendet werden.

Bei einem Sprungbefehl würde die Operation *Sprung* mit 6 Bit codiert. Die verbleibenden 26 Bit geben dann das *Sprungziel* (die Adresse des nächsten Befehls) an.

In Abb. 13.4 ist ein möglicher Aufbau des Befehlswortes für die drei hier diskutierten Beispiele dargestellt.

Für Systeme mit kleinen Speichern kann es sinnvoll sein, den Befehlssatz einzuschränken und hierdurch eine Codierung mit einer geringeren Wortbreite zu erreichen. So könnte man zum Beispiel statt 32 Arbeitsregister nur 8 verwenden. Zusätzlich könnte die Einschränkung erfolgen, dass eines der Operandenregister auch das Ergebnisregister ist. Statt drei Register mit je 5 Bits zu codieren, würde es mit den beiden genannten Maßnahmen ausreichen, zwei Register mit je 3 Bits zu codieren. In diesem Beispiel würden im Befehlswort 9 Bits eingespart.

Diese Form der Einsparung hat aber auch ihren Preis: Weniger Arbeitsregister innerhalb der CPU bedeuten, dass im Allgemeinen mit mehr Speicherzugriffen und damit einer längeren Programmlaufzeit zu rechnen ist. Ob dies den Vorteil einer kompakteren

Abb. 13.4 Beispiele für den Aufbau eines 32-Bit-Befehlswortes

Addition von zwei Arbeitsregistern

31	26	21	16	11	0
Op	Re	Ro1	Ro2	ungenutzt	

Addition eines Arbeitsregisters mit einer Konstanten

31	26	21	16	0
Op	Re	Ro1	16-Bit-Konstante	

Sprung

31	26	0
Op	26-Bit-Sprungziel	

Op: Operation
Re: Ergebnisregister
Ro: Operandenregister

Befehlscodierung überwiegt, hängt vom Anwendungsgebiet ab: Für einfache Steuerungs-aufgaben steht meist der Preis (und damit indirekt auch der Speicherbedarf) im Vorder-grund, während für High-End-PCs die Rechenleistung ganz oben auf der Prioritätenliste steht.

13.5 Adressierung von Daten und Befehlen

Beim Zugriff auf den Datenspeicher des Systems gibt es verschiedene Berechnungs-vorschriften, um die Speicheradresse zu ermitteln. Die in den Befehlen eines Mikro-prozessors für die Adressierung zur Verfügung gestellten Berechnungsvorschriften werden als *Adressierungsarten* bezeichnet.

In diesem Abschnitt werden typische Adressierungsarten vorgestellt. Zur Verein-fachung bezieht sich die Darstellung auf den Lesezugriff der Operanden eines Befehls. Die hier vorgestellten Adressierungsarten können, mit Ausnahme der unmittelbaren Adressierung, ebenso für die Adressierung beim Abspeichern des Ergebnisses eines Befehls verwendet werden.

13.5.1 Unmittelbare Adressierung

Die einfachste Adressierungsart ist die unmittelbare Adressierung. Dabei wird keine Speicheradresse verwendet, sondern der Wert des Operanden wird direkt als Teil des Befehls angegeben. Da der Wert somit Teil des Programms ist und sich während der Programmlaufzeit nicht ändert, wird diese Adressierungsart für Konstanten verwendet.

Abb. 13.5 verdeutlicht die unmittelbare Adressierung, bei dem sich der Operand aus einem Teil des Befehlswortes ergibt. Das aus dem Programmspeicher gelesene Befehls-wort ist hierbei abstrakt dargestellt. Insbesondere wurde auf die genauere Darstellung der für die Adressierung irrelevanten Teile des Befehlswortes, wie zum Beispiel die auszu-führende Operation, verzichtet. Diese Teile des Befehlswortes sind dunkler dargestellt.

13.5.2 Absolute Adressierung

Im Fall der absoluten Adressierung ist ebenfalls eine Konstante im Befehlswort abgelegt. Diese wird jedoch anders als im Fall der unmittelbaren Adressierung nicht als Operand, sondern als Adresse interpretiert.

Abb. 13.5 Unmittelbare
Adressierung

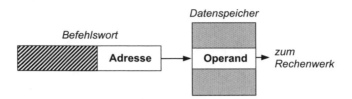

Abb. 13.6 Absolute Adressierung

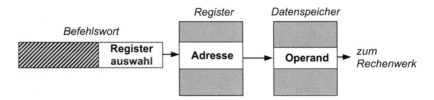

Abb. 13.7 Indirekte Adressierung

Dementsprechend wird diese Konstante auf den Adressleitungen des Busses ausgegeben. Der adressierte Wert wird aus dem Datenspeicher beziehungsweise einer
Ein-/Ausgabekomponente ausgelesen und dem Rechenwerk als Operand zugeführt
(vgl. Abb. 13.6).

13.5.3 Indirekte Adressierung

Die indirekte Adressierung kann als eine Erweiterung der absoluten Adressierung aufgefasst werden. Die verwendete Adresse ergibt sich dabei nicht aus einer im Befehlswort
codierten Konstante, sondern wird einem Arbeitsregister entnommen. Im Befehlswort
wird das Register angegeben, in dem die Adresse abgelegt ist.

In Abb. 13.7 ist das Grundprinzip der indirekten Adressierung dargestellt.

Indirekte Adressierung mit Registermodifikation Die indirekte Adressierung erlaubt
somit, dass der Wert der verwendeten Adresse erst zur Laufzeit des Programms festgelegt wird. Der Befehl zum Speicherzugriff kann auch mit einer Modifikation des
verwendeten Registers kombiniert werden. Dies ist sinnvoll, wenn ein Prozessor auf aufeinanderfolgende Adressen zugreifen soll. In der Regel ist die Adressmodifikation auf
das Inkrementieren (Erhöhung des Wertes um 1) und Dekrementieren (Verringern um 1)
beschränkt. Da die Modifikation des Adressspeichers automatisch mit der Ausführung
des zugehörigen Befehls stattfindet, spricht man auch von *indirekter Adressierung mit
Auto-Inkrement* beziehungsweise *Auto-Dekrement.*

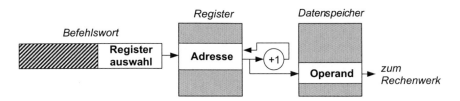

Abb. 13.8 Indirekte Adressierung mit Post-Inkrement

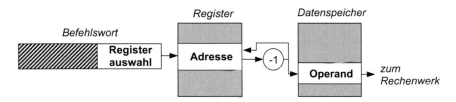

Abb. 13.9 Indirekte Adressierung mit Pre-Dekrement

Bei der Ausführung eines Befehls, der die indirekte Adressierung mit Auto-Inkrement beziehungsweise -Dekrement verwendet, wird einerseits der Datenspeicher adressiert und andererseits ein Registerwert modifiziert. Die Reihenfolge dieser beiden Schritte ist beliebig wählbar. So könnte bei Verwendung eines Befehls mit Auto-Inkrement zunächst das Register inkrementiert werden. Der so erhaltene Wert könnte anschließend zur Adressierung des Operanden verwendet werden. Ebenso ist es denkbar, dass der aus dem Register ausgelesene Wert direkt zur Adressierung verwendet und erst anschließend inkrementiert wird. Der erste Fall wird als Pre-Inkrement, der zweite Fall als Post-Inkrement bezeichnet. Analog kann die indirekte Adressierung ebenso sowohl mit Pre-Dekrement als auch Post-Dekrement implementiert werden. Abb. 13.8 und 13.9 stellen die indirekte Adressierung mit Post-Inkrement und Pre-Dekrement schematisch dar.

Indirekte Adressierung mit Verschiebung Als eine Erweiterung der indirekten Adressierung setzen einige Mikroprozessoren die indirekte Adressierung mit Verschiebung ein. Bei Verwendung dieser Adressierungsart ergibt sich die Adresse des Operanden aus der Summe eines Registerwertes und eines Offsetwertes, welcher als Konstante im Befehlswort abgelegt ist. Dies ist schematisch in Abb. 13.10 dargestellt.

Darüber hinaus kann der Offset auch in einem zur Laufzeit des Programms veränderbaren Indexspeicher abgelegt werden. In diesem Fall enthält das Befehlswort neben der Registerauswahl auch eine Adresse des Indexspeichers. Beide Speicher werden bei der Ausführung des Befehls ausgelesen. Die Summe der beiden ausgelesenen Werte ergibt die Adresse des zu verarbeitenden Operanden. Diese Adressierungsart wird auch als indirekt indizierte Adressierung oder kurz *indizierte Adressierung* bezeichnet.

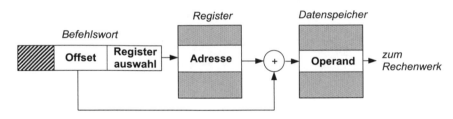

Abb. 13.10 Indirekte Adressierung mit Verschiebung

13.5.4 Indirekte Adressierung mit dem Stackpointer

Eine wichtige Anwendung der indirekten Adressierung ist die Realisierung eines Stapelspeichers (engl. *Stack*).

Diese Form der Speicherorganisation ist vergleichbar mit einem Papierstapel, auf dem ein neues Blatt nur oben auf dem Stapel abgelegt beziehungsweise nur das oberste Blatt entfernt werden kann. Bei einem Schreibzugriff wird auf die nächste freie Stelle geschrieben und beim Lesezugriff wieder der jeweils zuletzt geschriebene Wert vom Stapelspeicher gelesen, genauso wie das zuletzt abgelegte Blatt als erstes von einem Papierstapel entfernt werden würde.

Diese Eigenschaft des Stapelspeichers lässt sich unter anderem für Unterprogrammaufrufe nutzen, bei denen die aktuelle Programmspeicheradresse zwischengespeichert werden muss. Wird bei dem Aufruf eines Unterprogramms die aktuelle Adresse auf dem Stapelspeicher abgelegt, sind auch verschachtelte Unterprogrammaufrufe realisierbar, also Unterprogrammaufrufe innerhalb eines Unterprogramms. Beim Verlassen des zuletzt aufgerufenen Unterprogramms wird die zuletzt abgespeicherte Programmspeicheradresse vom Stapelspeicher geholt und die Programmausführung mit dem aufrufenden Unterprogramm fortgesetzt. Die Verschachtelungstiefe von Unterprogrammen ist somit lediglich durch die Größe des Stapelspeichers begrenzt.

Die Funktion eines Stacks lässt sich auf verschiedene Weisen realisieren. Für einen typischen Prozessor wird meist die Variante bevorzugt, bei welcher die auf dem Stack abgespeicherten Werte im Datenspeicher abgelegt werden. Die aktuelle Schreib-/ Leseposition wird in einem besonderen Register der CPU, dem Stapelzeiger (engl. *Stackpointer*), abgelegt.

Der Stack-Schreibzugriff wird üblicherweise an der höchsten Adresse des vorgesehenen Speicherbereichs begonnen. Wiederholte Schreibzugriffe führen also zum Beschreiben des Datenspeichers an immer niedrigeren Adressen. Dieses Verhalten wird auch mit der Aussage „der Stack wächst nach unten" umschrieben. Für die Implementierung eines Stapelspeichers mithilfe eines Stapelzeigers kann die indirekte Adressierung mit Auto-Dekrement und Auto-Inkrement eingesetzt werden (vgl. Abschn. 13.5.3).

13.5.5 Befehlsadressierung

Für die Adressierung der abzuarbeitenden Befehle verwendet ein Mikroprozessor ein besonderes Register, den sogenannten Programmzähler *(Program Counter, PC)*. Der PC wird vom Steuerwerk der CPU normalerweise mit der Abarbeitung eines Befehls inkrementiert, sodass automatisch der jeweils nachfolgende Befehl im Programmspeicher adressiert wird. Wird dagegen ein Sprungbefehl ausgeführt, muss die Adressierung des Programmspeichers entsprechend modifiziert werden. Hierzu werden von den meisten Mikroprozessoren eine absolute Adressierung, eine relative Adressierung und eine indirekte Adressierung zur Verfügung gestellt. Zur Unterscheidung zwischen Datenadressierung und Befehlsadressierung werden diese Adressierungsarten auch als *PC-absolute, PC-relative* oder *PC-indirekte* Adressierung bezeichnet.

Im Fall der PC-absoluten Adressierung wird der Programmzähler mit einer im Sprungbefehl angegebenen Konstanten geladen. Die Programmausführung wird somit an der Position fortgesetzt, die durch diese Konstante festgelegt ist.

Die PC-relative Adressierung verwendet ebenfalls eine im Befehlswort abgelegte Konstante. Die Summe aus dieser Konstanten und dem aktuellen Wert des PCs ergibt den neuen Programmzählerwert. Während die absolute Adressierung also einen Befehl ausführt, der sich mit „springe zu Programmspeicheradresse XYZ" umschreiben lässt, führt die PC-relative Adressierung einen Befehl aus, der mit „springe um XYZ Programmspeicheradressen" beschrieben werden kann.

Im Fall der PC-indirekten Adressierung wird der neue Wert des PCs, ähnlich der indirekten Datenadressierung, aus einem Adressspeicher oder einem Arbeitsregister ausgelesen und in den Programmzähler übertragen. Die auszulesende Position des Adressspeichers wird hierbei als Konstante im Befehlswort angegeben.

13.6 Maßnahmen zur Steigerung der Rechenleistung

Die Aufgabe eines Mikroprozessors ist es, eine möglichst hohe Rechenleistung unter gegebenen Randbedingungen (Kosten, Verlustleistung, usw.) zur Verfügung zu stellen. In den folgenden Abschnitten werden technische Möglichkeiten aufgezeigt, die zu einer Steigerung der Rechenleistung von Mikroprozessoren eingesetzt werden können.

13.6.1 Erhöhung der Taktfrequenz

Da Mikroprozessoren als synchrone Systeme realisiert werden, kann zunächst die Taktfrequenz des Systems erhöht werden. Mit der Erhöhung der Taktfrequenz lässt sich eine annähernd proportionale Steigerung der Rechenleistung erzielen.

Die Möglichkeit zur Erhöhung der Taktfrequenz für einen Mikroprozessor ist jedoch begrenzt. Wird die Dauer eines Taktzyklus über eine kritische Grenze hinaus verringert, können Fehlfunktionen auftreten. Diese kritische Grenze ergibt sich aus dem kritischen Pfad, also der maximal auftretenden Signallaufzeit zwischen zwei Flip-Flops des Systems. Eine Möglichkeit, diese Signallaufzeit zu verringern, stellt Pipelining dar (vgl. Abschn. 6.5.4), welches in Abschn. 13.6.3 für Mikroprozessoren erläutert wird. Darüber hinaus ist zu beachten, dass bei Verwendung von CMOS-Technologien, wie sie heute für die Realisierung von Mikroprozessoren verwendet werden, die dynamische Verlustleistung proportional zur Taktfrequenz ansteigt (vgl. Abschn. 10.3). Dieser unerwünschte Effekt kann ebenfalls zu einer Limitierung der maximal verwendbaren Taktfrequenz führen.

13.6.2 Parallelität

Eine Erhöhung der Rechenleistung kann auch erzielt werden, indem mehrere Operationen gleichzeitig ausgeführt werden. Dies kann sowohl durch parallele Einheiten im Rechenwerk als auch durch die Verwendung mehrerer Mikroprozessoren ermöglicht werden.

Im Idealfall steigt die verfügbare Rechenleistung proportional zu der im Rechenwerk implementierten Parallelität. Programme bilden in der Regel sequenzielle Verarbeitungsschritte ab. Inwieweit diese Verarbeitungsschritte, entgegen der vorgegebenen sequenziellen Abarbeitungsreihenfolge, auch zeitgleich ausgeführt werden können, ist stark vom Programm abhängig. Im ungünstigsten Fall muss für jede Operation die jeweils vorangegangene Operation abgearbeitet werden, da zum Beispiel das Ergebnis der ersten Operation als Operand für den nachfolgenden Befehl benötigt wird. In diesem Fall kann die Parallelität des Rechenwerks nicht ausgenutzt werden und es wäre keine Erhöhung der Rechenleistung erreichbar.

Geht man davon aus, dass ein Programm aus ideal parallelisierbaren (die benötigte Rechenzeit verhält sich annähernd umgekehrt proportional zur eingesetzten Parallelität) und nicht-parallelisierbaren Anteilen besteht, kann der Rechenleistungsgewinn durch die folgende Formel angeben werden:

$$G = \frac{1}{s + p/N}$$

mit:	G	–	Rechenleistungsgewinn (engl. *Speedup*)
	p	–	Durch Parallelverarbeitung beschleunigter Programmanteil
	s	–	Anteil des Programms mit konstanter Rechenzeit
	N	–	Parallelität des Systems, zum Beispiel Anzahl paralleler Operationen

Die Grundlagen zu dieser Betrachtung wurden von Gene M. Amdahl formuliert und sind als *Amdahl's Law* bekannt geworden. Auch wenn diese Betrachtung starke Vereinfachungen vornimmt, macht sie dennoch deutlich, dass bereits ein geringer Anteil an nicht-parallelisierbaren Programmteilen zu einer signifikanten Begrenzung des realisierbaren Rechenleistungsgewinns führen kann.

Der sinnvolle Einsatz paralleler Einheiten erfordert, dass diese mit den jeweils zu verarbeitenden Daten versorgt werden. Hierzu wird häufig ein hoher schaltungstechnischer Aufwand benötigt, der zusätzlich zu dem Aufwand der benötigten parallelen Einheiten erforderlich wird.

Darüber hinaus müssen in den Befehlsworten des Prozessors entweder mehrere Operationen codiert werden oder es müssen mehrere Befehle gleichzeitig verarbeitet werden können, was zu einer weiteren Erhöhung des Realisierungsaufwands führt. Diese Ansätze werden als *Very-Long-Instruction-Word-Architekturen (VLIW)* beziehungsweise *superskalare Architekturen* bezeichnet.

Parallele Rechenwerke werden in Mikroprozessoren eingesetzt. Für Systeme mit hohen Rechenleistungsanforderungen, wie zum Beispiel PCs oder Smartphones, haben sich Multi-Core-Systeme durchgesetzt, bei denen mehrere Prozessoren auf einem Chip integriert werden. Diese Form der Rechenleistungserhöhung wurde notwendig, da sich die zuvor verfolgte Strategie einer mit jeder Prozessorgeneration steigenden Taktfrequenz aus technologischen Gründen nicht mehr durchhalten ließ.

13.6.3 Pipelining

Eine weitere Möglichkeit zur Erhöhung der Rechenleistung ist der Einsatz von Pipelining, welches im deutschen Sprachraum mit Fließbandverarbeitung übersetzt wird.

Das Grundprinzip der Fließbandverarbeitung in der industriellen Produktion ist, dass an verschiedenen Stationen spezialisierte Teilaufgaben durchgeführt werden. Nach Durchlaufen aller Stationen ist das Endprodukt fertiggestellt. Da hierbei immer mehrere Stationen gleichzeitig aktiv sind, kann die Fließbandverarbeitung als eine besondere Form der Parallelverarbeitung aufgefasst werden. Im Unterschied zu der zuvor beschriebenen Form der Parallelverarbeitung, wird im Fall des Pipelinings in jeder Station nur ein Teil der gesamten Verarbeitungsaufgabe ausführt. Das so erhaltene Arbeitsergebnis wird an die nachfolgende Station weiterreicht.

In Abschn. 13.2 wurden die einzelnen Schritte zur Verarbeitung eines Befehls exemplarisch vorgestellt. Hierbei wurde die Verarbeitung eines Befehls durch die Ausführung von fünf Teilschritten vorgenommen. Ohne Einsatz von Pipelining würden alle Teilschritte eines Befehls durchlaufen, bevor die Ausführung des nachfolgenden Befehls begonnen wird. Nimmt man vereinfachend an, dass alle Teilschritte eine identische Verarbeitungszeit T_S benötigen, würde die Bearbeitung eines Befehls also $5T_S$ erfordern.

Wird dagegen jeder Teilschritt durch eine eigenständige Einheit ausgeführt, kann jede dieser Einheiten nach Bearbeitung eines Teilschritts sofort mit der Ausführung des nachfolgenden Befehls beginnen. Dann kann bereits nach der Zeit T_S die Verarbeitung eines neuen Befehls mit dem ersten Teilschritt beginnen.

In Abb. 13.11 ist der zeitliche Verlauf der Verarbeitung von Befehlen ohne und mit Einsatz von Pipelining dargestellt. Zum Zeitpunkt t = 0 beginnt in beiden Fällen die Ausführung des ersten Befehls. Ohne Pipelining werden die fünf Teilschritte ausgeführt und danach der nächste Befehl begonnen. Mit Pipelining, wird bereits zum Zeitpunkt $t = T_S$ mit der Ausführung eines weiteren Befehls begonnen werden. Zum Zeitpunkt $t = 5T_S$ ist für beide Fälle die erste Instruktion komplett abgearbeitet. Der Vorteil von Pipelining ist, dass zu diesem Zeitpunkt bereits die Verarbeitung von vier weiteren Befehlen begonnen worden, sodass im nächsten Taktschritt bereits der zweite Befehl abgeschlossen ist. Betrachtet man einen längeren Zeitraum, lässt sich beobachten, dass bei Verwendung von Pipelining 5-mal mehr Instruktionen pro Zeiteinheit verarbeitet werden. Der Befehlsdurchsatz (Befehle pro Zeiteinheit) und damit die Rechenleistung wird somit um den Faktor 5 gesteigert. Die Latenzzeit, also die Zeitspanne vom Beginn bis zum Ende der Befehlsabarbeitung, bleibt unverändert bei 5 Taktzyklen (vgl. Abschn. 6.5.4).

Der schaltungstechnische Aufwand zur Realisierung einer einfachen Befehlspipeline ist moderat. Prinzipiell ist es ausreichend die einzelnen Stufen der Befehlsausführung durch Flip-Flops (sog. Pipeline-Register) zu entkoppeln. Auf diese Weise kann in jedem Taktzyklus die Ausführung eines neuen Befehls gestartet werden.

Der Einsatz von Pipelining ist ein sehr effizientes Mittel zur Steigerung der Rechenleistung und die meisten der heute verfügbaren Prozessoren setzen Pipelining ein.

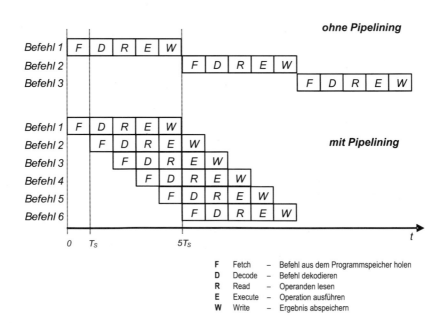

Abb. 13.11   Zeitlicher Verlauf der Befehlsverarbeitung mit und ohne Pipelining

Theoretisch ist mit Pipelining ein Rechenleistungsgewinn möglich, der proportional zu der Anzahl der verwendeten Pipelinestufen ist. In der Praxis können jedoch Abhängigkeiten zwischen den Befehlen auftreten, die den erzielbaren Rechenleistungsgewinn reduzieren. Exemplarisch soll dies anhand der Datenabhängigkeit zweier Instruktionen verdeutlicht werden: Wird ein Befehl ausgeführt, der als Operanden das Ergebnis des vorangegangenen Befehls benötigt, führt dies zu einem Konflikt. Erst wenn die vorangegangene Instruktion die W-Stufe durchlaufen hat, kann das Ergebnis von der R-Stufe als Operand für einen nachfolgenden Befehl gelesen werden. Ohne weitere Maßnahmen zu ergreifen, hätte der zweite Befehl die R-Stufe längst durchlaufen, wenn sich der erste Befehl in der W-Stufe befindet (vgl. Abb. 13.12). Der zweite Befehl würde also einen veralteten, falschen Wert als Operanden einlesen.

Eine Möglichkeit diesen Konflikt aufzulösen, besteht darin, die Ausführung des zweiten Befehls zu verzögern. So wird sichergestellt, dass der zweite Befehl die R-Stufe erst durchläuft, nachdem der erste Befehl in der W-Stufe verarbeitet wurde (vgl. Abb. 13.13). Diese Verzögerung führt zu einer Verringerung des Befehlsdurchsatzes. Die theoretisch mögliche Steigerung der Rechenleistung wird daher nicht erreicht.

13.6.4 Befehlssatzerweiterungen

Die Rechenleistung eines Mikroprozessors wird auch von seinem Befehlssatz beeinflusst. In Abschn. 13.3.1 wurde am Beispiel der Multiplikation verdeutlicht, dass die Verwendung eines Multiplikationsbefehls die Rechenleistung eines Prozessors erhöhen kann. Entsprechendes gilt für den Einsatz einer Floating-Point-Unit zur Beschleunigung von Gleitkommaoperationen. Durch den Einsatz einer Gleitkommaeinheit können Fließkommaberechnungen deutlich schneller durchgeführt werden.

Das Prinzip, den Befehlssatz auf das Anwendungsgebiet des Prozessors zu optimieren, muss nicht auf Grundoperationen wie Multiplikation, Division oder Gleit-

Abb. 13.12 Beispiel eines Konfliktes bei der Befehlsabarbeitung

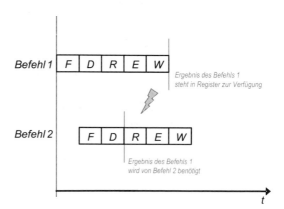

Abb. 13.13 Auflösung
eines Pipelinekonfliktes
durch Verzögerung der
Befehlsabarbeitung

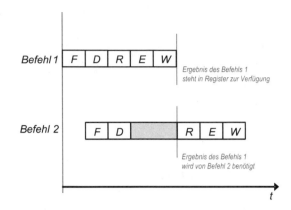

kommaberechnungen beschränkt werden. Einige Mikroprozessoren stellen sogenannte Befehlssatzerweiterungen zur Verfügung. So wurde beispielsweise Mitte der 1990er Jahre die MMX-Befehlssatzerweiterung von der Firma Intel für PC-Prozessoren eingeführt. Eines der Ziele war es, durch diese Erweiterung eine flüssige Wiedergabe von Videosequenzen zu erreichen. In den darauffolgenden Jahren wurden die Erweiterungen des Befehlssatzes unter dem Namen SSE *(Streaming SIMD Extensions)* fortgeführt. Intel und andere Prozessorhersteller haben inzwischen weitere Befehlssatzerweiterungen entwickelt und mit unterschiedlichen Bezeichnungen auf dem Markt etabliert.

13.7   Grundlegende Mikroprozessorarchitekturen

Für den Entwurf und die Auswahl eines Mikroprozessors stellen sich viele Fragen, welche die Architektur des Prozessors beeinflussen. Einige dieser Fragestellungen sind:

- Welche Wortbreiten werden für die Daten- und Adressleitungen verwendet?
- Welche Wortbreite besitzt das Rechenwerk?
- Wird eine Floating-Point-Unit zur Beschleunigung von Gleitkommaoperationen verwendet?
- Welche Befehle werden unterstützt?
- Wie werden die Befehle binär codiert und welche Wortbreite wird für die Codierung der Befehle verwendet?
- Wie viele Arbeitsregister zum Abspeichern von Zwischenergebnissen sind vorhanden?
- In welchem Umfang wird Pipelining für die Befehlsausführung eingesetzt?
- Wie werden Parameter wie Rechenleistung, Kosten und Verlustleistung ausbalanciert?
- Welche Halbleitertechnologie wird für die Realisierung des Prozessors verwendet?

Anhand dieser Fragestellungen wird deutlich, dass für den Entwurf eines Mikroprozessors eine Vielzahl von Freiheitsgraden existiert, die zu unterschiedlichen architektonischen Varianten führt. Trotz dieser Vielfalt können Mikroprozessoren in zwei grundlegende Architekturklassen eingeteilt werden, deren Eigenschaften in den folgenden Abschnitten näher beleuchtet werden.

13.7.1 CISC

Die Abkürzung *CISC* steht für *Complex Instruction Set Computer* und bezeichnet Prozessoren, bei denen angestrebt wird, Befehle mit einer möglichst großen Funktionalität zur Verfügung zu stellen.

CISC-Prozessoren zeichnen sich durch einen großen Befehlsumfang und eine große Anzahl unterschiedlicher Adressierungsarten aus. Die Wortbreite der einzelnen Befehle eines CISC-Prozessors variiert, sodass für die Ausführung der Befehle eine unterschiedliche Anzahl von Programmspeicherzugriffen erforderlich ist. Diese Eigenschaft, sowie die unterschiedliche Komplexität der Befehle, führen dazu, dass die Abarbeitung eines Befehls in der Regel mehrere Taktzyklen erfordert. Die Anzahl der benötigten Taktzyklen variiert bei typischen CISC-Prozessoren in Abhängigkeit vom Befehl. Typische Beispiele für CISC-Architekturen sind die Prozessorfamilien 808x und 80x86 der Firma Intel oder die Prozessoren der 680x0-Serie der Firma Motorola.

CISC-Prozessoren wurden bis in die 1990er Jahre erfolgreich eingesetzt. Allerdings wurden durch Fortschritte der Halbleitertechnologie höhere Integrationsdichten und kürzere Verzögerungszeiten der verwendeten Logik- und Speicherelemente ermöglicht. Insbesondere durch die sinkende Zugriffszeit der Speicher war es nicht mehr nötig, mit einem Befehl möglichst viele Funktionen auszuführen. Dies reduzierte die Bedeutung eines wesentlichen Vorteils von CISC-Prozessoren und führte dazu, dass die Bedeutung der CISC-Prozessoren abnahm.

13.7.2 RISC

Im Lauf der 1980er Jahre wurden zahlreiche Studien zu Architekturen von Mikroprozessoren durchgeführt, die unter anderem zeigten, dass viele der komplexen Befehle eines CISC-Prozessors nur selten in praktischen Programmen verwendet wurden. Die meisten Programme nutzen nur einen kleinen Anteil des Befehlssatzes. Diese Beobachtung führte zu einem Architekturansatz, der als *RISC (Reduced Instruction Set Computer)* bezeichnet wird. Typische RISC-Prozessoren zeichnen sich durch die folgenden Eigenschaften aus:

Limitierter Befehlssatz Es werden nur die am häufigsten benötigten Grundbefehle implementiert. Auf komplexe Adressierungsarten wird verzichtet. Dies ist sowohl für den schaltungstechnischen Aufwand als auch im Hinblick auf die erzielbare Taktfrequenz von Vorteil.

Pipelining Durch die Reduktion des Befehlssatzes wird auch der Einsatz von Pipelining für die Abarbeitung von Befehlen vereinfacht. RISC-Prozessoren streben an, in jedem Taktzyklus die Bearbeitung eines neuen Befehls zu beginnen.

Load/Store-Architektur Zum Austausch von Daten mit dem Speicher oder Ein-/ Ausgabekomponenten werden Befehle eingesetzt, die nur einen Transport der Daten zwischen Speicher und den Arbeitsregistern der CPU durchführen (*Load- und Store-Befehle*). Auf die Möglichkeit, innerhalb eines Befehls sowohl den Datentransport als auch eine arithmetisch-logische Operation auszuführen, wird im Gegensatz zu typischen CISC-Prozessoren verzichtet.

Relativ hohe Registeranzahl RISC-Prozessoren besitzen meist mehr Arbeitsregister als CISC-Prozessoren. Die während der Abarbeitung eines Programms anfallenden Zwischenergebnisse können so innerhalb des Prozessors in den Arbeitsregistern abgelegt werden. Die Anzahl für Befehle zum Ablegen der Zwischenergebnisse im Datenspeicher kann auf diese Weise reduziert werden.

Universell verwendbare Register Die Arbeitsregister der CPU können sowohl für die Verarbeitung von Daten als auch zur Berechnung von Adressen verwendet werden. Eine Unterscheidung zwischen Daten- und Adressregistern, wie sie teilweise bei CISC-Prozessoren verwendet wurde, findet nicht statt.

Einfache Befehlscodierung Um die Decodierung eines Befehls zu vereinfachen und damit zu beschleunigen, wird eine einheitliche Codierung der Befehle angestrebt. Hierbei wird das Befehlswort in der Regel in einzelne Felder unterteilt, in denen unabhängig vom Befehl, die gleiche Information (zum Beispiel die auszuführende Operation oder die verwendeten Register) gespeichert ist.

13.7.3 RISC und Harvard-Architektur

Wie im vorigen Abschnitt beschrieben, ist eine wesentliche Eigenschaft von RISC-Prozessoren die Verwendung von Pipelining zur Verarbeitung von Befehlen (Instruktionspipelining). Der Einsatz von Instruktionspipelining ermöglicht eine Erhöhung des Befehlsdurchsatzes, da in jedem Taktzyklus mehrere unterschiedliche Befehle in den einzelnen Stufen der Pipeline verarbeitet werden.

   Wird ein RISC-Prozessor auf Basis einer Von-Neumann-Architektur implementiert, ergibt sich ein Engpass, durch die Verwendung eines gemeinsamen Speichers für Befehle und Daten. Dieser Engpass entsteht, da bei Verwendung von Instruktionspipelining in jedem Taktzyklus die Ausführung eines neuen Befehls gestartet werden kann. Dabei wird mit jedem Taktzyklus ein Zugriff auf den Speicher ausgeführt. Werden Befehle ausgeführt, die einen Zugriff auf den Datenspeicher ausführen, führt dies zu einem Konflikt: Innerhalb eines Taktzyklus müsste sowohl der Zugriff auf die Befehle des Programms als auch der Zugriff auf die im gemeinsamen Programm- und Datenspeicher abgelegten Daten erfolgen. Der gemeinsame Speicher für Daten und Befehle einer Von-Neumann-Architektur ermöglicht jedoch nur einen Zugriff, entweder auf Daten oder auf Befehle. Daher müssen die Zugriffe auf Daten und Befehle in unterschiedlichen Taktzyklen erfolgen. Die Folge ist eine Reduktion des Befehlsdurchsatzes und damit der erzielbaren Rechenleistung. Dieser Engpass der Von-Neumann-Architektur wird auch als *„Von-Neumann-Bottleneck"* bezeichnet.

Es ist möglich, einen RISC-Prozessor auf Basis einer Von-Neumann-Architektur zu realisieren, sofern die beschriebene Reduktion der Rechenleistung für das Anwendungsgebiet des Prozessors tolerierbar ist.

Soll dagegen ein möglichst hoher Befehlsdurchsatz erzielt werden, ist es sinnvoll, den Speicherkonflikt durch die Realisierung getrennter Speicher für Befehle und Daten aufzulösen. Dieser architektonische Ansatz wird als *Harvard-Architektur* bezeichnet. Die Struktur eines Mikrorechnersystems auf Basis einer Harvard-Architektur ist in Abb. 13.14 dargestellt. Der Programmspeicher kann beispielsweise als nichtflüchtiger Flashspeicher realisiert werden. Der Datenspeicher wird dagegen meist auf Basis eines flüchtigen SRAMs realisiert.

In der Regel benötigen Programme Konstanten, die beim Start des Programms definierte Werte enthalten. Daher werden die Konstanten zusammen mit dem Programm

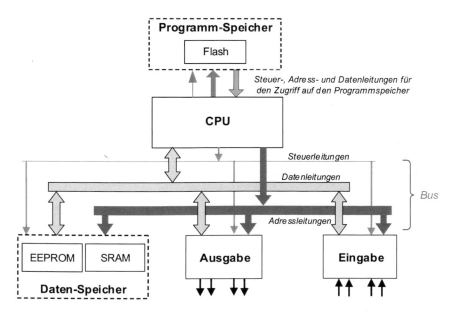

Abb. 13.14   Struktur eines Mikrorechners auf Basis einer Harvard-Architektur

im Flashspeicher abgelegt und stehen damit sofort nach dem Einschalten des Systems zur Verfügung. Da der Flashspeicher damit sowohl Instruktionen als auch Daten enthält, entspricht dies nicht dem reinen Grundkonzept einer Harvard-Architektur. Daher wird diese Architektur auch als *modifizierte Harvard-Architektur* bezeichnet.

13.8   Mikroprozessor Arm Cortex-M0+

In diesem Abschnitt wird ein Mikroprozessor, der Cortex-M0+ der Firma Arm, exemplarisch vorgestellt. Für die Wahl dieses Prozessors gibt es mehrere Gründe:

- Die Firma Arm ist der Marktführer im Bereich von Mikroprozessoren für eingebettete Systeme. CPUs von Arm werden in vielen dieser Systeme verwendet.
- Integrierte Mikrocontroller-Systeme mit Prozessoren der Cortex-M-Serie werden von einer Vielzahl von Herstellern angeboten und besitzen eine weite Verbreitung.
- Der Cortex-M0 bzw. -M0+ ist der Prozessor der Arm-Cortex-Familie, welcher durch seinen übersichtlichen Befehlssatz als der einfachste angesehen werden kann.
- Der Prozessor wird auch in dem ab Kap. 14 vorgestellten Mikrorechnersystem eingesetzt.

Arm ist ein sogenannter IP-Provider. Dies bedeutet, dass Arm selbst keine Mikrochips produziert, sondern zentrale Komponenten als geistiges Eigentum *(IP, Intellectual Property)* vermarktet, die zur Realisierung mikroelektronischer Systeme eingesetzt werden können. Diese Komponenten werden von Systemherstellern lizenziert, mit eigenen Modulen kombiniert und anschließend als Chip produziert. Einer der wichtigsten Produktbereiche von Arm sind RISC-basierte Mikroprozessoren, die unter dem Markennamen Cortex angeboten.

Nach einem kurzen Überblick über die Arm-Cortex-Serie wird der Mikroprozessor Cortex-M0+ in den folgenden Abschnitten genauer vorgestellt. Neben wesentlichen architektonischen Eigenschaften wird der Befehlssatz dieses Mikroprozessors präsentiert und die Programmierung anhand von Beispielen verdeutlicht.

13.8.1 Arm Cortex Kurzübersicht

Arm unterteilt die Prozessoren der Cortex-Serie in drei Bereiche: Der Buchstabe A in der Bezeichnung Cortex-A steht für *Application,* womit Anwendungen gemeint sind, die auf ein Betriebssystem (zum Beispiel Linux) zurückgreifen. Darüber hinaus werden Cortex-R-Prozessoren angeboten, wobei das R für *Realtime* steht. Hierbei handelt es sich um Prozessoren, die für Anwendungen mit Echtzeitanforderungen besonders gut geeignet sind. Die Abkürzung M in der Bezeichnung Cortex-M steht für *Mikrocontroller.* Cortex-

M-CPUs werden in Mikrocontroller-Chips eingesetzt, die sich dadurch auszeichnen, dass alle zum Betrieb benötigten Komponenten auf einem Chip integriert sind.

Innerhalb der Cortex-M-Serie bietet Arm etwa zehn CPUs an, die sich insbesondere in Rechenleistung, benötigter Chipfläche und Verlustleistung unterscheiden. Die einfachsten und kleinsten Prozessoren der Cortex-Serie sind der Cortex-M0 und der Cortex-M0+. Neben dem Cortex-M0 sind die Cortex-M3 und Cortex-M4-Prozessoren weit verbreitet. Zunehmend werden aber auch die neueren CPUs Cortex-M7, Cortex-M33 und Cortex-M55 eingesetzt, wenn eine höhere Rechenleistung gewünscht wird. Die Prozessoren ab dem Cortex-M4 besitzen eine Gleitkommaeinheit. Selbstverständlich können Gleitkommaberechnungen auch mit dem Cortex-M0 bzw. -M0+ ausgeführt werden. Da diese Berechnungen jedoch mit der vorhandenen Ganzahlarithmetik ausgeführt werden müssen, sind mehr Rechenschritte erforderlich und die Ausführungszeit steigt.

Der im Folgenden betrachtete Cortex-M0+ besitzt mit zwei Pipelinestufen die kürzeste Befehlspipeline aller Cortex-M-CPUs. In der ersten Stufe (Fetch) wird der Befehl aus dem Programmspeicher geholt und in der zweiten Stufe (Execute) ausgeführt.

Wenn keine Wartezyklen beim Zugriff auf den Programmspeicher erforderlich sind, benötigen die meisten Befehle eine Ausführungszeit von einem Taktzyklus, da während der Ausführung eines Befehls der nachfolgende Befehl bereits aus dem Programmspeicher geladen wird.

13.8.2 Register des Cortex-M0+

Wie jede moderne CPU besitzt auch der Cortex-M0+ mehrere Arbeitsregister, in denen Zwischenergebnisse komplexerer Berechnungen oder Adressen für den Speicherzugriff abgelegt werden können. Da diese Register universell einsetzbar sind, werden sie als *General-Purpose-Register* bezeichnet. Bei Arm-Prozessoren werden diese Register mit dem Kürzel *R* und einer nachfolgenden Zahl gekennzeichnet. Als General-Purpose-Register stehen die 13 Register R0 bis R12 mit einer Wortbreite von 32 bit zur Verfügung. Diese Register werden in die sogenannten *Low-Register* (R0–R7) und die *High-Register* (R8–R12) aufgeteilt. Im Hinblick auf die Programmierung des Cortex-M0+ ist diese Unterscheidung von wesentlicher Bedeutung, da die Verwendung der High-Register bei vielen Befehlen nicht oder nur eingeschränkt möglich ist, während die acht Low-Register sehr flexibel eingesetzt werden können.

Neben den Universal-Registern besitzt die CPU einige Register, denen besondere Aufgaben zugeordnet sind: Das Register R13 wird als Stackpointer verwendet und wird meist mit dem Kürzel *SP* angesprochen. Der Programcounter *(PC)* wird im Register R15 abgelegt.

Register R14 ist das sogenannte Linkregister *(LR)*. Wird ein Unterprogramm aufgerufen, wird im Linkregister die Adresse des Befehls abgelegt, der dem Unterprogrammaufruf folgt. Ist der Programmablauf am Ende des Unterprogramms angekommen, kann der Inhalt des Registers LR in den Programcounter übertragen werden. Da der Programcounter auf den nächsten auszuführenden Befehl verweist, wird auf diese Weise das Unterprogramm beendet und die Programmausführung mit dem Befehl fortgesetzt, der dem Unterprogrammaufruf folgt.

Ein weiteres Register ist das Program Status Register *(PSR)*. Dieses Register enthält die sogenannten *Condition Flags,* die auch kurz als *Flags* bezeichnet werden. Flags sind in diesem Zusammenhang Informationen, die sich bei der Ausführung von arithmetischen Operationen ergeben. Die Arm-CPUs kennen vier Flags, die durch einzelne Bits des PSR repräsentiert werden:

Carry-Flag (C) Dieses Flag kennzeichnet, ob bei einer arithmetischen Operation ein vorzeichenloser Überlauf (vgl. Kap. 2) stattgefunden hat.

Overflow-Flag (V) Mit dem V-Flag werden vorzeichenbehaftete Überläufe signalisiert.

Zero-Flag (Z) Dieses Flag wird auf 1 gesetzt, wenn das Ergebnis eines arithmetischen Befehls Null ergeben hat. Ist das Ergebnis dagegen ungleich Null, wird das Flag gelöscht.

Negative-Flag (N) Dieses Flag ist eine Kopie des obersten Bits des Ergebnisses eines arithmetischen Befehls und gibt für vorzeichenbehaftete Zahlen an, ob das Ergebnis negativ ist.

Die Flags können für bedingte Sprungbefehle genutzt werden (s. Abschn. 13.3.3). Es existieren für alle Flags Sprungbefehle, die den zugehörigen Sprung nur dann ausführen, wenn das ausgewählte Flag entweder gesetzt oder nicht gesetzt ist. Auf diese Weise können bedingte Verzweigungen und Schleifen realisiert werden.

Bei der Programmierung des Cortex-M0+ können die Register SP, LR und PC auch über ihre Registernummern, also R13, R14 und R15 referenziert werden. Da dies schlechter lesbar ist, ist die Verwendung der Registernummern jedoch nicht empfehlenswert.

Eine Übersicht über die Register des Cortex-M0+ ist in Abb. 13.15 dargestellt. Die Darstellung enthält auch einige Besonderheiten des Cortex-M0+.

So existieren zum Beispiel zwei Stackpointer, deren Verwendung mithilfe des Bits 1 des CONTROL-Registers umgeschaltet werden kann. Dies dient der Unterstützung von Betriebssystemen. Durch die Möglichkeit zur Umschaltung kann der Stackpointer (und damit der als Stack verwendete Speicherbereich) des Betriebssystems vom Stackpointer der ausgeführten Programme beziehungsweise Tasks getrennt werden. Gegenüber dem softwarebasierten Laden eines einzelnen Stackpointer-Registers wird die Ausführungszeit verkürzt.

Das PSR-Register enthält neben den Flags auch das Thumb-State-Bit *T.* Ist dies auf 1 gesetzt, wird von der CPU der sogenannte *Thumb*®-Instruktionssatz (vgl. Abschn. 13.8.3) genutzt, was bei dem hier betrachteten Prozessor Cortex-M0+ immer der Fall ist.

Abb. 13.15 Übersicht über
die Register des Cortex-M0+

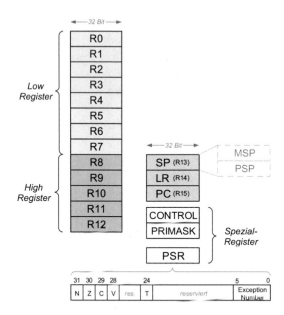

Die mit *Exception Number* gekennzeichneten Bits kennzeichnen, ob normaler Programmcode ausgeführt wird (alle Bits sind 0) oder ob eine sogenannte *Exception* ausgeführt wird, wobei die Bits die Nummer der Exception widerspiegeln. Exceptions sind Ausnahmen im Programmablauf, die zum Beispiel durch Fehler im Programm oder durch externe Ereignisse (Interrupts) hervorgerufen werden können. Auf Interrupts wird in den nachfolgenden Kapiteln näher eingegangen.

Vielen Exceptions können softwarebasiert Prioritäten zugeordnet werden. So kann festgelegt werden, ob die Behandlung einer Exception durch eine andere mit höherer Priorität unterbrochen werden kann. Das PRIMASK-Register dient dazu, die Priorität der zu behandelnden Exceptions festzulegen. Dies ist dann hilfreich, wenn für einen Teil des Programms sichergestellt werden soll, dass dieser Programmteil nicht von Exceptions mit einer niedrigen Priorität unterbrochen werden soll. Mithilfe des PRIMASK-Registers wird festgelegt, welche Mindestpriorität einer Exception zugeordnet sein muss, damit eine Unterbrechung des gerade ausgeführten Programmteils stattfindet.

13.8.3 Befehlssatz des Cortex-M0+

Der traditionelle Instruktionssatz von Arm-Prozessoren besteht aus Befehlen mit einer Wortbreite von 32 bit. Im Jahr 1994 wurde von Arm eine Alternative unter dem Namen *Thumb®* vorgestellt, bei der für die Codierung der meisten Befehle nur 16 bit verwendet werden. Spätere Erweiterungen führten zum Instruktionssatz *Thumb2*.

Das Ziel des Thumb-Instruktionssatzes ist eine Reduktion des Programmspeicher-bedarfs. Theoretisch ist aufgrund der reduzierten Befehlswortbreite eine Reduktion um den Faktor 2 zu erwarten. In der Praxis wird dieser Wert nicht erreicht, da die Thumb-Befehle gegenüber dem traditionellen Befehlssatz einige Einschränkungen aufweisen. Für typische Programme wird daher meist eine Reduktion von etwa 30 % bis 40 % erzielt.

Der Cortex-M0+ unterstützt den Thumb-Befehlssatz sowie einige ausgewählte Thumb2-Befehle. Im Folgenden werden unterstütze Adressierungsarten und eine Aus-wahl der Befehle des Cortex-M0+ vorgestellt.

13.8.3.1 Adressierungsarten des Cortex-M0+

Arm folgt konsequent dem Ansatz einer Load/Store-Architektur. Dies heißt, dass arithmetische und logische Befehle nur Register oder Konstanten als Operanden ver-wenden dürfen. Ergebnisse solcher Befehle werden immer in Arbeitsregistern und nie direkt im Speicher abgelegt.

Der Zugriff auf Datenspeicher erfolgt mit Load- und Store-Befehlen, zum Beispiel ldr (load register) und str (store register). Die Speicheradresse wird hierbei mithilfe der indirekten Adressierung mit oder ohne Verschiebung berechnet, wobei die Ver-schiebung entweder einem Register entnommen werden kann oder durch eine Konstante im Befehl angegeben wird. Bei Load-Befehlen wird daneben auch eine PC-relative Adressierung unterstützt. Sowohl für Load- als auch für Store-Befehle steht die Stack-relative Adressierung zur Verfügung.

Einige Befehlsvarianten auf Basis des ldr-Befehls, mit dem ein 32-Bit-Wert aus dem Speicher in ein Register übertragen werden kann, sind im Folgenden dargestellt.

```
# Beispiele für Lade-Befehle
# In den folgenden Beispielen wird das Register r1
# mit einem 32-Bit-Wert aus dem Speicher geladen
# ldr ist die Abkürzung für den Befehl 'load register'


ldr r1,[r2]        @ Speicheradresse = R2
ldr r1,[r2,r3]     @ Speicheradresse = R2 + R3
ldr r1,[r2,48]     @ Speicheradresse = R2 + 48
                   @  die Verschiebung muss zwischen 0 und 124 betragen
                   @  und durch 4 teilbar sein

ldr r1,[pc,40]     @ PC-relative Adressierung, Adresse = PC + 40
                   @  die Verschiebung muss im Bereich 0-1020 Bytes
                   @  liegen und durch 4 teilbar sein
                   @  Diese Adressierungsart ist nur für
                   @  Load-Befehle verfügbar
```

```
ldr r1,[sp,20]   // Stack-relative Adressierung, Adresse = SP + 20
                 //  die Verschiebung muss im Bereich 0-1020 Bytes
                 //  liegen und durch 4 teilbar sein
```

Der Programmcode verwendet unterschiedliche Varianten zur Kommentierung des Codes. Mit dem Doppelkreuz # werden Kommentare in Zeilen ohne Befehle eingeleitet. In Zeilen, die Befehle enthalten, können nachfolgende Kommentare mit dem At-Zeichen @ oder mit zwei Schrägstrichen beginnen. Blockkommentare können durch /* eingeleitet und mit */ abgeschlossen werden.

Diese Hinweise zur Codekommentierung beziehen sich auf die weit verbreiteten GNU-Programmierwerkzeuge. Andere Programme nutzen unter Umständen andere Zeichen zur Einleitung von Kommentaren, zum Beispiel das Semikolon.

13.8.3.2 Arithmetische Befehle

Die arithmetischen Befehle des Cortex-M0+ umfassen Additions-, Subtraktions- und Multiplikationsbefehle sowie Befehle zum Vergleich von Registerwerten. Die Befehle sind zusammen mit Transferbefehlen in Tab. 13.1 dargestellt.

In den Befehlen wird die Abkürzung rd für das Ergebnisregister, welches häufig auch als Zielregister (engl. destination register) bezeichnet verwendet. rm und rn bezeichnen weitere Operandenregister (Quellregister). Mit der Abkürzung imm werden Konstanten gekennzeichnet, die über eine unmittelbare Adressierung (engl. immediate) im Befehl codiert werden.

Die meisten Befehle beeinflussen auch die Flags. Welche der Flags von dem jeweiligen Befehl modifiziert werden, ist in der Spalte *Flags* angeben. Die Spalte *Wirkung* erläutert anhand von Pseudocode die Arbeitsweise des jeweiligen Befehls.

Bei allen Befehlen können die Lo-Register verwendet werden. Einige Befehle unterstützen auch die Verwendung der Hi-Register. Dies ist in der Spalte *Bemerkungen* angegeben.

Da die Register der Arm-Prozessoren 32 bit umfassen, führen alle arithmetischen Befehle 32-Bit-Operationen aus.

Es fällt auf, dass Befehle mit und ohne nachgestelltem s existieren, zum Beispiel add und adds. Der Unterschied liegt in der Behandlung der Flags. Befehle mit nachgestelltem s modifizieren die Flags.

Der Umkehrschluss, dass Befehle ohne das Suffix s keine Flags modifizieren, ist dagegen nicht richtig. Dies gilt insbesondere für die Befehle, deren einzige Aufgabe es ist, die Flags zu beeinflussen. Ein Beispiel hierfür sind die Vergleichsbefehle, zum Beispiel cmp.

Die in Tab. 13.1 genannten Bedingungen für die Befehle ergeben sich aus dem Aufbau des Befehlswortes (vgl. Abb. 13.4). Anders als dort abgebildet hat der Thumb-Befehlssatz eine Wortbreite von 16 bit und nutzt keine feste Aufteilung in Operation

Tab. 13.1 Arithmetische Befehle und Transferbefehle des Cortex-M0+

Arithmetische Befehle und Transferbefehle				
Befehl	**Assembler**	**Flags**	**Operation**	**Bemerkungen**
Addition	adds rd,rm,imm	NZCV	rd := rm+imm	0 ≤ imm ≤ 7
	adds rd,imm	NZCV	rd := rd+imm	0 ≤ imm ≤ 255
	adds rd,rm,rn	NZCV	rd := rm+rn	
	adds rd,rm	NZCV	rd := rd+rm	
	adcs rd,rm	NZCV	rd := rd+rm+C	
	add rd,rm		rd := rd+rm	auch Hi-Register verwendbar
	add rd,SP,imm		rd := SP+imm	0 ≤ imm ≤ 1020, durch 4 teilbar
	add SP,imm		SP := SP+imm	0 ≤ imm ≤ 508, durch 4 teilbar
Subtraktion	subs rd,rm,imm	NZCV	rd := rm-imm	0 ≤ imm ≤ 7
	subs rd,imm	NZCV	rd := rd-imm	0 ≤ imm ≤ 255
	subs rd,rm,rn	NZCV	rd := rm-rn	
	subs rd,rm	NZCV	rd := rd-rm	
	sbcs rd,rm	NZCV	rd := rd-rm-NOT(C)	
	sub SP,imm		SP := SP-imm	0 ≤ imm ≤ 508, durch 4 teilbar
Negation	negs rd,rm	NZCV	rd := -rm	
Multiplikation	muls rd,rm	NZ	rd := rd*rm	
Vergleich	cmn rm,rn	NZCV	Flags ← rm+rn	rm und rn unverändert
	cmp rm,rn	NZCV	Flags ← rm-rn	rm und rn unverändert
	cmp rm,imm	NZCV	Flags ← rm-imm	0 ≤ imm ≤ 255,
Erweiterung der Wortbreite	sxth rd,rm		rd(15:0) := rm(15:0) rd(31:16):= rm(15)	Vorzeichenerweiterung, Halbwort
	sxtb rd,rm		rd(7:0) := rm(7:0) rd(31:8) := rm(7)	Vorzeichenerweiterung, Byte
	uxth rd,rm		rd(15:0) := rm(15:0) rd(31:16):= 0	vz.-lose Erweiterung, Halbwort
	uxtb rd,rm		rd(7:0) := rm(7:0) rd(31:8) := 0	vz.-lose Erweiterung, Byte
Move	movs rd,imm	NZ	rd := imm	0 ≤ imm ≤ 255
	movs rd,rm	NZ	rd := rm	
	mov rd,rm		rd := rm	auch Hi-Register verwendbar
No Operation	nop		-	"Leerbefehl" ohne Wirkung, identisch mit: mov r8,r8

Anmerkungen:
- Unmittelbar angegebene Operanden können auch mit vorangestelltem Doppelkreuz # geschrieben werden. Beispiel: adds r4,r3,#2
- Das Zielregister kann bei vielen Befehlen auch explizit angegeben werden. Beispiel: adcs r4,r4,r5 statt adcs r4,r5

und Operanden. Die verschiedenen Varianten des Additionsbefehls werden durch unterschiedliche *Opcodes* codiert. 16 Arbeitsregister erfordern 4 Bits zur Codierung, während bei einer Beschränkung auf die 8 Lo-Register 3 Bits ausreichen. Der Wertebereich der Immediate-Konstante ergibt sich aus den noch verfügbaren Stellen des Befehlswortes. Wenn beispielsweise noch 8 bit verfügbar sind, ist ein Wertebereich von 0 bis 255 möglich.

13.8.3.3 Logische Befehle

Wie die meisten Prozessoren unterstützt der Cortex-M0+ auch die Ausführung von bitweisen logischen Operationen (vgl. Tab. 13.2). *Bitweise* bedeutet, dass die Operation „Bit für Bit" durchgeführt wird. Beispielsweise wird bei einer bitweisen UND-Verknüpfung für das unterste Bit des Ergebnisregisters die untersten Bits der beiden Operanden UND-verknüpft. In gleicher Weise werden auch die anderen Bits berechnet.

Der Cortex-M0+ unterstützt die klassischen logischen Operationen Invertierung, UND, ODER, sowie Exklusiv-ODER. Ein praktischer Befehl zum Löschen einzelner Bits eines Registers ist der Befehl `bics`. Die Abkürzung `bic` steht hierbei für *Bit Clear*. Im Zielregister werden alle Bits gelöscht, bei denen im Operandenregister eine 1 steht. Alle anderen Bits bleiben unverändert.

13.8.3.4 Schiebebefehle

Für logische oder arithmetische Schiebeoperationen stehen die Befehle `lsrs`, `lsls`, `rors` und `asrs` zur Verfügung, die einen Registerwert um eine beliebige Bitanzahl nach rechts beziehungsweise links verschieben. Das jeweils letzte „herausgeschobene" Bit wird im Carry-Flag abgelegt. Die unterschiedlichen Schiebeoperationen sind erforderlich, um Rechenoperationen mit vorzeichenlosen und vorzeichenbehafteten Zahlen durchzuführen.

In Abb. 13.16 ist die Funktionsweise der Schiebe- und Rotationsbefehle veranschaulicht, wobei jeweils eine Verschiebung um zwei Bits dargestellt ist. Eine Übersicht über die Schiebebefehle des Cortex-M0+ zeigt Tab. 13.3.

Die gezeigten Befehle können auch als arithmetische Schiebeoperation, also eine Multiplikation mit einer Zweierpotenz (Linksschieben) beziehungsweise eine Division durch eine Zweierpotenz (Rechtsschieben) aufgefasst werden: Wird um n bit geschoben, ist dies äquivalent zu einer Multiplikation (Linksschieben) mit 2^n beziehungsweise einer Division (Rechtsschieben) durch 2^n.

Beim Rechtsschieben werden vorzeichenlose und vorzeichenbehaftete Operanden unterschieden (vgl. Kap. 2). Da der Befehl `lsrs` die durch die Schiebeoperation freigewordenen Bits mit Nullen auffüllt, ist er für die Division durch eine Zweierpotenz für

Tab. 13.2 Logische Befehle des Cortex-M0+

Logische Befehle				
Befehl	**Assembler**	**Flags**	**Operation**	**Bemerkungen**
Bitweise logische Operationen	`ands rd,rm`	NZ	`rd := rd AND rm`	"UND"
	`eors rd,rm`	NZ	`rd := rd EXOR rm`	"Exkl. ODER"
	`orrs rd,rm`	NZ	`rd := rd OR rm`	"ODER"
	`bics rd,rm`	NZ	`rd := rd AND(NOT rm)`	"Bit Clear"
	`mvns rd,rm`	NZ	`rd := NOT rm`	"Move Not"
	`tst rm,rn`	NZ	`Flags ← rm AND rn`	rm und rn unverändert

vorzeichenlose Zahlen geeignet. Handelt es sich bei dem Operanden um eine Zweier-komplementzahl, müssen die freiwerdenden Bits mit dem Vorzeichenbit des Operanden gefüllt werden. Dies unterstützt der Befehl `asrs`.

Für das Linksschieben ist eine derartige Unterscheidung nicht erforderlich. Unabhängig von der Interpretation des Operanden als vorzeichenlose oder vorzeichen-behaftete Zahl, entspricht der Schiebevorgang immer einer Multiplikation mit 2^n. In beiden Fällen können Überläufe auftreten, wenn das Ergebnis eine größere Wortbreite als 32 bit benötigt.

Bei Verwendung der Schiebebefehle werden die herausgeschobenen Bits verworfen. Bei Verwendung des Rotationsbefehls `ror` werden herausgeschobenen Bits wieder in die freiwerdenden Bits hineingeschoben (vgl. Rotation in Abb. 13.16). Das Carry-Flag wird bei dieser Schiebeoperation mit einbezogen, sodass eine Rotation immer 33 bit umfasst.

Auf die Implementierung eines Befehls für die Rotation nach links wurde verzichtet. Diese Operation lässt sich auch durch das Rechtsrotieren implementieren: Die Links-rotation eines 32-Bit-Wertes um n Stellen ist äquivalent zur Rechtsrotation des gleichen Wertes um 32-n Stellen.

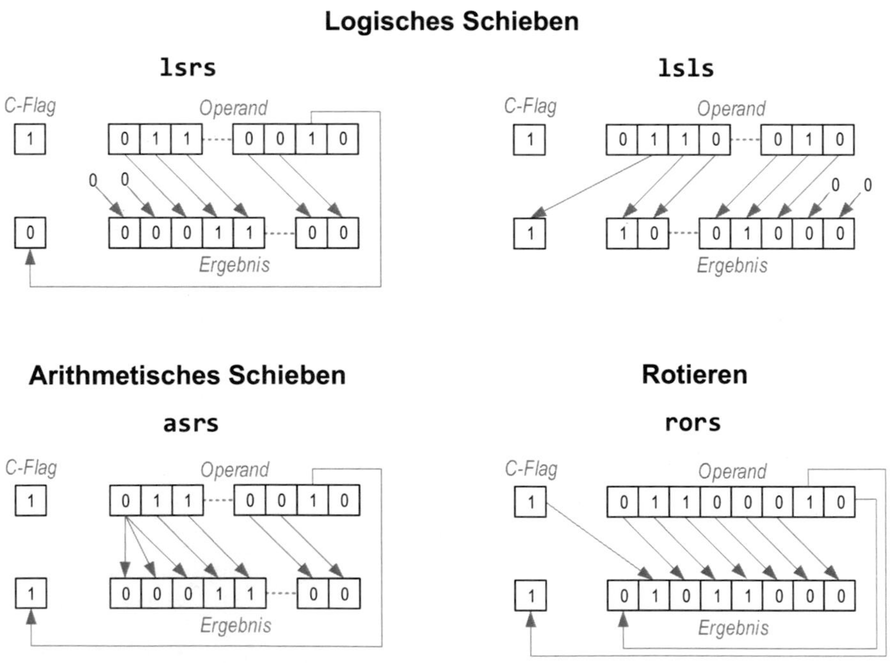

Logisches Schieben

lsrs

C-Flag   Operand
1   0 1 1 ···· 0 0 1 0

0   0

0   0 0 0 1 1 ···· 0 0
         Ergebnis

lsls

C-Flag   Operand
1   0 1 1 0 ···· 0 1 0

0   0

1   1 0 ···· 0 1 0 0 0
         Ergebnis

Arithmetisches Schieben

asrs

C-Flag   Operand
1   0 1 1 ···· 0 0 1 0

1   0 0 0 1 1 ···· 0 0
         Ergebnis

Rotieren

rors

C-Flag   Operand
1   0 1 1 0 0 0 1 0

1   0 1 0 1 1 0 0 0
         Ergebnis

Abb. 13.16 Funktionsweise der Schiebe- und Rotationsbefehle am Beispiel einer Verschiebung um 2 Bit

Tab. 13.3 Schiebebefehle des Cortex-M0+

Schiebebefehle				
Befehl	**Assembler**	**Flags**	**Operation**	**Bemerkungen**
Schieben	lsls rd,rm	NZC	rd := rd << rm	Logisches Linksschieben
	lsls rd,rm,*imm*	NZC	rd := rm << *imm*	$0 \leq imm \leq 31$
	lsrs rd,rm	NZC	rd := rd >> rm	Logisches Rechtsschieben
	lsrs rd,rm,*imm*	NZC	rd := rm >> *imm*	$0 \leq imm \leq 31$
	asrs rd,rm	NZC	rd := rd ASR rm	Arithm. Rechtsschieben
	asrs rd,rm,*imm*	NZC	rd := rm ASR *imm*	$0 \leq imm \leq 31$
Rotieren	rors rd,rm	NZC	rd := rd ROR rm	Rechtsrotieren

13.8.3.5 Speicherzugriffe

Die bisher betrachteten Befehle arbeiten mit Operanden, welche aus Registerwerten stammen oder als Konstanten im Befehlswort codiert sind. Würde ein Prozessor nur diese Befehle beherrschen, könnte er keine Daten mit der Welt außerhalb der CPU austauschen. Für die Kommunikation mit anderen Komponenten des Systems, wie zum Beispiel Speicher oder Ein-/Ausgabeschnittstellen, stellt der Cortex-M0+ spezielle Befehle in verschiedenen Varianten zur Verfügung, die Load- und Store-Befehle.

Der Load-Befehl `ldr` wurde bereits im Abschn. 13.8.3.1 zur Verdeutlichung der vom Cortex-M0+ unterstützten Adressierungsarten verwendet. Dieser Befehl lädt das Zielregister mit einem 32-Bit-Wert, welcher aus dem Speicher oder einer Ein-/Ausgabeschnittstelle geladen wird. Zusätzlich zum Laden eines 32-Bit-Wertes (auch als Wort bezeichnet) existieren beim Cortex-M0+ Befehle, welche das Laden eines 16-Bit-Wertes (Halbwort) oder eines Bytes unterstützen.

Werden nur die unteren 16 beziehungsweise 8 Bits des Zielregisters über den geladenen Wert festgelegt, stellt sich die Frage, auf welchen Wert die verbleibenden höherwertigen Bits des Zielregisters gesetzt werden sollen. Theoretisch sind verschiedene Varianten denkbar. So könnten die oberen Bits zum Beispiel unverändert bleiben, also ihren vorherigen Wert beibehalten. Ebenso wäre es möglich, die höherwertigen Bits immer auf 0 zu setzen oder sie entsprechend einer Vorzeichenerweiterung mit dem obersten Bit des geladenen Wertes zu füllen.

Der Cortex-M0+ unterstützt die Möglichkeiten „Auffüllen mit Nullen" und „Vorzeichenerweiterung". Welche dieser beiden Varianten gewählt werden soll, wird durch den Befehl unterschieden. Da sich das Auffüllen mit Nullen besonders für vorzeichenlose (unsigned) Werte eignet, während die Vorzeichenerweiterung für vorzeichenbehaftete (signed) Werte sinnvoll ist, werden Loadbefehle in einer Unsigned- als auch einer Signed-Variante zur Verfügung gestellt.

Die Befehle `ldrh` und `ldrb` laden die niederwertigsten Bits des Zielregisters mit einem 16 beziehungsweise 8 Bit breiten Wert und füllen die höherwertigen Bits mit Nullen auf. Die Buchstaben *h* und *b* stehen dabei für Halbwort (engl. *half word*) und Byte. Soll eine Vorzeichenerweiterung vorgenommen werden, stehen hierfür die Signed-Varianten des Load-Befehls `ldrsh` und `lrsb` zur Verfügung.

Bei den Store-Befehlen, mit denen ein Wert aus einem Register in den Speicher oder eine Peripheriekomponente (zum Beispiel Ein/-Ausgabemodule) übertragen wird, findet keine Signed/Unsigned-Unterscheidung statt. Als Store-Befehle stehen nur die Befehle `str`, `strh` und `strb` zur Verfügung.

In Tab. 13.4 sind die Befehle für Speicherzugriffe zusammengefasst. Mit [rm, rn] ist die in Abschn. 13.5.3 erläuterte indirekte Adressierung gemeint, also die Basisadresse von rm wird mit dem Wert rn addiert und ergibt so die Speicheradresse. Statt rn kann ein Wert auch unmittelbar angegebenen werden.

Neben den allgemeinen Load- und Store-Befehlen unterstützt der Cortex-M0+ auch besondere Befehle für den Stackzugriff. So können bei den Befehlen `ldr` und `str` auch der Stackpointer als Indexregister verwendet werden, wobei in diesem Fall nur eine Verschiebung um einen unmittelbar angegebenen Wert erlaubt ist.

Darüber hinaus besitzt der Cortex-M0+ den Befehl `push`, mit welchem Register auf dem Stack abgelegt werden können. Mit dem Befehl `pop` werden Werte vom Stack in den Arbeitsregistern ablegt. Beide Befehle aktualisieren dabei den Stackpointer. Wird beispielsweise ein Registerwert mit `push` auf dem Stack abgelegt, wird mit der Ausführung dieses Befehls der Stackpointer um den Wert 4 erniedrigt. So können auch mehrere `push`- bzw. `pop`-Befehle direkt hintereinander verwendet werden, ohne dass eine explizite Modifikation des Stackpointers durch das Programm erforderlich wäre.

Eine Besonderheit von `push` und `pop` ist, dass sie auch eine Registerliste akzeptieren. Mit dieser verkürzten Schreibweise können mehrere Register mit einem Befehl in der Liste auf dem Stack abgelegt.

```
push {r0,r1,r2,r3,r4,r5,r6,r7}    @ Lo-Register auf dem Stack ablegen
push {r0-r7}                       @ macht das Gleiche, ist aber kürzer
push {r0-r3,r4-r7}                 @ auch mehrere Bereiche sind möglich
```

In der Registerliste dürfen nur die Low-Register verwendet werden. Die Register in der Liste müssen in aufsteigender Reihenfolge angegeben werden, wobei natürlich auch einzelne Low-Register ausgenommen sein können. Zusätzlich ist beim Push-Befehl die Verwendung des Link-Registers LR und beim Pop-Befehl die Verwendung des Programcounters PC zusätzlich zu den Low-Registern erlaubt.

Die Register werden entsprechend Ihrer Nummer im Stackspeicher abgelegt. In den oben gezeigten Beispielen würde r0 also an der niedrigsten Speicheradresse liegen, während r7 an der höchsten Speicheradresse abgelegt wird.

Tab. 13.4 Befehle des Cortex-M0+, die den Zugriff auf Speicher und Peripheriekomponenten unterstützen

Speicherzugriffe			
Befehl	**Assembler**	**Operation**	**Bemerkungen**
Register laden	`ldr   rd,[rm,rn]` `ldr   rd,[rm,imm]`	`rd := Mem[…]`	Lade Wort 0 ≤ *imm* ≤ 124, *imm* durch 4 teilbar
	`ldrh  rd,[rm,rn]` `ldrh  rd,[rm,imm]`	`rd[15:0] := Mem[…]`	Lade Halbwort vorzeichenlos 0 ≤ *imm* ≤ 62, *imm* durch 2 teilbar
	`ldrb  rd,[rm,rn]` `ldrb  rd,[rm,imm]`	`rd[7:0]  := Mem[…]`	Lade Byte, vorzeichenlos 0 ≤ *imm* ≤ 31
	`ldrsh rd,[rm,rn]`	`rd[15:0] := Mem[…]`	Lade Halbwort, vorzeichenbehaftet
	`ldrsb rd,[rm,rn]`	`rd[7:0]  := Mem[…]`	Lade Byte, vorzeichenbehaftet
	`ldr   rd,=expr`	Lade Konstante *expr*	*Pseudobefehl*
	`ldr   rd,label`	`rd := Mem[label]`	*label* im Bereich PC … PC+1020
Register speichern	`str   rd,[rm,rn]` `str   rd,[rm,imm]`	`Mem[…] := rd`	Speichere Wort 0 ≤ *imm* ≤ 124, *imm* durch 4 teilbar
	`strh  rd,[rm,rn]` `strh  rd,[rm,imm]`	`Mem[…] := rd[15:0]`	Speichere Halbwort 0 ≤ *imm* ≤ 62, *imm* durch 2 teilbar
	`strb  rd,[rm,rn]` `strb  rd,[rm,imm]`	`Mem[…] := rd[7:0]`	Speichere Byte 0 < *imm* ≤ 31
Stackzugriff	`push  {reglist}`	Speichern der Register in der Registerliste auf Stack	
	`push  {reglist,LR}`	Speichern der Register in Registerliste (incl. LR) auf Stack	
	`pop   {reglist}`	Laden der Register in der Registerliste vom Stack	
	`pop   {reglist,PC}`	Laden der Register in der Registerliste (incl. PC) vom Stack	
	`str   rd,[SP,imm]`	`Mem[SP+imm] := rd`	0 ≤ *imm* ≤ 1020, *imm* durch 4 teilbar
	`ldr   rd,[SP,imm]`	`rd := Mem[SP+imm]`	0 ≤ *imm* ≤ 1020, *imm* durch 4 teilbar

13.8.3.6 Sprungbefehle

Wie alle Mikroprozessoren unterstützt der Arm Cortex-M0+ sowohl unbedingte als auch bedingte Sprungbefehle. Das Sprungziel wird dabei entweder PC-relativ oder indirekt durch den Wert eines der der Low- oder High-Register angegeben. Für Sprünge in ein Unterprogramm existieren Varianten der unbedingten Sprungbefehle, bei denen die Rücksprungadresse im Link-Register LR abgelegt wird.

Die unterstützen Sprungbefehle sind in Tab. 13.5 zusammengefasst.

Die Bedingung, die bei der Verwendung von bedingten Sprüngen abgefragt wird, ergibt sich immer aus den Werten von einem oder zwei Flags. Die Sprungbedingung (engl. *condition code*) wird als ein Kürzel aus zwei Buchstaben angegeben und ersetzt den Platzhalter *cc*. Soll beispielsweise ein Sprung ausgeführt werden, falls das Carry-Flag gesetzt ist, lautet der entsprechend Befehl `bcs` (*branch if carry set*).

Eine Übersicht über die Kürzel zur Angabe der Sprungbedingungen ist Tab. 13.6 dargestellt.

Tab. 13.5   Sprungbefehle des Cortex-M0+

Sprungbefehle			
Befehl	**Assembler**	**Operation**	**Bemerkungen**
Bedingter Sprung	bcc *label*	if *cc* then PC := *label*	Condition Code *cc:* siehe Tabelle "Sprungbedingungen" *label* muss im Bereich -252 bis +258 relativ zum aktuellen PC liegen
Unbedingter Sprung	b *label*	PC := *label*	
Unbedingter Sprung in Unterprogramm	bl *label*	PC := *label* LR := Rücksprungadresse	
Indirekter unbedingter Sprung	bx rm	PC := [rm]	Sprung, bei der die Sprungadresse aus einem Register stammt (auch Hi-Register), rm(0) muss 1 sein
Indirekter unbedingter Sprung in Unterprogramm	blx rm	PC := [rm] LR := Rücksprungadresse	Sprung in ein Unterprogramm. Die Sprungadresse stammt aus einem Register (auch Hi-Register), rm(0) muss 1 sein

Tab. 13.6   Sprungbedingungen für bedingte Sprünge.

Sprungbedingungen		
Abkürzung (*cc*)	**Bedeutung**	**Bedingung für Sprung**
eq	equal	Z=1
ne	not equal	Z=0
cs / hs	"carry set", unsigned higher or same	C=1
cc / lo	"carry cleared", unsigned lower	C=0
mi	"minus", negative	N=1
pl	"plus", positive or zero	N=0
vs	"v set", signed overflow	V=1
vc	"v cleared", no signed overflow	V=0
hi	unsigned higher	(C=1) and (Z=0)
ls	unsigned lower or same	(C=0) or (Z=1)
ge	signed greater than or equal	N=V
lt	signed less than	N!=V
gt	signed greater than	(Z=0) and (N=V)
le	signed less than or equal	(Z=1) or (N!=V)

PC-relative Sprungziele werden fast nie als explizite Zahl angegeben. Einfacher ist die Verwendung von Sprungmarken (engl. *Label*). Label sind alphanumerische Zeichenketten, die am Beginn einer Programmzeile stehen und mit einem Doppelpunkt abgeschlossen werden. Ein einfaches Beispiel für die Verwendung eines Labels zeigt der nachfolgende Code einer Endlosschleife.

```
endl_loop:      b endl_loop
```

Bei der Verwendung der Befehle `bx` und `blx` wird das Sprungziel indirekt über ein der Arbeitsregister angegeben. Da das Sprungziel eine Byteadresse darstellt, alle Befehle jedoch auf einer durch 2 teilbaren Adresse beginnen müssen, ist das unterste Bit der Sprungadresse immer Null. Das ist das Bit 0 des verwendeten Arbeitsregisters ist also für die Sprungadresse irrelevant.

Anstatt dieses Bit ungenutzt zu lassen, hat Arm entschieden, dass das unterste Bit des Registers mit der Ausführung des Sprungs in das T-Bit (Thumb-State) des Statusregisters kopiert wird. Unterstützt ein Prozessor neben dem Thumb-Befehlssatz auch den klassischen 32-Bit-Befehlssatz, kann auf diese Weise (durch eine entsprechende Wahl des untersten Bits des Adressregisters) eine elegante Umschaltung zwischen den Befehlssätzen erfolgen.

Da der CortexM0+ jedoch nur den Thumb-Befehlssatz unterstützt, muss das Bit 0 des Registers, das für einen indirekten Sprung verwendet wird, unbedingt gesetzt sein. Ist dies nicht der Fall, wird eine *Hard-Fault-Exception* ausgelöst und der Programmablauf im sogenannten *Hard-Fault-Handler* fortgesetzt. Der Hard-Fault-Handler besteht im einfachsten Fall aus einer Endlosschleife. Er kann jedoch auch beliebig komplex realisiert werden, wenn es zum Beispiel erforderlich ist, das System nach einem Softwarefehler in einen sicheren Betriebszustand zu überführen (vgl. Kap. 14). Bei Verwendung von Labeln wird das Setzen des untersten Bits automatisch von den Entwicklungswerkzeugen durchgeführt, wenn vor dem Label die `Directive` `.thumb_func` verwendet wird (vgl. Abschn. 13.9.2). Diese Direktive sollte immer verwendet werden, wenn Label als Sprungziel verwendet werden. Ein Beispiel hierfür zeigt das nachfolgende Codefragment:

```
mainprg:

    ...

    ldr r0,=subprg    @ Adresse des Unterprogramms nach r0

    blx r0   @ Sprung in Unterprogramm (Bit0 muss 1 sein)

    ...

    mov pc,lr


    .thumb_func   @ Bei Verwendung des Labels Bit 0 auf 1 setzen

subprg:       @ Label des Unterprogramms

    ...

    mov pc,lr
```

Tab. 13.7 Auswahl einiger Spezialbefehle des Cortex-M0+

Ausgewählte Spezialbefehle			
Befehl	Assembler	Operation	Bemerkungen
Zugriffe auf Spezialregister	mrs rd,*specreg*	rd := *specreg*	Lese- und Schreibzugriff auf Spezialregister, z.B. CONTROL, PSR und PRIMASK
	msr *specreg*,rm	*specreg* := rm	
Interruptverarbeitung	cpsie i	PRIMASK(0) := 1	Freigabe der (maskierbaren) Interrupts in der CPU
	cpsid i	PRIMASK(0) := 0	Sperren der (maskierbaren) Interrupts in der CPU
	wfi		CPU wechselt in einen Low-Power-Modus und die Ausführung des Programms wird bis zum Auftreten eines Interrupts angehalten
Supervisor Call	svc imm		Auslösen einer Exception per Software. Kann zum Beispiel für Betriebssystemaufrufe verwendet werden.

13.8.3.7 Spezialbefehle

Der Arm Cortex-M0+ besitzt einige Spezialbefehle, die unter anderem die Verarbeitung von Interrupts oder die Ausführung von Betriebssystemen unterstützen. Eine Auswahl dieser Befehle wird in Tab. 13.7 vorgestellt.

Mit den Befehlen mrs und msr können Zugriffe auf Spezialregister wie zum Beispiel das PSR-Register erfolgen.

Die Befehle zur Interruptverarbeitung erlauben unter anderem das Sperren der Interruptverarbeitung innerhalb der CPU (cpsid i). Dies kann dann sinnvoll sein, wenn zeitkritische Programmteile ohne Unterbrechung durch eventuell auftretende Interrupts ausgeführt werden sollen. Die nachfolgende Freigabe von Interrupts erfolgt mit dem Befehl cpsie i.

Mit dem Befehl wfi kann die CPU „schlafen gelegt" werden. Sie geht mit der Ausführung dieses Befehls in einen Stromsparmodus und hält die Ausführung des Programms an. Das „Aufwecken" der CPU und die Fortsetzung des Programms erfolgen mit dem Auftreten eines Interrupts. Für eine genauere Diskussion von Interrupts sei auf Kap. 14 verwiesen.

13.9 Programmierung des Arm Cortex-M0+ in Assembler

Mit der Kenntnis der Befehle einer CPU können Programme auch auf Basis dieser Befehle realisiert werden, anstatt eine Hochsprache wie C oder C++ zu verwenden. Diese Form der Programmierung nennt man *Programmierung in Assembler*. Kenntnisse in der Assemblerprogrammierung ermöglichen ein tieferes Verständnis über die Funktionsweise eines Mikroprozessors. Dieses Hintergrundwissen ist eine wichtige Voraussetzung für die Entwicklung und die Fehlersuche von hardwarenahen Programmen eingebetteter

Systeme. Darüber hinaus ist es für manche Anwendungen erforderlich, dass die exakte Ausführungszeit eines Programmteils möglichst gering und bekannt ist. In diesem Fall können kritische Programmteile in Assembler programmiert werden.

13.9.1 Einfaches Assembler-Programm

Um zunächst die Grundfunktion der Programmierung in Assembler zu verstehen, beginnen wir mit einem einfachen Assembler-Programm. In einem späteren wird eine Möglichkeit vorgestellt, wie Sie den hier gezeigten Code auf einem Cortex-M0+-basierenden System ausführen können (vgl. Abschn. 13.9.7).

Das Assembler-Programm soll einen digitalen Münzwurf implementieren, also einen Zufallswert erzeugen, der zwei Werte annehmen kann. Beim Münzwurf ist das Ergebnis entweder Kopf oder Zahl. Beim digitalen Münzwurf soll eine LED entweder leuchten oder nicht leuchten. Der Ausgabewert zur Ansteuerung der LED ist also 1 oder 0.

Für die Erzeugung des Zufallswerts wird ein Taster verwendet. Solange der Taster gedrückt ist, wird das Register r0 in einer Programmschleife inkrementiert. Nach dem Loslassen des Tasters entscheidet das niederwertigste Bit von r0, ob die LED leuchtet oder nicht. Durch das Programm wechselt das niederwertigste Bit von r0 (und damit der Zustand der LED) sehr schnell zwischen den Werten 0 und 1. Dieser Wechsel ist viel schneller als die Reaktionszeit eines Menschen und hält beim Loslassen des Tasters auf einem nicht vorhersagbaren Wert an.

In Kap. 14 und 15 wird detaillierter auf Möglichkeiten zur digitalen Ein-/Ausgabe eingegangen. In diesem Abschnitt nehmen wir vereinfachend an, dass der Zustand des Tasters über einen Lesezugriff mit dem Befehl `ldr` erfolgen kann. Ist der Taster gedrückt, liefert des Lesezugriff den Wert 1, andernfalls den Wert 0. Entsprechendes soll für die LED-Ausgabe gelten. Sie wird über einen Schreibzugriff mit dem Befehl `str` realisiert. Wird eine 1 geschrieben, leuchtet die LED. Beim Schreiben einer 0 erlischt sie.

In einem realen System müssen die Adressen für die Zugriffe auf die Ein-/Ausgabeeinheiten bekannt sein. Für dieses einfache Beispiel gehen wir davon aus, dass die Adressen in den Arbeitsregistern r3 (Taster) und r4 (LED) bereitstehen.

Unter diesen Annahmen kann der digitale Münzwurf wie folgt implementiert werden:

```
# Beispiel: Digitaler Münzwurf
mw_loop:             @ Label: Zu diesem Punkt wird zurückgesprungen
    ldr  r2,[r3]     @ Lesen des Tasters: r2 ist anschließend 0 oder 1
    add  r0,r2       @ r0 erhöhen, falls Taster gedrückt
    movs r1,1        @ r1 mit Konstante 1 laden
    and  r1,r0       @ die UND-Verknüpfung setzt r1 auf 0, falls das
                     @ Bit 0 des Registers r0 gelöscht ist
                     @ andernfalls behält r1 den Wert 1
    str  r1,[r4]     @ r1 ausgeben -> LED leuchtet, wenn Bit 0
                     @ des Registers r1 gesetzt ist
    b    mw_loop     @ Sprung nach 'oben'
```

Dieses Beispiel zeigt die Verwendung einiger Befehle einer Arm-Cortex-CPU. Im Folgenden wird auf weitere Aspekte der Assembler-Programmierung eingegangen, mit denen auch anspruchsvollere Programme realisiert werden können.

13.9.2 Assembler-Direktiven

Assemblerprogramme werden durch ein Programm übersetzt, welches ebenso wie die Sprache selbst als *Assembler* bezeichnet wird. Der Assembler hat die Aufgabe, die als Text beschriebenen Befehle in den sogenannten *Maschinencode* zu übersetzen. Als Maschinencode wird eine binäre Darstellung eines Programms bezeichnet, die von der CPU ausgeführt werden kann.

Zur Steuerung des Übersetzungsvorgangs von der Assemblersprache in den Maschinencode stehen sogenannte *Direktiven* zur Verfügung. Da Direktiven nur Vorgaben für den Übersetzungsvorgang darstellen, werden sie nicht in Maschinencode übersetzt, können jedoch Konstanten und Zeichenketten in die Binärdatei einfügen. Zur Unterscheidung zwischen Befehlen und Direktiven besitzen die Direktiven einen vorangestellten Punkt. In Tab. 13.8 ist eine Auswahl von Direktiven des weit verbreiteten GNU-Assemblers dargestellt.

Mit der Arm-spezifischen Direktive `.syntax` kann ausgewählt werden, welche Form der Befehlssyntax verwendet wird. Ursprünglich wurde die Befehlssyntax für den 32-Bit-Befehlssatz und den Thumb-Befehlssatz unterschieden, sodass auch Befehle mit identischen Funktionen, je nach gewähltem Befehlssatz, unterschiedlich formuliert werden mussten. Um diesen Nachteil zu vermeiden, wurde die *unified Syntax* definiert, die auch in diesem Buch zugrunde gelegt wird. Da der GNU-Assembler ohne weitere Angaben Code in der alten *divided Syntax* erwartet, sollte zu Beginn jeder Assembler-Datei die Direktive `.syntax unified` verwendet werden.

Label sind nur in der Assembler-Datei sichtbar, in der sie definiert wurden. Soll ein Label auch in anderen Teilen des Programms verwendbar sein, muss das Label mit der Direktive `.global` sichtbar gemacht werden.

Mit der Direktive`.include` können andere Assemblerdateien eingefügt werden.

Für das Reservieren und Initialisieren von Speicherbereichen stehen verschieden Direktiven zur Verfügung. Mit `.word`, `.hword` und `.byte` können 32-, 16- oder 8-Bit-Konstanten im Speicher abgelegt werden. Die Werte der Konstanten durch Kommas getrennt hinter der Direktive angegeben. Die Konstanten können in dezimaler, hexadezimaler (Präfix `0x`), oktaler (Präfix 0) oder binärer (Präfix `0b`) Form formuliert werden. Soll dagegen ein Speicherbereich mit einem konstanten Wert gefüllt werden, bietet sich die Direktive `.space` an. Mit dieser Direktive können sehr einfach größere Speicherbereiche belegt werden.

Häufig wird der verfügbare Speicher in Segmente unterteilt, welche unterschiedliche Daten aufnehmen. Von der Vielzahl der verwendeten Speichersegmente sind `.text`, `.data` und `.bss` die wichtigsten. Mit den gleichlautenden Assembler-Direktiven kann zwischen diesen Segmenten gewechselt werden.

Tab. 13.8   Auswahl einiger Direktiven des GNU-Assemblers.

Assemblerdirektiven (Auswahl)		
Direktive	**Assembler**	**Funktion**
Wahl der Syntax	`.syntax unified`	Wahl der neuen Syntax "Unified Assembly Language"
Codegenerierung	`.thumb`	Erzeugen von Thumb-Code
	`.thumb_func`	LSB des nachfolgenden Labels wird auf 1 gesetzt. Damit kann das Label als Sprungziel zum Aufruf von Thumb-Code verwendet werden.
Datei inkludieren	`.include "fname"`	Datei *fname* inkludieren
Label exportieren	`.global label`	*label* global bekanntmachen, z.B. für Einsprung als Unterprogramm
Konstanten	`.word constlist`	32-Bit-Konstanten im Speicher ablegen	*constlist* ist eine durch Kommas getrennte Liste der Konstanten
	`.hword constlist` `.short constlist`	16-Bit-Konstanten im Speicher ablegen	
	`.byte constlist`	8-Bit-Konstanten im Speicher ablegen	
Speicherbereich reservieren	`.space nb`	*nb* Bytes reservieren und mit Nullen initialisieren
	`.space nb, val`	*nb* Bytes reservieren und mit *val* initialisieren
Zeichenketten	`.ascii "string"`	Zeichenkette *string* im Speicher ablegen
	`.asciz "string"`	Zeichenkette *string* im Speicher ablegen, Null-Byte am Ende
Wahl eines Speichersegments	`.text subsegment`	Umschalten auf das Programmsegment (= Programmcode) Die Angabe eines Unterbereichs (*subsegment*) ist optional
	`.data subsegment`	Umschalten auf das Datensegment .data (= initialisierte Werte) Die Angabe eines Unterbereichs (*subsegment*) ist optional
	`.bss`	Umschalten auf das Datensegment .bss (= nicht-initialis. Werte)
Alignment	`.align`	Übersetzung mit der nächsten durch 4 teilbaren Adresse fortsetzen
	`.align ma`	Übersetzung mit der nächsten durch 2ma teilbaren Adresse fortsetzen
Wiederholungen	`.rept nrpt`	Befehle oder Direktiven zwischen `.rept` und `.endr` werden *nrpt* mal wiederholt
	`.endr`	
Definition von Symbolen	`.equ sym, expr`	Das Symbol *sym* wird auf den Wert *expr* gesetzt
	`.set sym, expr`	*expr* kann auch auf anderen Symbolen basieren, zum Beispiel `.set symbol1,(symbol2+symbol3)*4`

Nach der Auswahl eines Segments werden alle nachfolgenden Befehle oder Daten in dem ausgewählten Segment abgelegt.

Das Textsegment enthält die Befehle des Programms. Darüber hinaus werden im Textsegment auch Konstanten abgelegt. Im Datensegment werden Variablen-Werte abgelegt, die einen von Null verschiedenen Initialisierungswert besitzen. Nicht initialisierte Werte beziehungsweise mit Null initialisierte Werte sind typischerweise im Bss-Segment enthalten.

Die Initialisierung der Datensegmente erfolgt in der Regel durch die ersten Befehle des Programms. Erst wenn dieser *Start-Up-Code* abgearbeitet wurde, folgt die Ausführung des Hauptprogramms, zum Beispiel durch Aufruf der Funktion main().

Auf die Direktiven zur Segmentauswahl kann auch vollständig verzichtet werden. In diesem Fall gilt, dass alle Befehle und Daten des Assembler-Programms im Textsegment gespeichert werden.

Das nachfolgende Beispiel kann als Vorlage für ein Programm dienen, welches sowohl das Textsegment als auch das Bss-Segment verwendet. Werden Konstanten verwendet, sollten diese möglichst in einem eigenen Speicherbereich abgelegt werden. Dies geschieht im Beispielcode durch die Verwendung des vom Programmcode getrennten Subsegments 1. Der Programmcode liegt dagegen im Subsegment 0.

```
        .syntax unified    @ Modernere unified Assembler-Syntax wählen
        .global main       @ Label 'main' global sichtbar machen


        .text 0            @ Auswahl Text-Segment 0

main:
        ...                @ Hier weiterer Code,
                           @ zum Beispiel Start-Up-Code


        ldr r0,=my_vars    @ Adresse von my_vars nach r0
        ldr r1,=my_consts  @ Adresse von my_consts nach r1
        ldr r2,[r0]        @ Variable nach r2
        ldr r3,[r0,8]      @ Weitere Variable nach r3
        add r2,r3          @ Variablen addieren, Ergebnis überschreibt r2
        ldr r3,[r1,4]      @ Konstante (aus .text) nach r3
        add r2,r3          @ r3 auf das Zwischenergebnis in r2 addieren
        str r2,[r0]        @ Summe der beiden Variablen und der Konstanten
                           @ an der Speicherstelle der ersten Variablen
                           @ ablegen


        ...                @ Hier ggf. weiterer Code


endl:
        b endl             @ Eine Endlosschleife am Ende des Programms ist
                           @ meistens sinnvoll


        .text 1            @ Code von Konstanten trennen ist sinnvoll
                           @ Hier wird auf ein neues Subsegment
                           @ innerhalb von des Text-Segments umgeschaltet
        .align             @ Sicherstellen, dass Nachfolgendes auf einer
                           @ durch 4 teilbaren Adresse liegt
my_consts:
        .word  12345670, 0x42, 0b1001011100001


        .bss               @ Auf Bss-Segment umschalten


my_vars:                   @ Label für den Beginn der Variablen
        .space 16          @ Platz für 4 32-Bit-Werte
```

13.9.3 Verzweigungen

Soll eine bedingte Verzweigung oder eine Programmschleife realisiert werden, können hierzu die bedingten Sprungbefehle verwendet werden.

In der Assembler-Programmierung ist das Verhalten bei Sprungbefehlen anders als bei der If-Anweisung von Hochsprachen. Bei der If-Anweisung werden Programmteile übersprungen, falls die angegebene Bedingung *nicht erfüllt* ist. In Assembler wird dagegen der Sprung ausgeführt, wenn die im Befehl verwendete Bedingung *erfüllt* ist. Bei der Übertragung von Hochsprachencode in ein Assembler-Programm wird die angegebene Bedingung daher invertiert.

Exemplarisch kann die Verwendung der Sprungbefehle anhand zweier übersichtlicher Beispiele verdeutlicht werden, die in Abb. 13.17 als Flussdiagramme dargestellt sind.

Die bedingte Ausführung eines Befehls, dargestellt in Abb. 13.17a, lässt sich mit einem Vergleich und einem bedingten Sprungbefehl realisieren.

```
# Verzweigung mit bed. Sprung (If-Anweisung in einer Hochsprache)
      cmp     r7,r6    @ R7 und R6 subtrahieren und nur Flags setzen
      bne     weiter   @ falls ungleich: springen
      subs    r0,10    @ Subtraktion ausführen
weiter:
```

Ein Programmfragment, welches wie in Abb. 13.17b zwischen zwei Pfaden auswählt, kann wie folgt formuliert werden:

```
# Verzweigung mit bed. Sprung (If-else)
      cmp     r7,r6    @ R7 und R6 subtrahieren und nur Flags setzen
      bne     do_inc   @ falls ungleich: springen
      subs    r0,10    @ Subtraktion ausführen
      b       weiter   @ 'else-Zweig' überspringen
do_inc:
      adds    r1,1     @ R1 inkrementieren
weiter:
```

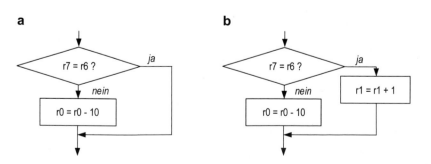

Abb. 13.17 Beispiele für Programmverzweigungen

13.9.4 Schleifen

Bedingte Verzweigungen werden auch für Schleifen verwendet. Am Beispiel der Berechnung des größten gemeinsamen Teilers (GGT) wird dies im Folgenden verdeutlicht. Der nachfolgende Code zeigt den Ausschnitt aus einem C-Programm und berechnet den GGT der beiden Variablen r0 und r1, indem die Werte sukzessive voneinander subtrahiert werden. Das Ergebnis steht am Ende des Programmfragments in der Variablen r0.

```
/* Berechnung des GGTs in der Sprache C
 * Die Operanden stehen in den Variablen r0 und r1
 * Das Ergebnis steht in r0
 */
    if (r0==0) {
        r0 = r1;
    } else {
        while (r1 != 0) {
            if (r0 > r1) {
                r0 = r0 - r1;
            } else {
                r1 = r1 - r0;
            }
        }
    }
```

Der Code enthält zwei If-Anweisungen und eine abweisende Schleife, welche mithilfe einer While-Anweisung formuliert ist. Die Variablennamen sind so gewählt, dass die Zuordnung zu den Arbeitsregistern der CPU im nachfolgenden Assemblercode leichter erkennbar ist.

```
# Berechnung des GGT in Assembler
# In den Registern r0 und r1 stehen die Operanden
# Das Ergebnis steht am Ende in r0
        tst   r0,r0        @ Setzen der Flags gemäß r0
        bne   while        @ Falls r0 nicht 0 ist, zur While-Schleife
        movs  r0,r1        @ andernfalls ist in r1 das Ergebnis
        b     end_ggt      @ fertig


while:                     @ die C-Schlüsselwörter 'while', 'if' und 'else'
                           @ dürfen in Assembler als Label verwendet werden
        tst   r1,r1        @ Flags setzen
        beq   end_ggt      @ falls r1=0, fertig
```

```
if:
    cmp    r0,r1        @ Flags für r0-r1 setzen
    ble    else         @ Sprung, wenn (r0-r1) negativ oder Null
    subs   r0,r1        @ If-Zweig ausführen
    b      end_if       @ Else-Zweig überspringen
                        @ Hier könnte auch direkt zu 'while'
                        @ gesprungen werden, aber so wird die
                        @ If-Else-Struktur deutlicher
else:
    subs   r1,r0        @ Else-Zweig ausführen
end_if:                 @ Zur Verdeutlichung der Strukturen zwei Label
end_while:              @ für die gleiche Stelle im Programm
    b      while        @ zurück zum Schleifenkopf
end_ggt:
```

13.9.5 Arithmetische Grundoperationen

Als 32-Bit-Prozessor stellt der Cortex-M0+ arithmetische Befehle zur Verfügung, die mit einer Operandenwortbreite von 32 bit arbeiten. Für die drei Grundrechenarten Addition, Subtraktion und Multiplikation stehen entsprechende 32-Bit-Befehle zur Verfügung. Dies hat den Vorteil, dass grundlegende arithmetische Operationen bis zu dieser Wortbreite mit einem einzelnen CPU-Befehl abgearbeitet werden können. Sollen Zahlen mit einer größeren Wortbreite als 32 bit verarbeitet oder eine Division durchgeführt werden, müssen mehrere Befehle verwendet werden. Die nachfolgenden Programmbeispiele verdeutlichen dies anhand der Addition, Subtraktion und Multiplikation für 64-Bit-Zahlen und der Division für Operanden mit der Wortbreite 32 bit.

13.9.5.1 Addition und Subtraktion

Die Addition von Operanden mit einer größeren Wortbreite als 32 bit, muss in mehreren Schritten erfolgen. Zunächst werden die untersten 32 Bit der Operanden addiert. Anschließend werden schrittweise die nächsten 32 Bit der Operanden addiert. Hierbei ist zu berücksichtigen, dass sich bei der ersten Addition ein Übertrag von 1 ergeben kann, welcher in der zweiten Addition berücksichtigt werden muss. Für die benötigten Operationen stellt der Arm-Cortex die Befehle adds (Addition) und adcs (Addition mit Carry-Flag) zur Verfügung.

Die Vorgehensweise bei einer 64-Bit-Addition zeigt der nachfolgende Programmcode. Es wird davon ausgegangen, dass der erste Operand in den Registern r0 und r1 und der zweite Operand in den Registern r2 und r3 abgelegt ist. Das Ergebnis wird in diesem Beispiel in den Registern r0 und r1 abgelegt.

```
# Addition von Operanden mit einer Wortbreite von 64 bit
    adds    r0,r2   @ Addition der unteren 32 Bits, Übertrag im C-Flag
    adcs    r1,r3   @ Addition obere 32 Bits mit C-Flag
```

Die Subtraktion von 64-Bit-Werten ist mit der Addition vergleichbar. Der folgende Codeausschnitt zeigt die Implementierung einer 64-Bit-Subtraktion.

```
# Subtraktion von Operanden mit einer Wortbreite von 64 bit
    subs    r0,r2   @ Subtraktion untere 32 Bits, Übertrag im C-Flag
    sbcs    r1,r3   @ Subtraktion obere 32 Bits
                    @ mit Berücksichtigung des C-Flags
```

Neben verschiedenen Befehlen zur Addition und Subtraktion besitzt die Cortex-M0+-CPU auch die Befehle cmn und cmp, die ebenfalls eine Addition beziehungsweise Subtraktion durchführen. Bei Verwendung dieser Befehle wird das Ergebnis verworfen und nur die Flags modifiziert. Die Befehle dienen unter anderem dem Vergleich von Werten. Anhand der modifizierten Flags kann erkannt werden, welche der beiden Operanden größer ist beziehungsweise, ob die Operanden identisch sind. Dies kann zum Beispiel für Verzweigungen und Sprünge genutzt werden (vgl. Abschn. 13.9.3).

Es ist zu beachten, dass die CPU im Fall der Subtraktion ein invertiertes Übertragsbit mit Carry-Flag speichert. Ergibt sich bei der Subtraktion ein Unterlauf für vorzeichenlose Zahlen, wird das Carry-Flag auf 0 gesetzt. Tritt kein Unterlauf auf, erhält das Carry-Flag den Wert 1. Diese Eigenschaft muss bei der Auswertung des Carry-Flags, zum Beispiel bei bedingten Sprüngen, berücksichtigt werden.

13.9.5.2 Multiplikation

Der Arm Cortex-M0+ stellt für die Multiplikation zweier Registerwerte den Befehl muls zur Verfügung. Die beiden im Befehl angegebenen Register werden multipliziert und die untersten 32 Bit des Ergebnisses im Zielregister gespeichert. Dieses Verhalten entspricht der Hochsprachen-Multiplikation zweier Werte mit dem Datentyp int.

Bei der Multiplikation zweier 32 bit breiter Zahlen hat das Ergebnis jedoch die Wortbreite 64 bit. Sollen alle Bits des Ergebnisses berechnet werden, muss die Multiplikation in mehrere Schritte aufgeteilt werden. Die Vorgehensweise ist in Abb. 13.18 dargestellt.

Zunächst werden die oberen und unteren 16 Bits der beiden Operanden in getrennte Register geschrieben. Anschließend werden die unteren 16 Bits des ersten Operanden mit den oberen und unteren Bits des zweiten Operanden multipliziert. Hierbei kann kein Überlauf auftreten, da das Ergebnis dieser 16-Bit-Multiplikation sicher in ein 32-Bit-Ergebnisregister passt. Ebenso wird mit den oberen 16 Bits des ersten Operanden verfahren: Sie werden mit zwei Multiplikationsbefehlen mit den oberen und unteren 16 Bits des zweiten Operanden multipliziert. Auf diese Weise entstehen vier Teilergebnisse, die abschließend unter Berücksichtigung ihrer Wertigkeit addiert werden müssen.

Die Umsetzung in Assemblercode kann wie folgt realisiert werden.

```
# Multiplikation zweier vorzeichenloser Operanden
# Für eine vorzeichenbehaftete Multiplikation müssen
# die vier lsrs-Befehle durch asrs-Befehle ersetzt werden
# In diesem Beispiel: Operanden und Ergebnis in Registern r0 und r1
    lsrs    r2,r0,16     @ Op1_h nach r2
    uxth    r0,r0        @ Op1_l nach r0
    movs    r4,r0        @ Op1_l auch nach r4
    uxth    r3,r1        @ Op2_l nach r3
    lsrs    r1,r1,16     @ Op2_h nach r1
    muls    r0,r3        @ Op1_l * Op2_l nach r0
    muls    r4,r1        @ Op1_l * Op2_h nach r4
    muls    r1,r2        @ Op1_h * Op2_h nach r1
    muls    r2,r3        @ Op1_h * Op2_l nach r2
    lsls    r3,r2,16     @ (Op1_h * Op2_l)_low nach r1[31:16]
    lsrs    r2,r2,16     @ (Op1_h * Op2_l)_high nach r2[15:0]
    adds    r0,r3        @ Zwischenergebnis untere 32 Bits
    adcs    r1,r2        @ Zwischenergebnis obere 32 Bits


    lsls    r3,r4,16     @ (Op1_l * Op2_h)_low nach r1[31:16]
    lsrs    r4,r4,16     @ (Op1_l * Op2_h)_high nach r4[15:0]
    adds    r0,r3        @ Ergebnis untere 32 Bits
    adcs    r1,r4        @ Ergebnis obere 32 Bits
```

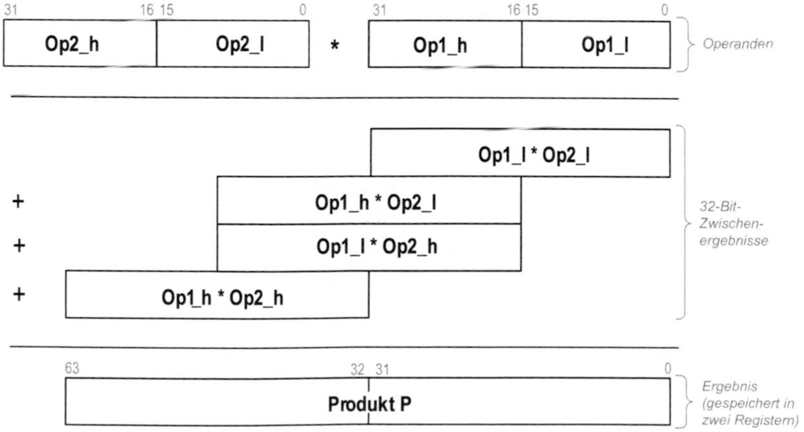

Abb. 13.18 Prinzip der 32-Bit-Multiplikation

13.9.5.3 Division

Die Division wird vom Cortex-M0+ nicht durch einen entsprechenden Befehl unterstützt. Stattdessen kann diese Operation mithilfe eines Algorithmus durchgeführt werden, der wie die schriftliche Division auf einer sukzessiven Berechnung der Quotientenbits basiert. Abb. 13.19 veranschaulicht das Vorgehen bei einer vorzeichenlosen Division für 32-Bit-Operanden.

Ein entsprechendes Assembler-Programm kann wie folgt realisiert werden:

```
# Vorzeichenlose 32-Bit-Division
# r7=Bitzähler, r0=Dividend, r1=Divisor
# r3=Quotient, r4=Rest
        movs    r3,0        @ Quotient löschen
        movs    r4,0        @ Rest löschen
        movs    r5,1        @ Konstante 1
        movs    r6,0        @ Konstante 0
        movs    r7,32       @ Bitzähler
div_loop:
        lsls    r3,1        @ Quotient schieben
        lsls    r4,1        @ Rest schieben
        lsls    r0,1        @ oberstes Dividendenbit in C-Flag
        adcs    r4,r6       @ Dividendenbit in Rest
        cmp     r4,r1       @ Rest mit Divisor vergleichen
        bcc     dec_bcnt    @ falls Rest kleiner: springen
        subs    r4,r1       @ Divisor von Rest subtrahieren
        orrs    r3,r5       @ Quotientenbit setzen
dec_bcnt:
        subs    r7,1        @ Bitzähler dekrementieren
        bne     div_loop    @ falls noch nicht 0: nächste Iteration
```

13.9.6 Unterprogrammaufrufe

Unterprogramme werden mit den Befehlen `bl` oder `blx` aufgerufen. Während der Befehl `bl` die Adresse des Unterprogramms PC-relativ angibt, verwendet der Befehl `blx` eine indirekte Adressierung (vgl. Abschn. 13.5). Mit beiden Befehlen wird ein Sprung an die angegebene Position durchgeführt. Zusätzlich wird die Rücksprungadresse im Register LR (r14) abgelegt. Als Rücksprungadresse wird die Programmspeicheradresse bezeichnet, an der das Programm nach Beenden des Unterprogramms fortgesetzt wird.

Für das Beenden eines Unterprogramms muss zu der Adresse gesprungen werden, die beim Aufruf des Unterprogramms im Register LR gespeichert wurde. Dies kann mithilfe des indirekten Sprungbefehls `bx` realisiert werden.

Werden in einem Unterprogramm Zwischenergebnisse erzeugt, können diese in Arbeitsregistern abgelegt werden. Da dann die Werte dieser Register durch das Unterprogramm verändert werden, kann es sinnvoll sein, die betroffenen Arbeitsregister zu Beginn des Unterprogramms auf dem Stack zu sichern.

Die Arbeitsregister können auch zur Übergabe von Parametern oder Rückgabewerten verwendet werden. Ein Beispiel hierfür zeigt das nachfolgende Programm, welches aus einem Hauptprogramm `haupt_prg` und einem Unterprogramm `up_add` besteht.

```
# Beispiel für Unterprogrammaufrufe
# mit registerbasierter Parameterübergabe
haupt_prg:
    ldr    r0,=42      @ 1. Beispielwert laden
    ldr    r1,=37      @ 2. Beispielwert laden
    bl     up_add      @ Unterprogramm aufrufen
    ...                @ weitere Befehle zur Verarbeitung des
    ...                @ Ergebnisses (steht in r0)
up_add:
    adds   r0,r1       @ Addition der in den Registern übergebenen Werte
    bx     lr          @ Unterprogramm verlassen
```

Die Anzahl der Parameter, welche mithilfe der Register an ein Unterprogramm übergeben werden können, ist begrenzt. Werden mehr Parameter verwendet, können diese mithilfe des Stacks übergeben werden. Im folgenden Beispiel wird die Parameterübergabe unter Verwendung des Stacks exemplarisch verdeutlicht.

Abb. 13.19 Flussdiagramm für die Division

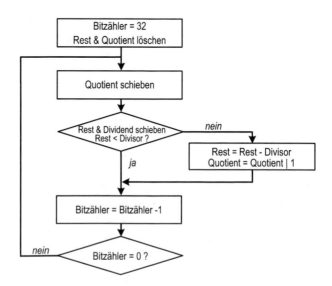

Das Unterprogramm sichert zunächst die verwendeten Registerwerte auf dem Stack. Anschließend erfolgt die indirekte Adressierung der Daten mit einer indirekten Adressierung mit Verschiebung. Nach der Verarbeitung der Daten, in diesem Beispiel ist dies die Addition der übergebenen Parameter, wird das Ergebnis auf dem Stack gesichert, wobei der erste Übergabeparameter überschrieben wird. Nach dem Wiederherstellen der gesicherten Registerwerte wird das Unterprogramm verlassen.

Das Hauptprogramm stellt den ursprünglichen Wert des Stackpointers nach Rückkehr aus dem Unterprogramm wieder her, indem die zuvor mit push-Befehlen auf dem Stack abgelegten Werte mit entsprechenden pop-Befehlen vom Stack entfernt werden.

Wird eine Parameterübergabe mithilfe des Stacks durchgeführt, kann es sinnvoll sein, die Belegung des Stacks tabellarisch festzuhalten. Hierzu wird in einer zweispaltigen Tabelle in der linken Spalte die Adresse der Speicherstelle (relativ zum aktuellen Stackpointer) und in der rechten Spalte der Inhalt der Speicherstelle eingetragen.

Für die Realisierung des Codes wird angenommen, dass das Hauptprogramm zwei Parameter auf dem Stack ablegt und anschließend in das Unterprogramm verzweigt. Da das Unterprogramm die Register r4 und r5 verwendet, werden die vorhanden Werte auf dem Stack gesichert. Die daraus folgende Belegung des Stacks ist in Tab. 13.9 dargestellt. Anhand dieser Tabelle kann nachvollzogen werden, dass die Parameter an den Adressen *Stackpointer+12* und *Stackpointer+16* zu finden sind, woraus sich der Offset für die Adressierung der Übergabeparameter ergibt.

Auf Basis der dokumentierten Stackbelegung kann das Programm realisiert werden. Im Folgenden ist der Code für das Hauptprogramm *haupt_prg* und das Unterprogramm *up_add* dargestellt.

```
# Beispiel für Unterprogrammaufrufe
# mit stackbasierter Parameterübergabe
haupt_prg:
    ldr    r0,=42      @ 1. Beispielwert laden
    ldr    r1,=37      @ 2. Beispielwert laden
    push   {r0,r1}     @ Werte auf dem Stack ablegen
    bl     up_add      @ Unterprogramm aufrufen
    pop    {r0,r1}     @ SP durch pop-Befehle wieder herstellen
                       @ Das Ergebnis steht nun in r0
    ...                @ weitere Befehle
```

	Adresse	Wert
Tab. 13.9 Belegung des Stacks für das Beispielprogramm	SP+16	1. Parameter (42)
	SP+12	2. Parameter (37)
	SP+8	lr (Rücksprungadresse)
	SP+4	Wert von r5 gesichert
	SP	Wert von r4 gesichert

```
up_add:
    push   {r4-r5,lr}   @ Register auf dem Stack sichern
    ldr    r4,[sp,12]   @ 1. Wert vom Stack nach r4 kopieren
    ldr    r5,[sp,16]   @ 2. Wert vom Stack nach r5 kopieren
    add    r4,r5        @ Parameter addieren
    str    r4,[sp,12]   @ Ergebnis auf dem Stack ablegen
    pop    {r4-r5,pc}   @ Register vom Stack holen & Rücksprung
```

13.9.7 Pseudobefehle

Für die meisten Befehle eines Assemblerprogramms existiert eine direkte Entsprechung eines Befehls, der von einem Mikroprozessor ausgeführt werden kann. Um die Programmierung zu vereinfachen, existieren auch einige Befehle, die nicht direkt unterstützt werden. Diese Pseudobefehle werden in der Regel in mehrere CPU-Befehle übersetzt.

Ein häufig verwendeter Pseudobefehl der Arm-Prozessoren ist der Befehl, mit dem eine 32-Bit-Konstante in ein Arbeitsregister übertragen wird. Der Befehl

```
ldr r0,=42
```

wird in den folgenden von der CPU ausführbaren Code übersetzt:

```
800000a:    4807          ldr     r0, [pc, #28]
# ... weitere Befehle
8000028:    0000002a      .word   0x0000002a
```

Die erste Zahl dieses Programmausschnitts repräsentiert die Adresse des Programmspeichers in hexadezimaler Darstellung. Die zweite Zahl gibt die binäre Repräsentation des Befehls beziehungsweise der Daten an. Daran schließt sich die Formulierung in Assembler an.

Da der Cortex-M0+ keinen Befehl besitzt, mit dem eine 32-Bit-Konstante geladen werden kann, wird der Befehl als ein Loadbefehl mit PC-relativer Adressierung umgesetzt. Die zu ladende Konstante wird nach dem eigentlichen Programmcode im Speicher abgelegt.

Hierbei sollte berücksichtigt werden, dass die PC-relative Adressierung einen maximalen Offset von 1020 unterstützt. Umfasst das Programm mehr Befehle, kann es bei der Übersetzung des Programms zu Fehlermeldungen kommen, deren Ursache eventuell nicht sofort erkennbar ist. Ein Beispiel, bei dem mithilfe der Repeat-Direktive viel Programmcode erzeugt wird, zeigt der nachfolgende Codeausschnitt. Die Konstante 42 wird hinter dem Code abgelegt. Auf die zugehörige Speicherstelle kann aufgrund der

Begrenzung des Adressoffsets nicht zugegriffen werden. Eine Fehlermeldung bei der Übersetzung des Programms ist die Folge.

```
#  Beispiel, das zur Fehlermeldung
#  "invalid offset, value too big"
#  führen kann
ldr r0,=42
.rept 1024              @  Ein einfaches Beispiel, bei dem
nop                     @  mithilfe der Repeat-Direktive
.endr                   @  viele NOP-Befehle eingefügt werden
```

Eine Alternative zur Vermeidung der gezeigten Problematik ist das byteweise Laden des 32-Bit-Wertes. Dies wird im folgenden Beispiel verdeutlicht:

```
# 32-Bit-Konstante byteweise laden
# Beispiel: 0x12345678 soll nach r0 geladen werden
movs r0,0x12            @ 1. Byte laden
lsls r0,8              @ um ein Byte schieben
adds r0,0x34           @ nächstes Byte addieren
lsls r0,8              @ um ein Byte schieben
adds r0,0x56           @ nächstes Byte addieren
lsls r0,8              @ um ein Byte schieben
adds r0,0x78           @ nächstes Byte addieren
```

13.9.8 Übersetzung von Programmen

Wie bereits in Abschn. 13.9.2 erwähnt, müssen Assemblerprogramme vor der Ausführung auf einem Mikroprozessor in Maschinencode übersetzt werden. Diese Darstellung des Programms kann im Speicher des Rechnersystems abgelegt werden und wird von dort vom Mikroprozessor ausgelesen, decodiert und ausgeführt.

Komplexere Programme bestehen aus mehreren Quelldateien, die zunächst unabhängig voneinander sogenannte Objektdateien übersetzt werden. Objektdateien enthalten Maschinencode. Die Position, unter der dieser Code im Programmspeicher abgelegt wird, wird erst in einem zweiten Schritt festgelegt, bei dem die einzelnen Objektdateien zu einem ausführbaren Programm zusammengefügt werden. Für diesen Schritt ist der sogenannte *Linker* zuständig. Abb. 13.20 visualisiert den Übersetzungsvorgang mit den Werkzeugen Assembler, Compiler und Linker.

Da der Linker die Adressen von Programm- und Datensegmenten eines Rechnersystems nicht a priori kennt, wird diese Information über ein *Linkerscript* zur Verfügung gestellt. Das Linkerscript ist eine Textdatei, für die ein eigenes Dateiformat definiert ist.

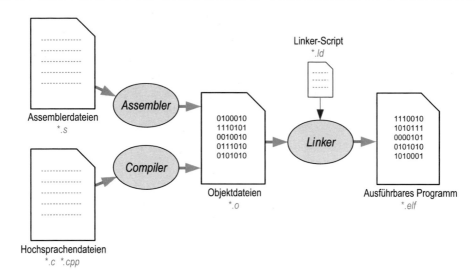

Abb. 13.20   Übersetzung von Hochsprachen- und Assemblerprogrammen

Ein grundlegendes Linkerscript zur Verwendung mit einem Arm-CortexM0+ wird in Abschn. 13.10 vorgestellt.

13.10 Hinweise zum Selbststudium

Für praktische Experimente bieten sich verschiedene Alternativen an. Im Internet sind zum Beispiel einige Arm-Simulatoren zu finden, die es ermöglichen, Experimente ohne zusätzliche Hardware durchzuführen. Im Folgenden möchten wir Ihnen dagegen die Assembler-Programmierung eines Cortex-M0+ auf einem realen Mikrocontroller näherbringen.

Es gibt viele Hersteller, die Chips und Boards auf Basis von Arm-Prozessoren anbieten und die sich für einen Einstieg auf Basis praktischer Experimente eignen. Einige Boards enthalten bereits ein Programmiergerät, das über einen USB-Anschluss mit einem Entwicklungs-PC verbunden werden kann. Über den USB-Port wird meist auch die Spannungsversorgung für das Board bereitgestellt, sodass zunächst keine weitere Hardware benötigt wird.

In Kap. 14 und 15 wird näher auf den Aufbau und die Funktionsweise von Mikrocontrollern am Beispiel des STM32G071 der Firma STMicroelectronics eingegangen. Daher werden in den folgenden Abschnitten konkrete Hinweise für die Assemblerprogrammierung dieses Mikrocontrollers gegeben.

13.10.1 Hardware und Software für eigene Experimente

Die Firma STMicroelectronics bietet unter dem Namen *Nucleo* eine Reihe von Boards an, die einen leichten Einstieg in praktische Experimente unterstützen. Ein Nucleo-Board mit dem STM32G071 ist in Abb. 13.21 dargestellt. Im oberen Teil des Boards befindet sich das Programmiergerät mit einem USB-Anschluss. Im unteren Teil ist der Mikrocontroller als zentrale Komponente auszumachen. Die Anschlüsse des Mikrocontrollers sind auf Steckerleisten verfügbar, die eine Erweiterung mit zusätzlichen Komponenten ermöglichen. Für einfache erste Experimente besitzt das Board auch eine LED sowie einen Taster.

STMicroelectronics bietet eine Entwicklungsumgebung mit dem Namen STM32CubeIDE an, die kostenlos von der Homepage des Unternehmens heruntergeladen werden kann. Die Entwicklungsumgebung ist vorrangig für die Programmierung in C/C++ gedacht, kann aber auch für die Erstellung von Assemblerprogrammen genutzt werden. Da das Anlegen von Assemblerprojekten nicht ganz so umfangreich wie das Erstellen

Abb. 13.21 Entwicklungsboard mit dem Arm-basierten STM32G071-Mikrocontroller

von C/C++-Programmen unterstützt wird, stehen Ihnen im folgenden Abschnitt einige Hinweise zur Verfügung, die den Start erleichtern.

13.10.2   Anlegen eines Assembler-Projektes

Nach der Installation der Entwicklungsumgebung können Sie ein neues Projekt mithilfe des *Project-Wizards* anlegen. Diesen erreichen Sie über das File-Menü unter dem Eintrag *New → C/C++ Project*. Wählen Sie in der angezeigten Dialogbox *C Managed Build*. Im nachfolgenden Schritt geben Sie dem Projekt einen Namen. Achten Sie darauf, dass unter Toolchains *MCU ARM GCC* ausgewählt ist, und klicken Sie zweimal *Next*. Nun können Sie mit einem Klick auf *Select* den Mikrocontroller wählen, für den Sie ein Programm schreiben möchten – für das vorgeschlagene Nucleo-Board also *STM32G071RBTx*. Nach dem Klick auf *Finish* steht Ihnen ein leeres Project zur Verfügung.

Assemblerdateien können durch Auswahl des Projektes (Rechtsklick) im *Project Explorer* hinzufügen. Wählen Sie hierzu im Kontextmenü den Eintrag *New → File*. Assemblerdateien sollten die Dateiendung *.s* besitzen, da sie so automatisch als Assemblerdateien erkannt werden.

Auf die gleiche Weise fügen Sie ein Linkerscript mit dem Namen *LinkerScript.ld* hinzu. Ein Vorschlag für ein einfaches Linkerscript zeigt der folgende Code. Hierbei wird nur das Text-Segment verwendet.

```
MEMORY { /* Speicher des Systems */
   FLASH (rx) : ORIGIN = 0x08000000,LENGTH = 128K
   RAM   (rwx): ORIGIN = 0x20000000,LENGTH = 36K
}
SECTIONS { /* Speichersegmente */
      .text : {
      } >FLASH
}
/* Symbol fuer das Ende des Stacks */
_estack = ORIGIN(RAM) + LENGTH(RAM);
/* Label des ersten Befehls des Programms */
ENTRY (main)
```

Für reine Assemblerprogramme sollten darüber hinaus einige Einstellungen für den Linker vorgenommen werden. Die Linker-Einstellungen sind etwas versteckt. Sie erreichen sie über einen Rechtsklick auf das Projekt und anschließender Auswahl des Eintrags *Properties*. Unter *C/C++ Build* finden Sie den Eintrag *Settings*. Wenn Sie diesen ausgewählt haben, können Sie im rechten Teil des Dialogs den *MCU GCC Linker* auf-

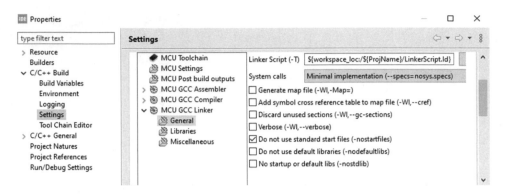

Abb. 13.22 Empfohlene Linker-Einstellungen für erste Assemblerprogramme

klappen. Wählen Sie den Unterpunkt *General* aus und aktivieren das Kontrollkästchen unter dem Eintrag *„Do not use standard start files"*. Alle anderen Auswahlkästchen sollten deaktiviert werden. Abb. 13.22 zeigt die empfohlenen Einstellungen des Linkers.

13.10.3 Hinweise zur Erstellung und dem Debuggen von Assembler-Programmen

Der ARM-CortexM0+ erwartet ab der ersten Adresse des Programmspeichers einige Konstanten, die nach dem Start des Prozessors ausgelesen werden. Die ersten vier Bytes des Programmspeichers enthalten den Wert, der nach dem Reset der CPU in den Stackpointer geladen werden soll. Die nachfolgenden vier Bytes müssen auf die Adresse des ersten Befehls verweisen, der nach dem Start des Systems ausgeführt werden soll.

Die hieran anschließenden Adressen enthalten ebenfalls Adressen, die für den Betrieb des Systems benötigt werden. Es handelt sich um Adressen für Programmcode, der im Fall von Ausnahmen (Exceptions) oder beim Auftreten von Interrupts eingesprungen wird. Um eventuelle Fehler im Programm sinnvoll abfangen zu können, sollten wenigstens die beiden weiteren Speicherworte sinnvoll belegt sein. Sie enthalten die Adresse des NMI-Handlers und des Hard-Fault-Handlers (vgl. Abschn. 13.8.3.6).

Einen Startpunkt für eigene Assemblerprogramme zeigt der nachfolgende Code.

```
.syntax unified    @ Umschalten auf die 'unified Assembler-Syntax'
.global main       @ Label des Programmbeginns
                   @ muss zum ENTRY-Eintrag im Linkerscript passen

# Die nachfolgenden Werte erwartet die CPU vor dem
# eigentlichen Programm im Programmspeicher
.word _estack      @ Initialer Wert des Stackpointers SP
                   @ (Symbol _estack stammt aus dem Linkerscript)
```

```
    .word main       @ Einsprungadresse nach Reset
    .word nmi        @ Einsprungadresse im Fall von
                     @ 'non maskable Interrupts'
 .word hard_fault    @ Einsprungadresse im Fall von 'hard faults'


nmi:                 @ Der Einfachheit halber:
hard_fault:          @ Der gleiche Code für NMI und Hard Fault
    b endl           @ Wenn das Programm hier ankommt, liegt vermutlich
                     @ ein ernstzunehmender Fehler vor


main:
    nop              @ Platzhalter für anderen Code
endl:
    b endl           @ Am Ende des Programms eine Endlosschleife
```

Ist das Linkerscript und das Programm erstellt, kann das Übersetzen durch Klick auf den Menüeintrag *Project* → *Build Project* erfolgen.

Nach dem Übersetzen des Programms können Sie das Programm unter *Run* → *Debug As* → *STM32 Cortex M C/C++ Application* auf das Board laden und ausführen.

Hierbei können auch Breakpoints verwendet werden. Breakpoints werden durch Doppelklick im Editorfenster durch einen Doppelklick links neben den Programmcode gesetzt oder gelöscht.

Möchten Sie sich die Werte der Arbeitsregister ansehen, wählen Sie *Window* → *Show View* → *Registers*.

13.11 Übungsaufgaben

In den folgenden Aufgaben werden einige Themen dieses Kapitels aufgegriffen. Die Lösungen der Aufgaben finden Sie am Ende des Buches.

Sofern nicht anders vermerkt, ist nur eine Antwort richtig.

Aufgabe 13-1 Welche Aussagen zu Adressräumen sind korrekt? *(Mehrere Antworten sind richtig)*

a) Bei Memory-Mapped-Adressierung besitzen Speicher und Ein-/Ausgabe unterschiedliche Adressräume.

b) Bei Port-Mapped-Adressierung besitzen Speicher und Ein-/Ausgabe gemeinsame Adressräume.

c) Bei Memory-Mapped-Adressierung besitzen Speicher und Ein-/Ausgabe gemeinsame Adressräume.

d) Bei Port-Mapped-Adressierung besitzen Speicher und Ein-/Ausgabe unterschiedliche Adressräume.

Aufgabe 13-2 Wie wird die Adressierungsart bezeichnet, bei der die Speicheradresse direkt aus dem Befehlswort übernommen wird?

a) Unmittelbare Adressierung
b) Absolute Adressierung
c) Indirekte Adressierung
d) Indirekte Adressierung mit Verschiebung

Aufgabe 13-3 Welche Adressierungsarten verwenden einen „Adressspeicher" (zum Beispiel Arbeitsregister)? *(Mehrere Antworten sind richtig)*

a) Unmittelbare Adressierung
b) Absolute Adressierung
c) Indirekte Adressierung
d) Indirekte Adressierung mit Verschiebung

Aufgabe 13-4 Mit welchen Maßnahmen kann die Rechenleistung eines Mikroprozessors gesteigert werden? *(Mehrere Antworten sind richtig)*

a) Erhöhung der Taktfrequenz
b) Spezialbefehle
c) Instruktions-Pipelining
d) VLIW

Aufgabe 13-5 Was ist ein wesentlicher Unterschied zwischen einer Von-Neumann- und einer Harvard-Architektur?

a) Die Harvard-Architektur kann nur für CISC-Prozessoren eingesetzt werden.
b) Die Von-Neumann-Architektur verwendet Flash als Instruktionsspeicher, die typische Harvard-Architektur dagegen SRAM.
c) Die Harvard-Architektur besitzt getrennte Speicher für Instruktionen und Daten.
d) Die Harvard-Architektur unterstützt weniger Befehle als die Von-Neumann-Architektur.

Aufgabe 13-6 Welche der nachfolgenden Aussagen zum Arm Cortex-M0+ sind richtig? *(Mehrere Antworten sind richtig)*

a) Die Arbeitsregister besitzen eine Wortbreite von 32 bit.
b) Alle arithmetischen Befehle können alle Arbeitsregister als Operanden verwenden.
c) Die CPU kann aufgrund der fehlenden Floating-Point-Unit nicht für Gleitkommaberechnungen eingesetzt werden.

d) Soll eine 32-Bit-Konstante in einem Register abgelegt werden, kann diese Konstante im Programmspeicher abgelegt werden. Das Laden in das Register kann dann mithilfe eines Load-Befehls erfolgen, der PC-relative Adressierung verwendet.

Aufgabe 13-7 Welche der nachfolgenden Aussagen zum Arm Cortex-M0+ sind richtig? *(Mehrere Antworten sind richtig)*

a) Die CortexM0+-CPU ist die leistungsfähigste CPU aus der Cortex-M-Serie.
b) Der Cortex-M0+ basiert auf einer Load/Store-Architektur.
c) Bei Verwendung des Befehls `ldrsb` findet im Gegensatz zum Befehl `ldrb` eine Vorzeichenerweiterung statt.
d) Ein indirekter Sprung in ein Unterprogramm kann mit dem Befehl `blx` realisiert werden.

Aufgabe 13-8 Gegeben ist das nachfolgende Hochsprachenunterprogramm. Realisieren Sie das Unterprogramm in Assembler für den Cortex-M0+.

Die Übergabe der Parameter erfolgt in den Registern r0 (Parameter a) und r1 (Parameter b). Die Rückgabe des Ergebnisses soll in r0 erfolgen. Alle Arbeitsregister dürfen durch das Unterprogramm modifiziert werden.

Hinweis: Die Parameter sind vorzeichenbehaftet.

```
int ifExample (int a, int b) {
    int r;
    if (a<b) {
        r = a + b;
    } else {
        r = a - b;
    }
    return r;
}
```

Aufgabe 13-9 Erstellen Sie ein Programmfragment in CortexM0+-Assembler, welches die Werte in den Registern r0, r1 und r2 nach ihrer Größe sortiert. Der kleinste Wert soll anschließend in r0, der mittlere in r1 und der größte Wert in r2 stehen. Auch das Register r3 darf modifiziert werden.

a) Erstellen sie den Code für vorzeichenlose Zahlen.
b) Welche Modifikationen sind notwendig, wenn die Zahlen in Zweierkomplementdarstellung vorliegen?

Aufgabe 13-10 Erstellen Sie ein Unterprogramm CortexM0+-Assembler, welches die Fakultät einer vorzeichenlosen Zahl berechnet. Die Übergabe des Parameters und des Ergebnisses sollen in r0 erfolgen. Die Register r0 bis r3 dürfen vom Unterprogramm verändert werden. Eventuelle Überläufe bei der Berechnung des Ergebnisses bleiben unberücksichtigt.

Aufgabe 13-11 Gegeben ist das nachfolgende Hochsprachenunterprogramm, welches die Wurzel eines Ganzzahlwertes berechnen kann. Realisieren Sie das Unterprogramm in Assembler für den Cortex-M0+.

Verwenden Sie hierbei für die Division ein geeignetes Unterprogramm. Für die Division durch 2 können Sie auch einen geeigneten Schiebebefehl verwenden. Die Übergabe des Parameters und des Ergebnisses sollen in r0 erfolgen. Alle anderen Arbeitsregister sollen nach Ende des Unterprogramms ihre ursprünglichen Werte besitzen.

```
int squareRoot (int a) {
    int tmp;
    int x;
    tmp = a;
    do {
        x = tmp;
        tmp = (a/x + x)/2;
    } while (tmp < x);
    return x;
}
```

Mikrocontroller

14

Bei dem Stichwort *Digitalrechner* denken viele Menschen spontan an Desktop-PCs, Tablets oder an Smartphones. Dies sind Beispiele für Systeme, bei denen sofort erkennbar ist, dass sie für die Verarbeitung von Daten realisiert worden sind. Daneben gibt es viele Anwendungsfälle für *eingebettete Systeme,* in denen ebenfalls Rechner eingesetzt werden, die jedoch nicht immer sofort erkennbar sind.

Als ein Beispiel solcher Systeme haben wir bereits bei der Kurzvorstellung von Mikrocontrollern in Abschn. 7.2.4 Waschmaschinen genannt. Im Haushalt befinden sich viele weitere Geräte, in denen ein Digitalrechner eine zentrale Komponente darstellt. Mikrowellenofen, Wecker, Heizung, Radio, Fernseher, Telefon, Fotokameras, smarte Beleuchtungen, Sprachassistenten sind nur einige Beispiele für Geräte, die im Verborgenen Rechnersysteme verwenden. Auch wenn wir die eigene Wohnung verlassen und uns motorisiert fortbewegen, sind wir in Kraftfahrzeugen wieder von einer Vielzahl von Rechnern umgeben.

Viele der Anwendungen für eingebettete Rechnersysteme besitzen eine Gemeinsamkeit: Die Kosten und die Verlustleistung der verwendeten Komponenten sollen möglichst gering sein. Es ist offensichtlich, dass für den Preis einer typischen Waschmaschine kein PC als zentrale Steuerungskomponente verbaut werden kann. Aber nicht nur im Hinblick auf die Kosten würde ein Standard-PC den Rahmen sprengen. Auch die Rechenleistung, die ein PC zur Verfügung stellt, übersteigt die Anforderungen an eine Waschmaschinensteuerung um ein Vielfaches. Für diesen Anwendungsfall wird also ein kompaktes und kostengünstiges Rechnersystem benötigt. Die verfügbare Rechenleistung ist eher von untergeordneter Bedeutung.

Dass Anwendungen existieren, die den Einsatz eines kompakten und kostengünstigen Rechnersystems erfordern, wurde bereits in den 1970er-Jahren erkannt: Mehrere Halbleiterhersteller brachten *Mikrocontroller* auf den Markt. Mikrocontroller sind Rechnersysteme, die auf einem einzelnen Chip alle Komponenten enthalten, welche zum Betrieb

© Springer-Verlag GmbH Deutschland, ein Teil von Springer Nature 2022
W. Gehrke und M. Winzker, *Digitaltechnik,*
https://doi.org/10.1007/978-3-662-63954-2_14

des Systems erforderlich sind. Neben einer CPU und Speicher sind auch Ein-/Ausgabe-
einheiten sowie interne Komponenten, beispielsweise die Takterzeugung, vorhanden.

Inzwischen sind Mikrocontroller Massenprodukte mit einem weltweiten Jahresumsatz
von mehr als 20 Mrd. Euro. Schätzungen gehen davon aus, dass Mikrocontroller in den
kommenden Jahren noch weiter an Bedeutung gewinnen werden: Für die nächsten 10 Jahre
werden jährliche Wachstumsraten im Bereich von 10 % bis 20 % prognostiziert. Das Verständnis der Funktionsweise von Mikrocontrollern ist daher eine wichtige Kompetenz für
alle, die sich in Studium oder Beruf mit der Digitaltechnik auseinandersetzen.

In diesem Kapitel werden grundlegende Aspekte von Mikrocontrollern thematisiert und
anhand eines Mikrocontrollers aus der STM32-Familie der Firma STMicroelectronics vertieft. Die Inhalte dieses Kapitels bilden die Grundlage für die intensivere Betrachtung von
integrierten Peripheriemodulen, auf die in Kap. 15 näher eingegangen wird.

14.1   Aufbau von Mikrocontrollern

Viele Halbleiterhersteller bieten Mikrocontroller mit unterschiedlichen Eigenschaften
an. Anbieter sind zum Beispiel die Firmen Infineon, Microchip, NXP, Renesas, Texas
Instruments oder STMicroelectronics. Jeder Hersteller bietet unterschiedliche Mikro-
controller-Familien an, unter denen wiederum eine Vielzahl von Controllern zusammengefasst werden. Auf diese Weise kann für jeden Anwendungsfall der Mikrocontroller
ausgewählt werden, der den Anforderungen am besten entspricht.

Der grundsätzliche Aufbau eines Mikrocontrollers ist in Abb. 14.1 dargestellt. Ein
typischer Mikrocontroller enthält die im Folgenden kurz erläuterten Komponenten.

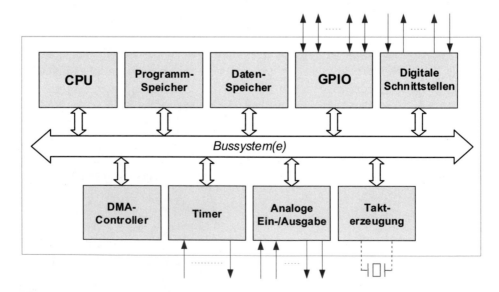

Abb. 14.1 Architektur eines Mikrocontrollers

CPU In der CPU findet die Ausführung der Befehle statt (vgl. Kap. 13). Ein Kriterium für die Einteilung von Mikrocontrollern ist die Wortbreite der verwendeten CPU. Die in Kap. 13 vorgestellte Cortex-M0+-CPU besitzt Register mit einer Wortbreite von 32 bit und gehört damit zur Gruppe der 32-Bit-Mikrocontroller. Neben den 32-Bit-Mikrocontrollern werden auch 16-Bit- und 8-Bit-Mikrocontroller angeboten.

Speicher Sowohl für die Speicherung des Programmcodes als auch für Variablen werden Speicherkomponenten benötigt. Damit das Programm sofort nach dem Einschalten des Systems ausgeführt werden kann, wird der Programmspeicher in der Regel als Flash-EEPROM realisiert. Für den Datenspeicher wird SRAM verwendet (vgl. Abschn. 11.2).

Einige Mikrocontroller enthalten auch Programmcode, welcher vom Hersteller des Controllers zur Verfügung gestellt wird und nicht modifiziert werden kann. Dieser Code wird während der Herstellung in Speicherbereichen abgelegt, die lesbar, aber nicht schreibbar sind (ROM-Speicher).

Für das dauerhafte Speichern von Daten nutzen einige Mikrocontroller einen weiteren EEPROM-Speicher oder bieten die Möglichkeit, den Flash-Programmspeicher auch für die Speicherung von Daten zu nutzen.

GPIO GPIO ist die Abkürzung für *General Purpose Input Output*. Diese Komponenten unterstützen die softwarebasierte digitale Ein-/Ausgabe über die Anschlüsse des Mikrocontrollers. Da das Verhalten der Ein-/Ausgabe-Anschlüsse durch das Programm der CPU festgelegt werden kann, können GPIO-Module universell eingesetzt werden.

Digitale Schnittstellen Alle Mikrocontroller bieten Hardwareunterstützung für die Kommunikation mit externen Komponenten. Welche Kommunikationsprotokolle unterstützt werden, ist sehr unterschiedlich. Fast alle Mikrocontroller unterstützen die serielle Ein/Ausgabe auf Basis einfacherer Protokolle.

DMA-Controller In modernen Mikrocontrollern ist häufig auch ein sogenannter *DMA-Controller* zu finden. Die Abkürzung DMA steht für *Direct Memory Access*. Ein DMA-Controller wird zum Kopieren von Daten zwischen den Modulen des Mikrocontrollers eingesetzt und entbindet damit die CPU von dieser Aufgabe. Werden beispielsweise Daten über eine digitale Schnittstelle empfangen, können diese mithilfe des DMA-Controllers in den Speicher geschrieben werden.

Timer Timer sind Systemkomponenten, die auf Zählern basieren. Sie werden unter anderem für die Erzeugung oder die zeitliche Vermessung digitaler Signale eingesetzt.

Analoge Ein-/Ausgabe Neben der digitalen Ein-/Ausgabe ermöglichen viele Mikrocontroller die analoge Eingabe mit integrierten A/D-Umsetzern. D/A-Umsetzer sind dagegen etwas seltener als Komponenten eines Mikrocontrollers zu finden. Insbesondere einfache oder ältere Mikrocontroller verzichten auf die Möglichkeit der analogen Ausgabe. Darüber hinaus besitzen einige Mikrocontroller Analog-Komparatoren. Sie können die elektrische Spannung von Signalen vergleichen und stellen das Ergebnis dieses Vergleichs als binären Wert dar.

Takterzeugung Mikrocontroller verfügen über eine integrierte Hardwareeinheit, welche die Taktsignale für den Betrieb des Controllers generiert. Die Taktsignale werden in der Regel aus einem "Basistakt" durch Frequenzmultiplikation und -division gewonnen.

Die Auswahl der Frequenz des Basistaktes erfolgt mit wenigen externen Komponenten, zum Beispiel mit einem externen Quarz. Mikrocontroller besitzen daneben auch die Möglichkeit, den Basistakt durch einen integrierten Oszillator zu erzeugen, dessen Taktfrequenz durch ein RC-Glied (Kombination aus einem Widerstand und einer Kapazität) festgelegt wird. In diesem Fall kann auf externe Komponenten für die Takterzeugung verzichtet werden.

Wird eine möglichst exakte Taktfrequenz benötigt, empfiehlt sich die Verwendung eines externen Quarzes. Die internen RC-Oszillatoren können eine Frequenzabweichung von einigen Prozent aufweisen und sind auch im Hinblick auf die Temperaturstabilität einem quarzbasierten Oszillator unterlegen.

Bussysteme Der Datenaustausch zwischen den Komponenten des Systems erfolgt über Busse. In einfachen Mikrocontrollern wird meist ein einzelner Bus verwendet. Modernere Mikrocontroller verwenden mehrere Busse.

In den folgenden Abschnitten werden grundlegende Module eines Mikrocontrollers am Beispiel des STM32G071 näher vorgestellt. Neben der Grundfunktion dieser Module werden Aspekte der Programmierung von Mikrocontrollern behandelt.

14.2   STM32-Mikrocontroller

Die Firma STMicroelectronics gehört zu den führenden Anbietern von Mikrocontrollern. Im Jahr 2007 kündigte STMicroelectronics die ersten Arm®-Cortex™-basierten 32-Bit-Mikrocontroller an, den STM32F103 und den STM32F101. Seitdem wurde die STM32-Familie um viele Mikrocontroller erweitert.

14.2.1 Übersicht über die Mikrocontroller-Familie STM32

Eine Übersicht über STM32-Mikrocontroller zeigt Abb. 14.2. STMicroelectronics teilt die Mikrocontroller in vier Segmente ein:

High Performance In diesem Segment befinden sich Mikrocontroller mit leistungsfähigen Mikroprozessoren. Die Systeme unterstützen im Vergleich zu anderen STM32-

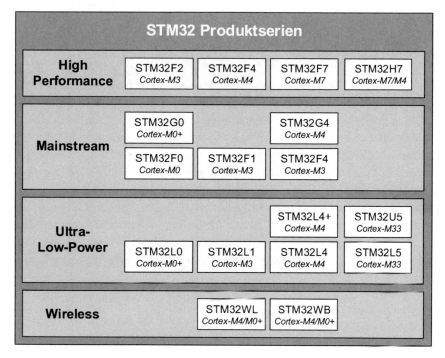

Abb. 14.2 Übersicht über STM32-Produktserien

Mikrocontrollern hohe Taktfrequenzen. So kann beispielsweise die Cortex-M7-CPU eines STM32H7-Controllers mit bis zu 550 MHz betrieben werden.

Mainstream Im Mainstream-Segment sind Mikrocontroller angesiedelt, die in vielen Anwendungsbereichen eingesetzt werden können. Sie bieten eine Balance zwischen Rechenleistung, Verlustleistung und Kosten. Die verwendeten CPUs gehören zum unteren bis mittleren Leistungsspektrum und die maximal verwendbaren Taktfrequenzen bewegen sich im Bereich von 48 MHz (F0-Serie) bis 170 MHz (G4-Serie).

Ultra-Low-Power Für Anwendungsfälle, bei denen die Verlustleistung im Vordergrund steht, bietet die STM32-Familie mehrere Serien an. Diese Mikrocontroller zeichnen sich durch besonders geringe statische Verlustleistung aus (vgl. Kap. 10). Sie können in einen Low-Power-Modus versetzt werden, bei dem die Stromaufnahme auf weniger als 0,4 µA absinkt. In diesem Modus wird zwar kein Programm ausgeführt, aber die zuvor im SRAM abgelegten Daten bleiben erhalten. Nach dem "Aufwecken" des Mikrocontrollers, das zum Beispiel zeitgesteuert oder durch ein äußeres Signal erfolgen kann, wird die Programmausführung fortgesetzt.

Die Mikrocontroller der anderen Marktsegmente bieten ebenfalls Low-Power-Modi an. Die Ultra-Low-Power-Serie hat jedoch im Ruhemodus eine deutlich geringere Stromaufnahme als andere Serien.

Wireless Im Wireless-Segment werden Mikrocontroller zusammengefasst, welche Module zur drahtlosen Kommunikation beinhalten. Von diesen Controllern werden Standards wie Bluetooth, LoRa, ZigBee und weitere unterstützt.

Der Hersteller STMicroelectronics bietet etwa 2000 unterschiedliche STM32-Mikrocontroller, die sich unter anderem durch die verwendete CPU, Speichergrößen, Schnittstellen und das verwendete Gehäuse unterscheiden. Die Preise für STM32-Controller beginnen bei Abnahme von 10.000 Stück um 50 Cent und erreichen für die leistungsfähigsten Mikrocontroller den unteren zweistelligen Eurobereich.

Die große Vielfalt an unterschiedlichen Controller-Varianten soll es den Kunden ermöglichen, genau den Mikrocontroller aus der Produktpalette auszusuchen, der im Hinblick auf seine technischen Eigenschaften und die Kosten möglichst exakt zum Einsatzzweck passt.

14.2.2 Beispiel: STM32G0-Serie

In der STM32G0-Serie sind etwa 200 Mikrocontroller zusammengefasst. Die Serie wird von STMicroelectronics in die Produktlinien *Value Line* und *Access Line* unterteilt. Die Access Line, zu der auch der in diesem Buch vorgestellte STM32G071 zählt, umfasst Mikrocontroller mit einem etwas größeren Satz an Peripheriemodulen.

Alle Controller der STM32G0-Serie besitzen eine Arm Cortex-M0+-CPU, die mit einer Taktfrequenz von bis zu 64 MHz betrieben werden kann. Die Größe des integrierten Flashspeichers bewegt sich zwischen 16 kByte und 512 kByte und das SRAM besitzt Größen im Bereich von 8 kByte bis 144 kByte. Alle Mikrocontroller dieser Serie beinhalten unter anderem verschiedene integrierte Kommunikationsschnittstellen, einen DMA-Controller, diverse Timer und einen 12-Bit-A/D-Umsetzer mit bis zu 19 Eingangskanälen. Die Controller der Access Line bieten auch einen D/A-Umsetzer an und unterstützen Internet-of-Things-Anwendungen durch integrierte Verschlüsselungsmodule.

Betrachtet man die Bezeichnungen der unterschiedlichen STM32-Mikrocontroller können diese schnell verwirrend erscheinen. Wofür steht beispielsweise das R in STM32G071RBT6? Was ist der Unterschied dieses Mikrocontrollers zu einem STM32G031J4M3?

Die Kennzeichnung fasst verschiedene Eigenschaften zusammen. Dieses Konzept wird auch von anderen Herstellern in ähnlicher Form verwendet. Die Reihenfolge der Angaben und die verwendeten Abkürzungen sind jedoch meist spezifisch für die Produktfamilien.

Bei den STM32-Mikrocontrollern kennzeichnet die Abkürzung *G0* das Segment und den verwendeten Prozessortyp. Das *G* steht für "Mainstream" und mit der nachgestellten *0* wird gekennzeichnet, dass der Controller auf einer Cortex-M0- bzw. Cortex-

Abb. 14.3 Kennzeichnung
von STM32-Mikrocontrollern

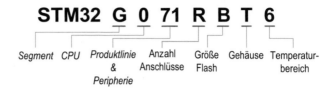

M0+-CPU basiert. Mit den beiden nachgestellten Ziffern werden die Produktlinie und wichtige Eigenschaften, wie zum Beispiel die Größe des SRAMs gekennzeichnet. Die folgenden Stellen kennzeichnen die Anzahl der Anschlüsse des Controllers und die Größe des Flashspeichers. Die letzten Stellen geben über das verwendete Gehäuse und den zulässigen Temperaturbereich Auskunft. In Abb. 14.3 wird die Kennzeichnung der STM32-Bausteine anhand eines Beispiels verdeutlicht.

Die beiden oben genannten Mikrocontroller STM32G071RBT6 und STM32G031J4M3 sind also Mitglieder der G0-Serie, gehören zum Mainstream Segment und besitzen beide eine Cortex-M0+-CPU. Mit der Abkürzung *RBT6* wird gekennzeichnet, dass es sich um einen Mikrocontroller mit 64 Anschlüssen in einem Gehäuse handelt, das als Low-Profile-Quad-Flat-Package (LQFP) bezeichnet wird. Die Flashgröße beträgt 128 kByte und der erlaubte Bereich der Umgebungstemperatur beträgt -40°C bis +85°C. Im Gegensatz dazu wird mit *J4M3* gekennzeichnet, dass der Controller 8 Anschlüsse besitzt und in einem Small-Outline-Gehäuse (SO) geliefert wird. Die Flashgröße beträgt 16 kByte und der die Umgebungstemperatur darf im Betrieb zwischen -40°C und +125°C liegen.

Die Auswahl eines geeigneten Mikrocontrollers unterstützen die Hersteller durch online verfügbare Produktauswahlwerkzeuge *(Product Selection Guides)*. Diese Werkzeuge ermöglichen eine interaktive Auswahl unter Berücksichtigung der jeweiligen Kundenwünsche.

Wie viele andere Mikrocontrollerhersteller bietet auch STMicroelectronics Boards an, die einen Einstieg unterstützen. Für praktische Experimente mit STM32-Controllern bieten sich die Boards der Nucleo-Serie besonders an, welche verschiedene Varianten für die STM32G0-Serie enthält.

14.2.3 Architektur der STM32G0-Mikrocontroller

Der prinzipielle Aufbau von Mikrocontrollern wurde bereits in Abschn. 14.1 beschrieben. In diesem Abschnitt wird die Architektur eines Cortex-M0+-basierten Mikrocontrollers am Beispiel der STM32G0-Serie näher vorgestellt.

Eine Architekturübersicht eines STM32G0-Controllers ist in Abb. 14.4 dargestellt.

Gegenüber der generellen Darstellung eines Mikrocontrollers aus Abb. 14.1 fällt auf, dass zwei Bussysteme verwendet werden. Beide Busse gehören zu dem von der Firma Arm spezifizierten Standard *Advanced Microcontroller Bus Architecture (AMBA)*. Der *Advanced High-performance Bus (AHB)* bietet effizientere Kommunikationsmechanis-

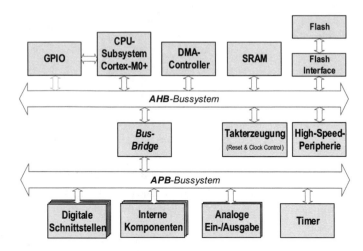

Abb. 14.4 Architekturübersicht eines STM32G0-Mikrocontrollers

men als der einfachere *Advanced Peripheral Bus (APB)*. Demgegenüber benötigt der APB einen geringeren Realisierungsaufwand.

Die Bussysteme sind über eine *Bus-Bridge* miteinander verbunden. Die Aufgabe dieser Brücke ist das Umsetzen der unterschiedlichen Protokolle der beiden Busse. Ein Zugriff der CPU auf eine der digitalen Schnittstellen erfolgt also zunächst über das AHB-System. Über die Bus-Bridge wird die Anforderung an den APB weitergegeben und an das ausgewählte Schnittstellenmodul geleitet.

Durch die Verwendung von zwei Bussystemen können ausgewählte Komponenten an den leistungsfähigeren AHB angeschlossen werden. So sind beispielsweise Speicher immer an den AHB angeschlossen, da ein langsamerer Speicherzugriff einen direkten Einfluss auf die Rechenleistung der CPU hätte. Am APB werden dagegen Peripherie-module angeschlossen, die einen weniger häufigen Zugriff der CPU benötigen. Zu diesen Modulen zählen unter anderem Module für die digitale und analoge Ein-Aus-gabe, Timer sowie interne Komponenten, welche für die Systemkonfiguration eingesetzt werden.

Auch für GPIO-Module ist ein schneller Zugriff wünschenswert, da die Ein- und Aus-gabe dieser Module über das CPU-Programm gesteuert wird. Die Cortex-M0+-CPU stellt hierfür einen besonderen Anschluss, den *I/O-Port* zur Verfügung. Über diesen Anschluss werden einfache Peripheriemodule direkt an die CPU angeschlossen. Gegen-über einem Zugriff über eines der Bussysteme bietet der I/O-Port den Vorteil, dass Zugriffe nur einen Taktzyklus benötigen.

Neben der CPU kann auch der DMA-Controller Zugriffe auf die Peripheriemodule ausführen. Busteilnehmer, die eine Kommunikation mit anderen Modulen anstoßen können, werden als *Busmaster* oder kurz *Master* bezeichnet. Module, die lediglich auf eine Kommunikationsanforderung reagieren, aber selbst keinen Datentransfer initiieren können, bezeichnet man als Slaves.

Mit der CPU und dem DMA-Controller existieren zwei Busmaster, die unabhängig voneinander einen Zugriff auf die Slaves ausführen können. Greifen beide Master gleichzeitig auf den Bus zu, muss das Bussystem überprüfen, ob die Zugriffe zu einem Konflikt führen, weil beispielsweise beide Master den gleichen Slave ansprechen. Für die Auflösung von Konflikten ist ein Hardware-Modul des Bussystems, der sogenannte *Arbiter*, zuständig. Die Auswahl, welcher Master den Zugriff erhält, wird als *Arbitrierung* bezeichnet.

14.2.4 Address Map des STM32G0

Der STM32G0 verwendet zum Ansprechen von Peripheriemodulen das Konzept eines memory-mapped Zugriffs (vgl. Abschn. 13.1). Dies bedeutet, dass alle Komponenten des Systems genauso wie Speicherstellen im SRAM oder Flash angesprochen werden. Da der Cortex-M0+ 32 Adressleitungen verwendet, können insgesamt 2^{32} Bytes = 4 GByte adressiert werden. Innerhalb dieses Adressraums wird in Mikrocontrollern häufig nur sehr kleiner Bereich genutzt. Dies ist auch in der *Address Map* des STM32G071 erkennbar, die in Abb. 14.5 dargestellt ist.

Im Bereich ab Adresse 0x08000000 befindet sich der Flashspeicher, in welchem Programmcode und Konstanten abgelegt werden. Da der Flashspeicher des ST32G071 eine Größe von 128 kByte besitzt, reicht der Flashbereich bis zur Adresse 0x0801FFFF.

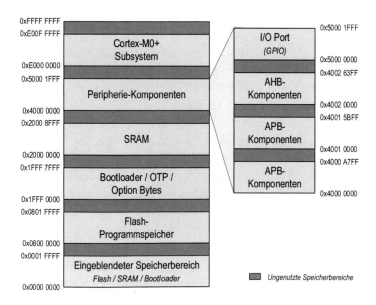

Abb. 14.5 Adress Map des STM32G071-Mikrocontrollers

Bei anderen Controllern aus der G0-Serie kann der Flashbereich kleiner sein, wobei die Startadresse in allen Fällen gleich ist.

Unter den Adressen ab 0x1FFF0000 hat der Hersteller STMicroelectronics den *Bootloader* abgelegt. Hierbei handelt es sich um vorgegebenen Programmcode, der die Möglichkeit schafft, den Flash-Programmspeicher über eine der digitalen Schnittstellen zu programmieren. Dies ist eine Standardfunktion vieler Mikrocontroller.

Neben dem Bootloader befindet sich im Adressbereich ab 0x1FFF7000 ein kleiner OTP-Speicherbereich. Die Abkürzung OTP steht für *One Time Programmable.* Es handelt sich hierbei um Speicher, der nur einmal beschreibbar ist. In diesem Speicherbereich können beispielsweise Informationen über das Gerät abgelegt werden, in dem der Mikrocontroller eingesetzt wird – zum Beispiel die Seriennummer des Geräts.

Die Option-Bytes ab Adresse 0x1FFF7800 enthalten Konfigurationsinformationen des Mikrocontrollers. Mithilfe der Option-Bytes kann beispielsweise festgelegt werden, ob ein Reset des Systems erfolgen soll, wenn die Versorgungsspannung einen wählbaren Wert unterschreitet *(Brown Out Detection).* Eine weitere Funktion der Option-Bytes ist das Schützen von Speicherbereichen gegen Lesevorgänge. Dies ist relevant, wenn ein Auslesen des Programmspeichers zum Schutz des eigenen geistigen Eigentums verhindert werden soll.

Das SRAM ist ab Adresse 0x20000000 verfügbar. Daran schließen sich ab Adresse 0x40000000 die Module an, die über die beiden Busse angesprochen werden können. Dieser Bereich ist in vier Teile aufgeteilt. Ab den Adressen 0x40000000 und 0x40010000 sind jeweils APB-Komponenten anzusprechen. Der Bereich ab Adresse 0x40020000 ist dagegen den Modulen vorbehalten, die mit dem AHB verbunden sind. Da die GPIO-Module über den I/O-Port der CPU und nicht über einen der beiden Busse angesprochen werden, besitzen sie einen weiteren Adressbereich, welcher ab Adresse 0x50000000 beginnt.

Die Cortex-M0+-CPU wird von der Firma Arm in Kombination mit einigen weiteren Komponenten angeboten. Diese Komponenten, zu denen unter anderem ein sogenannter *Interrupt-Controller* und der *Systick-Timer* zählen, können durch Zugriffe auf die Adressen ab 0xE0000000 konfiguriert werden.

Eine Besonderheit stellt der Adressbereich ab Adresse 0 dar. In diesen Bereich können unterschiedliche Speicherbereiche "eingeblendet" werden. In Abhängigkeit von der Beschaltung des BOOT0-Anschlusses des Controllers in Kombination mit einigen der Option-Bytes wird entweder der Flash-Programmspeicher, der Bootloader oder das SRAM ab Adresse 0 sichtbar sein. Da Adresse 0 die Adresse ist, ab der sich der Cortex-M0+ nach einem Reset wichtige Informationen lädt (vgl. Kap. 13), kann dadurch das Hochfahren des Systems mit Code erfolgen, der in einem von diesen drei Speicherbereichen liegt.

Die Adress Map macht bereits deutlich, dass Peripheriemodule genauso angesprochen werden wie Speicher. Aus Sicht der CPU macht es also keinen Unterschied, ob ein Wert in den Speicher oder in ein Peripheriemodul geschrieben wird. Allerdings haben die Adressen im Speicher und in Peripheriemodulen verschiedene Eigenschaften.

Werte, die im Speicher abgelegt wurden, können in nachfolgenden Zugriffen gelesen oder auch überschrieben werden, ohne dass dies eine direkte Auswirkung auf das Verhalten des Mikrocontrollers hätte. Darüber hinaus ist es für das Ablegen eines Wertes im Speicher bedeutungslos, welche Adresse verwendet wird. Alle SRAM-Speicherstellen sind gleichermaßen geeignet und unterscheiden sich nicht in ihrer Funktion.

Bei Zugriffen auf Peripheriemodule ist dies anders: Sie stellen unter den Adressen, die ihnen zugeteilt sind, *Peripherieregister* zur Verfügung. Diese Register sind Speicherstellen, die mithilfe eines Buszugriffs geschrieben oder gelesen werden können. Die Werte in diesen Registern werden von der Logik des Peripheriemoduls ausgewertet und besitzen eine direkte Auswirkung auf die Funktion des Mikrocontrollers. Diese Wirkung kann sehr unterschiedlich sein und reicht von einer einfachen digitalen Ausgabe des geschriebenen Wertes bis hin zum Anstoßen von komplexen Abläufen, zum Beispiel für die Kommunikation mit anderen Systemkomponenten, die sich außerhalb des Mikrocontrollers befinden. Es ist also für die Programmierung eines Peripheriemoduls wichtig, dass die Wirkung der Register und die exakte Registeradresse bekannt ist.

Die benötigten Informationen werden im sogenannten *Reference Manual* des Mikrocontrollers zur Verfügung gestellt. Das Reference Manual des hier exemplarisch betrachteten STM32G071 ist ein umfangreiches Dokument, welches von der STMicroelectronics-Homepage heruntergeladen werden kann. Es enthält neben einer funktionalen Beschreibung aller Module detaillierte Informationen zu sämtlichen Peripherieregistern. Dort wird die Funktionsweise der Register und die Adresse beschrieben, über die auf die Register zugegriffen werden kann.

Informationen zu den physikalischen Eigenschaften des Mikrocontrollers sind im Datenblatt *(Datasheet)* enthalten. Hier sind unter anderem Informationen zu den elektrischen Eigenschaften (zum Beispiel der Versorgungsspannungsbereich oder die maximale Treiberleistung von Ausgängen), dem Zeitverhalten und zu den angebotenen Gehäusevarianten der Bausteine zusammengefasst.

14.2.5 Pinbelegung des STM32G071

Für die Verwendung eines Mikrocontrollers ist es wichtig, die Belegung der Anschlüsse des verwendeten Bausteins zu kennen. Diese kann dem Datenblatt des Controllers entnommen werden. In Abb. 14.6 und Abb. 14.7 sind exemplarisch die Anschlussbelegungen von zwei Gehäusevarianten des STM32G071dargestellt.

Die meisten Anschlüsse sind mit dem Buchstaben *P*, einem weiteren nachfolgenden Buchstaben und einer Zahl gekennzeichnet. Diese Kennzeichnung bezieht sich auf die GPIO-Module des Mikrocontrollers. STM32G071-Mikrocontroller enthalten fünf identisch aufgebaute GPIO-Module, die als GPIOA, GPIOB, GPIOC, GPIOD und GPIOF bezeichnet werden. Die Modulbezeichnung GPIOE wird beim STM32G071 übersprungen. Jedes GPIO-Modul ist mit bis zu 16 Anschlüssen (Pins) des Mikrocontrollers verbunden, die von 0 bis 15 nummeriert werden. Die Anschlüsse mit den

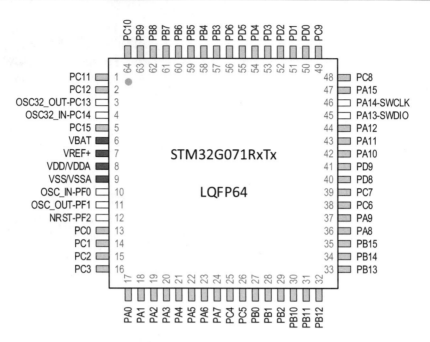

Abb. 14.6 Pinbelegung des STM32G071 im 64-poligen LQFP-Gehäuse

Abb. 14.7 Pinbelegung des
STM32G071 im 32-poligen
LQFP-Gehäuse

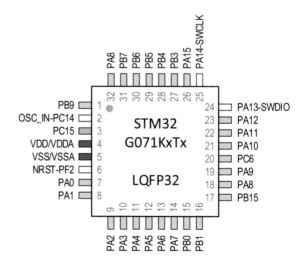

Buchstaben *PA* sind zum Beispiel dem Modul GPIOA zugeordnet, während *PB*-Anschlüsse von dem Modul GPIOB angesteuert werden. Für die anderen Anschlüsse gilt Entsprechendes.

Die fünf GPIO-Module könnten theoretisch insgesamt 5*16=80 Anschlüsse des Mikrocontrollers belegen. Da die STM32G071-Controller in Gehäusen mit maximal

64 Anschlüssen ausgeliefert werden, sind in der Praxis nicht alle 80 GPIO-Anschlüsse verfügbar.

Als Spannungsanschlüsse werden zwei Pins als gemeinsame digitale (VSS und VDD) und analoge Versorgungsspannung (VSSA und VDDA) verwendet. Über den Anschluss VREF+kann die intern erzeugte Referenzspannung für analoge Komponenten ausgegeben werden. Alternativ kann über diesen Anschluss auch eine außerhalb des Controllers erzeugte Referenzspannung zugeführt werden. Der Anschluss VBAT (Batterie) dient der Zuführung einer Spannung, die unter anderem die interne Echtzeituhr mit Strom versorgt, während die "normale" Spannungsversorgung abgeschaltet ist.

Im Fall des LQFP64-Gehäuses verbleiben daher nur 60 Pins für GPIOs. Das LQFP32-Gehäuse besitzt keine Anschlüsse für VREF+und VBAT und somit verbleiben bei diesem Gehäuse 30 Pins für GPIOs. Neben den GPIO-Modulen können auch andere Module des Mikrocontrollers mit den Anschlüssen verbunden werden. Dieser Aspekt wird in späteren Abschnitten näher betrachtet. Zunächst werden in den folgenden Abschnitten die GPIO-Module näher vorgestellt. Anschließend werden grundlegende Aspekte zur Programmierung von Mikrocontrollern am Beispiel der GPIOs verdeutlicht.

14.2.6 Mikrocontrolleranschlüsse mit besonderen Funktionen

Einige Anschlüsse des STM32G071 haben nach einem Reset besondere Funktionen. Sie können gegebenenfalls nach Abschluss der Startphase als GPIO-Anschlüsse verwendet werden. Im Folgenden sind diese Pins aufgeführt.

PA13, PA14 Der STM32 verwendet für das Debugging den Standard *Serial Wire Debug (SWD)* der Firma Arm. Die SWD-Schnittstelle verwendet zwei Mikrocontroller-anschlüsse. SWDIO ist eine bidirektionale Datenleitung und SWCLK eine Taktleitung. SWDIO ist mit dem Anschluss PA13 verbunden, während SWCLK auf PA14 zu finden ist. Werden diese Anschlüsse durch die Mikrocontrollersoftware auf eine andere Konfiguration gesetzt, ist anschließend kein Debugzugriff mehr möglich.

PA14 besitzt zusätzlich die Funktion *BOOT0*. Ist dieser Anschluss während des Zurücksetzens des Controllers logisch 1, wird nach dem Reset der Bootloader aus-geführt.

PC13, PC14, PF0, PF1 Controller der STM32-Serie verwenden eine oder mehrere Taktquellen. Die Takte können intern erzeugt oder von außen zugeführt werden. Darüber hinaus besteht die Möglichkeit, das Taktsignal mit einem externen Quarz zu erzeugen. Die Anschlüsse PC13, PC14, PF0 und PF1 sind für die Erzeugung der Takte mit externen Komponenten vorgesehen.

PF2 Der Anschluss PF2 wird als low-aktiver Reset-Eingang verwendet.

14.3   General Purpose Input Output (GPIO)

Jedem GPIO-Modul sind bis zu 16 GPIO-Anschlüsse zugeordnet, denen über das Programm des Mikrocontrollers bestimmte Eigenschaften zugewiesen werden. Es kann beispielsweise für jeden GPIO-Anschluss festgelegt werden, ob er als Eingang oder als Ausgang arbeiten soll. Zusätzlich wird durch die Software entschieden, ob ein Ausgang im Open-Drain- oder Push–Pull-Modus (vgl. Abschn. 6.6) arbeitet. Weitere Konfigurationsmöglichkeiten sind die Wahl der Treiberleistung von Ausgängen oder die Aktivierung von internen Pull-Up- beziehungsweise Pull-Down-Widerständen.

14.3.1 Hardware-Struktur

Die Struktur eines GPIO-Anschlusses ist in Abb. 14.8 dargestellt. Die Funktion wird über Register gesteuert, von denen drei in der Abbildung dargestellt sind. Ausgangsdaten können entweder direkt oder über Bit-Set/Reset-Register im Output-Data-Register abgelegt werden. Mithilfe des Output-Control-Blocks wird der Typ des Ausgangs festgelegt. Es kann entweder ein Push–Pull-Ausgang oder ein Open-Drain-Ausgang gewählt werden. Eingangssignale werden mit einem Schmitt-Trigger in digitale Signale mit einem eindeutigen Pegel überführt.

Es besteht die Möglichkeit, interne Pull-Up- oder Pull-Down-Widerstände zu aktivieren. Dies führt auch dann zu einem eindeutigen Eingangspegel, wenn die äußere

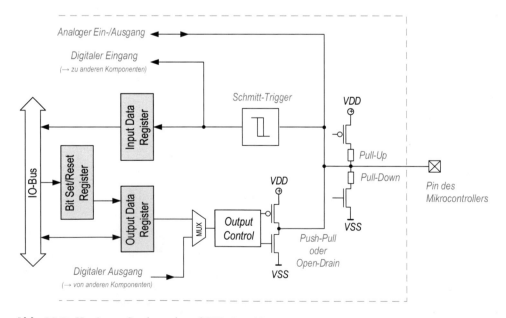

Abb. 14.8   Hardware-Struktur eines GPIO-Anschlusses

Beschaltung des Mikrocontrollers hochohmig ist. Die internen Pull-Up-Widerstände haben einen Wert von etwa 40 kΩ. Für die Verwendung in Zusammenhang mit Open-Drain-Ausgängen sind sie aufgrund des relativ hohen Widerstands nur eingeschränkt geeignet.

Abb. 14.8 zeigt auch die Verbindungen zu anderen internen Komponenten des Mikrocontrollers. Sowohl digitale als auch analoge Peripheriemodule können die Anschlüsse des Mikrocontrollers nutzen. Während analoge Signale direkt mit den Pins des Controllers verbunden sind, nutzen digitale Module die Eingangs- und Ausgangsstufen der GPIO-Hardware. Übernimmt ein anderes Peripheriemodul die Kontrolle über einen Mikrocontrolleranschluss, wird dies als *alternative Funktion (engl. alternate function)* des Anschlusses bezeichnet.

14.3.2 GPIO-Register

Die Konfiguration der GPIO-Module wird in Registern gespeichert, auf die mit Schreib- und Lesezugriffen der CPU zugegriffen werden kann. Für jede Eigenschaft sind ein oder zwei Register mit jeweils 32 Bits reserviert. Jedem GPIO-Anschluss sind jeweils bis zu vier Bit dieser Register zugeordnet.

Jedem GPIO-Modul ist ein Bereich im Adressraum der CPU zugeordnet. Die unterste von einem Modul verwendete Adresse wird auch als *Basisadresse* bezeichnet. Tab. 14.1 fasst die Basisadressen der GPIO-Blöcke des STM32G071 zusammen. Der Buchstabe E wird bei der Kennzeichnung der GPIO-Module übersprungen und die Zählung der Basisadresse ist entsprechend angepasst.

In den Dokumenten zu den STM32-Mikrocontrollern werden Registeradressen in der Regel nicht als achtstellige Hexadezimalzahl angegeben. Stattdessen wird der Abstand zur Basisadresse angegeben, welcher auch als *Adressoffset* oder kurz *Offset* bezeichnet wird.

Eine Übersicht über die GPIO-Register ist in Tab. 14.2 dargestellt. Da die Belegung des verwendeten Registers für alle GPIO-Module identisch ist, wird im Folgenden auch die Abkürzung GPIO*x* verwendet. Der Buchstabe *x* ist hierbei ein Platzhalter für *A, B, C, D* oder *F*.

Ein wichtiges Register für die GPIO-Programmierung ist das GPIOx_MODER-Register. Mit diesem Register wird der Betriebsmodus der GPIO-Anschlüsse ausgewählt.

Tab. 14.1 Basisadressen der GPIO-Module

GPIO-Modul	Basisadresse
GPIOA	0x5000 0000
GPIOB	0x5000 0400
GPIOC	0x5000 0800
GPIOD	0x5000 0C00
GPIOF	0x5000 1400

Tab. 14.2 GPIO-Registerübersicht

Register	Offset	Funktion
GPIO*x*_MODER	0x00	Auswahl des Betriebsmodus: Eingang, Ausgang, "alternative Funktion" oder analoger Modus
GPIO*x*_OTYPER	0x04	Typ des Ausgangs: Push–Pull oder Open-Drain
GPIO*x*_OSPEEDR	0x08	Treiberleistung der Ausgänge (vier Stufen zur Auswahl)
GPIO*x*_PUPDR	0x0C	Aktivierung controller-interner Pull-Up- oder Pull-Down-Widerstände
GPIO*x*_IDR	0x10	Eingangsdaten
GPIO*x*_ODR	0x14	Ausgangsdaten
GPIO*x*_BSRR	0x18	Bit-Set-Reset-Register: Setzen und Löschen einzelner Bits im ODR-Register durch Schreiben von Einsen (kein Read-Modify-Write, vgl. Abschn. 14.7.8.2)
GPIOx_LCKR	0x1C	Schützen der Konfiguration gegenüber unbeabsichtigter Veränderung
GPIO*x*_AFRL	0x20	Falls "alternative Funktion" im Modusregister (MODER) gewählt ist, wird mit diesen Registern festgelegt, welches Peripheriemodul den Zugriff auf den Controlleranschluss erhält
GPIO*x*_AFRH	0x24	
GPIO*x*_BRR	0x28	Bit-Reset-Register: Löschen von Bits des ODR-Registers durch Schreiben von Einsen (kein Read-Modify-Write, vgl. Abschn. 14.7.8.2)

Da vier mögliche Modi zur Verfügung stehen, werden für jeden Mikrocontrolleranschluss zwei Bits des MODER-Registers verwendet. Die Belegung dieses Registers zeigt Tab. 14.3.

Die Bits 10 und 11 des Registers GPIOA_MODER legen beispielsweise den Betriebsmodus des Anschlusses PA5 fest.

Die vier Konfigurationen des Anschlusses und deren Codierung durch die Modusbits ist in Tab. 14.4 dargestellt.

Für die softwarebasierte digitale Ein-/Ausgabe sind die Bitkombinationen 00 und 01 relevant. Wird der Modus "alternative Funktion" (Bitkombination 10) ausgewählt, werden Module wie Timer, Kommunikationsschnittstellen oder analoge Module mit den Anschlüssen des Mikrocontrollers verbunden.

Für jeden GPIO-Anschluss kann eine von bis zu 16 alternativen Funktionen gewählt werden. Für die Auswahl der Funktion müssen also vier Bits zur Verfügung gestellt werden. Insgesamt werden daher 64 Bits zur Funktionsauswahl verwendet, die sich in den Registern GPIOx_AFRL und GPIOx_AFRH befinden.

Einige GPIO-Anschlüsse bieten als alternative Funktion auch analoge Funktionen. Sie können zum Beispiel als analoge Eingänge arbeiten, deren Eingangsspannungen einem Analog–Digital-Umsetzer zugeführt werden. Einige Anschlüsse können als analoge

Tab. 14.3 Belegung des Registers GPIOx_MODER

GPIOx_MODER *(Offset: 0x00)*

Bit	31/30	29/28	27/26	25/24	23/22	21/20	19/18	17/16
Name	MODE Px15	MODE Px14	MODE Px13	MODE Px12	MODE Px11	MODE Px10	MODE Px9	MODE Px8
Bit	15/14	13/12	11/10	9/8	7/6	5/4	3/2	1/0
Name	MODE Px7	MODE Px6	MODE Px5	MODE Px4	MODE Px3	MODE Px2	MODE Px1	MODE Px0

Tab. 14.4 Varianten für die Modusauswahl eines Mikrocontrolleranschlusses

Modusbits	Funktion des Anschlusses
00	GPIO-Eingang
01	GPIO-Ausgang
10	Alternative Funktion
11	Analoger Modus

Ausgänge verwendet werden. Die Ausgangsspannung wird hierbei von einem internen Digital-Analog-Umsetzer erzeugt.

Wird ein GPIO-Anschluss als digitaler Ausgang konfiguriert, kann mit den Registern GPIOx_OTYPER und GPIOx_SPEEDR der Typ des Ausgangs und die Treiberleistung des Ausgangs festgelegt werden.

Die Belegung des OTYPER-Registers ist in den Tabellen Tab. 14.5 und Tab. 14.6 zusammengefasst. Die oberen 16 Bits dieses 32-Bit-Registers haben keine Wirkung und sind im Reference Manual als *reserved* gekennzeichnet. In Tab. 14.5 ist die Belegung des ODR-Registers zusammengefasst. OTy (mit $y = 0...15$) ist dabei als die Kurzform von "Ausgangstyp (Output Type, OT) des Anschlusses Pxy" zu verstehen. Das

Tab. 14.5 Belegung des Registers GPIOx_OTYPER

GPIOx_ODR *(Offset: 0x04)*

Bit	31–16	15	14	13	12	11	10	9	8
Name	*res*	OT15	OT14	OT13	OT12	OT11	OT10	OT9	OT8
Bit		7	6	5	4	3	2	1	0
Name		OT7	OT6	OT5	OT4	OT3	OT2	OT1	OT0

Tab. 14.6 Programmierung des Ausgangstyps

OT-Bit	Ausgangstyp
0	Push–Pull
1	Open-Drain

Bit 5 des GPIOA_OTYPER-Registers legt beispielsweise den Ausgangstyp des GPIO-Anschlusses PA5 fest.

Für die Auswahl der Treiberleistung eines Ausgangs stehen vier Möglichkeiten zur Auswahl. Daher werden für jeden GPIO-Anschluss, wie beim MODER-Register, zwei Bits verwendet. Die Belegung des SPEEDR-Registers zeigt Tab. 14.7. Die Auswahlmöglichkeiten zur Programmierung der Treiberleistung sind in Tab. 14.8 zusammengefasst.

Für die Programmierung des Ausgabewertes eines GPIO-Ausgangs stellt der STM32G071 drei Register zur Verfügung.

Die 16 niederwertigsten Bits des GPIOx_ODR-Registers legen den Ausgangswert der Mikrocontrolleranschlüsse Px0 bis Px15 fest (vgl. Tab. 14.9). Wird in einem Bit eine Null abgelegt, erscheint am entsprechenden GPIO-Ausgang eine logische 0 in Form einer niedrigen Spannung nahe 0 V. Bits, in denen eine Eins abgelegt wird, führen zur Ausgabe einer logischen 1, also einem Spannungswert nahe der Versorgungsspannung des Controllers.

Tab. 14.7 Belegung des Registers GPIOx_SPEEDR

GPIOx_MODER *(Offset: 0x08)*

Bit	31/30	29/28	27/26	25/24	23/22	21/20	19/18	17/16
Name	SPEED Px15	SPEED Px14	SPEED Px13	SPEED Px12	SPEED Px11	SPEED Px10	SPEED Px9	SPEED Px8
Bit	15/14	13/12	11/10	9/8	7/6	5/4	3/2	1/0
Name	SPEED Px7	SPEED Px6	SPEED Px5	SPEED Px4	SPEED Px3	SPEED Px2	SPEED Px1	SPEED Px0

Tab. 14.8 Programmierung des Treiberleistung

SPEED-Bits	Treiberleistung bzw. Geschwindigkeit des Aus-gangs	Max. Ausgangsfrequenz	Anstiegs-/Abfallzeit
		Bedingungen: $C_L = 10pF$, 2,7 $V \leq V_{DD} \leq 3,6$ V	
00	very low speed	3 MHz	75 ns
01	low speed	15 MHz	15 ns
10	high speed	60 MHz	4 ns
11	very high speed	80 MHz	2,5 ns

Tab. 14.9 Belegung des Registers GPIOx_ODR

GPIOx_ODR *(Offset: 0x10)*

Bit	31–16	15	14	13	12	11	10	9	8
Name	*res*	OD15	OD14	OD13	OD12	OD11	OD10	OD9	OD8
Bit		7	6	5	4	3	2	1	0
Name		OD7	OD6	OD5	OD4	OD3	OD2	OD1	OD0

Neben dem ODR-Register können die Ausgänge auch mit dem Bit-Set-Reset-Register (BSRR) programmiert werden. Für dieses Register gilt jedoch, dass das Schreiben eines Null-Bits keine Wirkung hat. Das Schreiben einer Eins in die Registerbits 0 bis 15 (BS-Bits) führt dagegen dazu, dass der entsprechende Ausgangspin eine logische Eins ausgibt. Durch Schreiben einer Eins in die Bits 16 bis 31 (BR-Bits) führt zur Ausgabe einer logischen Null. In Tab. 14.10 ist die Belegung dieses Registers dargestellt.

Die Bit-Reset-Bits (BR) sind auch über eine weitere Adresse verfügbar, und zwar über das Bit-Reset-Register (BRR). Die BR-Bits liegen in diesem Register nicht an Bitpositionen 31 bis 16, sondern an den Bitpositionen 0 bis 15, was den Zugriff erleichtern kann. Die Bits 16 bis 31 dieses Registers sind reserviert. Die BRR-Belegung zeigt Tab. 14.11.

Das BSRR-Register und das BRR-Register sind nur schreibbar. Ein Lesezugriff liefert den Wert 0 zurück.

Auf den ersten Blick könnten die BSRR- und BRR-Register überflüssig erscheinen, da die Ausgabe allein mit dem ODR-Register gesteuert werden kann. Der Sinn dieser Register ist es, sogenannte *atomare Zugriffe* zu ermöglichen. Was atomare Zugriffe sind und welche Bedeutung sie haben, werden wir in einem späteren Abschnitt in Zusammenhang mit der Programmierung von *Interrupts* näher beleuchten (vgl. Abschn. 14.7.8). In diesem Abschnitt reicht es aus, zur Kenntnis zu nehmen, dass verschiedene Register existieren, mit denen die Ausgabewerte von GPIO-Anschlüssen festgelegt werden können.

Tab. 14.10   Belegung des Registers GPIOx_BSRR

GPIOx_BSRR *(Offset: 0x18)*

Bit	31	30	29	28	27	26	25	24
Name	BR15	BR14	BR13	BR12	BR11	BR10	BR9	BR8
Bit	23	22	21	20	19	18	17	16
Name	BR7	BR6	BR5	BR4	BR3	BR2	BR1	BR0
Bit	15	14	13	12	11	10	9	8
Name	BS15	BS14	BS13	BS12	BS11	BS10	BS9	BS8
Bit	7	6	5	4	3	2	1	0
Name	BS7	BS6	BS5	BS4	BS3	BS2	BS1	BS0

Tab. 14.11   Belegung des Registers GPIOx_BRR

GPIOx_BRR *(Offset: 0x28)*

Bit	31–16	15	14	13	12	11	10	9	8
Name	*res*	BR15	BR14	BR13	BR12	BR11	BR10	BR9	BR8
Bit		7	6	5	4	3	2	1	0
Name		BR7	BR6	BR5	BR4	BR3	BR2	BR1	BR0

Zum Einlesen der Werte von GPIO-Eingängen existiert nur ein einzelnes Register. Das Input-Data-Register (IDR) repräsentiert in den niederwertigsten 16 Bit die logischen Werte an den GPIO-Eingängen (vgl. Tab. 14.12). Die oberen 16 Bit sind dagegen ohne Bedeutung und enthalten den Wert 0. Das Register ist nur lesbar. Schreibzugriffe auf dieses Register werden ignoriert.

Neben den bereits erwähnten Registern besitzen die GPIO-Module des STM32 auch ein Lock-Register (GPIOx_LCKR), mit dem die Konfigurationen einzelner GPIO-Anschlüsse gegen unbeabsichtigtes Überschreiben, zum Beispiel durch ein abgestürztes Programm, gesichert werden können.

Die meisten GPIO-Register besitzen nach einem Reset des Mikrocontrollers bereits sinnvolle Werte. In vielen Fällen reicht daher die Verwendung der Register GPIOx_ODR, GPIOx_IDR und GPIOx_MODER aus.

Für praktische Experimente mit den GPIO-Modulen ist zu beachten, dass die Taktversorgung dieser Module nach dem Einschalten oder nach einem Reset des Mikrocontrollers deaktiviert ist. Um sie zu aktivieren, muss das IO-Port-Enable-Register (RCC_IOPENR) im Reset&Clock-Control-Modul (RCC) programmiert werden. Die Bedeutung der einzelnen Bits dieses Registers ist in Tab. 14.13 dargestellt.

Auch dieses Register umfasst 32 Bit. Die Bits 31 bis 6 und das Bit 4 des RCC_IOPENR-Registers sind als reserviert gekennzeichnet und dürfen nicht modifiziert werden. Der dafür erforderliche Zugriff auf einzelne Bits eines Registers wird im nächsten Abschnitt erläutert. Die verbleibenden Bits sind den einzelnen GPIO-Modulen zugeordnet. Sie besitzen nach einem Reset den Wert 0, was einer Deaktivierung der Taktversorgung der GPIO-Module entspricht. Bevor auf die Register eines GPIO-Moduls zugegriffen werden kann, muss daher das entsprechende Taktsignal durch Setzen des zugehörigen Bits im RCC_IOPENR-Register aktiviert werden. Die Register des RCC-Moduls sind ab Adresse 0x40021000 erreichbar. Das RCC_IOPENR-Register besitzt den Adressoffset 0x34 und seine Adresse ist daher 0x40021034.

Tab. 14.12 Belegung des Registers GPIOx_IDR

GPIOx_IDR *(Offset: 0x14)*								
Bit	31–16	15	14	13	12	11	10	9	8
Name	*res*	ID15	ID14	ID13	ID12	ID11	ID10	ID9	ID8
Bit		7	6	5	4	3	2	1	0
Name		ID7	ID6	ID5	ID4	ID3	ID2	ID1	ID0

Tab. 14.13 Belegung des Registers RCC_IPOENR

RCC_IOPENR *(Offset: 0x34)*							
Bit	31–6	5	4	3	2	1	0
Name	*res*	GPIOF EN	*res*	GPIOD EN	GPIOC EN	GPIOB EN	GPIOA EN

14.4 Grundlagen der Programmierung von Peripheriemodulen

In diesem Abschnitt werden Grundlagen der Programmierung von Peripheriemodulen vorgestellt. Als Beispiel dienen die bereits vorgestellten GPIO-Module des STM32G071. Die gezeigten Grundprinzipien können in gleicher Weise auch für die Programmierung von anderen Modulen des Mikrocontrollers verwendet werden.

Peripherie-Zugriff in Assembler Es wurde bereits erläutert, dass sich der Zugriff auf ein Peripheriemodul aus Sicht der CPU nicht von einem Speicherzugriff unterscheidet. Für einen Schreibzugriff kann der Befehl str und für einen Lesezugriff der Befehl ldr verwendet werden. Der nachfolgende Codeausschnitt zeigt den Zugriff auf das ODR-Register des Moduls GPIOA.

```
# Zugriff auf das Register ODR des Moduls GPIOA
# Das Register besitzt die Adresse 0x5000 0014
    ldr  r0,=0x50000014    @ Laden der Adresse in das Register r0
    ldr  r1,=0x1234        @ Laden des zu schreibenden Wertes
    str  r1,[r0]           @ Hier erfolgt der Schreibzugriff
                           @ auf das Peripherieregister
    ldr  r2,[r0]           @ ein Lesezugriff erfolgt mit dem Befehl ldr
```

Peripherie-Zugriff in der Programmiersprache C Auch ein Hochsprachenzugriff auf die Peripheriemodule ist möglich. Für die Zuweisung an eine gewünschte Registeradresse können in C und C++Zeiger verwendet werden. Ein Zeiger ist eine Variable, welche die Adresse eines Wertes und nicht den Wert selbst enthält. Zeigervariablen werden in C/C++durch einen Stern vor dem Zeigernamen definiert. Der Zugriff auf den vom Zeiger referenzierten Wert erfolgt ebenfalls mit einem vorangestellten Stern. Da die Register der STM32-Mikrocontroller 32 Bits enthalten, müssen die durch Zeiger referenzierten Werte ebenfalls 32 Bits umfassen. Dies lässt sich für die STM32-Mikrocontroller zum Beispiel mit einem Zeiger auf einen Wert mit dem Datentyp int realisieren.

Verschiedene Varianten für den Zugriff auf das ODR-Register des GPIOA-Moduls zeigt der folgende Codeausschnitt.

```
// Zugriff auf das Register ODR des Moduls GPIOA in C/C++
volatile int *ptrGPIOA_ODR;        // Definition des Zeigers
ptrGPIOA_ODR = (int*) 0x50000014;  // Setzen des Zeigers
                                   // Anschließend wird das ODR-Register
                                   // durch den Zeiger referenziert
```

```
*ptrGPIOA_ODR = 0x1234;        // Verwenden des Zeigers:
                               // Schreibzugriff auf das ODR-Register


// Es geht auch ohne eine Zeigervariable und in nur einer Zeile
*((int*)50000014) = 0x1234;
```

In dem Codefragment wird ein Zeiger angelegt und mit der gewünschten Adresse initialisiert. Der Zugriff auf das Peripheriemodul erfolgt dann durch die Dereferenzierung des Zeigers im unteren Teil des Beispielcodes. Mithilfe des Schlüsselwortes `volatile` wird der Compiler angewiesen, bei Verwendung des Zeigers keine Optimierung anzuwenden.

Warum dies wichtig ist, kann anhand des nachfolgenden Beispielcodes erläutert werden.

```
*ptrGPIOA_ODR = 0; // Zunächst eine Null schreiben ...
*ptrGPIOA_ODR = 1; // dann eine 1 ...
*ptrGPIOA_ODR = 0; // ... und wieder den Wert 0
```

Aus Sicht des Compilers gibt es nur Speicherstellen. Der Compiler kennt keine Peripherie. Was würde also ein optimierender Compiler mit diesem Codeausschnitt tun?

Der Compiler würde annehmen, dass die ersten beiden Zeilen überflüssig sind, da am Ende in der (vermeintlichen) Speicherstelle, auf die der verwendete Zeiger verweist, der Wert 0 stehen wird. Die ersten beiden Zeilen müssen aus Sicht des Compilers also nicht ausgeführt werden. Daher wird ein optimierender Compiler diese Zeilen ignorieren und so die Rechenzeit des Programms reduzieren. Für einen Datenspeicher wäre dieses Verhalten des Compilers korrekt und auch wünschenswert, da die Ausführungszeit reduziert wird.

Für den Zugriff auf ein Peripheriemodul ist diese Form der Optimierung nicht erwünscht, da die geschriebenen Werte nicht nur gespeichert werden, sondern auch eine Wirkung im Peripheriemodul entfalten. Daher dürfen Zugriffe auf Peripheriemodule vom Compiler nicht verworfen werden. Zur Kennzeichnung von Variablen, die nicht optimiert werden sollen, steht in der Sprache C das Schlüsselwort `volatile` zur Verfügung. Es sollte beim Anlegen von Zeigern, die auf Module des Mikrocontrollers verweisen, stets angewendet werden.

14.4.1 Datentypen

Die klassischen ganzzahligen Datentypen der Programmiersprache C sind `char`, `short`, `int`, `long` und `long long`. Die verwendete Wortbreite ist durch den C-Standard nicht für alle diese Datentypen exakt vorgeschrieben. Der Standard legt lediglich Mindestwortbreiten fest. Für den beliebten Datentyp `int` gilt beispielsweise, dass er eine Wortbreite von mindestens 16 bit besitzt. Wie viele Bits tatsächlich verwendet werden, ist von der Rechnerarchitektur und dem verwendeten Compiler abhängig. Im Fall eines STM32-Mikrocontrollers besitzt ein int-Wert die Wortbreite 32 bit. Anders ist dies zum Beispiel für den 8-Bit-Mikrocontroller AVR. Hier gilt, dass ein int-Wert eine Wortbreite von nur 16 bit besitzt.

In vielen Fällen, insbesondere bei der Programmierung von eingebetteten Systemen, ist die Verwendung von Datentypen sinnvoll, welche eine architektur- und compilerunabhängige Wortbreite verwenden. Dies unterstützt die Portierung von Programmen und macht explizit deutlich, welche Wortbreite für eine Variable erwartet wird.

Daher wurden in C die Datentypen `int8_t`, `int16_t`, `int32_t` und `int64_t` eingeführt. Hierbei handelt es sich um Datentypen für vorzeichenbehaftete ganzzahlige Werte, deren Wortbreite durch die im Datentyp angegebene Zahl definiert ist. Für vorzeichenlose Zahlen existieren die Datentypen `uint8_t`, `uint16_t`, `uint32_t` und `uint64_t`.

Zur Verwendung dieser Datentypen muss in der Regel die Headerdatei `stdint.h` inkludiert werden. Einige Compiler sind bereits so konfiguriert, dass auf das Einbinden dieser Headerdatei auch verzichtet werden kann.

14.4.2 Setzen und Löschen von Bits

Das Programmieren von Mikrocontrollern erfordert den Zugriff auf einzelne Register von Peripheriemodulen. In den vorangegangenen Abschnitten wurde bereits die grundsätzliche Vorgehensweise gezeigt. In den dort gezeigten Beispielen wurden alle Bits des Registers auf einen neuen Wert gesetzt.

Häufig sind in einem Register eines Peripheriemoduls mehrere unterschiedliche Informationen zusammengefasst. In vielen Fällen möchte man daher nur einzelne Bits eines Registers modifizieren.

Nehmen wir an, es soll der Anschluss, welcher dem Bit 5 des ODR-Registers zugeordnet ist, eine 1 ausgeben. Hierzu muss das Bit 5 des ODR-Registers gesetzt werden. Nehmen wir darüber hinaus an, dass die anderen Ausgabewerte unverändert bleiben sollen. Dann darf nur das Bit 5 des Registers modifiziert werden. Dies lässt sich in sowohl in Assembler als auch in C durch eine bitweise ODER-Verknüpfung realisieren.

Der Assembler-Befehl `orrs` stellt die benötigte arithmetische Operation zur Verfügung. Das nachfolgende Codefragment verdeutlicht die Vorgehensweise:

```
# Setzen des Bits 5 im Register ODR des Moduls GPIOA
# (Adresse: 0x50000014)
    ldr  r0,=0x50000014    @ Laden der Adresse in das Register r0
    ldr  r1,=32            @ Im Wert 32 ist Bit 5 auf 1 gesetzt,
```

```
                              @ alle anderen Bits sind 0
     ldr  r2,[r0]            @ Read: Lesen des aktuellen Registerwertes
     orrs r2,r1             @ Modify: Neuen Registerwert berechnen
     str  r2,[r0]            @ Write: Schreiben des modifizierten Wertes
```

Alle Bits des Registers *r1* – mit Ausnahme des Bits 5 – besitzen den Wert Null. Eine ODER-Verknüpfung mit dem Befehl `orrs  r2,r1` verändert diese Bits im Register *r2* nicht. Die ODER-Verknüpfung mit einer 1 im Bit 5 ergibt dagegen ein 1-Bit an der Position 5 des Registers *r2* – unabhängig davon, welchen Wert dieses Bit zuvor hatte.

In den Kommentaren zum Code wird hervorgehoben, dass es sich um einen sogenannten *Read-Modify-Write-Zugriff* handelt. Die Modifikation des Registers erfolgt in den drei Schritten Lesen, Modifizieren, Schreiben. Nehmen Sie diesen Hinweis zunächst als eine Begriffsdefinition zur Kenntnis. In Abschn. 14.7.8 werden wir uns noch einmal dieser Art von Zugriffen widmen.

Im Hinblick auf die Lesbarkeit ist der Code nicht optimal. Der Wert 32 ist als Zweierpotenz bekannt, jedoch ist zum Beispiel bei der Codezeile

```
ldr  r1,=134217728
```

nur sehr schwer erkennbar, dass hier das Bit 27 auf 1 gesetzt wird.

Daher ist die folgende Variante empfehlenswerter und sollte bevorzugt eingesetzt werden:

```
ldr  r1,=(1<<27)
```

Hier wird der bitweise Schiebeoperator verwendet: Die Konstante 1 wird um 27 Stellen nach links verschoben, wobei die unteren 26 Bits mit Nullen aufgefüllt werden. Hier steht die 27 deutlich sichtbar im Code und es ist sofort ersichtlich, welches Bit gesetzt wird.

Die gezeigte Vorgehensweise kann auch für C-Programme genutzt werden. In C oder C++ kann für eine bitweise ODER-Verknüpfung der Operator | verwendet werden. Beachten Sie, dass der einzelne senkrechte Strich eine *bitweise* ODER-Verknüpfung kennzeichnet. Der Operator || mit zwei senkrechten Strichen repräsentiert dagegen eine *logische* ODER-Verknüpfung. Dieser Operator wird häufig für logische Verknüpfungen, zum Beispiel in If-Anweisungen, benötigt. Für das Setzen eines Bits ist die logische ODER-Operation dagegen ungeeignet.

Ein Codefragment, welches das Bit 5 des ODR-Registers des GPIOA-Moduls setzt, könnte also wie folgt aussehen.

```
// Programmiersprache C/C++:
// Setzen des Bits 5 im Register ODR des Moduls GPIOA
volatile uint32_t *ptrGPIOA_ODR;    // Definition des Zeigers
```

```
uint32_t regValue;  // Variable zur Aufnahme des Registerwerts
ptrGPIOA_ODR  = (uint32_t*) 0x50000014;   // Setzen des Zeigers
regValue      = *ptrGPIOA_ODR;         // Read: Lesen des Registerwertes
regValue      = regValue | (1<<5);     // Modify: Neuen Wert berechnen
*ptrGPIOA_ODR = regValue;              // Write: Schreiben des Registers


// Die letzten drei Zeilen kann man auch in einer Zeile zusammenfassen
// Dies ist kompakter, aber dennoch ein Read-Modify-Write-Zugriff
*ptrGPIOA_ODR |= (1<<5);
```

Für das Löschen eines Bits bietet die Cortex-M0+-CPU den Befehl `bics` (Bit Clear) an. Der Code zum Löschen des Bits 5 im ODR-Register des GPIOA ist damit fast identisch zu dem Code, mit dem Bit 5 gesetzt werden kann:

```
# Setzen des Bits 5 im Register ODR des Moduls GPIOA
#   (Adresse: 0x50000014)
    ldr   r0,=0x50000014    @ Laden der Adresse in das Register r0
    ldr   r1,=32            @ Im Wert 32 ist Bit 5 auf 1 gesetzt
    ldr   r2,[r0]           @ Read: Lesen des aktuellen Registerwertes
    bics  r2,r1             @ Modify: Neuen Registerwert berechnen
    str   r2,[r0]           @ Write: Schreiben des modifizierten Wertes
```

Der Befehl `bics` führt die Kombination aus zwei bitweisen Operationen aus. Der Wert des zweiten Registers (im Code das Register *r1*) wird invertiert und mit dem Wert des ersten Registers bitweise UND-verknüpft. Dies entspricht der logischen Funktion *Inhibition* (vgl. Abschn. 4.2).

Im oben dargestellten Beispiel sind nach der Invertierung alle Bits des Registers *r1* – mit Ausnahme des Bits 5 – auf 1 gesetzt. Die nachfolgende UND-Verknüpfung modifiziert diese Bits nicht. Für alle Bits, die nach der Invertierung 0 sind (im Beispiel ist dies nur das Bit 5), führt die UND-Verknüpfung dazu, dass die entsprechenden Bits im ersten Register auf 0 gesetzt werden.

Im Gegensatz zum Arm-Assembler bietet die Programmiersprache C keinen Operator, der eine bitweise Invertierung mit nachfolgender UND-Verknüpfung ausführt. In C müssen diese beiden Grundoperationen explizit formuliert werden. Die bitweise Invertierung wird durch Anwendung des Operators ~ erreicht. Für eine bitweise UND-Verknüpfung wird der Operator & verwendet.

Ein C-Codefragment, mit dem das Bit 5 im ODR-Register gelöscht werden kann, ist nachfolgend dargestellt.

```
// Löschen des Bits 5 im Register ODR des Moduls GPIOA
// Definition und Setzen des Zeigers
volatile uint32_t *ptrGPIOA_ODR = (uint32_t*) 0x50000014;
```

```
// Löschen des Bits 5 mit bitweiser Invertierung und UND-Verknüpfung
*ptrGPIOA_ODR &= ~(1<<5);
```

Die Invertierung eines Bits kann mit einer bitweisen Exklusiv-ODER-Verknüpfung realisiert werden. In Assembler steht hierfür der Befehl `eors` beziehungsweise in der Programmiersprache C der Operator ^ zur Verfügung.

Ein häufiger Fehler, der insbesondere bei ersten Schritten in der Mikrocontroller-programmierung auftritt, ist der Versuch, Bits mit einer ODER-Verknüpfung zu löschen, indem die 1 im Programmcode einfach durch eine 0 ersetzt wird. Die C-Zeile.

```
*ptrGPIOA_ODR |= (0<<5);  // Diese Zeile hat keine Wirkung
```

führt jedoch nicht zum Ziel. Das bitweise Schieben des Wertes 0 um eine beliebige Stellenanzahl ergibt wieder den Wert 0. Mit der oben dargestellten Zeile werden also alle Bits des ODR-Registers mit Nullen ODER-verknüpft. Da eine bitweise ODER-Verknüpfung mit 0 aber keine Wirkung besitzt, wird durch die oben gezeigte Programmzeile der Wert des Registers nicht modifiziert.

14.4.3 Abfragen von Bits

Das Abfragen einzelner Bits eines Peripherieregisters kann ebenfalls mit der bitweisen UND-Verknüpfung erfolgen. Soll zum Beispiel der logische Wert des als Eingang konfigurierten GPIO-Anschlusses PC13 abgefragt werden, kann dies mit dem folgenden Codefragment erfolgen.

```
volatile uint32_t *ptrGPIOC_IDR = (uint32_t*) 0x50000810;
// Beispiel für die Abfrage auf ein gesetztes Bit
if (*ptrGPIOC_IDR & (1<<13)) {
        ...
}
// Beispiel für die Abfrage auf ein gelöschtes Bit
if (!(*ptrGPIOC_IDR & (1<<13))) {
        ...
}
```

Die If-Abfrage führt eine UND-Verknüpfung mit einem Zahlenwert aus, in welchem nur das Bit 13 auf Eins gesetzt ist. Das Ergebnis dieser Verknüpfung liefert also für alle Bits – mit Ausnahme des Bits 13 – den Wert 0.

Für Bit 13 des Ergebnisses hängt das Ergebnis der UND-Verknüpfung vom Wert des Bits 13 des IDR-Registers ab. Besitzt dies den Wert 0, besitzt das Ergebnis der UND-Verknüpfung auch für dieses Bit den Wert 0. Damit wären alle Bits des Ergebnisses Null. Ist der Wert des Bits 13 des IDR-Registers dagegen 1, ist das Ergebnis der UND-Verknüpfung $(1<<13) = 2^{13}$, also ungleich Null.

Die If-Abfrage nutzt aus, dass in der Programmiersprache C der Zahlenwert 0 als *false* interpretiert wird, wogegen alle anderen Zahlenwerte als *true* interpretiert werden. Der If-Zweig wird also nur durchlaufen, wenn die UND-Verknüpfung einen Wert ungleich Null liefert. Dies ist nur dann der Fall, wenn am PC13-Eingang eine logische 1 anliegt.

14.4.4 Beispiel: Eine blinkende LED

Die typische Grundstruktur eines Mikrocontrollerprogramms besteht aus zwei Teilen: Zu Beginn des Programms wird die Initialisierung des Systems ausgeführt. Ist die Initialisierung abgeschlossen, werden die Eingangswerte des Controllers in einer Endlosschleife überprüft und gegebenenfalls neue Ausgangswerte berechnet, die anschließend über Ausgabeeinheiten ausgegeben werden. Dieser Grundstruktur folgen sowohl Assemblerprogramme als auch Hochsprachenprogramme.

In diesem Abschnitt wird ein Assemblerprogramm vorgestellt, welches eine LED blinken lässt. Dies lässt sich mit dem STM32G071-Nucleo-Board realisieren. Auf diesem Board ist am Anschluss PA5 eine LED angeschlossen. Zusätzlich besitzt das Board einen blauen Taster, der mit dem Anschluss PC13 verbunden ist.

Im Folgenden wird die Aufgabe betrachtet, dass die LED des Nucleo-Boards blinken soll, wenn der Taster gedrückt ist (= logische 0 an PC13). Wird der Taster losgelassen, soll die LED ihren aktuellen Zustand beibehalten.

Für die Anschlüsse PA5 und PC13 müssen dazu die Funktionen *GPIO-Ausgang* beziehungsweise *GPIO-Eingang* gewählt werden. Bit 11 und 10 des Registers GPIOA_MODER müssen also auf 0 und 1 gesetzt werden (vgl. Tab. 14.4). Im GPIOC_MODER-Register müssen sowohl Bit 26 als auch Bit 27 auf 0 gesetzt werden. Anschließend kann mit Bit 5 des GPIOA_ODR-Registers der Pegel des Anschlusses PA5 festgelegt werden. Durch Abfrage des Bits 13 des GPIOC_IDR-Registers kann festgestellt werden, ob der Taster gedrückt ist. Zuvor muss noch das Taktsignal für die GPIOs aktiviert werden.

Ein entsprechendes Assembler-Programm für das Nucleo-Board zeigt der nachfolgende Code.

```
# Blinkende LED: Beispiel für GPIO-basierte Ein-/Ausgabe
# Aktivieren des Taktsignals für GPIOA und GPIOC
ldr   r0,=0x40021034
ldr   r1,[r0]
movs  r2,5              @ Bit 0 und 2 setzen
```

```
    orrs r1,r2
    str  r1,[r0]


    ldr  r0,=0x50000000  @ Basisadresse GPIOA nach r0
    ldr  r1,=0x50000800  @ Basisadresse GPIOC nach r1


    # PC13 als GPIO-Eingang konfigurieren
    ldr  r2,[r1]
    ldr  r3,=(3<<26)     @ Bit 26 und 27 von r3 auf 1
    bics r2,r3           @ r3 löscht Bit 26 und 27
    str  r2,[r1]


    # PA5 als GPIO-Ausgang konfigurieren
    ldr  r2,[r0]
    ldr  r3,=(3<<10)     @ Bit 10 und 11 von r3 auf 1
    bics r2,r3           @ r3 löscht Bit 10 und 11
    ldr  r3,=(1<<10)     @ Bit 10 von r3 auf 1
    orrs r2,r3           @ r3 setzt Bit 10
    str  r2,[r0]


    # PA5 in regelmäßigen zeitlichen Abständen invertieren,
    # wenn PC13 logisch 1 ist
    ldr  r3,=(1<<5)
    ldr  r4,=(1<<13)
blink_loop:
    ldr  r2,[r1,0x10]    @ lese GPIOC, Basisadresse + 0x10
    ands r2,r4           @ Bit 13 auswerten
    bne  blink_loop
    ldr  r2,[r0,0x14]    @ lese GPIOA, Basisadresse + 0x14
    eors r2,r3           @ Bit 5 invertieren
    str  r2,[r0,0x14]    @ schreibe GPIOA, Basisadresse + 0x14
    ldr  r5,=2000000     @ Zählerwert für Verzögerung
del_loop:
    subs r5,1
    bne  del_loop        @ r3 auf Null herunterzählen
    b    blink_loop      @ danach: nächste Invertierung von PA5
```

14.4.5 Struct-basierte Programmierung in C

Das Assembler-Programm aus dem vorangegangenen Abschnitt kann auch in der Sprache C formuliert werden. Eine Möglichkeit für den Zugriff auf die verwendeten Peripherie-Register stellt das Anlegen einzelner Zeiger dar. Für die wenigen benötigten Register wäre dies ein akzeptabler Weg.

Für komplexere Programme, die mehr GPIO-Register und auch weitere GPIO-Module verwenden, ist der Aufwand für die Definition der Zeiger deutlich aufwendiger. Eine bessere Variante, die nicht nur für die Programmierung von Arm-Cortex-Mikrocontroller eingesetzt wird, ist die Verwendung von C-Structs.

Ein Struct in der Programmiersprache C kann als eine Zusammenfassung von einzelnen Variablen zu einem gemeinsamen Bündel aufgefasst werden. Ein Beispiel für die Deklaration und die Verwendung eines C-Structs zeigt der nachfolgende Code.

```
struct Punkt_3D {
    uint32_t x;
    uint32_t y;
    uint32_t z;
};
struct Punkt_3D meinPunkt;
meinPunkt.x = 7;
meinPunkt.y = 5;
meinPunkt.z = 42;
```

Sehr beliebt ist es, das Struct mit dem Schlüsselwort `typedef` als neuen Datentypen zu spezifizieren oder auch Zeiger auf Structs zu verwenden:

```
typedef struct {
    uint32_t x;
    uint32_t y;
    uint32_t z;
} Punkt_3D_TypeDef;


Punkt_3D_TypeDef meinPunkt; // Eine Variable des oben dekl. Datentyps
Punkt_3D_TypeDef *ptrPunkt = &meinPunkt; // Ein Zeiger auf "meinPunkt"

// Für den Zugriff auf die Elemente des Structs
// existieren verschiedene Varianten:
meinPunkt.x = 7;   // Variable: Auswahl des Elements mit "."
(*ptrPunkt).y = 5; // Zeiger: Derefenzieren und wieder "." verwenden
ptrPunkt->z = 42; // Für Zeiger übersichtlicher: Element mit "->" wählen
```

Nehmen wir an, der Compiler verwendet für Daten den Speicherbereich ab Adresse 0x20000000. Da es sich bei dem Element x um einen 32-Bit-Wert handelt, würde der Compiler für dieses Element die Adressen 0x20000000 bis 0x20000003 verwenden. Das zweite Element y legt der Compiler direkt danach im Speicher an. Es belegt die Adressen 0x20000004 bis 0x20000007. Das Element z belegt die Adressen 0x20000008 bis 0x2000000B. Der Zeiger `ptrPunkt` verweist auf die erste Adresse des Structs und enthält den Wert 0x20000000.

Für einen zeigerbasierten Zugriff auf die Elemente wird Wert des Zeigers als Basisadresse verwendet. Der Adressoffset jedes Elements ist dem Compiler aus der Deklaration des Structs bekannt. Für das Element z beträgt dieser Offset 0x08. Für einen zeigerbasierten Zugriff auf das Element z berechnet sich die zu verwendende Adresse aus der Summe von Basisadresse (0x20000000) und Adressoffset (0x08).

Nehmen wir an, wir definieren den Zeiger `ptrPunkt` mit der nachfolgenden Zeile.

```
Punkt_3D_TypeDef *ptrPunkt = (Type_3D_Punkt*) 0x20001230;
```

Erfolgt nun mit `ptrPunkt->z` ein Zugriff auf das Struct-Element z, wird nun die Basisadresse 0x20001230 verwendet und auf das Datenwort beginnend bei Adresse 0x20001238 zugegriffen.

Für ein C-Programm, welches keinen direkten Zugriff auf Peripheriemodule durchführt, wird das explizite Setzen eines Zeigers kaum benötigt. Im Fall der hardwarenahen C-Programmierung ist dieses Vorgehen dagegen sehr praktisch.

Für den Zugriff auf ein Peripheriemodul wird ein Struct-Datentyp angelegt, der entsprechend den Adressoffsets der Peripherieregister angelegt wird. Der Zugriff auf dieses Peripheriemodul erfolgt durch einen Struct-Datentyp, welcher mit der Basisadresse des Moduls initialisiert wird.

Für das Beispiel der GPIO-Module eines STM32G0-Mikrocontrollers kann ein Struct-Datentyp wie folgt deklariert werden:

```
typedef struct {
  volatile uint32_t MODER;    // mode register,               0x00
  volatile uint32_t OTYPER;   // output type register,        0x04
  volatile uint32_t OSPEEDR;  // output speed register,       0x08
  volatile uint32_t PUPDR;    // pull-up/-down register,      0x0C
  volatile uint32_t IDR;      // input data register,         0x10
  volatile uint32_t ODR;      // output data register,        0x14
  volatile uint32_t BSRR;     // bit set/reset register,      0x18
  volatile uint32_t LCKR;     // conf. lock register,         0x1C
  volatile uint32_t AFR[2];   // altern. function registers,  0x20-0x24
  volatile uint32_t BRR;      // bit reset register,          0x28
} GPIO_TypeDef;
```

Die Zeiger, welche auf die GPIO-Module verweisen, könnten wie folgt angelegt werden:

```
GPIO_TypeDef *GPIOA = (GPIO_TypeDef*) 0x50000000; // Basisadr. GPIOA
GPIO_TypeDef *GPIOB = (GPIO_TypeDef*) 0x50000400; // Basisadr. GPIOB
GPIO_TypeDef *GPIOC = (GPIO_TypeDef*) 0x50000800; // Basisadr. GPIOC
GPIO_TypeDef *GPIOD = (GPIO_TypeDef*) 0x50000C00; // Basisadr. GPIOD
GPIO_TypeDef *GPIOF = (GPIO_TypeDef*) 0x50001400; // Basisadr. GPIOF
```

Werden die Register auf diese Weise referenziert, wird nur Speicherplatz für die 5 GPIO-Zeiger benötigt. Da diese jeweils eine Adresse mit einer Wortbreite von 4 Bytes enthalten, werden so 20 Bytes des SRAMs belegt. Würde man dagegen für jedes Register der GPIOs einen eigenen Zeiger anlegen, wären 200 Bytes Speicherplatz erforderlich. Die Verwendung von Structs ist also auch im Hinblick auf den Ressourcenbedarf die sinnvollere Alternative.

Auch der Speicher für die Zeiger kann eingespart werden, wenn GPIOA, GPIOB usw. über den C-Präprozessor definiert werden.

```
#define GPIOA ((GPIO_TypeDef *) 0x50000000)
#define GPIOB ((GPIO_TypeDef *) 0x50000400)
#define GPIOC ((GPIO_TypeDef *) 0x50000800)
#define GPIOD ((GPIO_TypeDef *) 0x50000C00)
#define GPIOF ((GPIO_TypeDef *) 0x50001400)
```

Um zum Beispiel das Bit 5 des ODR-Registers auf 1 zu setzen, kann anschließend die folgende Zeile verwendet werden.

```
GPIOA->ODR |= (1<<5);
```

Auf die gleiche Weise kann auch ein Struct für das RCC-Modul (Reset&Clock-Control) angelegt werden. Da wir zunächst nur an dem Register IOPENR (Offset 0x34) interessiert sind, kann dieses Struct unter Vernachlässigung der anderen Register des RCC-Moduls erfolgen:

```
typedef struct {
  volatile uint8_t  unused[0x34]; // 0x34 Bytes "überspringen"
  volatile uint32_t IOPENR;       // IO Port Enable register, 0x34
} RCC_TypeDef;

#define RCC ((RCC_TypeDef*) 0x40021000)  // Basisadresse RCC
```

Unter Verwendung der gezeigten Structs und Zeiger würde das Programm zur Ansteuerung der LED an PA5 zum Beispiel wie folgt aussehen.

```
RCC->IOPENR   |=  (1<<0);     // Takt für GPIOA aktivieren
RCC->IOPENR   |=  (1<<2);     // Takt für GPIOC aktivieren
GPIOA->MODER &=  ~(1<<11);    // PA5 als Ausgang konfigurieren
GPIOA->MODER |=  (1<<10);     // dto.
GPIOC->MODER &=  ~(3<<26);    // PC13 als Ausgang konfigurieren

while(1) {
    if (!(GPIOC->IDR & (1<<13))) {    // PC13 = low ?
```

```
        GPIOA->ODR ^= (1<<5);          // dann PA5 invertieren
        for (volatile uint32_t cnt=0; cnt<1000000; cnt++); // warten
    }
}
```

14.5 C-Programmierung mit der Entwicklungsumgebung STM32CubeIDE

In Kap. 13 wurde bereits auf die Entwicklungsumgebung STM32CubeIDE in Zusammenhang mit der Programmierung in Assembler hingewiesen. In diesem Abschnitt wird die Nutzung dieser IDE für die C-Programmierung thematisiert. Ein besonderer Vorteil der IDE ist die Unterstützung bei Verwendung bauteilspezifischer Funktionen. Hierzu gehören beispielsweise die Initialisierung des Systems und der Zugriff auf Peripheriemodule.

14.5.1 Anlegen von C-Projekten

Das Anlegen eines C-Projektes erfolgt in der STM32CubeIDE über den Menüeintrag *File → New → STM32 Project.* Anschließend erscheint der sogenannte *Target Selector,* mit welchem die Auswahl eines STM32-Mikrocontrollers oder eines Boards erfolgen kann. Die Boardauswahl erfolgt über den Reiter *Board Selector* (Abb. 14.9).

Nachdem der Mikrocontroller oder das Board ausgewählt wurde, erreicht man mit einem Klick auf *Next* eine Dialogbox, in welcher der Name des Projektes und einige Projektoptionen (vgl. Abb. 14.10) gewählt werden können. Neben der

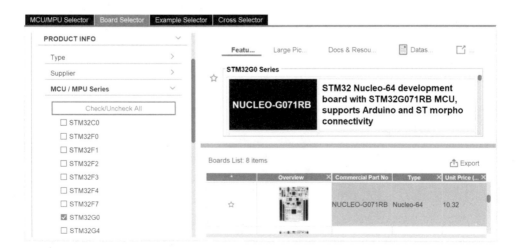

Abb. 14.9 Board Selector mit ausgewähltem Nucleo-G071RB-Board

Abb. 14.10 Optionen beim Anlegen eines STM32-Projektes

Programmiersprache und der Wahl, ob ein ausführbares Programm oder eine Bibliothek erstellt werden soll, ist die Wahl des Projekttyps möglich.

14.5.2 Projekttyp Empty

Wird der Projekttyp *Empty* ausgewählt, wird ein C-Projekt angelegt, welches lediglich einige grundlegende Dateien enthält. STM32-spezifische Bibliotheken stehen in diesen Projekten nicht zur Verfügung. Dieser Projekttyp ist zum Beispiel für Experimente mit der in Abschn. 14.4.5 vorgestellten struct-basierten Programmierung des STM32 gut geeignet. Die von der Entwicklungsumgebung erzeugten Dateien sind in Tab. 14.14 zusammengefasst.

Für praktische Experimente mit einem STM32-Controller ist nur das Verständnis der Datei main.c relevant. Sie enthält die Vorlage für ein C-Programm in Form einer leeren Endlosschleife. Die anderen Dateien werden ebenfalls für ein lauffähiges Programm

Tab. 14.14 Erzeugte Dateien für den Projekttyp *Empty*

Dateiname	Inhalt
Src/main.c	Vorlage für ein C-Programm
Src/syscalls.c	Funktionen, die von der C-Standard-Bibliothek aufgerufen werden und bei Bedarf modifiziert werden können Beispiel: Umlenkung der Ein-/Ausgabe
Src/sysmem.c	Enthält eine Funktion zur dynamischen Speicherverwaltung, die von der C-Standard-Bibliothek aufgerufen wird
Startup/startup_stm32g071rbtx.s	Startup-Code: Assemblercode zur Initialisierung (u. a. Kopieren statischer Variablen aus dem Flashspeicher in das SRAM) Dieser Code wird direkt nach einem Reset ausgeführt und ruft nach der Initialisierung die C-Funktion main() auf
STM32G071RBTX_FLASH.ld	Linker-Script

benötigt. Es ist jedoch nicht unbedingt erforderlich, dass Sie sich diese Dateien im Detail anschauen und ihren Inhalt vollständig nachvollziehen.

Sollen weitere Quell- oder Headerdateien zu einem angelegten Projekt hinzugefügt werden, kann dies über die Menüeinträge *File → New → Source File* und *File → New → Header File* geschehen. Für Quelldateien sollte der Ordner *Src* und für Headerdateien der Ordner *Inc* gewählt werden.

Das Übersetzen eines Programms erfolgt über den Menüeintrag *Project → Build Project* oder das Hammersymbol in der Iconleiste unterhalb des Menüs. Das Debuggen eines Programms auf einem STM32-Mikrocontroller wird in Abschn. 14.5.5 vorgestellt.

14.5.3 Projekttyp STM32Cube

Die Firma STMicroelectronics bietet für die STM32-Mikrocontroller Bibliotheken an, welche die Programmierung vereinfachen. Die Bibliotheken stehen zur Verfügung, wenn der Projekttyp *STM32Cube* gewählt wird.

STMicroelectronics bietet die LL-Bibliothek und die HAL-Bibliothek an. Die Abkürzung *LL* steht für *Low Level* während *HAL* die Abkürzung für *Hardware Abstraction Layer* ist. Die HAL-Bibliothek bietet eine höhere Abstraktion und mehr Funktionalität als die LL-Bibliothek. Andererseits benötigt die HAL-Bibliothek mehr Ressourcen (Speicher und CPU-Rechenleistung) als die LL-Variante.

Nach der Wahl des Projekttyps STM32Cube erscheint das *Device Configuration Tool,* welches auch als *STM32CubeMX* bezeichnet wird. STM32CubeMX ermöglicht unter anderem Einstellungen zur Initialisierung des Mikrocontrollers. In Abb. 14.11 ist ein Screenshot dieses Werkzeugs mit der Default-Konfiguration für das Nucleo-G071-Board abgebildet. Auf der rechten Seite ist die Belegung der Anschlüsse des Mikrocontrollers dargestellt. Die Takteingänge, Debug-Anschlüsse, ein Ausgang für die LED sowie der Eingang für den Taster sind bereits vorkonfiguriert.

Im linken Bereich des Fensters sind alle Module des Controllers in Gruppen zusammengefasst. Diese können bei Bedarf ausgewählt und konfiguriert werden. In der Default-Konfiguration ist zum Beispiel das Modul USART2 aktiviert. Es ist mit den Anschlüsse PA2 und PA3 verbunden. Für das ausgewählte Modul werden im mittleren Bereich die Konfigurationseinstellungen angezeigt, die auch interaktiv modifiziert werden können.

Bei Aktivierung eines Moduls im linken Bereich des Fensters werden automatisch die zugehörigen Anschlüsse des Controllers ausgewählt und ihre neue Funktion in der Grafik der Pinbelegung angezeigt.

Die Konfiguration einzelner Anschlüsse kann auch durch Anklicken in der Pinbelegungsgrafik erfolgen. Dies ist in Abb. 14.11 für den Anschluss PB11 dargestellt. Mit dem Kontextmenü für diesen Pin kann die gewünschte Funktion für diesen Anschluss gewählt werden.

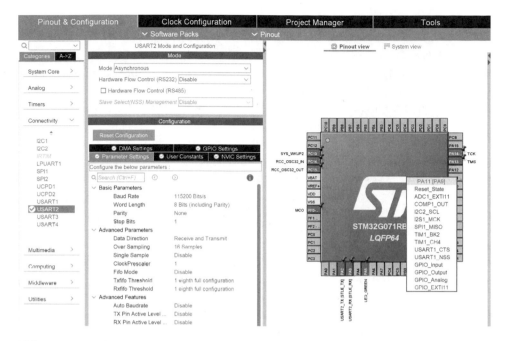

Abb. 14.11   Grafisches Werkzeug zur Konfiguration des Mikrocontrollers

Initial ist für alle Module des Systems die Generierung von Code auf Basis der HAL-Bibliothek ausgewählt. Unter dem Reiter *Project Manager* und nach anschließender Auswahl des Eintrags *Advanced Settings* kann auch die LL-Bibliothek ausgewählt werden. Dies kann für jedes Peripheriemodul unabhängig von anderen Modulen geschehen.

Die Konfiguration des Taktsystems erfolgt unter dem Reiter *Clock Configuration*. Unter diesem Reiter wird das Taktsystem des Controllers schematisch dargestellt. Es besteht aus einer Vielzahl von Multiplexern, welche die Auswahl der Taktquelle (intern oder extern) und die Wahl des Taktsignals für einige Module des Mikrocontrollers ermöglichen. Wenn Sie das Taktsystem etwas genauer verstehen möchten, können Sie mit den Takteinstellungen experimentieren. Das Konfigurations-Werkzeug überprüft dabei, ob die vorgenommenen Einstellungen sinnvoll sind. Ungültige Einstellungen werden entweder nicht übernommen oder durch rot unterlegte Felder angezeigt. Angezeigte Fehler lassen sich in der Regel durch Anklicken des Buttons *Resolve Clock Issues* automatisch auflösen.

Nachdem die Konfiguration abgeschlossen ist, kann die Generierung des Quellcodes zur Initialisierung des Mikrocontrollers durch die Auswahl des Menüeintrags *Project → Generate Code* erfolgen. Bei diesem Vorgang werden dem Projekt auch die zuvor ausgewählten Bibliotheken hinzugefügt.

14.5.4 Wahl des Projekttyps

Der Projekttyp *Empty* ist für erste Schritte in der Mikrocontrollerprogrammierung geeignet. Das Projekt ist übersichtlich und es ist kein Verständnis über die Verwendung von controller-spezifischen Bibliotheken erforderlich. Es ist empfehlenswert mithilfe dieses Projekttyps praktische Erfahrungen zu sammeln und das Verständnis der struct-basierten Programmierung zu vertiefen.

Für komplexere Projekte, die weitere Module des Mikrocontrollers verwenden, wird man vielfach auf den Projekttyp *STM32Cube* zurückgreifen. Die grafische Konfiguration des Mikrocontrollers erleichtert insbesondere die Initialisierung von Peripheriemodulen.

14.5.5 Debuggen von Projekten

Nachdem ein Programm übersetzt worden ist, kann es mit einem *In-Circuit-Debugger* auf den Mikrocontroller geladen und anschließend gestartet werden. Die Firma STMicroelectronics bietet Debugger unter dem Namen *STLink* an. Der Debugger wird über einen USB-Anschluss mit dem Entwicklungs-PC verbunden. Die Verbindung zum Mikrocontroller erfolgt über die Serial-Wire-Debug-Schnittstelle (vgl. Abschn. 14.2.6). Im Fall der Nucleo-Boards steht ein STLink-Debugger bereits auf dem Board zur Verfügung.

Das Debuggen des Programms kann durch Auswahl des Menüeintrags *Run → Debug As → STM32 Cortex-M C/C++Application* gestartet werden. Mit dem Start des Programms wechselt die IDE in die sogenannte *Debug Perspective,* in der im mittleren Bereich der Sourcecode angezeigt wird. Im linken Bereich sind Informationen zum laufenden Programm dargestellt. Der rechte Bereich bietet verschiedenen Reiter, mit denen unter anderem die aktuellen Werte von Peripherieregistern (Reiter *SFRs*), Variablen (Reiter *Variables*) und CPU-Registern (Reiter *Registers*) angezeigt werden. Abb. 14.12 zeigt ein Beispiel für die Darstellung in der Debug Perspective.

Nach dem Start hält das Programm zunächst in der ersten ausführbaren Codezeile der Funktion main() an. Nun können weitere Breakpoints im Programm durch Linksklick auf die linke Leiste im Sourcecode-Editor gesetzt werden. Anschließend kann das Programm durch einen Linksklick auf das Symbol mit grünem Pfeil und gelbem Strich in der Iconleiste fortgesetzt werden.

Hält das Programm nach Erreichen eines Breakpoints oder nach Klick auf das Pause-Icon (zwei senkrechte gelbe Striche) an, kann mit einem Rechtsklick im Editorfenster ein Kontextmenü geöffnet werden. Mithilfe des Eintrags *Add Watch Expression* können Variablen oder auch gültige C-Ausdrücke dem Reiter *Expressions* im rechten Bereich hinzugefügt werden. Die dort angezeigten Werte werden nach Unterbrechungen des Programms aktualisiert.

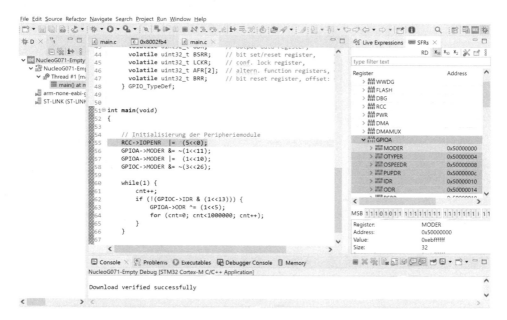

Abb. 14.12 Debug Perspective der Entwicklungsumgebung STM32CubeIDE

14.6   Bibliotheken für die STM32-Programmierung

In Abschn. 14.5.3 wurden die beiden Bibliotheken LL und HAL bereits kurz erwähnt. In diesem Abschnitt werden die Grundlagen dieser Bibliotheken am Beispiel der GPIO-Programmierung detaillierter dargestellt.

Beide Bibliotheken bauen auf einer Bibliothek auf, die gemäß dem CMSIS-Standard der Firma Arm entwickelt wurde. CMSIS ist die Abkürzung für *Common Micro-controller Interface Standard.* CMSIS ist ein herstellerunabhängiger Standard für Cortex-Systeme. Der Standard ist in mehrere Bereiche unterteilt. Im Rahmen dieses Buches wird der mit *CMSIS-Core (Cortex-M)* bezeichnete Bereich betrachtet. Im Folgenden wird dieser auch vereinfachend mit CMSIS abgekürzt.

Nachdem ein Projekt vom Typ STM32Cube angelegt wurde, ist im Project Explorer die in Abb. 14.13 gezeigte Dateistruktur zu erkennen. Der Ordner *Core* enthält den anwendungsspezifischen Code. Dieser ist in den Unterordnern *Inc* für Include-Dateien, *Src* für Quellcode-Dateien und *Startup* für den Code zum Start des Systems abgelegt. Der Ordner *Drivers* enthält die Unterordner *CMSIS* und *STM32G0xx_HAL_Driver,* in welchen der Quellcode der angebotenen Bibliotheken abgelegt ist. Darüber hinaus enthält das Projekt ein Linkerscript (Dateiendung .ld) und eine Konfigurations-datei (Dateiendung .ioc), in welcher die vorgenommen Konfigurationseinstellungen abgelegt sind.

Abb. 14.13 Dateistruktur
eines STM32Cube-Projektes

```
⌄ 💿 My-1st-Nucleo-G071-Project
   › 🗐 Includes
   ⌄ 📁 Core
      ⌄ 📂 Inc
         › 📄 main.h
         › 📄 stm32g0xx_hal_conf.h
         › 📄 stm32g0xx_it.h
      ⌄ 📂 Src
         › 📄 main.c
         › 📄 stm32g0xx_hal_msp.c
         › 📄 stm32g0xx_it.c
         › 📄 syscalls.c
         › 📄 sysmem.c
         › 📄 system_stm32g0xx.c
      ⌄ 📂 Startup
         › 📄 startup_stm32g071rbtx.s
   ⌄ 📁 Drivers
      › 📂 CMSIS
      › 📂 STM32G0xx_HAL_Driver
      📄 My-1st-Nucleo-G071-Project.ioc
      📄 STM32G071RBTX_FLASH.ld
```

Mit der Generierung des Projektes wird auch die Datei main.c erzeugt. Sie enthält bereits den Code zur Initialisierung des Mikrocontrollers. Dieser kann durch
anwendungsspezifischen Quellcode ergänzt werden. Hierbei ist es wichtig den Code
jeweils zwischen den mit USER CODE BEGIN und USER CODE END gekennzeichneten Bereichen einzufügen. Kommentare oder Quelltext außerhalb dieser Bereiche
werden gelöscht, wenn in die Code-Generierung erneut aufgerufen wird.

Mit der Anzahl der konfigurierten Module steigt der Umfang des Codes in der
Datei main.c. Um einen guten Überblick über den eigenen Code zu erhalten, kann es
empfehlenswert sein, den eigenen Code in einer neuen Datei abzulegen. Im Folgenden
wird angenommen, dass diese Datei den Namen app.c besitzt und die Funktion void
app() zur Verfügung stellt. Um diese Funktion nach der Ausführung des generierten
Initialisierungscodes aufzurufen, müssen die nachfolgend fett geschriebenen Code-
zeilen in der Funktion main() eingetragen werden. Die anderen Zeilen dienen der
Orientierung in der generierten Datei main.c.

```
/* Infinite loop */
/* USER CODE BEGIN WHILE */
extern void app();
app();
while(1)
{
/* USER CODE END WHILE */
```

14.6.1 CMSIS

Der CMSIS-Standard spezifiziert Namen und Inhalte verschiedener Quellcode- und Headerdateien. Die Dateien unterstützen die Programmierung durch die Bereitstellung von Funktionen und Datenstrukturen. Die Verwendung des CMSIS-Standards wird durch Einbinden der Header-Datei stm32g0xx.h ermöglicht, welche sich im Projektordner *Drivers/Device/ST/STM32G0xx/Include* befindet. Diese Datei bindet die controller-spezifische Headerdatei stm32g071xx.h ein. In dieser Datei befinden sich für alle Peripheriemodule die benötigten Definitionen für Registerzugriffe. Die Definition der Basisadressen der Module erfolgt nach dem in Abschn. 14.4 vorgestellten Vorgehen. Der folgende Code zeigt einen Auszug für die GPIO-Module.

```
// Beispiel GPIO : Auszug aus der Datei stm32g071.h
typedef struct
{
    __IO uint32_t MODER;          // __IO ist über #define-Direktive
    __IO uint32_t OTYPER;         // in der CPU-spezifischen Datei
    __IO uint32_t OSPEEDR;        // core_cm0plus.h definiert
    __IO uint32_t PUPDR;          // Die Definition lautet:
    __IO uint32_t IDR;            // #define __IO volatile
    __IO uint32_t ODR;
    __IO uint32_t BSRR;           // __IO entspricht also volatile
    __IO uint32_t LCKR;
    __IO uint32_t AFR[2];
    __IO uint32_t BRR;
} GPIO_TypeDef;
...
// Definitionen für die einzelnen GPIO-Module
// GPIOx_BASE wird über weitere verschachtelte #define-Direktiven
// auf die Basisadresse des jeweiligen GPIO-Moduls gesetzt
#define GPIOA  ((GPIO_TypeDef *) GPIOA_BASE)
#define GPIOB  ((GPIO_TypeDef *) GPIOB_BASE)
#define GPIOC  ((GPIO_TypeDef *) GPIOC_BASE)
#define GPIOD  ((GPIO_TypeDef *) GPIOD_BASE)
#define GPIOF  ((GPIO_TypeDef *) GPIOF_BASE)
```

Zusätzlich zu den Register-Structs werden Definitionen für die Bits der einzelnen Register angeboten. Die Namen dieser Definitionen setzten sich aus der Modulbezeichnung, dem Registernamen und der Bezeichnung der Bits zusammen. Für die GPIO-Module beginnen diese Definitionen mit dem Prefix GPIO_. Diesem folgt der Registername, zum Beispiel ODR_. Daran schließt sich die Bit-Bezeichnung (OD0, OD1, OD2 usw.) an. Bei diesen Definitionen handelt es sich um sogenannte *Bitmasken*. Dies bedeutet, dass zum Beispiel die Definition GPIO_ODR_OD5 dem Wert (1<<5) = 32 entspricht.

Benötigt eine Information mehr als ein Bit, sind in der zugehörigen Maskendefinition alle entsprechenden Bits auf 1 gesetzt. Die Definition der Modusbits für den GPIO-Anschluss PA5, GPIO_MODER_MODE5, enthält beispielsweise Einsen an den Bitpositionen 10 und 11 (vgl. Abschn. 14.3.2). Mit den Definitionen GPIO_MODER_MODE5_0 und GPIO_MODER_MODE5_1 stehen auch Masken für die einzelnen Bits zur Verfügung.

Die Position eines Bits beziehungsweise Bitfeldes werden Definitionen mit dem Suffix _Pos angeboten. So entspricht GPIO_ODR_OD5_Pos zum Beispiel dem Wert 5 oder GPIO_MODER_MODE5_Pos dem Wert 10.

Das Beispiel einer blinkenden LED lässt sich unter Verwendung der CMSIS-Dateien wie folgt implementieren:

```
// Realisierung einer blinkenden LED auf Basis der CMSIS-Definitionen

#include "stm32g0xx.h"

// Initialisierung
// (wird nicht benötigt, wenn die die GPIO-Anschlüsse
//   über STM32CubeMX konfiguriert wurden)
RCC->IOPENR   |= RCC_IOPENR_GPIOAEN;
RCC->IOPENR   |= RCC_IOPENR_GPIOCEN;
GPIOA->MODER &= ~GPIO_MODER_MODE5;
GPIOA->MODER |= GPIO_MODER_MODE5_0;
GPIOC->MODER &= ~GPIO_MODER_MODE13;

// Kontinuierlich Taster abfragen und ggf. LED blinken lassen
while(1) {
    if (!(GPIOC->IDR & GPIO_IDR_ID13)) {
        GPIOA->ODR ^= GPIO_ODR_OD5;
        for (volatile int i=0; i<1000000; i++); // Verzögerung
        }
    }
}
```

14.6.2 LL-Bibliothek

Die Low-Layer-Bibliothek (LL) der Firma STMicroelectronics baut auf die CMSIS-Bibliothek auf. Sie bietet eine etwas höhere Abstraktionsebene als die reine CMSIS-Programmierung. Für die Programmierung der Peripheriemodule stehen C-Funktionen zur Verfügung, welche hardwarenahe Bitoperationen ausführen.

Eine Auswahl von Funktionen der LL-Bibliothek für die GPIO-Module wird im Folgenden vorgestellt. Das erste Funktionsargument bezeichnet das verwendete GPIO-Modul. Hierfür werden die CMSIS-Definitionen GPIOA, GPIOB, usw. verwendet.

Das zweite Argument kennzeichnet den GPIO-Pin. Es ist empfehlenswert für dieses Argument die Pin-Definitionen der LL-Bibliothek mit den Namen LL_GPIO_PIN_x (mit $x = 0 \ldots 15$) zu verwenden.

Einige Beispiele von LL-Funktionen für die GPIO-Programmierung werden nachfolgend kurz vorgestellt. Weitere Details zu den Funktionen der LL-Bibliothek sind im User-Manual der LL-Bibliothek zu finden, welches unter dem Titel *"Description of STM32G0 HAL and low-layer drivers"* von der STM-Homepage heruntergeladen werden kann.

LL_GPIO_Init() Mit dieser Funktion kann der Betriebsmodus der Mikrocontroller-anschlüsse festgelegt werden. Das zweite übergebene Argument ist ein Zeiger auf ein C-Struct vom Typ LL_GPIO_InitTypeDef. In diesem Struct sind Felder für die Konfiguration der GPIO-Anschlüsse vorgesehen:

```
typedef struct
{
    uint32_t Pin;           // Bitmaske zur Auswahl der zu
                            // konfigurierenden Anschlüsse
    uint32_t Mode;          // Modus (In, Out, Analog, Alternate)
    uint32_t Speed;         // Treiberleistung
    uint32_t OutputType;    // Ausgangstyp (Push-Pull, Open-Drain)
    uint32_t Pull;          // PU/PD-Widerstände
    uint32_t Alternate;     // Wahl alt. Funktion, wenn Alt.-Modus
} LL_GPIO_InitTypeDef;
```

Es stehen auch weitere Funktionen zur Verfügung, mit denen spezifische Einstellungen vorgenommen werden können. Hierzu zählen zum Beispiel die Funktionen LL_GPIO_SetPinMode(), LL_GPIO_SetPinOutputType(), LL_GPIO_SetPinSpeed(), LL_GPIO_SetPinPull().

Die LL-Bibliothek stellt darüber hinaus auch Funktionen zur Verfügung, welche zur Ausgabe oder Eingabe verwendet werden können. Nachfolgend wird eine Auswahl dieser Funktionen vorgestellt.

LL_GPIO_SetOutputPin() Die über eine Bitmaske ausgewählten GPIO-Ausgänge werden auf 1 gesetzt.

LL_GPIO_ResetOutputPin() Die über eine Bitmaske ausgewählten GPIO-Ausgänge werden auf 0 gesetzt.

LL_GPIO_TogglePin() Die über eine Bitmaske ausgewählten GPIO-Ausgänge werden invertiert.

LL_GPIO_IsInputPinSet() Gibt den Wert eines einzelnen GPIO-Inputs zurück. Als Rückgabewerte werden nur 0 oder 1 verwendet. Ein Beispiel für die Nutzung der LL-Bibliothek zur Realisierung einer tastergesteuerten blinkenden LED zeigt der nachfolgende Programmcode.

```
// Realisierung einer blinkenden LED auf Basis der LL-Bibliothek
// LL-Includedateien
// stm32g0xx_ll_bus.h wird für die Aktivierung der GPIO-Takte benötigt
#include "stm32g0xx_ll_bus.h"
#include "stm32g0xx_ll_gpio.h"
...


// Initialisierung (kann bei Konfiguration mit STM32CubeMX entfallen)
LL_GPIO_InitTypeDef GPIO_InitStruct = {0};

LL_IOP_GRP1_EnableClock(LL_IOP_GRP1_PERIPH_GPIOA|LL_IOP_GRP1_PERIPH_
GPIOC);

// Konfiguration PA5
GPIO_InitStruct.Pin = LL_GPIO_PIN_5;          // Auswahl: Pin 5
GPIO_InitStruct.Mode = LL_GPIO_MODE_OUTPUT; // Ausgang
GPIO_InitStruct.Speed = LL_GPIO_SPEED_LOW;  // Speed: low
GPIO_InitStruct.OutputType = LL_GPIO_OUTPUT_PUSHPULL; // Push-Pull
GPIO_InitStruct.Pull = LL_GPIO_PULL_NO;     // keine PU/PD-Widerstände
LL_GPIO_Init(GPIOA, &GPIO_InitStruct);      // GPIOA konfigurieren

// Konfiguration PC13 (PC13 ist Input, ansonsten identisch zu PA5)
GPIO_InitStruct.Pin = LL_GPIO_PIN_13;       // Auswahl: Pin 13
GPIO_InitStruct.Mode = LL_GPIO_MODE_INPUT;  // Eingang
LL_GPIO_Init(GPIOC, &GPIO_InitStruct);      // GPIOC konfigurieren


// Kontinuierlich Taster abfragen und ggf. LED blinken lassen
while(1) {
    if (!LL_GPIO_IsInputPinSet(GPIOC, LL_GPIO_PIN_13)) {
        LL_GPIO_TogglePin(GPIOA, LL_GPIO_PIN_5);
        for (volatile int i=0; i<1000000; i++);
    }
}
```

14.6.3 HAL-Bibliothek

Neben der LL-Bibliothek stellt STMicroelectronics die Hardware-Abstraction-Layer-Bibliothek (HAL) zur Verfügung. Die HAL-Bibliothek bietet einen höheren Abstraktionsgrad als die LL-Bibliothek.

Dies hat den Vorteil, dass viele typische Funktionen in der HAL-Bibliothek bereits enthalten sind und nicht in eigenem Code aufgenommen werden müssen. So wird der eigene Programmcode im Vergleich zu den vorgenannten Alternativen kürzer, leichter lesbar und kann häufig schneller realisiert werden.

Die höhere Abstraktionsebene der HAL führt jedoch dazu, dass in vielen Fällen mehr Programmspeicher benötigt. Ob dieser Nachteil die Vorteile der höheren Abstraktionsebene überwiegt, muss je nach Anwendungsfall entschieden werden.

Für die GPIO-Programmierung bietet die HAL-Bibliothek wie die LL-Bibliothek ein Struct an, in welchem die Konfigurationsinformationen abgelegt werden. Ebenso wie bei der LL-Bibliothek wird dieses Struct einer Initialisierungsfunktion übergeben.

Das Beispiel einer blinkenden LED kann mit Verwendung der HAL wie folgt realisiert werden.

```
// Realisierung einer blinkenden LED auf Basis der HAL-Bibliothek
// HAL-Includedatei
#include "stm32g0xx_hal.h"
...


// Initialisierung (kann bei Konfiguration durch STM32Cube entfallen)
GPIO_InitTypeDef GPIO_InitStruct = {0};

__HAL_RCC_GPIOA_CLK_ENABLE();
__HAL_RCC_GPIOC_CLK_ENABLE();

// Konfiguration PA5
GPIO_InitStruct.Pin = GPIO_PIN_5;
GPIO_InitStruct.Mode = GPIO_MODE_OUTPUT_PP;
GPIO_InitStruct.Speed = GPIO_SPEED_FREQ_LOW;
GPIO_InitStruct.Pull = GPIO_NOPULL;
HAL_GPIO_Init(GPIOA, &GPIO_InitStruct);


// Konfiguration PC13 (PC13 ist Input, ansonsten identisch zu PA5)
GPIO_InitStruct.Pin = GPIO_PIN_13;
GPIO_InitStruct.Mode = GPIO_MODE_INPUT;
HAL_GPIO_Init(GPIOC, &GPIO_InitStruct);
```

```
// Kontinuierlich Taster abfragen und ggf. LED blinken lassen
while(1) {
    if (!HAL_GPIO_ReadPin(GPIOC, GPIO_PIN_13)) {
        HAL_GPIO_TogglePin(GPIOA, GPIO_PIN_5);
        for (volatile int i=0; i<1000000; i++);
    }
}
```

HAL-Funktionen sind durch den Präfix *HAL_* gekennzeichnet. Bei Definitionen wird im Unterschied zur LL-Bibliothek meist kein Präfix verwendet. Abgesehen hiervon zeigt der HAL-Code hier kaum Unterschiede zur LL-Variante. Dies liegt vor allem an der einfachen Funktion des Programms: Beim Abfragen oder Setzen von GPIO-Anschlüssen bestehen kaum Möglichkeiten zur Abstraktion. Bereits bei der Verwendung von Interrupts, welche in Abschn. 14.7 näher vorgestellt werden, wird die höhere Abstraktion und der Nutzen der HAL-Bibliothek deutlicher.

14.7   Grundlagen der Interruptverarbeitung

Eine wichtige Aufgabe eines Mikrorechnersystems ist es, auf Ereignisse reagieren zu können. Derartige Ereignisse können zum Beispiel Eingaben über ein User-Interface oder die Verfügbarkeit von Daten eines Sensors sein. Ebenso können Peripheriemodule wie Timer oder Kommunikationsschnittstellen Ereignisse auslösen, auf die das laufende Programm möglichst zeitnah reagieren soll.

Es existieren zwei grundlegende Alternativen, um diese Ereignisse zu erkennen. Diese Alternativen werden im Folgenden als *Polling* (dt. abfragen) und als Interruptverarbeitung oder kurz *Interrupt* (dt. Unterbrechung) bezeichnet.

Eine Analogie aus dem täglichen Leben kann helfen, die Grundprinzipien zu verdeutlichen: Sie haben Gäste eingeladen. Sie wissen aber nicht ganz genau, wann Ihre Gäste erscheinen werden.

Eine denkbare Strategie wäre es, auf dem Flur ihrer Wohnung im Kreis zu laufen. Jedes Mal bei Erreichen der Wohnungstür öffnen Sie diese, um nachzuschauen, ob die Gäste schon eingetroffen sind. Um die Wartezeit sinnvoller zu nutzen, könnte auch ein Weg durch die Küche gewählt werden, um zum Beispiel mit jedem Durchlauf eine Getränkeflasche in den Kühlschrank zu stellen.

Diese Vorgehensweise entspricht in etwa dem Prinzip des Pollings: Die Abfrage des Ereignisses („Gäste sind da") wird in einer Programmschleife wiederholt ausgeführt. Zusätzlich zur Abfrage des Ereignisses kann innerhalb der Schleife ein Teil der sonst noch anstehenden Aufgaben abgearbeitet werden.

In der Realität würden die meisten Menschen vermutlich eine andere Strategie wählen, da sie eine Türklingel besitzen: Sie arbeiten zum Beispiel die Aufgabe „Getränke kaltstellen" ab und unterbrechen diese Arbeit, sobald die Klingel läutet. Die

Gäste werden hereingelassen und die unterbrochene Arbeit wird anschließend wieder aufgenommen.

Diese Strategie entspricht der Interruptverarbeitung: Das Ereignis („Gäste sind da") wird durch eine besondere Hardware („Klingel") signalisiert. Solange das Ereignis nicht eintritt, werden andere Aufgaben abgearbeitet.

Obwohl die oben dargestellte Analogie nicht überstrapaziert werden sollte, kann sie einige Konsequenzen der beiden Strategien verdeutlichen:

- Für die interruptbasierte Verarbeitung wird Hardware benötigt, die eine Unterbrechung des Programmablaufs auslösen kann. In der Analogie ist dies die Klingel.
- Die Reaktionszeit hängt bei Polling stark von der Anzahl und Komplexität der Aufgaben ab, die neben der Ereignisabfrage abzuarbeiten sind. In seltenen Einzelfällen könnte Polling zu kürzeren Reaktionszeiten führen. („Die Tür wird zufällig genau in dem Moment geöffnet, in dem die Gäste die Tür erreichen").
- Bei Verwendung von Polling besteht die Gefahr, dass kurzzeitig auftretende Ereignisse verpasst werden („Ihre Gäste gehen wieder, weil Sie gerade zu lange in der Küche beschäftigt sind und nicht rechtzeitig die Tür öffnen.")

Die wesentlichen Nachteile von Polling sind der hohe Verbrauch der CPU-Leistung und die schnell zunehmende Programmkomplexität, wenn mehrere Ereignisse abgefragt werden müssen. Diese Nachteile können durch Verwendung von Interrupts vermieden werden.

Die Idee von Interrupts ist es, das Abfragen von Ereignissen (zum Beispiel den Pegelwechsel eines GPIO-Eingangs) von der Software in die Hardware zu verlagern. Durch die Interrupt-Hardware wird die CPU nach dem Auftreten des Ereignisses aufgefordert, den laufenden Programmteil zu unterbrechen und eine sogenannte *Interrupt-Service-Routine (ISR, Interrupt-Handler)* auszuführen.

Die Ausführung einer Interrupt-Service-Routine kann als Reaktion auf ein eingetretenes Ereignis aufgefasst werden. Nachdem die ISR abgearbeitet ist, wird das (Haupt-)Programm an der Stelle fortgesetzt, an der es unterbrochen wurde. Das Grundprinzip der Interruptverarbeitung wird in Abb. 14.14 verdeutlicht.

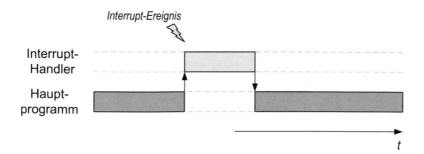

Abb. 14.14 Prinzip der Interruptverarbeitung

Anhand von Abb. 14.14 kann eine wichtige Eigenschaft motiviert werden, die Interrupt-Service-Routinen von "normalen" Unterprogrammen unterscheidet: ISRs besitzen keine Parameter und keine Rückgabewerte.

Warum ist dies so? Nun, wenn eine ISR wie in Abb. 14.14 dargestellt, an einer beliebigen Stelle im Hauptprogramm auftreten kann, ist das Hauptprogramm nicht auf den Aufruf eines anderen Programmteils vorbereitet. Das Hauptprogramm erwartet im Moment des Aufrufs einer ISR keine Rückgabewerte und ist auch nicht für die Übergabe von Parametern vorbereitet. Im Gegenteil: In vielen Fällen bemerkt das Hauptprogramm gar nicht, dass "zwischendurch" der Code einer ISR ausgeführt wurde. Da also kein aufrufender Programmteil existiert, können keine Parameter an eine ISR übergeben werden und Rückgabewerte einer ISR würden von keinem Programmteil ausgewertet werden. Daher ist die Deklaration einer Interrupt-Service-Routine immer wie im folgenden Codebeispiel gezeigt aufgebaut:

```
void NameDerISR(void); // Typische Deklaration einer ISR
```

Die einzige Möglichkeit zum Datenaustausch mit einer ISR sind Speicherstellen, die von der ISR und den anderen Programmteilen (Hauptprogramm oder andere ISRs) gemeinsam verwendet werden. In der Programmiersprache C können hierfür globale Variablen verwendet werden.

14.7.1 Interrupts und Exceptions

Wenn Sie sich näher mit der Interruptverarbeitung auseinandersetzen, wird Ihnen relativ bald der Begriff *Exception* (dt. Ausnahme) begegnen. Dieser Abschnitt soll diesen Begriff einordnen. Hierzu werden zunächst die Begriffe *asynchrones Ereignis* und *synchrones Ereignis* erläutert.

Interrupts haben ihren Ursprung in Ereignissen, welche auf externen Signalen (zum Beispiel eine Flanke an einem GPIO-Eingang) oder auf Zustandsänderungen von Peripheriemodulen innerhalb des Mikrocontrollers (eine Kommunikationsschnittstelle hat zum Beispiel Daten empfangen) basieren. Oben wurde verdeutlicht, dass das Auftreten dieser Ereignisse unabhängig von der Ausführung des Programms ist. Daher werden diese Ereignisse als *asynchrone Ereignisse* bezeichnet.

Daneben existieren *synchrone Ereignisse,* welche sich aus dem Ablauf des Programms ergeben.

In der oben skizzierten Analogie könnte dies zum Beispiel heißen: Während Sie Getränke in den Kühlschrank stellen, fällt Ihnen eine Flasche aus der Hand und zerbricht. Dies ist ein Ereignis, welches sich aus der gerade ausgeführten Tätigkeit ergibt.

Vergleichbare Fälle gibt es auch bei dem Ablauf eines Programms. So könnte das Programm zum Beispiel auf eine Adresse zugreifen, unter der keine Hardwarekomponente erreichbar ist. Da es sich hierbei um einen essenziellen Programmfehler handelt, wird das Programm unterbrochen und der HardFault_Handler aufgerufen.

Das Auftreten synchroner Ereignisse muss nicht immer auf einem Programmfehler basieren. Viele CPUs besitzen spezielle Befehle zur Erzeugung synchroner Ereignisse, welche zum Beispiel für den Aufruf von Betriebssystemfunktionen eingesetzt werden können.

Für den Begriff *Exception* existiert keine allgemein anerkannte Definition. Häufig sind mit dem Begriff die oben beschriebenen synchronen Ereignisse gemeint. In anderen Fällen wird *Exception* auch als Oberbegriff verwendet, welcher auch Interrupts einschließt. Aufgrund dieser Mehrdeutigkeit wird der Begriff in diesem Buch vermieden.

14.7.2 Systick

Die Aufgabe des Systick-Moduls ist es, in regelmäßigen zeitlichen Abständen Interrupts auszulösen. In der zugehörigen ISR kann zum Beispiel eine globale Variable inkrementiert werden. Auf diese Weise steht dem Programm eine Zeitbasis zur Verfügung, welche unter anderem für die Realisierung von Warteschleifen genutzt werden kann. Wird der Mikrocontroller mit einem Betriebssystem betrieben, dient der Systick-Interrupt dem regelmäßigen Aufruf des Betriebssystems.

Die Kernkomponente des Systick-Moduls ist ein programmierbarer Abwärtszähler mit einer Wortbreite von 24 bit. Bei Erreichen des Zählerwertes 0, wird ein Interrupt ausgelöst und der Zählerstand auf einen programmierbaren Wert zurückgesetzt. Anschließend zählt der Systick abwärts bis wieder der Zählerstand 0 erreicht wird und erneut ein Interrupt ausgelöst wird.

Ein Beispiel zu Verwendung des Systick-Moduls wird in Abschn. 14.7.7 vorgestellt.

14.7.3 Nested Vectored Interrupt Controller (NVIC)

Die Hardwarekomponente, die für die Verarbeitung von Interruptanforderungen (engl. *Interrupt Requests, IRQ*) zuständig ist, wird in den meisten Systemen als Interrupt-Controller bezeichnet. Die Aufgabe des Interrupt-Controller ist es, die Anforderungen von Programmunterbrechungen der Peripheriemodule auszuwerten.

Durch die Programmierung des Interrupt-Controllers kann festgelegt werden, welche Interruptanforderungen der Systemkomponenten an die CPU weitergeleitet werden sollen. Einige Interrupt-Controller unterstützen die Vergabe von Prioritäten: Niedrig priorisierte ISRs können die Ausführung einer höherpriorisierten Interrupt-Service-Routine nicht unterbrechen. Der Interrupt-Controller speichert die niedriger priorisierte Unterbrechungsanforderung und leitet sie an die CPU weiter, sobald alle höher priorisierten Unterbrechungen abgearbeitet sind.

In Cortex-M-Systemen kommt der *Nested Vectored Interrupt Controller (NVIC)* zum Einsatz. Der Begriff *Nested* (dt. verschachtelt) beschreibt, dass der NVIC auch verschachtelte Interruptaufrufe unterstützt. Dies tritt auf, wenn ein höherpriorisiertes Ereignis eintritt, während eine niedrig priorisierte ISR abgearbeitet wird.

Mit dem Begriff *Vectored* wird verdeutlicht, dass die Startadressen der Interrupt-Service-Routinen aus Speicherstellen entnommen werden. Diese Speicherstellen sind also Zeiger auf die ISRs. Der Begriff Interrupt-Zeiger wird jedoch nicht verwendet. Stattdessen hat sich die Bezeichnung *Interruptvektoren* durchgesetzt.

Jedes Peripheriemodul, welches einen Interrupt auslösen kann, verfügt über eine Verbindung zum NVIC. Wird der zugehörige Eingang am NVIC aktiviert, entscheidet dieser, ob die Unterbrechungsanforderung an die CPU weitergeleitet wird.

Die Hardwarestruktur für die Interruptverarbeitung ist in Abb. 14.15 dargestellt. CPU und NVIC bilden mit dem Systick und weiteren Modulen das *Cortex-M-Subsystem.*

Als *externe* Ereignisse werden Änderungen an den Anschlüssen des Mikrocontroller aufgefasst. Sie werden durch das in Abb. 14.15 dargestellte EXTI-Modul verarbeitet. Das Modul kann so programmiert werden, dass sowohl steigende als auch fallende Flanken an den Mikrocontrolleranschlüssen Interrupts auslösen.

Weitere Unterbrechungsanforderungen können von den Peripheriemodulen gestellt werden. Da die zugehörigen Ereignisse sich aus Statusänderungen der Peripheriemodule ergeben und höchstens indirekt von Eingangssignalen des Mikrocontrollers abhängen, werden diese auch als *interne* Ereignisse bezeichnet.

Die meisten Unterbrechungsanforderungen können durch die Software aktiviert beziehungsweise deaktiviert werden. In einigen Fällen, in denen ein Fehler die Ursache für eine Programmunterbrechung ist, ist eine Deaktivierung des Interrupts nicht sinnvoll und wird nicht vom System unterstützt. In diesen Fällen spricht man von *nicht-maskierbaren* Interrupts beziehungsweise Exceptions. Im Cortex-M0+sind einige Ereignisse, unter anderem Systemreset, Hard-Fault, Systick-Interrupt und der *Non Maskable Interrupt (NMI)*, nicht über die Programmierung des NVIC maskierbar. Der NMI kann in einem STM32G0-Mikrocontroller ausgelöst werden, wenn Fehler im Speicher- oder Taktsystem detektiert wurden. Details hierzu sind im Reference Manual des STM32G0 zu finden.

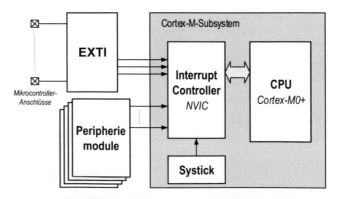

Abb. 14.15 Hardwarestruktur für die Verarbeitung von Interrupts

14.7.4 Interruptvektoren

Bereits in Kap. 13 wurde erwähnt, dass die ersten beiden 32-Bit-Worte ab Adresse 0 für den Initialwert des Stackpointers und der Startadresse des Programms, dem sogenannten Reset-Vektor, verwendet werden. Mit dem Begriff *Vektor* wird verdeutlicht, dass die Speicherstelle nicht den Code selbst, sondern einen *Verweis* auf den auszuführenden Codes enthält.

Das gleiche Prinzip wird für Exception- und Interrupt-Service-Routinen angewendet. Die zugehörigen Vektoren werden nach dem Reset-Vektor abgelegt. Tritt ein Interrupt-Ereignis ein, wird die Adresse des ISR-Codes aus diesen Speicherstellen geholt.

Um zu verstehen, wie Interrupts in einem Programm verwendet werden, ist es wichtig, zunächst zu betrachten, wie die Werte der Interruptvektoren in einem STM32G0-Controller gesetzt werden. Schauen wir uns hierzu einen Ausschnitt aus der in Abschn. 14.5.2 genannten Startup-Datei startup_stm32g071rbtx.s an:

```
g_pfnVectors:
  .word _estack
  .word Reset_Handler
  .word NMI_Handler
  .word HardFault_Handler
  ... /* weitere Vektoren, hier nicht dargestellt    */
  .word SysTick_Handler
  .word WWDG_IRQHandler      /* Window Watchdog           */
  .word PVD_IRQHandler       /* PVD through EXTI Line detect */
  .word RTC_TAMP_IRQHandler  /* RTC through the EXTI line  */
  .word FLASH_IRQHandler     /* FLASH                     */
  .word RCC_IRQHandler       /* RCC                       */
  .word EXTI0_1_IRQHandler   /* EXTI Line 0 and 1         */
  ... /* weitere Vektoren, hier nicht dargestellt */
```

Zu Beginn des Codeausschnitts steht das Label `g_pfnVectors`, welches durch das Linkerscript auf die Adresse 0, also die Startadresse der Vektoren, gesetzt wird. Die nachfolgenden Zeilen legen mit der Assembler-Direktive `.word` den Wert des jeweiligen Vektors fest.

Diese Werte werden über Label festgelegt. Ist beispielsweise in einem Assembler-programm das Label `HardFault_Handler` definiert, wird die zugehörige Adresse an der Position des HardFault-Vektors abgelegt. Für C-Programme werden statt eines Labels die Namen der im Programm verwendeten Funktionen verwendet. Soll beispielsweise ein anwendungsspezifischer HardFault-Handler realisiert werden, kann dies einfach durch die Definition einer entsprechenden Funktion geschehen. Dies ist im nachfolgenden Codefragment dargestellt.

```
void HardFault_Handler(void)
{
...    /* Hier steht der Code, der im Fall eines */
       /* "HardFault-Ereignisses" ausgeführt werden soll */
}
```

Entsprechende Funktionen können für alle anderen Exception- und Interrupt-Service-Routinen realisiert werden. Hierbei muss darauf geachtet werden, dass die Schreibweise der Label bzw. der Funktionsnamen exakt mit den Symbolen der Startup-Datei übereinstimmt. Nur dann werden die Adressen der Funktionen in den Vektoren eingetragen.

Der Code der Startup-Datei ist auch für den Fall vorbereitet, dass ein Exception- oder Interrupt-Handler nicht oder mit einem falschen Namen definiert wird. Hierzu ist in der Startup-Datei für jeden Vektor eine Definition hinterlegt, welche auf einen sogenannten Default-Handler verweist.

Für das Beispiel des HardFault-Handlers ist dies im nachfolgenden Ausschnitt aus der Startup-Datei dargestellt.

```
.weak       HardFault_Handler
.thumb_set HardFault_Handler,Default_Handler
```

In der ersten Zeile wird das Label `HardFault_Handler` als *weak* (dt. schwach) gekennzeichnet. Hiermit wird erreicht, dass der Wert dieses Labels durch andere Programmteile (zum Beispiel eine anwendungsspezifische Funktion) überschrieben werden darf. Die Direktive `.thumb_set` sorgt dafür, dass das Label den Wert des Labels `Default_Handler` erhält.

Das Label `Default_Handler` wird wiederum durch eine Funktion in der Startup-Datei definiert. Der folgende Codeausschnitt zeigt die Implementierung dieser Funktion, die eine einfache Endlosschleife realisiert.

```
Default_Handler:
Infinite_Loop:
  b Infinite_Loop
```

Damit lassen sich folgende Konsequenzen für die Definition von Interrupt-Service-Routinen festhalten:

- Interrupt-Service-Routinen können sowohl als Assemblercode als auch als C-Code definiert werden. Die Namen der Funktionen müssen global sichtbar sein. In Assemblerprogrammen kann hierzu die Direktive `.global` verwendet werden. In C-Programmen ist es ausreichend, die ISR-Funktion *nicht* mit dem Schlüsselwort `static` zu definieren.

- Interrupt-Service-Routinen müssen *exakt* mit dem Namen definiert werden, der in der Startup-Datei verwendet wird.
- Werden Interrupt-Service-Routinen nicht im anwendungsspezifischen Programmteil definiert, wird bei Auftreten des entsprechenden Interrupts der Default-Handler aufgerufen. Das Programm befindet sich anschließend in einer Endlosschleife, die nur bei Auftreten höherpriorisierter Interrupts oder durch einen Systemreset verlassen wird.

In Tab. 14.15 sind die Namen ausgewählter Interrupt-Handler des STM32G071 zusammengefasst. Die Spalte *Interruptquelle* gibt an, welche Peripheriemodule den jeweiligen Interrupt auslösen.

Tab. 14.15 Ausgewählte Interrupt-Handler des STM32G071

Name des Handlers	Interruptquelle
SysTick_Handler	Systick
EXTI0_1_IRQHandler	EXTI
EXTI2_3_IRQHandler	EXTI
EXTI4_15_IRQHandler	EXTI
ADC1_COMP_IRQHandler	ADC, Komparator
TIM1_BRK_UP_TRG_COM_IRQHandler	Timer 1
TIM1_CC_IRQHandler	Timer 1
TIM2_IRQHandler	Timer 2
TIM3_IRQHandler	Timer 3
TIM6_DAC_LPTIM1_IRQHandler	Timer 6, DAC, LP-Timer 1
TIM7_LPTIM2_IRQHandler	Timer 7, LP-Timer 1
TIM14_IRQHandler	Timer 14
TIM15_IRQHandler	Timer 15
TIM16_IRQHandler	Timer 16
TIM17_IRQHandler	Timer 17
I2C1_IRQHandler	I2C 1
I2C2_IRQHandler	I2C 2
SPI1_IRQHandler	SPI 1
SPI2_IRQHandler	SPI 2
USART1_IRQHandler	USART 1
USART2_IRQHandler	USART 2
USART3_4_LPUART1_IRQHandler	USART 3 & 4, LP-UART 1

Einige Interrupt-Handler sind mehreren Peripheriemodulen zugeordnet. Bei Nutzung dieser Interrupts muss in der ISR überprüft werden, welche der möglichen Interruptquellen die Programmunterbrechung ausgelöst hat. Diese Information ist in den Interrupt-Status-registern der jeweiligen Module zu finden.

14.7.5 Interruptfreigabe und Priorisierung

In Mikrorechnersystemen existieren zahlreiche Ereignisse, auf die durch den Aufruf einer ISR reagiert werden könnte. Nicht alle dieser möglichen Ereignisse sind für eine konkrete Anwendung relevant. Daher ist es sinnvoll, dass für diese Ereignisse die Aus-führung einer ISR deaktiviert werden kann.

Die Möglichkeit, über den Programmcode festzulegen, welche Ereignisse zu Unter-brechungen führen, wird als *Interruptfreigabe* bezeichnet. Die Interruptfreigabe erfolgt in der Regel hierarchisch. Dies bedeutet, dass Interrupts in der CPU, im NVIC und in den Peripheriemodulen freigegeben werden müssen.

Interruptfreigabe in der CPU Für die globale Freigabe beziehungsweise das globale Sperren von Interrupts besitzen Cortex-M-CPUs die Assemblerbefehle `cpsie` und `cpsid`. In C-Programmen stehen die CMSIS-Funktionen `__enable_irq()` und `__disable_irq()` zur Verfügung, welche die beiden genannten CPU-Befehle aus-führen. Nach einem Systemreset ist die Interruptverarbeitung in der CPU aktiviert. Es besteht also in vielen Fällen keine Notwendigkeit die oben genannten Befehle zu ver-wenden. Eine Ausnahme stellen besonders kritische Teile eines Programms dar, deren Zeitverhalten nicht durch die Ausführung von Interrupts beeinflusst werden darf. Für diese Programmteile ist es möglich, die Interruptverarbeitung kurzzeitig global in der CPU zu sperren.

Interruptfreigabe im NVIC Nach einem Systemreset sind alle maskierbaren Interrupts im NVIC gesperrt. Um einzelne Interrupts zu aktivieren, muss das zugehörige Bit im *Interrupt Enable Control Register* des NVICs gesetzt werden. In C-Programmen kann hierfür die CMSIS-Funktion `NVIC_EnableIRQ()` verwendet werden. Als Parameter wird dieser Funktion die Nummer des freizugebenden Interrupts übergeben, welche durch einen Aufzählungsdatentyp in CMSIS definiert sind. Die hierbei verwendeten Namen entsprechen den Namen der Interrupt-Handler (vgl. Tab. 14.15), wobei der Suf-fix *Handler* durch *IRQn* zu ersetzen ist. Für das Deaktivieren einzelner Interrupts stellt CMSIS die Funktion `NVIC_DisableIRQ()` zur Verfügung.

Interruptfreigabe in Peripheriemodulen Mit der Freigabe im NVIC werden Inter-rupts für ausgewählte Module des Mikrocontrollers aktiviert. Innerhalb dieser Module treten meist mehrere unterschiedliche Ereignisse auf, für die eine selektive Freigabe wünschenswert ist. Die USART-Module eines STM32G0-Controllers, welche für die

serielle Datenübertragung eingesetzt werden, bieten beispielsweise 23 unterschiedliche Ereignisse, für die unabhängig voneinander die Auslösung von Interrupts aktiviert
werden kann. Diese Ereignisse beziehen sich unter anderem auf den Füllstand von
Empfangs- und Sendespeichern und auf detektierte Fehler beim Datenempfang. Die
Interruptfreigabe der Ereignisse eines Moduls erfolgt durch die Programmierung des
zugehörigen Konfigurationsregisters. Die Peripheriemodule besitzen darüber hinaus
Statusregister. Einzelne Bits dieser Register sind den Interrupt-Ereignissen des Moduls
zugeordnet. Durch das Auslesen des Statusregisters kann innerhalb einer ISR identifiziert
werden, welches der möglichen Ereignisse zur Programmunterbrechung geführt hat.

Erst wenn die globale Interruptfreigabe in der CPU *und* die lokale Freigabe eines
Peripheriemoduls im NVIC *und* mindestens eines Ereignisses innerhalb dieses Moduls
erfolgt ist, werden Interrupts von der CPU bearbeitet.

Interrupt-Prioritäten Allen Exceptions und Interrupts sind Prioritäten zugeordnet, die
mit Ausnahme der Ereignisse Reset, NMI und Hard Fault programmiert werden können.

Für Arm-Cortex-CPUs gilt: *Je niedriger der Prioritätswert, desto höher die Priorität.*

Dem Reset-Ereignis ist die höchste Priorität und damit der kleinste Prioritätswert -3
zugeordnet. Der NMI-Interrupt besitzt den Prioritätswert -2 und dem Hard-Fault ist die Priorität -1 zugeordnet. Diese Werte können nicht verändert werden. Für andere Interrupts können
die Prioritätswerte 0, 1, 2 oder 3 gewählt werden. Die Programmierung der Priorität erfolgt
mit der Funktion NVIC_SetPriority(). Die Funktion erwartet zwei Parameter. Der erste
Parameter ist die Interruptnummer und der zweite Parameter die gewünschte Priorität.

Ein Beispiel zur Verwendung der in diesem Abschnitt genannten Funktionen zeigt das
nachfolgende Codefragment.

```
NVIC_SetPriority(USART1_IRQn, 3);  // niedrigste Priorität
NVIC_SetPriority(TIM14_IRQn,  1);  // zweithöchste Priorität
NVIC_EnableIRQ(USART1_IRQn);  // Freigabe im NVIC
NVIC_EnableIRQ(TIM14_IRQn);   // Freigabe eines weiteren Interrupts
__enable_irq();               // nur erforderlich falls Interrupts
                              // zuvor in der CPU gesperrt wurden
```

14.7.6 Extended Interrupt/Event Controller (EXTI)

Eine Aufgabe des Moduls EXTI ist es, Flanken an den Anschlüssen des Mikrocontrollers
zu detektieren und gegebenenfalls Unterbrechungsanforderungen an den NVIC zu
leiten. Darüber hinaus kann das EXTI-Modul aus unterschiedlichen Systemereignissen
sogenannte *Events* ableiten. Mithilfe von Events kann das Mikrocontrollersystem aus
einem stromsparenden Schlafmodus aufgeweckt werden. In diesem Abschnitt steht die
Generierung von Interrupts mit den Mikrocontrolleranschlüssen im Vordergrund. Auf
die Generierung von Events und weiteren Möglichkeiten zur Nutzung des EXTI-Moduls
wird nicht näher eingegangen.

In Abb. 14.16 ist der Aufbau des EXTI-Moduls dargestellt. Die Anschlüsse des Mikrocontrollers werden entsprechend der zugehörigen GPIO-Bitnummer gruppiert, wobei Anschlüsse mit der gleichen Bitnummer einer gemeinsamen Gruppe zugeordnet werden. Mit Multiplexern kann jeweils ein Signal aus jeder Gruppe als Interruptquelle (IQ) ausgewählt werden. Mithilfe einer programmierbaren Flankendetektion kann ausgewählt werden, ob die fallende Flanke, die steigende Flanke oder beide Flanken der Signale eine Unterbrechungsanforderung auslösen. Eine Übersicht ausgewählter Register des EXTI-Moduls ist in Tab. 14.16 dargestellt.

Die Ansteuerung der Eingangsmultiplexer erfolgt über die Register EXTI_EXTICR1 bis EXTI_EXTICR4, deren Belegung in den Tabellen Tab. 14.17, 14.18, 14.19 und 14.20 dargestellt ist.

Für die Ansteuerung der Multiplexer stehen jeweils 8 Bits zur Verfügung. Von den möglichen $2^8 = 256$ Werten zur Auswahl einer Interruptquelle werden nur 5 genutzt, da jeweils nur eines der 5 vorhandenen GPIO-Module ausgewählt werden kann. Die anderen Werte sind reserviert und dürfen nicht verwendet werden. Die erlaubten Werte und die zugehörige Auswahl des GPIO-Moduls sind in Tab. 14.21 zusammengefasst.

Das folgende Beispiel soll die Programmierung der EXTI-Register verdeutlichen. Nehmen wir an, dass eine fallende Flanke am Anschluss PB3 einen Interrupt auslösen soll. In diesem Fall muss für die Interruptquelle IQ3 das Modul GPIOB ausgewählt werden. Hierfür müssen die Bits 31:24 im Register EXTI_EXTICR1 programmiert

Abb. 14.16 Struktur des EXTI-Moduls

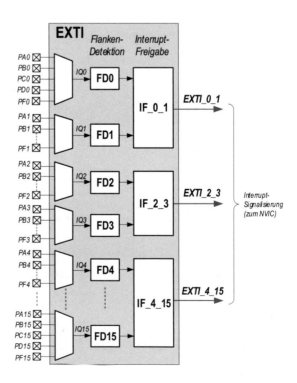

Tab. 14.16 Ausgewählte Register des EXTI-Moduls

Register	Offset	Funktion
EXTI_RTSR1	0x00	Flankendetektor: Aktivieren des Ereignisses "steigende Flanke"
EXTI_FTSR1	0x04	Flankendetektor: Aktivieren des Ereignisses "fallende Flanke"
EXTI_RPR1	0x0C	Status der Flankendetektion: Wurde eine steigende Flanke erkannt?
EXTI_FPR1	0x10	Status der Flankendetektion: Wurde eine fallende Flanke erkannt?
EXTI_EXTICR1	0x60	Multiplexersteuerung für Anschlüsse mit den Bitnummern 0 bis 3
EXTI_EXTICR2	0x64	Multiplexersteuerung für Anschlüsse mit den Bitnummern 4 bis 7
EXTI_EXTICR3	0x68	Multiplexersteuerung für Anschlüsse mit den Bitnummern 8 bis 11
EXTI_EXTICR4	0x6C	Multiplexersteuerung für Anschlüsse mit den Bitnummern 12 bis 15

Tab. 14.17 Belegung des Registers EXTI_EXTICR1

Bit	Bedeutung
31:24	Auswahl der Interruptquelle IQ3
23:16	Auswahl der Interruptquelle IQ2
15:8	Auswahl der Interruptquelle IQ1
7:0	Auswahl der Interruptquelle IQ0

Tab. 14.18 Belegung des Registers EXTI_EXTICR2

Bit	Bedeutung
31:24	Auswahl der Interruptquelle IQ7
23:16	Auswahl der Interruptquelle IQ6
15:8	Auswahl der Interruptquelle IQ5
7:0	Auswahl der Interruptquelle IQ4

Tab. 14.19 Belegung des Registers EXTI_EXTICR3

Bit	Bedeutung
31:24	Auswahl der Interruptquelle IQ11
23:16	Auswahl der Interruptquelle IQ10
15:8	Auswahl der Interruptquelle IQ9
7:0	Auswahl der Interruptquelle IQ8

Tab. 14.20 Belegung des
Registers EXTI_EXTICR4

Bit	Bedeutung
31:24	Auswahl der Interruptquelle IQ15
23:16	Auswahl der Interruptquelle IQ14
15:8	Auswahl der Interruptquelle IQ13
7:0	Auswahl der Interruptquelle IQ12

Tab. 14.21 Erlaubte Werte
zur Auswahl des GPIO-Moduls
in den Bitgruppen der Register
EXTI_EXTICR1 bis EXTI_
EXTICR4

Wert	Ausgewähltes GPIO-Modul
0	GPIOA
1	GPIOB
2	GPIOC
3	GPIOD
5	GPIOF

werden (vgl. Tab. 14.17). Da GPIOB ausgewählt werden soll, ergibt sich aus Tab. 14.21, dass diese Bits auf den Wert 1 zu setzen sind.

Die Auswahl des Ereignisses "fallende Flanke" erfolgt über das Setzen des Bits 3 im Register EXTI_FTSR1.

Gruppierung der EXTI-Interrupts Mit Hilfe des EXTI-Moduls kann jedem der 16 Interruptquellen IQ0 bis IQ15 ein GPIO-Anschluss zugeordnet werden. Es wäre naheliegend, diese Interruptquellen direkt an den NVIC weiterzuleiten. Dies würde jedoch 16 und damit die Hälfte der Interrupteingänge des NVIC belegen. Um die Anzahl der benötigten Interrupteingänge zu reduzieren, werden die EXTI-Interrupts in 3 Gruppen zusammengefasst.

Die Interruptquellen IQ0 und IQ1 bilden eine Gruppe. Die Interruptquellen IQ2 und IQ3 bilden eine zweite Gruppe. In einer dritten Gruppe sind die Interruptquellen IQ4 bis IQ15 zusammengefasst. Dementsprechend existieren die drei Interrupt-Handler `EXTI0_1_IRQHandler`, `EXTI2_3_IRQHandler` und `EXTI4_15_IRQHandler` (vgl. Tab. 14.15).

In dem obigen Beispiel "Interrupt nach einer fallenden Flanke an PB3" würde also die ISR `EXTI2_3_IRQHandler` aufgerufen. Falls auch die Interruptquelle IQ2 aktiviert ist, müsste innerhalb der ISR überprüft werden, ob die fallende Flanke an PB3 die Ursache des Interrupts ist. Hierfür steht das Register EXTI_FPR1 zur Verfügung. Ist das Bit 3 dieses Registers gesetzt, ist eine fallende Flanke am Anschluss PB3 aufgetreten.

14.7.7 Beispiel zur Interruptprogrammierung

Nachdem in den vorangegangenen Abschnitten einige grundlegende Aspekte der Interruptprogrammierung verdeutlicht wurden, soll dieser Abschnitt die Thematik anhand eines Beispiels verdeutlichen und vertiefen. In diesem Beispiel soll wie in den vorangegangenen Beispielen die LED über den Taster des Nucleo-Boards gesteuert werden. Sowohl das Blinken der LED als auch die Abfrage des Tasters soll nun interruptbasiert erfolgen.

14.7.7.1 EXTI-Interrupt

Die interruptbasierte Abfrage des Tasters kann mithilfe des EXTI-Moduls erfolgen. Für die Konfiguration bietet sich die grafische Oberfläche STM32Cube an. Im *Pinout View* wird für den Anschluss PC13 die Funktion *GPIO_EXTI13* ausgewählt. Anschließend wird im linken Bereich des STM32Cube-Fensters das GPIO-Modul und dann der Anschluss PC13 ausgewählt. Über ein Drop-Down-Menü kann dann die Auswahl der interruptsensitiven Flanke erfolgen (Abb. 14.17).

Erfolgt die Konfiguration mit STM32CubeMX, ist es empfehlenswert, die benötigten Interrupts im NVIC auf *enabled* zu setzen (Abb. 14.18). Auf diese Weise wird im Rahmen der Codegenerierung in der Datei `stm32g0xx_it.c` ein Interrupt-Handler angelegt, welcher anwendungsspezifisch erweitert werden kann.

Eine Implementierung des EXTI-Interrupt-Handlers auf Basis der LL-Bibliothek zeigt der nachfolgende Code.

Abb. 14.17 Konfiguration des Anschlusses PC13 für die interruptbasierte Flankendetektion

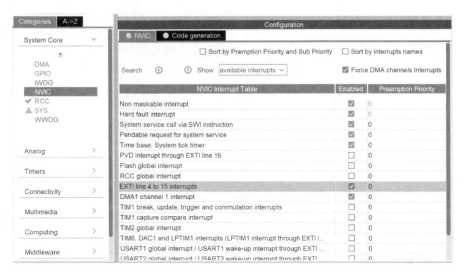

Abb. 14.18   Konfiguration des NVIC in STM32Cube

Es wird zunächst abgefragt, ob die ISR aufgrund einer fallenden Flanke an PC13 aufgerufen wurde. Falls dies der Fall ist, wird der Interrupt durch Löschen des zugehörigen Statusbits im Register EXTI_FPR1 bestätigt. Als Folge wird die Interruptsignalisierung vom EXTI- an das NVIC-Modul zurückgesetzt. Anschließend wird die globale Variable isBlinking invertiert. Sie kann vom Systick-Handler ausgewertet werden.

```
volatile uint8_t isBlinking = 0; // globale Variable, die in der
                                 // nachfolgenden ISR und im
                                 // Systick-Handler sichtbar ist


void EXTI4_15_IRQHandler(void)
{
    if (LL_EXTI_IsActiveFallingFlag_0_31(LL_EXTI_LINE_13) != RESET)
    {
        LL_EXTI_ClearFallingFlag_0_31(LL_EXTI_LINE_13);

        /* USER CODE BEGIN LL_EXTI_LINE_13_FALLING */
        isBlinking = !isBlinking;
        /* USER CODE END LL_EXTI_LINE_13_FALLING */
    }
}
```

Die Variable isBlinking wird unter Verwendung des Schlüsselworts volatile definiert. Dies ist wichtig, da der Compiler keine Interrupt-Service-Routinen kennt und davon ausgeht, dass nur Code ausgeführt wird, der auch explizit im Programm aufgerufen wird. Da es im Programmcode keine expliziten Aufrufe der ISR gibt, geht der Compiler also davon aus, dass die ISR nie aufgerufen und damit die Variable isBlinking auch nicht modifiziert wird. Damit könnte der Compiler die Lesezugriffe auf diese Variable optimieren, da sich (aus Sicht des Compilers) ihr Initialwert 0 nicht ändert. Mit dem Schlüsselwort volatile wird sichergestellt, dass diese Optimierung nicht durchgeführt wird. Das Programm wird dann bei Lese- oder Schreibzugriffen auf diese Variable immer auf den Speicher zugreifen und den aktuellen Wert der Variable verwenden.

Das Bestätigen von Interrupts ist ein wichtiger Aspekt, der bei vielen Interrupt-Service-Routinen benötigt wird. In dem hier gezeigten Beispiel wird durch das Löschen des Interrupt-Status-Bits im Register EXTI_FPR1 signalisiert, dass dieses Ereignis durch das Programm verarbeitet wurde. Damit wird auch die Interruptsignalisierung vom Peripheriemodul zum NVIC deaktiviert.

Würde die Bestätigung fehlen, würde weiterhin eine Interruptanforderung vom Peripheriemodul an den NVIC gestellt. Die Folge wäre, dass die ISR sofort nach ihrer Beendigung erneut aufgerufen würde. Niedriger priorisierte Programmteile würden dann nicht mehr ausgeführt.

Die Bestätigung von Interrupts sollte so früh wie möglich innerhalb der ISR erfolgen. Hierdurch führen Ereignisse, die während der Ausführung der ISR auftreten, zum erneuten Setzen des Statusbits und damit zum erneuten Aufruf der ISR.

14.7.7.2 Systick-Interrupt

Das Blinken der LED kann mithilfe des Systick-Interrupts erfolgen. Wie bereits in Abschn. 14.7.3 erläutert, bietet das Systick-Modul die Möglichkeit, regelmäßig Interrupts auszulösen. Die zeitlichen Abstände der Interrupts können über die Konfiguration des Systick-Moduls festgelegt werden. Hierfür steht die CMSIS-Funktion SysTick_Config() zur Verfügung. Dieser Funktion wird die Anzahl der Systemtaktzyklen übergeben, die zwischen zwei Interrupts vergehen soll.

In der Regel ist es wünschenswert, die Zeit zwischen zwei Systick-Interrupts absolut anzugeben. Hierzu muss die Systemtaktfrequenz bekannt sein. Diese steht in der globalen CMSIS-Variablen SystemCoreClock zur Verfügung. Der Wert dieser Variablen entspricht der Taktfrequenz des CPU-Subsystems in der Einheit Hertz.

Soll beispielsweise alle 100 Millisekunden ein Systick-Interrupt erfolgen, wird die Anzahl der Taktzyklen pro Sekunde durch 10 dividiert. Dieser Quotient wird mit Hilfe der Funktion SysTick_Config im Systick-Modul abgelegt.

```
SysTick_Config((uint64_t)SystemCoreClock*100/1000);
```

In diesem Beispiel wurde der Ausdruck 100/1000 bewusst nicht gekürzt, da so die Zeitangabe in der Einheit Millisekunden klarer erkennbar ist. Durch den Typecast der

Variable `SystemCoreClock` wird sichergestellt, dass der Ausdruck mit 64-Bit-Werten berechnet wird und eventuelle Überläufe von Zwischenergebnissen vermieden werden.

Um die LED des Nucleo-Boards mit einer Frequenz von 1 Hz blinken zu lassen, kann die Systick-ISR wie folgt realisiert werden. Die Variable count100msInts wird mit jedem Systick-Interrupt inkrementiert. Sie kann also als "Uhr" interpretiert und auch in anderen Programmteilen verwendet werden. Um Überläufe dieser Variablen möglichst selten auftreten zu lassen, ist sie mit einer Wortbreite von 32 bit angelegt. Ein Überlauf tritt dann erst nach etwa 429 Mio. Sekunden auf, was einer Zeit von 13,6 Jahren entspricht.

Eine Bestätigung der Ausführung des Interrupt-Handlers ist für das Systick-Modul nicht erforderlich.

```c
// Variable zum Zählen der aufgetretenen Systick-Interrupts
// Auch dies ist wieder eine globale Variable
volatile uint32_t count100msInts=0;


void SysTick_Handler(void)
{
    count100msInts ++; // count100msInts alle 100 ms inkrementieren
    if ((count100msInts % 5) == 0) { // 500 ms vergangen?
        // LED ggf. invertieren
        if (isBlinking) LL_GPIO_TogglePin(GPIOA,LL_GPIO_PIN_5);
    }
}
```

14.7.7.3 Hauptprogramm

Sofern die Initialisierung des Mikrocontrollers durch generierten Code erfolgt, kann das Hauptprogramm sehr einfach gehalten werden. Der nachfolgende Code zeigt den Inhalt der Datei `app.c`. Die Funktion `app()` wird wie in Abschn. 14.6 beschrieben in der Datei `main.c` aufgerufen.

```c
void app() // wird in main() aufgerufen
{
    SysTick_Config(SystemCoreClock/100); // Systick-INT alle 100 ms
    while(1);
}
```

Nach der Ausführung des generierten Codes erfolgt in der Funktion `app()` die Konfiguration des Systick-Moduls. Anschließend wird eine leere Endlosschleife ausgeführt, welche von den beiden zuvor beschriebenen Interrupt-Handlern unterbrochen wird.

Der in diesem Abschnitt gezeigte Code arbeitet nur dann korrekt, wenn der Taster nicht prellt und bei der Betätigung seinen Zustand nur einmal ändert. Im Fall eines prellenden Tasters, welcher bei einer Betätigung für einen kurzen Zeitraum zwischen den Zuständen "geschlossen" und "offen" wechselt, können ungewollte fallende Flanken zu einer Fehlfunktion führen. Eine Möglichkeit zur Lösung dieser Problematik ist die Überprüfung des zeitlichen Abstands zwischen zwei EXTI-Interrupts mithilfe der "Uhr-Variablen" count100msInts. Ist der Abstand kleiner als zum Beispiel 200 ms, wird die Variable isBlinking nicht erneut verändert.

14.7.8 Atomare Datenzugriffe

Interrupt-Service-Routinen können zu nicht vorhersehbaren Zeitpunkten ausgeführt werden und dies kann eine wichtige Bedeutung für Datenzugriffe haben. Man unterscheidet atomare und nicht-atomare Datenzugriffe. Atomar bedeutet im Allgemeinen "unteilbar". Im Zusammenhang mit Interrupts lässt sich der Begriff atomar konkreter mit "nicht durch einen ISR-Aufruf unterbrechbar" beschreiben.

14.7.8.1 Zuweisungen

Warum das Verständnis für atomare Datenzugriffe wichtig ist, kann anhand eines einfachen Beispiels verdeutlicht werden: In einer ISR soll ein Messwert empfangen und im Hinblick auf das Überschreiten eines Schwellwertes überprüft werden. Der Schwellwert wird von einem anderen Programmteil, zum Beispiel dem Hauptprogramm, festgelegt. Für die Variablen des Messwertes und des Schwellwertes werden jeweils 64 Bit benötigt. Ausschnitte aus einem entsprechenden C-Programm zeigt der nachfolgende Code.

```
volatile uint64_t Schwelle;   // globale Variable zur Kommunikation
                              // zwischen Hauptprogramm und ISR


// *** ISR ***
void XYZ_Handler(void) // ISR, die nach Empfang eines Messwertes
{                      // aufgerufen wird ("XYZ" ist ein Platzhalter)
    uint64_t Messwert;
    Messwert = ... // Messwert von einer Schnittstelle lesen
    if (Messwert > Schwelle) {
        ... // Reaktion auf Überschreiten der Schwelle,
            // zum Beispiel die Aktivierung eines Alarms
    }
}


// *** Hauptprogramm ***
void main()
{
    ... // Konfiguration des Systems, Interruptfreigabe
```

```
while(1) {

    ...

    Schwelle = BerechneSchwelle(); // Schwellwert neu berechnen


            // Auf welche Weise die Berechnung durchgeführt wird,
            // wird hier nicht näher betrachtet
    }
}
```

Dieser Programmcode wird in den meisten Fällen wie erwartet arbeiten. In seltenen Fällen arbeitet der Programmcode jedoch nicht korrekt.

Der Grund für das seltene Fehlverhalten ist die Zuweisung an die Variable Schwelle. Der vom Compiler erzeugte Assemblercode für diesen Programmteil sieht wie folgt aus:

```
bl BerechneSchwelle @ Schwelle berechnen, Ergebnis in r0 und r1
ldr   r2, [pc,4]    @ Adresse der Variable Schwelle nach r2
str   r0, [r2,0]    @ Untere 32 Bit des Ergebnisses speichern
                    @ Ausführung der ISR an dieser Stelle ist kritisch
str   r1, [r2,4]    @ Obere 32 Bit des Ergebnisses speichern
```

Da die Variable eine Wortbreite von 64 Bit besitzt, benötigt das Schreiben der Variablen zwei Befehle. Die Zuweisung kann daher durch eine Interruptanforderung unterbrochen werden, sie ist also nicht atomar. Dies kann zu Fehlern führen: Wird der Interrupt-Handler zwischen des ersten und des zweiten Store-Befehls ausgeführt, besitzt die Variable Schwelle in den unteren 32 Bits einen Teil des neu berechneten Schwellwerts, während die oberen 32 Bits noch den zuvor berechneten Schwellwert enthalten. Ein Fehlverhalten kann daher auftreten, wenn sich die oberen 32 Bits des alten und neuen Schwellwertes unterscheiden. Die Wahrscheinlichkeit für das Auftreten eines Fehlers ist daher von der Berechnung des Schwellwertes abhängig. Ist diese Wahrscheinlichkeit gering, wird der Programmfehler während der Entwicklung des Codes möglicherweise nicht entdeckt. Erst im dauerhaften Einsatz könnte ein sporadisches Fehlverhalten auftreten. Die systematische Analyse des Fehlers würde sich dann sehr schwierig gestalten.

Es ist daher wichtig bereits bei der Entwicklung eines Programms der Frage nachzugehen, ob ein Programmteil atomar ausgeführt werden kann und welche Einflüsse eine nicht-atomare Ausführung haben könnte.

Hierbei kommt der Architektur des Prozessors eine wichtige Bedeutung zu: Wäre die Variablen Schwelle mit der Wortbreite 32 Bit definiert, wird die Zuweisung von einem ARM-Cortex-Prozessor in einem Befehl durchgeführt. Die Zuweisung ist damit atomar. Entweder wird die ISR vor der Zuweisung aufgerufen und findet noch den vorigen Schwellwert vor oder die ISR findet den neuen Schwellwert vor, da sie nach der Zuweisung aufgerufen wird.

Wird der Code dagegen auf einem 8-Bit-Mikrocontroller ausgeführt, sind nur 8-Bit-Zuweisungen atomar. Sowohl 16-Bit- als auch 32-Bit-Zuweisungen wären dann nicht atomar, da sie in mehrere aufeinanderfolgende 8-Bit-Zuweisungen aufgespalten werden.

Eine Lösung des hier diskutierten Problems ist das Deaktivieren des problembehafteten Interrupts direkt vor der Zuweisung im Hauptprogramm. Nach der Zuweisung wird der Interrupt wieder aktiviert. Hierbei muss darauf geachtet werden, dass die Dauer der Interrupt-Deaktivierung möglichst kurz gewählt wird. Andernfalls steigt die Gefahr, dass Interruptanforderungen verloren gehen.

Eine mögliche Implementierung dieser Strategie zeigt der nachfolgende Code. Die Verwendung der lokalen Variablen tmp hat das Ziel, die Dauer der Interrupt-Deaktivierung zu minimieren.

```
uint64_t tmp = BerechneSchwelle(); // Schwellwert neu berechnen
NVIC_DisableIRQ(...); //  problembehafteten Interrupt deaktivieren
Schwelle = tmp;
NVIC_EnableIRQ(...);  //  Interrupt wieder aktivieren
```

14.7.8.2 Read-Modify-Write-Zugriffe

Read-Modify-Write-Zugriffe können ebenfalls zu Fehlern führen. Zur Verdeutlichung des hierbei auftretenden Problems betrachten wir ein Beispiel, dass dem Beispiel in Abschn. 14.7.7 ähnelt: Im Systick-Handler soll der Wert des GPIO-Anschlusses PA5 invertiert werden. Daneben wird der Anschluss PA6 vom Hauptprogramm gesteuert. Die zugehörigen Programmfragmente, die auf der CMSIS-Bibliothek basieren, sind im Folgenden dargestellt.

```
// Fehlerhaftes Programm mit Read-Modify-Write-Zugriffen

// *** ISR ***
void SysTick_Handler(void) {
    ...
    if (...) {
        GPIO->ODR ^= (1<<5); // PA5 invertieren
    }
}

// *** Hauptprogramm ***
void main() {
    ... // Konfiguration des Systems, Interruptfreigabe
while(1) {
        ...
```

```
        GPIO->ODR |= (1<<6); // PA6 setzen
    }
}
```

Auf den ersten Blick könnte der Eindruck entstehen, dass dieses Programm fehlerfrei ausgeführt wird, da die ISR einen anderen GPIO-Anschluss als das Hauptprogramm bedient. Dieser Eindruck wäre nicht richtig.

Sowohl das Hauptprogramm als auch die ISR führen einen Read-Modify-Write-Zugriff auf das Register ODR aus. Der vom Compiler generierte Programmcode, welcher der Invertierung von PA6 im Hauptprogramm entspricht, wird im nachfolgenden Codefragment dargestellt.

```
    ldr   r2,=0x50000014    @ Adresse des ODR-Registers nach r2
    ldr   r3,=(1<<6)        @ Bit 6 auf 1, alle anderen Bits sind 0
    ldr   r4,[r2]           @ Read: Lesen des aktuellen ODR-Wertes
                            @ Fehler, wenn hier die ISR aufgerufen wird
    orrs  r4,r3             @ Modify: Neuen ODR-Wert berechnen
                            @ Fehler, wenn hier die ISR aufgerufen wird
    str   r4,[r2]           @ Write: Schreiben des modifizierten Wertes
```

Wird die Interrupt-Service-Routine nach dem Lesen und vor dem Schreiben des Registers aufgerufen, würde der Code nicht wie gewünscht arbeiten: In der ISR wird zunächst PA5 durch einen Schreibzugriff auf das Register ODR invertiert. PA5 hätte also mit Verlassen der ISR den korrekten Wert. Anschließend wird das Hauptprogramm fortgesetzt. Dieses hat vor Aufruf der ISR den alten Wert des ODR-Registers (mit einem noch nicht invertierten Bit 5) gelesen und in r4 gespeichert. Nach der Rückkehr in das Hauptprogramm wird mit diesem alten Wert weitergearbeitet. Am Ende des Programmfragments wird der Wert von r4 – mit dem alten Wert in Bit 5 – in das ODR-Register geschrieben. PA5 würde also kurzzeitig invertiert und nach dem Verlassen der ISR durch das Hauptprogramm wieder auf den alten zurückgesetzt.

Dies Fehlverhalten tritt nur auf, wenn die ISR zwischen den mit *Read* und *Write* gekennzeichneten Zeilen des Programms auftritt. Wie groß die Wahrscheinlichkeit für das Auftreten dieses Fehlers ist, ist von der Häufigkeit der ISR-Aufrufe und der Read-Modify-Write-Zugriff des Hauptprogramms abhängig.

Um die gezeigte Problematik zu vermeiden, kann das BSRR-Register statt des ODR-Registers verwendet werden. Im Gegensatz zum ODR-Register hat das Schreiben eines Null-Bits beim BSRR-Register keine Wirkung. Hierdurch können bei Verwendung des BSRR-Registers einzelne GPIO-Bits durch einen (atomaren) Schreibzugriff modifiziert werden.

```
while(1) {
    ...
    GPIOA->BSRR = (1 << 6); // PA6 setzen, ohne die anderen Bits
                            // im ODR-Register zu modifizieren
}
```

Im Unterschied zu der fehlerhaften Variante wird bei diesem Code ein Schreibzugriff verwendet. Dieser ist atomar. Darüber hinaus modifiziert der Code nur das Bit 6 des ODR-Registers. Diese Variante des Hauptprogramms würde also die oben diskutierte Problematik des Read-Modify-Write-Zugriffs umgehen.

Wenn Sie Registerbeschreibungen in den Reference Manuals von Mikrocontrollern anschauen, werden Sie weitere Register finden, bei denen das Schreiben eines Null-Bits keine Wirkung zeigt. Meistens handelt es sich hierbei um die Interrupt-Status-Register von Peripheriemodulen.

Ein Beispiel für ein solches Register ist das EXTI_FPR1-Register des EXTI-Moduls. Im Reference Manual des STM32G0 steht zu diesem Register die Erläuterung *Each bit is cleared by writing 1 into it*. Durch dieses Verhalten des Registers ist es möglich, durch einen einfachen atomaren Schreibzugriff einzelne Bits zu löschen und so ausgewählte Interrupts zu bestätigen. Ein nicht-atomarer Read-Modify-Write-Zugriff, der bei anderen Registern erforderlich wäre, kann so für die Interrupt-Bestätigung vermieden werden.

14.7.9 Stacking, Unstacking und Tailchaining

Für die meisten CPUs werden die Arbeitsregister in sogenannte *Caller-Saved-* und *Callee-Saved- Register* aufgeteilt.

Caller-saved Register sind Register, die durch Unterprogrammaufrufe modifiziert werden dürfen. Sollte der aufrufende Programmteil (engl. Caller) die Werte nach dem Unterprogrammaufruf benötigen, muss der Caller die Werte durch entsprechenden Code sichern. Im Fall von Hochsprachenprogrammen erzeugt der Compiler den benötigten Programmcode.

Callee-Saved-Register müssen dagegen nach dem Aufruf eines Unterprogramms ihren ursprünglichen Wert besitzen. Hierfür ist der aufgerufene Programmteil (engl. Callee) verantwortlich. Modifiziert der Callee diese Register, muss er sie zuvor auf dem Stack sichern und am Ende des Unterprogramms wiederherstellen. Der entsprechende Code wird vom Compiler in den Unterprogrammen (Callees) eingefügt.

Tab. 14.22 zeigt die Aufteilung der Arbeitsregister einer Cortex-M0+-CPU.

Tab. 14.22 Caller- und Callee-saved Register der CortexM0+-CPU

Caller-saved Register	r0 – r3, r12, lr, pc, Statusregister
Callee-saved Register	r4 – r11

Anders als bei "normalen" Unterprogrammen kann der Compiler bei ISRs nicht kontrollieren, zu welchen Zeitpunkten sie aufgerufen werden. Daher muss sichergestellt werden, dass alle Arbeitsregister nach dem Verlassen einer ISR ihren ursprünglichen Wert besitzen. Da ISRs aus Sicht des Compilers Unterprogramme sind, erzeugt er für die Callee-Saved-Register den entsprechenden Code. Für die Caller-Saved-Register ist dies dagegen nicht der Fall. Für sie müssen im Fall von ISRs zusätzliche Maßnahmen ergriffen werden.

Bei vielen CPUs werden Arbeitsregister, die durch eine ISR modifiziert werden, mit dem Aufruf der ISR durch CPU-Befehle auf dem Stack gesichert werden. Vor der Rückkehr aus der Interrupt-Service-Routine werden die gespeicherten Werte vom Stack geholt und in die Arbeitsregister zurückgeschrieben.

Ein Nachteil dieses Vorgehens ist, dass ISRs beim Übersetzen des Programms anders behandelt werden müssen als "normale" Unterprogramme, da im Fall von ISRs auch die Caller-Saved-Register gesichert werden müssen. Um dies zu erreichen, müssen ISRs besonders gekennzeichnet werden. Dies kann durch compilerspezifische Markierungen (sogenannte Attribute) oder durch Präprozessor-Makros geschehen.

Ein weiterer Nachteil entsteht, wenn mit dem Verlassen einer ISR sofort eine weitere ISR ausgeführt wird, ohne zwischenzeitlich in das Hauptprogramm zurückzukehren. In diesem Fall würde die erste ISR die Register wiederherstellen. Im direkten Anschluss daran würde die zweite ISR die Register wieder sichern. Das Sichern und Wiederherstellen der Register ist jedoch unnötig und erhöht lediglich die Interrupt-Latenz.

Zur Vermeidung dieser Nachteile werden die Caller-Saved-Register in Cortex-CPUs beim Aufruf einer ISR durch die Hardware des Prozessors auf dem Stack gesichert. Dieser Vorgang wird als *Stacking* (Registerwerte sichern) bezeichnet. Das Wiederherstellen der Registerwerte wird *Unstacking* genannt.

Durch diese Strategie wird beim Übersetzen des Programms keine Sonderbehandlung von ISRs benötigt. Aus Sicht des Compilers handelt es sich um "normale" Unterprogramme.

Da das Sichern der Caller-Saved-Register vom Programm in die CPU-Hardware verlagert wird, kann auch der zweite oben genannte Nachteil vermieden werden. Hierzu wird (zur Laufzeit des Programms) am Ende einer ISR überprüft, ob direkt im Anschluss eine weitere ISR ausgeführt werden soll. Ist dies der Fall, wird auf das Unstacking und Stacking verzichtet. Dieses Verhalten reduziert die Interrupt-Latenz. Es wird als *Tailchaining* bezeichnet.

Das Prinzip des Stackings, Unstackings und Tail-Chainings wird in Abb. 14.19 visualisiert.

14.7.10   Ausführungszeiten von Interrupt-Service-Routinen

Eine wichtige Regel für die Erstellung von Interrupt-Service-Routinen ist, dass die Ausführungszeit von ISRs so kurz wie möglich sein sollte.

Die Ausführungszeit von Interrupt-Service-Routinen kann mit einem Oszilloskop abgeschätzt werden. Hierzu wird ein GPIO-Anschluss zu Beginn der ISR auf High

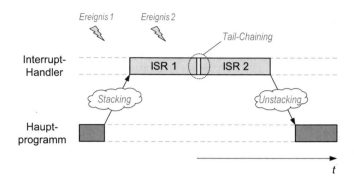

Abb. 14.19   Stacking, Unstacking und Tail-Chaining

und direkt vor dem Verlassen wieder auf Low gesetzt. Für die Darstellung des GPIO-Signals auf dem Oszilloskop wird *Infinite Persistence* gewählt. Mit dieser Einstellung werden alle Messungen überlagert dargestellt. So kann auch erfasst werden, wenn die Ausführungszeit eines ISR aufgrund von Datenabhängigkeiten (zum Beispiel If-Else-Verzweigungen) unterschiedlich lang ist.

Insgesamt muss der Mikrocontroller genügend Rechenleistung besitzen, um alle auftretenden Interrupts bearbeiten zu können. Dabei ist zu beachten, dass die Laufzeit eines Programms von der gewählten Taktfrequenz abhängt. Diese Abhängigkeit ist jedoch nicht unbedingt linear. Bei höheren Taktfrequenzen kann eine ISR mehr Taktzyklen benötigen, wenn beispielsweise beim Zugriff auf den Flashspeicher Wartezyklen eingefügt werden müssen. Daher sollte eine Messung von Ausführungszeiten immer auf die gewählte Systemkonfiguration bezogen werden.

Ist eine möglichst zeitnahe Reaktion auf eines Interruptanforderung gewünscht, sollte die maximal mögliche Ausführungszeit der ISR kleiner als die kürzeste Zeit zwischen zwei Aufrufen sein. Ist es lediglich erforderlich, dass keine Interruptanforderung unbeantwortet bleibt, kann die Anforderung an die Ausführungszeit entspannt werden. In diesem Fall muss sichergestellt werden, dass die mittlere Ausführungszeit einer ISR kürzer als die Interrupt-Periode ist.

Bei diesem Vorgehen bleiben die Zeiten für den Aufruf und das Verlassen der ISR unberücksichtigt. Diese können die Zeit einer zweistelligen Anzahl von Taktperioden betragen. Darüber hinaus sind gegebenenfalls auch die Ausführungszeiten von ISRs mit gleicher oder höherer Priorität zu berücksichtigen.

14.8   Callback-Funktionen

Die HAL-Bibliothek stellt Interrupt-Service-Routinen für alle interruptfähigen Peripheriemodule zur Verfügung. Hierbei handelt es sich um generische ISRs, welche Interrupts bestätigen und zum Teil auch einfache Fehlerbehandlungen durchführen. Um anwendungsspezifischen Code in den vorgegebenen Bibliotheks-ISRs einzubinden, stehen sogenannte *Callback-Funktionen* zur Verfügung.

Um die Funktionsweise von Callback-Funktionen zu verdeutlichen, ziehen wir noch einmal die Analogie aus Abschn. 14.7 heran: Sie haben Gäste eingeladen. Wenn es an der Tür klingelt, könnten das Ihre Gäste sein. Es könnte auch ein Paketdienst sein, der eine Lieferung für Sie abgeben möchte. Oder vielleicht erlauben sich die Nachbarskinder mal wieder einen Klingelstreich.

Ihre Grundreaktion auf das Klingeln ist in allen Fällen dieselbe: Sie unterbrechen Ihre Vorbereitungen in der Küche, gehen zur Wohnungstür, öffnen sie und schauen nach, wer geklingelt hat. Später müssen Sie die Tür wieder schließen. Diese Aufgaben fallen bei jedem Klingeln an.

Die weiteren Schritte sind dagegen situationsabhängig. Haben sich die Nachbarskinder einen Scherz erlaubt, ist nichts Besonderes zu tun. Steht der Paketdienst vor Ihrer Tür, nehmen Sie das Paket an und bestätigen den Empfang durch eine Unterschrift. Haben dagegen Ihre Gäste geklingelt, müssen Sie sie einlassen und vielleicht auch ein Getränk anbieten, bevor Sie sich wieder um die Vorbereitungen kümmern.

Bei der Behandlung von Interrupts ist es ähnlich: Es existieren Aufgaben, die nach dem Auftreten eines Interrupts immer zu erledigen sind. Ein typisches Beispiel hierfür ist das Bestätigen des Interrupts. Zusätzlich kann es weitere Aufgaben geben, die von der realisierten Anwendung abhängen.

Für die allgemeinen Aufgaben, welche unabhängig von der konkreten Anwendung des Mikrocontrollers immer erledigt werden müssen, stellt die HAL-Bibliothek eine vorgegebene Interrupt-Service-Routine zur Verfügung.

Den anwendungsspezifischen Teil der Reaktion auf einen Interrupt kann eine Bibliothek natürlich nicht im Voraus kennen. Diesen Code stellen Sie bei der Erstellung des Programms als eine C-Funktion zur Verfügung, welche von der Bibliotheks-ISR (zusätzlich zum vorgegebenen Code der Bibliothek) aufgerufen wird.

Normale Bibliotheksfunktionen werden aus Ihrem Code aufgerufen, um eine bestimmte Funktion (zum Beispiel das Einschalten einer LED) auszuführen. In Bibliotheks-ISRs ist dies umgekehrt: Die Bibliothek ruft Ihren Code auf. Dies kann man als einen "Rückaufruf" oder "Rückruf" aus der Bibliothek heraus auffassen. Daher werden diese Funktionen als *Callback-Funktionen* (dt. Rückruf-Funktionen) bezeichnet.

14.8.1 Callback-Funktionen am Beispiel des EXTI-Interrupts

Zur weiteren Vertiefung des Grundprinzips der Callback-Funktionen betrachten wir das Beispiel des EXTI-Interrupts aus Abschn. 14.7.7.1. Dort wurde die LL-Bibliothek verwendet und der ISR-Anwendungscode wurde im EXTI-Handler in der Datei `stm32g0xx_it.c` eingefügt. Bei Verwendung der HAL-Bibliothek wird beim Auftreten des Interrupts auch die Funktion `EXTI4_15_IRQHandler` aufgerufen. Bei Verwendung der HAL-Bibliothek besitzt sie die nachfolgend dargestellte Implementierung.

```
void EXTI4_15_IRQHandler(void)
{
  /* USER CODE BEGIN EXTI4_15_IRQn 0 */
  /* USER CODE END EXTI4_15_IRQn 0 */
  HAL_GPIO_EXTI_IRQHandler(GPIO_PIN_13);
  /* USER CODE BEGIN EXTI4_15_IRQn 1 */
  /* USER CODE END EXTI4_15_IRQn 1 */
}
```

Die ISR ruft die HAL-Funktion HAL_GPIO_EXTI_IRQHandler() auf. Diese Funktion ist nachfolgend, um einige Kommentare ergänzt, dargestellt:

```
void HAL_GPIO_EXTI_IRQHandler(uint16_t GPIO_Pin)
{
  /* EXTI line interrupt detected */
  // Ist die Ursache für den Interrupt eine steigende Flanke?
  if (__HAL_GPIO_EXTI_GET_RISING_IT(GPIO_Pin) != 0x00u)
  {
   // Interrupt bestätigen
    __HAL_GPIO_EXTI_CLEAR_RISING_IT(GPIO_Pin);
   // Aufruf der Callback-Funktion
    HAL_GPIO_EXTI_Rising_Callback(GPIO_Pin);
  }

  // Ist die Ursache für den Interrupt eine fallende Flanke?
  if (__HAL_GPIO_EXTI_GET_FALLING_IT(GPIO_Pin) != 0x00u)
  {
   // Interrupt bestätigen
    __HAL_GPIO_EXTI_CLEAR_FALLING_IT(GPIO_Pin);
   // Aufruf der Callback-Funktion
    HAL_GPIO_EXTI_Falling_Callback(GPIO_Pin);
  }
}
```

Die HAL-Funktion HAL_GPIO_EXTI_IRQHandler() überprüft, welches Interrupt-Ereignis für den übergebenen EXTI-Eingang vorliegt und bestätigt den Interrupt. Anschließend wird gegebenenfalls die zugehörige Callback-Funktion aufgerufen.

Für das Beispiel aus Abschn. 14.7.7.1 könnte die Implementierung der Funktion HAL_GPIO_EXTI_FallingCallback so erfolgen:

```
void HAL_GPIO_EXTI_Falling_Callback(uint16_t GPIO_Pin)
{
    // Falls mehrere EXTI-Interrupts aktiviert sind, sollte überprüft
    // werden, welcher GPIO-Anschluss den Interrupt ausgelöst hat.
```

```
  if (GPIO_Pin == GPIO_PIN_13) {
   isBlinking = !isBlinking; // hier der anwendungsspezifische Code
  }
}
```

Zusammenfassend lässt sich festhalten, dass im Fall eines EXTI-Interrupts zunächst die ISR `EXTI4_15_IRQHandler` aufgerufen wird. Diese ruft die HAL-Funktion `HAL_GPIO_EXTI_IRQHandler` auf. Sie bestätigt den Interrupt, indem das entsprechende Interrupt-Statusbit im EXTI-Modul gelöscht wird. Im Anschluss daran wird die Callback-Funktion aufgerufen, welche im anwendungsspezifischen Code definiert ist.

14.8.2 Default-Implementierung von Callback-Funktionen

In der oben beschriebenen Analogie wurden unterschiedliche Reaktionen auf das Klingeln an der Tür formuliert. Bei einem Klingelstreich ist keine Aktion erforderlich. Entsprechend kann die HAL-Bibliothek in solchen Fällen eigenständig auf den Interrupt reagieren, ohne dass anwendungsspezifischer Code aufgerufen werden muss.

Für das Beispiel des EXTI-Moduls könnte diese Situation auftreten, wenn das Modul so konfiguriert wäre, dass die ISR sowohl bei einer steigenden Flanke als auch bei einer fallenden Flanke aufgerufen wird. Das Ereignis "steigende Flanke" ist für die Beispielanwendung irrelevant. In diesem Fall müsste lediglich der Interrupt bestätigt werden. Eine besondere Reaktion durch anwendungsspezifischen Code ist nicht erforderlich. Daher würde die Funktion `HAL_GPIO_EXTI_RisingCallback` auch nicht durch die Anwendung definiert werden.

Obwohl die Callback-Funktion nicht im anwendungsspezifischen Code definiert wäre, steht ihr Aufruf in der HAL-Funktion `HAL_GPIO_EXTI_IRQHandler`. Damit dies nicht zu einem Fehler beim Kompilieren des Programms führt, weil eine Funktion aufgerufen wird, für die keine Definition existiert, stellt die HAL-Bibliothek für jede Callback-Funktion eine leere Default-Implementierung zur Verfügung.

Diese Default-Implementierungen sind für alle Callback-Funktionen identisch aufgebaut. Für das Beispiel der Funktion `HAL_GPIO_EXTI_RisingCallback` sieht die Implementierung wie folgt aus:

```
__weak void HAL_GPIO_EXTI_Rising_Callback(uint16_t GPIO_Pin)
{
  /* Prevent unused argument(s) compilation warning */
  UNUSED(GPIO_Pin);
}
```

Das Präprozessor-Makro UNUSED, welches in der Datei stm32g0xx_hal_def.h definiert ist, erzeugt keinen Code. Es dient lediglich der Vermeidung einer der Compiler-Warnung, dass das Argument GPIO_Pin in der Funktion nicht verwendet wird.

Darüber hinaus fällt auf, dass die Definition der Funktion mit __weak eingeleitet wird. Hierbei handelt es sich um eine Präprozessordefinition, welche dieser Funktion das compilerspezifische Attribut *weak* zuordnet. Diese Funktion ist also als "schwach" (engl. weak) gekennzeichnet. Dies bedeutet, dass diese Funktion im Anwendungscode erneut definiert werden darf und damit diese leere Default-Implementierung überschrieben wird.

14.8.3 Callback-Funktion für den Systick-Interrupt

Für eine komplette HAL-basierende Implementierung des Beispiels aus Abschn. 14.7.7 kann der anwendungsspezifische Teil des Systick-Handlers ebenfalls in einer Callback-Funktion abgelegt werden. Der Aufruf dieser Callback-Funktion muss im Gegensatz zu anderen Callback-Funktionen in der Datei stm32g0xx_it.c eingefügt werden.

Der Grund für diese Sonderhandlung des Systick-Interrupts ist, dass diese Callback-Funktion besonderer Aufmerksamkeit bedarf. Der Systick-Interrupt wird bei Verwendung der HAL-Bibliothek jede Millisekunde einmal aufgerufen. Daher ist es unbedingt erforderlich, dass der gesamte ISR-Code inklusive der Callback-Funktion eine Laufzeit von weniger als 1 ms besitzt. Andernfalls würde nach der Ausführung der Systick-ISR bereits der nächste Systick-Interrupt anstehen. Der Mikrocontroller würde dann wiederholt nur den Systick-Interrupt (und gegebenenfalls weitere höher priorisierte Interrupts) ausführen.

Nachfolgend ist ein Codefragment, welches das Einfügen des Systick-Callback-Aufrufs in der Datei stm32g0xx_it.c verdeutlicht.

```
void SysTick_Handler(void)
{
  /* USER CODE BEGIN SysTick_IRQn 0 */

  /* USER CODE END SysTick_IRQn 0 */
  HAL_IncTick();
  /* USER CODE BEGIN SysTick_IRQn 1 */

  // hinzugefügte HAL-Callback-Funktion
  HAL_SYSTICK_Callback();
                          //
  /* USER CODE END SysTick_IRQn 1 */
}
```

14.9   Übungsaufgaben

Die folgenden Übungsaufgaben greifen einige Themen dieses Kapitels auf. Die Lösungen finden Sie am Ende des Buches.

Aufgabe 14–1 Welche der folgenden Aussagen sind richtig? *(Mehrere Antworten sind richtig)*

a. Mikrocontroller besitzen immer eine CPU.
b. Mikrocontroller besitzen immer interne Speicher.
c. Mikrocontroller besitzen immer Module zur digitalen Ein-/Ausgabe.
d. Mikrocontroller besitzen immer D/A-Umsetzer.

Aufgabe 14–2 Welche der folgenden Aussagen sind richtig? *(Mehrere Antworten sind richtig)*

a. Typische Mikrocontroller enthalten nur Speicher, welche die gespeicherten Werte auch ohne Anliegen der Versorgungsspannung halten können.
b. Der STM32G071 benötigt zum Betrieb außer einer Spannungsversorgung keine weiteren Komponenten.
c. Variablen eines C-Programms werden im Flashspeicher abgelegt.
d. Die Befehle eines Mikrocontrollerprogramms können im Flashspeicher abgelegt werden.

Aufgabe 14–3 Welche der folgenden Aussagen sind richtig? *(Mehrere Antworten sind richtig).*

a. Der Zugriff auf GPIO-Register erfolgt genauso wie der Zugriff auf die Arbeitsregister der CPU.
b. Der STM32G071 verwendet intern 2 Busse.
c. Das SRAM des STM32G071 ist genauso wie die CPU an den leistungsfähigeren AHB angeschlossen.
d. Ein Anschluss des STM32G071 kann mithilfe des Programms mit unterschiedlichen internen Modulen des Mikrocontrollers verbunden werden.

Aufgabe 14–4 Das 32 Bit breite ODR-Register des Moduls GPIOA eines STM32G0-Mikrocontrollers enthält einen unbekannten Wert. Mit welchen der nachfolgenden Code-zeilen eines C/C++-Programms können die **Bits 7 und 6 gelöscht** werden, **ohne** den Wert der anderen Bits des Registers zu verändern?

	C-Code	Code korrekt?	
		Ja	Nein
1	GPIOA->ODR &= ~(7+6);		
2	GPIOA->ODR &= ~(1<<(7+6));		
3	GPIOA->ODR &= ~((1<<7) | (1<<6));		
4	GPIOA->ODR |=~((1<<7) & (1<<6));		
5	GPIOA->ODR |= (0<<7); GPIOA->ODR |= (0<<6);		
6	GPIOA->ODR &= ~(3<<6);		
7	GPIOA->ODR |=~(3<<6);		
8	GPIOA->ODR &=0xFFFFFF3F;		
9	GPIOA->ODR &=(0<<6); GPIOA->ODR &=(0<<7);		
10	GPIOA->ODR &= ~(1<<7); GPIOA->ODR &= ~(1<<6);		

Aufgabe 14–5 Ein Modul eines Mikrocontroller besitzt die in der folgenden Tabelle angegebenen Register. Alle Register besitzen eine Wortbreite von 32 bit. Erstellen Sie einen struct-basierten Datentyp für den Zugriff auf das Modul.

Registername	Adresse
MODER	0x5800 0000
ODR	0x5800 000C
IDR	0x5800 0014
LOCKR	0x5800 0080

Aufgabe 14–6 Welche der folgenden Aussagen ist richtig?

a. Interrupts können innerhalb eines STM32-Mikrocontrollers nur vom Systick-Timer ausgelöst werden.

b. Während der Ausführung einer ISR, läuft parallel dazu auch das Hauptprogramm weiter.

c. Interrupts sollten möglichst immer vom Hauptprogramm und nicht vom Interrupt-Handler bestätigt werden (z. B. durch Löschen des zugehörigen Statusbits im Peripheriemodul).

d. Interruptvektoren repräsentieren die Adresse, an welcher der Programmcode von ISRs beginnt.

Aufgabe 14–7

a. Erläutern Sie die Begriffe *Stacking* und *Unstacking*.
b. Was ist eine *Callback-Funktion*?
c. Warum ist es empfehlenswert, die Ausführungszeit einer ISR so kurz wie möglich zu halten?

Aufgabe 14–8 Der nachfolgende Ausschnitt aus einem C-Programm wird auf einem STM32-Mikrocontroller ausgeführt. Welche der Zuweisungen sind atomar?

```
uint64_t v64, *p64;
uint32_t v32, *p32;
uint8_t v8, *p8;
...
v32  = 42;
p32  = &v32;
*p32 = v32 + v8;
*p64 = &v64;
*p64 = v64 * v8;
v8   = 96;
*p8  = v8;
p8   = &v8;
v64  = v64 + 1;
p64  = (uint64_t*) p8;
*p32 |= (1<<7);
...
```

Aufgabe 14–9 Die Zuweisungen aus der vorangegangenen Aufgabe werden auf einen 8-Bit-Mikrocontroller (mit einem 16-Bit-Adressraum) portiert. Welche der Zuweisungen sind nun atomar?

Aufgabe 14–10. In Abschn. 14.7.7.2 wurde für die Programmierung des Systick-Interrupts ein Typecast empfohlen. Dieser Empfehlung wird in einem Programm nicht gefolgt und es wird die nachfolgende Programmzeile verwendet.

```
SysTick_Config(SystemCoreClock*100/1000);
```

Ab welcher Größe der Systemtaktfrequenz würde diese Zeile nicht mehr korrekt arbeiten?

Hinweis: Die Variable SystemCoreClock ist mit dem Datentypen uint32_t definiert und besitzt damit einen Wertebereich von 0 bis $2^{32}-1$.

Peripherie des STM32

Im vorangegangenen Kapitel wurden grundlegende Aspekte von Mikrocontrollern am Beispiel des STM32G071 der Firma STMicroelectronics diskutiert. In diesem Kapitel werden ausgewählte Peripheriemodule dieses Mikrocontrollers präsentiert.

Zunächst werden in Abschn. 15.1 Registertypen vorgestellt, die in vielen Peripheriemodulen eingesetzt werden. Im Anschluss daran thematisiert Abschn. 15.2 ausgewählte Schnittstellen zur seriellen Datenübertragung, die in fast allen Mikrocontrollern zu finden sind. Dabei werden zunächst die Übertragungsprotokolle vorgestellt und dann die jeweilige Komponente des STM32G071 erläutert. Hierbei wird auch die Belegung wichtiger Register der Module dargestellt. Auf diese Weise wird deutlich, wie die zuvor diskutierten Protokolle umgesetzt werden. Darüber hinaus stellen die Registerbelegungen eine wichtige Grundlage für das praktische Selbststudium dar. Dieses wird auch durch Programmfragmente unterstützt, die Sie als Grundlage für eigene Experimente heranziehen können.

In Abschn. 15.3 folgt die Präsentation des Direct-Memory-Access-Controllers der STM32G0-Serie. Direct Memory Access (DMA) ist eine typische Funktion moderner Mikrocontroller. Sie ermöglicht den hardwarebasierten Transport von Daten innerhalb des Mikrocontrollersystems. Hierdurch wird der Mikroprozessor des Systems entlastet.

Abschn. 15.4 widmet sich den sogenannten Timern. Hierbei handelt es sich um universelle Module, welche unter anderem der Erzeugung von Interrupts oder Ereignissen innerhalb des Mikrocontrollers dienen. Eine häufige Aufgabe von Timern ist auch die Erzeugung von digitalen Ausgangssignalen oder die zeitliche Vermessung von Eingangssignalen. Grundlegende Varianten zur Verwendung von Timern werden in diesem Abschnitt präsentiert.

Mikrocontroller besitzen in der Regel auch analoge Komponenten. Häufig besteht die Möglichkeit, analoge Spannungen mithilfe eines A/D-Umsetzers in digitale Werte zu überführen. Der Mikrocontroller STM32G071 besitzt neben einem A/D-Umsetzer auch zwei D/A-Umsetzer und zwei Analogkomparatoren. Die wesentlichen Funktionen dieser Peripheriemodule werden in Abschn. 15.5 vorgestellt.

15.1 Registertypen

Peripheriemodule werden häufig mit dem Ziel eingesetzt, die CPU zu entlasten, indem einfache oder standardisierte Aufgaben von einer spezialisierten Hardwarekomponente übernommen werden. Die Programmierung dieser Komponenten erfolgt über Register. Es existieren vier Registertypen, die in vielen Modulen zu finden sind. Im Folgenden werden diese Registertypen kurz vorgestellt. Dies soll die Einordnung der Peripherieregister erleichtern, die in den nachfolgenden Abschnitten anhand konkreter Beispiele vorgestellt werden.

Konfigurationsregister Mit Konfigurationsregistern (engl. *Control Register*) wird der Betriebsmodus der Komponente festgelegt. Im Fall von Ein-/Ausgabemodulen wird mit diesen Registern zum Beispiel die verwendete Datenrate ausgewählt. Darüber hinaus dienen sie unter anderem der Auswahl von Parametern des benutzten Übertragungsprotokolls. Konfigurationsregister werden häufig während der Initialisierung eines Peripheriemoduls programmiert.

Datenregister In Datenregistern werden vom Programm die Daten abgelegt, die über eine Ein-/Ausgabe-Schnittstelle ausgegeben werden sollen. Empfangene Daten werden von den Peripheriemodulen ebenfalls in Datenregistern bereitgestellt. Register von Timern, in denen die zeitlichen Eigenschaften von Ausgangs- oder Eingangssignalen abgelegt werden, können ebenfalls als Datenregister aufgefasst werden. Ein- und Ausgabedaten werden in einigen Modulen in gemeinsamen Registern abgelegt. Andere Module nutzen dagegen getrennte Register für Eingabedaten und Ausgabedaten.

Statusregister Der Betriebszustand eines Moduls wird in der Regel in Statusregistern abgelegt. Hierunter fallen beispielsweise Informationen, ob neue Ausgabedaten von der Hardware übernommen werden können, ob neue Eingangsdaten bereitstehen oder auch Fehlermeldungen. Häufig sind die Informationen in den Statusregistern binär, sodass ihnen jeweils ein einzelnes Bit innerhalb des Registers zugeordnet ist. In Analogie zu Flaggen, mit denen ebenfalls Informationen signalisiert werden, werden diese Bits auch als *Flags* bezeichnet (vgl. Abschn. 13.8).

Die Statusbits können mithilfe von Polling ausgewertet werden. Häufig ist es auch möglich, bei Auftreten einer Statusänderung (zum Beispiel Übergang in einen Fehlerzustand) Interrupts auszulösen. Um das interruptfeste Zurücksetzen der Statusbits zu ermöglichen, werden die Statusbits häufig durch das Schreiben eines 1-Bits zurückgesetzt. Das Schreiben von 0-Bits hat bei diesen Registern keine Wirkung (vgl. Abschn. 14.7).

Interruptregister Zur Freigabe von Interrupts verwenden die meisten Module Interruptfreigaberegister, welche auch kurz als Interruptregister bezeichnet werden. Ist die Freigabe durch Setzen eines Bits im Interruptregister erfolgt, wird ein Interrupt bei der zugehörigen Statusänderung ausgelöst und das entsprechende Bit im Statusregister gesetzt. Häufig sind die Bitpositionen der Freigabebits im Interruptregister und der entsprechenden Flags im Statusregister identisch.

15.2 Serielle Datenübertragung

Alle Mikrocontroller stellen Komponenten für serielle Datenübertragungen zur Verfügung. Der prinzipielle Aufbau dieser Komponenten ist in Abb. 15.1 dargestellt.

Die Komponenten besitzen Untermodule für den Empfang und das Versenden von Daten. Für den Empfang und das Senden wird ein Taktsignal verwendet, welches durch einen programmierbaren Taktteiler aus dem Taktsignal des Peripheriemoduls abgeleitet wird.

Empfangene Daten werden in einem Empfangsregister zur Verfügung gestellt und können von dort von dem Mikrocontrollerprogramm ausgelesen werden. Sendedaten werden von der CPU in einem Senderegister abgelegt. Einige Schnittstellen-Komponenten besitzen interne Zwischenspeicher, welche in der Regel als FIFO-Speicher (vgl. Kap. 11) implementiert sind.

Mithilfe von Registern kann die Datenübertragung konfiguriert und der Status des Moduls abgefragt werden. Für eine interruptbasierte Datenübertragung bieten die Module verschiedene Interruptereignisse an. Je nach konkreter Implementierung des Moduls können die Ereignisse zum Beispiel aus dem Füllstand der Zwischenspeicher oder aus erkannten Datenübertragungsfehlern abgeleitet werden.

Abb. 15.1 Prinzipieller Aufbau einer Komponente zur seriellen Datenübertragung

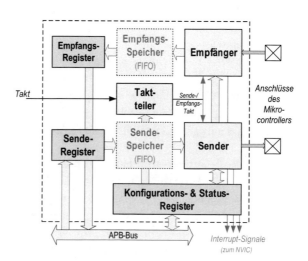

15.2.1 UART/USART

Die Abkürzung *UART* steht für *Universal Asynchronous Receiver/Transmitter*. Es handelt sich also um einen universell einsetzbaren Sender und Empfänger für asynchrone Datenübertragungen. Der Begriff „asynchron" bedeutet, dass bei dieser Datenübertragung kein Taktsignal zwischen Sender und Empfänger ausgetauscht wird. Der Empfänger muss allein aus der Kenntnis des Datensignals die übertragenen Datenbits extrahieren. Eine Erweiterung des UARTs stellt der USART dar. Der zusätzliche Buchstabe „S" bedeutet, dass diese Komponente auch eine synchrone Datenübertragung unterstützen kann. In diesem Fall wird vom Sender ein Taktsignal erzeugt, welches zusammen mit dem Datensignal übertragen wird und so die Synchronisierung zwischen Sender und Empfänger erleichtert.

Bereits um 1960 wurde ein Protokoll zur asynchronen seriellen Datenübertragung zwischen Rechnern entwickelt und standardisiert. Die bekannteste Implementierung dieser Anwendung stellt die serielle Schnittstelle eines PCs dar, die häufig auch als *RS232-Schnittstelle* oder *COM-Port* bezeichnet wird. Diese Schnittstelle diente viele Jahre als Kommunikationsschnittstelle zwischen Rechnern oder zwischen Rechner und Modem zur Datenfernübertragung. Heute sind Rechner über Ethernet oder WLAN vernetzt und die serielle Schnittstelle hat ihre Bedeutung für die Datenfernübertragung verloren.

Eine große Bedeutung besitzt die serielle Schnittstelle im Bereich der Mikrorechnersysteme. Mit dem UART eines Mikrocontrollers kann zum Beispiel eine Verbindung zu einem PC aufgebaut werden. Hierzu werden Adapter genutzt, die über einen USB-Anschluss mit einem PC verbunden sind. Die meisten dieser Adapter stellen die Signale der Schnittstelle mit 3,3-V-Pegeln in positiver Logik zur Verfügung. Ein Mikrocontroller kann daher direkt mit den Ein- und Ausgängen des USB-Adapters verbunden werden. Bei PCs, die COM-Ports mit Sub-D-Steckverbindern zur Verfügung stellen, ist dies nicht der Fall. Die Anschlüsse verwenden negative Logik mit Pegeln im Bereich von -15 V bis + 15 V. Eine direkte Verbindung mit einem Mikrocontroller ist mit diesen Schnittstellen nicht möglich.

Für eine UART-Verbindung werden in der Regel die Anschlüsse TXD (Sendedaten, engl. Transmit Data), RXD (Empfangsdaten, engl. Receive Data) und GND (Masse) verwendet. Der TXD-Anschluss wird mit dem RXD-Anschluss der Gegenstelle verbunden. Dies ist in Abb. 15.2 dargestellt. Optional können die Steuerleitungen RTS (engl. Request To Send) und CTS (engl. Clear To Send) verwendet werden.

15.2.1.1 Voll-Duplex- und Halb-Duplex-Übertragung

In Abb. 15.2 werden zwei Leitungen für die Übertragung verwendet. So können Daten gleichzeitig gesendet und empfangen werden. Diese Übertragungsart wird auch als *Voll-Duplex* bezeichnet. Daneben unterstützen einige Mikrocontroller auch die Übertragungsart *Halb-Duplex*. In diesem Fall wird nur eine Leitung für die Übertragung in beide Richtungen verwendet. Im Halb-Duplex-Betrieb muss sichergestellt sein, dass

Abb. 15.2 UART-Verbindung
eines Mikrocontrollers mit
einem USB-Adapter

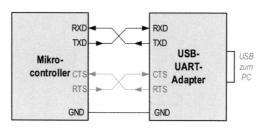

RTS/CTS: optionales HW-Handshake

jeweils nur ein Sender die gemeinsam genutzte Datenleitung treibt. Alle anderen an diese Leitung angeschlossenen Komponenten müssen die Anschlüsse in einen hochohmigen Zustand schalten.

15.2.1.2 Datenübertragung mit dem UART-Protokoll

Bei Verwendung einer asynchronen Übertragung erhält der Empfänger nur das Datensignal. Der Ruhezustand dieses Signals ist 1. Mit dem Beginn einer Datenübertragung wird ein *Startbit* mit dem Wert 0 gesendet. Anschließend erfolgt die Übertragung der Datenbits, wobei zuerst das niederwertigste Bit *(Least Significant Bit, LSB)* übertragen wird. Diese Art der Datenanordnung wird als *LSB-first* bezeichnet. Nach den Datenbits werden ein bis zwei Stoppbits übertragen, welche den Wert 1 besitzen.

Da die Daten durch Start- und Stoppbits „eingerahmt" werden, spricht man auch von einem Datenrahmen *(Frame)*. Wie viele Datenbits innerhalb eines Frames übertragen werden, muss vor der Übertragung bei Sender und Empfänger eingestellt werden. Die meisten Mikrocontroller unterstützen 5 bis 9 Datenbits pro Frame.

Um die Datenübertragung gegenüber kurzzeitigen Störungen abzusichern, kann zwischen den Daten und den Stoppbits ein Paritätsbit *(parity bit)* eingefügt werden. Verwendet der Sender die Übertragung des Paritätsbits, muss dies dem Empfänger bekannt sein. Der Empfänger berechnet aus den empfangenen Daten das erwartete Paritätsbit und vergleicht dieses mit dem vom Sender empfangenen Paritätsbit. Sind beide Werte identisch, wird davon ausgegangen, dass eine fehlerfreie Übertragung stattgefunden hat.

Das Paritätsbit p ergibt sich aus der Exklusiv-Oder-Verknüpfung der Datenbits d_i und einem Modusbit m entsprechend der Formel

$$p = d_{n-1} \oplus d_{n-2} \oplus \ldots \oplus d_1 \oplus d_0 \oplus m$$

Der Wert des Modusbits muss bei Sender und Empfänger gleich gewählt werden. Ist das Modusbit zu 0 gewählt, wird dies *gerade Parität (even parity)* genannt. Die Datenbits zusammen mit dem Paritätsbit enthalten dann eine gerade Anzahl von 1-Bits. Wird das Modusbit zu 1 gewählt, ergibt sich in Datenbits und Paritätsbit eine ungerade Anzahl von 1-Bits. Dieser Modus wird als *ungerade Parität (odd parity)* bezeichnet.

Mit dem Paritätsbit lassen sich vom Empfänger nur Übertragungsfehler erkennen, bei denen eine ungerade Anzahl fehlerhafter Bits auftritt. Ist die Anzahl der durch

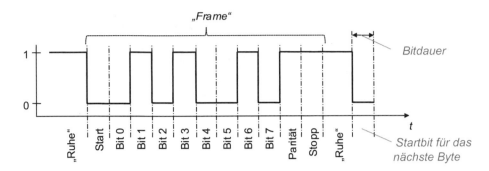

Abb. 15.3   Zeitdiagramm für die Übertragung eines Bytes

Übertragungsfehler modifizierten Bits dagegen gerade, würde der Empfänger die Daten als korrekt übertragen ansehen. Darüber hinaus ermöglicht dieser sehr einfache Fehlerschutz keine empfängerseitige Fehlerkorrektur, da der Empfänger nicht bestimmen kann, welches Datenbit fehlerhaft übertragen wurde. Bei kurzen Verbindungsleitungen von wenigen Zentimetern ist das Auftreten von Übertragungsfehlern unwahrscheinlich. In diesen Fällen wird in der Regel auf eine Übertragung des Paritätsbits verzichtet.

Abb. 15.3 zeigt exemplarisch den zeitlichen Verlauf der Übertragung eines Bytes mit den Einstellungen: 8 Datenbits, 1 Stoppbit, gerade Parität.

Neben der Anzahl der Daten- und Stoppbits sowie der verwendeten Paritätsberechnung (gerade, ungerade oder keine Parität), muss dem Empfänger die Dauer der Übertragung eines einzelnen Bits *(Bitdauer)* bekannt sein. Da die Bitdauer direkt die Übertragungsrate beeinflusst, wird auch von Bitrate oder von *Baudrate* gesprochen.

Theoretisch können beliebige Baudraten verwendet werden. In der Praxis werden jedoch meist standardisierte Baudraten verwendet. Typische Baudraten und die zugehörige Dauer eines Bits sind in Tab. 15.1 zusammengefasst.

Die meisten Empfänger tasten das Empfangssignal mehrfach pro Bit ab (Überabtastung, engl. *Oversampling*). Die bei 16-facher Überabtastung benötigten Abtastfrequenzen sind ebenfalls in Tab. 15.1 angegeben. Die Überabtastung ermöglicht es,

Tab. 15.1   Typische UART-Baudraten

Baudrate (in bit/s)	Bitdauer (µs)	Abtastfrequenz bei 16-facher Überabtastung
9600	104,17	153,6 kHz
19.200	52,08	307,2 kHz
38.400	26,04	614,4 kHz
57.600	17,36	921,6 kHz
115.200	8,68	1,843 MHz
230.400	4,34	3,686 MHz

mehrere in der Mitte eines Bits liegende Abtastwerte auszuwerten. Häufig werden die drei mittleren Abtastwerte innerhalb eines übertragenen Bits verwendet. Das Empfangsbit erhält den Wert, der mindestens zweimal in diesen drei Bits auftaucht. Einige Mikrocontroller werten es als Empfangsfehler, wenn nicht alle Abtastwerte identisch sind.

15.2.1.3 Handshake zwischen Sender und Empfänger

In manchen Anwendungsfällen kann nicht davon ausgegangen werden, dass der Empfänger die gesendeten Daten stets verarbeiten kann. Um in diesen Fällen einen Datenverlust zu vermeiden, muss der Empfänger dem Sender mitteilen, dass er nicht empfangsbereit ist. Die hierfür notwendige Kommunikation zwischen Empfänger und Sender wird als *Handshake* bezeichnet.

Eine Möglichkeit stellt das sogenannte *Software-Handshake* dar. In diesem Fall wird die Handshake-Information über die Datenleitungen *RXD* und *TXD* ausgetauscht. Ist ein Gerät nicht bereit, sendet es an die Gegenstelle den Wert 19 (0x13). Der Sender wird daraufhin das Senden weiterer Daten einstellen. Sobald der Empfänger wieder bereit ist, sendet er den Wert 17 (0x11) und die Datenübertragung wird fortgesetzt. Die beiden Zahlenwerte werden im ASCII-Code als *XOFF* beziehungsweise *XON* bezeichnet. Daher wird diese Art des Handshakes auch als *XON/XOFF-Handshake* bezeichnet. Ein Nachteil dieses Handshakes ist, dass zwei Zahlenwerten eine besondere Bedeutung zugeordnet wird und diese Werte nicht mehr für die Übertragung von Daten zur Verfügung stehen.

Dieser Nachteil kann durch das sogenannte *Hardware-Handshake* vermieden werden. Hierbei werden die beiden Signale *RTS* und *CTS* verwendet. Der RTS-Anschluss *(Ready To Send)* ist ein empfängerseitiger Ausgang. Ist der RTS-Ausgang low, wird hiermit die Empfangsbereitschaft signalisiert. Das RTS-Signal des Empfängers wird mit dem CTS-Eingang *(Clear To Send)* des Senders verbunden. Wird der CTS-Eingang vom Empfänger auf low gezogen, unterbricht der Sender die Datenübertragung.

15.2.1.4 Terminalprogramme

Eine UART-Verbindung zwischen einem eingebetteten System und einem PC kann insbesondere während der Entwicklungsphase eines Systems hilfreich sein. Mit dem UART können Debugausgaben an den PC oder Eingaben vom PC an das System übertragen werden. Auf dem PC wird hierzu ein sogenanntes *Terminalprogramm* gestartet. Nach Auswahl des COM-Ports, der Baudrate, der Anzahl der Daten und Stoppbits, der Parität und des Handshakes kann das Terminalprogramm Daten senden und empfangen, welche im ASCII-Code codiert sind (vgl. Abschn. 2.5). Ein beliebtes Terminalprogramm ist Tera Term, welches in Abb. 15.4 dargestellt ist. Das Bild zeigt auch den Dialog zur Wahl der Eigenschaften des COM-Ports mit typischen Einstellungen. Neben Tera Term stehen im Internet weitere kostenlose Terminalprogramme mit unterschiedlichen Eigenschaften zur Verfügung.

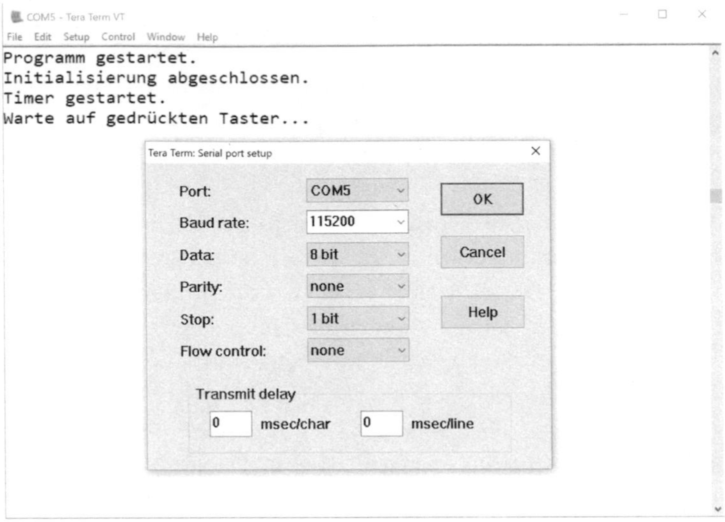

Abb. 15.4 Terminalprogramm Tera Term

15.2.2 USARTs im STM32G0xx

Die Mikrocontroller der STM32G0-Serie besitzen eingebettete Schnittstellen zur Realisierung einer asynchronen seriellen Kommunikation mit dem UART-Protokoll. Der Mikrocontroller des STM32G071-Nucleo-Boards besitzt zum Beispiel vier USART-Module und für serielle Übertragungen mit reduzierten Stromaufnahme ein LPUART-Modul (low-power UART).

Alle Module unterstützen die asynchrone serielle Übertragung. Die USART-Komponenten ermöglichen darüber hinaus auch eine synchrone Datenübertragung. Die Module USART1 und USART2 besitzen zusätzlich Hardwareunterstützung für weitere Übertragungsprotokolle, zum Beispiel für LIN-Bussysteme, Smartcards oder drahtlose Infrarot-Übertragung auf Basis des IrDA-Standards.

15.2.2.1 USART-Register

In diesem Abschnitt werden die Register USARTs vorgestellt, die für eine asynchrone Übertragung, wie sie in Abschn. 15.2.1 vorgestellt wurde, benötigt werden. Informationen zu anderen Betriebsmodi sind im Reference Manual zu finden.

Control Register (USART_CR1 bis USART_CR3) Durch die Control-Register erfolgt unter anderem die Auswahl der verwendeten Daten- und Stoppbits pro Frame und die Wahl des Handshake und des Paritätsmodus. Darüber hinaus können mit den Control-Registern Interrupts freigeschaltet werden.

Tab. 15.2 Ausgewählte Bits des Registers USART_CR1

Bit	Kürzel	Beschreibung
31	RXFFIE	RX FIFO Full Interrupt Enable 1: Interrupt wenn Empfangs-FIFO voll *Reserviertes Bit, wenn FIFOs abgeschaltet (Bit 29 = 0) oder nicht vorhanden (USART3 und USART4)*
30	TXFEIE	TX FIFO Empty Interrupt Enable 1: Interrupt wenn Sende-FIFO leer *Reserviertes Bit, wenn FIFOs abgeschaltet (Bit 29 = 0) oder nicht vorhanden (USART3 und USART4)*
29	FIFO EN	FIFO Enable 1: FIFO-Zwischenspeicher werden verwendet *Reserviertes Bit, wenn FIFOs nicht vorhanden (USART3 und USART4)*
28	M1	Höherwertiges Bit M[1] zur Festlegung der Anzahl der Datenbits pro Frame (inkl. Paritybit, ohne Start-/Stoppbits) Niederwertiges Bit M[0] ist im Bit 12 dieses Registers abgelegt 7 Bits/Frame: $M[1{:}0] = 10$ 8 Bits/Frame: $M[1{:}0] = 00$ 9 Bits/Frame: $M[1{:}0] = 01$
15	OVER8	Oversampling 0: 16-fach Oversampling, 1: 8-fach Oversampling
12	M0	Niederwertiges Bit M[0] zur Festlegung der Anzahl der Datenbits pro Frame (s. Bit 28) Höherwertiges Bit M[1] ist im Bit 28 dieses Registers abgelegt
10	PCE	Parity Control Enable 1: Paritätsbit wird verwendet
9	PS	Parity Selection 0: Gerade Parity, 1: Ungerade Parität
8	PEIE	Parity Error Interrupt Enable 1: Interrupt, wenn Empfänger falsche Parität erkennt
7	TXFNFIE, TXEIE	FIFOs aktiv: TX FIFO Not Full Interrupt Enable (TXFNFIE) FIFOs nicht aktiv: TX Register Empty Interrupt Enable (TXEIE) 1: Interrupt, wenn freier Platz für weitere Daten im Sender vorhanden
6	TCIE	Transmission Complete Interrupt Enable 1: Interrupt, nachdem ein Frame ausgegeben wurde
5	RXFNEIE, RXNEIE	FIFOs aktiv: RX FIFO Not Empty Interrupt Enable (RXFNEIE) FIFOs nicht aktiv: RX Register Not Empty Interrupt Enable (RXNEIE) 1: Interrupt, wenn Empfangsdaten vorhanden sind
4	IDLEIE	IDLE Interrupt Enable 1: Interrupt, wenn für die Dauer eines Datenframes keine Daten empfangen wurden
3	TE	Transmitter Enable 1: Sender eingeschaltet

(Fortsetzung)

Tab. 15.2 (Fortsetzung)

Bit	Kürzel	Beschreibung
2	RE	Receiver Enable 1: Empfänger eingeschaltet
0	UE	USART Enable 1: USART eingeschaltet *(erst am Ende der USART-Konfiguration setzen)*

Die Registertabellen in Tab. 15.2, 15.3 und 15.4 geben eine Übersicht über die Bedeutung ausgewählter Bits der Control-Register. Nicht dargestellte Bits sollten im asynchronen Modus des USART auf 0 gesetzt werden.

Soll der USART im asynchronen Übertragungsmodus mit 8 Datenbits pro Frame ohne Paritätsbit, einem Stoppbit und ohne Handshake betrieben werden, müssen die Bits 0, 2 und 3 des Registers USART_CR1 auf 1 gesetzt werden. Sollen auch die Zwischenspeicher (FIFOs) verwendet werden, ist auch das Bit 29 des USART_CR1 auf 1 zu setzen. Alle anderen Bits der Control-Register können auf dem Initialwert 0 belassen werden.

Bitrate Register (USART_BRR) Das Bitratenregisters enthält in den unteren 16 Bits einen Wert, welcher die verwendete Baudrate festlegt. Die oberen 16 Bit sind reserviert und sollten nicht modifiziert werden. Der Wert des USART_BRR-Registers kann für den typischen Fall eines 16-fachen Oversamplings (OVER8 = 0) wie folgt berechnet werden:

$$USART\_BRR = \frac{USART\_Taktfrequenz}{Baudrate}$$

Interrupt and Status Register (USART_ISR) Das Interrupt/Status-Register stellt den Status des USARTs bereit. Das Register ist nur lesbar. Ein Schreibzugriff hat keine Wirkung. Tab. 15.5 fasst die wichtigsten Statusinformationen dieses Registers zusammen.

Tab. 15.3 Ausgewählte Bits des Registers USART_CR2

Bit	Kürzel	Beschreibung
18	DATAINV	Data Inversion 1: Verwendung von negativer statt positiver Logik für Sender und Empfänger
13:12	STOP	Anzahl der Stoppbits 00: 1 Stoppbit, 01: 0,5 Stoppbits, 10: 2 Stoppbits, 11: 1,5 Stoppbits

Tab. 15.4 Ausgewählte Bits des Registers USART_CR3

Bit	Kürzel	Beschreibung
31:29	TXFTCFG	TX FIFO Threshold, Sende-FIFO Füllstand für Interruptanforderung 000: 7/8 voll, 001: 3/4 voll, 010: halb voll, 011: 1/4 voll, 100: 1/8 voll, 101: leer
28	RXFTIE	RX FIFO Threshold Interrupt Enable, Empfangs-FIFO-Füllstand hat programmierten Schwellwert erreicht
27:25	RXFTCFG	RX FIFO Threshold, Empfangs-FIFO Füllstand für Interruptanforderung 000: 1/8 voll, 001: 1/4 voll, 010: halb voll, 011: 3/4 voll, 100: 7/8 voll, 101: voll
23	TXFTIE	TX FIFO Threshold Interrupt Enable, Sende-FIFO-Füllstand hat programmierten Schwellwert erreicht
12	OVRDIS	Overrun Disable 1: Falls Daten empfangen werden, während das Empfangsregister noch nicht gelesene Daten enthält (Datenverlust), wird dies nicht als Fehler gewertet
11	ONEBIT	One Sample Bit Method 1: Es wird nur ein Sample (statt 3) pro Abtastwert ausgewertet. Damit wird kein „Noise Error" detektiert. (vgl. Bit 2 in Register USART_ISR)
10	CTSIE	CTS Interrupt Enable
9	CTSE	CTS Enable 1: Daten werden nur versendet, wenn der CTS-Anschluss 0 ist
8	RTSE	RTS Enable 0: RTS nicht verwendet, 1: Wenn RTS-Ausgang 0 ist, kann mindestens ein weiteres Zeichen empfangen werden
3	HDSEL	Half Duplex Mode Selection (Abschn. 15.2.1.1) 0: Voll-Duplex – Senden und Empfangen über getrennte Leitungen 1: Halb-Duplex – Senden und Empfangen über eine gemeinsame Leitung

Interrupt Flag Clear Register (USART_ICR) Das ICR-Register wird zur Bestätigung von Interrupts verwendet. Die Belegung dieses nur schreibbaren Registers ist in Tab. 15.6 dargestellt. Schreiben eines 1-Bits löscht das zugehörige Interrupt-Status-Bit im Register USART_ISR. Das Schreiben von 0-Bits hat keine Wirkung.

Bei Auftreten von Empfangsfehlern wird der Empfang von weiteren Daten von der USART-Hardware unterbunden. Daher sollten vor einem pollingbasierten Datenempfang eventuelle Empfangsfehlerzustände gelöscht werden. Im Fall des interruptbasierten Empfangs können die Fehler durch geeignete ISRs behandelt werden.

Tab. 15.5 Ausgewählte Bits des Registers USART_ISR

Bit	Kürzel	Beschreibung
27	TXFT	TX FIFO Threshold 1: Programmierter Schwellwert des Sende-FIFOs erreicht
26	RXFT	RX FIFO Threshold 1: Programmierter Schwellwert des Empfangs-FIFOs erreicht
24	RXFF	RX FIFO Full 1: Empfangs-FIFO voll
23	TXFE	TX FIFO Empty 1: Sende-FIFO leer
10	CTS	Invertierter Status des CTS-Anschlusses, falls CTS-Handshake aktiviert 1: CTS-Anschluss aktiv (= logisch 0)
9	CTSIF	CTS Interrupt Flag 1: Wechsel des Pegels am CTS-Anschluss detektiert, falls CTS-Handshake aktiviert
7	TXE_TXFNF	Transmit Data Register Empty/TX FIFO Not Full 1: Neue Sendedaten können übernommen werden
6	TC	Transmission Complete 1: Übertragung des letzten Wertes im Senderegister ist abgeschlossen
5	RXNE_RXFNE	Receive Register Not Empty/RX FIFO Not Empty 1: Empfangsdaten stehen bereit
4	IDLE	1: Empfangsleitung RXD war für die Dauer eines Frames inaktiv
3	ORE	Overrun Error 1: Daten wurden empfangen, während das Empfangsregister noch nicht gelesene Daten enthält (Datenverlust)
2	NE	Noise Error 1: Wechsel des RXD-Pegels bei Empfang eines Bits detektiert (die drei für ein Bit abgetasteten Werte sind nicht identisch)
1	FE	Framing Error 1: Stoppbit hat nicht den erwarteten Wert 1
0	PE	Parity Error 1: Paritätsbit hat nicht den erwarteten Wert (falls Paritätsbit aktiviert)

Receive Data Register (USART_RDR) Dieses Register ist das Empfangsdatenregister. Durch Lesen des USART_RDR-Registers können empfangene Daten von der CPU ausgelesen werden. Es werden nur die Bits 0 bis 8 verwendet, da bis zu 9 Bits pro Frame unterstützt werden. Die Werte der anderen Bits sind undefiniert.

Transmit Data Register (USART_TDR) Das USART_TDR-Register ist das Sendedatenregister. Durch einen Schreibzugriff auf dieses Register werden Sendedaten in die Hardware des USART übernommen.

Tab. 15.6 Ausgewählte Bits des Registers USART_ICR

Bit	Kürzel	Beschreibung
9	CTSCF	CTS Clear Flag
6	TCCF	Transmission Complete Clear Flag
5	TXFECF	TX FIFO Empty Clear Flag
4	IDLECF	IDLE Line Detected Clear Flag
3	ORECF	Overrun Error Clear Flag
2	NECF	Noise Error Clear Flag
1	FECF	Framing Error Clear Flag
0	PECF	Parity Error Clear Flag

15.2.2.2 Senden und Empfangen von Daten mit Polling

Funktionen zur Initialisierung des USARTs und zum pollingbasierten Empfang beziehungsweise Senden von Daten können unter Verwendung von CMSIS wie folgt realisiert werden. Der Code für die Einstellung der Datenrate basiert auf der Annahme, dass die Taktfrequenz des USART identisch zur Systemtaktfrequenz ist.

```c
// Initialisierung des USART2 mit:
// 8 Datenbits, keine Parität, 1 Stoppbit, keine FIFOs
void USART2_Init (uint32_t baudrate)
{
    // Taktsignale für GPIOA und USART2 aktivieren
    RCC->IOPENR  |= RCC_IOPENR_GPIOAEN;
    RCC->APBENR1 |= RCC_APBENR1_USART2EN;

    // PA2 und PA3 auf "Alternate Function" umschalten
    GPIOA->MODER &= ~GPIO_MODER_MODE2;
    GPIOA->MODER |=  GPIO_MODER_MODE2_1;
    GPIOA->MODER &= ~GPIO_MODER_MODE3;
    GPIOA->MODER |=  GPIO_MODER_MODE3_1;

    // Auswahl der "Alternate Function"
    // Tabellen hierzu im Datasheet, z.B. für GPIOA: Table 13
    GPIOA->AFR[0] &= ~GPIO_AFRL_AFSEL2;
    GPIOA->AFR[0] |=  1<<GPIO_AFRL_AFSEL2_Pos;
    GPIOA->AFR[0] &= ~GPIO_AFRL_AFSEL3;
    GPIOA->AFR[0] |=  1<<GPIO_AFRL_AFSEL3_Pos;

    // USART2 konfigurieren
    USART2->CR1 = USART_CR1_TE | USART_CR1_RE | USART_CR1_UE;
    USART2->BRR = SystemCoreClock/baudrate;
}
```

```
// Ein Zeichen mit USART empfangen
uint8_t USART_Receive(USART_TypeDef *USART)
{
    // Der Empfang ist nach Fehlern gesperrt
    // Daher: Eventuelle Empfangsfehlerzustände löschen
    USART->ICR = 0xF;
    // auf Daten warten und dann empfangenes Zeichen zurückgeben
    while(!(USART->ISR & USART_ISR_RXNE_RXFNE));
    return USART->RDR;
}


// Ein Zeichen mit USART senden
uint8_t USART_Transmit(USART_TypeDef *USART, uint8_t data)
{
    // warten bis mindestens ein Zeichen in die USART-Hardware
    // geschrieben werden darf
    while(!(USART->ISR & USART_ISR_TXE_TXFNF));
    USART->TDR=data;      // nächstes Zeichen ausgeben
    return 1;    // Anzahl gesendeter Zeichen zurückgeben, hier immer 1
}
```

15.2.2.3 Pollingbasierte UART-Kommunikation mit der LL-Bibliothek

Für die Kommunikation mit USART-Komponenten stehen Funktionen sowohl in der LL-als auch in der HAL-Bibliothek zur Verfügung.

Die LL-Bibliothek stellen unter anderem die Funktionen `LL_USART_TransmitData8` und `LL_USART_ReceiveData8` zur Verfügung. Diese Funktionen führen lediglich einen Schreibzugriff auf das TDR-Register beziehungsweise einen Lesezugriff auf das RDR-Register aus. Für die Abfrage, ob die USART-Hardware neue Schreibdaten aufnehmen oder Lesedaten zur Verfügung stellen kann, stehen die Funktionen `LL_USART_IsActiveFlag_TXE_TXFNF` und `LL_USART_IsActiveFlag_RXNE_RXFNE` zur Verfügung.

```
// Ein Zeichen mit LL-Bibliothek empfangen
uint8_t USART_Receive(USART_TypeDef *USART)
{
    LL_USART_ClearFlag_PE(USART);
    LL_USART_ClearFlag_FE(USART);
    LL_USART_ClearFlag_NE(USART);
    LL_USART_ClearFlag_ORE(USART);

    while(!(LL_USART_IsActiveFlag_RXNE_RXFNE(USART)));
    return LL_USART_ReceiveData8(USART);
}
```

```
// Ein Zeichen mit LL-Bibliothek senden
uint8_t USART_Transmit(USART_TypeDef *USART, uint8_t data)
{
    while(!(LL_USART_IsActiveFlag_TXE_TXFNF(USART)));
    LL_USART_TransmitData8(USART,data);
    return 1;
}
```

15.2.2.4 Pollingbasierte UART-Kommunikation mit der HAL-Bibliothek

Eine deutlich höhere Abstraktionsebene bietet die HAL-Bibliothek. Sie stellt für eine pollingbasierte Kommunikation die Funktionen HAL_UART_Transmit und HAL_UART_Receive zur Verfügung. Die Verwendung der Abkürzung *UART* bedeutet, dass diese Funktionen für die asynchrone Übertragung verwendet werden. Sie können sowohl für die USART-Komponenten als auch für das LPUART-Modul eingesetzt werden.

Das erste Argument ist ein Zeiger auf ein sogenanntes *Handle*. Hierbei handelt es sich um eine struct-basierte Variable des Datentyps UART_HandleTypeDef. Sie wählt die verwendete USART-Komponente aus und enthält Informationen über den Status des Moduls. Im Zuge der Codegenerierung werden die Handle-Variablen in der Datei main.c als globale Variablen angelegt. Sie können daher in jeder Quelldatei als extern deklariert und anschließend verwendet werden.

Das zweite Argument der Funktionen ist ein Zeiger auf den Speicherbereich, welcher die Sendedaten enthält, beziehungsweise die Empfangsdaten aufnimmt.

Die HAL-Funktionen ermöglichen die Übertragung mehrerer Datenworte. Die Anzahl der Worte wird mit dem dritten Argument festgelegt.

Das vierte Argument legt die maximale Ausführungszeit in Millisekunden fest. Wird die angegebene Zeit überschritten, wird die Funktion beendet. Auf diese Weise wird verhindert, dass die Funktion das Programm dauerhaft blockiert. Bei den oben angegebenen Funktionen wäre dies zum Beispiel beim Datenempfang der Fall, wenn die Gegenstelle keine Daten sendet.

Der Rückgabewert der Funktionen ist vom Datentyp HAL_StatusTypeDef und kann die vier Werte HAL_OK (Erfolg), HAL_ERROR (Fehlermeldung), HAL_BUSY (das Modul ist noch mit einer vorausgegangenen Aufgabe beschäftigt) oder HAL_TIMEOUT (die maximale Ausführungszeit wurde überschritten) annehmen.

Ein Beispiel zur Verwendung der HAL-Funktionen zeigt der nachfolgende Code. Über den USART2 werden bis zu drei Zeichen mit einem Timeout von 5 ms empfangen. An die empfangenen Zeichen wird das Zeilenendezeichen \n angehängt. Anschließend werden die empfangenen Zeichen mit der Funktion HAL_UART_Transmit ausgegeben.

Als eine weitere Aufgabe des Mikrocontrollers soll zusätzlich die LED des Nucleo-Boards mit einer Frequenz von ca. 2 Hz blinken. Hierfür wird Funktion HAL_GPIO_TogglePin verwendet. Eine Zeitverzögerung kann mit der Funktion HAL_Delay realisiert werden, deren Argument die Wartezeit in Millisekunden angibt.

Werden die Zeichen sehr schnell eingegeben, könnte der USART einen Overrun-Fehler detektieren (vgl. Bit 3 in Tab. 15.5). Die USART-Hardware würde dann keine weiteren Zeichen entgegennehmen bis der Fehlerzustand gelöscht wird. Daher wird in dem Beispielprogramm vor dem Aufruf der Funktion HAL_UART_Recieve das Overrun-Bit (ORE) durch den Aufruf von __HAL_UART_CLEAR_FLAG gelöscht.

Der Code verwendet String-Funktionen aus der Standard-C-Bibliothek. Daher muss die Zeichenkette immer mit einem Null-Zeichen enden. Um dies sicherzustellen, wird der Zeichenspeicher cbuf vor dem Aufruf der Empfangsfunktion mit Nullen initialisiert.

```
// Zeichen mit der HAL-Bibliothek empfangen
#include "stm32g0xx_hal.h"
#include <string.h>

extern UART_HandleTypeDef huart2;
volatile char cbuf[5];

void app() // wird in main() aufgerufen
{

    while (1) {
        for (int i=0; i<=4; i++) cbuf[i]=0;
        __HAL_UART_CLEAR_FLAG(&huart2, UART_CLEAR_OREF);
        HAL_UART_Receive(&huart2, cbuf, 3, 5);
        strcat(cbuf,"\n");
        HAL_UART_Transmit(&huart2, cbuf, strlen(buf), 5);
        HAL_GPIO_TogglePin (GPIOA, GPIO_PIN_5);
        HAL_Delay (500);
    }
}
```

Wenn Sie den Code ausführen und Zeichen über ein Terminalprogramm an den Mikrocontroller senden, werden Sie feststellen, dass die Funktion HAL_UART_Recieve in den meisten Fällen durch den Timeout beendet wird, bevor mehr als ein Zeichen empfangen wurde.

Um dies zu vermeiden, kann der Timeout-Wert erhöht werden. Wird beispielsweise ein Timeout-Wert von 5000 Millisekunden verwendet, ist es bequem möglich, drei Zeichen vor dem Auftreten des Timeouts einzugeben. Nun blinkt die LED aber nicht mehr mit der gewünschten Frequenz von 2 Hz. Aufgrund der längeren Blockierung des Programms durch pollingbasierten Empfangs- und Sendefunktionen wird der LED-Anschluss zu selten invertiert.

Um das Blinken der LED mit der gewünschten Frequenz und gleichzeitig eine bequeme Eingabe von Zeichen zu ermöglichen, kann eine interruptbasierte UART-Kommunikation verwendet werden. Die Vorgehensweise wird im folgenden Abschnitt näher erläutert.

15.2.2.5 Interruptbasierte UART-Kommunikation mit der HAL-Bibliothek

Für eine interruptbasierte Kommunikation stellt die HAL-Bibliothek die Funktionen `HAL_UART_Transmit_IT` und `HAL_UART_Receive_IT` zur Verfügung. Mit der Endung `_IT` wird verdeutlicht, dass diese Funktionen mit Interrupts arbeiten. Diese Funktionen sind nicht-blockierend. Das heißt, die Funktionen werden kurz nach ihrem Aufruf wieder verlassen und das Programm fortgesetzt. Der Empfang oder das Versenden von Daten findet „im Hintergrund" durch die HAL-Bibliothek statt. Die ersten drei Argumente der Funktionen sind identisch mit denen der Polling-Varianten. Die Angabe eines Timeout-Wertes entfällt, da die Funktionen nicht blockierend sind.

Das untenstehende Programmfragment zeigt das Beispiel aus Abschn. 15.2.2.2 in einer interruptbasierten Variante.

```
// Interruptbasierter Datenempfang
#include "stm32g0xx_hal.h"

extern UART_HandleTypeDef huart2;
volatile char cbuf[5];

void HAL_UART_RxCpltCallback(UART_HandleTypeDef *huart)
{
    HAL_UART_Transmit_IT(&huart2, buf, 4);
    HAL_UART_Receive_IT (&huart2, buf, 3);
}

void app() // wird in main() aufgerufen
{
    buf[3]='\n';
    buf[4]=0;
    HAL_UART_Receive_IT(&huart2, buf, 3);

    while (1) {
        HAL_GPIO_TogglePin (GPIOA, GPIO_PIN_5);
        HAL_Delay (500);
    }
}
```

Die while-Schleife des Hauptprogramms enthält nur die Ansteuerung der LED. Sowohl der Empfang als auch das Senden von Zeichen erfolgt interruptbasiert. Die HAL-Bibliothek besitzt vorgegebene Interrupt-Service-Routinen, die durch die Implementierung von Callback-Funktionen mit applikationsspezifischem Code ergänzt werden können (vgl. Abschn. 14.8). In diesem Beispiel wird die Callback-Funktion `HAL_UART_RxCpltCallback` verwendet. Sie wird aufgerufen, wenn die beim Aufruf von `HAL_UART_Receive_IT` angegebene Zeichenanzahl empfangen wurde. In der Callback-Funktion werden die empfangenen Zeichen ausgegeben und der Empfang von weiteren Zeichen erneut aktiviert. Die verwendeten Funktionen sind nicht blockierend und die Ausführung der Callback-Funktion benötigt weniger als $9\,\mu s$, wenn sie auf einem STM32G071 mit einer Systemtaktfrequenz von 64 MHz ausgeführt wird.

Die Interrupt-Service-Routine der HAL-Bibliothek behandelt auch eventuell auftretende Empfangsfehler. Daher kann das Löschen der ORE-Bits entfallen. Sollen Fehler durch applikationsspezifischen Code behandelt werden, kann hierfür die Callback-Funktion `HAL_UART_ErrorCallback` implementiert werden.

Eine weitere nützliche Callback-Funktion ist `HAL_UART_TxCpltCallback`. Sie wird aufgerufen, wenn das durch Aufruf von `HAL_UART_Transmit_IT` angestoßene Senden von Daten beendet wurde.

Eine Übersicht über die Definition von HAL-Funktionen zur Datenübertragung mit dem UART und anderen seriellen Schnittstellen ist in Abschn. 15.2.7 zu finden.

15.2.3 SPI

Die Abkürzung *SPI* steht für *Serial Peripheral Interface.* Es handelt sich um eine synchrone serielle Schnittstelle, welche zur Kommunikation zwischen integrierten Bausteinen verwendet wird. Die Schnittstelle ist weit verbreitet. Sie wird beispielsweise für Speicher, Displays, analoge Komponenten, Bausteinen für drahtlose Kommunikation, Zugriff auf Speicherkarten und vielem mehr verwendet.

Die Datenrate wird durch die Taktfrequenz festgelegt. Die meisten Mikrocontroller unterstützen Datenraten von mehreren Mbit/s.

Das SPI-Protokoll arbeitet nach dem Master–Slave-Prinzip. Ein SPI-Master initiiert die Datenübertragung und ist für die Erzeugung des Taktsignals verantwortlich. SPI-Slaves empfangen das Taktsignal *(Serial Clock, SCK)* und die vom Master übermittelten Daten *(Master-Out-Slave-In, MOSI)*. Gleichzeitig werden auf einer weiteren Signalleitung Daten vom Slave an den Master übertragen *(Master-In-Slave-Out, MISO)*. An die Takt- und Signalleitungen können mehrere Slaves angeschlossen werden. Zur Auswahl der Slaves werden weitere low-aktive Signale verwendet *(Slave-Select, SS)*. Das Grundprinzip für einen Master und einen Slave zeigt Abb. 15.5.

Für die Bezeichnung der Anschlüsse eines SPI-Interfaces sind keine allgemeingültigen Namen spezifiziert. Die in der Praxis häufig verwendeten Anschlussbezeichnungen sind in Tab. 15.7 zusammengefasst. Die fett geschriebenen Signalbezeichnungen kennzeichnen die meistverwendeten Bezeichnungen.

Sowohl der Master als auch der Slave enthalten Schieberegister (vgl. Kap. 6). Die Übernahme eines Bits in diese Schieberegister erfolgt mit der aktiven Taktflanke des Taktsignals *SCK*. Welche Flanke des Taktsignals die aktive Flanke ist, kann bei Mikrocontrollern durch die Programmierung der Schnittstelle ausgewählt werden. Hierbei werden zwei Einstellungen verwendet, welche als *Clock Polarity (CPOL)* und *Clock Phase (CPHA)* bezeichnet werden. CPOL legt den Zustand des Taktsignals fest, wenn keine Datenübertragung stattfindet (Ruhezustand). Mit *CPHA* wird ausgewählt, ob Daten mit der ersten ($CPHA=0$) oder zweiten ($CPHA=1$) Taktflanke nach Verlassen

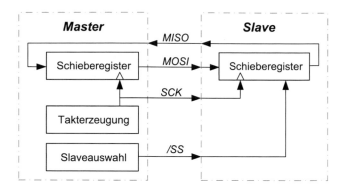

Abb. 15.5 SPI-Verbindung zwischen einem Master und einem Slave

Tab. 15.7 Anschlussbezeichnungen eines SPI-Interfaces

Signalbezeichnungen	Bedeutung	Datenrichtung
MOSI, SI, SDI, SIMO	Daten *(Master Out, Slave In)*	Master → Slave
MISO, SO, SDO, SOMI	Daten *(Master In, Slave Out)*	Slave → Master
SCK, SCLK	Takt *(Serial Clock)*	Master → Slave
NSS, SS, SSEL, CS, STE	Slave-Auswahl *(Slave Select)*	Master → Slave

des Ruhezustands übernommen werden. Aus der Festlegung von CPOL und CPHA wird indirekt die aktive Taktflanke ausgewählt (vgl. Tab. 15.8).

Darüber hinaus ist einstellbar, ob zuerst das höchstwertigste Bit *(MSB-first)* oder das niederwertigste Bit *(LSB-first)* übertragen wird, wobei der in den meisten Fällen eine MSB-first-Übertragung verwendet wird.

Ein Zeitdiagramm für die Signale *SCK, MOSI* und *MISO* ist in Abb. 15.6 dargestellt. In diesem Beispiel gilt für die SPI-Übertragung $CPOL=0$ und $CPHA=0$ (Ruhezustand des Taktes ist 0, Datenübernahme mit der ersten Taktflanke nach Verlassen des Ruhezustands).

Die Verbindung zwischen Master und Slaves erfolgt in der Regel in Form einer Busstruktur, bei der die Leitungen *MOSI, MISO* und *SCK* mit allen Komponenten verbunden werden. Lediglich für die Auswahl der Slaves werden einzelne Verbindungen benötigt. Bei der Ansteuerung der Slave-Select-Leitungen muss sichergestellt sein, dass zu jedem Zeitpunkt maximal ein Slave ausgewählt ist. Nicht ausgewählte Slaves schalten ihren

Tab. 15.8 Aktive SPI-Taktflanke in Abhängigkeit von CPOL und CPHA

CPOL	CPHA	Aktive Taktflanke
0	0	steigend
0	1	fallend
1	0	fallend
1	1	steigend

Abb. 15.6 SPI-Signalverlauf

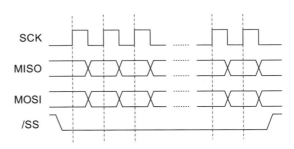

Abb. 15.7 SPI-Bus mit einem
Master und drei Slaves

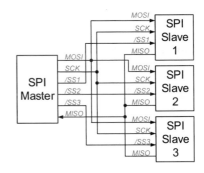

Abb. 15.8 Slave-Select-
Signalerweiterung mit einem
Demultiplexer

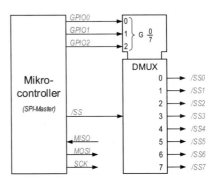

MISO-Ausgang in einen hochohmigen Zustand. Die Realisierung eines SPI-Busses mit einem Master und drei Slaves zeigt Abb. 15.7.

Viele Mikrocontroller stellen nur eine Slave-Select-Leitung zur Verfügung, die von der SPI-Hardware angesteuert werden. Sollen mehrere Slaves mit einem Mikrocontroller als Master verbunden werden, können weitere Slave-Select-Leitungen durch GPIO-Anschlüsse realisiert werden. Die Ansteuerung der Slave-Select-Signale erfolgt dann durch die Software des Mikrocontrollers. Eine Alternative stellt der Einsatz eines externen Demultiplexers (vgl. Abschn. 6.2.2) dar. Abb. 15.8 zeigt ein Beispiel für die Ansteuerung von bis zu 8 Slaves. Neben der hardware-gesteuerten Slave-Select-Leitung werden nur 3 GPIO-Ausgänge benötigt. Als 1:8-Demultiplexer kann zum Beispiel der Logikbaustein 74HC138 verwendet werden (vgl. Abschn. 7.1).

Eine Alternative zur Busstruktur stellt die kaskadierte SPI-Verdrahtung dar. Sie kann jedoch nur für Slaves verwendet werden, welche die Daten vom *MOSI*-Anschluss nach

Abb. 15.9 SPI-Kaskadierung
mit einem Master und drei
Slaves

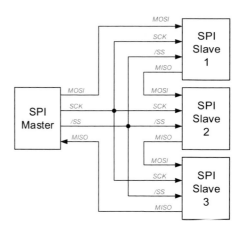

mehreren Taktzyklen unverändert an den *MISO*-Ausgang weitergeben. Dann kann der *MISO*-Ausgang mit dem *MOSI*-Eingang eines nachfolgenden Slaves verbunden werden. Die Daten können so durch den ersten Slave hindurch zum nachfolgenden Slave übertragen werden. Während der Übertragung müssen alle Slave-Select-Eingänge auf dem Wert 0 gehalten werden. Die entsprechende Verbindungsstruktur ist in Abb. 15.9 exemplarisch für die Verbindung eines Masters mit drei Slaves skizziert.

Der Vorteil der SPI-Kaskadierung ist der geringere Verdrahtungsaufwand. Bereits mit 4 Signalleitungen können beliebig viele Slaves an einen Master angeschlossen werden. Die Kaskadierung besitzt jedoch den Nachteil, dass das Durchreichen der Daten Zeit in Anspruch nimmt. Soll zum Beispiel der Slave 1 in Abb. 15.9 vom Master ausgelesen werden, so müssen die Daten des Slaves 1 zunächst durch die Slaves 2 und 3 hindurchgeschoben werden, bevor sie vom Master gelesen werden können.

15.2.4 SPI-Schnittstelle des STM32G071

Die STM32G071-Mikrocontroller stellen zwei SPI-Schnittstellen als eingebettete Komponente zur Verfügung, welche unabhängig voneinander konfiguriert und betrieben werden können. Im Folgenden werden die wichtigsten Register der SPI-Schnittstelle beschrieben. Hierbei werden nur die in Abschn. 15.2.3 beschriebenen SPI-Grundfunktionen betrachtet. Weitere Möglichkeiten der STM32-Hardware, zum Beispiel die Unterstützung des Audio-Standards I²S, bleiben unberücksichtigt.

15.2.4.1 SPI-Register
Für die Programmierung der SPI-Schnittstelle stehen ein Steuerregister (SPI Control Register, *SPCR*), ein Statusregister (SPI Status Register, *SPSR*) und ein Datenregister (SPI Data Register, *SPDR*) zur Verfügung.

Control-Register (SPI_CR1 und SPI_CR2) Mit den Control-Registern erfolgt die Auswahl des Betriebsmodus der Schnittstelle. Die Registertabellen (Tab. 15.9 und 15.10) geben eine Übersicht über die Bedeutung ausgewählter Bits der beiden Control-Register.

Tab. 15.9 Ausgewählte Bits des Registers SPI_CR1

Bit	Kürzel	Beschreibung
15	BIDIMODE	Bidirectional Data Mode 0: Daten werden auf zwei getrennten Leitungen (MOSI/MISO) übertragen 1: Zum Senden und Empfangen wird nur eine Leitung verwendet (Master Mode: MOSI, Slave Mode: MISO)
14	BIDIOE	Bidirectional Data Mode Output Enable 0: Datenleitung Eingang (Empfang von Daten) 1: Datenleitung ist Ausgang (Senden von Daten)
7	LSBFIRST	0: LSB wird zuerst übertragen 1: MSB wird zuerst übertragen
6	SPIE	SPI Enable 1: SPI-Hardware ist aktiviert
5:3	BR	Baudrate Control Die SCK-Frequenz f_{SCK} ergibt sich aus der Taktfrequenz des SPI-Moduls f_{PCLK} nach der Formel $f_{SCK} = \frac{f_{PCLK}}{2^{BR+1}}$
2	MSTR	Master Selection 0: Interface arbeitet als Slave 1: Interface arbeitet als Master
1	CPOL	Clock Polarity
0	CPHA	Clock Phase

Status-Register (SPI_SR) Das Statusregister SPI_SR spiegelt den Zustand der SPI-Schnittstelle wider. Die Bedeutung wichtiger Bits dieses Registers ist in Tab. 15.11 angegeben.

Daten-Register (SPI_DR) Mit einem Lesezugriff auf das DR-Register können Empfangsdaten aus dem Empfangsspeicher ausgelesen werden. Je nach gewählter Datenwortbreite enthalten die untersten 4 bis 16 Bit die empfangenen Daten. Die anderen Bits sind 0. Die Überprüfung, ob noch nicht gelesene Empfangsdaten bereitstehen, kann über das RXNE-Bit des Statusregisters erfolgen (RXNE = 1).

Ein Schreibzugriff überträgt die geschriebenen Daten in den Sendespeicher. Im Master-Betrieb wird direkt nach dem Schreibzugriff der Datentransfer gestartet. Das TXE-Bit des Statusregisters zeigt an, ob die SPI-Hardware neue Sendedaten entgegennehmen kann (TXE = 1).

15.2.4.2 Steuerung des Slave-Select-Signals

Das Slave-Select-Signal wird durch die SPI-Hardware aktiviert, sobald das Enable-Bit (SPIE) im Register SPI_CR1 auf 1 gesetzt wird.

Mit Bit 4 (FRF) des Registers SPI_CR2 wird das *Frame-Format* ausgewählt. Im Fall des sogenannten *TI-Formats* (FRF = 1) wird das Slave-Select-Signal mit der Über-

Tab. 15.10 Ausgewählte Bits des Registers SPI_CR2

Bit	Kürzel	Beschreibung
12	FRXTH	FIFO Reception Threshold 0: Empfangsinterrupt, wenn Empfangsspeicher mind. 16 Bits enthält 1: Empfangsinterrupt, wenn Empfangsspeicher mind. 8 Bits enthält
11:8	DS	Data Size Anzahl der Bits pro Datenwort = DS + 1 Die Werte 0, 1 und 2 sind nicht erlaubt
7	TXEIE	TX Buffer Empty Interrupt Enable 1: Interrupt, wenn Sendespeicher leer
6	RXNEIE	RX Buffer Not Empty Interrupt Enable 1: Interrupt, wenn Empfangsspeicher nicht leer
5	ERRIE	Error Interrupt Enable 1: Interrupt im Fehlerfall
4	FRF	Frame Format 0: Slave-Select-Signal ist während der gesamten Übertragung low (Motorola Format) 1: Slave-Select-Signal wird vor der Übertragung des ersten Bits eines Datenwortes für eine SCK-Periode auf high gesetzt (TI Format)
3	NSSP	NSS Pulse Mode 1: Slave-Select-Signal wird zwischen der Übertragung von Datenworten mindestens für eine SCK-Periode auf 1 gesetzt
2	SSOE	Slave Select Output Enable (Master Mode) 0: Slave-Select-Ausgang ist deaktiviert 1: Slave-Select-Ausgang aktiviert (typische Einstellung bei Single-Master-Betrieb)

tragung des ersten Bits eines Datenwortes auf 1 gesetzt. Ist das Formatauswahlbit gelöscht (FRF=0), ist das *Motorola-Format* ausgewählt. In diesem Fall ist das Slave-Select-Signal während der gesamten Übertragung 0.

Mit Bit 3 (NSSP) des CR2-Registers wird ausgewählt, ob das Slave-Select-Signal zwischen der Übertragung zweier Datenworte für eine SCK-Periode auf 1 gesetzt wird (NSSP=1) oder auf 0 verbleibt (NSSP=0).

Einige Slaves erwarten die Übertragung mehrerer Datenworte, welche jeweils durch eine fallende Flanke des Slave-Select-Signals eingeleitet und mit einer steigenden Flanke beendet werden. Dieses Verhalten des Slave-Select-Signals erfordert eine Steuerung durch die Software des Mikrocontrollers und kann durch Setzen und Löschen des SPIE-Bits erfolgen. Alternativ kann das Slave-Select-Signal auch mit einem GPIO-Anschluss realisiert werden. Ein Beispiel hierfür wird in Abschn. 15.2.4.4 vorgestellt.

15.2.4.3 SPI-Kommunikation mit der HAL-Bibliothek

Ein bequemer Weg zur Konfiguration der SPI-Komponenten ist die Verwendung des grafischen Werkzeugs STM32CubeMX. Die STM32CubeMX-Einstellungen für eine typische SPI-Konfiguration zeigt Abb. 15.10. Soll die Kommunikation interruptbasiert

Tab. 15.11 Ausgewählte Bits des Registers SPI_SR

Bit	Kürzel	Beschreibung
12:11	FTLVL	FIFO Transmission Level Füllstand des Sende-Zwischenspeichers: 00: leer, 01: ¼ gefüllt, 10: ½ gefüllt, 11: voll
10:9	FRLVL	FIFO Reception Level Füllstand des Empfangs-Zwischenspeichers: 00: leer, 01: ¼ gefüllt, 10: ½ gefüllt, 11: voll
7	BSY	Busy Flag 1: Schnittstelle ist mit Datentransfer beschäftigt
6	OVR	Overrun Error 1: Neue Daten empfangen während Empgfangs-Zwischenspeicher voll ist (Datenverlust)
5	MODF	Mode Fault (Master-Mode) 1: Slave-Select-Leitung wurde von externem Baustein auf low gezogen
1	TXE	Transmit Buffer Empty 1: Sendespeicher ist leer
0	RXNE	Receive Buffer Not Empty 1: Empfangsspeicher enthält gültige Daten

erfolgen, müssen SPI-Interrupts unter dem Reiter *NVIC-Settings* aktiviert werden. STM32CubeMX erzeugt auf Basis der Einstellungen den C-Code zur Initialisierung der Module und legt ein Projekt für die Entwicklungsumgebung STM32CubeIDE an.

Die pollingbasierte Datenübertragung ist mit den HAL-Funktionen `HAL_SPI_Transmit` (nur Daten senden), `HAL_SPI_Receive` (nur Daten empfangen) und `HAL_SPI_TransmitReceive` (Daten senden und empfangen) möglich. Für die interruptbasierte Kommunikation stehen die entsprechenden Funktionen mit der Endung _IT zur Verfügung: `HAL_SPI_Transmit_IT`, `HAL_SPI_Receive_IT` und `HAL_SPI_TransmitReceive_IT`.

Die Argumente der Funktionen sind ein HAL-SPI-Handle, Zeiger auf die Daten und die Anzahl zu übertragener Datenworte (vgl. Abschn. 15.2.4.4). Für die pollingbasierten Varianten wird im letzten Argument zusätzlich ein Timeout-Wert angegeben.

Für die interruptbasierte Kommunikation existieren die Callback-Funktionen `HAL_SPI_TxCpltCallback`, `HAL_SPI_RxCpltCallback` und `HAL_SPI_TxRxCpltCallback`, welche jeweils nach dem Ende des Datentransfers aufgerufen werden.

Die Definitionen einiger ausgewählter HAL-Funktionen zur seriellen Datenübertragung mit der SPI-Schnittstelle finden Sie auch in einer Übersicht in Abschn. 15.2.7.

15.2.4.4 SPI-Beispiel: Ansteuerung eines EEPROM-Speichers

In Kap. 11 wurden Speicher mit SPI-Interface vorgestellt. In diesem Abschnitt wird exemplarisch die HAL-basierte Kommunikation mit einem EEPROM-Speicher vom

Abb. 15.10 SPI-Konfiguration mit STM32CubeMX

Typ 25LC256 betrachtet. Der Baustein 25LC256 enthält einen Speicher der Größe 256 kbit, welcher byteweise organisiert ist. Der Baustein erwartet zunächst die Übertragung eines 1-Byte-Kommandos (vgl. Kap. 11), welches von einer 2-Byte-Adresse gefolgt wird. Anschließend folgen im Fall eines Schreibzugriffs die Schreibdaten. Wird ein Lesekommando verwendet, überträgt der Baustein den Speicherinhalt über die MISO-Leitung.

Die Verbindung eines STM32G071-Mikrocontrollers mit dem EEPROM-Speicher ist in Abb. 15.11 dargestellt. Die low-aktiven Anschlüsse HOLD (Unterbrechung des Datentransfers) und WP (Schreibschutz) sind fest auf den Wert 1 gelegt und damit deaktiviert.

Einige grundlegende Funktionen zur Kommunikation mit dem Speicher zeigt der nachfolgende Code.

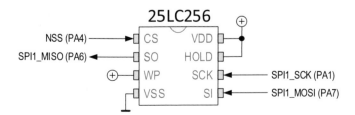

Abb. 15.11 Anschluss eines seriellen EEPROM-Speichers an den STM32G071

Das Kommando, die Adresse und die Daten werden in einem C-Struct zusammen-gefasst, von dem jeweils eine Instanz für Sende- beziehungsweise Empfangsdaten angelegt wird.

Für die Kommunikation mit dem Speicher wird eine pollingbasierte Variante (`eepromSPITransfer`) und eine interruptbasierte Variante (`eepromSPITransfer_IT`) realisiert. Die pollingbasierte Funktion wird zur Initialisierung des Zugriffs auf den Speicher verwendet, während die interruptbasierte Funktion für den Transfer von Daten zwischen dem Speicherbaustein und dem Mikrocontroller eingesetzt wird. Die Ansteuerung des Slave-Select-Signals erfolgt über den GPIO-Anschluss PA4.

Eine Besonderheit ist bei der interruptbasierten Kommunikation zu beachten: Da die Funktion `eepromSPITransfer_IT` nicht-blockierend ist, ist es nicht auszuschließen, dass diese während eines noch laufenden SPI-Transfers erneut aufgerufen wird. In diesem Fall muss der Start der nächsten Übertragung verzögert werden, bis der zuvor gestartete Datentransfer beendet ist. Der Code wertet hierzu den Status des Slave-Signals aus. Erst wenn das Slave-Select-Signal durch die Callback-Funktion deaktiviert wurde, wird ein nachfolgender Datentransfer gestartet.

```
// SPI-basierte Kommunikation mit einem EEPROM-Speicher
#include "stm32g0xx_hal.h"

// Definitionen
// Der Speicherbaustein wird mithilfe von "Commands" angesprochen
// Sie legen die Art des Zugriffs fest: Lesen, Schreiben, Lesen des
// Statusregisters oder Freischalten des Schreibzugriffs
// Für eine bessere Lesbarkeit des Codes werden für die "Commands"
// die nachfolgenden Definitionen angelegt
#define CMD_25LCXX_WRITE 2 // Write
#define CMD_25LCXX_READ  3 // Read
#define CMD_25LCXX_WREN  6 // Write Enable
#define CMD_25LCXX_RDSR  5 // Read Status Register

// Definition für das "Write-In-Progress-Bit" des Statusregisters
#define SR_25LCXX_WIP 1 // Write In Progress

// Definition des GPIO-Anschlusses, welcher für das
// Slave-Select-Signal verwendet wird
#define NSS_GPIO GPIOA
#define NSS_GPIO_PIN GPIO_PIN_4

extern SPI_HandleTypeDef hspi1;
```

```
// Struct für den Datenaustausch mit dem Speicherbaustein
typedef struct {
    uint8_t cmd;
    uint8_t addrHighByte;
    uint8_t addrLowByte;
    uint8_t data[16];
} BUFFER_25LCXX;


volatile BUFFER_25LCXX txBuf, rxBuf;


// Funktionen zum Schreiben und Lesen des Slave-Select-Signals
void eepromSetNSS(GPIO_PinState val)
{
    HAL_GPIO_WritePin(NSS_GPIO, NSS_GPIO_PIN, val);
}


GPIO_PinState eepromGetNSS(void)
{
    return HAL_GPIO_ReadPin(NSS_GPIO, NSS_GPIO_PIN);
}


// Pollingbasierte Funktion für die Kommunikation mit dem Speicher
void eepromSPITransfer(BUFFER_25LCXX *txData,
                       BUFFER_25LCXX *rxData, uint16_t size)
{
    while (!eepromGetNSS()); // noch ein SPI-Zugriff aktiv?
    eepromSetNSS(GPIO_PIN_RESET); // Slave-Select aktivieren
    // Pollingbasierten SPI-Transfer über HAL-Funktion ausführen
    HAL_SPI_TransmitReceive (&hspi1, (uint8_t*)txData,
                                     (uint8_t*)rxData, size, 10);
    eepromSetNSS(GPIO_PIN_SET); // Slave-Select deaktivieren
}


// Interruptbasierte Funktion für die Kommunikation mit dem Speicher
void eepromSPITransfer_IT(BUFFER_25LCXX *txData,
                          BUFFER_25LCXX *rxData, uint16_t size)
{
    while (!eepromGetNSS());// noch ein SPI-Zugriff aktiv?
    eepromSetNSS(GPIO_PIN_RESET); // Slave-Select aktivieren
    // Interruptbasierten SPI-Transfer über HAL-Funktion ausführen
    HAL_SPI_TransmitReceive_IT (&hspi1, (uint8_t*)txData,
                                        (uint8_t*)rxData, size);
}
```

```
// Callback-Funktion
void HAL_SPI_TxRxCpltCallback(SPI_HandleTypeDef *hspi)
{
    if (hspi == &hspi1) {
        eepromSetNSS(GPIO_PIN_SET); // Slave-Select deaktivieren
    }
}
```

Aufbauend auf den gezeigten Grundfunktionen lassen sich Funktionen für einen kompletten Schreib- oder Lesezugriff realisieren. Diese Funktionen sind nachfolgend dargestellt. Die Funktion eepromReadStatus ermöglicht das Auslesen des Statusregisters des Speicherbausteins. Mit ihr kann vor dem Schreiben überprüft werden, ob ein zuvor angestoßener Schreibvorgang bereits abgeschlossen ist.

Mit den Funktionen eepromWriteData und eepromReadData können ab einer beliebigen Adresse bis zu 16 Speicherstellen geschrieben beziehungsweise gelesen werden. Die Adresse und die Anzahl der Daten werden den Funktionen als Parameter übergeben. Daten werden in den Struct-Variablen txBuf beziehungsweise rxBuf abgelegt.

```
// EEPROM-Schreib- und Lesefunktionen
// (verwenden die oben definierten Grundfunktionen)

// Funktion zum Lesen des Statusregisters des Speicherbausteins
uint8_t eepromReadStatus(void)
{
    txBuf.cmd = CMD_25LCXX_RDSR;
    eepromSPITransfer (&txBuf,&rxBuf, 2);
    return rxBuf.addrHighByte;
}
// Funktion zum Schreiben von Daten
void eepromWriteData(uint16_t addr, uint8_t nData)
{
    uint8_t statusReg;
    do { // Write in Progress? (ggf. warten)
        statusReg = eepromReadStatus();
    } while(statusReg&SR_25LCXX_WIP);

    // Schreibfreigabe aktivieren (vor jedem Schreiben erforderlich)
    txBuf.cmd = CMD_25LCXX_WREN; // Command: Write Enable
    eepromSPITransfer (&txBuf,&rxBuf, 1);

    // "Command" und Adresse in Struct setzen, dann Transfer starten
    txBuf.cmd = CMD_25LCXX_WRITE;
    txBuf.addrHighByte = addr>>8;
    txBuf.addrLowByte = addr&0xFF;
    eepromSPITransfer_IT (&txBuf,&rxBuf, nData+3);
}
```

```
// Funktion zum Lesen von Daten
void eepromReadData(uint16_t addr, uint8_t nData)
{
    // "Command" und Adresse in Struct setzen, dann Transfer starten
    txBuf.cmd = CMD_25LCXX_READ;
    txBuf.addrHighByte = addr>>8;
    txBuf.addrLowByte = addr&0xFF;
    eepromSPITransfer_IT (&txBuf,&rxBuf, nData+3);
}
```

Die nachfolgend dargestellte Funktion `app()` zeigt ein einfaches Beispiel für die Verwendung der EEPROM-Funktionen. Zunächst wird das Datenfeld des Sende-Structs `txBuf` mit zwei Werten gefüllt. Durch den Aufruf der Funktion `eepromWriteData()` werden diese Werte ab Adresse 0 abgelegt. In der Endlosschleife des Programms werden immer wieder die geschriebenen Daten mit der Funktion `eepromReadData()` ausgelesen. Mit einem Logic-Analyzer (vgl. Abschn. 15.6) könnte der Datentransfer beobachtet werden. Die gelesenen Daten stehen anschließend im Datenfeld des Empfangs-Structs `rxBuf`.

```
// Beispielanwendung: SPI-EEPROM schreiben und lesen
// (verwendet die oben definierten Schreib- und Lesefunktionen)

void app() // wird in main() aufgerufen
{
    eepromSetNSS(1);
    // Beispieldaten an Adresse 0 ablegen
    txBuf.data[0]=11;
    txBuf.data[1]=12;
    eepromWriteData(0,2);

    // Beispieldaten an Adresse 0 wieder lesen
    // Durch die Schleife ist auch eine einfache Überprüfung
    // mit einem Logicanalyzer möglich
    while (1) {
        eepromReadData(0,2);
    }
}
```

15.2.5 I²C

In den frühen 1980er Jahren führte die Firma Philips den *Inter-Integrated-Circuit-Bus (I²C)* ein. Mit diesem Bus ist es möglich, mehrere integrierte Bausteine (Mikro-

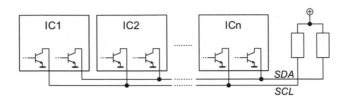

Abb. 15.12 Aufbau eines I²C-Systems mit mehreren integrierten Bausteinen

controller, A/D-Umsetzer, D/A-Umsetzer, Speicher, Displays uvm.) auf einer Leiterplatte mit nur zwei Signalleitungen zu verbinden. Aufgrund der Anzahl der Signalleitungen bezeichnen einige Hersteller diese Schnittstelle auch als *TWI* (Two-Wire-Interface). Die Abkürzungen I²C und TWI können als synonyme Bezeichnungen aufgefasst werden.

Die I²C-Schnittstelle verwendet eine synchrone Datenübertragung. Mit dem Signal *SCL (Serial Clock)* wird ein Taktsignal an alle angeschlossenen Bausteine übertragen. Der Datenaustausch findet über die Leitung *SDA (Serial Data)* statt.

Für die maximale Taktfrequenz definiert der I2C-Standard mehrere Klassen. Im *Standard-Mode* darf die Taktfrequenz maximal 100 kHz betragen, während der *Fast-Mode* 400 kHz erlaubt. Die weniger verbreiteten Modi *Fast-Mode-Plus*, *High-Speed-Mode* und *Ultra-Fast-Mode* erlauben Taktfrequenzen bis 1 MHz, 3,4 MHz beziehungsweise 5 MHz. Eine minimale Taktfrequenz ist nicht spezifiziert. Alle Busteilnehmer müssen daher auch mit einer beliebig kleinen Taktfrequenz korrekt arbeiten.

Die I²C-Anschlüsse eines integrierten Bausteins sind als Open-Collector- beziehungsweise Open-Drain-Ausgänge realisiert (vgl. Kap. 6). Die SDA- und SCL-Anschlüsse der einzelnen Komponenten sind miteinander verbunden und werden über einen Pull-Up-Widerstand mit der Versorgungsspannung verbunden. Ein I²C-Baustein kann die Busleitungen aktiv auf Low-Pegel ziehen, er ist jedoch nicht in der Lage einen High-Pegel aktiv auszugeben. Ein High-Pegel auf einer der Leitungen wird durch die Pull-Up-Widerstände erreicht, wenn alle Bausteine ihre Anschlüsse in einen hochohmigen Zustand versetzen.

Abb. 15.12 zeigt den prinzipiellen Aufbau eines Systems mit mehreren integrierten Bausteinen, welche über eine I²C-Schnittstelle miteinander kommunizieren können.

Im Ruhezustand befinden sich alle I²C-Anschlüsse der Bausteine in einem hochohmigen Zustand, sodass beide Busleitungen über die Pull-Up-Widerstände einen High-Pegel führen. Soll ein Datenaustausch zwischen zwei Komponenten stattfinden, muss einer der Bausteine das benötigte Taktsignal erzeugen und die Datenübertragung initiieren. Dieser Baustein übernimmt damit die Funktion eines I²C-Masters.

15.2.5.1 Das I²C-Protokoll

Die Übertragung von Daten mit dem I²C-Protokoll erfolgt in zeitlich aufeinander-folgenden Schritten.

Im ersten Schritt übermittelt der Master eine sogenannte *Startbedingung*. Anschließend wird die Bausteinadresse vom Master an die Slaves übermittelt. Sie umfasst in den meisten Fällen 7 bit. Der I²C-Standard spezifiziert darüber hinaus Slave-

Adressen mit einer Wortbreite von 10 bit. Diese werden jedoch selten verwendet und im Folgenden nicht näher betrachtet.

Ist die Bausteinadresse eines Slaves mit der übermittelten Adresse identisch, wird dieser Slave an der Kommunikation mit dem Master teilnehmen. Alle anderen, nicht ausgewählten Slaves, belassen ihre I^2C-Anschlüsse in einem hochohmigen Zustand. In der Regel wird die I^2C-Adresse eines Bausteins durch den Hersteller festgelegt. Häufig ist es möglich, einzelne Bits dieser Adresse durch die äußere Beschaltung (oder im Fall eines Mikrocontrollers durch das Programm) festzulegen. Auf diese Weise kann erreicht werden, dass mehrere identische Komponenten im gleichen Bussystem kollisionsfrei betrieben werden können.

Nach der Übertragung der Bausteinadresse folgt ein einzelnes Bit, welches angibt, ob der Master Daten vom Slave lesen möchte oder ob Daten vom Master an den Slave übertragen werden sollen (0: Schreibzugriff, 1: Lesezugriff).

Nach der Übertragung der Adresse und der Schreib-/Leseinformation versetzt der Master seinen *SDA*-Anschluss in einen hochohmigen Zustand. Wurde ein Slave-Baustein durch die übertragene Adresse angesprochen, zieht dieser die *SDA*-Leitung für einen Taktzyklus auf 0. Auf diese Weise wird dem Master signalisiert, dass ein I^2C-Slave mit der übertragenen Adresse im System existiert und dieser an der nachfolgenden Datenübertragung teilnimmt. Diese Bestätigung wird als *Acknowledge* bezeichnet. In I^2C-Timingdiagrammen wird dies häufig mit *ACK* abgekürzt. Erfolgt die Bestätigung nicht und die SDA-Leitung ist 1, wird dies als *Not Acknowledge (NACK)* bezeichnet.

Im nächsten Schritt erfolgt die eigentliche Datenübertragung. Für einen Schreibzugriff sendet der Master 8 Datenbits an den Slave, welcher den Empfang anschließend bestätigt. Bei einem Lesezugriff sendet dagegen der Slave Daten an den Master, und der Master bestätigt den Empfang. Die bitserielle Übertragung der Adressen und der Daten beginnt jeweils mit dem höchstwertigen Bit *(MSB-first)*.

Nach der Übertragung eines Bytes können entweder weitere Bytes übertragen werden (vgl. Abschn. 15.2.5.2) oder die Übertragung wird beendet. Zum Beenden einer Übertragung kann der Master entweder eine neue Startbedingung senden *(Repeated Start)* und so einen neuen Datentransfer einleiten oder der Master sendet eine sogenannte *Stoppbedingung*, welche das Ende der Übertragung signalisiert (vgl. Abb. 15.13).

Bei der Übertragung nach dem I^2C-Protokoll gilt die Vereinbarung, dass sich der Wert der SDA-Leitung nur ändern darf, wenn die SCL-Leitung den Wert 0 besitzt. Diese Vereinbarung ist in Abb. 15.14 visualisiert.

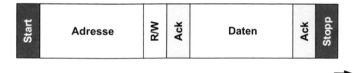

Abb. 15.13 Zeitlicher Verlauf einer I^2C-Übertragung

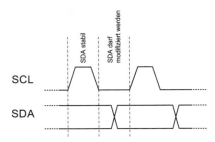

Abb. 15.14 Synchronisierung beim I²C-Protokoll

Die oben genannte Vereinbarung gilt nur für die Adress- und Datenübertragung. Zur Signalisierung der Start- oder Stoppbedingung wird sie dagegen nicht eingehalten. Bei der Übertragung einer Startbedingung wird die SDA-Leitung vom Master auf 0 gezogen, während sich die SCL-Leitung noch im Ruhezustand (logisch 1) befindet. Entsprechend wird zur Übertragung einer Stoppbedingung zunächst die Taktleitung SCL von 0 auf 1 gesetzt. Mit einem anschließenden Wechsel der SDA-Leitung von 0 auf 1 wird wieder der Ruhezustand (SDA = 1, SCL = 1) erreicht. Der zeitliche Signalverlauf für Start- und Stoppbedingungen ist in Abb. 15.15 dargestellt.

Der zeitliche Verlauf einer Übertragung ist exemplarisch in Abb. 15.16 dargestellt. Der Master adressiert hierbei einen Baustein mit der Adresse 0x35 und empfängt vom Baustein den Wert 0xA5.

15.2.5.2 Burst-Transfer

Einige I²C-Slaves unterstützen sogenannte *Burst-Transfers*, bei denen mehrere Bytes zwischen Start- und Stoppbedingung übertragen werden. Ein typisches Beispiel sind I²C-Speicherbausteine.

Diese Slaves erwarten nach der Bausteinadresse die Übertragung der Speicheradresse, ab der ein Lese- oder Schreibzugriff erfolgen soll. Nachfolgende vom Master gesendete Daten werden ab der zuvor ausgewählten Adresse abgelegt. Die Speicheradresse wird vom Slave mit jedem geschriebenen Byte inkrementiert. Das Prinzip eines Schreib-Burst-Zugriffs ist Abb. 15.17 dargestellt.

Abb. 15.15 Start- und
Stoppbedingung des
I²C-Protokolls

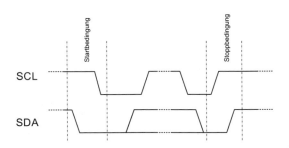

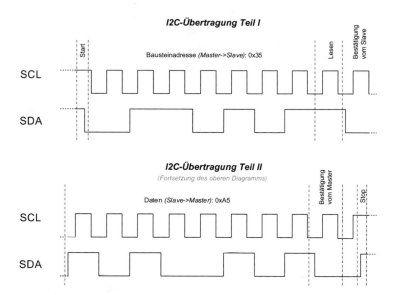

Abb. 15.16 Beispiel einer I²C-Übertragung

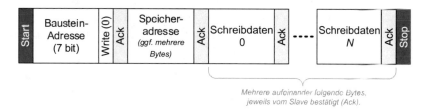

Abb. 15.17 Write-Burst-Transfer

Lesezugriffe werden in zwei Phasen unterteilt. Zunächst wird mit einem I²C-Schreibzugriff die Speicheradresse übertragen. Darauf folgt ein I²C-Lesezugriff, mit welchem die Lesedaten vom Master empfangen werden. Bestätigt der Master die empfangenen Daten *(ACK)*, gibt der Slave einen weiteren gespeicherten Wert aus. Das letzte Byte wird vom Master nicht bestätigt *(NACK)* und signalisiert dem Slave damit, dass der Datentransfer beendet ist. Den prinzipiellen Ablauf eines I²C-Lesebursts zeigt Abb. 15.18.

15.2.5.3 Clock-Stretching

Es ist möglich, dass Slaves nicht sofort auf eine I²C-Lese- oder Schreibanforderung reagieren können. Für diese Fälle bietet der I²C-Standard dem Slave die Möglichkeit, den Bustransfer anzuhalten, indem die Taktleitung *SCL* vom Slave auf low gezogen wird. Erst wenn die Taktleitung vom Slave wieder freigegeben wird, wird die I2C-Übertragung fortgesetzt. Dieses Verfahren wird als *Clock-Stretching* bezeichnet.

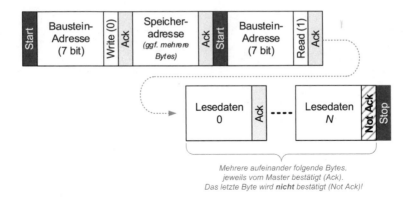

Abb. 15.18 Read-Burst-Transfer

15.2.5.4 Multi-Master-Betrieb

Es ist möglich, einen I²C-Bus mit mehreren Mastern zu betreiben. Hierbei gilt die Regel, dass einem Master ab dem Senden einer Startbedingung der Bus zugeteilt ist, bis er eine Stoppbedingung sendet. Wird diese Regel von einem anderen Master ignoriert und startet dieser Master seinerseits eine I²C-Übertragung, wird ihm der Bus zugeteilt. Für den ersten Master bedeutet dies, dass er die Buszuteilung vorzeitig verloren hat. Dieser Zustand wird als *arbitration lost* bezeichnet und bei Mikrocontrollern in einem I²C-Statusregister angezeigt.

15.2.6 I²C-Interface des STM32G071-Mikrocontrollers

Die I²C-Schnittstelle des STM32G071 kann sowohl im Master- als auch im Slave-Betrieb arbeiten, wobei die Modi *Standard, Fast* und *Fast-Plus* unterstützt werden. Im Folgenden werden die wichtigsten Register der I²C-Schnittstelle beschrieben. Hierbei wird der Betrieb als I²C-Master betrachtet.

15.2.6.1 I²C-Register

Für die Programmierung der I²C-Schnittstelle stehen zwei Steuerregister (Control Register), ein Interrupt-Statusregister und ein Interrupt-Clear-Register zur Verfügung. Ein Timing-Register ermöglicht die Einstellung der SCL-Frequenz. Daten werden über getrennte Sende- und Empfangsregister an die I²C-Komponente übergeben.

Control-Register (I2C_CR1 und I2C_CR2) Die Registertabellen Tab. 15.12 und 15.13 geben eine Übersicht über die Bedeutung ausgewählter Bits der Control-Register.

Tab. 15.12 Ausgewählte Bits des Registers I2C_CR1

Bit	Kürzel	Beschreibung
12	ANFOFF	Analog Noise Filter Off Ein analoges Filter soll kurzzeitige Störungen auf den SCL- und SDA-Leitungen filtern. Dies Filter kann deaktiviert werden 1: Analoges Filter deaktiviert
11:8	DNF	Digital Noise Filter Zeit, die SCL/SDA-Signale stabil sein müssen, um übernommen zu werden (Angabe in Taktzyklen des Peripherietaktes) 0000: Filter hat keine Wirkung
7	ERRIE	Error Interrupt Enable 1: Fehlerinterrupts freigegeben
6	TCIE	Transfer Complete Interrupt Enable 1: Interrupt nach beendetem I^2C-Transfer
5	STOPIE	Stop Detection Interrupt Enable 1: Interrupt nach Stoppbedingung
4	NACKIE	Not Acknowledge Received Interrupt Enable 1: Interrupt nach Empfang von "Not Acknowledge"
2	RXIE	RX Interrupt Enable 1: Interrupt, wenn Empfangspuffer nicht leer
1	TXIE	TX Interrupt Enable 1: Interrupt, wenn Sendepuffer leer
0	PE	Peripheral Enable 1: I^2C-Modul eingeschaltet

Timing Register (I2C_TIMINGR) Mit dem Timing-Register wird die SCL-Taktfrequenz und das Zeitverhalten wie Setup- und Holdzeiten sowie das Tastverhältnis des Taktsignals festgelegt (Tab. 15.14).

Interrupt/Status Register (I2C_ISR) und Interrupt Clear Register (I2C_ICR) Das ISR-Register spiegelt den aktuellen Zustand der I^2C-Komponente wider. Die Bedeutung ausgewählter Bits dieses Registers ist in Tab. 15.15 angegeben.

Das ICR-Register dient der Bestätigung von Interrupts. Die zugeordneten Interrupt-Flags im ISR-Register werden gelöscht, wenn das entsprechende Bit im ICR-Register mit dem Wert 1 beschrieben wird (Tab. 15.16).

Sende- und Empfangsregister (I2C_TXDR und I2C_RXDR) Die Sende- und Empfangsregister verwenden nur die untersten 8 Bit der beiden Register. Das Empfangsregister enthält Daten, die über den I^2C-Bus empfangen wurden. Daten, die über den Bus ausgegeben werden sollen, werden im Senderegister abgelegt (Tab. 15.17 und 15.18).

Tab. 15.13 Ausgewählte Bits des Registers I2C_CR2

Bit	Kürzel	Beschreibung
25	AUTOEND	Automatic End Mode (Master) 0: Software End Mode: TC Bit wird gesetzt, wenn NBYTES Bytes übertragen wurden. Übertragung einer Stoppbedingung kann anschließend durch die Software erfolgen 1: Hardware End Mode: Stoppbedingung wird nach NBYTES Bytes automatisch durch die I^{2}C-Hardware erzeugt *NBYTES: s. Bits 23:16*
24	RELOAD	NBYTES Reload Mode 0: Übertragung ist nach der Übertragung von NBYTES Bytes beendet 1: Das Feld NBYTES wird nach Übertragung von NBYTES Bytes automatisch mit dem zuvor programmierten Wert neu geladen *NBYTES: s. Bits 23:16*
23:16	NBYTES	Number Of Bytes (Master-Mode) Anzahl der zu übertragenden Bytes
15	NACK	NACK Generation (Slave-Mode) 0: Empfangenes Byte wird mit ACK bestätigt 1: Empfangenes Byte wird nicht bestätigt (NACK)
14	STOP	Stop Generation (Master-Mode) 1: Stoppbedingung wird am Ende der Übertragung ausgegeben
13	START	Start Generation 1: Übertragung einer Startbedingung
11	ADD10	10-bit Addressing Mode (Master-Mode) 0: Slave-Adresse umfasst 7 Bits 1: Slave-Adresse umfasst 10 Bits
10	RD_WRN	Transfer Direction (Master-Mode) 0: Schreibzugriff 1: Lesezugriff
9:0	SADD	Slave Address (Master Mode) Bausteinadresse des Slaves Im 7-Bit-Adress-Mode (ADD10=0) muss die Slave Adresse in SADD[7:1] eingetragen werden

Tab. 15.14 Ausgewählte Bits des Registers I2C_TIMINGR

Bit	Kürzel	Beschreibung
31:28	PRESC	Timing Prescaler Die SCL-Frequenz f_{SCL} ergibt sich aus der Taktfrequenz des I^{2}C-Moduls f_{I2CCLK} nach der Formel $f_{SCL} = \frac{f_{I2CCLK}}{PRESC+1}$
23:0	SCLDEL, SDADEL, SCLH, SCLL	Weitere Bitfelder zur Feinjustierung des I2C-Timings. Weitere Einzelheiten hierzu sind im Reference Manual angegeben

Tab. 15.15   Ausgewählte Bits des Registers I2C_ISR

Bit	Kürzel	Beschreibung
15	BUSY	Bus Busy 1: I^2C-Übertragung ist aktiv
9	ARLO	Arbitration Lost 1: Buszuteilung verloren
7	TCR	Transfer Complete Reload 1: NBYTES-Feld wurde neu geladen (vgl. NBYTES und RELOAD im Register I2C_CR2)
6	TC	Transfer Complete 1: NBYTES wurden übertragen und RELOAD und AUTOEND sind auf 0 gesetzt (vgl. Register I2C_CR2)
5	STOPF	Stop Detection Flag 1: Stoppbedingung wurde detektiert
4	NACKF	Not Acknowledge Received Flag 1: Empfang von „Not Acknowledge"
2	RXNE	Receive Data Register Not Empty 1: Daten im Empfangsregister verfügbar
1	TXIS	Transmit Interrupt Status 1: Senderegister ist leer, weitere Daten müssen übertragen werden
0	TXE	Transmit Data Register Empty 1: Senderegister ist leer

Tab. 15.16   Ausgewählte Bits des Registers I2C_ICR

Bit	Kürzel	Beschreibung
5	STOPCF	Stop Detection Flag Clear 1: Löschen des Bits STOPF im ISR-Register
4	NACKCF	Not Acknowledge Flag Clear 1: Löschen des Bits NACKF im ISR-Register

Tab. 15.17   Belegung des Registers I2C_TXDR

Bit	Kürzel	Beschreibung
7:0	TXDATA	Transmit Data, Sendedaten

Tab. 15.18   Belegung des Registers I2C_RXDR

Bit	Kürzel	Beschreibung
7:0	RXDATA	Receive Data, Empfangsdaten

15.2.6.2 I²C-Kommunikation mit der HAL-Bibliothek

Eine exemplarische Konfiguration der I²C-Komponente I2C1 des STM32G071-Mikrocontrollers ist in Abb. 15.19 dargestellt.

Im Folgenden wird eine Auswahl der HAL-Funktionen für den Master-Betrieb der I²C-Komponenten vorgestellt.

Für die Datenübertragung mit Polling stehen die HAL-Funktionen `HAL_I2C_Master_Transmit` und `HAL_I2C_Master_Receive` zur Verfügung. Bausteine mit internen Registern oder Speicherstellen, die nach der Bausteinadresse die Übertragung einer Adresse erwarten, können mit den Funktionen `HAL_I2C_Master_Mem_Write` und `HAL_I2C_Master_Mem_Read` angesprochen werden.

Eine interruptbasierte Kommunikation erfolgt über die entsprechenden Funktionen mit der Endung _IT.

Die Argumente der Funktionen sind ein HAL-I²C-Handle, die Bausteinadresse, Zeiger auf die Daten und die Anzahl zu übertragener Datenworte. Für die pollingbasierten Varianten wird im letzten Argument ein Timeout-Wert angegeben. Bei den Mem_Write- und Mem_Read-Funktionen wird nach der Bausteinadresse und vor dem Datenzeiger die anzusprechende interne Adresse des Bausteins angegeben. Das darauffolgende Argument gibt die Größe der verwendeten Adresse in Bytes an.

Die HAL-Bibliothek bietet mehrere Interrupt-Callback-Funktionen an. Die beiden für den Masterbetrieb wichtigsten Callback-Funktionen sind `HAL_I2C_MasterTxCpltCallback` und `HAL_I2C_MasterRxCpltCallback`. Sie werden nach dem Ende einer interruptbasierten I²C-Übertragung aufgerufen.

Eine 7-bit-Bausteinadresse muss vor der Übergabe an diese Funktionen um 1 Bit nach links geschoben werden. Besitzt der Baustein beispielsweise die Adresse 0x68, muss der Wert 0xD0 im Argument `DevAdress` übergeben werden.

Abb. 15.19 I²C-Konfiguration mit STM32CubeMX

Abb. 15.20 Anschluss des
RTC-Bausteins DS1337 an
einen Mikrocontroller

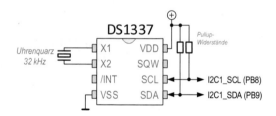

Die Definition der zuvor erwähnten HAL-Funktionen ist in einer Übersicht in Abschn. 15.2.7 zusammengefasst.

15.2.6.3 I²C-Beispiel: Ansteuerung eines Uhrenbausteins

In diesem Abschnitt wird die Ansteuerung der Echtzeituhr (engl. Real Time Clock, RTC) DS1337 gezeigt. Der Baustein benötigt lediglich einen externen Uhrenquarz und kann direkt mit den I²C-Anschlüssen des Mikrocontrollers verbunden werden. Den Schaltplan für die Verbindung des DS1337 mit einem STM32G071 ist in Abb. 15.20 dargestellt.

Der Baustein besitzt mehrere interne Register, welche über einen Burstzugriff geschrieben und gelesen werden können. Die ersten 7 Register enthalten die Uhrzeit (Sekunden, Minuten, Stunde), das Datum und den Wochentag. Die Darstellung der Werte erfolgt im BCD-Format (vgl. Kap. 2).

Im nachfolgenden Code werden die Register in Form eines C-Structs abgebildet. Die Instanz des Structs `rtcTime` wird sowohl für Schreib- als auch für Lesezugriffe genutzt.

Mit den pollingbasierten Mem_Write- und Mem-Read-Funktionen erfolgt der Burstzugriff ab Register 0. Das Hauptprogramm setzt zunächst die Uhrzeit und das Datum. Im Anschluss daran erfolgt das Lesen der Uhrzeit in der Endlosschleife des Hauptprogramms.

```
// Senden eines Bytes
#include "stm32g0xx_hal.h"
extern I2C_HandleTypeDef hi2c1;
#define DS1337_I2C_ADDRESS_7BIT 0x68
typedef struct {
    uint8_t sec;
    uint8_t min;
    uint8_t hours;
    uint8_t wday;
    uint8_t date;
    uint8_t month;
    uint8_t year;
} DS1337_Register;

DS1337_Register rtcTime;
```

```
HAL_StatusTypeDef readDS1337 (DS1337_Register *rdTime)
{
    return HAL_I2C_Mem_Read(&hi2c1, DS1337_I2C_ADDRESS_7BIT<<1,
                            0, 1, (uint8_t*)rdTime, 7, 10);
}
HAL_StatusTypeDef writeDS1337 (DS1337_Register *wrTime)
{
    return HAL_I2C_Mem_Write(&hi2c1, DS1337_I2C_ADDRESS_7BIT<<1,
                             0, 1, (uint8_t*)wrTime, 7, 10);
}

void app() // wird in main() aufgerufen
{
    // Beispiel: Dienstag 7. Mai 2024, 15:34:56 Uhr
    // DS1337 nutzt die BCD-Darstellung
    // Daher wird zum Beispiel der Dezimalwert 15 als
    // hexadezimaler Wert 0x15 in den Registern abgelegt
    rtcTime.sec = 0x56;
    rtcTime.min = 0x34;
    rtcTime.hours = 0x15 | (1<<6); // Bit 6: 24h-Format
    rtcTime.wday = 0x02; // Dienstag
    rtcTime.date = 0x07;
    rtcTime.month = 0x05;
    rtcTime.year = 0x24;
    writeDS1337(&rtcTime); // Uhrzeit setzen

    while (1) {
        readDS1337(&rtcTime); // Uhrzeit lesen
    }
}
```

15.2.7 Ausgewählte HAL-Funktionen für die serielle Datenübertragung

In diesem Abschnitt werden einige ausgewählte Definitionen von Funktionen für serielle Datenübertragung dargestellt. Diese Übersicht ist insbesondere bei praktischen Experimenten mit STM32-Mikrocontrollern hilfreich. Weiterführende Informationen zu den vorgestellten Funktionen sind in der Dokumentation der HAL-Bibliothek dargestellt, welche von der Homepage der Firma STMicroelectronics www.st.com heruntergeladen werden kann (vgl. Abschn. 15.5.4).

15.2.7.1 HAL-Funktionen für die UART-Schnittstelle
Die Definitionen einiger wichtiger HAL-Funktionen für die UART-Kommunikation sind nachfolgend dargestellt.

Funktionen für die Datenübertragung

```
// Definitionen wichtiger HAL-Funktionen für die UART-Kommunikation
HAL_StatusTypeDef HAL_UART_Transmit (UART_HandleTypeDef* huart,
                  uint8_t* pData, uint16_t Size, uint32_t Timeout);
HAL_StatusTypeDef HAL_UART_Receive (UART_HandleTypeDef* huart,
                  uint8_t* pData, uint16_t Size, uint32_t Timeout);
HAL_StatusTypeDef HAL_UART_Transmit_IT (UART_HandleTypeDef* huart,
                  uint8_t* pData, uint16_t Size);
HAL_StatusTypeDef HAL_UART_Receive_IT (UART_HandleTypeDef* huart,
                  uint8_t* pData, uint16_t Size);
```

Callback-Funktionen

```
// Auswahl von UART-Interrupt-Callback-Funktionen
void HAL_UART_TxCpltCallback (UART_HandleTypeDef* huart);
void HAL_UART_RxCpltCallback (UART_HandleTypeDef* huart);
```

15.2.7.2 HAL-Funktionen für die SPI-Schnittstelle

Die Definitionen ausgewählter HAL-Funktionen für die SPI-Übertragung sind in den folgenden Übersichten zusammengefasst.

Funktionen für die Datenübertragung

```
// Definitionen wichtiger HAL-Funktionen für die SPI-Kommunikation
HAL_StatusTypeDef HAL_SPI_Transmit (SPI_HandleTypeDef* hspi,
                  uint8_t* pData, uint16_t Size, uint32_t Timeout);
HAL_StatusTypeDef HAL_SPI_Receive (SPI_HandleTypeDef* hspi,
                  uint8_t* pData, uint16_t Size, uint32_t Timeout);
HAL_StatusTypeDef HAL_SPI_TransmitReceive (SPI_HandleTypeDef* hspi,
                  uint8_t* pTxData, uint8_t* pRxData,
                  uint16_t Size, uint32_t Timeout);
HAL_StatusTypeDef HAL_SPI_Transmit_IT (SPI_HandleTypeDef* hspi,
                  uint8_t* pData, uint16_t Size);
HAL_StatusTypeDef HAL_SPI_Receive_IT (SPI_HandleTypeDef* hspi,
                  uint8_t* pData, uint16_t Size);
HAL_StatusTypeDef HAL_SPI_TransmitReceive_IT (SPI_HandleTypeDef* hspi,
                  uint8_t* pTxData, uint8_t* pRxData, uint16_t Size);
```

Callback-Funktionen

```
// Auswahl von SPI-Interrupt-Callback-Funktionen
void HAL_SPI_TxCpltCallback (SPI_HandleTypeDef* hspi);
void HAL_SPI_RxCpltCallback (SPI_HandleTypeDef* hspi);
void HAL_SPI_TxRxCpltCallback (SPI_HandleTypeDef* hspi);
```

15.2.7.3 HAL-Funktionen für die I2C-Schnittstelle

Dieser Abschnitt gibt eine Kurzübersicht über einige ausgewählte HAL-Funktionen für
die I2C-Kommunikation.

Funktionen für die Datenübertragung

```
// Definitionen wichtiger HAL-Funktionen für
// die I2C-Kommunikation als I2C-Master

// Datentransfer mit Polling
HAL_StatusTypeDef HAL_I2C_Master_Transmit (I2C_HandleTypeDef* hi2c,
                  uint16_t DevAddress, uint8_t* pData, uint16_t Size,
                  uint32_t Timeout);
HAL_StatusTypeDef HAL_I2C_Master_Receive (I2C_HandleTypeDef* hi2c,
                  uint16_t DevAddress, uint8_t* pData, uint16_t Size,
                  uint32_t Timeout);
HAL_StatusTypeDef HAL_I2C_Mem_Write (I2C_HandleTypeDef* hi2c,
                  uint16_t DevAddress, uint16_t MemAddr,
                  uint8_t MemAddrSize, uint8_t* pData, uint16_t Size,
                  uint32_t Timeout);
HAL_StatusTypeDef HAL_I2C_Mem_Read (I2C_HandleTypeDef* hi2c,
                  uint16_t DevAddress, uint16_t MemAddr,
                  uint8_t MemAddrSize, uint8_t* pData, uint16_t Size,
                  uint32_t Timeout);


// Interruptbasierter Datentransfer
HAL_StatusTypeDef HAL_I2C_Master_Transmit_IT (I2C_HandleTypeDef* hi2c,
                  uint16_t DevAddress, uint8_t* pData,
                  uint16_t Size);
HAL_StatusTypeDef HAL_I2C_Master_Receive_IT (I2C_HandleTypeDef* hi2c,
                  uint16_t DevAddress, uint8_t* pData,
                  uint16_t Size);
HAL_StatusTypeDef HAL_I2C_Mem_Write_IT (I2C_HandleTypeDef* hi2c,
                  uint16_t DevAddress, uint16_t MemAddr,
                  uint8_t MemAddrSize, uint8_t* pData,
                  uint16_t Size);
HAL_StatusTypeDef HAL_I2C_Mem_Read_IT (I2C_HandleTypeDef* hi2c,
                  uint16_t DevAddress, uint16_t MemAddr,
                  uint8_t MemAddrSize, uint8_t* pData,
                  uint16_t Size);
```

Callback-Funktionen

```
// Auswahl von I2C-Interrupt-Callback-Funktionen der HAL-Bibliothek
void HAL_I2C_MasterTxCpltCallback (I2C_HandleTypeDef* hi2c);
void HAL_I2C_MasterRxCpltCallback (I2C_HandleTypeDef* hi2c);
```

15.2.8 Formatierte Ein-/Ausgabe

Die Implementierung der Standard-C-Bibliothek der Entwicklungsumgebung STM32CubeIDE ist darauf vorbereitet, die Ein- und Ausgabe aus C-Programmen auf beliebige Schnittstellen umzuleiten. So ist es zum Beispiel möglich, die Ausgabe eines printf-Aufrufs auf einem Display auszugeben, welches über eine SPI- oder I^{2}C-Schnittstelle mit dem Mikrocontroller verbunden ist. Im Folgenden wird die Ein-/Ausgabeumlenkung auf die UART-Schnittstelle gezeigt. Hierzu werden die in Abschn. 15.2.2 vorgestellten Funktionen `USART_Receive` und `USART_Transmit` verwendet.

Um eine formatierte Ein-/Ausgabe mit Funktionen wie `printf` oder `scanf` zu ermöglichen, müssen die Funktionen `_read` und `_write` definiert werden, welche von der Standard-C-Bibliothek bei der Ein-/Ausgabe aufgerufen werden. Da diese Funktionen aus der Bibliothek aufgerufen, aber im applikationsspezifischen Code definiert werden, handelt es sich um Callback-Funktionen. Die Default-Implementierungen dieser Funktionen sind in der Datei `syscalls.c` verfügbar. Beide Funktionen sind mit dem Compiler-Attribut `weak` gekennzeichnet und dürfen daher in beliebigen Programmteilen neu definiert werden (vgl. Abschn. 14.8).

Der erste Parameter beider Funktionen ist ein Integerwert, welcher die Datei kennzeichnet, mit der Daten ausgetauscht werden sollen. Für den einfachsten Fall, dass nur eine STDIO-Ein-/Ausgabe erfolgen soll, kann dieser Parameter ignoriert werden. Der zweite Parameter vom Datentyp `char*` verweist auf einen Speicherbereich, in dem Eingabedaten abgelegt werden sollen beziehungsweise die Ausgabedaten bereitliegen. Der letzte Parameter gibt die Größe des Empfangspuffers beziehungsweise die Anzahl auszugebener Daten an. Exemplarische Implementierungen für die Funktionen `_read` und `_write` zeigt der nachfolgende Code.

```
int _write(int file, char *ptr, int len)
{
    for (int cnt=0; cnt<len; cnt++) {
        USART_Transmit (USART2, (uint8_t)*ptr++);
    }
    return len;
}


int _read(int file, char *ptr, int len)
{
    uint8_t ch=0;
    int cnt=0;

    do {
        ch = USART_Receive(USART2);
        *ptr = (char)ch;
        ptr++;
```

```
        cnt++;
    } while (ch != '\n' && cnt<len);


    // Die Schleife wird verlassen, falls das Zeichen \n empfangen
    // wurde oder der Puffer voll ist. \n entspricht dem Zeichen
    // LineFeed (LF). Das Terminal muss ggf. so eingestellt werden,
    // dass am Zeilenende LF ausgeben wird.


    return cnt;
}
```

15.3   Direct Memory Access (DMA)

In Abschn. 15.2 wurde die Kommunikation auf Basis von Polling und mit Interrupts vorgestellt. Die interruptbasierten Varianten besitzen gegenüber Polling den Vorteil einer geringeren CPU-Belastung.

Um die CPU noch stärker zu entlasten, besitzen moderne Mikrocontroller sogenannte *DMA-Controller*. *DMA* ist die Abkürzung für *Direct Memory Access*. Hiermit ist gemeint, dass eine spezielle Systemkomponente die Aufgabe übernehmen kann, Daten innerhalb des Systems zu kopieren. Die CPU muss den DMA-Controller lediglich konfigurieren. Dieser übernimmt anschließend den Datentransport. Die CPU steht während dieser Zeit für andere Aufgaben zur Verfügung. Das Ende eines Datentransfers kann der DMA-Controller durch Auslösen eines Interrupts anzeigen.

Ein DMA-Controller besitzt in der Regel zwei Bus-Schnittstellen. Über eine Slave-Schnittstelle erfolgt die Konfiguration durch die CPU. Für Datentransfers muss der DMA-Controller eigenständig Bus-Zugriffe initiieren können. Hierfür besitzt er eine Master-Schnittstelle.

Darüber hinaus müssen die Peripheriemodule dem DMA-Controller mitteilen, ob ein Datentransfer möglich ist. Zum Beispiel darf das Schreiben von Sendedaten in ein USART-Modul nur dann erfolgen, wenn das Modul neue Daten entgegennehmen kann.

Die Datentransfers werden über sogenannte *DMA-Kanäle* durchgeführt. Übliche DMA-Controller besitzen mehrere DMA-Kanäle. Auf diese Weise können mehrere Schnittstellen bedient werden. Sind mehrere Transfers gleichzeitig möglich, kann die Ausführungsreihenfolge durch Priorisierung festgelegt werden. Die Anzahl der DMA-Kanäle ist von der Mikrocontroller-Serie abhängig. Der DMA-Controller des STM32G071 besitzt zum Beispiel 7 Kanäle.

Datentransfers werden durch das Programm konfiguriert und gestartet. Häufig kann entschieden werden, ob die Transfers ohne weiteren Softwareeingriff wiederholt gestartet werden sollen. Dies wird auch als *zirkulärer* (engl. *circular)* DMA-Modus bezeichnet. Wird die Übertragung dagegen nach dem Transfer eines Datenblocks beendet, wird dies als *normaler* (engl. *normal)* DMA-Modus bezeichnet.

Die Einbindung eines DMA-Controllers innerhalb eines Mikrocontrollers ist in Abb. 15.21 skizziert.

Abb. 15.21 Prinzipielle
Architektur eines
Mikrocontroller mit DMA-
Controller

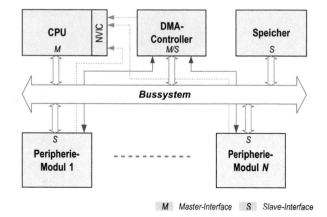

15.3.1 Adressierungsarten

Die Adressierung von Daten kann mit oder ohne Post-Inkrement erfolgen (vgl. Abschn. 13.5). Ohne Inkrementierung wird vom DMA-Controller während des gesamten Transfers auf dieselbe Adresse zugegriffen. Wird Post-Inkrement verwendet, wird die Adresse nach jedem Zugriff erhöht. Die Adressierung mit Post-Inkrement wird meistens für Speicherzugriffe verwendet, während Zugriffe ohne Inkrementierung in der Regel für Peripheriezugriffe eingesetzt werden.

Sollen zum Beispiel Daten mit einem SPI-Slave empfangen und in einem Bereich im SRAM abgelegt werden, wird der DMA-Controller das Datenregister des SPI-Moduls auslesen, sobald Empfangsdaten verfügbar sind. Da das Datenregister eine unveränderliche Adresse besitzt, wird hier ein Zugriff ohne Inkrement verwendet. In der Regel sollen die empfangenen Daten in aufeinanderfolgenden Speicherstellen im SRAM abgelegt werden. Für den Schreibzugriff des DMA-Transfers wird darum das Inkrementieren der Adresse aktiviert.

Um welchen Wert die Adresse bei Verwendung des Post-Inkrements erhöht wird, hängt von der verwendeten Datenwortbreite ab. Im Fall von Bytetransfers wird die Adresse um 1, im Fall von Halbworttransfers (16 Bit) um 2 und im Fall von Worttransfers (32 Bit) um 4 erhöht.

15.3.2 Zirkuläre Transfers und Double Buffering

Im zirkulären DMA-Modus wird nach dem Ende der Übertragung ohne Eingriff der Software eine weitere Übertragung gestartet. So können zum Beispiel Empfangsdaten einer Schnittstelle kontinuierlich in einen Bereich des SRAMs übertragen werden.

Hierbei ist es häufig sinnvoll, den verwendeten Speicherbereich gedanklich in zwei gleich große Teile aufzuspalten (vgl. Abb. 15.22). Während ein Teil des Bereichs vom DMA-Controller verwendet wird, steht der andere Teil des Speichers der CPU zur Verfügung, um

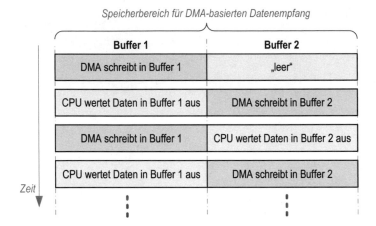

Abb. 15.22 DMA-basierter Datenempfang mit Double Buffering

die Empfangsdaten auszuwerten oder neue Sendedaten zu generieren. Nachdem der DMA-Transfer für einen der beiden Speicherbereiche abgeschlossen ist, werden die Speicherbereiche getauscht. Da hierbei zwei Speicherbereiche abwechselnd vom DMA-Controller und der CPU genutzt werden, wird dieses Vorgehen auch als *Double Buffering* bezeichnet.

15.3.3 DMA im STM32G071

Die DMA-Hardware der Controller STM32G0-Serie besteht aus zwei Modulen. Ein *DMA-Request-Multiplexer* wertet die DMA-Anforderungen der Peripheriemodule aus und leitet sie an den *DMA-Controller* weiter. Diese Architektur bietet gegenüber älteren STM32-Controllern den Vorteil, dass jedem Peripheriemodul ein beliebiger DMA-Kanal zugeordnet werden kann.

Im einfachsten Fall wird ein DMA-Transfer gestartet, sobald die DMA-Hardware konfiguriert worden ist. Daneben ist es auch möglich, DMA-Anforderungen bis zum Auftreten eines internen oder externen Ereignisses zu verzögern. Dies wird als Synchronisation bezeichnet. Bei aktivierter Synchronisation werden DMA-Anforderungen erst nach Auftreten des gewählten Ereignisses an den DMA-Controller weitergeleitet und erst dann der Transfer von Daten gestartet. Als Synchronisationsereignisse können die 16 EXTI-Leitungen (vgl. Abschn. 14.7), die Timer LPTIM1, LPTIM2 und TIM14 (vgl. Abschn. 15.4) oder Ereignisse der ersten vier DMA-Kanäle ausgewählt werden.

15.3.3.1 Register des DMA-Request-Multiplexers

In diesem Abschnitt werden die Register des DMA-Request-Multiplexers vorgestellt. Auf die Auflistung der Register des Request-Generators, einem Untermodul des Request-Multiplexers, wird verzichtet. Nähere Informationen hierzu sind im Reference Manual des Controllers zu finden.

Tab. 15.19 Ausgewählte Bits der Register DMAMUX_C*x*CR

Bit	Kürzel	Beschreibung
28:24	SYNC_ID	Synchronization ID Auswahl des Synchronisierungs-Ereignisses (nur relevant, wenn SE-Bit gesetzt ist) 0–15: EXTI 0–15 16–19: DMAMUX-Event 0–3 20: LPTIM1_OUT, 21: LPTIM2_OUT, 22: TIM14_OC
23:19	NBREQ	Number of DMA Requests – 1 Anzahl der erzeugten DMA-Anforderungen an den DMA-Controller: NBREQ+1
18:17	SPOL	Synchronization Polarity 00: keine Synchronisation, 01: steigende Flanke, 10: fallende Flanke, 11: beide Flanken
16	SE	Synchronization Enable 1: Synchronisation aktiviert
8	SOIE	Synchronisation Overrun Interrupt Enable 1: Interrupt, falls Synchronisierungsereignis auftritt während DMA-Transfers noch nicht abgeschlossen
5:0	DMAREQ_ID	DMA Request ID Auswahl der DMA-Quelle, u. a. ADC, DAC, USART, I2C, SPI, Timer (s. Reference Manual, Abschnitt „DMAMUX Mapping")

DMA Request Line Multiplexer Channel Configuration Register (DMAMUX_CxCR, x=0..6) Für jeden DMA-Kanal steht dieses Register zur Verfügung. Die Belegung der sieben Register ist identisch und in Tab. 15.19 dargestellt.

DMA Request Line Multiplexer Interrupt Channel Status Register (DMAMUX_CSR) Falls ein Synchronisierungsereignis auftritt, bevor die vorangegangenen DMA-Anforderungen nicht abgearbeitet worden sind, wird ein *Synchronization Overrun* detektiert und ein entsprechender Interrupt erzeugt. In diesem Register kann der Interrupt-Status für alle DMA-Kanäle ausgelesen werden (vgl. Tab. 15.20).

DMA Request Line Multiplexer Interrupt Clear Flag Register (DMAMUX_CFR) Die Bits aus dem CSR-Register (vgl. Tab. 15.21) können durch Schreiben einer 1 in das jeweilige Bit des CFR-Registers (vgl. Tab. 15.21) gelöscht werden (Tab. 15.21).

15.3.3.2 Register des DMA-Controllers

Der DMA-Controller führt das Kopieren der Daten innerhalb des Systems aus. Hierzu benötigt er unter anderem die Information über die Basisadressen für Quelle und Ziel des Kopiervorgangs, die Anzahl der zu kopierenden Daten und die Wortbreite. Diese Informationen können für jeden DMA-Kanal unabhängig von den anderen Kanälen ausgewählt werden. Daher sind die entsprechenden Register jeweils für jeden der 7 DMA-Kanäle vorhanden.

Tab. 15.20 Belegung des Registers DMAMUX_CSR

Bit	Kürzel	Beschreibung
6:0	SOF6 … SOF0	Synchronization Overrun Event Flag 1: Synchronisation Overrun detektiert Bit 0 ist DMA-Kanal 1 zugeordnet, Bit 1 ist DMA-Kanal 2 zugeordnet, usw.

Tab. 15.21 Belegung des Registers DMAMUX_CFR

Bit	Kürzel	Beschreibung
6:0	CSOF6 … CSOF0	Clear Synchronization Overrun Event Flag 1: Synchronisation Overrun Flag wird gelöscht Bit 0 ist DMA-Kanal 1 zugeordnet, Bit 1 ist DMA-Kanal 2 zugeordnet, usw.

DMA Channel Peripheral Address Register (DMA_CPARx, x=1..7) Dieses 32-Bit-Register enthält für den Kanal x die Adresse, welche für die Zugriffe auf das Peripheriemodul verwendet werden soll.

Falls ein Memory-Memory-Transfer ausgewählt ist oder ein DMA-Transfer zwischen Peripheriemodulen stattfindet, enthält dieses Register die Basisadresse des Ziels (DIR-Bit im Register im zugehörigen CCR-Register = 1) beziehungsweise der Quelle (DIR = 0).

DMA Channel Memory Address Register (DMA_CMARx, x=1..7). Dieses 32-Bit-Register enthält die Basisadresse des geschriebenen beziehungsweise gelesenen Speicherbereichs.

Falls ein Memory-Memory-Transfer ausgewählt ist oder ein DMA-Transfer zwischen Peripheriemodulen stattfindet, enthält dieses Register die Basisadresse der Quelle (DIR-Bit im Register im zugehörigen CCR-Register = 1) beziehungsweise des Ziels (DIR = 0).

DMA Channel Number Of Data To Transfer Register (DMA_CNDTRx, x=1..7) Die unteren 16 Bits dieses Registers enthalten die Anzahl der zu transferierenden Daten minus 1. Die oberen 16 Bits sind reserviert und müssen 0 sein.

DMA Request Line Multiplexer Channel Configuration Register (DMA_CCRx, x=1..7) Für jeden DMA-Kanal steht dieses Register zur Verfügung. Die Belegung der sieben Register ist identisch und in Tab. 15.22 dargestellt.

DMA Interrupt Status Register (DMA_ISR) In diesem Register sind die Statusbits für die Interruptereignisse der sieben DMA-Kanäle zusammengefasst. In Tab. 15.23 ist für die Abkürzung *ch* die Kanalnummer einzusetzen.

Tab. 15.22 Belegung der Register DMA_CCR*x*

Bit	Kürzel	Beschreibung
14	MEM2MEM	Memory-to-Memory Mode 1: Transfer von Speicher zu Speicher
13:12	PL	Priority Level Priorität, von 00 (low) bis 11 (very high)
11:10	MSIZE	Memory Size Datenwortbreite für Speicherzugriff 00: 8 bit, 01: 16 bit, 10: 32 bit
9:8	PSIZE	Peripheral Size Datenwortbreite für den Zugriff auf die Peripherie 00: 8 bit, 01: 16 bit, 10: 32 bit
7	MINC	Memory Increment 1: Post-Inkrement für Speicherzugriff aktiviert
6	PINC	Peripheral Increment 1: Post-Inkrement für Zugriff auf die Peripherie aktiviert
5	CIRC	Circular Mode 1: Zirkulärer Modus aktiviert
4	DIR	Data Transfer Direction 0: Peripheriemodul lesen, Speicher schreiben 1: Peripheriemodul schreiben, Speicher lesen
3	TEIE	Transfer Error Interrupt Enable 1: Interrupt, falls ein Fehler während des DMA-Transfers auftritt
2	HTIE	Half Transfer Interrupt Enable 1: Interrupt nachdem der DMA-Transfer zur Hälfte abgearbeitet ist
1	TCIE	Transfer Error Interrupt Enable 1: Interrupt nachdem der DMA-Transfer komplett abgearbeitet ist
0	EN	Channel Enable 1: Kanal aktiv

DMA Interrupt Flag Clear Register (DMA_IFCR) Durch Schreiben einer 1 in das IFCR-Register wird das entsprechende Bit im ISR-Register gelöscht. Schreiben eines Bits mit dem Wert 0 hat keine Wirkung. Tab. 15.24 zeigt die Belegung des IFCR-Registers. Für die Abkürzung *ch* ist die Kanalnummer einzusetzen.

15.3.3.3 Konfiguration mit STM32CubeMX

Die Konfiguration des DMA-Controllers kann mit dem grafischen Werkzeug STM32CubeMX erfolgen. Der Konfigurationsdialog ist über den Reiter *DMA-Settings* nach Auswahl eines Peripheriemoduls erreichbar. Alternativ können die Einstellungen über die Kategorie *System Core* und anschließender Auswahl des DMA-Moduls vorgenommen werden.

Tab. 15.23 Belegung des Registers DMA_ISR

Bit	Kürzel	Beschreibung
$4(ch-1)+3$	TEIF ch	Transfer Error Interrupt Flag (Kanal ch)
$4(ch-1)+2$	HTIF ch	Half Transfer Interrupt Flag (Kanal ch)
$4(ch-1)+1$	TCIF ch	Transfer Complete Interrupt Flag (Kanal ch)
$4(ch-1)$	GIF ch	Global Interrupt Flag (Kanal ch) ODER-Verknüpfung der drei vorgenannten Interrupt-Flags

Tab. 15.24 Belegung des Registers DMA_IFCR

Bit	Kürzel	Beschreibung
$4(ch-1)+3$	CTEIF ch	Clear Transfer Error Interrupt Flag (Kanal ch)
$4(ch-1)+2$	CHTIF ch	Clear Half Transfer Interrupt Flag (Kanal ch)
$4(ch-1)+1$	CTCIF ch	Clear Transfer Complete Interrupt Flag (Kanal ch)
$4(ch-1)$	CGIF ch	Clear Global Interrupt Flag (Kanal ch)

Ein Beispiel für die DMA-Konfiguration des USART2-Moduls zeigt Abb. 15.23. Im oberen Teil des Dialogs ist die Sendefunktion des USARTs (TX) ausgewählt und dem DMA-Kanal 2 zugeordnet. Die Datenrichtung und die Priorität des DMA-Kanals werden ebenfalls in diesem Bereich eingestellt.

Im Feld *DMA Request Settings* wird der DMA-Modus *(normal* oder *circular)* ausgewählt. Hier kann auch die Aktivierung der Post-Inkrement-Adressierung erfolgen. Die verwendete Datenwortbreite kann für Quelle und Ziel getrennt gewählt werden.

Wird für die Quelle ein kleinerer Wert als für das Ziel verwendet, werden die Zielwerte in den höherwertigen Bits mit Nullen aufgefüllt. Ist beispielsweise für die Quelle eine Wortbreite von 8 bit und für das Ziel eine Wortbreite von 32 bit gewählt, werden die gelesenen Bytes im Ziel mit 24 Null-Bits erweitert. Wird für die Quelle dagegen ein größerer Wert als für das Ziel gewählt, werden nur die niederwertigsten Bits in das Ziel geschrieben. Enthält eine 32-Bit-Quelle zum Beispiel den Wert 0x12345678 würde in einem 8-Bit-Ziel der Wert 0x78 eingetragen. Die restlichen Bits des gelesenen 32-Bit-Wortes werden verworfen.

Im unteren Bereich des DMA-Dialogs können bei Bedarf die Einstellungen zur Synchronisierung vorgenommen werden. Hier kann die Synchronisierungsquelle, die Signalpolarität des Ereignisses und die Anzahl der zu erzeugenden DMA-Anforderungen pro Synchronisierungsereignis festgelegt werden.

15.3.3.4 HAL-Funktionen für den DMA-Betrieb

Mit der Erzeugung des C-Codes legt STM32CubeMX in der Datei `main.c` auch Handle-Variablen vom Datentyp `DMA_HandleTypeDef` an. Unter Verwendung dieser Variablen kann die DMA-Übertragung gestartet und gestoppt werden.

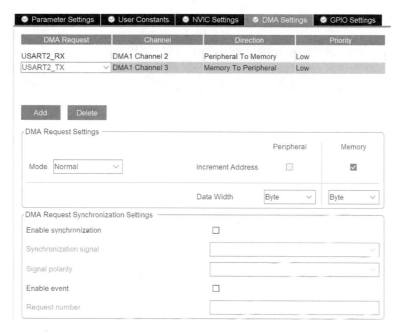

Abb. 15.23 Dialog für die DMA-Konfiguration des USART2-Moduls

Für den Start eines DMA-Kanals stehen die HAL-Funktionen `HAL_DMA_Start` und `HAL_DMA_Start_IT` zur Verfügung. Durch die Endung `_IT` wird angedeutet, dass diese Funktion auch die Interrupts des DMA-Controllers aktiviert. Beide Funktionen sind nicht-blockierend. Für das pollingbasierte Warten auf das Ende eines DMA-Transfers kann die Funktion `HAL_DMA_PollForTransfer` verwendet werden. Für den Abbruch der DMA-Übertragungen bietet die HAL-Bibliothek die Funktionen `HAL_DMA_Abort` und `HAL_DMA_Abort_IT` an.

Werden DMA-Transfers für den Datenaustausch mit Peripheriemodulen verwendet, ist die Verwendung der DMA-Funktionen für das jeweilige Modul empfehlenswerter. Im Folgenden wird exemplarisch eine Auswahl von Funktionen für den DMA-Betrieb der USART-Komponenten vorgestellt.

Für den Start einer DMA-Übertragung mit den USART-Modulen stehen die Funktionen `HAL_UART_Transmit_DMA` und `HAL_UART_Receive_DMA` zur Verfügung. Die Argumente dieser Funktionen sind mit denen der interruptbasierten Übertragung (Endung `_IT`) identisch (vgl. Abschn. 15.2.2.3).

Die Interrupt-Callback-Funktionen `HAL_UART_TxCpltCallback` und `HAL_UART_RxCpltCallback` werden jeweils am Ende eines DMA-Transfers aufgerufen. Zusätzlich können die Callback-Funktionen Funktionen `HAL_UART_TxHalfCpltCallback` und `HAL_UART_RxHalfCpltCallback` genutzt werden. Sie werden aufgerufen, wenn der DMA-Transfer zur Hälfte abgeschlossen ist. Die ist zum Beispiel für die Implementierung eines Double-Buffers (vgl. Abschn. 15.3.2) nützlich.

Im Fall von Übertragungsfehlern wird die Callback-Funktion `HAL_UART_ErrorCallback` aufgerufen. Der DMA-Transfer wird in diesen Fällen durch die HAL-Bibliothek beendet und muss anschließend gegebenenfalls neu gestartet werden.

Vergleichbare Funktionen stehen auch für die anderen Schnittstellen zur Verfügung. Auch diese Funktionen nutzen die gleichen Argumente wie die entsprechenden Funktionen für die interruptbasierte Datenübertragung und besitzen ebenfalls die Endung `_DMA` statt `_IT`.

Die hier vorgestellten C-Funktionen erlauben einen grundlegenden DMA-Betrieb. Es existieren noch weitere HAL-Funktionen deren Vorstellung den Rahmen dieses Buches sprengen würde. Eine vollständige Übersicht über die verfügbaren Funktionen kann der Dokumentation zur HAL-Bibliothek entnommen werden, welche auf der STMicroelectronics-Homepage heruntergeladen werden kann.

15.3.3.5 Beispiel: DMA-basierter Betrieb des USARTs

Ein einfaches Beispiel kann die Verwendung des DMA-Controllers verdeutlichen: Mit dem USART2 soll die Zeichenkette „DMATest x" ausgegeben werden. Das Zeichen x soll dabei durch eine Ziffer im Bereich von 0 bis 9 ersetzt werden. Die Ziffern werden mit jeder Ausgabe erhöht. Ist die Ziffer 9 erreicht, beginnt die Ausgabe wieder bei 0.

Das Erhöhen der Ziffer erfolgt durch die Software und wird in dem untenstehenden Code in den beiden Callback-Funktionen ausgeführt. Der Speicher für die DMA-Transfers ist als Doppelpuffer (Variable `DMABuffer`) angelegt. Im Programm wird zunächst der Puffer mit der Zeichenkette gefüllt und anschließend der DMA-Controller gestartet. Anschließend wird eine leere Endlosschleife ausgeführt, da das Kopieren der Daten von der DMA-Hardware übernommen wird.

Damit eine kontinuierliche Ausgabe erfolgt muss der DMA-Kanal im zirkulären Modus konfiguriert werden.

Da sowohl der Half-Complete-Interrupt als auch der Complete-Interrupt verwendet wird, wird jeweils eine der beiden Callback-Funktionen nach Ausgabe der ersten und der zweiten Hälfte des Doppelpuffers ausgeführt. Für das Ändern der ausgegebenen Ziffer steht so die Zeit zur Verfügung, die für die Ausgabe eines halben Doppelpuffers benötigt wird.

Ergänzend sei erwähnt, dass die Verwendung des Doppelpuffers in diesem Beispiel nicht unbedingt erforderlich ist. Da das geänderte Zeichen als letztes ausgegeben wird, funktioniert der Code auch mit einem einzelnen Puffer. In diesem Fall würde nur der Complete-Interrupt verwendet werden. Da die ISR die Ziffer vor ihrer Ausgabe modifiziert hätte, würde auch in diesem Fall die erwartete Ausgabe erfolgen.

```
// DMA-Beispiel
// Konfiguration: zirkulär, Byte-Transfers
// für Speicher Post-Inkrement
```

```
#include "stm32g0xx_hal.h"
#include "string.h"


extern UART_HandleTypeDef huart2;


volatile char DMABuffer[21];
volatile uint8_t cnt = 0;


void HAL_UART_TxHalfCpltCallback (UART_HandleTypeDef *huart)
{
    if (huart == &huart2) {
        cnt++;
        if (cnt > 9) cnt = 0;
        DMABuffer[8] = '0'+cnt;
    }
}


void HAL_UART_TxCpltCallback (UART_HandleTypeDef *huart)
{
    if (huart == &huart2) {
        cnt++;
        if (cnt > 9) cnt = 0;
        DMABuffer[18] = '0'+cnt;
    }
}


void app() // wird in main() aufgerufen
{
    strcpy(DMABuffer,"DMATest x\nDMATest x\n");
    HAL_UART_Transmit_DMA (&huart2,(uint8_t*)DMABuffer,20);

    while (1) {
    }
}
```

Mit dem oben gezeigten Code kann mit dem Nucleo-Board auch die Verwendung der DMA-Synchronisation verdeutlicht werden. Hierzu kann der Anschluss, mit dem der Taster des Boards verbunden ist, als externer Interrupt-Eingang konfiguriert werden (GPIO_EXTI13). Anschließend muss für den DMA-Kanal die Synchronisierung mit einer steigenden Flanke des EXTI13-Signals aktiviert werden. Ohne das Programm zu ändern, erfolgt die Ausgabe von Zeichen nach dieser Änderung nur, wenn die Taste des Nucleo-Boards gedrückt wird.

15.3.4 Ausgewählte HAL-Funktionen für den DMA-Betrieb

In diesem Abschnitt sind die Definitionen einiger ausgewählter HAL-Funktionen für den DMA-Betrieb kompakt dargestellt.

DMA-Controller

```
HAL_StatusTypeDef HAL_DMA_Start (DMA_HandleTypeDef* hdma,
                  uint32_t SrcAddress, uint32_t DstAddress,
                  uint32_t DataLength);
HAL_StatusTypeDef HAL_DMA_Start_IT (DMA_HandleTypeDef* hdma,
                  uint32_t SrcAddress, uint32_t DstAddress,
                  uint32_t DataLength);
HAL_StatusTypeDef HAL_DMA_Abort (DMA_HandleTypeDef* hdma);
HAL_StatusTypeDef HAL_DMA_Abort_IT (DMA_HandleTypeDef* hdma);
HAL_StatusTypeDef HAL_DMA_PollForTransfer (DMA_HandleTypeDef* hdma,
                  HAL_DMA_LevelCompleteTypeDef CompleteLevel,
                  uint32_t Timeout);
```

UART-, SPI-, I2C-Schnittstellen

```
// Definitionen ausgewählter HAL-Funktionen für den DMA-Betrieb
// für UART, SPI und I2C
// UART
HAL_StatusTypeDef HAL_UART_Transmit_DMA (UART_HandleTypeDef* huart,
                  uint8_t* pData, uint16_t Size);
HAL_StatusTypeDef HAL_UART_Receive_DMA (UART_HandleTypeDef* huart,
                  uint8_t* pData, uint16_t Size);
HAL_StatusTypeDef HAL_UART_DMAPause (UART_HandleTypeDef* huart);
HAL_StatusTypeDef HAL_UART_DMAResume (UART_HandleTypeDef* huart);
HAL_StatusTypeDef HAL_UART_DMAStop (UART_HandleTypeDef* huart);
HAL_StatusTypeDef HAL_UART_Abort (UART_HandleTypeDef* huart);
// SPI
HAL_StatusTypeDef HAL_SPI_Transmit_DMA (SPI_HandleTypeDef* hspi,
                  uint8_t* pData, uint16_t Size);
HAL_StatusTypeDef HAL_SPI_Receive_DMA (SPI_HandleTypeDef* hspi,
                  uint8_t* pData, uint16_t Size);
HAL_StatusTypeDef HAL_SPI_TransmitReceive_DMA (SPI_HandleTypeDef* hspi,
                  uint8_t* pTxData, uint8_t* pRxData, uint16_t Size);
HAL_StatusTypeDef HAL_SPI_DMAPause (SPI_HandleTypeDef* hspi);
```

```
HAL_StatusTypeDef HAL_SPI_DMAResume (SPI_HandleTypeDef*hspi);
HAL_StatusTypeDef HAL_SPI_DMAStop (SPI_HandleTypeDef* hspi);
HAL_StatusTypeDef HAL_SPI_Abort (SPI_HandleTypeDef* hspi);
// I2C
HAL_StatusTypeDef HAL_I2C_Master_Transmit_DMA (I2C_HandleTypeDef*hi2c,
                  uint16_t DevAddress, uint8_t* pData, uint16_t Size);
HAL_StatusTypeDef HAL_I2C_Master_Receive_DMA (I2C_HandleTypeDef*hi2c,
                  uint16_t DevAddress, uint8_t* pData, uint16_t Size);
HAL_StatusTypeDef HAL_I2C_Mem_Write_DMA (I2C_HandleTypeDef*hi2c,
                  uint16_t DevAddress, uint16_t MemAddress,
                  uint16_t MemAddSize, uint8_t* pData, uint16_t Size);
HAL_StatusTypeDef HAL_I2C_Mem_Read_DMA (I2C_HandleTypeDef*hi2c,
                  uint16_t DevAddress, uint16_t MemAddress,
                  uint16_t MemAddSize, uint8_t* pData, uint16_t Size);
```

Callback-Funktionen

```
// Auswahl von DMA-Callback-Funktionen der HAL-Bibliothek

void HAL_UART_TxHalfCpltCallback (UART_HandleTypeDef* huart);
void HAL_UART_TxCpltCallback (UART_HandleTypeDef* huart);
void HAL_UART_RxHalfCpltCallback (UART_HandleTypeDef* huart);
void HAL_UART_RxCpltCallback (UART_HandleTypeDef* huart);
void HAL_UART_ErrorCallback (UART_HandleTypeDef* huart);

void HAL_SPI_TxHalfCpltCallback (SPI HandleTypeDef* hspi);
void HAL_SPI_TxCpltCallback (SPI_HandleTypeDef* hspi);
void HAL_SPI_RxHalfCpltCallback (SPI_HandleTypeDef* hspi);
void HAL_SPI_RxCpltCallback (SPI_HandleTypeDef* hspi);
void HAL_SPI_ErrorCallback (SPI_HandleTypeDef* hspi);

void HAL_I2C_MasterTxCpltCallback(I2C_HandleTypeDef* hi2c);
void HAL_I2C_MasterRxCpltCallback(I2C_HandleTypeDef* hi2c);
void HAL_I2C_MemTxCpltCallback(I2C_HandleTypeDef* hi2c);
void HAL_I2C_MemRxCpltCallback(I2C_HandleTypeDef* hi2c);
void HAL_I2C_ErrorCallback(I2C_HandleTypeDef* hi2c);
```

15.4   Timer

Timer sind Standardkomponenten eines Mikrocontrollers. Sie können für sehr unterschiedliche Aufgaben eingesetzt werden. Hierzu zählen unter anderem die Erzeugung von Signalen, die zeitliche Vermessung von Signalen oder die Erzeugung von Interrupts. Gegenüber einer softwarebasierten Lösung kann die Timer-Hardware die Signale taktzyklusgenau erzeugen und vermessen. Darüber hinaus wird die CPU-Last für diese Aufgabe auf ein Minimum reduziert.

In den folgenden Abschnitten werden zunächst die grundlegenden Eigenschaften von Timern diskutiert. Anschließend werden Timer der STM32-Serie vorgestellt.

15.4.1 Aufbau von Timern

Der prinzipielle Aufbau eines Timers ist in Abb. 15.24 abgebildet. Die Kernkomponente jedes Timers ist ein Zähler, der häufig eine Wortbreite von 8, 16 oder 32 bit besitzt. Die Zählrichtung ist bei einfachen Timern fest vorgegeben. Sie zählen entweder nur aufwärts oder nur abwärts. Flexiblere Timer erlauben die Steuerung der Zählrichtung durch die Software des Mikrocontrollers.

Die Zähler sind programmierbare Modulozähler (vgl. Kap. 6). Mit „programmierbar" ist gemeint, dass der maximale Zählwert durch die Software des Mikrocontrollers festgelegt werden kann. Die Zählimpulse eines Timers können aus einem controller-internen Taktsignal abgeleitet werden. Das Taktsignal durchläuft einen programmierbaren *Vorteiler (Prescaler)* mit dem die Zählfrequenz um einen ganzzahligen Divisor herabgesetzt werden kann. Viele Timer ermöglichen für die Erzeugung der Zählimpulse auch die Verwendung eines externen Signals. Mit der Komponente *Triggerauswahl* (vgl. Abb. 15.24) wird die Auswahl vorgenommen, welches Signal dem Vorteiler zugeführt wird.

Typische Timer besitzen einen oder mehrere sogenannte *Timer-Kanäle*. Die Kanäle bestehen aus einem Vergleicher und einem Ausgangssignalgenerator. Der Vergleicher

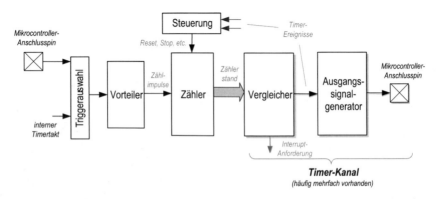

Abb. 15.24   Prinzipieller Aufbau eines Timers

vergleicht den aktuellen Zählerstand kontinuierlich mit einem zuvor programmierten Vergleichswert. Tritt das *Timer-Ereignis* ein, dass Zählerstand und Vergleichswert identisch sind, wird der Ausgangssignalgenerator angestoßen oder ein Interrupt ausgelöst. Der Ausgangssignalgenerator erzeugt auf Basis des Vergleichsereignisses ein digitales Signal an einem der Mikrocontrolleranschlüsse. Dieser Betriebsmodus des Timers wird auch als *Output Compare* bezeichnet.

Im einfachsten Fall findet mit dem Ereignis eine Invertierung des Ausgangssignals statt. Auf diese Weise können zum Beispiel Rechtecksignale mit unterschiedlicher Frequenz und Phasenlage erzeugt werden.

Für die Erzeugung der Ausgangssignale können auch komplexere logische Verknüpfungen, zum Teil unter Berücksichtigung mehrerer Timerereignisse, implementiert werden. Welche Funktionen zur Erzeugung von Ausgangssignalen unterstützt werden, hängt von der Implementierung des Timers ab. Insbesondere 32-Bit-Mikrocontroller wie der STM32 bieten umfangreiche Timerfunktionen an, während die Timer von 8-Bit-Controllern meist nur einfachere Funktionen besitzen.

Mit einem Timer kann auch das Zeitverhalten eines externen Signals gemessen werden. Hierfür werden sogenannte Input-Capture-Einheiten *(Input Capture Units, ICU)* verwendet. Eine ICU detektiert Flanken eines externen Signals. Tritt eine programmierbare Signalflanke auf, wird der aktuelle Wert des Zählers in ein Timer-Register übertragen. Während der Zähler des Timers weiterläuft, bleibt der Wert in diesem Register erhalten. Er kann zu einem späteren Zeitpunkt von der CPU gelesen werden. Da ein nachfolgendes Capture-Ereignis den Wert des Registers überschreiben würde, muss das Lesen durch die CPU möglichst zeitnah nach dem Capture-Ereignis erfolgen. Hierfür kann mit dem Auftreten des Capture-Ereignisses ein Interrupt ausgelöst werden. Die Struktur eines Timers mit Capture-Einheit ist in Abb. 15.25 dargestellt.

15.4.2 Typische Timerregister

Unabhängig von der konkreten Implementierung verwenden die meisten Timer einige typische Register, die nachfolgend vorgestellt werden.

Konfigurations-Register (Control Register) Durch die Programmierung der Konfigurationsregister werde grundlegende Einstellungen zum Betriebsmodus des Timers vorgenommen. Hierzu zählt unter anderem das Aktivieren des Zählers oder die Wahl der Zählrichtung, falls diese programmierbar ist. Darüber hinaus bestimmt die Konfiguration, in welcher Form Ausgangssignale erzeugt werden oder ob die Capture-Einheit genutzt wird. Die Flanke zur Auslösung eines Capture-Ereignisses wird ebenfalls über Konfigurationsregister ausgewählt. Teilweise werden diese Register auch als *Mode Register* bezeichnet.

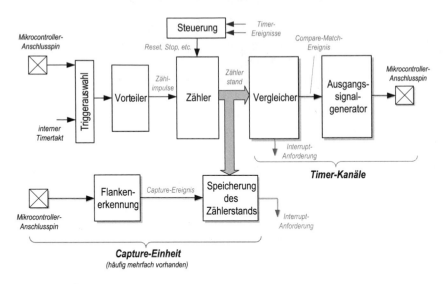

Abb. 15.25   Struktur eines Timers mit Capture-Einheit

Vorteiler-Register (Prescaler Register)   Mit diesem Register wird der Divisor des Vorteilers eingestellt. Der Vorteiler ist in der Regel als Modulo-Zähler implementiert und
gibt einen Zählimpuls mit dem Durchlaufen des Wertes Null aus. Der Wert dieses
Registers ist daher der Divisor des Vorteilers minus 1.

Vergleichs-Register (Compare Register)   In diesen Registern werden die Vergleichswerte
für die Erzeugung eines Vergleichs-Ereignisses abgelegt. Wird der maximale Zählerstand
nicht aus einem dieser Register abgeleitet, existiert hierfür ein weiteres Register.

Zählerstands-Register (Counter Register)   Der aktuelle Zählerstand kann über dieses
Register von der CPU gelesen oder gesetzt werden. Das Setzen des Zählerstands ist sinnvoll, wenn beim Aktivieren des Timers ein bestimmter Startzählerstand erforderlich ist.

Capture-Register   Die Capture-Register enthalten den Zählerstand bei Auftreten des
zugehörigen Capture-Ereignisses.

Status- und Interrupt-Register   Statusregisters beinhalten den Zustand des Timers. Sie
dienen auch der Abfrage, welche Timer-Ereignisse aufgetreten sind. Interrupt-Register
dienen der Interruptfreigabe und dem Bestätigen von Interrupts, falls dies nicht durch
Schreibzugriffe auf das Statusregister erfolgt.

Tab. 15.25 Übersicht über die Timer der STM32G0-Serie

Timertyp	Bezeichnung	Zähler-Wort-breite	Zählrichtung	Ausgabe-Kanäle	Capture-Kanäle
Advanced	TIM1	16	auf, ab, auf/ab	6	4
General Purpose	TIM2	32	auf, ab, auf/ab	4	4
	TIM3	16	auf, ab, auf/ab	4	4
	TIM14	16	auf	1	1
	TIM15/16/17	16	auf	2	2
Basic	TIM6/7	16	auf	-	-
Low-Power	LPTIM1/2	16	auf	1	-

15.4.3 Übersicht über die STM32-Timer

In der STM32-Serie werden etwa 30 verschiedene Timer eingesetzt. In den einzelnen STM32-Mikrocontrollern steht jeweils eine Auswahl dieser Timer zur Verfügung.

Die Kennzeichnung der Timer erfolgt über das Kürzel *TIM,* welches von einer Zahl gefolgt wird. Timer mit besonders geringen Leistungsaufnahme werden als Low-Power-Timer (Kürzel *LPTIM*) bezeichnet. Darüber hinaus werden in einigen Mikrocontrollern High-Resolution-Timer *(HRTIM)* angeboten, die mit einer hohen Taktfrequenz von mehreren GHz betrieben werden können und dadurch eine hohe zeitliche Auflösung besitzen.

Die Timer werden entsprechend ihrer Eigenschaften in einzelne Typen eingeteilt. Eine Übersicht über die in der STM32G0-Serie eingesetzten Timer bietet Tab. 15.25. In den nachfolgenden Abschnitten werden exemplarisch die General-Purpose-Timer TIM2 und TIM3 vorgestellt. Die anderen General-Purpose-Timer und die Basic-Timer bieten eine Untermenge dieser beiden Timer. Mit Kenntnis der grundlegenden Funktionsweise dieser Timer können Sie sich auch in die anderen Timer einarbeiten. Eine detaillierte Beschreibung der Funktionsweise bietet das Reference Manual des Mikrocontrollers.

15.4.4 General-Purpose-Timer TIM2 und TIM3

Der Unterschied zwischen den Timern TIM2 und TIM3 ist die Wortbreite des Zählers. TIM2 bietet einen Zähler mit der Wortbreite 32 bit, während TIM3 einen 16-Bit-Zähler verwendet. Abgesehen von diesem Unterschied sind diese beiden Timer identisch aufgebaut. Ein Blockdiagramm dieser Timer ist in Abb. 15.26 dargestellt.

Die Capture-Eingänge zur Vermessung von Signalen und die Output-Compare_Ausgänge zur Signalerzeugung sind auf den gleichen Mikrocontrolleranschlüssen verfügbar. Ein Timerkanal kann daher entweder eine Capture- oder eine Output-Compare-Funktion ausführen. Aus diesem Grund wird für jeden Kanal ein Capture-Compare-Register

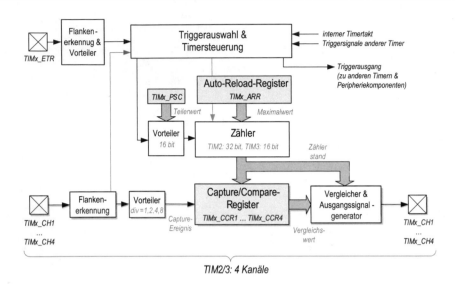

Abb. 15.26 Blockdiagramm der General-Purpose-Timer TIM2 und TIM3

(CCR) verwendet, welches für beide Funktionen verwendet wird. Wird die Capture-Funktion aktiviert, wird das Eingangssignal nach der Flankenerkennung einem Vorteiler zugeführt. Als Teilerwert stehen die Werte 1, 2, 4 oder 8 zur Verfügung.

Die Zählimpulse werden dem Zähler aus einem Vorteiler zugeführt, dessen Teilerwert über das Prescaler-Register *(PSC)* eingestellt wird. Dieser Vorteiler unterstützt ganzzahlige Teilerwerte im Bereich 1 bis 65.536.

Als Eingangssignal des Vorteilers stehen verschiedene Quellen zur Verfügung. Neben dem Timertaktsignal (aus dem RCC-Modul) können externe Signale über den ETR-Anschluss zugeführt werden. Ein anderer Timer kann ebenfalls als Quelle ausgewählt werden, wodurch eine Kaskadierung von Timern ermöglicht wird.

Der Maximalwert des Zählers wird im Auto-Reload-Register *(ARR)* abgelegt. Im Zählmodus „aufwärts" wird der Zählerstand nach Erreichen des ARR-Wertes auf 0 gesetzt und von diesem Wert erneut aufwärts gezählt. Ist der Modus „abwärts" ausgewählt, wird der Zählerstand nach dem Erreichen des Wertes 0 auf den Wert des ARR-Registers gesetzt. Die General-Purpose-Timer TIM2 und TIM3 unterstützen auch den Zählmodus „aufwärts/abwärts". In diesem Modus wird die Zählrichtung nach Erreichen des ARR-Wertes oder des Wertes 0 umgekehrt. Dieser Modus wird auch vom Advanced-Timer TIM1 unterstützt (vgl. Tab. 15.25).

Beim Schreibzugriff auf das Prescaler-Register, das Auto-Reload-Register und die Capture-Compare-Register wird jeweils auf ein sogenanntes *Preload-Register* zugegriffen. Der geschriebene Wert wird im Preload-Register gespeichert und wird nicht sofort von der Timer-Hardware verwendet. Erst bei Auftreten eines *Update-Events* wird der Wert aus allen Preload-Registern in Register übernommen, die von der Hardware des Timers verwendet werden. Auf diese Weise ist sichergestellt, dass alle Registerwerte zeitgleich wirksam werden.

Als Update-Event wird in der Regel das Erreichen des maximalen Zählwertes (Zähler zählt aufwärts) oder das Erreichen des Wertes 0 (Zähler zählt abwärts) verwendet. Daneben ist es auch möglich, Timer-Events durch Programmierung des EGR-Registers auszulösen.

15.4.4.1 Register der Timer TIM2 und TIM3

In diesem Abschnitt wird eine Auswahl der wichtigsten Register der General-Purpose-Timer vorgestellt. Zusammen mit den nachfolgenden Abschnitten, insbesondere Abschn. 15.4.5 und 15.4.8, erhalten Sie wichtige Informationen zur Funktionsweise und zur Programmierung der Timer.

TIMx Control Register (TIMx_CR1 x = 2,3) Mit dem CR1-Register werden grundlegende Konfigurationseinstellungen für den Betrieb des Timers vorgenommen. Die Bedeutung ausgewählter Bits dieses Registers ist in Tab. 15.26 zusammengefasst.

TIMx DMA/Interrupt Enable Register (TIMx_DIER x = 2,3) Interruptfreigaben beziehungsweise Ereignisse, die einen DMA-Request auslösen, werden durch die Bits des DIER-Registers (vgl. Tab. 15.27) ausgewählt.

TIMx Status Register (TIMx_SR x = 2,3) Das Status-Register stellt für jeden Kanal ein sogenanntes Overcapture-Bit zur Verfügung. Tritt ein Capture-Ereignis ein, bevor der vorige Capture-Wert gelesen wurde (= ein Capture-Wert geht verloren), wird das zugehörige Overcapture-Bit gesetzt.

Darüber hinaus enthält dieses Register die Interrupt-Statusbits zu den Interruptquellen, die im DIER-Register freigegeben werden können.

Das Löschen erfolgt durch das Schreiben von 1-Bits. Schreiben von 0-Bits hat keine Wirkung Die Belegung dieses Registers zeigt Tab. 15.28.

TIMx Event Generation Register (TIMx_EGR x = 2,3) Mit dem Event-Generation-Register können Events durch die Software des Mikrocontrollers erzeugt werden. Hierzu wird in das zugehörige Bit des EGR-Registers eine 1 geschrieben (vgl. Tab. 15.29). Das Löschen des Bits erfolgt automatisch durch die Timer-Hardware.

TIMx Capture/Compare Mode Register (TIMx_CCMR1 und TIMx_CCMR2 x = 2,3) Mit diesem Register wird ausgewählt, ob der Anschluss eines Timer-Kanals als Capture-Eingang oder als Compare-Output arbeitet (vgl. CCxS-Bits). Die Bedeutung der Bits dieses Register ist vom gewählten Modus (Eingang/Ausgang) des jeweiligen Kanals abhängig Für eine Konfiguration des Kanals als Eingang können die Registerbelegungen den Tabellen Tab. 15.30 und 15.32 entnommen werden. Ist der Kanal als Ausgang konfiguriert, sind die Tabellen Tab. 15.31 und 15.33 relevant.

Tab. 15.26 Ausgewählte Bits des Registers TIMx_CR1

Bit	Kürzel	Beschreibung
11	UIFREMAP	UIF Status Bit Remapping 1: UIF-Bit (s. Register TIMx_SR) wird in das Bit 31 des Zählerstands-Registers (TIMx_CNT) kopiert. Dies ermöglicht das zeitgleiche Auslesen des Zählerstands und des UIF-Bits
9:8	CKD	Clock Division Wählt die Frequenz f_{DTS}, welche als Grundlage für die Abtastung externer Signale verwendet wird 00: $f_{DTS} = f_{CK\_INT}$ 01: $f_{DTS} = 0{,}5 \cdot f_{CK\_INT}$ 10: $f_{DTS} = 0{,}25 \cdot f_{CK\_INT}$ mit f_{CK_INT}: Timer-Taktfrequenz
7	ARPE	Auto-Reload Preload Enable 0: ARR-Wert wird kontinuierlich aus dem Preload-Register übernommen 1: ARR-Wert wird nur bei Update-Event aus dem Preload-Register übernommen
6:5	CMS	Center Aligned Mode Selection 00: Zählmodus aufwärts **oder** abwärts (s. DIR-Bit) 01, 10, 11: *Center Aligned Mode*, Zählmodus aufwärts **und** abwärts Output-Compare-Interrupt im Center Aligned Mode: 01: Interrupt nur während des Abwärtszählens 10: Interrupt nur während des Aufwärtszählens 11: Interrupt während beider Zählrichtungen
4	DIR	Direction Zählmodus 0: aufwärts, 1: abwärts
3	OPM	One Pulse Mode 0: Zähler wird bei Update-Event nicht angehalten 1: Zähler wird bei Update-Event angehalten, Bit 0 (CEN) wird gelöscht
1	UDIS	Update Disable 0: Update-Events aktiviert 1: Timer-interne Update-Events deaktiviert
0	CEN	Counter Enable 0: Zähler deaktiviert 1: Zähler aktiviert

Bei Wahl des Betriebsmodus Output-Compare wird mit den OCxM-Bits die Funktion des Ausgangssignalgenerators beeinflusst. Für ausgewählte Bitkombinationen ist die Funktion in Tab. 15.34 dargestellt. Die angegebenen logischen Werte können für einzelne Kanäle durch Setzen des CC*x*P-Bits ($x =$ Kanalnummer) im CCER-Register invertiert werden.

TIMx Capture/Compare Enable Register (TIMx_CCER x=2,3) Mit dem CCER-Register kann die Funktion der Capture-Einheit beziehungsweise des Ausgangssignal-

Tab. 15.27   Belegung des Registers TIMx_DIER

Bit	Kürzel	Beschreibung
14	TDE	Trigger DMA Request Enable 1: Trigger-Event lost DMA-Request aus
12	CC4DE	Capture/Compare DMA Request Enable
11	CC3DE	Bits für die vier Timer-Kanäle
10	CC2DE	1: Capture- oder Compare-Event des Kanals löst DMA-Request aus
9	CC1DE	
8	UDE	Update DMA Request Enable 1: Update-Event löst DMA-Request aus
6	TIE	Trigger Interrupt Enable 1: Interrupt bei Trigger-Event
4	CC4IE	Capture/Compare Interrupt Enable
3	CC3IE	Bits für die vier Timer-Kanäle
2	CC2IE	1: Interrupt bei Capture- oder Compare-Event des Kanals
1	CC1IE	
0	UIE	Update Interrupt Enable 1: Interrupt bei Update-Event

Tab. 15.28   Belegung des Registers TIMx_SR

Bit	Kürzel	Beschreibung
12	CC4OF	Overcapture Flag
11	CC3OF	Bits für die vier Timer-Kanäle
10	CC2OF	1: Capture-Event aufgetreten bevor der vorige Capture-Wert gelesen wurde
9	CC1OF	
6	TIF	Trigger Interrupt Flag
4	CC4IF	Capture/Compare Interrupt Flag
3	CC3IF	Bits für die vier Timer-Kanäle
2	CC2IF	
1	CC1IF	
0	UIF	Update Interrupt Flag - signalisiert, dass ein Update-Event stattgefunden hat

generators für jeden Kanal getrennt aktiviert werden. Außerdem kann mit diesem Register die aktive Capture-Flanke beziehungsweise die Polarität des Ausgangssignals festgelegt werden. Die Bedeutung der Bits dieses Registers kann Tab. 15.35 und 15.36 entnommen werden.

Tab. 15.29 Belegung des
Registers TIMx_EGR

Bit	Kürzel	Beschreibung
6	TG	Trigger Event Generation
4	CC4G	Capture/Compare Event Generation
3	CC3G	
2	CC2G	
1	CC1G	
0	UG	Update Event Generation (Auslösen eines Update-Events durch Software)

Tab. 15.30 Belegung des Registers TIMx_CCMR1 *(Input Capture Mode)*

Bit	Kürzel	Beschreibung
15:12	IC2F	vgl. IC1F
11:10	IC2PSC	vgl. IC1PSC
9:8	CC2S	Capture/Compare Selection 00: Kanal ist als Ausgang konfiguriert 01: Kanal ist Eingang und mit dem Anschluss TIMx_CH2 verbunden 10: Kanal ist Eingang und mit dem Anschluss TIMx_CH1 verbunden 11: Kanal ist Eingang und mit dem internen Signal TRC verbunden (vgl. Reference Manual)
7:4	IC1F	Input Capture Filter Die Bitkombination wählt die Abtastfrequenz und Filtereigenschaften eines Eingangsfilters 0000: kein Filter, Abtastfrequenz $=f_{DTS}$ (vgl. Register TIMx_CCR1) (Erläuterungen zu weiteren Bitkombinationen im Reference Manual)
3:2	IC1PSC	Input Capture Prescaler 00: Jede aktive Flanke erzeugt ein Capture-Event 01: Jede zweite aktive Flanke erzeugt ein Capture-Event 10: Jede vierte aktive Flanke erzeugt ein Capture-Event 11: Jede achte aktive Flanke erzeugt ein Capture-Event
1:0	CC1S	Capture/Compare Selection 00: Kanal ist als Ausgang konfiguriert 01: Kanal ist Eingang und mit dem Anschluss TIMx_CH1 verbunden 10: Kanal ist Eingang und mit dem Anschluss TIMx_CH2 verbunden 11: Kanal ist Eingang und mit dem internen Signal TRC verbunden (vgl. Reference Manual)

TIMx Counter (TIMx_CNT x = 2,3) Das Counter-Register enthält den aktuellen Zählerstand. Im Fall des 16-Bit-Timers TIM3 ist der Zählerstand in den unteren 16 Bit dieses Registers verfügbar (vgl. Tab. 15.37).

Unabhängig von der Zählerwortbreite enthält Bit 31 dieses Registers eine Kopie des UIF-Bits des Statusregisters, wenn das UIFREMAP-Bit im Register TIMx_CR1 gesetzt ist.

Tab. 15.31 Belegung des Registers TIMx_CCMR1 *(Output Compare Mode)*

Bit	Kürzel	Beschreibung
24, 14:12	OC2M	Output Compare Mode Verhalten des Ausgangssignalgenerators (vgl. Tab. 15.34)
11	OC2PE	vgl. OC1PE
9:8	CC2S	s. Input Capture Mode (Tab. 15.30)
16, 6:4	OC1M	Output Compare Mode Verhalten des Ausgangssignalgenerators (vgl. Tab. 15.34)
3	OC1PE	Output Compare Preload Enable 0: Preload-Funktion deaktiviert 1: Preload-Funktion aktiviert, CCR-Wert wird mit Update-Event übernommen
1:0	CC1S	s. Input Capture Mode (Tab. 15.30)

Tab. 15.32 Belegung des Registers TIMx_CCMR2 *(Input Capture Mode)*

Bit	Kürzel	Beschreibung
15:12	IC4F	vgl. IC1F
11:10	IC4PSC	vgl. IC1PSC
9:8	CC4S	Capture/Compare Selection 00: Kanal ist als Ausgang konfiguriert 01: Kanal ist Eingang und mit dem Anschluss TIMx_CH4 verbunden 10: Kanal ist Eingang und mit dem Anschluss TIMx_CH3 verbunden 11: Kanal ist Eingang und mit dem internen Signal TRC verbunden (vgl. Reference Manual)
7:4	IC3F	vgl. IC1F
3:2	IC3PSC	vgl. IC1PSC
1:0	CC3S	Capture/Compare Selection 00: Kanal ist als Ausgang konfiguriert 01: Kanal ist Eingang und mit dem Anschluss TIMx_CH3 verbunden 10: Kanal ist Eingang und mit dem Anschluss TIMx_CH4 verbunden 11: Kanal ist Eingang und mit dem internen Signal TRC verbunden (vgl. Reference Manual)

TIMx Prescaler (TIMx_PSC x=2,3) Dieses Register legt den im Vorteiler verwendeten Divisor für die Zählimpulse fest. Der Divisor besitzt eine Wortbreite von 16 bit und ergibt sich aus dem Registerwert plus 1 (vgl. Tab. 15.38).

TIMx Auto-Reload Register (TIMx_ARR x=2,3) Das ARR-Register legt den maximalen Zählerstand fest (vgl. Tab. 15.39).

Tab. 15.33 Belegung des Registers TIMx_CCMR2 *(Output Compare Mode)*

Bit	Kürzel	Beschreibung
24, 14:12	OC4M	Output Compare Mode Verhalten des Ausgangssignalgenerators (vgl. Tab. 15.34)
11	OC4PE	vgl. OC1PE
9:8	CC4S	s. Input Capture Mode (Tab. 15.32)
16, 6:4	OC3M	Output Compare Mode Verhalten des Ausgangssignalgenerators (vgl. Tab. 15.34)
3	OC3PE	vgl. OC1PE
1:0	CC3S	s. Input Capture Mode (Tab. 15.32)

Tab. 15.34 Ausgewählte Funktionen des Ausgangssignalgenerators in Abhängigkeit der OCxM-Bits

OCxM	Funktion
0000	Ausgang wird nicht modifiziert
0001	Ausgang wird bei Erreichen des Vergleichswertes aktiv
0010	Ausgang wird bei Erreichen des Vergleichswertes inaktiv
0011	Ausgang wird bei Erreichen des Vergleichswertes invertiert
0100	Ausgang ist dauerhaft inaktiv
0101	Ausgang ist dauerhaft aktiv
0110	PWM-Mode 1: Zählrichtung = aufwärts: Ausgang ist aktiv wenn Zählerstand < Vergleichswert, sonst inaktiv Zählrichtung = abwärts: Ausgang ist inaktiv wenn Zählerstand > Vergleichswert, sonst aktiv
0111	PWM-Mode 2: Zählrichtung = aufwärts: Ausgang ist inaktiv wenn Zählerstand < Vergleichswert, sonst aktiv Zählrichtung = abwärts: Ausgang ist aktiv wenn Zählerstand > Vergleichswert, sonst inaktiv
1100	Combined PWM-Mode 1
1101	Combined PWM-Mode 2
1110	Asymmetric PWM-Mode 1
1111	Asymmetric PWM-Mode 2

TIMx Capture/Compare Register (TIMx_CCRy x = 2,3, y = 1.4) Ist der Timerkanal als Ausgang konfiguriert, enthält dieses Register den Vergleichswert für die Output-Compare-Funktion. Ist der Kanal als Capture-Eingang konfiguriert, wird in diesem Register der Zählerstand beim Auftreten eines Capture-Events abgelegt (vgl. Tab. 15.40). Tab. 15.40 direkt nach dem Text und vor der nachfolgenden Spitzmarke einfügen

Tab. 15.35 Belegung des Registers TIMx_CCER

Bit	Kürzel	Beschreibung
15	CC4NP	Auswahl der Capture-Flanke bzw. der Polarität des Ausgangssignals für Kanal 4 (vgl. Tab. 15.36)
13	CC4N	
12	CC4E	Capture Compare Enable 1: Capture/Compare für Kanal 4 aktiviert
11	CC3NP	Auswahl der Capture-Flanke bzw. der Polarität des Ausgangssignals für Kanal 3 (vgl. Tab. 15.36)
9	CC3N	
8	CC3E	Capture Compare Enable 1: Capture/Compare für Kanal 3 aktiviert
7	CC2NP	Auswahl der Capture-Flanke bzw. der Polarität des Ausgangssignals für Kanal 2 (vgl. Tab. 15.36)
5	CC2N	
4	CC2E	Capture Compare Enable 1: Capture/Compare für Kanal 2 aktiviert
3	CC1NP	Auswahl der Capture-Flanke bzw. der Polarität des Ausgangssignals für Kanal 1 (vgl. Tab. 15.36)
1	CC1N	
0	CC1E	Capture Compare Enable 1: Capture/Compare für Kanal 1 aktiviert

Tab. 15.36 Ausgewählte Funktionen des Ausgangssignalgenerators in Abhängigkeit der OCxM-Bits

CCxNP	CCxN	Kanalkonfiguration	
		Eingang (Capture)	**Ausgang (Compare)**
0	0	Capture-Event bei steigender Flanke	Ausgang ist high-aktiv
0	1	Capture-Event bei fallender Flanke	Ausgang ist low-aktiv
1	1	Capture-Event bei beiden Flanken	*Bitkombination nicht erlaubt*

15.4.4.2 Register für DMA-Zugriffe

Der Zugriff auf die Timerregister ist auch mit dem DMA-Controller möglich. Im Gegensatz zu Schnittstellen, bei denen in der Regel nur ein DMA-Zugriff auf das Datenregister erfolgt, ist bei Timern ein Zugriff auf mehrere Register wünschenswert.

Um den DMA-Peripheriezugriff wie üblich ohne Post-Inkrement erfolgen zu lassen, besitzen die DMA-fähigen Timer das Register TIMx_DMAR für den DMA-Datentransfer. Eine DMA-Schreib- oder Leseoperation erfolgt mit diesem Register als Ziel beziehungsweise Quelle. Die Timer-Hardware blendet unter dieser Registeradresse jeweils ein Register des Timers ein. Nach einem Zugriff wird das nächste Timerregister unter der Adresse des TIMx_DMAR-Registers eingeblendet. Auf diese Weise können auch mehrere Register eines Timer mithilfe des DMA-Controllers gelesen und geschrieben werden, ohne dass die Timeradressierung mit Post-Inkrement erfolgen muss.

Tab. 15.37 Belegung des Registers TIMx_CNT

Bit	Kürzel	Beschreibung
31	CNT[31] oder UIFCPY	UIFREMAP=0: Bit 31 des Zählerstands UIFREMAP=1: Kopie des UIF-Bits aus dem Statusregister
30:16	CNT[30:16]	Bits 30:16 des Zählerstands (bei 32-Bit-Timer)
15:0	CNT[15:0]	Bits 15:0 des Zählerstands

Tab. 15.38 Belegung des Registers TIMx_PSC

Bit	Kürzel	Beschreibung
15:0	PSC[15:0]	Divisor = PSC + 1

Tab. 15.39 Belegung des Registers TIMx_ARR

Bit	Kürzel	Beschreibung
31:16	ARR[31:16]	Bits 31:16 des maximalen Zählerstands (bei 32-Bit-Timer)
15:0	ARR[15:0]	Bits 15:0 des maximalen Zählerstands

Tab. 15.40 Belegung des Registers TIMx_CCRy

Bit	Kürzel	Beschreibung
31:16	CCR[31:16]	Bits 31:16 des Capture/Compare-Wertes (bei 32-Bit-Timer)
15:0	CCR[15:0]	Bits 15:0 des Capture/Compare-Wertes

Tab. 15.41 Belegung des Registers TIMx_DCR

Bit	Kürzel	Beschreibung
12:8	DBL	DMA Burst Length Anzahl der zu übertragenden Register = DBL + 1
4:0	DBA	DMA Base Address Relative Startadresse für DMA-Transfers

Tab. 15.42 Belegung des Registers TIMx_DMAR

Bit	Kürzel	Beschreibung
15:0	DMAB	DMA Register for Burst Accesses

Die Anzahl der zu lesenden beziehungsweise zu schreibenden Register wird durch das TIMx_DCR-Register festgelegt. Mit diesem Register wird auch festgelegt, ab welchem Register der DMA-Zugriff erfolgen soll.

Die Belegung der beiden Register ist in Tab. 15.41 und 15.42 dargestellt.

15.4.4.3 Register anderer STM32-Timer

In Abschn. 15.4.4.1 und 15.4.4.2 wurden wichtige Register der Timer TIM2 und TIM3 vorgestellt. Die anderen TIM*x*-Timer besitzen eine ähnliche Register-Struktur. Mit der Kenntnis der Funktionsweise der TIM2/3-Register können Sie daher auch andere Timer in Betrieb nehmen. Hierbei ist zu beachten, dass die bereitgestellten Register vom Funktionsumfang des jeweiligen Timers abhängen. Sie werden daher nicht alle vorgestellten Register in allen Timern wiederfinden. Eine Übersicht über die verfügbaren Timerregister gibt Tab. 15.43. Sie kann als Startpunkt für die Arbeit mit den anderen Timern dienen.

15.4.5 Output-Compare-Modus

In diesem und den nachfolgenden Abschnitten werden Programm-Beispiele zur Signalerzeugung und -vermessung mit den STM32-Timern vorgestellt. Die Beispiele verwenden den Timer TIM2. Aufgrund der systematischen Registerstruktur (vgl. Tab. 15.43) können diese Beispiele auch auf andere Timer übertragen werden.

Für eine einfache Erzeugung von Rechtecksignalen mit dem Output-Compare-Modus, wird das Ausgangssignal nur dann modifiziert, wenn der Zähler den Wert im CCR-Register des Kanals erreicht. Diese Modifikation kann unter anderem ein Setzen, Löschen oder die Invertierung des Ausgangssignals sein (vgl. Tab. 15.34).

In dem hier diskutierten Beispiel soll ein kontinuierliches Rechtecksignal ausgegeben werden. Daher wird die *Invertierung bei Erreichen des CCR-Wertes* ausgewählt. Die Register PSC und ARR werden so gewählt, dass der 16 MHz-Takt durch den Vorteiler um den Faktor 16 dividiert wird und dann 1000 Werte gezählt werden, damit der Zählerendwert in jeder Millisekunde einmal erreicht wird. Die Konfiguration des Timers ist in Tab. 15.44 zusammengefasst.

Mit den beschriebenen Einstellungen durchläuft der Zähler in jeder Millisekunde alle Werte zwischen 0 und 999. Der CCR-Wert kann beliebig zwischen 0 und 999 gewählt werden und somit wird in jeder Millisekunde einmal ein Vergleichsereignis auftreten. Das Ausgangssignal benötigt für das Durchlaufen einer Periode zwei Invertierungen, also 2 ms. Das erzeugte Rechtecksignal besitzt daher eine Frequenz von 500 Hz.

In Abb. 15.27 ist der Verlauf des Zählerstands und der daraus resultierende Verlauf des Rechtecksignals am Ausgang des Timers dargestellt. Die Signalfrequenz kann mit Kenntnis der Frequenz des Timers f_{TIM} und den Konfigurationseinstellungen (PSC und ARR) wie folgt allgemein formuliert werden:

$$f_{OUT} = f_{TIM}/(2 \cdot (PSC + 1) \cdot (ARR + 1))$$

Besitzt der Timer mehrere Kanäle, können weitere Rechtecksignale mit der gleichen Frequenz erzeugt werden. Die Phasenverschiebung der Signale kann durch die Programmierung der CCR-Register gewählt werden. Dies ist in Abb. 15.28 für zwei Rechtecksignale dargestellt. Die Phasenverschiebung ergibt sich zu:

$$\varphi_{12} = 2\pi \cdot (CCR2 - CCR1)/(ARR + 1)$$

Tab. 15.43 Übersicht über verfügbare Register in den Timern der STM32G0-Serie

Timerregister		Verfügbarkeit in Timer					
Offset adresse	Register-name	TIM1	TIM2/3	TIM6/7	TIM14	TIM15	TIM16/17
0x00	TIMx_CR1	✓	✓	✓	✓	✓	✓
0x04	TIMx_CR2	✓	✓	✓		✓	✓
0x08	TIMx_SMCR	✓	✓			✓	
0x0C	TIMx_DIER	✓	✓	✓	✓	✓	✓
0x10	TIMx_SR	✓	✓	✓	✓	✓	✓
0x14	TIMx_EGR	✓	✓	✓	✓	✓	✓
0x18	TIMx_CCMR1	✓	✓		✓	✓	✓
0x1C	TIMx_CCMR2	✓	✓			✓	
0x20	TIMx_CCER	✓	✓		✓	✓	✓
0x24	TIMx_CNT	✓	✓	✓	✓	✓	✓
0x28	TIMx_PSC	✓	✓	✓	✓	✓	✓
0x2C	TIMx_ARR	✓	✓	✓	✓	✓	✓
0x30	TIMx_RCR	✓				✓	✓
0x34	TIMx_CCR1	✓	✓		✓	✓	✓
0x38	TIMx_CCR2	✓	✓				
0x3C	TIMx_CCR3	✓	✓				
0x40	TIMx_CCR4	✓	✓				
0x44	TIMx_BDTR	✓				✓	✓
0x48	TIMx_DCR	✓	✓			✓	✓
0x4C	TIMx_DMAR	✓	✓			✓	✓
0x50	TIMx_OR1	✓	✓				
0x54	TIMx_CCMR3	✓					
0x58	TIMx_CCR5	✓					
0x5C	TIMx_CCR6	✓					
0x60	TIMx_AF1	✓	✓			✓	✓
0x64	TIMx_AF2	✓					
0x68	TIMx_TISEL	✓	✓		✓	✓	✓

15.4.5.1 Output-Compare-Modus mit der CMSIS-Bibliothek

Ein Beispiel für die Konfiguration des Timers mit der CMSIS-Bibliothek zeigt das nachfolgende Codefragment. Zunächst werden die Taktsignale für die Module GPIOA

Tab. 15.44 Beispiel zur Timer-Konfiguration für den Output-Compare-Modus

Taktquelle	interner Takt
PSC-Wert	15 → bei 16 MHz-Timer-Takt alle 1 µs ein Zählimpuls
Zählmodus	aufwärts
Auto-Reload-Wert	999 → Endwert alle 1 ms erreicht
Kanalrichtung	Ausgang
Kanalmodus	Output Compare, Invertierung bei Erreichen des CCR-Wertes

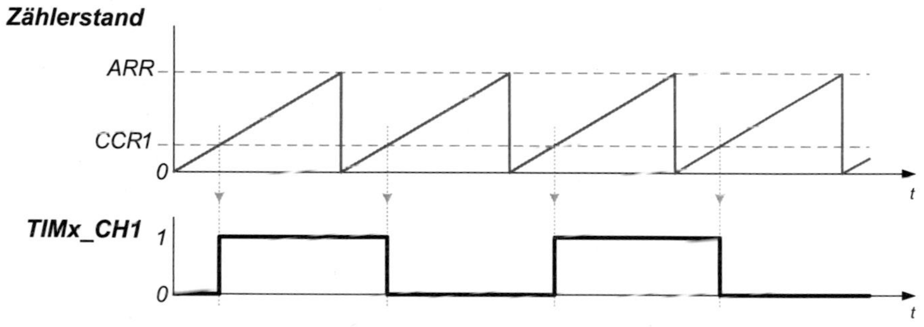

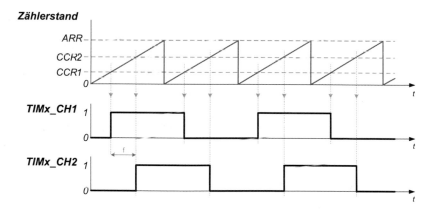

Abb. 15.27 Erzeugung eines Rechtecksignals im Output-Compare-Modus

Abb. 15.28 Erzeugung von phasenverschobenen Rechtecksignalen im Output-Compare-Modus

und TIM2 aktiviert. Anschließend erfolgt die Konfiguration der Anschlüsse des Mikro-controllers und des Timers. Am Ende des Codes erfolgt die Aktivierung des Timers durch Setzen des CEN-Bits im Register TIM2_CR1 (vgl. Tab. 15.9).

```
// Beispiel für den Betrieb eines Timers mit CMSIS-Funktionen
// Takte für GPIOA und TIM2 aktivieren
RCC->IOPENR   |= RCC_IOPENR_GPIOAEN;
RCC->APBENR1  |= RCC_APBENR1_TIM2EN;


// PA0 und PA1 "Alternate Function" auf TIM2 einstellen
GPIOA->MODER &=  ~GPIO_MODER_MODE0;
GPIOA->MODER |=   GPIO_MODER_MODE0_1;
GPIOA->MODER &=  ~GPIO_MODER_MODE1;
GPIOA->MODER |=   GPIO_MODER_MODE1_1;


GPIOA->AFR[0] &=  ~GPIO_AFRL_AFSEL0;
GPIOA->AFR[0] |=   2<<GPIO_AFRL_AFSEL0_Pos;
GPIOA->AFR[0] &=  ~GPIO_AFRL_AFSEL1;
GPIOA->AFR[0] |=   2<<GPIO_AFRL_AFSEL1_Pos;


// CH1: "Toggle" wenn CNT = CCR1, CH2: "Toggle" wenn CNT = CCR2
TIM2->CCMR1  = TIM_CCMR1_OC1M_1 | TIM_CCMR1_OC1M_0;
TIM2->CCMR1 |= TIM_CCMR1_OC2M_1 | TIM_CCMR1_OC2M_0;


// Ausgang fuer Kanal 1 und 2 aktivieren
TIM2->CCER   = TIM_CCER_CC2E | TIM_CCER_CC1E;


// Prescaler: Taktdivisor 16 (PSC=16-1), Zählifrequenz = 1 MHz
TIM2->PSC   = 15;
// ARR=999 => Neustart alle 1000 us
TIM2->ARR   = 999;
// Kanal 1: Invertierung 100 us nach Neustart
TIM2->CCR1  = 99;
// Kanal 2: Invertierung 200 us nach Neustart
TIM2->CCR2  = 199;


// CEN-Bit auf 1 => Timer starten
TIM2->CR1   |= TIM_CR1_CEN;
```

15.4.5.2 Output-Compare-Modus mit der HAL-Bibliothek

Die Konfiguration des Timers kann auch durch das grafische Werkzeug STM32CubeMX erfolgen. Ein Beispiel hierfür zeigt Abb. 15.29.

Nachdem die Initialisierung des Timers durch den generierten Code erfolgt ist, müssen die Ausgänge der Timerkanäle und der Zähler des Timers aktiviert werden. Dies kann durch die folgenden HAL-Funktionsaufrufe erreicht werden:

```
HAL_TIM_OC_Start(&htim2, TIM_CHANNEL_1);
HAL_TIM_OC_Start(&htim2, TIM_CHANNEL_2);
```

Abb. 15.29 Beispiel für die Konfiguration des OC-Modus mit STM32CubeMX

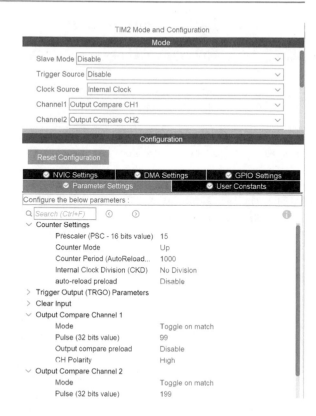

15.4.5.3 Dynamische Erzeugung von Rechtecksignalen

Mit dem Beispiel aus den vorangegangenen Abschnitten wird ein statisches Rechtecksignal erzeugt. Unter Einbeziehung von Interrupts kann das Zeitverhalten des ausgegebenen Signals dynamisch modifiziert werden. Hierzu wird mit Erreichen des Vergleichswertes ein Interrupt ausgelöst. Die Freigabe dieser Interrupts erfolgt durch das Setzen des entsprechenden CC*x*IE-Bits im DIER-Register erfolgen (vgl. Tab. 15.27). Dies wird durch die Funktion HAL_TIM_OC_Start_IT mit der Aktivierung des Kanals und des Zählers ausgeführt.

Die zugehörige Callback-Funktion besitzt den Namen HAL_TIM_OC_ DelayElapsedCallback. Sie kann dafür genutzt werden, die CCR-Werte dynamisch neu zu setzen.

Der nachfolgende Code zeigt ein Beispiel hierfür. Das CCR-Register des Kanals 1 wird interruptbasiert mit den Werten 799, 999, 199 und 499 programmiert.

```c
// Rechtecksignale mit interruptbasierter Programmierung eines Timers
#include "stm32g0xx_hal.h"
extern TIM_HandleTypeDef htim2;


// Array mit CCR-Werten
volatile uint32_t ccr1Sequence[4]= {799,999,199,499};


// ISR: Compare-Callback-Funktion programmiert neuen CCR-Wert
void HAL_TIM_OC_DelayElapsedCallback (TIM_HandleTypeDef *htim)
{
    static uint8_t cntCCR1 = 1; // Zähler zur Auswahl der Werte
    if (htim == &htim2) {
        if (htim->Channel == HAL_TIM_ACTIVE_CHANNEL_1) {
            // Falls richtiger Timer und Kanal: CCR-Wert neu setzen
            __HAL_TIM_SET_COMPARE(htim,TIM_CHANNEL_1,
                                  ccr1Sequence[cntCCR1]);
            // CCR-Index erhöhen, max. bis 3 laufen lassen
            cntCCR1 = (cntCCR1+1)%4;
            // Statt des Modulo-Operators % könnte man in diesem Fall
            // auch eine UND-Verknüpfung mit dem Wert 4-1 = 3 nutzen.
            // Also: cntCCR1 = (cntCCR1+1)&3;
            // Dies wäre schneller.
            // Aber: Das funktioniert nur für 2er-Potenzen
        }
    }
}


void app() // wird in main() aufgerufen
{
    // 1. CCR-Wert vor dem Start des Timers eintragen
    __HAL_TIM_SET_COMPARE(&htim2,TIM_CHANNEL_1,ccr1Sequence[0]);

    // Timer starten
    HAL_TIM_OC_Start_IT (&htim2,TIM_CHANNEL_1);
    while (1);
}
```

Der resultierende Signalverlauf am Anschluss TIM2_CH1 zeigt Abb. 15.30. In diesem Beispiel erfolgt ein Wechsel zwischen zwei CCR-Werten. Werden mehr unterschiedliche CCR-Werte verwendet, lassen sich mit dem gezeigten Prinzip auch komplexere digitale Ausgangssignale erzeugen.

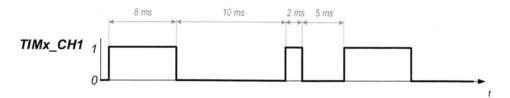

Abb. 15.30 Verlauf des Ausgangssignal mit interruptbasierter Programmierung der CCR-Werte

Der besondere Vorteil dieser Programmierung liegt darin, dass die gewünschte Impulsbreite durch den Timer exakt eingehalten wird, auch wenn die Ausführungszeit des Interrupts nicht taktgenau berechnet werden kann. Es muss lediglich sichergestellt sein, dass der Zählerstand bei der Neuprogrammierung des CCR-Wertes noch vor dem neuprogrammierten Wert liegt. Andernfalls würde die Compare-ISR erst in der nächsten Zählperiode erneut ausgeführt werden.

15.4.6 PWM-Modi

Die Pulsweitenmodulation (PWM) ist ein Verfahren, das in vielen Bereichen zur Anwendung kommt. Statt des Begriffs Pulsweitenmodulation werden manchmal auch die Bezeichnungen Pulslängenmodulation (PLM), Pulsbreitenmodulation (PBM) oder Pulsdauermodulation (PDM) verwendet.

PWM-Signale besitzen viele Anwendungsgebiete. Im Bereich der Leistungselektronik werden sie zum Beispiel für die Ansteuerung von Motoren eingesetzt. Weitere Beispiele sind die Ansteuerung von LEDs und generell Anwendungen im Bereich der Analog–Digital- und Digital-Analog-Umsetzung (vgl. Abschn. 12.3.4).

Ein pulsweitenmoduliertes Signal ist ein Rechtecksignal mit einer konstanten Frequenz, aber einem wechselnden Tastverhältnis. Als Tastverhältnis wird das Verhältnis zwischen der Zeit, die das Signal aktiv ist und der Periodendauer des Signals bezeichnet. Besitzt ein Signal beispielsweise eine Periodendauer von 100 ms und ist es während einer Periode für 20 ms aktiv, besitzt das Tastverhältnis einen Wert von 0,2 beziehungsweise 20 %.

Aufgrund der großen Bedeutung von PWM-Signalen wird die Erzeugung dieser Signalform von vielen Mikrocontrollern durch spezielle Timer-Hardware unterstützt.

Anders als in dem Beispiel aus Abschn. 15.4.5.3 können damit PWM-Signale ohne
CPU-Eingriffe erzeugt werden, solange sich das Tastverhältnis nicht ändert.

In den folgenden Abschnitten werden verschiedene Möglichkeiten zur Erzeugung von
PWM-Signalen vorgestellt. Zunächst werden PWM-Signale mit festen Frequenz- und
Tastverhältnisparametern betrachtet. Im Anschluss daran wird die Erzeugung von PWM-
Signalen betrachtet, bei denen die Frequenz und das Tastverhältnis dynamisch verändert
werden kann.

In vielen Anwendungsfällen ist es erforderlich, mehrere PWM-Signale zu erzeugen,
welche eine definierte zeitliche Beziehung zueinander haben. Aus dieser Anforderung
ergibt sich die Notwendigkeit, unterschiedliche Modi zur Erzeugung der PWM-Signale
bereitzustellen.

Darüber hinaus werden häufig weitere Komponenten des Mikrocontrollers mit den
erzeugten Signalen synchronisiert. Ein Beispiel hierfür ist die Messung der Stromaufnahme eines über PWM-Signale angesteuerten Motors mit den im Mikrocontroller
integrierten A/D-Umsetzern. Die unterschiedlichen PWM-Modi ermöglichen verschiedene zeitliche Positionierungen der Messung relativ zu PWM-Flanken.

15.4.6.1 Grundlegende PWM-Modi der STM32-Timer

In allen PWM-Modi wird die Frequenz des Ausgangssignals durch den Wert des
ARR-Registers festgelegt. Die Pulsbreite wird durch ein oder zwei Compare-Werte
(CCR-Register) festgelegt. Die PWM-Modi unterscheiden sich durch die verwendete
Zählrichtung des Timers und durch die Wirkung des Compare-Ereignisses auf das Aus-
gangssignal.

Die Polarität des Ausgangssignal kann für jeden Kanal unabhängig von den anderen
Kanälen durch Programmierung des CCER-Registers gewählt werden (vgl. Tab. 15.35
und Tab. 15.36). Im Folgenden wird davon ausgegangen, dass für die Ausgangssignale
die Polarität *high-aktiv* gewählt wird.

Für die Timer des STM32 werden zwei PWM-Modi unterschieden, die als *PWM
Mode 1* und *PWM Mode 2* bezeichnet werden.

PWM Mode 1 Bei Verwendung des PWM-Modus 1 ist das Ausgangssignal aktiv, wenn
der Zählerstand während des Aufwärtszählens kleiner als der Vergleichswert ist. Erreicht
der Zählerstand den Vergleichswert, wird das Signal inaktiv. Zählt der Timer abwärts, ist
der Ausgang inaktiv, solange der Zählerstand größer als der Vergleichswert ist.

PWM Mode 2 Der PWM-Modus 2 kann als das Gegenteil von PWM-Modus 1 auf-
gefasst werden. Während des Aufwärtszählens ist das Ausgangssignal inaktiv, wenn der
Zählerstand während des Aufwärtszählens kleiner als der Vergleichswert ist. Erreicht der
Zählerstand den Vergleichswert, wird das Signal aktiv. Zählt der Timer abwärts, ist der
Ausgang aktiv solange der Zählerstand größer als Vergleichswert ist.

Eine Übersicht über die beiden PWM-Modi gibt Tab. 15.45.

Tab. 15.45 Übersicht über die PWM-Modi

Zählrichtung	PWM Mode 1			PWM Mode 2		
	$CNT{<}CCR$	$CNT{=}CCR$	$CNT{>}CCR$	$CNT{<}CCR$	$CNT{=}CCR$	$CNT{>}CCR$
aufwärts	aktiv	inaktiv	inaktiv	inaktiv	aktiv	aktiv
abwärts	aktiv	aktiv	inaktiv	aktiv	inaktiv	inaktiv

15.4.6.2 Links- und rechtsbündige PWM

Mit den Begriffen *linksbündige PWM* (engl. *left aligned PWM*) beziehungsweise *rechts-bündige PWM* (engl. *right aligned PWM*) soll die Phasenlage mehrerer erzeugter Signale zum Ausdruck gebracht werden. Zum Teil werden diese Modi auch zusammenfassend als *edge aligned PWM* bezeichnet.

Linksbündig meint, dass der Wechsel vom inaktiven in den aktiven Zustand für die PWM-Signale gleichzeitig erfolgt. Der Wechsel vom aktiven in den inaktiven Zustand ist dagegen nicht zeitgleich. Ein Beispiel für die Erzeugung linksbündiger PWM-Signale unter Verwendung des PWM-Modus 1 zeigt Abb. 15.31.

Rechtsbündige PWM-Signale sind dadurch gekennzeichnet, dass der Wechsel vom aktiven in den inaktiven Zustand zeitgleich erfolgt. Hierfür kann der PWM-Modus 2 gewählt werden. Ein Beispiel für den Verlauf rechtsbündiger Signale zeigt Abb. 15.32.

Die Frequenz der flankenbündigen *(edge aligned)* PWM-Signale gilt:

$$f_{OUT} = \frac{f_{TIM}}{(PSC + 1) \cdot (ARR + 1)}$$

Das Tastverhältnis ist vom gewählten Modus abhängig. Für Aufwärtszählen gilt für das Tastverhältnis in den beiden PWM-Modi

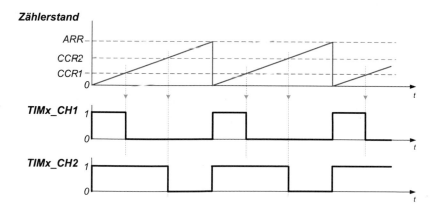

Abb. 15.31 Beispiel für die Erzeugung linksbündiger PWM-Signale

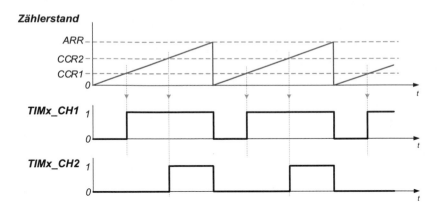

Abb. 15.32 Beispiel für die Erzeugung rechtsbündiger PWM-Signale

$$D_{UP,MODE1} = \frac{CCR}{ARR + 1} \quad D_{UP,MODE2} = \frac{ARR + 1 - CCR}{ARR + 1} = 1 - \frac{CCR}{ARR + 1} = 1 - D_{UP,MODE1}$$

Zählt der Zähler abwärts, gilt

$$D_{DOWN,MODE1} = \frac{CCR + 1}{ARR + 1} \quad D_{DOWN,MODE2} = \frac{ARR - CCR}{ARR + 1} = 1 - \frac{CCR + 1}{ARR + 1} = 1 - D_{DOWN,MODE1}$$

15.4.6.3 Zentrierte PWM

Wird für den Zähler des Timers der Aufwärts/Abwärts-Modus gewählt, können zentrierte PWM-Signale (engl. *center aligned PWM*) erzeugt werden. Die Mitte des aktiven Bereichs wird für diese Signale gleichzeitig erreicht. Der Beginn und das Ende des aktiven Bereichs sind dagegen nicht synchron.

Ein Beispiel für diese Form der Signalerzeugung zeigt Abb. 15.33.

Da der Timer während einer Signalperiode von 0 bis zum ARR-Wert aufwärts und anschließend abwärts bis 0 zählt, werden in jeder Periode 2·ARR Zählerwerte durchlaufen. Damit ergibt sich die Frequenz der PWM-Signale zu

$$f_{OUT} = \frac{f_{TIM}}{2 \cdot (PSC + 1) \cdot ARR}$$

Das Tastverhältnis wird für die beiden PWM-Modi durch folgende Formeln angegeben

$$D_{MODE1} = \frac{CCR}{ARR} \quad D_{MODE2} = \frac{ARR - CCR}{ARR} = 1 - \frac{CCR}{ARR} = 1 - D_{MODE1}$$

15.4.6.4 Asymmetrische PWM

Mit dem asymmetrischen PWM-Modus können zentrierte PWM-Signale mit einer programmierbaren Phasenverschiebung erzeugt werden. In diesem Modus werden zwei

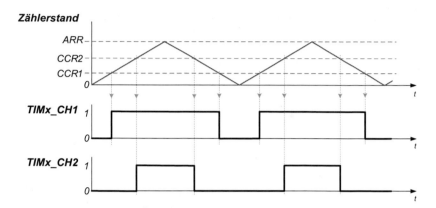

Abb. 15.33 Beispiel für die Erzeugung zentrierter PWM-Signale

CCR-Werte verwendet. Für die Kanäle 1 und 2 werden die Register CCR1 und CCR2 verwendet, für Kanäle 3 und 4 die Register 3 und 4.

Der CCR-Wert, der dem jeweiligen Kanal zugeordnet ist, wird während des Aufwärtszählens verwendet. Der andere CCR-Wert findet beim Abwärtszählen Verwendung.

Ein Beispiel kann das Vorgehen verdeutlichen: ARR = 9, CCR1 = 4, CCR2 = 6. Ist der beispielsweise PWM-Modus 1 ausgewählt, wird Kanal 1 mit Erreichen des Zählerwertes 4 inaktiv. Kanal 1 wird während des Abwärtszählens mit dem Erreichen des Zählerwertes 6 wieder aktiviert.

Für Kanal 2 gilt entsprechend mit vertauschten CCR-Werten: Kanal 2 wird während des Aufwärtszählens mit Erreichen des Wertes 6 deaktiviert und anschließend mit dem Erreichen des Wertes 4 wieder aktiviert.

Das Zeitverhalten für die Erzeugung asymmetrischer PWM-Signale ist exemplarisch in Abb. 15.34 dargestellt.

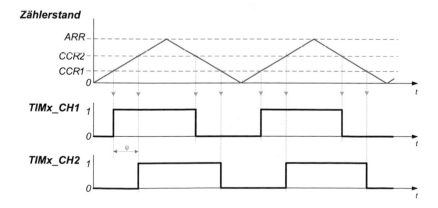

Abb. 15.34 Beispiel für die Erzeugung asymmetrischer PWM-Signale

Für die Frequenz der Ausgangssignale gilt auch für diesen PWM-Modus

$$f_{OUT} = \frac{f_{TIM}}{2 \cdot (PSC + 1) \cdot ARR}$$

Das Tastverhältnis kann für die beiden PWM-Modi mit den nachfolgenden Formeln bestimmt werden.

$$D_{MODE1} = \frac{CCR1 + CCR2}{2 \cdot ARR} \quad D_{MODE2} = \frac{2 \cdot ARR - CCR1 - CCR2}{2 \cdot ARR} = 1 - \frac{CCR1 + CCR2}{2 \cdot ARR} = 1 - D_{MODE1}$$

Für die Phasenverschiebung der beiden Signale gilt unabhängig vom PWM-Modus

$$\varphi_{12} = \pi \cdot \frac{CCR2 - CCR1}{ARR}$$

15.4.6.5 PWM-Signalerzeugung mit der HAL-Bibliothek

Die Konfiguration mit STM32CubeMX ermöglicht alle Einstellungen, die zur Erzeugung eines statischen PWM-Signals erforderlich sind. In Abb. 15.35 ist eine exemplarische Konfiguration für die PWM-Erzeugung dargestellt. In diesem Beispiel wird der Timertakt als Taktquelle verwendet. Die Kanäle 1 und 2 sind als PWM-Kanäle

Abb. 15.35 Beispiel für eine PWM-Konfiguration mit STM32CubeMX

vorgesehen. Die Detaileinstellungen werden im unteren Teil des Dialogs vorgenommen. Hier können unter anderem der Zählermodus und die Werte für PSC- und ARR-Register angegeben werden. Die Einstellungen für die Timer-Kanäle erfolgen separat. Für jeden Kanal kann unter anderem der PWM-Modus, der Wert des CCR-Registers (Pulse) und die Ausgangspolarität eingestellt werden.

Mithilfe des Konfigurationsdialogs kann auch ausgewählt werden, ob für das ARR- oder die CCR-Register die Preload-Funktion verwendet werden soll (vgl. Abschn. 15.4.4).

Durch den generierten Initialisierungscode wird der Timer konfiguriert, jedoch noch nicht gestartet. Hierfür steht die HAL-Funktion `HAL_TIM_PWM_Start` zur Verfügung. Als Parameter erwartet sie einen Zeiger auf die Handle-Variable des Timers und den zu aktivierenden Kanal. Für das in Abb. 15.35 gezeigte Konfigurationsbeispiel mit zwei PWM-Kanälen kann die Erzeugung der PWM-Signale mit den folgenden Zeilen aktiviert werden.

```
HAL_TIM_PWM_Start (&htim2, TIM_CHANNEL_1);
HAL_TIM_PWM_Start (&htim2, TIM_CHANNEL_2);
```

15.4.6.6 Dynamische Erzeugung von PWM-Signalen

Die Parameter der erzeugten PWM-Signale können durch die Neuprogrammierung der Timerregister innerhalb einer Interrupt-Service-Routine dynamisch modifiziert werden. In der Regel ist es erwünscht, dass die modifizierten Registerwerte gleichzeitig aktiv werden. Dies wird durch die Aktivierung des Preload-Mechanismus erreicht, welcher bereits in Abschn. 15.4.4 kurz vorgestellt wurde.

Nach Aktivierung des Preloads werden die geschriebenen Registerwerte zunächst in *Preload-Registern* zwischengespeichert und mit dem Auftreten eines *Update-Events* in die eigentlichen Timerregister übernommen. Das Update-Event wird aus dem Zählerstand des Timers abgeleitet und beim Aufwärtszählen mit dem Erreichen des Zählendes, beziehungsweise beim Abwärtszählen bei Erreichen des Wertes 0, aktiviert.

Wird mit dem Update-Event auch ein Interrupt ausgelöst, können neue Registerwerte über die ISR in die Preload-Register geschrieben werden. Ein Beispiel für das Zeitverhalten zeigt Abb. 15.36.

Die Umsetzung der dynamischen PWM-Erzeugung kann mit HAL-Funktionen erfolgen. Der nachfolgende Code zeigt ein Beispiel.

Im Initialisierungsteil wird zunächst die Funktion `HAL_TIM_PWM_Start` aufgerufen, welche die PWM-Ausgabe aktiviert. In diesem Fall wird bewusst *nicht* die Funktion `HAL_TIM_PWM_Start_IT` verwendet, da diese auch den Compare-Interrupt für Kanal 1 freigeben würde. Diese Freigabe wird jedoch nicht benötigt und hätte lediglich eine höhere CPU-Last zur Folge. Anschließend erfolgt der Aufruf der Funktion `HAL_TIM_Base_Start_IT`. Diese Funktion wird benötigt, um die Freigabe des Update-Interrupts zu erreichen.

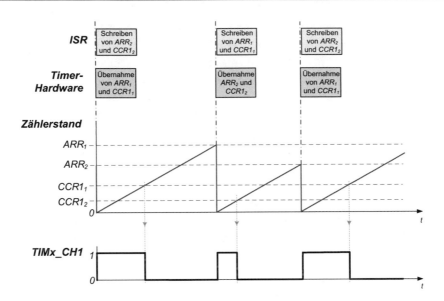

Abb. 15.36 Exemplarisches Zeitverhalten der dynamischen PWM-Signal-Erzeugung (mit Preload)

Die Neuprogrammierung des CCR-Wertes und des ARR-Wertes erfolgt in der Callback-Funktion des Update-Event-Interrupts `HAL_TIM_PeriodElapsedCallback`.

```
// Dynamische PWM-Signalerzeugung mit Timer
#include "stm32g0xx_hal.h"
extern TIM_HandleTypeDef htim2;

// Array mit CCR-Werten
volatile uint32_t ccr1Sequence[2] = {699,299};
volatile uint32_t arrSequence[2] = {1799,1299};

void HAL_TIM_PeriodElapsedCallback (TIM_HandleTypeDef* htim)
{
    static uint8_t cnt = 0; // Zähler zur Auswahl der Werte

    if (htim == &htim2) {
        // Falls richtiger Timer: ARR- und CCR-Wert neu setzen
        __HAL_TIM_SET_COMPARE(htim,TIM_CHANNEL_1,ccr1Sequence[cnt]);
        __HAL_TIM_SET_AUTORELOAD(htim,arrSequence[cnt]);

        // ARR/CCR-Index erhöhen, max. bis 1 laufen lassen
        cnt = (cnt+1)%2;
    }
}
```

```
void app() // wird in main() aufgerufen
{
    HAL_TIM_PWM_Start (&htim2, TIM_CHANNEL_1);
    HAL_TIM_Base_Start_IT (&htim2);
    while (1);
}
```

Der Code ist für den Zählmodus „aufwärts" geschrieben. Falls mit dem Zählmodus „aufwärts/abwärts" zentrierte PWM-Signale erzeugt werden sollen, muss beachtet werden, dass in jeder Zählperiode zwei Interrupts ausgelöst werden. Ein Interrupt wird bei Erreichen des Endwertes und ein Interrupt bei Erreichen des Wertes 0 ausgegeben. Sollen nur einmal pro Zählperiode neue Werte in die Timerregister übernommen werden, dürfen nur bei jedem zweiten Aufruf der ISR neue Werte in die Reload-Register geschrieben werden.

15.4.7 Input-Capture-Modus

Der Input-Capture-Modus wird zum Vermessen der zeitlichen Eigenschaften von Signalen eingesetzt. Wird für einen Timer-Kanal dieser Betriebsmodus gewählt, wird beim Auftreten von Flanken am Kanaleingang der aktuelle Zählerstand in das CCR-Register übernommen (vgl. Abschn. 15.4.1). Es können nur steigende, nur fallende Flanken oder beide Flankenrichtungen als Capture-Ereignisse gewählt werden.

Da die Werte im CCR-Register durch nachfolgende Capture-Ereignisse überschrieben werden, müssen sie möglichst zeitnah nach dem Ereignis ausgelesen und gesichert werden. Hierfür können Interrupts oder DMA-Transfers verwendet werden. Die nachfolgenden Beispiele zur Verwendung der Capture-Einheit der STM32-Timer zeigen die interruptbasierte Variante.

15.4.7.1 Beispiel: Messung der Periodendauer eines Signals mit der HAL-Bibliothek

Eine exemplarische STM32CubeMX-Konfiguration, die ein Capture-Ereignis bei einer steigenden Flanke des Kanals auslöst, zeigt Abb. 15.37.

Mit dieser Konfiguration wird mit jedem Capture-Ereignis ein Interrupt ausgelöst. Abb. 15.38 zeigt den Ablauf, wobei TIMx_CH1 anders als in den vorherigen Abbildungen jetzt ein Eingangssignal ist. Mit dem Eingangsevent wird der Zählerstand im CCR-Register gespeichert und kann dann mit der zugehörigen Interrupt-Service-Routine durch die CPU gesichert werden.

Für die Ermittlung der Periodendauer des Signals am Anschluss TIM2_CH1 werden zwei aufeinanderfolgende Capture-Werte voneinander subtrahiert. Die so ermittelte Differenz gibt die Anzahl der Zählimpulse an, die zwischen zwei steigenden Flanken des Eingangssignals aufgetreten sind.

Abb. 15.37 Exemplarische
Input-Capture-Konfiguration

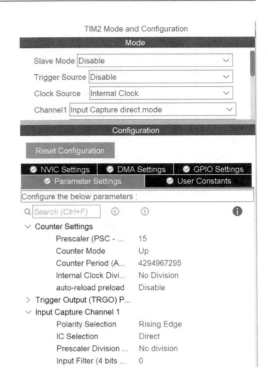

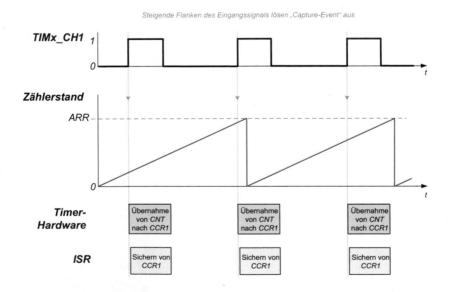

Abb. 15.38 Frequenzmessung im Input-Capture-Modus

```
// Vermessung der Periodenlänge von Signalen mit einem Timer
#include "stm32g0xx_hal.h"
extern TIM_HandleTypeDef htim2;

volatile uint32_t period; // gemessene Periodenlänge

void HAL_TIM_IC_CaptureCallback(TIM_HandleTypeDef* htim)
{
    static uint32_t icRisingEdge;

    if (htim==&htim2 && htim->Channel==HAL_TIM_ACTIVE_CHANNEL_1) {
      // vorherigen Capture-Wert sichern
      uint32_t icRisingEdgePrevious = icRisingEdge;
      // aktuellen Capture-Wert holen
      icRisingEdge = HAL_TIM_ReadCapturedValue(&htim2,TIM_CHANNEL_1);
      // Differenz entspricht Periodenlänge
      period = icRisingEdge - icRisingEdgePrevious;
    }
}

void app() // wird in main() aufgerufen
{
    HAL_TIM_IC_Start_IT (&htim2,TIM_CHANNEL_1);
    while (1) {
        // z.B. hier Variable period auswerten oder ausgeben
    }
}
```

Besitzt das Signal eine Periodendauer, die größer als eine Periode ist, müssen Zähler-überläufe mit in die Berechnung einfließen. Diese Situation ist in Abb. 15.39 dargestellt.

In diesem Fall kann die Wortbreite des Zählers der Timer-Hardware durch eine Variable vergrößert werden. Hierzu wird eine Variable in der ISR des Update-Interrupts inkrementiert. Dieses Vorgehen wird durch das folgende Codefragment verdeutlicht. Beachten Sie, dass die Wortbreite einiger Variablen auf 64 bit geändert wurde.

```
// Verarbeitung von Zähler-Überläufen am Beispiel der Messung
// der Periodendauer eines Eingangssignals
volatile uint64_t period;        // gemessene Periodenlänge
volatile uint32_t updateCounter; // Anzahl aufgetretener Update-Events

void HAL_TIM_PeriodElapsedCallback (TIM_HandleTypeDef* htim)
```

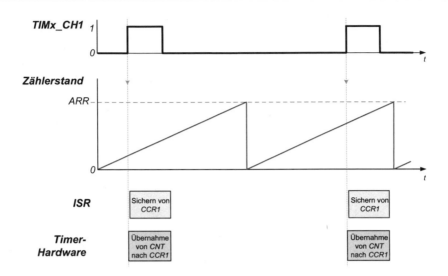

Abb. 15.39 Frequenzmessung für Signale mit einer großen Periodendauer

```
{
    updateCounter++;
}


void HAL_TIM_IC_CaptureCallback(TIM_HandleTypeDef* htim)
{
    static uint64_t icRisingEdge;

    if (htim==&htim2 && htim->Channel==HAL_TIM_ACTIVE_CHANNEL_1)
    {
        // vorherigen Capture-Wert sichern
        uint64_t icRisingEdgePrevious = icRisingEdge;
        // aktuellen Capture-Wert holen
        // und mit updateCounter erweitern
        // Annahme für diesen Code:
        // ARR besitzt den Maximalwert 0xFFFFFFFF
        icRisingEdge = (updateCounter<<32ULL) +
                HAL_TIM_ReadCapturedValue(&htim2,TIM_CHANNEL_1);
        // Differenz entspricht Periodenlänge
        period = icRisingEdge - icRisingEdgePrevious;
    }
}
```

15.4.7.2 Beispiel: Messung der Periodendauer und der Pulsbreite

Soll neben der Periodendauer auch die Pulsbreite eines Signals ermittelt werden, kann innerhalb der Capture-ISR eine Neuprogrammierung der sensitiven Flanke des Capture-Signals erfolgen. Nehmen wir an, die Capture-Einheit sei zunächst auf die steigende Flanke sensitiv. Mit dem Aufruf der Capture-Callback-Funktion wird der CCR-Wert gespeichert und anschließend die Flankensensitivität auf die fallende Flanke gesetzt. Der nächste Aufruf der ISR erfolgt dann mit der fallenden Flanke. Die Differenz der so gewonnenen CCR-Werte ergibt die Pulsbreite. Erfolgt die Invertierung der Sensitivität bei jedem Aufruf der ISR, erfolgt nachfolgende ISR-Aufruf mit der nächsten steigenden Flanke. Die Differenz aus den CCR-Werten der beiden ISR-Aufrufe der steigenden Flanken ergibt wie in Abschn. 15.4.7.1 die Periodendauer. Das Vorgehen ist in Abb. 15.40 visualisiert.

Ein Nachteil dieses Vorgehens ist, dass pro Periode des Eingangssignals zwei Interrupts ausgelöst werden. Hierdurch steigt die CPU-Last. Darüber hinaus muss sichergestellt sein, dass die Umprogrammierung der Flankensensitivität erfolgt, bevor die nächste Flanke auftritt. Sind die Pulsbreiten klein oder weitere ISRs mit höherer Priorität aktiviert, könnten Flanken nicht rechtzeitig erkannt werden. Die Folge wäre eine fehlerhafte Messung.

Beide Nachteile müssen bei einfachen Mikrocontrollern in Kauf genommen werden. Der STM32 ermöglicht dagegen auch eine alternative Strategie, mit denen die Nachteile vermieden werden. Hierzu wird ein Kanal im sogenannten indirekten Capturemodus (*Input Capture indirect Mode*) konfiguriert. Wird dieser Modus zum

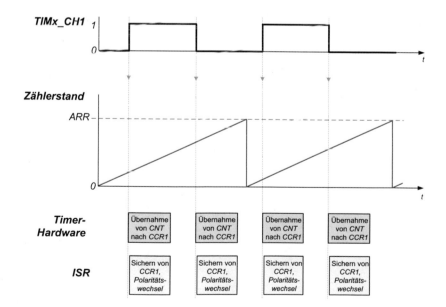

Abb. 15.40 Messung der Periodendauer und der Pulsbreite

Beispiel bei Kanal 2 gewählt, verwendet der Kanal TIMx_CH1, also den Eingang des
ersten Kanals als Signalquelle. Auch der umgekehrte Fall ist möglich: Wird für Kanal
1 der indirekte Capturemodus aktiviert, verwendet er TIMx_CH2 als Eingang. Die Einstellungen für beide Kanäle werden von STM32CubeMX automatisch gewählt, wenn im
Konfigurationsdialog unter dem Eintrag *Combined Channels* die Auswahl *PWM Input on
CH1* getroffen wird.

Der Vorteil des indirekten Capturemodus ist, dass zwei Capture-Einheiten den
gleichen Anschluss des Mikrocontrollers verwenden. So kann eine Capture-Einheit die
steigenden Flanken und die andere Capture-Einheit die fallenden Flanken vermessen. Da
die Vermessung beider Flanken ohne Softwareeingriff erfolgt, besteht auch bei kurzen
Pulsbreiten keine Gefahr einer fehlerhaften Messung. Darüber hinaus wird die Anzahl
der Capture-ISR-Aufrufe gegenüber der zuvor diskutierten Variante halbiert.

Der zeitliche Verlauf bei Verwendung des indirekten Capturemodus ist in Abb. 15.41
dargestellt. Der folgende Code zeigt ein Realisierungsbeispiel unter Verwendung der
HAL-Bibliothek.

```
// Messung der Periodendauer und der Pulsbreite
#include "stm32g0xx_hal.h"
extern TIM_HandleTypeDef htim2;

volatile uint32_t period;
volatile uint32_t pulseWidth;
```

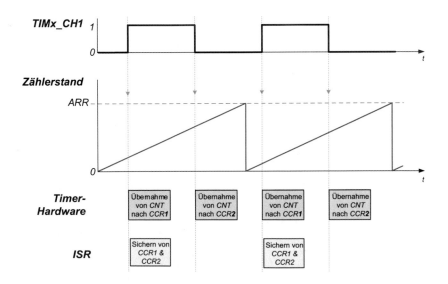

Abb. 15.41 Messung der Periodendauer und der Pulsbreite mit dem indirekten Capturemodus

```
void HAL_TIM_IC_CaptureCallback(TIM_HandleTypeDef* htim)
{
    static uint32_t icRisingEdge;
    uint32_t icFallingEdge;

    if (htim == &htim2) {
        if (htim->Channel == HAL_TIM_ACTIVE_CHANNEL_1) {
            uint32_t icRisingEdgePrevious = icRisingEdge;

            // Zeitpunkt "rising edge" aus Kanal 1 holen
            icRisingEdge = HAL_TIM_ReadCapturedValue(&htim2,
                                            TIM_CHANNEL_1);

            // Zeitpunkt "falling edge" aus Kanal 2 holen
            icFallingEdge = HAL_TIM_ReadCapturedValue
                                    (&htim2,TIM_CHANNEL_2);

            period = icRisingEdge-icRisingEdgePrevious;
            pulseWidth = icFallingEdge-icRisingEdgePrevious;
        }
    }
}

void app() // in main() aufrufen
{
    HAL_TIM_IC_Start_IT (&htim2,TIM_CHANNEL_1);
    HAL_TIM_IC_Start (&htim2,TIM_CHANNEL_2);
    while (1) {
        // z.B. hier period und pulseWidth auswerten
    }
}
```

15.4.8 Timer mit DMA

Einige STM32-Timer unterstützen DMA-Zugriffe. Auf diese Weise lässt sich die CPU-Belastung gegenüber interruptbasierten Zugriffen reduzieren. Als ein Beispiel betrachten wir die Erzeugung eines dynamischen PWM-Signals mit Verwendung des DMA-Controllers.

Soll nur die Pulsweite eines PWM-Signals modifiziert werden, kann als Zielregister der DMA-Transfers das CCR-Register des Timers gewählt werden. Hierfür steht die Funktion HAL_TIM_PWM_Start_DMA zur Verfügung. Mit dieser Funktion werden DMA-Transfers zwischen dem Speicher und dem CCR-Register des ausgewählten Timers angestoßen. Die Parameter dieser Funktion sind ein Timerhandle, der Kanal (TIM_CHANNEL_1 bis TIM_CHANNEL_4), ein Zeiger auf die Quelldaten und die

Anzahl der zu übertragenen Daten. Ein Beispiel für die Verwendung der Funktion HAL_
TIM_PWM_Start_DMA zeigt der nachfolgende Code.

```
// PWM-Ausgabe mit DMA
#include "stm32g0xx_hal.h"
extern TIM_HandleTypeDef htim2;
volatile uint32_t DMABuffer[6] = {21,47,133,75,13,66};

void app() // wird in main() aufgerufen
{
    HAL_TIM_PWM_Start_DMA(&htim2, TIM_CHANNEL_1, DMABuffer, 6);
    while (1);
}
```

Soll die Frequenz des PWM-Signals ebenfalls dynamisch gesetzt werden, kann hierfür ein weiterer DMA-Kanal verwendet werden. Besser ist jedoch die Verwendung
von DMA-Bursts. Hiermit ist gemeint, dass nach einer DMA-Anforderung des Timers
mehrere Register über den gleichen DMA-Kanal versandt werden. Die Daten werden
vom DMA-Controller im Register TIMx_DMAR abgelegt. Die Timer-Hardware
sorgt dafür, dass die Daten in aufeinanderfolgende Register geschrieben werden.
Anzahl der Daten (Burstlänge) und das erste zu beschreibende Register werden durch
Programmierung des Registers TIMx_DCR festgelegt (vgl. Abschn. 15.4.4.2).

Als Ereignis, welches die Übertragung neuer Registerinhalte durch den DMA-
Controller auslöst, kann das Update-Event verwendet werden. Immer nach dem Durchlaufen einer Zählperiode wird vom Timer ein DMA-Request an den DMA-Controller
gesendet und anschließend neue Registerwerte in den Timer übertragen.

Sollen beispielsweise die Frequenz und die Pulsbreite eines PWM-Signals dynamisch
modifiziert werden, muss ein Zugriff auf die Register TIMx_ARR und TIMx_CCR1
erfolgen. Das ARR-Register besitzt den Adressoffset 0x2C und das CCR1-Register den
Offset 0x34. Ein DMA-Burst muss bei der Adresse 0x2C beginnen und bei der Adresse
0x37 enden. Es werden daher drei DMA-Zugriffe mit einer Wortbreite von 32 bit
benötigt. Der erste Zugriff schreibt das ARR-Register. Der nachfolgende Zugriff greift
auf ein reserviertes Register zu (in Advanced-Timern liegt hier das RCR-Register) und
der dritte Zugriff setzt den Wert des CCR1-Registers.

Ein Beispiel für die Verwendung von DMA-Bursts zeigt der nachfolgende Code. In
der Array-Variablen sind die Werte für die drei Register vorbereitet. Für den Wert des
reservierten Registers, welches zwischen den Registern TIMx_ARR und TIMx_CCR1
liegt, ist 0 gewählt. Bei Auftreten eines Update-Events nach dem Durchlaufen einer
Timerperiode, werden drei Werte aus dem Array in die Register des Timers übertragen.
Die 6 Werte des Arrays entsprechen also zwei Timerperioden. Wird für dieses Beispiel
der zirkuläre DMA-Modus gewählt, wechselt die PWM-Ausgabe mit jeder Periode
zwischen einer Periodenlänge von 112 und 223 Zählzyklen des Timers. Die Pulsbreite
wechselt dagegen zwischen 33 und 66 Zählzyklen.

```
// Beispiel für die Verwendung des DMA-Multibursts
#include "stm32g0xx_hal.h"
extern TIM_HandleTypeDef htim2;

volatile uint32_t DMABuffer[6] = {111,0,33,222,0,66};

void app() // wird in main() aufgerufen
{
    HAL_TIM_DMABurst_MultiWriteStart (&htim2,
            TIM_DMABASE_ARR,     // ab welchem Timerregister?
            TIM_DMA_UPDATE,      // DMA-Request mit Update-Event
            DMABuffer,           // Quelle der Registerwerte
            TIM_DMABURSTLENGTH_3TRANSFERS, // wie viele Register?
            6);                  // wie viele Daten?
    HAL_TIM_PWM_Start (&htim2, TIM_CHANNEL_1); // PWM starten
    while (1);
}
```

In den gezeigten Beispielen sind die Werte im Array `DMABuffer` statisch. Werden diese Werte dynamisch modifiziert, können PWM-Signale erzeugt werden, die in jeder PWM-Periode andere Parameter verwenden. Hierfür können die Callback-Funktionen `HAL_TIM_PWM_PulseFinishedHalfCpltCallback` und `HAL_TIM_PWM_PulseFinishedCallback` eingesetzt werden. Sie werden nach der Hälfte beziehungsweise nach dem Abschluss eines DMA-Transfers aufgerufen und ermöglichen so den in Abschn. 15.3.2 vorgestellten DMA-Betrieb mit Doppelpuffern.

15.4.9 Weitere Funktionen der STM32-Timer

Die Timer eines STM32-Mikrocontrollers bieten noch viele weitere Möglichkeiten. Einige davon werden in diesem Abschnitt kurz vorgestellt. Dies soll das Bild über die Timer abrunden und gleichzeitig Möglichkeiten für ein das Selbststudium aufzeigen.

15.4.9.1 Externe Zählimpulse

In den bisherigen Beispielen dieses Abschnitts wurde das interne Timer-Taktsignal als Quelle für die Zählimpulse verwendet. Es ist ebenfalls möglich, die Zählimpulse aus von einem Mikrocontrolleranschluss (TIMx_ETR) zu beziehen.

Einen besonderen Fall stellt der Encoder-Modus dar. Dieser dient der Decodierung von Drehgebern. An den Timereingängen wird die Drehrichtung detektiert und der Zählerstand entsprechend inkrementiert oder dekrementiert. Einen exemplarischen zeitlichen Verlauf für die Signale des Drehgebers und den Zählerstand des Timers zeigt Abb. 15.42.

Abb. 15.42   Encoder-Modus
eines Timers

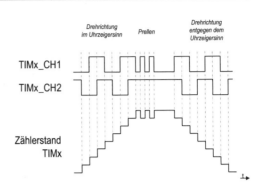

15.4.9.2 Kaskadierung von Timern

Timer können auch von anderen Timern gesteuert werden. Der steuernde Timer wird auch als Master und der gesteuerte Timer als Slave bezeichnet. Der Master-Timer stellt das Ausgangssignal TRGO zur Verfügung. Dieses kann unter anderem aus dem Update- oder den Compare-Events der Timer abgeleitet werden.

Im Slave-Timer wird dieses Signal mit dem TRGI-Eingang verbunden. Die Wirkung des Signals ist programmierbar. TRGI kann zum Beispiel als Quelle für die Zählimpulse dienen. Der Slave-Timer kann dann als Erweiterung des Master-Timers aufgefasst werden. Mit dieser Art der Kaskadierung lassen sich zum Beispiel Timer-Wortbreiten von mehr als 32 bit realisieren.

Der TRGI-Eingang kann auch als Freigabesignal verwendet werden. In diesem Fall zählt der Slave-Timer nur so lange TGRI logisch 1 ist. Ebenfalls kann TRGI als Auslöser dienen: Eine steigende Flanke startet den Zählvorgang des Timers.

15.4.9.3 One-Pulse-Modus

Der One-Pulse-Modus zeichnet sich dadurch aus, dass der Zählvorgang mit dem Erreichen des ARR-Wertes beendet und nur ein Impuls ausgegeben wird. In Verbindung mit dem TRGI-Eingang, welcher als „Auslöser" verwendet werden kann, ergibt sich die Möglichkeit, die Zeitpunkte der Impulsgenerierung von anderen Timern zu steuern.

15.4.9.4 Komplementärausgänge

Einige Timer bieten die Möglichkeit, neben den Kanalausgängen auch die komplementären Werte auf einem weiteren Anschluss des Mikrocontrollers auszugeben. So können die Timerausgänge als Steuerung für Leistungsendstufen (zum Beispiel Halbbrücken) verwendet werden. Das Prinzip der Ansteuerung einer Halbbrücke ist in Abb. 15.43 dargestellt. Mit mehreren solcher Halbbrücken lassen sich beispielsweise bürstenlose Gleichstrommotoren (engl. Brushless DC, BLDC) ansteuern.

Um zu verhindern, dass beide MOSFETs gleichzeitig leiten und ein signifikanter Querstrom fließt, kann von der Timer-Hardware eine sogenannte *Dead-Time* eingefügt werden. Während dieser Zeit sind beide Ausgangssignale inaktiv.

Abb. 15.43 Ansteuerung
einer Halbbrücke
mit komplementären
Timerausgängen

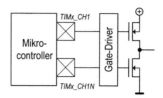

Im Fall eines Defektes kann die Ausgabe der Signale gestoppt werden. Hierzu besitzen einige Timer sogenannte *Break-Eingänge*. Werden sie aktiviert, wird die Signalausgabe aller Kanäle deaktiviert. Die Leistungsendstufen sind dann nicht mehr aktiv und befinden sich in einem sicheren Betriebszustand.

15.4.10   Watchdog-Timer

Selbst bei sorgfältigster Entwicklung von Softwarekomponenten kann nicht sichergestellt werden, dass komplexe Programme in allen Betriebszuständen eines Systems reibungslos funktionieren. Unentdeckte Softwarefehler können je nach Anwendung fatale Folgen für ein System oder für die Umgebung des Systems haben. Um einen Systemabsturz abfangen zu können, besitzen Mikrocontroller einen oder mehrere sogenannten Watchdog-Timer, die häufig auch kurz als *Watchdog* (dt. Wachhund) bezeichnet werden.

Der Watchdog basiert auf einem Abwärtszähler. Erreicht der Zähler einen durch das Design des Watchdogs oder durch das Programm festgelegten Zählerstand, wird ein Reset des Controllers ausgelöst. Um dieses Zurücksetzen zu vermeiden, muss der Zählerstand des Watchdog-Timers per Software regelmäßig neu gesetzt werden. Arbeitet das System einwandfrei, wird der Zähler rechtzeitig vor dem Erreichen des Minimalwertes neu programmiert. Der Watchdog wird dann nie ein Zurücksetzen des Systems auslösen. Ist das System dagegen abgestürzt, wird der Zählerstand nicht neu gesetzt. Der Watchdog-Zähler unterschreitet den minimalen erlaubten Wert und löst einen Reset des Mikrocontrollers aus.

Um die Watchdog-Funktion sicherer zu gestalten, werden auch sogenannte *Window-Watchdogs* eingesetzt. Bei diesen ist die Neuprogrammierung nur erlaubt, wenn der Zählerstand unterhalb eines programmierbaren Wertes liegt. Eine zu frühe Neuprogrammierung des Zählerstands führt ebenfalls zu einem Reset. Fehler, bei denen die Software eine Schleife ausführt, in welcher der Watchdog kontinuierlich neu programmiert wird, können auf diese Weise ebenfalls abgefangen werden.

Der STM32G071 besitzt zwei Watchdogs. Der *Independent Watchdog* (IWDG) besitzt im Gegensatz zum *System Window Watchdog* (WWDG) einen eigenen Oszillator. Dies hat den Vorteil, dass dieser Watchdog auch dann aktiv ist, wenn die System-Takterzeugung zum Beispiel durch falsche Programmierung ausgefallen ist.

Darüber hinaus besitzt der IWDG ein Key-Register. In dieses Register dürfen nur die Werte 0x5555 (Freigabe des Zugriffs auf andere Watchdog-Register), 0xAAAA (Setzen des Zählerstands auf einen zuvor programmierten Wert) oder 0xCCCC (Start des Watchdogs) geschrieben werden. Das Schreiben anderer Werte würde ebenfalls zu einem Reset führen.

Im Gegensatz zum IWDG besitzt der WWDG die Möglichkeit, kurz vor dem Zurücksetzen des Controllers einen Interrupt auszulösen. Dies bietet die Möglichkeit das System vor dem Reset in einen sicheren Zustand zu versetzen oder Daten zum Betriebszustand zu sichern.

15.4.11   Ausgewählte HAL-Funktionen für die Timer-Programmierung

Dieser Abschnitt fasst ausgewählte Funktionen für die Programmierung von Timern in kompakter Form zusammen. Weitergehende Informationen zu diesen und anderen HAL-Funktionen sind in der HAL-Dokumentation der Firma STMicroelectronics zu finden (vgl. Abschn. 15.6.3).

Timebase-Funktionen

```
HAL_StatusTypeDef HAL_TIM_Base_Start(TIM_HandleTypeDef* htim);
HAL_StatusTypeDef HAL_TIM_Base_Start_IT(TIM_HandleTypeDef* htim);
HAL_StatusTypeDef HAL_TIM_Base_Start_DMA(TIM_HandleTypeDef* htim,
                  uint32_t* pData, uint16_t Length);
```

Funktionen zur Signalerzeugung

```
// Output-Compare-Funktionen
HAL_StatusTypeDef HAL_TIM_OC_Start(TIM_HandleTypeDef* htim,
                  uint32_t Channel);
HAL_StatusTypeDef HAL_TIM_OC_Start_IT(TIM_HandleTypeDef* htim,
                  uint32_t Channel);
HAL_StatusTypeDef HAL_TIM_OC_Start_DMA(TIM_HandleTypeDef* htim,
                  uint32_t Channel, uint32_t*pData, uint16_t Length);

// PWM-Funktionen
HAL_StatusTypeDef HAL_TIM_PWM_Start(TIM_HandleTypeDef* htim,
                  uint32_t Channel);
HAL_StatusTypeDef HAL_TIM_PWM_Start_IT(TIM_HandleTypeDef* htim,
                  uint32_t Channel);
HAL_StatusTypeDef HAL_TIM_PWM_Start_DMA(TIM_HandleTypeDef* htim,
                  uint32_t Channel, uint32_t*pData, uint16_t Length);
```

Funktionen zur Signalanalyse

```
// Input-Capture-Funktionen
HAL_StatusTypeDef HAL_TIM_IC_Start(TIM_HandleTypeDef* htim,
                  uint32_t Channel);
HAL_StatusTypeDef HAL_TIM_IC_Start_IT(TIM_HandleTypeDef* htim,
                  uint32_t Channel);
HAL_StatusTypeDef HAL_TIM_IC_Start_DMA(TIM_HandleTypeDef* htim,
                  uint32_t Channel, uint32_t*pData, uint16_t Length);
uint32_t HAL_TIM_ReadCapturedValue(TIM_HandleTypeDef* htim,
                  uint32_t Channel);
// Encoder-Funktionen
HAL_StatusTypeDef HAL_TIM_Encoder_Start(TIM_HandleTypeDef* htim,
                  uint32_t Channel);
HAL_StatusTypeDef HAL_TIM_Encoder_Start_IT(TIM_HandleTypeDef* htim,
                  uint32_t Channel);
HAL_StatusTypeDef HAL_TIM_Encoder_Start_DMA(TIM_HandleTypeDef* htim,
                  uint32_t Channel, uint32_t* pData1,
                  uint32_t* pData2, uint16_t Length);
```

DMA-Funktionen

```
HAL_StatusTypeDef HAL_TIM_DMABurst_WriteStart
                  (TIM_HandleTypeDef* htim,
                   uint32_t BurstBaseAddress, uint32_t
                   BurstRequestSrc,
                   uint32_t* BurstBuffer, uint32_t BurstLength);
HAL_StatusTypeDef HAL_TIM_DMABurst_MultiWriteStart
                  (TIM_HandleTypeDef*htim,
                   uint32_t BurstBaseAddress, uint32_t
                   BurstRequestSrc,
                   uint32_t*BurstBuffer, uint32_t BurstLength,
                   uint32_t DataLength);
HAL_StatusTypeDef HAL_TIM_DMABurst_ReadStart
                  (TIM_HandleTypeDef* htim,
                   uint32_t BurstBaseAddress,
                   uint32_t BurstRequestSrc,
                   uint32_t* BurstBuffer, uint32_t BurstLength);
HAL_StatusTypeDef HAL_TIM_DMABurst_MultiReadStart
                  (TIM_HandleTypeDef*htim,
                   uint32_t BurstBaseAddress,
                   uint32_t BurstRequestSrc,
                   uint32_t*BurstBuffer, uint32_t BurstLength,
                   uint32_t DataLength);
```

Watchdog-Funktionen

```
HAL_StatusTypeDef HAL_IWDG_Refresh(IWDG_HandleTypeDef* hiwdg);
HAL_StatusTypeDef HAL_WWDG_Refresh(WWDG_HandleTypeDef* hwwdg);
```

Callback-Funktionen

```
void HAL_TIM_PeriodElapsedCallback(TIM_HandleTypeDef* htim);
void HAL_TIM_OC_DelayElapsedCallback(TIM_HandleTypeDef* htim);
void HAL_TIM_PWM_PulseFinishedCallback(TIM_HandleTypeDef* htim);
void HAL_TIM_IC_CaptureCallback(TIM_HandleTypeDef* htim);
void HAL_TIM_TriggerCallback(TIM_HandleTypeDef* htim);
void HAL_TIM_ErrorCallback(TIM_HandleTypeDef* htim);


void HAL_WWDG_EarlyWakeupCallback(WWDG_HandleTypeDef* hwwdg);
```

15.5   Analoge Ein-/Ausgabe-Komponenten

Neben digitalen Ein-/Ausgabekomponenten stellen Mikrocontroller vielfach auch analoge Komponenten zur Verfügung. Die im Rahmen dieses Kapitels exemplarisch betrachteten Mikrocontroller der STM32G0-Serie verfügen über A/D-Umsetzer *(ADC)*, D/A-Umsetzer *(DAC)* und einen Analogkomparator *(COMP)*. Im Folgenden werden diese Komponenten vorgestellt.

15.5.1 Analog/Digital-Umsetzer

Der A/D-Umsetzer arbeitet nach dem Verfahren der sukzessiven Approximation (vgl. Kap. 12) und stellt eine Auflösung von 12 bit zur Verfügung. Darüber hinaus bietet der A/D-Umsetzer die Möglichkeit des *Oversamplings*. In diesem Modus werden bis zu 256 Messungen des Eingangssignals durchgeführt und anschließend gemittelt. Das gerundete Ergebnis besitzt eine Wortbreite von bis zu 16 bit.

Im 12-Bit-Modus benötigt der A/D-Umsetzer 0,4 µs, was einer Abtastrate von 2,5 MSamples pro Sekunde entspricht. Höhere Abtastraten sind erreichbar, wenn die Wortbreite der Umsetzung reduziert wird.

Der Analog–Digital-Umsetzer besitzt je nach Gehäuse bis zu 16 externe Eingangskanäle. Darüber hinaus kann ein interner Temperatursensor, die intern erzeugte Referenzspannung V_{REFINT} oder die extern zugeführte Batteriespannung am Anschluss V_{BAT} durch den A/D-Umsetzer gemessen werden. Die Umsetzung erfolgt bei Aktivierung mehrerer Kanäle sukzessive. Das heißt, dass jeweils zu einem Zeitpunkt nur ein Kanal gemessen wird. Die Hardware bietet jedoch die Möglichkeit, die Umsetzung mehrerer Kanäle automatisch nacheinander auszuführen.

Der Start der Umsetzung kann durch die Software oder durch Triggersignale eines Timers (vgl. Abschn. 15.4.9) beziehungsweise durch Flanken des Eingangssignals am Anschluss EXTI11 erfolgen.

Die Ergebnisse der Wandlung werden im Datenregister ADC_DR bereitgestellt. Das Auslesen dieses Registers kann mit Polling, interruptbasiert oder mit dem DMA-Controller erfolgen. Das DR-Register verwendet nur die untersten 16 Bit. Ergebnisse die kleiner als 16 Bit sind, können rechtsbündig (niederwertigstes Bit des Ergebnisses liegt im Bit 0 des DR-Registers) oder linksbündig (höchstwertigstes Bit des Ergebnisses liegt im Bit 15 des DR-Registers) erfolgen.

Das Ergebnis der Umsetzung mit einer Wortbreite von N bit ergibt sich für den Eingangsspannungsbereich $0\,\mathrm{V} \le U_{in} < U_{ref}$ durch folgende Formel.

$$ADC = \frac{U_{in} \cdot 2^N}{U_{ref}}$$

ADC kennzeichnet hierbei den Wert im DR-Register. U_{ref} ist die Referenzspannung und U_{in} die Eingangsspannung.

Der A/D-Umsetzer bietet auch eine Kalibrierungsfunktion, mit welcher der Offsetfehler gemessen und bei nachfolgenden Umsetzungen analoger Signale automatisch einbezogen werden kann. Da der Offsetfehler produktionsbedingt in jedem Mikrocontroller andere Werte besitzt, ist es empfehlenswert, vor der Verwendung des A/D-Umsetzers eine Kalibrierung durchzuführen.

Das ADC-Modul unterstützt auch die Überwachung der elektrischen Spannung externer Signale. Diese Funktion wird als *Analog Watchdog* bezeichnet. Auf diese Funktion wird im Folgenden nicht näher eingegangen.

15.5.1.1 ADC-Register

In diesem Abschnitt wird eine Auswahl der wichtigsten ADC-Register vorgestellt. Eine komplette Übersicht über alle Register ist im Reference Manual des Mikrocontrollers zu finden.

Interrupt- und Statusregister (ADC_ISR) und Interrupt-Enable-Register (ADC_IER) Das ISR-Register spiegelt den Betriebszustand der ADC-Komponente wider. Die Bits dieses Registers werden durch die Hardware gesetzt und können durch das Schreiben von 1-Bits gelöscht werden.

Die Belegung des Registers ADC_IER (Tab. 15.46) entspricht der des ISR-Registers. Ist ein Bit im IER-Register gesetzt, wird ein Interrupt ausgelöst, wenn das entsprechende Bit des ISR-Registers 1 ist.

Control Register (ADC_CR) Mit dem CR-Register kann der Betriebszustand des A/D-Umsetzers ausgewählt oder Konvertierungen über Software gestartet werden (vgl. Tab. 15.47).

Configuration Register (ADC_CFGR1 und ADC_CFGR2) Die beiden CFGR-Register dienen weiterer Einstellungen des Betriebsmodus. Ihre Belegung ist in den Tabellen Tab. 15.48 und 15.49 dargestellt.

Sampling Time Register (ADC_SMPR) Für jeden Kanal können zwei Umsetzungszeiten angegeben und eine davon ausgewählt werden. Die beiden Umsetzungszeiten werden durch die Bits 6:4 beziehungsweise 2:0 dieses Registers festgelegt (vgl. Tab. 15.50).

Channel Selection Register (ADC_CHSELR) Dieses Register legt die aktiven Kanäle fest. Das Register hat zwei unterschiedliche Belegungen. Die verwendete Belegung wird durch das Bit 21 (CHSELRMOD) des CFGR1-Registers festgelegt (vgl. Tab. 15.51 und 15.52).

Data Register (ADC_DR) Das Datenregister enthält in den unteren 16 Bit die Ergebnisse der Umsetzung. Die verwendeten Bits werden durch die Bits 5 (ALIGN) und 4:3 (RES) des CFGR1-Registers beeinflusst. Wird zum Beispiel eine Wortbreite von 12 bit mit einer linksbündigen Ausgabe gewählt, werden die Bits 15:4 für das Ergebnis genutzt.

Tab. 15.46 Ausgewählte Bits des Registers ADC_ISR

Bit	Kürzel	Beschreibung
13	CCRDY	Channel Configuration Ready Flag 0: Neukonfiguration der Eingangskanäle ist noch nicht abgeschlossen 1: Neukonfiguration der Eingangskanäle ist abgeschlossen
11	EOCAL	End Of Calibration Flag 0: Kalibrierung ist (noch) aktiv 1: Kalibrierung ist abgeschlossen
4	OVR	ADC Overrun 1: Ergebnis im DR-Register wird überschrieben, ohne dass dieses zuvor gelesen wurde (Datenverlust)
3	EOS	End Of Sequence Flag 1: Die Umsetzung der ausgewählten Kanäle ist abgeschlossen
2	EOC	End Of Conversion Flag 1: Umsetzung eines analogen Kanals ist abgeschlossen Dieses Bit wird auch mit dem Lesen des DR-Registers gelöscht
0	ADRDY	ADC Ready 1: ADC ist für den Start einer neuen A/D-Umsetzung bereit

Tab. 15.47 Ausgewählte Bits des Registers ADC_CR

Bit	Kürzel	Beschreibung
31	ADCAL	ADC Calibration Durch Setzen dieses Bits wird die Kalibrierung des A/D-Umsetzers gestartet. Nach Abschluss der Kalibrierung wird das Bit durch die Hardware gelöscht
28	ADVREGEN	ADC Voltage Regulator Enable Dieses Bit muss vor der Verwendung des ADC-Moduls gesetzt werden. Nach 20 μs (STM32G0) ist das Modul einsatzbereit
2	ADSTART	ADC Start Conversion Command Schreiben einer 1 startet die A/D-Umsetzung. Dieses Bit wird durch die Hardware gelöscht
1	ADDIS	ADC Disable Command Schreiben einer 1 schaltet das ADC-Modul ab. Dieses Bit wird nach Deaktivierung des ADC durch die Hardware gelöscht
0	ADEN	ADC Enable Command Schreiben einer 1 aktiviert das ADC-Modul. Dieses Bit wird nach der Deaktivierung des ADC durch die Hardware gelöscht

Im Fall einer rechtsbündigen Ausgabe erscheint das Ergebnis in den Bits 11:0. Alle nicht genutzten Bits des Registers besitzen den Wert 0.

Common Control Register (ADC_CCR) Dieses Register legt den Teilerwert des Vorteilers fest, mit dem aus dem Eingangstakt der Betriebstakt für das ADC-Modul abgeleitet wird (vgl. Bit CKMODE im CFGR2-Register, Tab. 15.49). Darüber hinaus werden mit diesem Register die Eingangssignale für die Kanäle 12 bis 14 ausgewählt (vgl. Tab. 15.53).

15.5.1.2 A/D-Umsetzung mit der HAL-Bibliothek

Der nachfolgende Code zeigt ein Beispiel für den pollingbasierten Betrieb des A/D-Umsetzers.

```
// ADC mit Polling
#include "stm32g0xx_hal.h"
extern ADC_HandleTypeDef hadc1;

uint32_t adcVal;

void app() // wird in main() aufgerufen
{
    // Kalibrierung
    HAL_ADCEx_Calibration_Start(&hadc1);
```

```
while (1) {
    // Start der Umsetzung
    HAL_ADC_Start (&hadc1);
    // mit Polling warten
    HAL_ADC_PollForConversion(&hadc1,1000);
    // ADC-Wert abholen
    adcVal =HAL_ADC_GetValue(&hadc1);
}
}
```

Tab. 15.48 Ausgewählte Bits des Registers ADC_CFGR1

Bit	Kürzel	Beschreibung
21	CHSELRMOD	Mode Selection Of ADC_CHSELR Register 0: Kanäle werden durch Setzen des zugehörigen Bits im CHSELR-Register aktiviert 1: Eine beliebige Sequenz von bis zu 8 Kanälen kann durch das CHSELR-Register ausgewählt werden
13	CONT	Continuous Conversion Mode 0: Einzelne Umsetzungen 1: Kontinuierliche Umsetzungen
11:10	EXTEN	External Trigger Enable And Polarity Selection 00: kein externer Trigger 01: steigende Flanke des Triggersignals startet Umsetzung 10: fallende Flanke startet Umsetzung 11: beide Flanken starten die Umsetzung
8:6	EXTSEL	External Trigger Selection Schreiben einer 1 schaltet das ADC-Modul ab. Dieses Bit wird Deaktivierung des ADC durch die Hardware gelöscht
5	ALIGN	Data Alignment 0: Daten im DR-Register sind rechtsbündig 1: Daten im DR-Register sind linksbündig
4:3	RES	Data Resolution Wortbreite der A/D-Umsetzungen 00: 12 bit, 01: 10 bit, 10: 8 bit, 11: 6 bit
1	DMACFG	DMA Configuration 0: One Shot Mode 1: Circular Mode
0	DMAEN	DMA Enable 1: DMA aktiviert

Tab. 15.49 Ausgewählte Bits des Registers ADC_CFGR2

Bit	Kürzel	Beschreibung
31:30	CKMODE	ADC Clock Mode Taktauswahl für den Betrieb des ADC-Moduls 00: asynchroner Takt (ADCCLK), 01: PCLK/2, 10: PCLK/4, 11: PCLK (PLCK ist der Takt der APB-Bus-Komponenten)
8:5	OVSS	Oversampling Shift Ergebnisse des Oversamplings werden um OVSS Bits nach rechts verschoben (OVSS $= 0 \ldots 8$)
4:2	OVSR	Oversampling Ratio Anzahl der gemittelten Konvertierungen $= 2^{OVSR+1}$
0	OVSE	Oversampler Enable 1: Oversampling aktiviert

Tab. 15.50 Belegung des Registers ADC_SMPR

Bit	Kürzel	Beschreibung
26:8	SMPSEL	Sampling Time Selection Bit x ist dem Kanal x-8 zugeordnet 0: Umsetzungszeit des Kanals ist durch SMP1 festgelegt 1: Umsetzungszeit des Kanals ist durch SMP2 festgelegt
6:4	SMP2	Sampling Time Selection 2 Wahl der Umsetzungszeit zwischen 1,5 (SMP2 $= 000$) und 160,5 (SMP2 $= 111$) ADC-Taktzyklen
2:0	SMP1	Sampling Time Selection 1 Wahl der Umsetzungszeit zwischen 1,5 (SMP1 $= 000$) und 160,5 (SMP1 $= 111$) ADC-Taktzyklen

Tab. 15.51 Belegung des Registers ADC_CHSELR (für CHSELRMOD $= 0$)

Bit	Kürzel	Beschreibung
18:0	CHSEL x	Channel Selection Bit x ist dem Kanal x zugeordnet 1: Kanal x ist ausgewählt

Eine vergleichbare Funktionalität ist auch mit Interrupts realisierbar. Das nachfolgende Beispiel setzt voraus, dass eine kontinuierliche Umsetzung *(Continuous Conversion Mode)* aktiviert ist. Die ADC-Komponente wird durch die Funktion `HAL_ADC_Start_ IT` gestartet. Nach jeder Umsetzung erfolgt der Aufruf der ADC-ISR, welche die Callback-Funktion `HAL_ADC_ConvCpltCallback` aufruft.

```
// Beispiel für einen interruptbasierten ADC-Betrieb
#include "stm32g0xx_hal.h"
extern ADC_HandleTypeDef hadc1;

volatile uint32_t adcVal;
```

```
void HAL_ADC_ConvCpltCallback (ADC_HandleTypeDef * hadc)
{
    if (hadc==&hadc1) {
        adcVal = HAL_ADC_GetValue(&hadc1);
    }
}

void app() // wird in main() aufgerufen
{
    HAL_ADCEx_Calibration_Start(&hadc1);
    HAL_ADC_Start_IT(&hadc1);
    while (1);
}
```

Tab. 15.52 Belegung des Registers ADC_CHSELR (für CHSELRMOD = 1)

Bit	Kürzel	Beschreibung
31:28	SQ8	Die durch SQx ausgewählten Kanäle werden in einer Sequenz beginnend mit
27:24	SQ7	SQ1 durch die ADC-Hardware behandelt
		Es können nur die Kanäle 0 bis 14 aktiviert werden:
23:20	SQ6	Kanal 0: SQx = 0000
19:16	SQ5	Kanal 1: SQx = 0001
15:12	SQ4	...
11:8	SQ3	Kanal 13: SQx = 1101
		Kanal 14: SQx = 1110
7:4	SQ2	
3:0	SQ1	Der Eintrag 1111 wird als Kennung für das Ende der Sequenz verwendet

Tab. 15.53 Belegung des Registers ADC_SMPR

Bit	Kürzel	Beschreibung
24	VBATEN	V_{BAT} Enable 0: Kanal 14 ist mit dem D/A-Umsetzer 2 verbunden 1: Kanal 14 ist mit V_{BAT} verbunden
23	TSEN	Temperature Sensor Enable 0: Kanal 12 ist mit dem D/A-Umsetzer 1 verbunden 1: Kanal 12 ist mit dem Temperatursensor verbunden
22	VREFEN	V_{REFINT} Enable 1: Interne Referenzspannung ist mit Kanal 13 verbunden
21:18	PRESC	Prescaler Teilerwert des Vorteilers zur Erzeugung des ADC-Taktsignals PRESC = 0000 → Teilerwert = 1 PRESC = 0001 ... 0110 → Teilerwert = 2·PRESC PRESC = 0111 ... 1011 → Teilerwert = $2^{PRESC-3}$

15.5.2 Digital/Analog-Umsetzer

Der STM32G071 besitzt einen 2-Kanal-Digital/Analog-Umsetzer, welcher eine Auflösung von 12 bit unterstützt. Bei einer Last von bis zu 50 pF und 5 kΩ benötigt die Umsetzung eines digitalen Wertes maximal 3 μs.

Die Ausgabewerte werden in Data-Holding-Register geschrieben und von dort an die Ausgabeeinheit übergeben. Diese Übergabe kann mit Trigger-Ereignissen synchronisiert werden. Als Trigger-Ereignisse kann das Setzen von Bits des Registers DAC_SWTRGR dienen. Darüber hinaus sind Trigger-Ereignisse aus Timern oder mithilfe des EXTI9-Anschlusses des Mikrocontrollers realisierbar.

Die ausgegebene analoge Spannung ergibt sich nach der Formel

$$U_{out} = \frac{DAC}{2^N - 1} \cdot U_{ref}$$

DAC kennzeichnet hierbei den auszugebenden Digitalwert unter Anwendung einer Wortbreite von *N* bit. U_{ref} ist die Referenzspannung und U_{out} die Ausgangsspannung.

Der Digital/Analog-Umsetzer unterstützt auch den DMA-Betrieb. Zusammen mit einer hardwarebasierten Auslösung der Umsetzung ist so eine kontinuierliche Ausgabe mit minimaler CPU-Last möglich.

Die analogen Ausgabewerte können innerhalb des Mikrocontrollers an andere analoge Komponenten weitergeleitet oder über Anschlüsse des Mikrocontrollers ausgegeben werden. Für die Ausgabe an externe Komponenten beinhaltet das DAC-Modul zur Erhöhung der Treiberleistung einen analogen Puffer. Dieser Puffer kann deaktiviert werden, wenn nur sehr kleine Lasten zu treiben sind.

Die DAC-Hardware bietet die Möglichkeit, ein Dreiecksignal oder weißes Rauschen auszugeben. Hierauf wird im Folgenden nicht eingegangen.

15.5.2.1 DAC-Register

In diesem Abschnitt werden die wichtigsten DAC-Register vorgestellt. Register und Bitfelder für die automatische Signalgenerierung oder den Sample-and-Hold-Modus sind aus Gründen der Übersichtlichkeit nicht aufgeführt. Viele Register beinhalten für die beiden DAC-Kanäle Bitfelder mit identischer Bedeutung. Diese werden jeweils gemeinsam mit der Abkürzung *ch* für Channel/Kanal beschrieben.

Control Register (DAC_CR) Durch das CR-Register wird das DAC-Modul aktiviert, der Trigger zur D/A-Umsetzung gewählt und Einstellungen für den DMA-Betrieb vorgenommen (vgl. Tab. 15.54).

Software Trigger Register (DAC_SWTRGR) Dieses Register ermöglicht die software-gesteuerte D/A-Umsetzung des zuvor geschriebenen Digitalwertes (vgl. Tab. 15.56).

Channel Data Holding Register (DAC_DHR) Daten, die mit dem nächsten Triggerimpuls in einen analogen Wert übertragen werden sollen, werden in die Data-Holding-Register geschrieben. Es existieren für jeden Kanal drei Register, die sich im Hinblick auf die Wortbreite der Ausgabewerte und die Position der aktiven Bits unterscheiden.

Die in Tab. 15.57 beschriebenen Register sind jeweils einem Kanal zugeordnet. Daneben existieren die Dual-Channel-Data-Holding-Register, welche ein gemeinsames Schreiben

Tab. 15.54   Ausgewählte Bits des Registers DAC_CR

Bit ($ch=2$)	Bit ($ch=1$)	Kürzel	Beschreibung
29	13	DMAUDRIE*ch*	DMA Underrun Interrupt Enable 1: Interrupt wird generiert, falls DMA-Controller Daten nicht rechtzeitig zum Zeitpunkt der Ausgabe liefert
28	12	DMAEN*ch*	DMA Enable 1: Aktivierung des DMA-Betriebs
21:18	5:2	TSEL*ch*	Trigger Selection Auswahl des Triggersignals, welches die Umsetzung startet (vgl. Tab. 15.55)
17	1	TEN*ch*	Trigger Enable 0: Daten werden ohne Synchronisation mit einem Triggersignal ausgegeben 1: Datenausgabe mit Triggersignal synchronisiert
16	0	EN*ch*	Channel *ch* Enable 1: Kanal *ch* ist aktiv

Tab. 15.55   DAC Trigger Auswahl durch das Bitfeld TSEL des CR-Registers

TSEL	Quelle	Typ
0000	SWTRIG	Software-Trigger (vgl. Register DAC_SWTRGR)
0001	TIM1	Trigger durch Triggerausgang (TRGO) der Timer
0010	TIM2	
0011	TIM3	
0101	TIM6	
0110	TIM7	
1000	TIM15	
1011	LPTIM1	Trigger durch Ausgänge der Timer
1100	LPTIM2	
1101	EXTI9	Trigger durch externes Ereignis

der Ausgabedaten für beide DAC-Kanäle unterstützen. Die Belegung dieser Register ist in Tab. 15.58 angeben.

Channel Data Output Register (DAC_DORch) Für jeden Kanal existiert ein Data-Output-Register (DOR), welches den aktuell ausgegebenen Digitalwert enthält (vgl. Tab. 15.59).

Status Register (DAC_SR) Das Status-Register spiegelt den Status des DAC-Moduls wider (vgl. Tab. 15.60). Im Fall des DMA-Betriebs kann mithilfe des DMAUDR-Bits überprüft werden, ob der DMA-Controller rechtzeitig vor dem Anstoßen einer D/A-Umsetzung neue Daten liefern konnte. Ist dies nicht der Fall, wird das DMAUDR-Bit des betroffenen Kanals auf 1 gesetzt. Das Schreiben einer 1 löscht dieses Bit.

Tab. 15.56 Belegung des Registers DAC_SWTRGR

Bit ($ch=2$)	Bit ($ch=1$)	Kürzel	Beschreibung
1	0	SWTRIGch	1: Software-Trigger aktiviert Das Trigger-Bit wird durch die DAC-Hardware gelöscht

Tab. 15.57 Belegung der DAC-Data-Holding-Register ($ch=1,2$)

Register	Bit	Kürzel	Beschreibung
DAC_DHR12Rch	11:0	DACCchDHR	DAC-Ausgabedaten (rechtsbündig, 12 Bit)
DAC_DHR12Lch	15:4	DACCchDHR	DAC-Ausgabedaten (linksbündig, 12 Bit)
DAC_DHR8Rch	7:0	DACCchDHR	DAC-Ausgabedaten (rechtsbündig, 8 Bit)

Tab. 15.58 Belegung der Dual-DAC-Data-Holding-Register

Register	Bit	Kürzel	Beschreibung
DAC_DHR12RD	27:16	DACC2DHR	DAC-Ausgabedaten (Kanal 2)
	11:0	DACC1DHR	DAC-Ausgabedaten (Kanal 1)
DAC_DHR12LD	31:20	DACC2DHR	DAC-Ausgabedaten (Kanal 2)
	15:4	DACC1DHR	DAC-Ausgabedaten (Kanal 1)
DAC_DHR8RD	15:8	DACC2DHR	DAC-Ausgabedaten (Kanal 2)
	7:0	DACC1DHR	DAC-Ausgabedaten (Kanal 1)

Tab. 15.59 Belegung der Register DAC_DORch ($ch=1,2$)

Bit	Kürzel	Beschreibung
11:0	DACCchDOR	Aktuelle digitale Ausgabedaten des Kanals ch (Dieses Register ist nur lesbar)

Tab. 15.60   Ausgewählte Bits des Registers DAC_SR

Bit ($ch=2$)	Bit ($ch=1$)	Kürzel	Beschreibung
29	13	DMAUDRch	DMA Underrun Flag 1: DMA-Controller konnte Daten nicht rechtzeitig zum Zeitpunkt der DAC-Ausgabe liefern

15.5.2.2 Verwendung der HAL-Bibliothek für eine analoge Ausgabe mit DMA und Timer

Wenn der Auslösemechanismus (Trigger) zur D/A-Umsetzung nicht aktiviert ist, kann durch einfaches Schreiben der Data-Holding-Register eine analoge Ausgabe erfolgen. In der Regel ist es wünschenswert, dass die Ausgabe neuer Werte in festen zeitlichen Abständen erfolgt. Dies ist mit einer reinen Softwarelösung meist nicht realisierbar.

In diesem Abschnitt betrachten wir ein Beispiel, bei dem die Daten mithilfe des DMA-Controllers an die DAC-Einheit übergeben werden. Die Ausgabe wird durch den Timer TIM2 gesteuert.

Das Beispiel zeigt die statische Ausgabe eines Dreiecks- und eines Sinus-Signals. Mit einer Erweiterung durch einen Doppelpuffer (vgl. Abschn. 15.3.2) kann auch eine dynamische Ausgabe erfolgen.

Abb. 15.44 zeigt die gewählte Konfiguration des Timers. Der Timer wird mit einer Taktfrequenz von 16 MHz betrieben. Durch den gewählten Vorteilerwert von 15 zählt der Zähler jede Mikrosekunde aufwärts. Als maximaler Zählerwert ist 9 eingestellt, sodass alle 10 µs ein Update-Ereignis auftritt. Dieses Ereignis wird als Triggersignal ausgegeben (vgl. Einstellung *Trigger Event Selection TRGO*).

Abb. 15.44   Konfiguration des Timers TIM2 für die exemplarische DAC-Anwendung

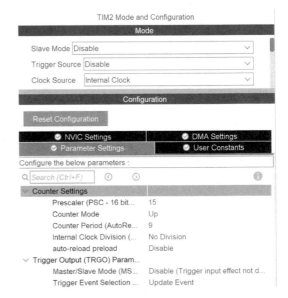

Abb. 15.45 Konfiguration
des DAC-Moduls

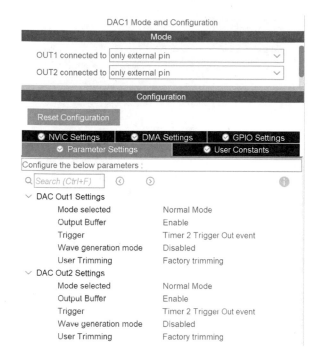

Die Konfiguration des DAC-Moduls ist in Abb. 15.45 abgebildet. Der Ausgabepuffer ist aktiviert und die Umsetzung wird durch den Triggerausgang des Timers TIM2 angestoßen. Auf die automatische Generierung eines Signals durch die DAC-Hardware (Wave generation mode) wird verzichtet.

Für eine kontinuierliche Ausgabe auf beiden DAC-Kanälen müssen unter dem Reiter DMA zwei zirkuläre DMA-Übertragungen mit einer Wortbreite von 16 bit angelegt werden.

Mit diesen Einstellungen kann die DMA-Ausgabe mit wenigen HAL-Aufrufen realisiert werden. Eine mögliche Implementierung zeigt der nachfolgende Code.

```
// Dreieck- und Sinussignalerzeugung mit DAC
#include "math.h" // für sin() und M_PI
#include "stm32g0xx_hal.h"

extern DAC_HandleTypeDef hdac1;
extern TIM_HandleTypeDef htim2;

volatile uint16_t dacVals1[256]; // Arrays für Ausgabewerte
volatile uint16_t dacVals2[256];
```

```
void app() // wird in main() aufgerufen
{
    for (int i=0; i<256; i++) { // Arrays mit Werten füllen
        dacVals1[i] = i<128? i*4095/128 : (256-i)*4095/128;
        dacVals2[i] = 2047+2047*sin(2.0*M_PI*i/256.0);
    }

    // DMA-Übertragungen für beide Kanäle starten
    HAL_DAC_Start_DMA (&hdac1,DAC_CHANNEL_1,
                        (uint32_t*)dacVals1,256,DAC_ALIGN_12B_R);
    HAL_DAC_Start_DMA (&hdac1,DAC_CHANNEL_2,
                        (uint32_t*)dacVals2,256,DAC_ALIGN_12B_R);
    // Timer TIM2 aktivieren
    HAL_TIM_Base_Start(&htim2);
    // Ab hier wird für dieses Beispiel
    // keine Software-Interaktion mehr benötigt
    while (1);
}
```

Ein Oszillogramm der Signale an den DAC-Ausgängen zeigt (Abb. 15.46). Es zeigt eine Signalperiode von etwas mehr als 2,5 ms. Dies entspricht den Erwartungen: Eine Signalperiode enthält 256 digitale Werte. Da der Triggerimpuls des Timers TIM2 alle 10 µs erscheint, ist eine Signalperiode von 2,56 ms zu erwarten.

15.5.3 Analogkomparator

Die Aufgabe eines Analogkomparators ist der Vergleich zweier Spannungen. Das Ergebnis des Vergleichs wird vom Komparator als binärer Wert ausgegeben. Ist der Wert des nicht-invertierenden Eingangs größer als der Wert des invertierenden Eingangs wird von einem Komparator eine 1 ausgegeben. In anderen Fällen erscheint am Ausgang eine 0.

Abb. 15.46 Oszillogramm
der DAC-Signale

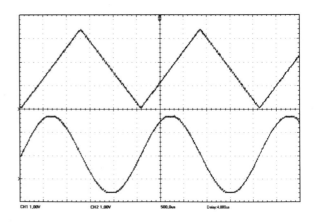

Im STM32G071 kann der Ausgangswert über Mikrocontrolleranschlüsse ausgeben oder an die Timer geleitet werden. Darüber hinaus kann der Komparator zur Erzeugung eines Wakeup-Events verwendet werden.

Der STM32G071 besitzt zwei Komparatoren (COMP1 und COMP2), deren Eingänge mit Mikrocontrolleranschlüssen, den DAC-Ausgängen oder der internen Referenzspannung verbunden werden können. Die Komparatoren besitzen die Möglichkeit eine Hysterese-Funktion (vgl. Abschn. 6.6) zu aktivieren.

Die Komparatoren des STM32G071 unterstützen auch eine *Blanking-Funktion*. Hiermit kann mithilfe der Output-Compare-Funktion ausgewählter Timer die Funktion des Komparators kurzzeitig deaktiviert werden. Dies ist zum Beispiel sinnvoll, wenn mit einem Timer Schaltvorgänge ausgelöst werden, die mit dem Komparator ausgewertet oder überwacht werden sollen. Treten zum Beispiel im Umschaltzeitpunkt kurzzeitig Spannungsspitzen auf, die ignoriert werden sollen, kann hierfür die Blanking-Funktion eingesetzt werden.

Die beiden Komparatoren können auch gemeinsam für die Realisierung einer Fenster-Funktion *(Window Mode)* verwendet werden. Die nicht-invertierenden Eingänge der Komparatoren werden hierbei intern verbunden. An die invertierenden Eingänge werden die Vergleichsspannungen angelegt. Befindet sich die Spannung an den nicht-invertierenden Eingängen zwischen den beiden Vergleichsspannungen, wird eine 1 ausgegeben. Verlässt die Eingangsspannung den Bereich, der durch die beiden Vergleichsspannungen definiert wird, ist der Ausgabewert 0.

Die Komparatoren können über das EXTI-Modul (Bits EXTI17 und EXTI18) Interrupts auszulösen.

Beide Komparatoren des STM32G071 besitzen jeweils ein Control-/Status-Register (CSR), welches der Konfiguration und der Statusabfrage dient. Die Belegung der Register fasst Tab. 15.61 zusammen.

Die Auswahl, welche Signale mit den Eingängen der Komparatoren verbunden werden erfolgt durch die Bitfelder INPSEL und INMSEL. Die Bedeutung dieser Felder stellen Tab. 15.62 und 15.63 dar.

15.5.4 Ausgewählte HAL-Funktionen für analoge Komponenten

Dieser Abschnitt fasst ausgewählte Funktionen für die Programmierung von Timern in kompakter Form zusammen. Weitergehende Informationen zu diesen und anderen HAL-Funktionen sind in der HAL-Dokumentation der Firma STMicroelectronics zu finden (vgl. Abschn. 15.6.3).

Funktionen für den A/D-Umsetzer

```
// ADC-Funktionen
HAL_StatusTypeDef HAL_ADC_Start(ADC_HandleTypeDef* hadc);
HAL_StatusTypeDef HAL_ADC_PollForConversion(ADC_HandleTypeDef* hadc,
                   uint32_t Timeout);
HAL_StatusTypeDef HAL_ADC_PollForEvent(ADC_HandleTypeDef* hadc,
                   uint32_t EventType, uint32_t Timeout);
HAL_StatusTypeDef HAL_ADC_Start_IT(ADC_HandleTypeDef* hadc);
HAL_StatusTypeDef HAL_ADC_Start_DMA(ADC_HandleTypeDef* hadc,
                   uint32_t* pData, uint32_t Length);

uint32_t HAL_ADC_GetValue(ADC_HandleTypeDef* hadc);

// ADC-Callback-Funktionen
void HAL_ADC_ConvCpltCallback(ADC_HandleTypeDef* hadc);
void HAL_ADC_ConvHalfCpltCallback(ADC_HandleTypeDef* hadc);
void HAL_ADC_ErrorCallback(ADC_HandleTypeDef* hadc);
```

Funktionen für den D/A-Umsetzer

```
// DAC-Funktionen

HAL_StatusTypeDef HAL_DAC_Start(DAC_HandleTypeDef* hdac,
                   uint32_t Channel);
HAL_StatusTypeDef HAL_DAC_Start_DMA(DAC_HandleTypeDef*hdac,
                   uint32_t Channel, uint32_t*pData,
                   uint32_t Length, uint32_t Alignment);

HAL_StatusTypeDef HAL_DAC_SetValue(DAC_HandleTypeDef* hdac,
                   uint32_t Channel, uint32_t Alignment,
                   uint32_t Data);

// DAC-Callback-Funktionen
void HAL_DAC_ConvCpltCallbackCh1(DAC_HandleTypeDef* hdac);
void HAL_DAC_ConvHalfCpltCallbackCh1(DAC_HandleTypeDef* hdac);
void HAL_DAC_ErrorCallbackCh1(DAC_HandleTypeDef* hdac);
void HAL_DAC_DMAUnderrunCallbackCh1(DAC_HandleTypeDef* hdac);
void HAL_DACEx_ConvCpltCallbackCh2(DAC_HandleTypeDef* hdac);
void HAL_DACEx_ConvHalfCpltCallbackCh2(DAC_HandleTypeDef* hdac);
void HAL_DACEx_ErrorCallbackCh2(DAC_HandleTypeDef* hdac);
void HAL_DACEx_DMAUnderrunCallbackCh2(DAC_HandleTypeDef* hdac);
```

Tab. 15.61   Belegung der Register COMP*cmp*_CSR (*cmp* = 1,2)

Bit	Kürzel	Beschreibung
31	LOCK	Register Lock 1: Das CSR-Register kann nicht geschrieben werden (Das Zurücksetzen dieses Bits erfolgt mit einem Reset des Mikro-controllers)
30	VALUE	Comparator Output Status Ausgabewert des Komparators (nur lesbar)
24:20	BLANKSEL	Blanking Source Selector Auswahl zur Steuerung der Blanking-Funktion 00.000: kein Blanking xxxx1: TIM1-OC4 xxx1x: TIM1-OC5 xx1xx: TIM2-OC3 x1xxx: TIM3-OC2 1xxxx: TIM15-OC2
19:18	PWRMODE	Power Mode Selector 00: High Speed (Normalfall) 01: Medium Speed (Reduktion der Stromaufnahme)
17:16	HYST	Hysteresis Selector 00: None (Hysterese = 0 mV) 01: None (Hysterese = 10 mV) 10: None (Hysterese = 20 mV) 11: None (Hysterese = 30 mV)
15	POLARITY	Polarity Selector 1: Ausgabepolarität invertiert
14	WINOUT	Output Selector 0: Ausgang ergibt sich aus dem Vergleich der beiden Eingänge 1: Window Mode
11	WINMODE	Non-inverting Input Selector for Window Mode 0: Signal am nicht-invertierenden Eingang wird durch INPSEL fest-gelegt 1: Signal am nicht-invertierenden Eingang wird von anderem Komparator übernommen (Window Mode)
9:8	INPSEL	Selector for Non-inverting Input Auswahl des Eingangssignals am nicht-invertierenden Eingang (vgl. Tab. 15.62)
7:4	INMSEL	Selector for Inverting Input Auswahl des Eingangssignals am invertierenden Eingang (vgl. Tab. 15.63)
0	EN	Enable Bit 1: Komparator aktiviert

Tab. 15.62 Bedeutung der Bitfelder INPSEL des COMP1/2_CSR-Register

INPSEL	Auswahl COMP1	Auswahl COMP2
00	PC5	PB4
01	PB2	PB6
10	PA1	PA3
11	*offen*	

Tab. 15.63 Bedeutung der Bitfelder INMSEL des COMP1/2_CSR-Register

INMSEL	Auswahl COMP1	Auswahl COMP2
0000	$0{,}25\ V_{REFINT}$	
0001	$0{,}5\ V_{REFINT}$	
0010	$0{,}75\ V_{REFINT}$	
0011	V_{REFINT}	
0100	DAC Kanal 1	
0101	DAC Kanal 2	
0110	PB1	PB3
0111	PC4	PB7
1000	PA0	PA2
>1000	$0{,}25\ V_{REFINT}$	

Komparator-Funktionen

```
// Komparator-Funktionen
HAL_StatusTypeDef HAL_COMP_Start(COMP_HandleTypeDef* hcomp);
uint32_t HAL_COMP_GetOutputLevel(COMP_HandleTypeDef* hcomp);

// Komparator-Callback-Funktionen
void HAL_COMP_TriggerCallback(COMP_HandleTypeDef* hcomp);
```

15.6   Hinweise zum praktischen Selbststudium

In den vorangegangenen Abschnitten wurden die Grundlagen der Mikrorechnertechnik am Beispiel der STM32-Mikrocontroller-Familie behandelt. Um das Verständnis der vorgestellten Themen zu vertiefen, ist es empfehlenswert, eigene praktische Experimente mit Mikrocontrollern durchzuführen. Dieser Abschnitt soll einer ersten Orientierung dienen und so den Einstieg in das praktische Selbststudium erleichtern. Weitere Hinweise sind auch auf der Webseite zu diesem Buch verfügbar. Den Link zu dieser Seite finden Sie im Vorwort.

15.6.1 Hardwareauswahl

Es existieren zahlreiche Boards mit STM32-Mikrocontrollern. Für einen Einstieg sind die Nucleo-Boards der Firma STMicroelectronics besonders empfehlenswert. Sie stellen alle Anschlüsse des Mikrocontrollers auf Steckerleisten zur Verfügung. Darüber hinaus ist auf den Nucleo-Boards ein Programmiergerät integriert, welches zur Programmierung und zum Debuggen Ihrer Programme verwendet werden kann.

Nucleo-Boards werden mit unterschiedlichen Mikrocontrollern der STM32-Serie angeboten. Wir empfehlen das in diesem Buch mehrfach erwähnte Nucleo-Board mit dem Mikrocontroller STM32G071. Es ist unter dem Namen NUCLEO-G071RB für etwa 15 € im Handel erhältlich.

Die Nucleo-Boards besitzen als externe Komponenten unter anderem einen Taster und eine LED. Die USB-Verbindung zum Nucleo-Board unterstützt neben der Programmier- und Debug-Funktion auch eine UART-Schnittstelle. Diese Schnittstelle ermöglicht die Kommunikation mit einem PC. Mit diesen Möglichkeiten des Nucleo-Boards lassen sich erste grundlegende Schritte realisieren.

Möchten Sie weitergehende Experimente mit anderen Peripheriemodulen durchführen, ist die Anschaffung eines Steckbretts empfehlenswert. Mit dem Steckbrett und sogenannten *Jumper-Wires* können Verbindungen zwischen dem Nucleo-Board und weiteren Komponenten hergestellt werden.

Als Komponenten für eigene Experimente eignen sich einzelne elektronische Bauteile wie zum Beispiel LEDs, Taster, Summer, Displays oder auch fertige Module, welche mit Sensoren, Speichern oder anderen Bauteilen bestückt sind. Diese sind in vielen Online-Shops verfügbar.

Eine unverzichtbare Hilfe für die Fehlersuche stellen sogenannte *Logic-Analyzer* dar. Dies sind Messgeräte mit denen der zeitliche Verlauf digitaler Signale aufgezeichnet und auf einem PC dargestellt werden kann. Für den Einstieg eignen sich die weitverbreiteten 8-Kanal-Logic-Analyzer, die meist ohne Markennamen für einen Preis von etwa 12 € angeboten werden. Sie bieten eine Abtastrate von bis zu 24 MHz und reichen für viele Mikrocontroller-Experimente vollkommen aus.

Abb. 15.47 zeigt das Grundmaterial für das Selbststudium. Neben dem Nucleo-Board sind ein Steckbrett, einige Jumper-Wires und der empfohlene Logic-Analyzer abgebildet.

15.6.2 Software-Empfehlungen

Die benötigte Software für Experimente mit STM32-Mikrocontrollern steht kostenlos in Internet zur Verfügung. Im Folgenden sind einige Empfehlungen von Programmen zusammengestellt, die eine gute Basis für eigene Experimente bieten.

Entwicklungsumgebung Für die Entwicklung von STM32-Programmen werden von verschiedenen Herstellern integrierte Entwicklungsumgebungen angeboten.

Abb. 15.47 Material
für das praktische
Selbststudium

Empfehlenswert ist die Entwicklungsumgebung STM32CubeIDE, die wir bereits in den vorangegangenen Kapiteln vorgestellt haben. Diese Software kann von der Homepage der Firma STMicroelectronics kostenlos heruntergeladen werden kann.

Terminalprogramm Für die UART-basierte Kommunikation mit dem Mikrocontroller ist die Installation eines Terminalprogramms sinnvoll. Empfehlenswert sind (neben anderen) die Programme Tera Term oder HTerm.

Software für Logic-Analyzer Für den oben empfohlenen 8-Kanal-Logic-Analyzer wird die Software PulseView benötigt, welche von der Seite *sigrok.org* heruntergeladen werden kann. Beachten Sie auch die dort verfügbaren Hinweise zur Windows-Treiber-installation.

15.6.3 Ergänzende Literatur zum Mikrocontroller STM32G071

In diesem Buch sind bereits grundlegende Hinweise zur Programmierung des STM32G071 enthalten. Diese sind eine wichtige Grundlage für erste praktische Experimente. Vertiefte Informationen finden Sie in den englischsprachigen Dokumenten der Firma STMicroelectronics. Diese Dokumente sind sehr umfangreich und detailreich. Es ist daher empfehlenswert, anhand des Inhaltsverzeichnisses die Kapitel zu identifizieren, die für ein konkretes Experiment relevant sind.

Im Folgenden sind einige hilfreiche Dokumente aufgeführt, die zum Teil bereits in Kap. 13 genannt wurden. Hier stellen wir Ihnen eine erweiterte Übersicht zur Verfügung.

Zum Herunterladen der Dokumente können die Titel in der Suchfunktion der Seite www. st.com eingegeben werden.

Reference Manual des Mikrocontrollers Das Reference Manual des Mikrocontrollers enthält in einzelnen Kapiteln Informationen über den Aufbau, die Funktionsweise und die Programmierung der Komponenten des Mikrocontrollers. Das Reference Manual hat den Titel „*RM0444: STM32G0 × 1 advanced Arm®-based 32-bit MCUs*".

Beschreibung der Funktionen der HAL- und LL-Bibliotheken Einige ausgewählte Funktionen dieser Bibliotheken sind in diesem Buch bereits vorgestellt worden. Die komplette Beschreibung ist in dem Dokument mit dem Titel „*UM2319: Description of STM32G0 HAL and low-layer drivers*" zu finden.

Dokumentation der Entwicklungsumgebung STM32CubeIDE Die Bedienung der Entwicklungsumgebung STM32CubeIDE ist in Kurzform dem Dokument mit dem Titel „*UM2553: STM32CubeIDE quick start guide*" beschrieben. Eine ausführlichere Beschreibung enthält das Dokument „*UM2609: STM32CubeIDE user guide*".

Unterlagen zum Nucleo-Board Für das Nucleo-Board existiert ein Benutzerhandbuch mit dem Titel „*UM2324 STM32 Nucleo-64 boards (MB1360)*". Es enthält unter anderem die Belegung der Steckerleisten. Der Schaltplan des Boards ist unter dem Titel „*MB1360-G071RB-C02 Board Schematic*" verfügbar.

Datenblatt des Mikrocontrollers Elektrische Eigenschaften, Timinginformationen und Pinbelegungen der STM32G071-Mikrocontroller enthält das Datenblatt. Es hat den Titel „*DS12232: Arm® Cortex®-M0+32-bit MCU, up to 128 KB Flash, 36 KB RAM, 4 × USART, timers, ADC, DAC, comm. I/Fs, 1.7–3.6 V*".

Informationen zur Cortex-M0+-CPU und den verwendeten Bussystemen AHB und APB Für einen tieferen Einstieg in die Funktionsweise der CPU und der Busse finden Sie viele weiterführende Dokumente auf der Homepage der Firma Arm *(developer. arm.com)*. Informationen zur Cortex-M0+-CPU sind zum Beispiel in dem Dokument „*Cortex™-M0+, Revision: r0p1, Technical Reference Manual*" enthalten. Die Busprotokolle des AHB und des APB sind in Dokumenten mit den Titeln "*AMBA AHB Protocol Specification*" und „*AMBA APB Protocol Specification*" beschrieben.

15.7 Übungsaufgaben

Die folgenden Übungsaufgaben greifen einige Themen dieses Kapitels auf. Die Lösungen finden Sie am Ende des Buches.

Aufgabe 15–1 Mit einem UART sollen Daten an einen PC übertragen werden. Für die Verbindung gilt: 8 Nutzdatenbits, keine Parität, 1 Stoppbit. Als Baudrate wird der Wert 9600 bps gewählt.

a) Skizzieren Sie den zeitlichen Verlauf des Signals am TXD-Anschluss des Controllers. Verwenden Sie für die Nutzdaten den Wert 0x35 (binär: 0011 0101).
b) Wie hoch ist die maximal erzielbare Netto-Datenrate (Daten-Bytes pro Sekunde)?
c) Nun wird auch ein Paritätsbit übertragen. Bei der Übertragung des Wertes 0x35 (binär: 0011 0101) sendet der Controller ein Paritätsbit mit dem Wert „1". Welche Parität wurde gewählt?
d) Durch Fehler auf der Übertragungsstrecke wird der Pegel von zwei Bits innerhalb eines Frames invertiert. Kann dieser Fehler durch Überprüfung des Paritätsbits erkannt werden?

Aufgabe 15–2 Welche Aussagen sind richtig? *(Mehrere Antworten sind richtig)*

a) Die SPI-Schnittstelle wird zur asynchronen bitseriellen Datenübertragung verwendet.
b) Bei Verwendung einer I^2C-Schnittstelle erfolgt nach der Übertragung einer Startbedingung immer die Übertragung einer Bausteinadresse.
c) Das SPI-Protokoll verwendet getrennte Leitungen zur Übertragung von Daten vom Slave zum Master beziehungsweise vom Master zum Slave.
d) Das I^2C-Protokoll verwendet getrennte Leitungen zur Übertragung von Daten vom Slave zum Master beziehungsweise vom Master zum Slave.

Aufgabe 15–3 Ein I^2C-Speicherbaustein wird im Burst-Modus ausgelesen. Statt des NACK (Not Acknowledge) wird am Ende der Übertragung ACK (Acknowledge) gesendet. Was könnte die Folge sein? *(etwas knifflig)*.

Aufgabe 15–4 Welche Aussagen sind richtig? *(Mehrere Antworten sind richtig)*

a) Ein typischer Timer kann so programmiert werden, dass beim Erreichen des Zähler-Endwertes ein Interrupt ausgelöst wird.
b) Eine Vorteiler-Einheit *(Prescaler)* ermöglicht es die Zählfrequenz eines Timers zu erhöhen.
c) Timer enthalten immer eine Input-Capture-Unit.
d) Die Input-Capture-Eingänge und die Output-Compare-Ausgänge eines STM32-Timer-Kanals sind auf den gleichen Anschluss herausgeführt.

Aufgabe 15–5 Welche Aussagen sind richtig? *(Mehrere Antworten sind richtig)*

a) Alle Mikrocontroller enthalten mindestens einen DMA-Controller.

b) DMA-Controller greifen wie die CPU als Master auf den Bus zu.

c) Im 'normalen' DMA-Betrieb (STM32-Konfiguration: normal) wird nach dem Ende der Übertragung (der durch Software gewählten Anzahl von Daten) durch die Hardware eine neue Übertragung initiiert. Ein Eingriff der Software ist hierfür nicht erforderlich.

d) Im zirkulären DMA-Betrieb (STM32-Konfiguration: circular) wird nach dem Ende der Übertragung (der durch Software gewählten Anzahl von Daten) durch die Hardware eine neue Übertragung initiiert. Ein Eingriff der Software ist hierfür nicht erforderlich.

Aufgabe 15–6 Der UART eines STM32-Mikrocontrollers wird mit einem PC verbunden. Auf dem Mikrocontroller sollen einzelne empfangene Zeichen ausgewertet werden. Ist der Einsatz des DMA-Controllers zum Empfangen der Zeichen für diesen Anwendungsfall möglich und sinnvoll?

Aufgabe 15–7 Welchen Ereignissen sind die Callback-Funktionen `HAL_UART_TxCpltCallback`, `HAL_UART_RxCpltCallback`, `HAL_UART_TxHalfCplt Callback` und `HAL_UART_RxHalfCpltCallback` zugeordnet?

Aufgabe 15–8 Der Timer TIM2 wird mit einer Taktfrequenz von 16 MHz betrieben. Die Konfiguration mit STM32CubeMX erfolgt wie in Abb. 15.48 angegeben.

Skizzieren Sie den zeitlichen Verlauf der Signale an den Ausgängen TIM2_CH1 und TIM2_CH2.

Abb. 15.48 Konfiguration des Timers TIM2

Counter Settings	
Prescaler (PSC - 16 bit...	3
Counter Mode	Up
Counter Period (AutoRe...	19
Internal Clock Division (...	No Division
auto-reload preload	Enable
> Trigger Output (TRGO) Param...	
> Clear Input	
Output Compare Channel 1	
Mode	Toggle on match
Pulse (32 bits value)	9
Output compare preload	Enable
CH Polarity	High
PWM Generation Channel 2	
Mode	PWM mode 1
Pulse (32 bits value)	4
Output compare preload	Enable
Fast Mode	Disable
CH Polarity	High

Aufgabe 15–9 Mit dem D/A-Umsetzer eines STM32G071 soll ein Sägezahnsignal erzeugt werden, dessen Frequenz von 100 Hz bis 1 kHz in Schritten von 1 Hz modifiziert wird. Die Frequenzänderung erfolgt jeweils nach dem Durchlaufen einer Periode.

Die Frequenzen werden periodisch durchlaufen: Nach dem Erreichen der maximalen Frequenz soll die Ausgabe mit der Minimalfrequenz fortgesetzt werden.

Die Ausgabewerte werden mithilfe des DMA-Controllers aus dem Speicher mit einer Frequenz von 20 kHz ausgelesen. Für die Erzeugung der Triggerimpulse, welche die Ausgabe neuer Analogwert anstoßen, wird Timer TIM6 verwendet. Der Timer wird mit der Systemtaktfrequenz 16 MHz betrieben.

Am Ende der Aufgabe ist ein Programmfragment gegeben, welches als Grundlage zur Lösung der Aufgabe dienen soll. Die Funktion `sawSweepToBuffer()` generiert die digitalen Ausgabewerte und legt sie in der Array-Variablen `dacVals` ab, welche als DMA-Puffer dient. Jeder Aufruf der Funktion `sawSweepToBuffer()` füllt den halben DMA-Puffer ab der Position `startIdx` (=Parameter der Funktion).

a) Geben Sie die Konfiguration des Timers an, wenn der Vorteiler den Eingangstakt durch 16 teilen soll.
b) Geben Sie die Konfiguration des D/A-Umsetzers an.
c) Implementieren Sie die Funktion `app()`.
d) Geben Sie die Implementierung der beiden Callback-Funktionen an.

```
#include "stm32g0xx_hal.h"
extern DAC_HandleTypeDef hdac1;
extern TIM_HandleTypeDef htim6;

#define DMA_BUFFER_SIZE 200
volatile uint16_t dacVals[DMA_BUFFER_SIZE];

// Diese Funktion füllt den halben DMA-Puffer mit Abtastwerten
// Der Parameter startIdx legt die Position des ersten Eintrags fest
void sawSweepToBuffer(uint8_t startIdx)
{
    const   int32_t fs   = 20000;
    const   int32_t fmin = 100;
    const   int32_t fmax = 1000;
    static int32_t f     = fmin;
    static int32_t samplesPerPeriod = fs/fmin;
    static int32_t n;
```

```
    for (int i=0; i<DMA_BUFFER_SIZE/2; i++) {
        dacVals[startIdx+i] = 4095*n/samplesPerPeriod;
        n++;
        if (n>=samplesPerPeriod) {
            n=0;
            f += 1;
            if (f>fmax) f = fmin;
            samplesPerPeriod = fs/f;
        }
    }
}


// DMA-Half-Complete-Callback
void HAL_DAC_ConvHalfCpltCallbackCh1 (DAC_HandleTypeDef * hdac)
{
}


// DMA-Complete-Callback
void HAL_DAC_ConvCpltCallbackCh1 (DAC_HandleTypeDef * hdac)
{
}


void app() // wird in main() aufgerufen
{
}
```

Lösungen der Übungsaufgaben

16

Kap. 1

Aufgabe 1-1	c
Aufgabe 1-2	b
Aufgabe 1-3	c
Aufgabe 1-4	b
Aufgabe 1-5	c
Aufgabe 1-6	b
Aufgabe 1-7	b
Aufgabe 1-8	c
Aufgabe 1-9	c
Aufgabe 1-10	b

Kap. 2

Aufgabe 2-1

a. 111001_2
b. 71_8
c. 39_{16}

Aufgabe 2-2

a. 151
b. -105
c. 97

© Springer-Verlag GmbH Deutschland, ein Teil von Springer Nature 2022
W. Gehrke und M. Winzker, *Digitaltechnik*,
https://doi.org/10.1007/978-3-662-63954-2_16

Aufgabe 2-3

a. 6 bit
b. 7 bit
c. 7 bit

Aufgabe 2-4

a. [0,255]
b. [−127,127]
c. [−128,127]

Aufgabe 2-5

a. 111101, kein Überlauf
b. 001011, Überlauf
c. 000100, Überlauf
d. Die Ergebnisse wären identisch
e. kein Überlauf bei a und c, Überlauf bei b

Aufgabe 2-6

a. 5A, Vorzeichenlos: kein Überlauf, 2er-Komplement: kein Überlauf
b. 23, Vorzeichenlos: Überlauf, 2er-Komplement: Überlauf
c. AB, Vorzeichenlos: Überlauf, 2er-Komplement: kein Überlauf

Aufgabe 2-7

a. 67, Vorzeichenlos: kein Überlauf, 2er-Komplement: Überlauf
b. 4C, Vorzeichenlos: kein Überlauf, 2er-Komplement: Überlauf
c. 9D, Vorzeichenlos: Überlauf, 2er-Komplement: Überlauf

Aufgabe 2-8
Wird ein Gray-codierter Wert inkrementiert, ändert sich das Codewort in genau einer Stelle.

Aufgabe 2-9
b. und c. sind Pseudotetraden

Aufgabe 2-10

a. Es werden 8 bit benötigt.
b. Es können 8 unterschiedliche Werte dargestellt werden.

Aufgabe 2-11

Überträgt man die Zweierkomplement-Darstellung auf das Dezimalsystem, entspräche die Codierung 999 dem Zahlenwert -1, da dies der Wert wäre, den man bei Durchlaufen des Zahlenkreises in negativer Richtung erhalten würde. Aus dieser Überlegung ergibt sich:

a. 000

b. 999

c. 998

d. 990

Kap. 3

Aufgabe 3-1   a

Aufgabe 3-2   a, b, d

Aufgabe 3-3   a, b

Aufgabe 3-4   a, c

Aufgabe 3-5

```vhdl
library ieee;
use ieee.std_logic_1164.all;
use ieee.numeric_std.all;


entity my_module is
    port (a : in std_logic_vector (7 downto 0);
          b : in integer;
          c : in std_logic;
          q : out std_logic_vector (7 downto 0) );
end;


architecture behave of my_module is
    signal tmp : unsigned (7 downto 0);
begin
    process
        variable vi : unsigned (7 downto 0);
    begin
        tmp <= unsigned(A);
        vi := to_unsigned(B,8);
        if c = '1' then
          q <= std_logic_vector(vi - tmp);
        else
          q <= std_logic_vector(vi + tmp);
        end if;
    end process;
end;
```

Aufgabe 3-6

```vhdl
library ieee;
use ieee.std_logic_1164.all;
use ieee.numeric_std.all;


entity my_module is
port (a : in std_logic_vector (7 downto 0);
      b : in std_logic_vector (7 downto 0);
      c : in std_logic_vector (1 downto 0);
      q : out std_logic_vector (7 downto 0) );
end;


architecture behave of my_module is
begin
   process (a,b,c)
   begin
      if c="00" then q <= a;
      elsif c="01" then q <= a and b;
      elsif c="10" then q <= a or b;
      elsif c="11" then q <= a xor b;
      -- std_logic! => c kann mehr als 4 Werte annehmen
      -- dies wird über das nachfolgende else abgefangen
      else q <= (others=>'X');
      end if;
   end process;
end;
```

Aufgabe 3-7

```vhdl
   process (a,b,c)
   begin
      case c is
         when "00" => q <= a;
         when "01" => q <= a and b;
         when "10" => q <= a or b;
         when "11" => q <= a xor b;
         -- std_logic! => c kann mehr als 4 Werte annehmen
         -- also benötigen wir auch den "others"-Fall
         when others => q <= (others=>'X');
      end case;
   end process;
```

Aufgabe 3-8

```
library ieee;
use ieee.std_logic_1164.all;
use ieee.numeric_std.all;


entity my_module_16 is
port (a : in std_logic_vector (15 downto 0);
      b : in std_logic_vector (15 downto 0);
      c : in std_logic_vector ( 1 downto 0);
      q : out std_logic_vector (15 downto 0) );
end;


architecture behave of my_module_16 is
begin
   my_module_inst1 : entity work.my_module
   port map (
       a => a(7 downto 0),
       b => b(7 downto 0),
       c => c,
       q => q(7 downto 0) );
    my_module_inst2 : entity work.my_module
    port map (
       a => a(15 downto 8),
       b => b(15 downto 8),
       c => c,
       q => q(15 downto 8) );
end;
```

Kap. 4

Aufgabe 4-1   a
Aufgabe 4-2   a

Aufgabe 4-3

Die Funktionstabelle hat bei drei Eingangsvariablen acht mögliche Kombinationen. Schrittweise muss jeweils eine weitere LED eingeschaltet werden.

Funktionstabelle „Lautstärke-LEDs"

D2	D1	D0	L7	L6	L5	L4	L3	L2	L1
0	0	0	0	0	0	0	0	0	0
0	0	1	0	0	0	0	0	0	1
0	1	0	0	0	0	0	0	1	1
0	1	1	0	0	0	0	1	1	1
1	0	0	0	0	0	1	1	1	1
1	0	1	0	0	1	1	1	1	1

Funktionstabelle „Lautstärke-LEDs"

D2	D1	D0	L7	L6	L5	L4	L3	L2	L1
1	1	0	0	1	1	1	1	1	1
1	1	1	1	1	1	1	1	1	1

Aufgabe 4-4

Die Funktionstabelle hat einen Eintrag ohne Tonausgabe (Mittelstellung), vier Einträge mit Ausgabe Ton T1 (Auslenkung in vier Richtungen) und vier Einträge mit Ausgabe Ton T2 (schräge Auslenkung in vier Ecken). Dies sind neun mögliche Kombinationen. Insgesamt sind für vier Eingänge 16 Kombinationen möglich, sodass für die übrigen sieben Kombinationen ein Don't-Care eingetragen wird.

Funktionstabelle „Spielautomat"

O (oben)	U (unten)	L (links)	R (rechts)	T1 (Ton 1)	T2 (Ton 2)
0	0	0	0	0	0
0	0	0	1	1	0
0	0	1	0	1	0
0	0	1	1	–	–
0	1	0	0	1	0
0	1	0	1	0	1
0	1	1	0	0	1
0	1	1	1	–	–
1	0	0	0	1	0
1	0	0	1	0	1
1	0	1	0	0	1
1	0	1	1	–	–
1	1	0	0	–	–
1	1	0	1	–	–
1	1	1	0	–	–
1	1	1	1	–	–

Aufgabe 4-5

Produktterme 1 und 3 aus Abb. 16.1 sind erforderlich. Die Funktion für die Ausgangsvariable lautet:

$$Y = \overline{A(3)}\&A(2)\&A(0) \vee A(3)\&A(1)$$

Aufgabe 4-6

Alle Produktterme aus Abb. 16.2 sind erforderlich. Die Funktion für die Ausgangsvariable lautet:

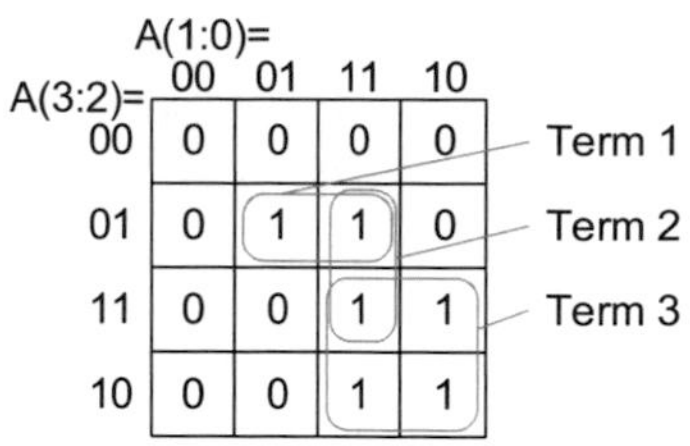

Abb. 16.1 Karnaugh-
Diagramm zu Aufgabe 4-5

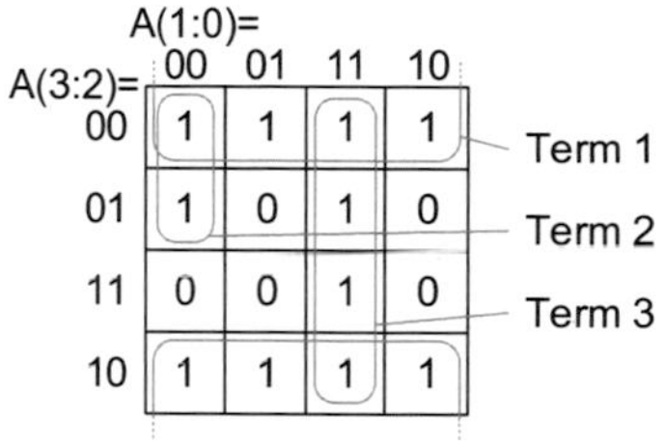

Abb. 16.2 Karnaugh-
Diagramm zu Aufgabe 4-6

Abb. 16.3 Karnaugh-
Diagramm zu Aufgabe 4-7

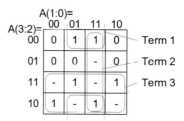

$$Y = \overline{A(2)} \vee \overline{A(3)}\&\overline{A(1)}\&\overline{A(0)} \vee A(1)\&A(0)$$

Aufgabe 4-7

Produktterme 1 und 3 aus Abb. 16.3 sind erforderlich. Die Funktion für die Ausgangsvariable lautet:

$$Y = \overline{A(2)}\&A(0) \vee A(3)$$

Aufgabe 4-8

Alle Produktterme aus Abb. 16.4 sind erforderlich. Die Funktion für die Ausgangsvariable lautet:

$$Y = \overline{A(3)}\&\overline{A(1)}\&\overline{A(0)} \vee \overline{A(3)}\&A(2)\&\overline{A(1)} \vee A(3)\&A(1)$$

Kap. 5

Aufgabe 5-1   a
Aufgabe 5-2   a
Aufgabe 5-3   d
Aufgabe 5-4   c

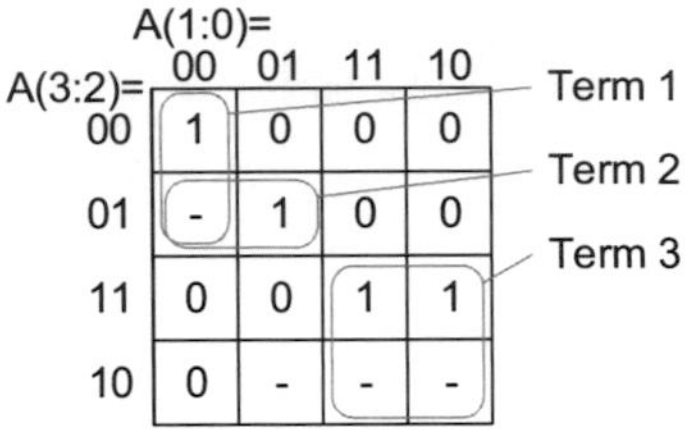

Abb. 16.4 Karnaugh-
Diagramm zu Aufgabe 4-8

Aufgabe 5-5   c

Aufgabe 5-6   e

Aufgabe 5-7

a. Periodendauer $T = 100$ ns, Taktfrequenz $f = 10$ MHz, Duty-Cycle $D = 80\,\%$
b. Periodendauer $T = 1$ ms, Taktfrequenz $f = 1$ kHz, Duty-Cycle $D = 70\,\%$
c. Periodendauer $T = 0{,}5$ ms $= 500$ µs, Taktfrequenz $f = 2$ kHz, Duty-Cycle $D = 40\,\%$

Aufgabe 5-8
Das Codewort muss 4 Stellen für 11 Zustände besitzen. Die Berechnung kann über den Zweierlogarithmus von 11 erfolgen, der aufgerundet 4 ergibt.

$$ld\,11 = log\,11/log\,2 = 1{,}041/0{,}301 = 3{,}46$$

Als alternativer Rechenweg können die Zweierpotenzen betrachtet werden. Mit 3 Stellen sind 2^3, also 8 Kombinationen möglich. Dies reicht nicht aus. 4 Stellen sind ausreichend, denn Sie ergeben 2^4, also 16 Kombinationen.

Aufgabe 5-9
Das Codewort muss 9 Stellen besitzen, denn die One-Hot-Codierung benötigt für jeden der 9 Zustände eine Stelle.

Aufgabe 5-10
Mit 5 Stellen sind 2^5, also 32 unterschiedliche Codierungen möglich.

Aufgabe 5-11
Es können 8 Zustände codiert werden, also genau so viele wie Stellen in der One-Hot-Codierung vorhanden sind.

Aufgabe 5-12
Der Automat benötigt vier Zustände mit den folgenden Bedeutungen:

- S0: Motor steht. Beim nächsten Tastendruck fährt die Jalousie herunter (Startzustand).
- S1: Taste ist gedrückt, der Motor fährt herunter.

- S2: Motor steht. Beim nächsten Tastendruck fährt die Jalousie herauf.
- S3: Taste ist gedrückt, der Motor fährt herauf.

Zustandsfolgediagramm und Zustandsfolgetabelle sind in Abb. 16.5 und 16.6 dargestellt.

Aufgabe 5-13

Der Automat speichert in den Zuständen den bisher eingeworfenen Geldbetrag. Der Zustand mit der Bedeutung „50 Cent" gibt an, dass die benötigte Summe erreicht ist und der Automat mit dem Ausgang $P=1$ die Parkmünze ausgibt. Danach muss wieder neues Geld eingeworfen werden, das heißt, der Automat geht nach Ausgabe der Parkmünze wieder zu „0 Cent".

- C_0: 0 Cent eingeworfen (Startzustand)
- C_10: 10 Cent eingeworfen
- C_20: 20 Cent eingeworfen
- C_30: 30 Cent eingeworfen
- C_40: 40 Cent eingeworfen
- C_50: 50 Cent oder mehr eingeworfen, Parkmünze wird ausgegeben

Der Startzustand war nicht ausdrücklich in der Aufgabenstellung angegeben, sondern ergibt sich durch Überlegung.

Zustandsfolgediagramm und Zustandsfolgetabelle sind in Abb. 16.7 und 16.8 dargestellt. Die beiden Eingänge werden in der kompakten Form „M(1:0)" angegeben. Da der Eingang zwei Signale mit vier Kombinationsmöglichkeiten hat, sind für jeden Zustand vier Folgezustände möglich. In manchen Fällen sind einige dieser Folgezustände gleich.

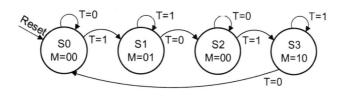

Abb. 16.5 Zustandsfolgediagramm des Automaten „Jalousie"

Abb. 16.6 Zustandsfolgetabelle des Automaten „Jalousie"

s^n	s^{n+1}		M
	T=0	T=1	
S0*	S0	S1	00
S1	S2	S1	01
S2	S2	S3	00
S3	S0	S3	10

* = Reset

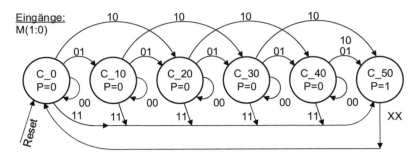

Abb. 16.7 Zustandsfolgediagramm des Automaten „Parkmünze"

Abb. 16.8 Zustandsfolgetabelle
des Automaten „Parkmünze"

s^n		s^{n+1}			P
	M= 00	01	10	11	
C_0*	C_0	C_10	C_20	C_50	0
C_10	C_10	C_20	C_30	C_50	0
C_20	C_20	C_30	C_40	C_50	0
C_30	C_30	C_40	C_50	C_50	0
C_40	C_40	C_50	C_50	C_50	0
C_50	C_0	C_0	C_0	C_0	1

* = Reset

Übrigens werden im Zustand C_50 die Eingänge nicht ausgewertet. Der Automat geht nach einem Takt mit P = 1 wieder in den Startzustand. Dies ist möglich, da in der Aufgabenstellung spezifiziert ist, dass zwischen zwei Münzeinwürfen mehrere Taktzyklen vergehen.

Aufgabe 5-14

Der Automat muss sich weiterhin merken, ob die nächste 1 unterdrückt oder ausgegeben wird. Außerdem ist ein Zustand erforderlich, der nach der jeweils zweiten 1 die Ausgabe für einen Takt auf 1 setzt. Nach dieser Ausgabe wird die nächste 1 unterdrückt.

* S0: Nächste 1 unterdrücken, Ausgabe 0. (Startzustand)
* S1: Nächste 1 weitergeben, Ausgabe 0.
* S2: Gerade wurde die zweite 1 erkannt, 1 ausgeben, nächste 1 unterdrücken.

Zustandsfolgediagramm und Zustandsfolgetabelle sind in Abb. 16.9 und 16.10 dargestellt.

Aufgabe 5-15

Im Startzustand ist noch keine Stelle des Datenworts empfangen.

Wenn die erste Stelle empfangen wird, sind zwei Zustände erforderlich, die sich merken, erste Stelle empfangen und Wert 0 oder 1.

Abb. 16.9 Zustandsfolgediagramm des Automaten
„Halbieren"

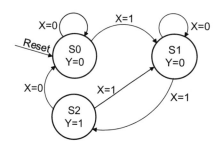

Abb. 16.10 Zustandsfolgetabelle
des Automaten „Halbieren"

s^n	s^{n+1}		Y
	X=0	X=1	
S0*	S0	S1	0
S1	S1	S2	0
S2	S0	S1	1

* = Reset

Wenn die zweite Stelle empfangen wird, können vier Fälle auftreten, und zwar: 00, 01, 10 und 11. Jetzt ist wichtig zu erkennen, dass der Automat nicht unterscheiden muss, ob 01 oder 10 empfangen wurde. Beide Fälle können den gleichen Zustand nutzen, denn der Automat muss sich nur merken, dass eine 1-Stelle auftrat. Wenn man weiterüberlegt, kann man erkennen, dass auch eine Unterscheidung von 00 und 11 nicht nötig ist. Darum sind für die vier Fälle nur zwei Zustände erforderlich, und zwar: „2 Stellen empfangen, ungerade" und „2 Stellen empfangen, gerade".

Das gleiche gilt nach drei Stellen, wo wieder zwei Zustände benötigt werden.

Beim Empfang der vierten Stelle wird eventuell das Fehlersignal E = 1 ausgegeben und der Automat geht direkt wieder in den Startzustand. Es ist also kein Zustand „4 Stellen empfangen" nötig.

Insgesamt benötigt der Automat somit 7 Zustände:

- ST: Start, keine Stelle des Datenworts empfangen
- 1_G: Eine Stelle empfangen, Parität gerade. (Dies entspricht einer empfangenen 0. Die Bezeichnung wurde gewählt, da dies zu den folgenden Zuständen passt.)
- 1_U: Eine Stelle empfangen, Parität ungerade.
- 2_G: Eine Stelle empfangen, Parität gerade.
- 2_U: Eine Stelle empfangen, Parität ungerade.
- 3_G: Eine Stelle empfangen, Parität gerade.
- 3_U: Eine Stelle empfangen, Parität ungerade.

Zustandsfolgediagramm und Zustandsfolgetabelle sind in Abb. 16.11 und 16.12 dargestellt. Nach jeweils vier Taktzyklen ist die Bearbeitung eines Datenworts abgeschlossen und der Automat ist im Startzustand für das nächste Datenwort.

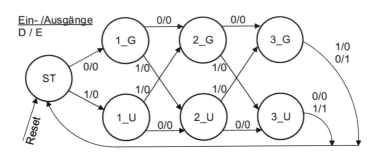

Abb. 16.11 Zustandsfolgediagramm des Automaten „Parity"

Abb. 16.12 Zustands-
folgetabelle des Automaten
„Parity"

s^n		s^{n+1}, E	
	D=	0	1
ST *		1_G,0	1_U,0
1_G		2_G,0	2_U,0
1_U		2_U,0	2_G,0
2_G		3_G,0	3_U,0
2_U		3_U,0	3_G,0
3_G		ST,1	ST,0
3_U		ST,0	ST,1

* = Reset

Kap. 6

Aufgabe 6-1   a

Aufgabe 6-2   e

Aufgabe 6-3   d

Aufgabe 6-4   c

Aufgabe 6-5   e

Aufgabe 6-6   c (4 Dateneingänge, 1 Datenausgang, 2 Steuerleitungen)

Aufgabe 6-7   d (1 Dateneingang, 8 Datenausgänge, 3 Steuerleitungen)

Aufgabe 6-8
Ein Modulo-2^10 Zähler durchläuft $2^{10} = 1024$ Werte, gerundet 1000 Werte. Bei 50 Mio.
Werten pro Sekunde schafft der Zähler etwa 50.000 Zyklen pro Sekunde (Antwort b).

Aufgabe 6-9
Ein Modulo-2^8 Zähler durchläuft $2^8 = 256$ Werte, gerundet 250 Werte. Bei 500.000
Werten pro Sekunde schafft der Zähler etwa 2000 Zyklen pro Sekunde (Antwort b).

Aufgabe 6-10
Die Pipeline-Stufe sollte in der Mitte des kritischen Pfads eingefügt werden. Diese
Position liegt in der Verbindungsleitung für den Übertrag nach vier Volladdierern. Die

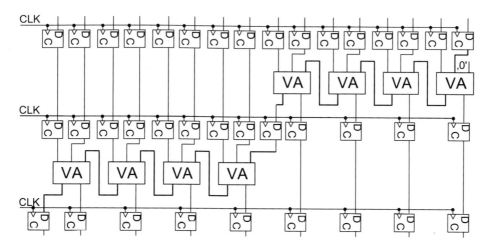

Abb. 16.13 Ripple-Carry-Adder mit Pipeline-Stufe

folgenden vier Volladdierer berechnen die zweite Hälfte der Addition im nächsten Takt-zyklus. Damit die Informationen der Datenworte weiterhin zueinander passen, werden das Ergebnis der ersten vier Volladdierer sowie die Eingangswerte der nächsten vier Volladdierer jeweils um einen Takt verzögert. Die Addiererschaltung mit Pipelining zeigt Abb. 16.13.

Der kritische Pfad durchläuft 4 Addierer und besteht insgesamt aus:

- Flip-Flop Takt nach Ausgang: 0,2 ns
- 4 Volladdierer: $4 \cdot 0,3 \text{ ns} = 1,2 \text{ ns}$
- 5 Verbindungsleitungen: $5 \cdot 0,1 \text{ ns} = 0,5 \text{ ns}$
- Flip-Flop Setup-Zeit: 0,2 ns

Dies ergibt in Summe 2,1 ns. Die mögliche Taktfrequenz beträgt damit rund 475 MHz.

Eventuell erscheint der Aufwand für das Pipelining in Abb. 16.13 recht hoch. Die ursprüngliche Schaltung hatte 8 Volladdierer und 25 Flip-Flop und erlaubt eine Takt-frequenz von 270 MHz. Für das Pipelining werden 13 zusätzliche Flip-Flops benötigt. Volladdierer und Flip-Flop sind ungefähr gleich groß, sodass der Mehraufwand 13 von 33 Elementen, also rund 40 % beträgt.

Im Gegenzug kann die Taktfrequenz, und damit die Rechenleistung, um 75 % gesteigert werden. Die theoretische Verdopplung der Taktfrequenz wird nicht erreicht, da das Pipeline-Flip-Flop eine Setup-Zeit sowie Verzögerungszeiten von Takt nach Ausgang und der Verbindungsleitung benötigt.

Kap. 7

Aufgabe 7-1   b
Aufgabe 7-2   c
Aufgabe 7-3   d
Aufgabe 7-4   a, c
Aufgabe 7-5   b, c, d
Aufgabe 7-6   c
Aufgabe 7-7   a
Aufgabe 7-8   a, d

Kap. 8

Aufgabe 8-1   b
Aufgabe 8-2   a, d
Aufgabe 8-3   b
Aufgabe 8-4   b
Aufgabe 8-5   b
Aufgabe 8-6   c

Kap. 9

Aufgabe 9-1   a, b, d
Aufgabe 9-2   c
Aufgabe 9-3   d
Aufgabe 9-4   c
Aufgabe 9-5   c
Aufgabe 9-6   a, b, d

Kap. 10

Aufgabe 10-1   a
Aufgabe 10-2   b
Aufgabe 10-3   a
Aufgabe 10-4   c
Aufgabe 10-5   a
Aufgabe 10-6   b
Aufgabe 10-7   d
Aufgabe 10-8   d
Aufgabe 10-9   e

Aufgabe 10-10

Nur wenn A und B beide 0 sind, ist die Reihenschaltung der beiden p-Kanal-Transistoren (oben) leitend und verbindet den Ausgang Y mit VDD. Wenn ein oder beide Eingänge 1 sind, verbindet die Parallelschaltung der n-Kanal-Transistoren (unten) den Ausgang Y mit GND.

Verhalten der Transistorschaltung

A	B	Y
0	0	1
0	1	0
1	0	0
1	1	0

Dieses Verhalten entspricht der NOR-Funktion.

Kap. 11

Aufgabe 11-1   d
Aufgabe 11-2   e
Aufgabe 11-3   d
Aufgabe 11-4   d
Aufgabe 11-5   c
Aufgabe 11-6   d

Aufgabe 11-7

a. Die Berechnung erfolgt am einfachsten über Zweierpotenzen. Mit 10 Adressleitungen lassen sich $2^{10} = 1024$ also 1 K Adressen ansprechen. Für den zusätzlichen Faktor 16 sind 4 Adressleitungen erforderlich, denn $2^4 = 16$. In der Summe werden $10 + 4 = 14$ Adressleitungen benötigt.

b. Zunächst werden wieder 10 Adressleitungen für 1 K Adressen benötigt. Für den zusätzlichen Faktor 256 sind 8 Adressleitungen erforderlich, denn $2^8 = 256$. In der Summe werden $10 + 8 = 18$ Adressleitungen benötigt.

Aufgabe 11-8

a. Mit 16 Adressleitungen lassen sich $2^{16} = 65.536$ Datenworten ansprechen. Jedes Datenwort hat 8 bit, somit beträgt die Speicherkapazität $65.536 \cdot 8 = 524.288$ bit. In der Praxis wird oft der Faktor 1024 zu 1 K gerechnet. 16 Adressleitungen teilen sich dann auf in 6 Adressleitungen für den Faktor $2^6 = 64$ und $2^{10} = 1$ K, also 64 K Datenworte. Mit 8 bit je Datenwort ergibt sich 512 kbit Speicherkapazität.

b. 20 Adressleitungen entsprechen zweimal 10 Adressleitungen für 1 K Adressen, miteinander multipliziert 1M Adressen. Mit 16 bit je Datenwort beträgt die Speicherkapazität 16 Mbit. Der exakte Wert beträgt $2^{20} \cdot 16 = 16.777.216$ bit.

Aufgabe 11-9
Bei einer Dualzahl am Eingang des Speichermoduls entspricht die Reihenfolge der Speicherzellen zeilenweise ansteigenden Zahlen. Die erste Zeile entspricht also den

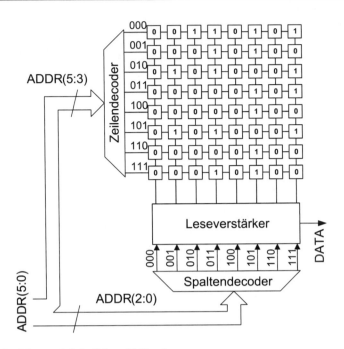

Abb. 16.14 Speichermodul als Primzahl-Detektor

Zahlen 0 bis 7, die zweite Zeile den Zahlen 8 bis 15, bis zur letzten Zeile mit den Zahlen 56 bis 63.

Primzahlen im möglichen Wertebereich 0 bis 63 sind die Zahlen: 2, 3, 5, 7, 11, 13, 17, 19, 23, 29, 31, 37, 41, 43, 47, 53, 59, 61.

Für die Primzahlen wird in die Speicherzelle eine 1 gespeichert, ansonsten eine 0. Das Ergebnis zeigt Abb. 16.14.

Kap. 12

Aufgabe 12-1	A-2	B-1	C-3	D-4
Aufgabe 12-2	A-4	B-3	C-1	D-2

Aufgabe 12-3

a. Quantisierungsintervallbreite

$$Q = U_{max}/2^n = 3V/1024 = 2{,}93 \text{ mV}$$

b. Höchster codierbarer Spannungswert

$$U^*_{max} = (2^n - 1) \cdot Q = 3V \cdot (1023/1024) = 2{,}997 \text{ V}$$

c. Die Eingangsspannung 1,2 V dividiert durch die Quantisierungsintervallbreite ergibt

$$\frac{1,2\,\text{V}}{3\text{V}/1024} = 409,6$$

Der gerundete Wert 410 entspricht der Codierung „01 1001 1010".

d. Die Codierung „00 0100 1011" entspricht dem Wert 75 und ergibt den Repräsentationswert

$$75 \cdot Q = 75 \cdot 3\text{V}/1024 = 0,2197 \text{ V}$$

Die Eingangsspannung liegt im Bereich der Quantisierungsintervallbreite um den Repräsentationswert

$$74,5 \cdot Q = 0,2183 \text{ V} \leq U_x \leq 0,2212 \text{ V} = 75,5 \cdot Q$$

Aufgabe 12-4

a. Quantisierungsintervallbreite

$$Q = U_{max}/2^n = 2\text{V}/256 = 7,8125 \text{ mV}$$

b. Schrittweiser Vergleich mit jeweils halber Spannung, beginnend bei $2^{n-1} \cdot Q = 1$ V
   - 0,7 V $\geq$ 1 V? Nicht erfüllt, also $b_7 = 0$
   - 0,7 V $\geq$ 0,5 V? Erfüllt, also $b_6 = 1$ und Reduktion der Spannung um 0,5 V auf 0,2 V
   - 0,2 V $\geq$ 0,25 V? Nicht erfüllt, also $b_5 = 0$
   - 0,2 V $\geq$ 0,125 V? Erfüllt, also $b_4 = 1$ und Reduktion der Spannung um 0,125 V auf 0,075 V
   - 0,075 V $\geq$ 0,0625 V? Erfüllt, also $b_3 = 1$ und Reduktion der Spannung um 0,0625 V auf 0,0125 V
   - 0,0125 V $\geq$ 0,03125 V? Nicht erfüllt, also $b_2 = 0$
   - 0,0125 V $\geq$ 0,015625 V? Nicht erfüllt, also $b_1 = 0$
   - 0,0125 V $\geq$ 0,0078125 V? Erfüllt, also $b_0 = 1$ (letzter Schritt)

Als Digitalwert ergibt sich somit 0101 1001, also der Dezimalwert 89. Dies entspricht dem Repräsentationswert

$$89 \cdot Q = 89 \cdot 2\text{V}/256 = 0,6953 \text{ V}$$

Die Differenz zur Eingangsspannung von 0,7 V beträgt 4,7 mV und ist kleiner als die Quantisierungsintervallbreite.

<u>Anmerkung:</u> Der Quantisierungsfehler ist größer als $Q/2$. Dies liegt daran, dass das hier verwendete Berechnungsverfahren, wie im Text beschrieben, keine Rundung enthält, sondern Nachkommastellen abschneidet. Der rechnerische Ausgangswert wäre 0,7 V/(2 V/256) = 89,6, Wenn Sie $Q/2$ zum Eingangswert 0,7 V addieren, erhalten Sie mit dem Verfahren den korrekt gerundeten Digitalwert. Rechnen Sie erneut!

Aufgabe 12-5

Der Zeitablauf ist in der Tabelle dargestellt.

Sigma-Delta-Umsetzer mit Messbereich von ± 1 V und Analogeingang $U_x = -0,2$ V.

Zeit-schritt	1	2	3	4	5	6	7	8	9	10	11	12	13	14	15
U_x [in V]	−0,2	−0,2	−0,2	−0,2	−0,2	−0,2	−0,2	−0,2	−0,2	−0,2	−0,2	−0,2	−0,2	−0,2	−0,2
U_{dig} [in V]	0	−1	1	−1	1	−1	−1	1	−1	1	−1	−1	1	−1	1
U_{diff} [in V]	−0,2	0,8	−1,2	0,8	−1,2	0,8	0,8	−1,2	0,8	−1,2	0,8	0,8	−1,2	0,8	−1,2
U_{int} [in V]	−0,2	0,6	−0,6	0,2	−1	−0,2	0,6	−0,6	0,2	−1	−0,2	0,6	−0,6	0,2	−1
Plus [binär]	0	1	0	1	0	0	1	0	1	0	0	1	0	1	0

Die Pulsfolge enthält zu 40 % den Wert 1. Dieser Anteil bezieht sich auf den Messbereich von ± 1 V und entspricht

$$U_x = -1\,\text{V} + 0,4 \cdot 2\,\text{V} = -1\,\text{V} + 0,8\,\text{V} = -0,2\,\text{V}$$

Aufgabe 12-6

Im Zeitverlauf ist die Dauer des High-Pegels 8 ms bei einer Periodendauer von 10 ms. Dies entspricht einem Tastverhältnis von 80 %. Der High-Pegel ist 3 V und der Low-Pegel 0 V, sodass sich für die Ausgangsspannung ergibt

$$U_{DA} = 0\,\text{V} + \frac{8\,\text{ms}}{10\,\text{ms}} 3\,\text{V} = 2,4\,\text{V}$$

Kap. 13

Aufgabe 13-1c, d

  Aufgabe 13-2 b.

  Aufgabe 13-3 c, d

  Aufgabe 13-4a, b, c, d

  Aufgabe 13-5 c.

  Aufgabe 13-6 a, d

  Aufgabe 13-7 b, c, d

  Aufgabe 13-8

```
ifExample:
    cmp r0,r1
    bpl else
```

```
    adds r0,r1
    b _endif
_else:
    subs r0,r1
_endif:
    blx lr
```

Aufgabe 13-9

```
sort:
    cmp r0,r1
    bcc _cmp12
    movs r3,r0
    movs r0,r1
    movs r1,r3
_cmp12:
    cmp r1,r2
    bcc _cmp01
    movs r3,r1
    movs r1,r2
    movs r2,r3
_cmp01:
    cmp r0,r1
    bcc _sortend
    movs r3,r0
    movs r0,r1
    movs r1,r3
_sortend:
```

Aufgabe 13-10

```
fac:
    movs r1,r0
_floop:
    subs r1,1
    beq _fend
    muls r0,r1
    b _floop
_fend:
    blx lr
```

Aufgabe 13-11

```
# Unterprogramm zur Berechnung der Quadratwurzel
# Parameter: r0=Operand
# Rückgabe: r0=Wurzel (als Ganzzahl, abgeschnitten)
```

```
sqroot:
    push  {r1,r2,lr}   @ modifizierte Register sichern
    movs  r2,r0        @ a in r7 merken
_doloop:
    movs  r1,r0        @ x = tmp , tmp = r0
    movs  r0,r2        @ a nach r0
    bl    div          @ r0 = a/x
    adds  r0,r1        @ r0 = a/x + x
    lsrs  r0,1         @ r0 = (a/x + x)/2
    cmp   r0,r1        @ tmp < x ?
    bcc   _doloop      @ falls ja, zum Schleifenkopf
    movs  r0,r1        @ x in Rückgaberegister r0
    pop   {r1,r2,pc}   @ Rücksprung


# Unterprogramm für Division
# FixedLinemeter: r0=Dividend, r1=Divisor
# Rückgabe: r0=Quotient
div:
    push  {r1-r7}      @ Register auf Stack sichern
    movs  r3,0         @ Quotient löschen
    movs  r4,0         @ Rest löschen
    movs  r5,1         @ Konstante 1
    movs  r6,0         @ Konstante 0
    movs  r7,32        @ Bitzähler
div_loop:
    lsls  r3,1         @ Quotient schieben
    lsls  r4,1         @ Rest schieben
    lsls  r0,1         @ oberstes Dividendenbit in C-Flag
    adcs  r4,r6        @ Dividendenbit in Rest
    cmp   r4,r1        @ Rest mit Divisor vergleichen
    bcc   dec_bcnt     @ falls Rest kleiner: springen
    subs  r4,r1        @ Divisor von Rest subtrahieren
    orrs  r3,r5        @ Quotientenbit setzen
dec_bcnt:
    subs  r7,1         @ Bitzähler dekrementieren
    bne   div_loop     @ falls noch nicht 0: nächste Iteration
    movs  r0,r3        @ Quotient nach r0
    pop   {r1-r7}      @ Register wiederherstellen
    blx   lr           @ Rücksprung
```

Kap. 14

Aufgabe 14-1a, b, c
Aufgabe 14-2 b, d
Aufgabe 14-3 b, c, d
Aufgabe 14-4 korrekt: 3, 6, 8, 10; nicht korrekt: 1, 2, 4, 5, 7, 9
Aufgabe 14-5

```
typedef struct {
    volatile uint32_t MODER;            // Offset: 0x00
    volatile uint32_t reserved1[2];     // Offset: 0x04, 0x08
    volatile uint32_t ODR;              // Offset: 0x0C
    volatile uint32_t reserved2;        // Offset: 0x10
    volatile uint32_t IDR;              // Offset: 0x14
    volatile uint32_t reserved3[0x68];  // Offset: 0x18 ~ 0x7C
    volatile uint32_t LOCKR;            // Offset: 0x20
} MODULE_TypeDef;
```

Aufgabe 14-6 d

Aufgabe 14-7

a.
Hiermit ist das Sichern bzw. Wiederherstellen eines Teils der Arbeitsregister der CPU beim Aufruf bzw. Verlassen einer ISR gemeint.

b.
Callback-Funktionen enthalten benutzer-definierten Code und werden von Bibliotheken aufgerufen. So können (unter anderem) Interrupts, die von einer Bibliotheksfunktion bedient werden, durch applikationsspezifischen Code ergänzt werden.

c.
1. Mit der Länge einer ISR sinkt die verfügbare Rechenleistung für andere Aufgaben.
2. Die Wahrscheinlichkeit, dass niedriger priorisierte Interrupts nicht oder zu spät ausgeführt werden, steigt mit der Ausführungszeit von (höher priorisierten) ISRs.

Aufgabe 14-8

```
// Fettschrift = atomar
v32  = 42;
p32  = &v32;
*p32 = v32 + v8;
*p64 = &v64;
*p64 = v64 * v8;
v8   = 96;
*p8  = v8;
```

```
p8  = &v8;
v64 = v64 + 1;
p64 = (uint64_t*) p8;
// Zuweisung selbst ist atomar, aber Read-Modify-Write
*p32 |= (1<<7);
```

Aufgabe 14-9

```
// Fettschrift = atomar
v32  = 42;
p32  = &v32;
*p32 = v32 + v8;
*p64 = &v64;
*p64 = v64 * v8;
v8   = 96;
*p8  = v8;
p8   = &v8;
v64  = v64 + 1;
p64  = (uint64_t*) p8;
*p32 |= (1<<7);
```

Aufgabe 14-10

Die Programmiersprache C wertet Ausdrücke von links nach rechts aus, wenn (wie in diesem Beispiel) die Operatorenrangfolge gleich ist. Dies bedeutet, dass zunächst die Variable `SystemCoreClock` mit dem Wert 100 multipliziert wird. Hierbei handelt es sich um eine vorzeichenlose Integer-Multiplikation (die Konstante 100 wird vom Compiler implizit in eine vorzeichenlose 32-Bit-Zahl gewandelt).

Dies bedeutet, dass bei dieser Multiplikation kein Überlauf auftritt, solange das Produkt kleiner als 2^{32} ist. Also darf die Variable SystemCoreClock nicht den Wert $2^{32}/100 = 42.949.672$ überschreiten. Ab einer Taktfrequenz von knapp 43 MHz würde die Programmzeile also nicht mehr korrekt arbeiten.

Anmerkung: Erst die Division durch 1000 durchzuführen und dann mit 100 zu multiplizieren, würde das Problem auch lösen. Aber dann wird durch das Abschneiden des Quotienten bei der Integer-Division die Genauigkeit des Gesamtergebnisses reduziert.

Kap. 15

Aufgabe 15-1

a. Der zeitliche Verlauf des TXD-Signals ist in Abb. 16.15 dargestellt.

b. 1 Frame besteht aus 10 Bit. Mit jedem Frame wird 1 Byte übertragen. Die Brutto-Datenrate beträgt 9600 bps. Also können 960 Bytes/s übertragen werden, wenn die Frames ohne Pause zwischen den Frames übertragen werden.

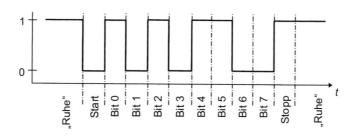

Abb. 16.15   Zeitverlauf des TXD-Signals bei Übertragung des Wertes 0×35

c. Die Anzahl der übertragenen Einsen (inklusive Paritätsbit) ist ungerade. Es wurde also *ungerade* Parität gewählt.

d. Nein. Das Paritätsbit würde zu den übertragenen Daten 'passen'. Der Fehler wird nicht erkannt.

Aufgabe 15-2   b, c

Aufgabe 15-3

Der Speicherbaustein würde das erste Bit des nächsten Datenwortes auf der SDA-Leitung ausgeben, da er davon ausgeht, dass weitere Daten gelesen werden sollen. Der Master erwartet aber keine neuen Daten.

Ist das ausgegebene Bit 0, würde der Speicher-Slave die SDA-Leitung aktiv auf low ziehen. Die Erzeugung einer Stoppbedingung wäre so für den Master nicht möglich. Es besteht die Gefahr, dass sich der Bus 'aufhängt'.

Aufgabe 15-4   a, d

Aufgabe 15-5   b, d

Aufgabe 15-6

Der Einsatz eines DMA-Controllers ist auch in diesem Fall möglich. Da jedoch jedes empfangene Zeichen einzeln ausgewertet werden soll, bietet der Einsatz des DMA-Controllers keine nennenswerten Vorteile und der Empfang kann auch interruptbasiert ohne DMA erfolgen. Ein Nachteil der Verwendung des DMA-Controllers ist, dass ein DMA-Kanal belegt wird und nicht für andere (sinnvollere) Aufgaben zur Verfügung steht.

Aufgabe 15-7

Die "Half-Complete-Callbacks" werden aufgerufen, wenn die Hälfte des DMA-Buffers gefüllt ist. Die Complete-Callbacks werden nach dem kompletten Füllen des DMA-Buffers aufgerufen.

Aufgabe 15-8

a. Der zeitliche Verlauf der Ausgangssignale des Timers ist in Abb. 16.16 dargestellt.

Aufgabe 15-9

a. Die Timerkonfiguration ist in Abb. 16.17 dargestellt.
b. Geeignete Konfigurationen des DAC-Moduls und des DMA-Controllers sind in Abb. 16.18 und 16.19 dargestellt.

```c
c.
void app()
{
    sawSweepToBuffer(0);
    sawSweepToBuffer(DMA_BUFFER_SIZE/2);
    HAL_DAC_Start_DMA(&hdac1,
                      DAC_CHANNEL_1,
                      (uint32_t*)dacVals,
                      DMA_BUFFER_SIZE,
                      DAC_ALIGN_12B_R);
    HAL_TIM_Base_Start(&htim6);
    while (1);
}
```

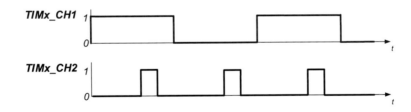

Abb. 16.16 Zeitlicher Verlauf der Ausgangssignale des Timers TIM2

Counter Settings	
Prescaler (PSC - 16 bits value)	15
Counter Mode	Up
Counter Period (AutoReload Register - 16 ...	49
auto-reload preload	Disable
Trigger Output (TRGO) Parameters	
Trigger Event Selection	Update Event

Abb. 16.17 Timer-Konfiguration

∨ DAC Out1 Settings

Mode selected	Normal Mode
Output Buffer	Enable
Trigger	Timer 6 Trigger Out event
Wave generation mode	Disabled
User Trimming	Factory trimming

Abb. 16.18 DAC-Konfiguration

Abb. 16.19 DMA-Konfiguration

d. ```
void HAL_DAC_ConvHalfCpltCallbackCh1 (DAC_HandleTypeDef * hdac)
{
    sawSweepToBuffer(0);
}
void HAL_DAC_ConvCpltCallbackCh1 (DAC_HandleTypeDef * hdac)
{
    sawSweepToBuffer(DMA_BUFFER_SIZE/2);
}
```
```

Literaturhinweise

Im Folgenden finden Sie Hinweise auf ergänzende und weiterführende Informationen, die wir nach den Themen des Lehrbuchs gegliedert haben.

Digitale Informationsverarbeitung und Grundlagen digitaler Schaltungen (Kap. 1, 2, 4, 5, 6)

- J.-P. Deschamps, Guide to FPGA Implementation of Arithmetic Functions, Springer 2012.
- M. Alioto, E. Consoli, G. Palumbo, „Analysis and Comparison in the Energy-Delay-Area Domain of Nanometer CMOS Flip-Flops", IEEE Trans. VLSI Systems, 2011.
- M. Aguirre-Hernandez, M. Linares-Aranda, „CMOS Full-Adders for Energy-Efficient Arithmetic Applications", IEEE Transactions on Very Large Scale Integration (VLSI) Systems, 2011.

Systementwurf mit VHDL (Kap. 3, 8)

- P. Ashendon, „The Student's Guide to VHDL", Morgan Kaufmann Publishers, 2008.
- J. Bergeron, „Writing Testbenches: Functional Verification of HDL Models", Springer 2003.
- J. Reichardt, B. Schwarz, „VHDL-Simulation und -Synthese", De Gruyter Oldenbourg, 2020.
- A. Mäder, „VHDL kompakt", Universität Hamburg, Fakultät für Mathematik, Informatik und Naturwissenschaften, https://tams-www.informatik.uni-hamburg.de/vhdl/doc/ajmMaterial/vhdl.pdf

© Springer-Verlag GmbH Deutschland, ein Teil von Springer Nature 2022
W. Gehrke und M. Winzker, *Digitaltechnik*, https://doi.org/10.1007/978-3-662-63954-2

Schaltungsrealisierung (Kap. 7, 10)

- K.-H. Cordes, A. Waag, N. Heuck, „Integrierte Schaltungen", Pearson, 2010.
- H. Göbel, „Einführung in die Halbleiter-Schaltungstechnik", Springer-Vieweg, 2019.
- L. Chen et.al., „Low Power Design Methodologies for Digital Signal Processors", in N.N. Tan et.al. „Ultra-Low Power Integrated Circuit Design", Springer 2014.
- I. Kuon, J. Rose, „Measuring the Gap Between FPGAs and ASICs", IEEE Transactions on Computer-Aided Design of Integrated Circuits and Systems, 2007.

FPGAs und Komponenten digitaler Systeme (Kap. 9, 11, 12)

- M. Qazi, M. E. Sinangil, A. P. Chandrakasan, „Challenges and Directions for Low-Voltage SRAM", IEEE Design and Test of Computers, Jan/Feb 2011.
- J.M. de la Rosa, „Sigma-Delta Modulators: Tutorial Overview, Design Guide, and State-of-the-Art Survey", IEEE Transactions on Circuits and Systems I, 2011.

Mikroprozessoren (Kap. 13)

- J. Hennessy, D. Patterson, „Rechnerorganisation und Rechnerentwurf: Die Hardware/Software-Schnittstelle", De Gruyter Oldenbourg, 2016.
- J. Yiu, „The Definitive Guide to ARM® Cortex®-M0 and Cortex-M0+Processors", Newnes, 2015.
- J. Wiegelmann, „Softwareentwicklung in C für Mikroprozessoren und Mikrocontroller", VDE Verlag, 2021.
- R. Hellmann, „Rechnerarchitektur: Einführung in den Aufbau moderner Computer", De Gruyter Oldenbourg, 2016

STM32 (Kap. 14, 15)

- D. Ibrahim, „Nucleo Boards Programming with the STM32CubeIDE", Elektor, 2021.
- R. Jesse, „STM32: Das umfassende Praxisbuch", mitp, 2021.
- „RM0444-STM3232G0 × 1-Advanced-Armbased-32bit-MCUs", Reference Manual, STMicroelectronics, 2020.

Weblinks Für Informationen zu einzelnen Komponenten empfehlen wir die Herstellerseiten. In der nachfolgenden Übersicht sind einige Webseiten exemplarisch aufgeführt.

Standard-Logik:

- Texas Instruments: www.ti.com/lsds/ti/logic/home_overview.page
- NXP: www.nxp.com/products

Programmierbare Logikbausteine (CPLDs, FPGAs):

- AMD/Xilinx: www.xilinx.com
- Intel: https://www.intel.com/content/www/us/en/products/programmable.html
- Lattice: www.latticesemi.com
- MicroSemi: www.microsemi.com

FPGA-Experimentierboards:

- Digilent: www.digilentinc.com
- Terasic: www.terasic.com

Speicher:

- Samsung: www.samsung.com/semiconductor/
- Hynix: www.skhynix.com
- Micron Technology: www.micron.com

AD/DA-Umsetzer:

- Microchip: www.microchip.com
- Analog Devices: www.analog.com

STM32-Mikrocontroller:

- „Getting started with STM32", https://wiki.st.com/stm32mcu/wiki/STM32StepByStep: STM32_step_by_step_overview
- STM32-Hompage der Firma STMicroelectronics: https://www.st.com/en/microcontrollers-microprocessors/stm32-32-bit-arm-cortex-mcus.html
- Nucleo-Boards: https://www.st.com/en/evaluation-tools/stm32-nucleo-boards.html

Eine Übersicht über verschiedene Hersteller, sowie Information zu Preisen und Verfügbarkeit von Bauelementen bieten Distributoren bzw. Elektronikversandhändler, zum Beispiel

- Digikey: www.digikey.de
- Mouser: www.mouser.de
- Reichelt-Elektronik: www.reichelt.de

Viele Informationen zu digitalen Systemen und ein sehr gutes deutschsprachiges Forum finden Sie auf der Seite

- www.mikrocontroller.net

Stichwortverzeichnis

© Springer-Verlag GmbH Deutschland, ein Teil von Springer Nature 2022
W. Gehrke und M. Winzker, *Digitaltechnik,* https://doi.org/10.1007/978-3-662-63954-2

Printed in the United States
by Baker & Taylor Publisher Services